高等教育百门精品课程教材
普通高等教育"十四五"规划教材
普通高等院校动物医学类专业系列教材

兽医病理学
Veterinary Pathology

第 4 版

周向梅　赵德明　主编

中国农业大学出版社
·北京·

内 容 提 要

本书结合我国兽医教育的现状和特点,把病理形态学变化与机能改变联系在一起。全书含绪论共 21 章,着重介绍疾病概论、基本病理过程、器官系统病理(包括代表性疾病病理特征)和病理学常规检验技术。本书在《兽医病理学》(第 3 版)基础上力求反映学科新进展,适度地介绍了新的发病机制;强调病理和临床实践的结合,增加了相似病变的鉴别、主要病理过程的治疗原则,使学生具有病理诊断和临床治疗的能力;全书重点突出,兼顾一般,增加了彩图。

本书可供动物医学及相关专业本科学生使用,亦可作为兽医教学科研人员、研究生、临床兽医工作者或畜禽饲养者的参考书。

图书在版编目(CIP)数据

兽医病理学/周向梅,赵德明主编. —4 版. —北京:中国农业大学出版社,2020.12(2023.7 重印)

ISBN 978-7-5655-2471-4

Ⅰ.①兽…　Ⅱ.①周…②赵…　Ⅲ.①兽医学-病理学-高等学校-教材　Ⅳ.①S852.3

中国版本图书馆 CIP 数据核字(2020)第 224095 号

书　名	兽医病理学　第 4 版
	Shouyi Binglixue
作　者	周向梅　赵德明　主编

策　划	张　程	**责任编辑**	田树君　许晓婧
封面设计	郑　川		
出版发行	中国农业大学出版社		
社　址	北京市海淀区圆明园西路 2 号	**邮政编码**	100193
电　话	发行部 010-62733489,1190	**读者服务部**	010-62732336
	编辑部 010-62732617,2618	**出　版　部**	010-62733440
网　址	http://www.caupress.cn	**E-mail**	cbsszs@cau.edu.cn
经　销	新华书店		
印　刷	涿州市星河印刷有限公司		
版　次	2021 年 2 月第 4 版　2023 年 7 月第 3 次印刷		
规　格	185 mm×260 mm　16 开本　25.25 印张　630 千字		
定　价	75.00 元		

第4版编写人员

主　编　周向梅　赵德明
副主编　郑明学　刘思当
编　者　（按姓氏笔画排序）

王凤龙　内蒙古农业大学
王平利　河南农业大学
王金玲　内蒙古农业大学
王建琳　青岛农业大学
尹燕博　青岛农业大学
古少鹏　山西农业大学
石火英　扬州大学
宁章勇　华南农业大学
吕英军　南京农业大学
刘思当　山东农业大学
安　健　北京农学院
祁克宗　安徽农业大学
祁保民　福建农林大学
孙　斌　黑龙江八一农垦大学
李富桂　天津农学院
杨利峰　中国农业大学
杨鸣琦　西北农林科技大学
吴长德　沈阳农业大学
谷长勤　华中农业大学
张建军　北京农学院
周向梅　中国农业大学
郑世民　东北农业大学
郑明学　山西农业大学
赵德明　中国农业大学
泰　刚　山西省食品药品检验所
康静静　河南牧业经济学院
董世山　河北农业大学
韩克光　山西农业大学

第 3 版编写人员

主 编 赵德明
副主编 郑明学 刘思当
编 者 （按姓氏笔画排序）

马学恩 内蒙古农业大学

王凤龙 内蒙古农业大学

王建琳 青岛农业大学

尹燕博 青岛农业大学

古少鹏 山西农业大学

宁章勇 华南农业大学

安 健 北京农学院

孙 斌 黑龙江八一农垦大学

祁保民 福建农业大学

刘思当 山东农业大学

杨玉荣 河南农业大学

杨鸣琦 西北农林科技大学

吴长德 沈阳农业大学

张建军 北京农学院

李富桂 天津农学院

郑世民 东北农业大学

郑明学 山西农业大学

周向梅 中国农业大学

赵德明 中国农业大学

徐镔蕊 中国农业大学

梁宏德 河南农业大学

崔恒敏 四川农业大学

董世山 河北农业大学

韩克光 山西农业大学

简子健 新疆农业大学

第2版编写人员

主　编　赵德明

副主编　郑明学

编　者　（按姓氏笔画排序）

孔小明　华南农业大学

马学恩　内蒙古农业大学

王凤龙　内蒙古农业大学

任玉红　山西农业大学

祁克宗　安徽农业大学

祁保民　福建农业大学

刘思当　山东农业大学

乔　健　中国农业大学

李富桂　天津农学院

吴长德　沈阳农业大学

陈创夫　石河子大学

郑世民　东北农业大学

郑明学　山西农业大学

郝俊峰　河南农业大学

赵德明　中国农业大学

徐镔蕊　中国农业大学

梁宏德　河南农业大学

崔恒敏　四川农业大学

韩克光　山西农业大学

第1版编审人员

主　　编　赵德明

编　　者　（按姓氏拼音顺序排列）

鲍恩东　陈创夫　陈明勇　程金科　崔恒敏　高　洪　胡维华　孔小明

黎　立　梁宏德　刘思当　马学恩　祁保民　乔　健　佘锐萍　孙　斌

王凤龙　王雯慧　徐镔蕊　许家强　薛登民　姚金水　张书霞　张晓梅

赵德明　郑明学　郑世民　周志勇

审　　稿　（按姓氏拼音顺序排列）

陈怀涛（甘肃农业大学）

陈可毅（湖南农业大学）

高齐瑜（中国农业大学）

林　曦（内蒙古农牧学院）

王水琴（解放军农牧大学）

徐福男（南京农业大学）

许乐仁（贵州农学院）

参编单位　（按拼音顺序排列）

北京农学院　　　　　东北农业大学

福建农业大学　　　　甘肃农业大学

河北农业大学　　　　河南农业大学

黑龙江八一农垦大学　华南农业大学

湖南农业大学　　　　解放军农牧大学

南京农业大学　　　　内蒙古农牧学院

山东农业大学　　　　山西农业大学

四川农业大学　　　　塔里木农垦大学

西北农业大学　　　　云南农业大学

中国农业大学

第4版前言

2019年12月16日，教育部印发《普通高等学校教材管理办法》，号召加强普通高等学校教材管理，打造精品教材，切实提高教材建设水平。正是在这一大背景下，《兽医病理学》（第4版）在继承前3版的基础上，全面贯彻党的教育方针，落实立德树人根本任务，紧跟时代发展脚步，运用新科技，将数字技术、思政教育有机融入教材内容中，新版教材内容更加突出和体现了科学性、先进性和适用性。

本书继续保持了前3版的编写风格，涵盖兽医病理解剖学和病理生理学的主要内容。本书在第3版基础上，将原来"第五章 病理性物质沉着"内容合并到"细胞和组织损伤"这一章内容中，新加了"第八章 感染性疾病的发生机制与病理学诊断"，反映最新进展。第一章至第十二章介绍病理学总论内容，阐述动物机体组织器官和细胞对致病因素的基本反应及其一般规律，在疾病过程中发生的各种基本病理变化及其机理；第十三至第十九章内容，根据病理学总论的知识，分别阐述疾病过程中各个系统器官常见的主要病理变化。"第二十章 尸体剖检技术"介绍兽医病理学常规检验技术。

在本书修订过程中，根据兽医专业的人才培养目标和教育部对普通高校教材建设的要求，教材内容与思政内容紧密结合，引导学生树立正确的人生观、价值观、世界观。将社会主义核心价值观、家国情怀、社会责任、文化自信、奋斗精神等思政元素，以及唯物主义辩证法分析问题的思维融入教学内容中。在着重向学生介绍后期临床课学习所必需的病理学基本理论、基本病变和一些具有代表性的疾病的基础上，力求反映学科新进展、跟踪国际先进水平和我国兽医学工作者近年来的研究成果，更新教材内容，强调病理作为专业基础课，是连接基础和临床的桥梁课程，同时又与临床紧密结合，参与兽医临床诊断，指导兽医临床治疗。新版教材为突出与临床实践的结合，加大临床大体病变和组织学病变图库建设，除了增加彩图的内容外，在本书中还插入了一些数字链接，通过扫描二维码可以直接观察到与本节内容相关的病变图片，提高学生对病变的认识和鉴别能力，使学生快速高效掌握知识重点和难点。

新版教材在中国农业大学出版社的大力支持下，建设起与教材配套的数字平台，使用教材的学员均可通过二维码实时链接到平台数据库，该数据库建设有与教材相关的视频、音频、参考书目和数字图片，因此，通过新版教材就可以浏览到与教材相关的新形态素材，充分彰显了新形态教材先进和发展的理念。

在本书的修订过程中，编者虽着力于使其内容充实、新颖，重点突出，文字简洁，图像清晰，但因水平有限，书中难免有疏漏之处，诚请广大读者批评指正。

编　者

2020年8月

第 3 版前言

《兽医病理学》(第 2 版)2003 年被教育部列入"高等教育百门精品课程教材",2006 年被评为北京市高等教育精品教材。为进一步提高教材的编写质量,适应我国兽医体系改革与发展对高素质人才的需求,我们对本教材第 2 版进行了修订。

在修订本书过程中,紧紧围绕培养目标,着重向学生介绍后期临床课学习所必需的病理学基本理论、基本病变和一些具有代表性的疾病,起到举一反三的作用;在继承和保持《兽医病理学》(第 2 版)传统体系的同时,力求反映学科新进展、跟踪国际先进水平和我国兽医学工作者近年来的研究成果,更新教材内容,适度地介绍新的发病机制;强调病理和临床实践的结合,增加相似病变的鉴别、主要病理过程的治疗原则,使学生具有病理诊断和临床治疗的能力;全书重点突出,兼顾一般,删繁就简,文字精练、规范,去掉了原书中说明不了问题的黑白图,增加了彩色附图。

本书可供农业院校兽医专业、畜牧兽医专业 4～5 年制学生使用,亦可作为兽医教学科研人员、研究生、临床兽医工作者或畜禽饲养者的参考书。

部分插图是根据所附参考文献仿绘或修改的,在此对原书作者和出版者谨致衷心的感谢。

在本书的修订过程中,作者虽着力于使其内容充实、新颖、重点突出、易学,文字简洁、易懂,图像清晰、易看,联系临床、实用,但因水平有限,书中难免有疏漏之处,诚恳广大读者批评指正。

编　者

2011 年 10 月

第 2 版前言

《兽医病理学》教材自 1998 年出版以来,经各高等农业院校使用已 6 年多,深受广大师生欢迎。为了及时补充和更新教材内容,适应当前农业院校教学的需要,根据高等学校精品教材的要求,我们及时成立了以活跃在我国兽医病理学教学和研究领域的中青年骨干为主的《兽医病理学》第 2 版编写委员会,并在征求各高等农业院校对第 1 版教材意见的基础上,结合本学科近年来的进展和教学改革要求,讨论、确定了第 2 版教材修订大纲,随即开始了修订和编写工作。

在修订过程中,注意保留了原书的主要内容和风格特点;紧紧围绕培养目标,着重介绍后期临床课学习所必需的病理学基本理论、基本病变和一些具有代表性的疾病;跟踪国际先进水平和我国兽医病理学工作者近年来的研究成果,更新教材内容,并强调病理和临床的结合;适度地介绍病理形态学变化和新的发病机制;力求做到突出重点,兼顾一般,删繁就简,文字精练。为了便于学习,对重点内容做了比较详细的叙述,所涉及的主要病理变化,尽量附图说明,增强直观性;为了便于理解和记忆,全书在论述病理变化的同时,恰当地联系基础与临床的相关知识,增强整体观念。

本书可供农业院校兽医专业、畜牧兽医专业 4~5 年制学生使用,亦可作为兽医教学科研人员、临床兽医工作者或畜禽饲养者的参考书。

在修订过程中,编者虽着力于使教材内容充实、新颖,重点突出、易学,文字简洁、易懂,图像清晰、易看,联系临床、实用,但因水平有限,书中难免有疏漏之处,恳请广大读者批评指正。

编　者

2005 年 1 月

第1版前言

兽医病理学是介于基础兽医学和临床兽医学之间的桥梁学科,是兽医专业学生重要的专业基础课。国内外出版的兽医病理学书籍都是以形态学变化特征为基础,结合细胞病理学、免疫学、组织化学、生物学等内容阐明疾病的发生和发展规律以及发病机理。本书在编写过程中,紧密结合我国兽医教育的现状和特点,参阅大量最新资料,把病理形态学变化与机能改变联系在一起。本书的作者们希望有更多的同学和兽医工作者阅读本书,有力地帮助和提高使用者对病理学的理解。

目前,我国有30多所农业高等院校设有兽医学或畜牧兽医学专业,每年毕业学生近2 000名,但兽医病理学教材比较少,主要有内蒙古农牧学院和华南农业大学主编的《家畜病理学》、甘肃农业大学和江苏农学院主编的《兽医病理解剖学》、南京农业大学主编的《兽医病理生理学》等,这些教材对培养兽医人才做出了巨大的贡献。

本书的作者都是目前活跃在我国兽医病理学教学和研究领域的中青年教师,是教学第一线的骨干。在编写中结合自己的教学经验和体会,突出了教学中的重点内容。在全书内容安排上,主要参阅了中国农业大学、内蒙古农牧学院、华南农业大学、南京农业大学、甘肃农业大学、湖南农业大学、东北农业大学和解放军农牧大学的兽医病理学教学大纲。感谢这些院校老师提供的帮助和指导。

本书尽可能地选用了照片和图表,以助于对概念和病变的理解。但由于篇幅限制,有些照片和图表未能纳入,对于这些不足和对概念不能充分理解的地方,请借助参考书给予弥补。

本书主要适用于兽医专业、畜牧兽医专业4~5年制学生用书,也可作为兽医教学科研人员和基层兽医工作者的参考用书。

最后,全国高等农林院校教材工作协会对本书的发行给予了帮助,在此表示感谢。

赵德明
1997 年 3 月

目　　录

绪 论

一、兽医病理学的任务和内容

兽医病理学(Veterinary Pathology)是研究动物疾病的原因、发生发展与转归规律及其发展过程中形态结构、代谢和功能变化的一门学科。其根本任务是探讨动物疾病的发病机理和本质,为疾病防治提供理论依据。传统病理学包括病理解剖学(Pathology Anatomy)和病理生理学(Pathology Physiology)两个分支,前者研究患病动物机体的器官、组织和细胞形态学的改变,后者研究患病机体代谢和功能变化及其机制。一个患病动物机体,任何组织器官形态结构的损伤,必定带来其代谢和功能的变化,而组织器官代谢和功能的变化也会导致其形态结构的改变,所以病理生理学和病理解剖学是研究同一对象的不同方面,两者之间密不可分。

本教材第一章至第十二章为病理学总论,主要研究动物机体组织器官和细胞对致病因素的基本反应及其一般规律,在疾病过程中发生的各种基本病理变化及其机理,第十三章至第十九章为病理学各论,根据病理学总论的知识,分别阐述疾病过程中各个系统器官常见的主要病理变化。第二十章尸体剖检技术介绍兽医病理学常规检验技术。

二、兽医病理学在兽医学科中的地位

兽医病理学既是兽医学基础学科,又是一门实践性很强的具有临床性质的学科,它既可作为基础理论学科为临床兽医学奠定坚实的基础,又可作为应用学科直接参与疾病的诊断和防治。

兽医病理学是兽医科学中一门具有"桥梁"作用的专业基础课。它的学习必须以解剖学、组织胚胎学、细胞生物学、生物化学、生理学、微生物学和免疫学等前期课程为基础,同时,其本身又能为后期的内科学、外科学、诊断学、传染病学及寄生虫病学等兽医临床学科的学习奠定良好的基础,所以在整个兽医学科的学习过程中,兽医病理学是一门桥梁学科,起着承前启后的作用。

兽医病理学的任务不仅仅停留在专业基础学科的范畴,在临床诊断和疾病防治中也起着重要的作用,病理诊断(pathological diagnosis)是指应用病理学的理论和技术,对患病机体的器官、组织、细胞进行形态学观察分析做出的疾病诊断。由于这是通过直接观察病变的宏观和微观特征而做出的诊断,因而比临床上根据病史、症状和体征等做出的分析性诊断(常有多个诊断或可能性诊断)以及利用各种影像(如超声波、X射线、CT、核磁共振等)所做出的诊断更具有客观性和准确性。尽管现代分子生物学的诊断方法(如PCR、原位杂交等)已逐步应用于兽医学诊断,但到目前为止,病理诊断仍被视为带有宣判性质的、权威性的诊断。所以,病理诊断常被视为诊断的"金标准""权威诊断"或"最终诊断"。因此,它在动物临床医学、法医学、新药研发和各种生物科学研究中均被广泛应用。同时,兽医病理学还可通过揭示疾病的机制和

1

本质,对各种疾病的发展预后和临床治疗提供指导。

三、兽医病理学的研究方法

(一)兽医病理学的研究手段

兽医病理学的研究手段主要还是采用传统的尸体解剖观察、组织细胞观察、临床细胞学观察等手段。但是随着细胞生物学、分子生物学、实验动物学的发展和技术的应用,兽医病理学采用更多的组织化学技术和更加精准的检测手段,在动物疾病的病因、发病机制和发生发展规律的研究和诊断防治中发挥出更大的作用。

1. 肉眼直接观察　主要是利用肉眼或借助放大镜、尺、秤等工具,观察被检组织器官的位置、大小、形状、重量、色泽、质地、界限、表面和切面的状态等变化。大体观察肉眼可见病变的整体形态和许多重要性状,它是微观检查的基础,具有微观观察不能取代的优势,因此不能片面地只注重组织学观察及其他微观技术检查,它们各有长处,一定要配合使用。

2. 光镜观察　主要在组织、细胞水平上对病变进行观察,由于分辨率比肉眼增加了数百倍,因而极大地提高了诊断的准确性。到目前为止,传统的组织学观察方法仍然是病理学研究和诊断无可替代的最基本方法。

3. 电镜观察　应用透射和扫描电子显微镜观察细胞内部和表面的超微结构变化,从亚细胞甚至大分子水平了解组织细胞的形态和机能变化,使之对某些疾病的诊断和鉴别诊断更加确切,而且更能加深对疾病本质的认识。但由于放大倍数太大,只见局部不见全貌,加之许多超微结构变化没有特异性,常给诊断带来困难。因此,必须以肉眼、组织学病变为基础,才能起到较重要的辅助诊断作用。

4. 组织(细胞)化学观察

(1)组织(细胞)化学观察　应用能与组织细胞的某些化学成分进行特异性结合的显色物质,显示组织细胞内某些化学成分(如蛋白质、酶类、核酸、糖原等)的变化。其中,观察组织切片的称组织化学(histochemistry),观察涂抹细胞或培养细胞的称细胞化学(cytochemistry),如显示糖原的过碘酸希夫(PAS)染色法、脂肪的苏丹Ⅲ和Ⅳ染色法、核酸的甲基绿-派洛宁染色法、Gomri氏酸性磷酸酶法等。

(2)免疫组织(细胞)化学观察　它是应用抗原-抗体特异性结合的原理建立起来的一种组织化学技术。一般是先制备组织细胞内待测抗原的相应抗体,并在该抗体上直接或间接地标记上标记物(marker),以便观察该抗体与组织细胞内抗原是否结合及其结合部位等,如免疫酶组化技术。

5. 诊断细胞学　诊断细胞学是以观察细胞的结构和形态变化来研究和诊断临床疾病的一门学科,又称临床细胞学。它是病理学的一个重要组成部分。诊断细胞学根据细胞标本来源的不同又可分为脱落细胞学和针吸细胞学2大类。

脱落细胞学是利用生理或病理情况下,自然脱落下来的细胞标本作为研究对象,如痰、胸水、腹水、胃液、尿液、宫颈涂片等的检查。

针吸细胞学是利用细针穿刺,吸取病变部位的少量细胞标本,作为研究对象,如淋巴结、甲状腺、乳腺肿块穿刺以及内脏穿刺等标本的检查。细胞学检查方法简便易行,结果又较为可靠,目前已成为恶性肿瘤早期诊断的重要手段之一,广泛应用于临床和肿瘤普查。

6. 共聚焦激光扫描显微镜(confocal laser scanning microscopy)技术　共聚焦激光扫描

显微镜可以从组织细胞水平直接进入亚细胞水平观察,且可利用计算机及图像处理系统对组织、细胞及亚细胞结构进行断层扫描,三维立体空间结构再现,将形态学研究从平面图像水平提高到三维立体水平,图像清晰鲜艳;还可在观察培养细胞形态结构的同时,直接显示培养活体细胞内的代谢变化,这一技术的出现使病理学及其他形态学研究进入一个全新的时代。

7. 流式细胞术(flow cytometry,FCM) 流式细胞术是一种单细胞定量分析和分选的新技术,可对单个细胞逐个地进行高速准确的定量分析和分类。其原理是将特殊处理的细胞悬液经过一细管,同时用特殊光线照射,当细胞通过时,光线发生不同角度的散射,经检测器变为电讯号,再经电子计算机贮存分析后画出直方图。这一方法每秒钟能分析 1 000～10 000 个细胞。流式细胞术可同时检测单个细胞 DNA、RNA、细胞体积等参数,进行细胞周期与细胞凋亡的研究;并可分析细胞表面或细胞内的各种抗原、蛋白、酶、细胞因子和黏附分子以及基因表达产物;还可在无菌条件下,以高速对活细胞进行分类收集,其纯度达 90%～99%。此外还可应用于酶活性、细胞内和细胞膜受体、表面电荷、细胞内 pH、细胞和线粒体膜电位、细胞浆和膜结合的钙离子、膜的完整性、流动性、通透性或微黏度等功能研究。

8. 组织与细胞培养(tissue and cell culture)技术 组织与细胞培养是将活体内部分组织细胞取出后在人工条件下使其生长、繁殖和传代,在体外对细胞进行生命活动、细胞癌变等问题研究,还可施加实验因子进行形态、生化、免疫、分子生物学观察的技术。目前此技术已广泛应用于病理学的各个研究领域中。

9. 原位核酸分子杂交(in situ hybridization,ISH)技术 原位核酸分子杂交是应用特定标记的已知核酸探针与组织或细胞中待测的核酸按碱基配对的原则进行特异性结合,形成杂交体,杂交后的信号可以在光镜或电镜下进行观察。由于核酸分子杂交的特异性强、敏感性高、定位精确,并可半定量,因此该技术已广泛应用于生物学、医学等各个领域的研究之中。

(二)兽医病理学研究的材料

1. 病畜及尸体 运用病理学手段(尸体剖检技术)检查尸体的病理变化,来研究疾病的发生、发展规律。

2. 实验动物 在实验动物上人为地复制疾病,以便全面地对代谢、机能和形态结构的变化进行系统深入的观察研究。

3. 活体组织 运用手术切除、穿刺或刮取等方法从患病机体采取病变组织进行病理学观察。

4. 临床病理学观察 对自然发病的畜、禽进行临床病理学研究,即在系统观察的基础上,根据疾病特点和研究目的,选用实验室检验技术对其血液、尿液或骨髓等做化验分析,从检测结果可以直接反映病畜体内机能、代谢或某些形态结构的改变,了解疾病的发生、发展过程。

5. 组织、细胞培养 运用培养基在体外培养选定的组织或细胞,可观察组织、细胞病变的发生、发展过程或在外来因子作用下组织、细胞的变化等。

四、兽医病理学的发展

病理学(pathology)是源于希腊字根 pathos 和 logos,意为疾病的研究(the study of disease),是研究疾病的病因、发病机制、形态改变以及相关器官功能变化的一门学科,病理学作为一门科学起源于 18 世纪中叶,意大利 Padua 大学解剖学教授 Morgagni(1682—1771)于 1761 年发表了《疾病的部位和病因》一书,揭示了疾病病因与解剖学异常之间的关系,并将解剖学改变与死者生前出现的异常症状联系起来。Morgagni 教授由此被誉为现代病理学的奠基人。19 世纪初,尸检已成为验证临床诊断正确性的一个重要手段,病理学的发展达到了顶峰。

自放大镜和显微镜发明之后,荷兰自然学家 Leeuwenhoek(1632—1723)于 1676 年用自制光学显微镜观察到长有纤毛的滴虫,这是人类首次发现微生物,直到 1843 年,德国病理学家 Virchow(1821—1902)才将显微镜用于观察病变部位细胞和组织结构的改变。其在 1858 年所著的《细胞病理学》中提出了"所有细胞来自细胞"的概念,认为细胞是最小的生命单位,所有细胞包括癌细胞都起自以前存在的细胞;只有从组织或显微镜水平研究才能更好地理解疾病。书中还详细描述了癌症在显微镜下的特点,这使诊断癌症成为可能。Virchow 为开创细胞病理学奠定了基础。

细胞病理学能从细胞和组织结构水平上为临床提供病理诊断。1870 年,柏林大学的 Ruge 和 Veit 最先将病理诊断作为重要诊断工具。限于当时的认识水平,病理诊断的正确性尚不能完全符合临床需求。随着病理学新技术和新方法不断涌现,病理学研究从细胞水平深入到亚细胞水平,由此产生了超微结构病理学。20 世纪 60 年代以来,免疫组化技术和抗体制备技术发展迅速,很快被运用到病理诊断。光镜、电镜和免疫组化成为诊断病理学中三大武器。病理学诊断已从单纯形态学改变发展为形态和功能相结合来对疾病进行诊断。病理学也从过去主要用于病理诊断,扩展到对疾病的预后估计和临床药物治疗的选择。

20 世纪 70 年代,组织计量学和图像分析技术应用于病理学,能精确测量细胞的长径、横径、周长、面积以及各种组分的比例,使病理诊断和研究从定性分析发展到定量分析。流式细胞术能迅速分析多种细胞特征。80 年代发明的激光共聚焦扫描显微镜能用于亚细胞水平的结构和功能研究,可以测定细胞内 DNA、RNA、骨架蛋白、细胞内 pH、Ca^{2+} 浓度、膜电位、过氧化物变化和细胞间通讯等,还可进行细胞筛选和定量共聚焦三维图像分析。

1953 年,Watson 和 Crick 发现 DNA 双螺旋结构,开创了分子生物学新纪元。20 世纪 70 年代以来,分子生物学检测技术取得了重大突破,尤其是核酸分子杂交、聚合酶链反应、比较基因组杂交、荧光原位杂交、显微切割和生物芯片技术,从分子水平研究疾病的发生机制。分子病理学也迅速渗入到病理诊断和研究中,疾病基因发现的速度正以指数增加,多基因疾病的基因突变或多态性分析大大提高了对遗传性疾病的诊断能力。分子生物学技术还可用于证实和确定新的病原体及传染病暴发的流行病学研究,如冠状病毒引起的 SARS。上述进步对病理学的发展起到了极大的促进作用。

五、学习兽医病理学的指导思想和方法

数字资源 0-1
绪论-病理是
医学之本

病理学又被称之为医学的哲学,这就要求学生在学习时不但要对患病动物机体的形态和机能变化有对立统一的认识;而且在病理学应用于诊断的过程中还要以辩证的思维方法分析疾病的局部与整体、宏观与微观、动态与静止之间的关系,疾病的主次矛盾相互转化以及原因和结果之间的相互转化关系。以上认识和思维方法不仅可以帮助学生更好地理解和应用病理学知识,有助于促进学生全面发展,成为德智体美劳全面发展的社会主义建设者和接班人。

(赵德明　周向梅)

第一章　疾病概论

第一节　疾病的概念与特点

疾病(disease)是相对于健康(health)而言的。在个体生命活动过程中,健康和疾病可以相互转化而无绝对明显的界限。长期以来,人类在与疾病斗争过程中,对健康和疾病的认识也在不断升华和完善。对人类而言,世界卫生组织(World Health Organization,WHO)关于健康的定义是:"健康不仅是没有疾病或病痛,而且是在躯体上、心理上和社会适应上处于完好状态(state of complete well-being)。"根据这个定义,健康不仅仅是身体健康,而且还要有心理上的健康和对社会较强的适应能力。

健康的标准不是绝对的,而是相对的。同一种动物在不同地区、不同群体,不同动物或同一动物个体的不同年龄阶段,健康的标准是有差异的。随着经济发展和社会进步,健康的水平、健康的内涵,也会不断发展。

一、疾病的概念

随着人类对疾病认识水平的不断提高,目前认为,疾病(disease)是机体在致病因素作用下,因自稳(homeostasis)调节紊乱而发生的异常生命活动过程。在此过程中,机体对病因及其损伤产生抗损伤反应,组织、细胞发生功能、代谢和形态结构的异常变化,使机体内、外环境之间的相对平衡与协调关系发生障碍,从而表现出一系列症状、体征和行为的异常,对环境的适应能力降低和生产能力减弱甚至丧失。

对动物而言,疾病是在一定条件下,机体与内外致病因素相互作用产生的损伤和抗损伤的复杂斗争过程。在这个过程中,动物机体的正常生命活动障碍,导致畜禽的经济价值降低,表现在形态、结构和机能代谢的变化。比如患有鸡减蛋综合征的鸡产蛋下降,患有传染性胃肠炎的猪出现消化吸收功能障碍,猪的生长速度减缓,甚至停滞。

症状(symptom)是指患病动物的异常表现,如被毛逆立、鼻镜干燥、精神萎靡不振、甩头、张口呼吸、呕吐、畏寒、腹泻、干粪等。体征(sign)是疾病的客观表现,能用临床检查的方法查出,如肝脾肿大、心脏杂音、肺部啰音、神经反射异常等。值得注意的是,某些疾病的早期,可能没有症状和体征,如果进行相应的实验室检查或特殊检查,可发现异常,有助于做出早期诊断。疾病时的各种异常变化,不同程度地影响着动物的活动能力,甚至丧失活动能力。

病理过程(pathological process)是指存在于不同疾病中共性的、特异结合的功能、代谢和形态结构的异常变化。如炎症、休克、心力衰竭等都是病理过程。相同的病理过程可以发生在某些不同的疾病中,而一种疾病亦可出现几种不同的病理过程。例如,炎症这一基本病理过程可以发生在小叶性肺炎、结核病、风湿病等不同疾病中;但小叶性肺炎可出现炎症、发热、心力衰竭等几种不同的病理过程。

病理状态(pathological state)是指相对稳定的或局部形态变化发展极慢的病理过程或病理过程的后果,如损伤后形成的瘢痕。有些病理状态的稳定是相对的,在一定条件下可转变为病理过程。如代偿的心瓣膜狭窄或关闭不全(病理状态),当心脏负荷过度增加时可转为心力衰竭(病理过程)。

二、疾病的特点

上述概念反映了疾病具有以下几个特点:

1. 疾病是在一定条件下由病因作用于机体而引起的。任何疾病的发生都是由一定的原因引起的,没有原因的疾病是不存在的。因此,在临床上,查明疾病的原因是有效防治疾病的先决条件。

2. 疾病是完整机体的复杂反应。机体与外界环境的统一和机体内部各器官系统的协调活动是动物健康的标志,疾病的发生意味着这种统一平衡的破坏。

3. 疾病是一种矛盾斗争的过程。它是以致病因素及其所引起的损伤为一方,以机体抗损伤能力为另一方的矛盾斗争过程。在疾病过程中,损伤与抗损伤现象贯穿于疾病的始终,构成一种矛盾斗争过程,推动着疾病的发生与发展。

4. 生产力降低是畜禽患病的标志之一。随着疾病的发生,生命活动遇到障碍,动物的生产力(使役力、增重、育肥、产蛋、泌乳、繁殖力等)必然下降,并使其经济价值降低,这是畜禽患病的主要标志。

上述疾病的概念,给我们明确指出了在与疾病斗争的实践活动中应注意查明病因,善于区别损伤和抗损伤斗争,抓住主要矛盾,及时而尽早提出对疾病"预防为主""防重于治"的防治措施,以提高畜牧业的生产水平。

第二节　疾病的分类

为了便于对疾病进行研究和采取有效的防治措施,需要对疾病进行分类。疾病的分类方法通常有以下几种。

一、按疾病的经过分类

按照疾病的经过,即根据疾病缓急和病程长短的不同,可将疾病分为以下 4 类:

1. 最急性病　这类疾病的基本特征为:病程短促,仅数小时,动物突然死亡,生前无明显临床症状,死后病理变化不明显。例如,最急性炭疽、羊快疫等。

2. 急性病　疾病的进程快,经过的时间短,由数小时到 2～3 周。这类疾病常伴有急剧而明显的临床症状,如发热、疼痛、食欲减退等现象,病理变化明显。例如,炭疽、中毒性疾病、鸡新城疫等。

3. 亚急性病　介于急性病和慢性病之间的一种疾病类型,如疹块型猪丹毒、亚急性马传染性贫血等。

4. 慢性病　疾病的进程缓慢,经过的时间较长,由 1～2 个月到数年不等。临床症状一般不太明显,随着病程的不断延长,患病动物往往逐渐消瘦。例如,结核、鼻疽、某些寄生虫病等。

在临床实践上,急性病、亚急性病与慢性病之间并没有严格的界限。急性病在一定条件下可转化为亚急性病或慢性病,而慢性病也可急性发作。

二、按疾病发生的原因分类

按疾病发生的原因可把疾病分为传染病、寄生虫病和普通病 3 类。

1. **传染病** 指由病原微生物侵入机体,并在体内进行生长繁殖而引起具有传染性的疾病,如猪瘟、鸡新城疫、炭疽等。

2. **寄生虫病** 指由寄生虫侵袭机体而引起的疾病,如球虫病、血液原虫病、疥癣虫病等。

3. **普通病(非传染性疾病)** 指除了传染病、寄生虫病外,由一般性的致病因素所引起的疾病,如佝偻病、牛羊腐蹄病、乳腺炎等。

三、按患病器官系统分类

根据这种分类原则,可将疾病分为神经系统疾病、心血管系统疾病、血液和造血系统疾病、呼吸系统疾病、消化系统疾病、泌尿系统疾病、生殖系统疾病、内分泌系统疾病等。这种分类方法,只是为了便于对疾病分析和精细诊疗而提出的。事实上,任何机体都是一个完整的统一体,当一个系统或器官发生病变时,其他器官系统往往也会表现不同程度的病理变化。

第三节 疾病的经过与结局

一、疾病的经过

任何疾病都有一个从发生、发展到转归的过程,称为疾病经过或病程。在这个过程中,由于损伤和抗损伤反应的不断变化,从而使疾病呈现明显的不同阶段。不同的发展阶段有不同的表现。通常可把疾病经过分为相互联系的 4 个阶段。

(一)潜伏期(隐蔽期)

潜伏期是指致病因素作用于机体时起,到机体出现最初症状止的一段时期。由于病因的特点及机体所处的环境与自身免疫状况的不同,潜伏期的长短不一。例如,狂犬病的潜伏期最长可达一年以上,炭疽病为 1~3 d,猪瘟一般为 5~7 d,鸡新城疫为 3~5 d。一般来讲,病原微生物的数量多、毒力强,或者机体抵抗力降低时,疾病的潜伏期较短;反之则较长。此外,有些疾病,其潜伏期的长短还与病原入侵部位有关,如狂犬病,咬伤部位距中枢神经越近,则潜伏期越短。正确认识疾病的潜伏期有重要意义,如确定或怀疑某些动物已经感染某种传染病时,就应当及早进行隔离或预防治疗。当然,也有些疾病并无潜伏期可言,如创伤、烧伤等。

(二)前驱期(先兆期)

从疾病最初症状出现开始到疾病主要症状出现为止,这一阶段称为前驱期。前驱期的及时发现有利于对疾病的早期发现和治疗。在这一阶段,机体的机能活动和反应性均有所改变,但一般只出现一些非特异性的临床症状,常称为前驱期症状,如精神沉郁、食欲减退、体温升高、心跳呼吸加快、使役和生产力降低等。有时某些疾病具有典型特点,可以帮助我们早期诊断和及时采取防治措施。前驱期通常持续几小时到一两天。若机体的防御、适应、代偿功能增强或采取适当的治疗措施后,则疾病停止发展或康复,否则进入下一个时期,即明显期。

（三）明显期（临床经过期）

明显期是在前驱期之后，疾病的主要症状或典型症状出现的阶段。在这一阶段，不同疾病所表现出的症状不同，具有特异性，因此对疾病的诊断具有重要意义。疾病不同，明显期长短也不同，大叶性肺炎为6～9 d，猪丹毒为3～10 d。在此期，患病动物的抗损伤能力得到进一步的发挥，同时机体因致病因素作用而造成的损伤变化也更加明显。这一时期的特殊症状和体征对于理解疾病的本质和制定合理的治疗方案有着极其重要的意义。

（四）转归期（终结期）

经过明显期以后，疾病进入结束阶段，称为转归期。在这一阶段，有些疾病结束得很快，几乎在数小时或24 h内所有症状消失，这种情况可称为"骤退"；有时疾病结束得缓慢，其症状逐渐减弱或消失，一般称为"渐退"。

在疾病经过中，有时因抵抗力下降使症状加重称为疾病的恶化。若疾病的症状在一定时间内暂时减弱或消失，则称为减轻。如果在某些疾病过程中又伴发另外一种疾病的发生，称为并发症。

二、疾病的结局

疾病的转归可根据机体的状况、病因的性质，以及是否及时正确的诊断和治疗，分为完全痊愈、不完全痊愈和死亡3种形式。

（一）完全痊愈（complete rehabilitation）

完全恢复健康即完全痊愈，是指致病因素的作用停止或消失，机体各系统器官的功能、代谢和形态结构均完全恢复正常；患病机体的症状和体征完全消退，机体的自稳调节以及对外界环境的适应能力、动物的生产性能也彻底恢复到正常水平。有的传染病痊愈后，机体还可获得特异性的免疫力。

（二）不完全痊愈（incomplete rehabilitation）

不完全痊愈是指原始病因消除后，患病机体的主要症状虽然消失，但患病时机体受损的功能、代谢和形态结构并未完全恢复正常，往往遗留下某些损伤的残疾或持久性的变化，但这些变化可借助于其他器官功能活动的增强而得以代偿，从而维持相对正常的生命活动。如果不适当地增加机体的功能负荷，就可因代偿失调而致疾病复发。如烧伤后形成的瘢痕，心内膜炎后形成的心瓣膜狭窄或闭锁不全等。

（三）死亡（death）

死亡是指机体生命活动不可逆的终止，即机体作为一个整体其生命活动永久性停止。死亡可分为生理性死亡和病理性死亡2种。前者较为少见，它是由于机体各器官自然老化所致，又称自然死亡，是生命过程的必然规律。病理性死亡是由于致病因素的损伤作用过强所造成的死亡。原先人们一直沿用心跳和呼吸停止、反射消失作为判定死亡的标志。随着医学的发展，人们对死亡概念又有了新的认识，近年提出死亡是机体作为一个整体的功能发生了永久性停止，实际上指包括大脑半球、间脑、脑干各部分在内的全脑功能发生了不可逆性的永久性停止，即所谓脑死亡（brain death）。

死亡可以发生在瞬间，也可以逐渐发生。凡是没有任何症状或先兆突然发生的死亡，称为急死或骤死，这种死亡通常见于生命活动的重要器官，如大脑、心脏等遭受严重损伤的情况。一般情况下，死亡是逐渐发生的，称为渐死。在其发生发展过程中，一般要经历以下3个阶段：

1. 濒死期（agonal stage）　濒死期是指死亡前出现的垂危阶段。其主要标志是机体的各系统机能、代谢发生严重障碍和失调，脑干以上的中枢神经系统处于深度抑制状态，表现为意识模糊或丧失，反射迟钝或减弱，血压降低，心脏功能紊乱，呼吸微弱或呈现周期性呼吸，括约肌松弛，二便失禁，各种功能活动变得愈来愈弱。此期持续时间因病而异，一般可由 1～2 min 到数小时或 2～3 d。

2. 临床死亡期（stage of clinical death）　此期的主要标志是心跳和呼吸完全停止，反射消失。此时延髓处于深度抑制状态，但组织细胞仍进行着微弱的代谢活动，生命活动并没有真正结束，如采取恰当的紧急抢救措施，机体还有复活的可能。此期一般持续 6～8 min（即血液完全停止供应后，脑组织所能耐受的缺氧时间）。

3. 生物学死亡期（stage of biological death）　生物学死亡期是死亡的最后阶段，也是死亡的不可逆阶段。此时从大脑皮质开始到整个中枢神经系统及其他各器官系统的新陈代谢相继停止，并出现不可逆性变化；虽然某些组织在一定时间内仍可有极为微弱的代谢活动，但整个机体已不可能复活。随着生物学死亡的发展，尸体相继出现尸冷、尸僵、尸斑、血液凝固，最后腐败、分解。

第四节　疾病发生的原因

任何疾病都是由一定的致病因素引起的，这些致病因素称为病因。病因的种类很多，概括起来可以分为 2 大类：即存在于外界环境中的致病因素（疾病的外因）和机体内部的致病因素（疾病的内因）。此外，对于大多数疾病而言，不同的社会条件及自然条件对疾病的发生常起到诱导的作用，这便是疾病的诱因。有些诱因是使机体抵抗力降低或易感性、敏感性增高，从而使机体在相应原因的作用下易发病。致病的原因和条件在疾病的发生发展过程中起着不同的作用。例如，牛分枝杆菌是引起牛结核病的原因，是必不可少的因素；而营养不良、过度疲劳等，常可作为条件而促进结核病的发生和发展。如果仅有结核杆菌侵入动物体，而不具备这些条件，一般也不易发病。因此，疾病是原因和条件综合作用的结果。

一、疾病发生的外因

疾病的外因是指存在于外界环境中的各种致病因素。它对于疾病的发生和发展，疾病的性质和特点有着重要的影响。主要有以下几类：

（一）生物性致病因素

生物性致病因素包括各种病原微生物，如细菌、病毒、立克次体、支原体、螺旋体、真菌及寄生虫等，对动物而言是最常见的一类致病因素。其特点是它们都具有生命，通过一定的途径侵入机体，所引起的病变常常有一定的特异性和传染性。病原微生物作用于机体后能否引起疾病，除与致病微生物的数量、侵袭力及毒力有关外，也与机体的机能状态、免疫力等条件有密切的关系。生物学致病因素是当前危害畜禽养殖业最主要的病因，是影响畜牧业发展的大敌。

生物性致病因素作用的主要特点：

（1）对动物机体的作用有选择性，具有比较严格的传染途径、侵入门户和作用部位。例如，猪支原体肺炎的病原体主要作用于肺脏和肺门淋巴结，而其他组织器官通常不受侵害；破伤风杆菌只有从破损的皮肤或黏膜侵入体内才能发病。

（2）致病作用不仅取决于其产生的内毒素、外毒素和各种特殊的毒性物质，也决定于动物机体的抵抗力及易感性。

（3）生物性致病因素引起疾病有一定的特异性，如相对恒定的潜伏期、比较规律的病程、特殊的病理变化和临床症状，以及特异的免疫反应等。

（4）有一定的持续性和传染性。生物性致病因素侵入机体后，随着其数量和毒力的不断变化，作用于整个疾病过程。有些病原体随排泄、分泌物、渗出物排出体外，因而具有传染性。生物性致病因素是传染病与寄生虫病等群发病的主要原因，是当前影响畜牧业发展的重要因素之一。

（二）化学性致病因素

化学性致病因素是指对动物具有致病作用的化学物质，主要包括无机毒物（如强酸、强碱、一氧化碳、氰化物等）、有机毒物（有机磷农药）、生物性毒物等。化学性致病因素也可来自体内，如各种病理性有毒代谢产物、肠道内腐败分解的毒性产物等。在畜牧兽医实践中，畜禽常受侵害的化学性致病因素来自农药（如有机氯、有机汞、有机磷等），以及由于饲料添加剂利用不当而造成的中毒（如亚硝酸盐中毒、氢氰酸中毒等）。中毒病也是畜禽常见病、多发病之一。

化学性致病因素对机体的作用特点：①有短暂的潜伏期。②对机体组织、器官的毒害作用有一定的选择性。例如，一氧化碳进入机体后，与红细胞的血红蛋白结合，使红细胞失去带氧功能，而造成缺氧；巴比妥类药物主要作用于中枢神经。③作用的结果不仅取决于其性质、结构、剂量、解毒和排泄，在排泄过程中有时可使排泄器官受损。

（三）物理性致病因素

物理性致病因素包括高温（引起烧伤、烫伤和中暑）、低温（引起冻伤）、电流（引起电击伤）、电离辐射（引起放射病）、大气压的改变（引起缺氧）等。物理性因素能否引起疾病以及疾病的严重程度，主要取决于这些因素的强度、作用部位和持续时间。

1. 高温　高温可引起机体发生烧伤、烫伤或灼伤，但高温对动物的主要致病作用是引起热射病和日射病。热射病是由于环境温度过高，机体的热量散发不出去，使体温过高而发病；日射病是由于动物头部受强烈日光照射时间过长，脑受过热的刺激，脑血管扩张或出血，引起体温上升，最后也可致死。

2. 低温　低温作为一种致病因素，除可引起组织冻伤外，还能降低机体的抵抗力，容易诱发某些疾病，如感冒和肺炎等。

3. 电流　电流的致病作用主要是电击伤，重者可导致动物死亡。电流对机体的损伤取决于电流的性质（交流电或直流电）、电流的强度以及组织对电流的阻力等。通常，由于交流电的电压高于直流电，而且组织对于交流电的阻力小，因而交流电更具危险性。电流损伤作用随接触时间的延长而增强。例如，高压电流通过机体的时间少于 $0.1\,s$ 时，可不引起动物死亡；如作用时间为 $1\,s$ 时，则可致死。电流的致病作用主要是：①电热作用：电能转化为热能，可引起局部烧伤；②电解作用：可使细胞膜内外离子发生改变，并产生电泳、电渗反应，刺激肌肉收缩、甚至痉挛，以致细胞受损；③机械作用：电能转变为机械能，可引起组织的机械性损伤。

4. 电离辐射　电离辐射主要引起机体放射性损伤和放射病。例如，致染色体畸变，从而诱发畸胎、流产、癌变等。长期或大剂量辐射可导致放射病，放射病是一种严重的全身性疾病，在临床症状表现为软弱、食欲不振、出血、进行性贫血和体温升高。

电离辐射引起机体的病理性损伤变化,往往是射线对机体的原发和继发作用共同作用的结果。前者直接引起生物大分子和细胞微细结构的损伤和破坏,导致细胞死亡;后者由原发作用进一步引起代谢、功能和形态结构的病理性变化。如器官功能障碍、全身出血,并易继发感染,最后可引起死亡。此外,辐射引起机体的变化不仅出现在辐射作用后的近期,有时由于机体的神经体液调节和基因或染色体等因素的改变,还可出现在辐射作用的远期(如数月、数年、数十年)或者后代,称为辐射的远期效应。

5. 气压的致病作用　无论低气压,还是高气压对机体均有致病作用。对动物来说,低气压最为常见。例如,高原地带、空气稀薄、低气压环境等,均可引起动物机体的低氧血症。

6. 环境噪声　外界环境中的噪声也可对动物产生不良影响。大量观察和实验证明,音域在 $100\sim200$ 分贝(decibel, dB)强度的噪声持续作用时,可使动物的生理功能发生明显改变,特别是交感神经兴奋性增高,引起血压升高,心跳、呼吸加快,物质代谢加强,汗液分泌增多,消化道的分泌和蠕动功能减弱,消化功能降低。动物出现兴奋、惊恐,产卵或泌乳量减少等现象,严重时,动物可发生行为改变以至呈现一种顽固病态。

(四)机械性致病因素

机械性致病因素是指机械力的作用。在大多数情况下,机械力多来自外界,如震荡、挫伤、锐器或钝器的损伤、爆炸波的冲击等。机械性致病因素一般引起机体组织的各种损伤与障碍,但由于其性质、强度、作用部位和范围不同,可引起不同性质的外伤,如创伤、扭伤、骨折和脱臼等,役畜在管理不善和使用不当时最易发生这类损伤。有一小部分机械力是属于内源性的,如体内的肿瘤、异物、结石、寄生虫、脓肿或肠道内秘结的粪块,生殖道内难产的胎儿等。它们可以对组织造成种种压迫和损伤,引起管道阻塞,甚至引发坏死与穿孔。

机械性致病因素作用特点:①对组织作用没有选择性;②无潜伏期和前驱期或很短;③大多数物理性致病因素只引起疾病的发生,在疾病的进一步发展中其本身不再继续发挥作用;④致病因素作用的强度、性质、作用部位和范围,与引起损伤的程度、性质、后果有直接关系,而一般不取决于机体的反应特性。

(五)营养性致病因素

机体缺乏维持正常生命活动所必需的营养物质,如糖、脂肪、蛋白质、维生素、矿物质或者营养物质过剩,都可引起疾病。例如,给奶牛饲喂蛋白质和脂肪含量高,而碳水化合物不足的饲料,可引起奶牛酮病。某些为机体进行正常生理功能所必需的物质,如氧、二氧化碳、水分、矿物质、维生素、微量元素和激素等,它们的缺乏或过剩也可成为疾病的病因。例如,日粮中缺乏维生素 E 或微量元素硒,可引起雏鸡脑软化、渗出性素质及肌营养不良;维生素 D 缺乏可引起佝偻病,饲料中缺铁可以引起缺铁性贫血等。目前,在畜牧业中较常见的是由于饲养和饲料配合不当,使畜禽出现各种各样的营养物质缺乏症,这在营养水平要求较高的笼养鸡群中更为多见,需特别注意。

二、疾病发生的内因

动物疾病的发生除外因外,其内因也极为重要。所谓内因是指机体本身的生理状态,一般可分为 2 个方面:一方面是机体受到致病因素作用能引起损伤,即机体的感受性;另一方面机体也具有防御致病因素的能力,即机体的抵抗力。疾病的根本原因在于机体对致病因素具有感受性且机体抵抗力降低。例如,猪和马同时注射猪瘟病毒时,由于猪对猪瘟病毒具有感受性而发病,马无感受性而不发病。若给已接种过猪瘟疫苗的猪,在免疫期内注射猪瘟强毒时,由于机体已获得对猪瘟病毒的免疫力,即获得对猪瘟病毒的防御能力,则不发病。

机体对致病因素的易感性和防御能力既与机体各器官的结构、机能和代谢特点,以及防御机构的机能状态有关,也与动物的种属、品种和个体反应有关。

(一)机体的反应性

反应性是指机体对各种刺激物(包括生理性和病理性)能以比较恒定的方式发生反应的特性。反应性是动物在种系进化和个体发育过程中形成与发展起来的,随着神经系统的不断发展,动物的反应性也日趋复杂与完善,以保证机体能更好地适应外界环境。正常情况下,机体的反应性可因动物种属、品种或品系、个体、年龄、性别等而异。机体反应性不同,对致病因素的抵抗力和感受性也不尽相同。由于机体遗传或免疫特性的改变,机体反应性也可能出现异常。机体反应性异常,表现为对一般无害刺激呈现病理性反应,如变态反应;或者表现为对致病因素具有较高的遗传易感性。

1. 种属 动物由于种属不同,对外界刺激物的反应也不同。某类动物容易感染某些传染病或寄生虫病,而另一类动物则对某些疾病有先天的抵抗力,如猪不感染牛瘟,牛也不会感染猪瘟,鸡不感染炭疽等。马、牛、羊、猪和禽类都易患各该种动物的一些特有的疾病,特别是传染性疾病和寄生虫病。

2. 品种与品系 不同品种或品系的同类动物,对同一致病因素的反应性不同。例如,某些品种或品系的鸡对白血病病毒敏感,而另一些品种或品系的鸡则有较强的抵抗力。在绵羊的肺腺瘤病、某些动物的血孢子虫病、锥虫病、布氏杆菌病等,也存在着由于动物的品种或品系不同,发病率有明显的差异。这也提示了通过育种途径有可能减少这些疾病的发生。

3. 年龄 一般来说,幼龄动物的抵抗力较弱,这与免疫系统尚未发育完善和全身防御机能较低有关。成年动物的抵抗力较强,是由于免疫系统已经发育完全,全身防御机能也比较完善。实验证明,成年鸡对马立克氏病病毒感染的抵抗力,比1日龄雏鸡强1 000~10 000倍。老年动物的抵抗力较弱,是由于免疫机能和全身防御机能降低的缘故。因此,当老龄动物患传染病时,其病情较为严重,炎症反应和发热往往不明显,组织器官损伤时,再生愈合过程较为缓慢。

由于年龄不同,抵抗力有所差异,因而对于同一种疾病来说,成年动物的抵抗力一般会比幼年和老年动物强些。所以,有些疾病与年龄大小有很大关系。例如,2~4月龄的仔猪容易感染仔猪副伤寒,而6月龄以上的猪则很少患这种病。

4. 性别 动物的性别不同,对致病因素的反应性也有差异。这与神经-激素调节系统的特点有较大的关系。例如,猪患布氏杆菌病时,怀孕母猪感染后,往往出现明显的临床症状——流产,而公猪由于对该病感受性弱,常无明显特异性症状;鸡、牛和犬的白血病,通常是雌性的患病率高于雄性。

总之,动物的种属、品种或品系、个体、年龄、性别不同,对各种病原的易感性也不一样。机体的反应性异常,往往可引起相应的疾病。

(二)机体的防御机能

外界致病因素侵入机体产生损伤作用的过程中,会遇到机体各种屏障,这些屏障就是机体本身的防御结构。动物机体的防御能力就是由机体的屏障结构及其相应的功能所形成的,当机体的屏障结构遭到破坏或其功能发生障碍时,即可使机体防御能力下降而发病。机体的屏障结构包括外部屏障和内部屏障2个方面。

1. 外部屏障　外部屏障主要由皮肤、黏膜及腺体、骨骼、肌肉等组成。外部屏障作为机体的第一道防线,能有效地阻挡病原微生物的入侵和化学毒物的作用。

(1)皮肤　完整健康的皮肤具有阻止细菌入侵的屏障能力,而且皮脂腺和汗腺分泌的脂肪酸和乳酸等酸性物质具有一定的杀菌、抑菌作用,皮肤的表皮由鳞状上皮组成,缺乏血管和淋巴管结构,因此可以阻止一般毒物的侵蚀和吸收。皮肤中有丰富的感觉神经末梢分布,借助神经反射能使机体及时避开强烈的机械刺激的损害。因此,当皮肤受到损伤,其完整性遭到破坏时,微生物或其他致病刺激物可经由损伤处侵入。

(2)黏膜　黏膜分布于机体的消化道、呼吸道、泌尿生殖道等部位,除具有屏障机能外,还具有分泌、排泄和杀菌作用。例如,眼泪和唾液含有溶菌酶,有溶解细菌的能力;胃液、胆汁和肠液等都具有一定的杀菌作用;气管黏膜纤毛的运动能防止异物的入侵和排出异物;黏膜感受器非常敏感,当受到异物刺激后,可以反射性地咳嗽、喷嚏、呕吐等,可将异物排出体外。因此,发生损伤的黏膜,往往会成为感染的窗口。

此外,骨骼、肌肉、皮下结缔组织等,在一定程度上,有保护体腔脏器,尤其是重要生命活动器官的作用。

2. 内部屏障　内部屏障主要包括淋巴结、单核吞噬细胞系统、肝脏、血脑屏障、胎盘屏障等。

(1)淋巴结　病原微生物及其他致病因素一旦穿过皮肤、黏膜,沿着皮下淋巴管进入淋巴结,并被挡在淋巴结内,有吞噬细胞将其吞噬消灭。同时淋巴结也能产生抗体,具有破坏细菌及其毒素的作用。

(2)单核吞噬细胞系统　主要包括分散在全身各器官组织中的巨噬细胞、单核细胞及幼稚的单核细胞。它们具有很强的吞噬能力,在抗体和其他体液因子的协同下,吞噬能力明显增强。因此,当体内吞噬细胞减少或吞噬能力障碍时,容易导致局部感染全身化。

(3)肝脏　肝脏是体内主要的解毒器官,从肠道吸收来的各种有毒物质,随血液循环由门静脉到达肝脏,肝细胞通过结合、氧化、还原、甲基化、乙酰化等方式,使之转化为无毒或毒性降低的产物经肾脏排出体外。肝脏的屏障机能有赖于肝内有充分的糖原与谷胱甘肽。当肝细胞变性或维生素缺乏,肝脏的屏障机能就会减退。

(4)血管屏障　血管屏障是由血管内皮细胞及管壁的各层结构所组成的屏障结构,可阻止进入血液的病原微生物穿过血管壁进入周围组织。因此,一旦血管屏障遭到破坏,就可使病原通过血液扩散到全身。

(5)血脑屏障　血脑屏障是指由脑膜、脉络膜及其血管所组成的屏障结构,可阻止血液中的某些毒素、细菌进入脑脊液及脑组织。若血脑屏障被破坏,则可使中枢神经系统遭受病原体的侵害,出现致命性疾病。例如,狂犬病病毒、乙型脑炎病毒等。

(6)胎盘屏障　胎盘屏障可以阻止母体的病原体及其产物通过绒毛膜进入胎儿血液循环感染胎儿,从而保护胎儿不受伤害。若胎盘屏障遭到破坏,则可使某些病原微生物侵袭胎儿,引起胎儿死亡、流产或先天性疾病。

(三)遗传性因素

某些疾病的发生与遗传因素有关。遗传因素对疾病的作用主要有 2 方面。一是遗传物质的改变可以引起遗传性疾病,例如,某种染色体畸变可引起先天愚型,某种基因突变可引起马的黑尿病等;二是由于机体某种遗传上的缺陷,使后代的生理、代谢具有容易发生某种疾病的倾向,即后代获得对某种疾病的遗传易感性,并在一定的环境因素作用下,机体发生相应的疾病(如高血压病、糖尿病等)。

(四)免疫学因素

当机体的非特异性和特异性免疫功能降低时,可促进疾病的发生。但机体的免疫功能严重不足或缺乏时,可引起免疫缺陷病。此时机体易伴发致病微生物的感染或较易发生恶性肿瘤。异常的免疫反应可引起变态反应性疾病。如花粉、皮毛、药物(青霉素、链霉素)、食物(如鱼、虾)等对具有过敏体质的人易引起诸如荨麻疹、过敏性休克、支气管哮喘等变态反应性疾病。某些机体对形成的自身抗原发生免疫反应并引起组织损伤,称自身免疫性疾病,如全身性红斑狼疮和类风湿性关节炎等。

三、疾病发生的诱因

疾病的发生除了有内因和外因之外,还有发病条件,即诱因,包括促进疾病发生的社会因素和自然环境。

(一)疾病发生的社会因素

社会因素包括社会制度、科技水平、社会环境等,对动物健康或疾病的发生发展有着重要影响。我国为提高人民生活水平,大力发展畜牧业,积极防治动物疾病,贯彻"预防为主,防治结合"的方针,建立了合理的卫生防疫制度。1954年在全国消灭了牛瘟,之后又消灭了牛肺疫等疾病,猪瘟、炭疽、气肿疽等病的发生也显著减少。疫苗的研制和使用,使许多传染病得到控制,使我国畜牧业得到前所未有的快速发展。

(二)疾病发生的自然环境

自然环境包括季节、气候、气温及地理环境等因素,既可影响外界致病因素,又可以影响机体的机能状态和抵抗力,从而影响疾病的发生。例如,夏秋季节,由于气候炎热,有利于肠内致病菌的生长繁殖,容易发生消化系统性传染病;而冬春季节,由于气候寒冷,上呼吸道黏膜抵抗力降低,容易诱发呼吸道疾病。此外,不同季节和不同地区其发病情况也不同。南方地区易发生血吸虫病,而北方地区常发生微量元素缺乏等代谢性疾病。近年来,随着工业生产的发展,"三废"(废水、废气、废渣)对环境的污染日趋严重,成为引起动物发病的重要的致病因素和条件。

任何疾病都是有原因的,但仅仅有原因的存在不一定发生疾病,疾病的发生常常需要一定的条件,原因是在一定的条件下发挥致病作用的。疾病发生发展过程中的原因和条件是相对的,是针对某个具体疾病而言的,对于不同的疾病,同一因素可以是某一疾病发生的条件,也可以是另一疾病发生的原因。如寒冷,既是冻伤的原因,也是感冒、肺炎、关节炎等多种疾病发生的条件;有时,同一因素对某一疾病来说是原因,而对另一种疾病则可能为条件。例如,营养不足是营养不良症的原因,而营养不足使机体抵抗力降低,又是某些疾病(如结核病)发生的重要条件之一。因此,正确认识和区别疾病的原因和条件在疾病发生发展中的作用,对于预防和治疗疾病具有重要意义。

第五节　疾病发生发展的基本规律

一、疾病发生的一般机理

疾病发生的机理是指疾病过程中各种变化发生发展的基本原理,其不同于个别疾病的特殊机制。致病因素作用于动物机体,一方面可造成机体的病理性损伤,另一方面又可引起机体的一系列抗损伤反应。所有这些现象的出现,主要通过致病因素对组织细胞的直接或间接作用,或通过神经系统机能改变,或通过体液因素的作用来实现。

(一)组织细胞机制

致病因素作用于机体后,可以直接或间接作用于组织、细胞,造成某些细胞的功能、代谢障碍甚至结构的损伤,从而引起自稳调节紊乱,细胞产生一系列的病理改变,构成了疾病的细胞学基础。某些致病因素,如高温、冻伤、强酸和强碱可无选择性地直接造成组织、细胞的损伤;而另一些致病因素则有选择性地损伤细胞膜脂质或离子泵功能,使细胞内外环境失调,或通过与细胞膜上的特异性蛋白结合而侵入细胞,造成细胞损伤甚至死亡,从而导致相关组织器官功能障碍。如四氯化碳引起的肝脏坏死、猪瘟病毒引起的微血管内皮损伤、组织滴虫侵入机体主要侵害盲肠和肝等。

(二)体液机制

体液质和量的相对恒定,对于维持机体内环境的稳定及正常生命活动有着十分重要的意义。许多致病因素或病理性产物可直接或间接地引起体液质和(或)量的改变,从而导致各种疾病或病理变化的发生,称体液机制(humoral mechanism)。

致病因素引起体液变化,主要表现为体液量的增加或减少,酸碱度的改变,渗透压增高或降低,各种电解质含量及比例的变化,氧和二氧化碳分压、激素水平的改变以及抗原抗体复合物的出现等,上述体液各成分或含量的改变,均可引起机体相应组织器官的功能、代谢以至形态结构的变化。体液因素在疾病发生发展中的作用是很复杂的,往往与神经机制同时发生,共同参与,因此常称为神经体液机制。

(三)神经机制

神经系统在维持、调控动物生命活动中起主导作用。某些致病因素或病理产物作用于神经系统的不同部位(如感受器、传入纤维、中枢神经、传出纤维等),引起神经调节功能改变而发生相应疾病或病理变化,称为疾病的神经机制(neural mechanism)。神经系统的变化与疾病的发生发展密切相关,发生疾病时也常有神经系统的变化。在疾病发生过程中,神经系统的作用可分为致病因素对神经的反射作用和对中枢神经的直接作用。

1. 神经的反射作用　例如,饲料中毒时,机体可出现反射性的呕吐与腹泻;有害气体的刺激可引起呼吸的减弱或暂停;缺氧时,低氧分压刺激颈动脉体和主动脉体的化学感受器,反射性地引起呼吸加深加快等。这些变化均由致病因子作用于感受器,引起神经调节功能改变的结果。

2. 致病因素的直接作用　在感染、中毒等情况下,致病因素可直接作用于中枢神经,引起神经机能障碍。例如,感染(狂犬病病毒、流行性乙型脑炎病毒等)、一氧化碳中毒、铅中毒等,可直接破坏神经组织,引起相应疾病。

(四)分子机制

从分子水平上研究疾病时机体各种功能、代谢和形态结构改变的机制称为疾病发生的分子机制(molecular mechanism)。细胞内含有许多大分子与小分子物质。细胞内的大分子主要是蛋白质和核酸,而蛋白质和核酸是有机体生命现象的主要分子基础,生命的信息储存于核酸,构成生命过程的化学反应则是由蛋白质调节、控制的。在疾病过程中,无论致病因素通过何种途径引起疾病,都会以各种形式表现出分子水平上大分子与小分子的异常;反之,分子水平的异常变化又会在不同程度上影响正常生命活动。因此,近年来从分子水平研究生命现象和疾病的发生机制引起了极大的重视,它使人们对疾病时形态、功能、代谢变化的认识以及对疾病本质的探究进入了一个新的阶段,这就是近年来形成的分子病理学(molecular pathology)。分子病理学主要研究生物大分子(核酸、蛋白质及其酶类)在疾病发生中的作用,即从分子水平阐述疾病发生的机理。分子病(molecular disease)是指由于 DNA 遗传性变异而引起的一类以蛋白质异常为特征的疾病。越来越多的病理学工作者认识到研究疾病发生的分子机制的重要性。有人指出"疾病是体内细胞变异的表象,细胞变异又是细胞核内基因受损的表象"。这也就说明,基因对机体患某种疾病起着重要作用,要想控制某种疾病的发生,就要对疾病易感基因进行评估,从而有针对性地预防。因此,基因及其表达的调控是决定健康或疾病的基础。

总之,上述 4 种基本机制在疾病过程中不是孤立发生的,而是紧密联系、同时或相继发挥作用的,它们相互联系,相互影响,共同决定疾病的发生发展过程。例如,致病因素作用于神经系统(神经机制)时可通过神经递质(体液机制)影响免疫系统(细胞和体液机制),也可通过激素系统而影响细胞核基因组遗传信息的传递(分子机制)。

二、疾病发生发展的基本规律

马克思主义认为,一切事物都有其内在的发展规律,疾病的发生、发展也不例外。疾病发生、发展的基本规律主要是指各种疾病在其发生发展过程中共同存在或遵守的基本规律,主要体现在以下 3 个方面。

(一)损伤与抗损伤斗争

疾病发生发展过程就是损伤与抗损伤的复杂斗争过程。致病因素作用于动物机体后,一方面引起机体功能、代谢和形态结构的各种病理性损伤,同时也引起机体出现一系列防御、适应和代偿等抗损伤反应。损伤和抗损伤的斗争,推动着疾病的发生发展,贯穿疾病的始终,决定着疾病的转归。损伤与抗损伤的对比关系决定着疾病的发展方向和结局。当损伤性变化占优势时,则疾病发展趋向恶化,甚至导致机体死亡;反之,当抗损伤变化占优势时,则疾病趋向缓解,动物机体逐渐恢复健康。例如,机体外伤性出血时,一方面引起组织损伤、血管破裂、血液丧失等一系列损伤性变化;同时,机体也发生一系列抗损伤反应,如血管收缩、心率加快、心肌收缩力加强、血库释放储存的血液参与循环等。如果失血量不大,病理性损伤不严重,通过上述抗损伤反应,加上相应的医疗措施,机体可恢复健康;反之,如出血过多,损伤严重,机体的抗损伤反应不足以抗衡损伤性变化时,则病情向恶化方向发展,就可能引起机体缺氧、休克等一系列严重后果,甚至导致动物死亡。

疾病过程中的损伤与抗损伤这对矛盾,并不是固定不变的,在一定条件下可以相互转化。如肠炎时,肠蠕动和分泌机能增强出现的腹泻可排出细菌毒素,这是有利于机体的抗损伤反应;若长期过度腹泻,可引起机体发生脱水和酸中毒,这就使抗损伤反应转化为损伤反应。所以,在兽医临床实践中,必须善于区分疾病发生发展过程中的损伤与抗损伤反应,注意识别这种转化所必需的条件,才能做出正确的判断,采取有效的措施,使机体的抗损伤反应逐渐增强,促进疾病的康复。

(二)因果转化规律

因果转化规律是疾病发生发展中的基本规律之一,是指原始病因作用于机体后引起机体发病,产生一定的损伤性变化,即为原始病因作用的结果,在一定条件影响下这一结果又作为新的原因引起另一种新的病理变化,而后者再转化为原因,再引起新的病理变化,如此病因与结果交替作用,形成一个链锁式发展的疾病过程,在这个过程中,每一环节既是前一种变化的结果,同时又是后一个变化的原因。在不同的疾病或同一疾病的不同状态下,因果转化可以向坏的方向发展,形成恶性循环,而导致死亡;也可以向好的方向发展,形成良性循环,最后使得疾病痊愈。例如,机械性因素作用于机体造成创伤性大出血,使血容量减少,血压下降;血压下降可反射性引起交感神经兴奋,进而使皮肤、腹腔内脏器官的微动脉和小静脉收缩,引起组织缺氧;持续的组织缺氧,又可导致大量血液淤积在毛细血管和微静脉内,而使回心血量和心输出血量减少,这样组织缺氧更趋严重,会有更多血液淤积在微循环中,使回心血量进一步锐减,如此循环作用,致使每一次因果转化都促使病情进一步恶化。相反,如果能及时采取有效的止血、输血等措施,即可防止病情的恶化。如果恶性循环已经出现,也可通过输血补液、正确使用血管活性药物、纠正酸中毒等措施来阻断恶性循环,使病情向有利于机体康复的方向发展。因此,运用此规律认识疾病发生发展中出现的恶性循环,对正确治疗疾病,防止疾病进一步恶化,具有重要意义。

(三)局部与整体相互影响的辩证规律

任何疾病都是完整机体的复杂反应,既有局部表现又可出现全身反应,而各组织、器官和致病因素作用部位的病理变化,均是全身性疾病的局部表现。局部病变可通过神经和体液途径影响全身功能状态,而机体的全身功能状态也可影响局部病变的发展。二者在疾病过程中相互影响、相互制约。例如,肺结核病,病变主要在肺,但常有发热、食欲不振及血沉加快等全身反应;另一方面,肺结核病也受全身状态的影响,当机体的抵抗力增强时,肺部病变可以局限化甚至痊愈;抵抗力降低时,肺部病变可以发展,甚至播散到其他部位,形成新的病灶。正确认识疾病过程中局部和整体的关系,对于采取正确的医疗措施具有重要的意义。

数字资源 1-1
疾病与健康

因此,在研究疾病过程中的整体与局部关系时,应该认识到在每一个疾病过程中,局部和整体之间的关系都有其各自的特征,而且随病程的发展两者间的联系又不断变化,还可以发生彼此间的因果转化,此时究竟是全身病变还是局部病变占主导地位,应做具体分析。

(安 健 张建军)

第二章　血液循环障碍

　　血液循环是指血液在心血管系统中周而复始流动的过程。它是机体的重要生理机能之一，通过血液循环向各器官组织输送氧气、营养物质、激素和抗体等，同时又不断从组织中运走二氧化碳和各种代谢产物，从而保证机体物质代谢的正常进行。血液循环受神经和体液因素调节，并与其他系统，特别是呼吸和血液等系统之间有着密切联系。无论是心血管系统本身及其调节过程发生损伤或障碍，还是血液、呼吸系统出现病理过程，都将使血液循环遭受破坏，发生血液循环障碍。血液循环障碍将引起相应器官的代谢紊乱、功能失调和形态改变。同时，血液循环障碍与其他各种病理过程（如变性、坏死等）也有着密切关系。

　　血液循环障碍根据其发生的原因与波及的范围不同，可分为全身性和局部性2类。全身性血液循环障碍是由于心血管系统的机能紊乱（如心机能不全、休克等）或血液性状改变（如弥散性血管内凝血）等而引起的波及全身各器官、组织的血液循环障碍；局部性血液循环障碍是指某些病因作用于机体局部而引起的个别器官或局部组织发生的血液循环障碍。两者虽然在表现形式和对机体的影响上有所不同，但又有着密切的联系。局部血液循环障碍可由局部因素引起，亦可是全身血液循环障碍的局部表现，如肾梗死是肾脏局部动脉栓塞缺血引起的，而右心衰竭引起的肝淤血是全身性血液循环障碍在肝脏局部的表现。此外，局部血液循环障碍除引起局部器官和组织的病理变化和机能障碍外，有时也可导致全身性血液循环障碍，如心肌梗死是局部血液循环障碍的结果，但严重时可引起心力衰竭，导致全身性血液循环障碍。本章将分别叙述局部血量改变引起的充血和缺血；血管壁的通透性和完整性改变引起的出血；血液性状和血管内容物改变引起的血栓形成和栓塞；微循环血液灌流量不足引起的休克。

第一节　充　　血

　　充血（hyperemia）是指组织或器官血管内血液含量增多的现象，可分为动脉性充血和静脉性充血2种（图2-1）。

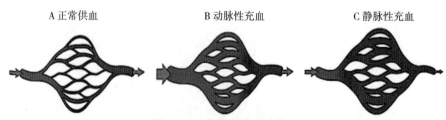

A 正常供血　　　　　B 动脉性充血　　　　　C 静脉性充血

图 2-1　正常和异常血流情况

（采自 Pathologic Basis of Veterinary Disease，6th Edition，James F Zachary）

一、动脉性充血

因小动脉扩张而流入局部组织或器官的血量增多的现象称为动脉性充血(arterial hyperemia),又称主动性充血(active hyperemia),简称充血。充血根据其发生的原因和机理可分为生理性充血和病理性充血2种:生理性充血是在生理状态下,器官和组织机能活动增强发生的充血,如采食时胃肠道黏膜表现充血、劳役时肌肉发生充血及妊娠时的子宫充血等;病理性充血是在致病因素作用下发生的充血。

(一)原因和发生机理

1. 外界因素 能引起动脉性充血的原因很多,包括机械、物理、化学、生物性因素等,只要达到一定强度都可引起充血。其发生机理包括神经反射和体液因素作用2方面。当上述病因作用于局部感受器时,可反射性地引起血管收缩神经兴奋性降低,或者同时血管舒张神经兴奋性增高,导致小动脉扩张、充血。充血的发生还与轴突反射有关,即来自各种局部刺激的冲动,沿传入神经的分支不传入脊髓就直接传导到传出神经,引起小动脉扩张。体液因素作用是指一些血管扩张活性物质对血管的直接作用,如炎症过程中产生的组织胺、5-羟色胺、激肽、腺苷等均可直接作用于血管壁,使小动脉扩张、充血,局部组织因充血而代谢旺盛,温度升高,机能增强(如腺体或黏膜的分泌增多等)。

2. 机体的反应性增高 是指血管对一般生理性刺激的感受性增高,正常情况下不引起充血的生理刺激此时可以引起充血。例如,作为诊断手段之一的局部变态反应性炎中的充血现象。

(二)充血的类型

病理性充血多见于以下各种病理过程中:

1. 炎性充血 在炎症早期或炎灶边缘,由于致炎因子刺激血管舒张神经或麻痹缩血管神经及一些炎症介质的作用而引起的充血。炎性充血是最常见的一种病理性充血类型,几乎所有炎症都可看到充血现象,尤其是炎症早期或急性炎症表现得极为明显,所以常把充血看作炎症的标志。

2. 刺激性充血 摩擦、温热、酸碱等物理或化学因素刺激引起的充血。这类充血的机理同炎性充血,只是程度较轻。

3. 减压后充血(贫血后充血) 长期受压而引起局部缺血的组织,血管张力降低,一旦压力突然解除,小动脉反射性扩张而引起的充血。例如胃肠臌气或腹水时,当迅速放气、放水,腹腔内的压力突然消失,腹腔内受压的动脉发生扩张充血。这种充血易造成其他器官(如脑)、组织的急性缺血,严重时会危及生命。

数字资源 2-1
侧枝性充血

4. 侧支性充血 当某一动脉内腔受阻或受压迫引起局部缺血时,缺血组织周围的动脉吻合支发生扩张充血,进而血流增强,借以建立的侧支循环补偿受阻血管的供血不足。

(三)病理变化

眼观:发生充血的器官、组织色泽鲜红,体积轻度增大;当充血位于体表时触之温度升高,血管有明显的搏动感。

镜检:小动脉和毛细血管扩张,管腔内充满红细胞,由于充血多见于炎症过程中,故常见炎性细胞、渗出液、出血和实质细胞变性坏死等病理变化(彩图2-1)。

数字资源 2-2
皮肤充血

值得注意的是,动物死后常受以下 2 方面的影响,而使充血现象表现很不明显:一是动物死亡时动脉发生痉挛性收缩,使原来扩张充血的小动脉变为空虚状态。二是动物死亡时,心力衰竭导致的全身性淤血及死后的沉积性淤血,掩盖了生前的充血现象。

(四)结局和对机体的影响

充血多为一时性的病理过程,原因消除后即可恢复正常。

充血是机体防御、适应性反应之一。充血时,由于血流量增加和血流速度加快,一方面可以输送更多的氧、营养物质、抗病因子等,使机能亢进,从而增强局部组织的抗病能力;另一方面可将局部产生的代谢产物和致病因子及时排除,这对消除病因和修复组织损伤均有积极作用;但充血对机体也有损伤的一面,若病因作用较强或持续时间较长而引起持续性充血时,可造成血管壁的紧张度下降或丧失,血流逐渐缓慢,进而发生淤血、水肿和出血等变化。此外,由于充血发生的部位不同,对机体的影响也有很大差异,如脑充血时,常可因颅内压升高而使动物发生神经机能障碍,甚至昏迷死亡。

二、静脉性充血

静脉性充血(venous hyperemia)是由于静脉血回流受阻,血液淤积在小静脉和毛细血管内,使局部组织或器官的静脉血含量增多的现象,又称被动性充血(passive hyperemia),简称淤血(congestion)。

(一)原因和机理

淤血可分为局部性淤血和全身性淤血。

1. 局部性淤血

(1)静脉受压 静脉受压使其管腔狭窄或闭塞,血液回流受阻,导致器官和组织淤血。常见有肠扭转、肠套叠时,肠系膜静脉受压迫,造成相应的肠系膜和肠壁血管淤血;肿瘤、炎症包块或绷带包扎过紧也可使静脉受压而引起相应组织淤血。

(2)静脉管腔阻塞 静脉内血栓形成、栓塞,或因静脉炎而使静脉管壁增厚等,均可造成静脉管腔狭窄或阻塞,引起淤血。

2. 全身性淤血 主要由心脏机能不全或胸膜腔内压增高引起。心包炎、心肌炎或心瓣膜病等引起心力衰竭,胸膜炎、纤维素性肺炎等引起胸腔积液及胸膜腔内压增高,均可造成静脉回流受阻,而发生全身性静脉淤血。左心衰竭时(如二尖瓣或主动脉瓣狭窄或闭锁不全),血液淤积在肺静脉和肺毛细血管中,引起肺淤血;右心衰竭时(如三尖瓣或肺动脉瓣狭窄或闭锁不全),血液淤积在大循环的静脉中,导致全身性静脉淤血,尤其肝脏淤血最明显。

(二)病理变化

眼观:淤血组织、器官体积增大,重量增加,呈暗红色或蓝紫色。这种颜色的变化,在动物的可视黏膜及无毛皮肤上特别明显,这种症状称为发绀(cyanosis)。淤血局部温度降低,代谢机能减弱。

淤血组织、器官体积增大的原因是静脉血量增加、静脉压升高和因氧化不全代谢产物的蓄积引起毛细血管壁通透性增大,使血浆外渗形成的淤血性水肿;由于静脉血液回流受阻,血流缓慢,动脉血液流入量减少,血氧含量降低,氧合血红蛋白减少,还原血红蛋白增多,故局部多呈暗红色,严重时呈蓝紫色;因淤血组织血流缓慢,缺乏氧和营养物质,氧化代谢受阻,产热减少,导致淤血局部温度降低。

镜检:可见淤血组织中的小静脉和毛细血管扩张,血管内充盈大量血液。

各器官的淤血,既有上述共同的规律性表现,又有各自的特点。下面介绍几个重要器官淤血时的特征性病理变化。

1. 肝淤血 肝淤血多见于右心衰竭的病例。急性肝淤血时,肝脏体积增大,被膜紧张,边缘钝圆,表面呈暗紫红色,质地较实。切开时流出大量紫红色的血液,切面上大小静脉均扩张。镜检,肝小叶的中央静脉及其周围的窦状隙扩张,充满红细胞,小叶间静脉也扩张,充满血液。淤血较久时,由于淤血的肝组织伴发脂肪变性,故在切面可见到红黄相间的网格状花纹,其状如槟榔切面的花纹,故有"槟榔肝"之称(彩图 2-2),镜检时,可见肝小叶中心部的中央静脉及窦状隙扩张,其内充满红细胞,该区肝细胞因受压迫而萎缩,甚至消失。小叶边缘肝细胞因缺氧而发生脂肪变性。长期淤血时,中央静脉和汇管区的结缔组织因受氧化不全的代谢产物刺激而增生,最后导致淤血性肝硬化。

数字资源 2-3
猪肝淤血

2. 肺淤血 肺淤血主要是由于左心机能不全,肺静脉血液回流受阻所致。眼观,肺脏体积膨大,肺呈暗红色或蓝紫色,质地柔韧,重量增加,切一块淤血的肺组织放于水中,可见其呈半沉浮状态。切开肺脏时,见切面呈暗红色,从血管断端流出大量暗红色的血液。肺淤血稍久,则血浆可从血管内渗入肺泡腔、支气管和间质,此时,可见支气管内有大量白色或淡红色泡沫样液体;肺间质增宽,呈灰白色半透明状。镜检,肺内小静脉及肺泡壁毛细血管高度扩张,充满大量红细胞;肺泡腔内出现淡红色的浆液和数量不等的红细胞。慢性肺淤血时,常在肺泡腔中见到吞噬有红细胞或含铁血黄素的巨噬细胞,因为这种细胞多见于心力衰竭的病例,因而又有"心力衰竭细胞"之称。肺长期淤血时,可引起肺间质结缔组织增生,同时常伴有大量含铁血黄素在肺泡腔和肺间质内沉积,肺组织呈棕褐色,使肺脏发生褐色硬化。

3. 肾淤血 多见于右心衰弱的情况下。眼观肾脏体积稍肿大,表面呈暗红色,被膜上小血管呈细网状扩张,切开时,从切面流出多量暗红色血液,皮质因变性而呈红黄色。皮质和髓质交界处,因弓状静脉淤血而呈暗紫色,故使皮质和髓质的分界明显。

(三)结局和对机体的影响

急性淤血,原因消除后,可以完全恢复。若淤血持续时间过久,血管壁因缺氧而通透性加大,大量液体渗入组织间隙,会造成淤血性水肿。毛细血管损伤严重时,红细胞渗出至血管外,则引起淤血性出血。若淤血持续时间更长,则引起实质细胞萎缩、变性甚至坏死,同时伴发间质结缔组织增生,使组织变硬,称为淤血性硬化。

淤血对机体的影响,取决于淤血的范围、器官、程度、发生的速度、持续时间,以及侧支循环建立的状况。淤血器官和组织的代谢、机能都发生障碍。由于静脉系统有大量吻合支,当局部静脉受压或阻塞时,其吻合支能及时扩张,建立有效的侧支循环,使血液得以回流。但侧支循环的代偿作用是有限的,当淤血的程度超过其所能代偿的范围时,终将出现淤血所致的上述一系列变化。

第二节 出 血

血液流出心脏或血管之外的现象称为出血(hemorrhage)。血液流至体外称为外出血(external hemorrhage),流入组织间隙或体腔内则称为内出血(internal hemorrhage)。

一、原因和发病机理

出血的直接原因是心、血管壁损伤。根据血管壁的损伤程度不同可将其分为破裂性出血和渗出性出血两种。

（一）破裂性出血（hemorrhage by rhexis）

破裂性出血是由于心脏或血管壁破裂而引起的出血。引起破裂性出血的原因有：

1. 机械性损伤　刺伤、咬伤等外伤时，损伤血管壁，血液流出血管之外。

2. 侵蚀性损伤　在炎症、肿瘤、溃疡、坏死等过程中，血管壁受周围病变的侵蚀作用，以致血管破裂而出血，如肺结核病、脓肿等。

3. 血管壁发生病理变化　在血管发生动脉瘤、动脉硬化、静脉曲张等病变的基础上，当血压突然升高时，常导致血管破裂而出血。

（二）渗出性出血（hemorrhage by diapedesis）

渗出性出血是由于小血管壁（毛细血管前动脉、毛细血管和毛细血管后静脉）的通透性增高，血液通过扩大的内皮细胞间隙和损伤的血管基底膜而缓慢地渗出到血管外。渗出性出血常见于浆膜、黏膜和各实质脏器的被膜。引起渗出性出血的原因很多，常见有以下5种：

1. 淤血和缺氧　淤血和缺氧时可引起局部组织酸性代谢产物堆积及细胞代谢障碍，使毛细血管内皮细胞发生变性及基底膜损伤，从而造成血管壁通透性增高，加之淤血时毛细血管内流体静压升高，促使红细胞渗出血管外。

2. 感染和中毒　急性炎症性疾病和急性热性传染病，如巴氏杆菌病、猪瘟、鸡新城疫、兔出血症、马传染性贫血等，以及蕨中毒、蛇毒中毒、砷中毒、有机磷中毒等。由于病原体在体内大量繁殖产生毒素或释放组织毒性因子，都可导致血管壁通透性增高而引发渗出性出血。

3. 过敏反应　动物对某些药物或饲料等产生过敏反应也可损伤毛细血管壁，使其通透性增高。

4. 维生素 C 缺乏　维生素 C 缺乏时，血管基底膜黏合质形成不足，影响毛细血管壁结构的完整性，引起出血。

5. 血液性质改变　任何原因引起血液中血小板减少或凝血因子不足，均可引起渗出性出血，如病毒感染、白血病、弥散性血管内凝血、败血症、尿毒症等情况。血小板数量减少或凝血因子过度消耗致红细胞向毛细血管外逸出。

数字资源 2-4
血液性质改变
引起出血

二、病理变化

出血的病理变化因损伤血管的种类、局部组织的特点以及出血速度的不同而有差异。

（一）内出血

1. 血肿（hematoma）　破裂性出血时，流出的血液聚积在组织内，并挤压周围组织形成的局限性血液团块。血肿常发生在皮下、肌间、黏膜下、浆膜下和脏器内，为分界清楚的血凝块，暗红或黑红色。较大的血肿，切面常呈轮层状，或还有未凝固的血液，时间稍久的血肿块外围有结缔组织包膜。

2. 淤点（petechia）和淤斑（ecchymosis）　渗出性出血时，出血灶呈针头大的点状者（一般直径不超过 1 mm），称为出血点或淤点。出血灶呈斑块状（直径由数毫米至 1.0 cm），近似圆形或不规则形者，称出血斑或淤斑。淤点和淤斑常见于皮肤、黏膜、浆膜和脑实质，呈鲜红色或红色斑点状（彩图 2-3）。这是由于局部组织的毛细血管及小静脉渗出性出血，红细胞在组织间隙内呈灶状聚集。皮肤、黏膜上的淤斑带紫色者称为紫癜，如急性猪瘟时全身皮肤淤点、淤斑或紫癜。新鲜出血灶呈鲜红色，陈旧出血灶呈暗红色，之后随红细胞降解形成含铁血黄素而带棕黄色。

3. 积血（hematocele）　指由外出的血液进入体腔或管腔内。积血的量不等，常混有凝血块。见于各种浆膜腔和体腔，如心包积血、胸腔积血、腹腔积血等。

4. 溢血（suffusion）　外出的血液进入组织内称为溢血，如脑溢血。

5. 出血性浸润（blood infiltration）　指由于毛细血管壁通透性增高，红细胞弥漫性浸润于组织间隙，使出血的局部组织呈大片暗红色。出血性浸润多发生于淤血性水肿时，如胃肠道、子宫等器官的转位。

6. 出血性素质（hemorrhagic diathesis）　指机体有全身性渗出性出血倾向，表现为全身皮肤、黏膜、浆膜、各内脏器官都可见斑点状出血。出血性素质多见于急性传染病（如急性猪瘟、急性猪肺疫等）、中毒病（如有机磷中毒、牛的蕨中毒）及原虫病（如焦虫病、弓形体病），并且是这些疾病的特征性病理变化，有诊断价值。

（二）外出血

外出血的主要特征是血液流出体外，容易看见，如外伤时，在伤口处可见血液外流或凝血块。此外，肺及气管出血，血液被咳出体外称为咳血或咯血；消化道出血时，血液经口排出体外称为吐血或呕血；经肛门排出体外称为便血；有时肠道出血在肠道菌作用下，使粪便变成黑色，称为黑粪症或柏油样便；泌尿道出血时，血液随尿排出，称为尿血。

镜检时，出血的特征为组织的血管外有红细胞散在聚集（彩图 2-4）和吞噬红细胞与含铁血黄素的吞噬细胞。

三、结局和对机体的影响

除心脏和大血管破裂出血外，一般的出血，因受损处血管发生反射性痉挛及局部血管血栓形成而自行止血。流入体腔和组织间隙的血液可逐渐被分解吸收，或者引起机化或包囊形成；而大量的局限性出血，因吸收困难，常在血肿周围由结缔组织形成包囊，甚至完全被结缔组织取代。

出血对机体的影响依出血发生的原因、出血量、出血部位和速度不同而异。当心脏或较大的动、静脉破裂而出血，在短时间内出血量达到血液总量的 20%～25% 时，即可发生出血性休克。心脏破裂出血引起心包填塞，导致急性心力衰竭。出血发生在重要器官，如脑，特别是脑干，即使量少，往往也可引起严重的神经功能紊乱，颅内积血可使颅内压升高，压迫中枢神经组织，引起瘫痪或死亡。总之，少量、短时间的出血，又发生于非生命重要器官，则对机体影响不大。但皮肤、黏膜、浆膜及实质器官的点状和斑状出血，虽然出血量不多，但表明有败血症或毒血症的可能性，提示疾病的严重性。长期持续少量出血，可导致机体贫血。

（泰　刚）

第三节　血栓形成和栓塞

一、血栓形成

血栓形成(thrombosis)是指在活体心脏或血管内血液凝固或血液中某些成分析出并凝集形成固体团块的过程。所形成的固体团块称为血栓(thrombus)。

血液中存在着凝血系统和溶血系统。在生理状态下,血液中的凝血因子不断地被激活产生凝血酶,形成微量纤维蛋白,沉着于血管内膜上,但这些微量的纤维蛋白又不断地被激活的纤维蛋白溶解系统所溶解,同时被激活的凝血因子也不断地被单核吞噬细胞系统所吞噬。上述凝血系统和纤维蛋白溶解系统的动态平衡,既保证了血液潜在的可凝固性,又保证了血液的流体状态。有时在某些能促进凝血过程的因素作用下,打破动态平衡,触发凝血过程,即形成血栓。

(一)血栓形成的条件和发生机理

血栓形成是凝血过程被激活的结果。血栓形成的条件包括心血管内膜损伤、血流状态改变和血液凝固性增高3方面。

1. 心血管内膜损伤　完整的心血管内膜在保证血液的流体状态和防止血栓形成方面具有重要作用。这是由于内皮细胞能合成和释放抗凝血酶(血栓调节蛋白、膜相关肝素样分子、蛋白S)、抗血小板黏集的前列腺环素(prostacyclin,PGI$_2$)和一氧化氮(nitric oxide,NO)及抗凝血的血浆素原前活化因子;内皮细胞还能分泌二磷酸腺苷酶(ADP酶),降解二磷酸腺苷(ADP)和抑制血小板凝集。完好的内皮细胞不仅是一层机械屏障,把血液中的血小板和凝血因子与能促发凝血的内皮细胞下的胶原隔离开,而且其表面细胞衣中含有硫酸乙酰肝素和α-2巨球蛋白,前者可与抗凝血酶Ⅲ协同起抗凝作用,后者具有抑制凝血因子活化的作用。

心脏和血管内膜损伤是血栓形成的重要条件。心脏和血管内膜损伤时,内皮细胞发生变性、坏死和脱落,使血管内膜变得粗糙不平,内膜下的胶原纤维暴露,从而激活第Ⅻ因子(接触因子),内源性凝血系统被启动;同时,内膜损伤可以释放第Ⅲ因子(组织凝血因子),激活外源性凝血系统。内皮下胶原与血液接触,有助于血液细胞和纤维蛋白原黏着在暴露的血管壁上,可使血小板黏集于局部,并促发血小板的释放反应,释放血小板凝血因子和ADP,后者使更多的血小板黏集;胶原还能刺激血小板合成大量血栓素A$_2$(thromboxane A$_2$,TXA$_2$),TXA$_2$可使血小板黏集进一步加剧。而且粗糙的血管内膜血小板易于黏集,加之胶原纤维裸露,使血小板更易于黏附于胶原纤维上,动物实验证明这种变化可以在内皮损伤后几秒钟发生。黏附的血小板发生黏性变态,同时释放血小板凝血因子及二磷酸腺苷(ADP)等,后者又进一步促使血小板凝集形成不可复性的血小板黏集堆,从而使血小板血栓形成。

在触发凝血过程中起核心作用的是血小板的活化。能激活血小板的物质有胶原、凝血酶、ADP和TXA$_2$等,在内皮损伤后,首先激活血小板的是与血小板接触的胶原,继后凝血连锁反应被启动而产生了凝血酶,并且血小板继续地被活化又不断释出ADP和血栓素A$_2$,随血流而来的是血小板在局部不断地被激活。血小板激活主要表现以下3种连锁反应:①黏附反应,血小板黏附于局部胶原的过程需要有内皮细胞所合成的von Willebrand(vW)因子的介入,vW起桥梁连接作用,将血小板表面的整合素(integrin)、多糖蛋白受体与胶原纤维连接起来。血小板也可通过胶原受体直接与胶原结合。同时由于其胞浆内的微丝和微管收缩、变形而发生黏性变态。②释放反应，血小板的 α 颗粒(含有纤维蛋白原、纤维连接蛋白、抗肝素即血小板第Ⅳ因子、血小板生长因子及血小板所合成的凝血酶敏感蛋白)和致密颗粒(含有丰富的 ADP、Ca^{2+}、去甲肾上腺素、组胺、5-羟色胺)的内容物向血小板外释出，其中 ADP 是血小板与血小板间黏集的重要介质，Ca^{2+} 参与血液凝固的连锁反应过程。与此同时，位于血小板膜的第Ⅲ因子(磷脂)也暴露于细胞膜，成为和凝血因子Ⅸa、Ⅷa、Ca^{2+} 结合的场所，凝血因子 X 在这里被激活后，Xa、Va、Ca^{2+} 也在这里结合，形成凝血酶原酶，将凝血酶原激活成凝血酶。③黏集反应，促使血小板彼此黏集成集群的因子主要是 ADP、血栓素 A_2 和凝血酶。最初的黏集是通过释放反应所释出的 ADP，在 ADP 量少的情况下，所形成的血小板黏集堆是可复性的，即一旦血流加速，黏集成堆的血小板仍可散开;但随着血小板愈黏集愈多，活化后释出的 ADP 也愈多，黏集堆逐渐成为不可复性的。促成不可复性黏集的另一因子是血小板活化时所生成的血栓素 A_2，后者既有强大的促黏集性，又有使血小板发生释放反应的功能。在凝血因子Ⅻ(内途径)和Ⅶ(外途径)分别被胶原和组织因子所激活、凝血反应的产物凝血酶形成后，凝血酶、ADP、血栓素 A_2 共同使血小板黏集堆成为持久性。

临床上，心血管内膜损伤常见于炎症(如猪丹毒时的心内膜炎、牛肺疫时的肺血管炎、马寄生虫性动脉炎、急性细菌性心内膜炎等)和血管壁的机械性损伤(血管结扎与缝合、反复进行静脉注射与穿刺等)以及血管内膜受邻近组织病变(如肿瘤浸润)所波及等情况下。

2. 血流状态改变　血液在正常流速和正常流向时，血液中的有形成分(红细胞、白细胞和血小板)在血流的中轴流动(轴流)，血浆在血流的周边流动(边流)，血小板与血管壁之间隔着一层血浆带，因此不易接触。当血流缓慢或漩涡产生时，血小板便离开轴流进入边流，增加了与血管内膜接触的机会，并与损伤的内膜接触而发生黏集;同时，血流缓慢使被激活的各种凝血因子容易在局部达到足以凝血的浓度，从而加速血栓的形成。电镜观察表明，静脉血流缓慢、缺氧严重时，内皮细胞的超微结构发生变化，胞浆内出现空泡，最后整个细胞变成无结构的物质，这样胶原纤维裸露的机会增多。另外，血流缓慢还可使已形成的血栓容易固着在血管壁上而不断地增大。因此，血栓常发生在血流缓慢且易产生涡流(静脉瓣处)的静脉血管内。主动脉血流速度极快，很少见到血栓形成。据统计，发生在静脉内的血栓比动脉血栓多 4 倍，而静脉血栓又常发生于心机能不全、手术后或久病趴窝的患畜。此外，在动脉瘤和静脉曲张处，亦由于血流缓慢，并发生涡流而易形成血栓。这些事实均表明，血流缓慢是血栓形成的重要条件。静脉比动脉容易发生血栓，除了血流缓慢外，还与以下因素有关:静脉有静脉瓣(血流在此处有漩涡运动);静脉血管壁不像动脉血管壁那样随着心脏的跳动而搏动;静脉位置浅表，管壁较动脉薄，容易受压;经毛细血管流入静脉的血液其黏性有所增加等。心脏与动脉的血流较快，不易形成血栓，但在某些病理情况下(如二尖瓣狭窄、马的前肠系膜动脉瘤等)，由于血流状态改变，也可见到有血栓形成。

临床上，血液状态的改变多见于各种原因引起的淤血和动脉瘤、炎性充血(如子宫内膜炎、蜂窝织炎)伴发血流停滞时，为血栓形成创造了条件。

3. 血液凝固性增高　是指血液易于发生凝固的状态，通常由于血液中凝血因子激活、血小板增多或血小板黏性增加所致。在严重创伤、分娩或手术后，血液中血小板数目增多，黏性增高，血浆中的凝血因子Ⅶ、Ⅻ等含量也增加，因此，常有血栓形成。当动物大面积烧伤时，由于大量血浆流失，使血液浓缩，黏性增加，血液中血小板的数量相对增高，故血液凝固性增高。

此外,一些内脏肿瘤,因严重破坏了该处组织,大量组织凝血因子释放入血,进而激活外源性凝血系统而发生多发性静脉血栓。另外,某些毒素、异型输血和变态反应等,均可造成血小板及红细胞的大量破坏,释放出大量血小板第Ⅲ因子和红细胞素,促使血栓形成。

上述 3 个方面的因素(也即血栓形成的 3 个基本条件),往往是同时存在并相互影响、共同作用的。例如:某些传染病时的血栓形成,既有血管壁的损伤,又有血液凝固性的增高,同时还伴有血流缓慢。但在不同情况下,其中某一种条件起着主要的作用。血流缓慢固然是血栓形成的重要条件,但还必须有足够的凝血因子的参与,才能形成血栓。

(二)血栓的形成过程及其形态特点

血栓形成是一个逐渐发展的过程。在上述血栓形成因素的作用下,首先是血小板自血液中析出并黏附在血管壁损伤处裸露的胶原纤维上,黏附的血小板在胶原的刺激下被激活发生肿胀、变形,同时释放 ADP、TXA_2、5-羟色胺和血小板第Ⅲ因子等,促使血液中的血小板不断地黏在血管内膜上形成血小板黏集堆。此时的血小板黏集堆,可以在血流的冲击下重新散开。随着凝血过程的启动,凝血酶原变成凝血酶,后者不仅作用于血浆纤维蛋白原使之变成凝固状态的纤维蛋白,同时也作用于血小板黏集堆使之发生黏性变态(血小板肿胀,体积增大至正常的几倍,并伸出针状伪足样突起,粘黏成堆),纤维蛋白将血小板紧紧地交织在一起,并与内皮下的纤维连接蛋白结合,使黏集的血小板堆牢固地黏附于受损内膜表面,不再离散,并进一步使血液中的血小板继续黏附其上。如此反复进行,血小板黏集堆不断扩大,即形成最初的血栓——血小板血栓(图 2-2)。因它是血栓形成的起始点,又称为血栓的头部(血栓头)。血小板血栓眼观呈灰白色、质地较坚实的小丘状,与心瓣膜和血管壁紧密相连,故又称为白色血栓(pale thrombus)。光镜下为细小、均匀一致、无结构的血小板团块,血小板间可有微量纤维蛋

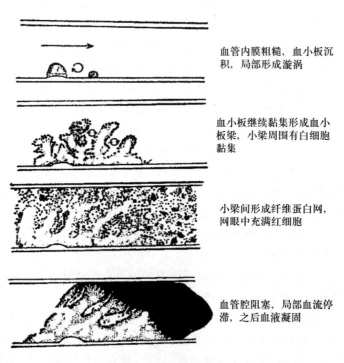

血管内膜粗糙,血小板沉积,局部形成漩涡

血小板继续黏集形成血小板梁,小梁周围有白细胞黏集

小梁间形成纤维蛋白网,网眼中充满红细胞

血管腔阻塞,局部血流停滞,之后血液凝固

图 2-2　血栓形成过程

白和白细胞存在。电镜下,可见血小板紧密接触,保持一定轮廓,但颗粒已消失。白色血栓通常见于心脏和动脉系统,这是由于心脏和动脉的血流速度快,局部形成的凝血因子被迅速稀释、冲散,血液凝固不易发生。白色血栓还见于静脉血栓的起始部,即构成血栓的头部;在以后血栓继续发展而延续过程中,可进而形成血栓的体部和尾部。

数字资源 2-5
血栓头和
血栓体

白色血栓形成后,因其突入管腔,阻碍血流,引起局部血流变慢及漩涡形成,故在漩涡周边又有大量血小板析出、凝集。随着这一过程的不断反复进行,血小板析出和凝集得越来越多,并在血流的冲击下形成了许多珊瑚状的血小板小梁。由于小梁之间血流缓慢,被激活的凝血因子可达到较高浓度,于是产生凝血过程,血液中可溶性纤维蛋白原变为不溶性纤维蛋白。后者呈细网状横挂于血小板小梁之间,其中网罗有白细胞和大量的红细胞,形成红白相间的层状结构,故称为混合血栓(mixed thrombus),是血栓头部的延续,构成静脉血栓的体部,故又称为血栓体。眼观混合血栓呈红白相间,无光泽,干燥,质地较坚实的层状结构。经时较久的混合血栓,由于血栓内的纤维蛋白发生收缩而使其表面呈波纹状。

血管内混合血栓逐渐增大,使血流更为缓慢,当管腔完全被阻塞后,局部血流停止,血液发生凝固,形成条索状血凝块,称为红色血栓(red thrombus),构成静脉血栓的尾部。红色血栓眼观呈暗红色,初期表面光滑、湿润,并有一定弹性,与一般死后血凝块一样。时间稍久,血栓的水分被吸收,变得干燥,表面粗糙,质地脆弱而易碎,失去弹性。光镜下可见纤维素网眼内充满红细胞。红色血栓易脱落而随血流至其他血管引起栓塞。随着时间的迁延,红色血栓中的血红蛋白不断降解,红色血栓就逐渐演变为灰红色或灰白色。

此外,还有一种透明血栓(hyaline thrombus),是指在微循环血管(主要指毛细血管、血窦及微静脉)内形成的一种均质无结构并有玻璃样光泽的微型血栓。此血栓只有在显微镜下才能看到,又称为微血栓(microthrombus),镜检毛细血管内充满网状的纤维蛋白(纤维蛋白性血栓)或为嗜酸性、均质半透明物质(透明血栓)。这种血栓主要由纤维蛋白构成,最常发生于肺、脑、肾和皮肤的毛细血管。临床上多见于休克时的弥散性血管内凝血(disseminated intra-vascular coagulation,DIC),如某些败血性传染病、大面积烧伤、药物过敏和异型输血过程中。

(三)血栓与血凝块的区别

动物死亡后,血管中的血栓和血凝块很相似,易于混淆。血栓是在活体动物心血管中血液凝固形成的固形物,血管中的血凝块是动物死后血液凝固形成的,二者发生的原因不同,应予以区别。血栓形成之后,由于其中的纤维蛋白收缩和水分被吸收而变得表面粗糙、干燥、缺乏弹性,血栓与血管或心壁紧密相连,不易剥离。血管中的血凝块湿润有弹性,与心血管壁不粘连,易剥离,剥离后血管壁光滑、完整。血栓与血凝块的区别见表 2-1。

表 2-1　血栓与血凝块的区别

项目	血栓	血凝块
表面情况	干而粗糙、无光泽、呈波纹状	湿润、平滑、有光泽
质地	较硬、脆	柔软、有弹性
色泽	混杂,白色、暗红色或红白相间	暗红色,均匀一致,上层似鸡脂
与血管壁的联系	部分与血管壁粘连较紧	与血管壁不粘连,易剥离,剥离后血管内膜光滑

（四）结局

血栓形成后，其结局有如下几种：

1. 血栓的软化、溶解和吸收　当血栓形成后，其中的纤维蛋白网可吸附大量的纤维蛋白溶解酶，使血栓中的不溶性纤维蛋白变为可溶性多肽，使血栓软化。同时，血栓中的白细胞崩解，释放蛋白水解酶，使血栓中的蛋白性物质溶解，使之变为小颗粒状或脓样液体，最后被巨噬细胞吞噬。较小的血栓可被溶解吸收而完全消失；较大的血栓在软化过程中，可部分或全部脱落，构成血栓性栓子，随血流运行至其他器官，形成栓塞。

2. 血栓的机化与再通　较大而未完全溶解的血栓，通常在血栓形成后 1～2 d 开始，从血管壁向血栓内长入肉芽组织，逐渐取代血栓，这一过程称为血栓机化。机化的血栓牢固地附着在血管壁上，不再发展也不会脱落。在血栓机化过程中，由于血栓干燥收缩或血栓自溶，血栓内部或血栓与血管壁之间出现裂隙，裂隙表面由增生的血管内皮细胞覆盖，最后形成与原血管相通的一个或数个小血管，并有血流重新通过，这种现象称为再通（recanalization）。

数字资源 2-6
血栓钙化

3. 血栓的钙化　血栓形成后少数没有完全软化或机化的血栓，可由钙盐沉着而钙化。钙化后的血栓称为动脉石（arterolith）或静脉石（phlebolith）。

（五）对机体的影响

血栓形成对机体的影响有 2 方面：

1. 血栓形成在一定条件下对机体具有积极的防御意义　当小血管破裂时，血栓形成具有止血作用，如创伤、手术、胃肠溃疡处的出血等，可因有血栓形成而避免大出血；被腐蚀的血管内壁血栓形成，可防止血管破裂；炎症时，炎症灶周围小血管内的血栓形成，有防止病原体蔓延扩散的作用等。

2. 血栓形成不利的一面是可引起血液循环障碍　常见的危害有：①阻塞血管腔，影响血流。若血栓发生在动脉，便会减少或中断对器官、组织的血液供应，引起局部缺血和坏死，如冠状动脉血栓形成，可以引起心肌梗死；若血栓发生在静脉，便会影响血液的回流，形成局部淤血和水肿，甚至坏死。若血栓发生在心脏内，不仅影响心肌收缩，也会影响心脏的血流动力学，造成不良后果。②引起栓塞。不论动脉、静脉还是心脏的血栓，都可以脱落而形成栓子，随血流引起远方器官血管的栓塞。③形成心瓣膜病，导致严重的全身性血液循环障碍。

二、栓塞

栓塞（embolism）是指循环血液中不溶于血液的异物随血液运行引起血管阻塞的过程。引起栓塞的异常物质，称为栓子（embolus）。最常见的栓子是脱落的血栓，此外，还有空气、脂肪、细菌团块、寄生虫和肿瘤细胞等。

（一）栓子运行的途径

栓子的运行途径一般与血流方向一致，少数情况下可逆血流运行。栓子随着血液被动地运行，到了血管口径小于栓子直径之处，栓子停止运行而阻塞血管即发生栓塞。来自肺静脉、左心或动脉系统的栓子随大循环的血液流动阻塞全身较小的动脉分枝引起栓塞，这种栓塞常见于脑、肾、脾等处；来自右心及静脉系统的栓子随血液运行到肺，按栓子大小不同而阻塞不同的肺动脉分枝（小循环性栓塞）；来自门静脉系统的栓子，随门静脉血流进入肝脏，引起肝内门静脉分枝的栓塞（门脉循环性栓塞）。

（二）栓塞的类型及其对机体的影响

依栓子种类不同，可将栓塞分为若干类型。栓塞对机体的影响取决于栓子的类型、大小、栓塞的部位、时间长短以及能否迅速建立侧支循环而定。动物常见的栓塞类型及对机体的影响如下：

1. 血栓性栓塞　指由血栓脱落引起的栓塞，为栓塞中最常见的一种。①来自静脉系统及右心的栓子，常按其大小阻塞相应的肺动脉分枝，引起肺动脉栓塞。由于肺动脉分支与支气管动脉分支之间有丰富的吻合支，所以，小动脉栓塞后，局部肺组织仍能从侧支循环获得充足的血液供应，一般不引起严重后果。如果被栓塞的肺动脉较多，则可造成病畜突发性呼吸困难、黏膜发绀、休克甚至突然死亡。较大的肺动脉栓塞，同时又不能形成有效的侧支循环时，会导致肺组织的循环障碍，引起肺梗死。②来自动脉系统及左心的栓子，可随动脉血运行阻塞全身小动脉的分支，如慢性猪丹毒伴发心内膜炎时，瓣膜上的赘生物或附在心壁的血栓都可脱落，随血液运行到达肾脏、脾脏、心脏引起相应组织的缺血和坏死，有时还可导致脑部栓塞，反射性引起脑血管痉挛，导致动物急性死亡。

2. 脂肪性栓塞　指由于脂肪滴进入血流并阻塞血管引起的栓塞。脂肪性栓塞多见于管状骨骨折、脂肪组织挫伤或骨手术之后；偶见于脂肪肝、胰腺炎、糖尿病和烧伤等情况下。脂肪滴通过破裂的血管进入血流而引起器官组织的栓塞。少量的脂肪栓子主要影响毛细血管和细小动脉，血液中的脂肪滴可被吞噬细胞吞噬或被血液内脂酶分解而清除，对机体无明显的影响。大量脂肪栓子阻塞肺毛细血管可引起肺内循环血量减少，如果肺循环量减少 3/4，将引起急性右心衰竭而致死。进入肺循环的脂肪栓子，部分可以通过肺泡壁毛细血管进入肺静脉，经左心引起动脉系统栓塞。

动物的脂肪栓塞常常觉察不到，只有当肺毛细血管堵塞达 2/3 以上时才显现，并多以死亡告终。动物试验证明，$90\sim120$ mL 脂肪进入血液循环，可致马、牛等大动物死亡。死亡动物的肺组织可见肺泡腔中充满水肿液和较多的红细胞，肺泡毛细血管及小动脉充满脂滴。

3. 空气性栓塞　指由于空气或其他气体进入血流，在循环血液中形成气泡并阻塞血管引起的栓塞。少量气体进入血液可被溶解吸收，通常不致严重危害。若大量气体在短时间内进入血液则可成为栓子引起栓塞。空气性栓塞多由于静脉注射不慎而将空气带入血液，或由于静脉损伤尤其是后腔静脉损伤时，空气通过损伤的静脉进入血流所致。入血的空气进入右心受血流冲击形成无数的小气泡，使血液变成泡沫状。这些气泡具有很大的伸缩性，可随心脏舒缩而变大或缩小，当右心腔充满气泡时，静脉血回心受阻，并使肺动脉充满空气而栓塞，此时全身血液循环几乎停滞。患病动物黏膜发绀、呼吸困难，甚至突然死亡。犬每公斤体重如进入 9 mL 气体，即可致死。

4. 寄生虫性栓塞　指某些寄生虫或虫卵进入血流而引起的栓塞。如血吸虫寄生在门静脉系统内，所产的虫卵常造成肝内门静脉分支的栓塞，或逆血流栓塞肠壁小静脉，少数经门-肝静脉吻合支而栓塞于肺。

5. 细菌性栓塞　指病原菌可能以单纯菌团的形式，或与坏死组织、血栓相混杂，进入血流而引起的栓塞。带有细菌的栓子可以导致病原体在全身扩散，并在全身各处引起新的感染病灶，引起败血症或脓毒败血症。

6. 组织性栓塞　是指组织碎片或细胞团块进入血流而引起的栓塞。多见于组织外伤、坏死及恶性肿瘤等情况。恶性肿瘤细胞除引起栓塞外，还能在该处继续生长，形成肿瘤转移灶。

第四节　局部贫血和梗死

一、局部贫血

局部贫血(local anemia)是指局部组织或器官血液供应不足。如果血液供应完全断绝,称为局部缺血(ischemia)。

(一)原因和发病机理

1. 动脉管腔狭窄和阻塞　这是引起局部贫血的最常见原因,如血管炎症、动脉内血栓形成、栓塞等,都可使动脉管腔发生不同程度的狭窄或阻塞。

2. 动脉痉挛　某些物理、化学或生物性致病因子,可反射性地引起血管收缩,特别是小动脉持续性地收缩,造成局部贫血,如寒冷、严重创伤、麦角碱中毒、肾上腺素分泌过多等。

3. 动脉受压　这是因动脉受外力压迫所致,如久卧病畜动脉受压、肿瘤压迫、绷带过紧等均可引起局部血流量减少。

(二)病理变化

局部缺血的器官或组织,因失去血液而多呈现该组织原有的色彩,如肺和肾呈灰白色,肝呈褐色,皮肤与黏膜呈苍白色。缺血组织体积缩小,被膜皱缩,机能减退,局部温度降低,切面少血或无血。

(三)结局和对机体的影响

局部贫血的结局和对机体的影响取决于缺血的程度、持续时间、受累组织对缺氧的耐受性和侧支循环情况。轻度短期缺血,组织病变轻微(实质细胞萎缩、变性)或无变化。缺血组织的三磷酸腺苷(ATP)会转化为腺苷,扩张血管,血液回流,会减轻缺血。长期而严重的缺血,组织可发生坏死,如肾缺血性梗死、脑梗死等。缺血发生在重要器官,范围又较大(如大片心肌或脑的缺血或坏死),常导致动物死亡。长时间缺血时,血液回流会产生一系列不利影响。血液回流导致组织间液增多,可使组织压升高,静脉受压和局部静脉回流受阻,造成淤血、毛细血管出血,组织因子(TF)释放,血管血栓性阻塞。缺血细胞的三磷酸腺苷分解产物是次黄嘌呤,在缺氧的情况下,没有活性。当再次注入氧气时,黄嘌呤经黄嘌呤氧化酶作用转化为尿酸、过氧化氢和超氧阴离子。随后过氧化氢会导致更多的活性氧类物质形成,如羟基自由基等。氧自由基可造成组织损伤,另外缺血和细胞的能量消耗也能造成损伤。

二、梗死

梗死(infarct)是指局部组织或器官因动脉血流断绝而引起的坏死。这种坏死的发生过程称为梗死形成(infarction)。

(一)原因

任何可引起血管腔闭塞并导致局部缺血的原因,都可以引起梗死。

1. 动脉血栓形成　动脉血栓形成后,由它供应血液的组织因缺血缺氧发生坏死。例如,马前肠系膜动脉干和回盲结肠动脉因普通圆线虫寄生所致慢性动脉炎时,诱发的血栓形成,可将动脉完全堵塞,进而引起结肠或盲肠梗死。

2. 动脉栓塞　引起梗死的常见原因之一。若发生动脉性栓塞时,机体不能迅速建立有效的侧支循环,则可以引起组织缺血性梗死,如脾脏、肾脏和脑等器官因血管吻合支较少,血管阻塞后易发生梗死。

3. **血管受压**　由于机械性压迫(肿瘤、腹水、肠扭转等)使动脉管腔狭窄或闭塞,可引起局部贫血,甚至血流断绝。

4. **动脉持续痉挛**　当某种刺激(低温、化学物质和创伤等)作用于缩血管神经时,反射性引起动脉管壁的强烈收缩,造成局部血液流入减少,或完全停止。动脉痉挛及动脉受外力压迫,如严寒、过度劳役等可引起血管持续性痉挛;肠扭转、肠套叠及肿瘤对动脉血管的压迫等,均可引起局部梗死。

(二)病理变化

梗死的基本病理变化是局部组织坏死。

1. **梗死灶的形状**　梗死灶一般都具有一定形状,这与器官的血管分布有关。大多数器官如肾脏、脾脏和肺脏的血管呈圆锥形分支,故其梗死灶也呈锥体形,尖端对着器官的门部,锥底朝向器官的表面,切面为扇形或三角形。在心脏,由于左、右冠状动脉的分支不呈锥体形,在其末端互相交错并有丰富的吻合支,故心肌梗死灶呈不规则形或地图形。肠系膜血管分布呈扇形,故肠梗死灶呈节段状。梗死灶与周围正常组织交界处,常有明显的红色反应带(局部充血、出血),稍久变成棕黄色带(红细胞逐渐分解、炎性水肿),通常将这种炎性反应称为分界性炎。梗死灶的范围因阻塞血管的管径大小而有很大差别。微小的梗死灶,在显微镜下才能看到;大的梗死灶,如马的前肠系膜动脉和回盲结肠动脉栓塞,可造成整个大结肠或盲肠的梗死。

2. **梗死灶的颜色**　取决于局部含血量的多少。根据梗死灶颜色和含血量,将梗死分为白色梗死(贫血性梗死)和红色梗死(出血性梗死)。

(1)白色梗死(white infarct)或贫血性梗死(anemic infarct)　多见于肾和心等组织结构比较致密,侧支循环不很丰富的器官,有时也发生于脑。当某一动脉栓塞后,其分枝及邻近的动脉发生反射性痉挛,将梗死区内的血液全部挤向周围组织,使局部组织呈缺血状态,由于梗死灶呈灰白色,故称为白色梗死或贫血性梗死。肾白色梗死灶分布在肾皮质部,灰白色或黄白色,大小不一。常见的为小指甲大小,稍隆起、硬实,有红色的出血和炎症反应带环绕,与周围界限清楚。梗死灶切面呈三角形,大小不一(图2-3)。镜检,梗死灶内的肾小管上皮细胞核崩解、消失,胞浆呈颗粒状,但组织轮廓尚能辨认。

(2)红色梗死(red infarct)或出血性梗死(hemorrhagic infarct)　指局部组织发生梗死的同时伴有明显的出血,故眼观呈暗红色。出血性梗死常发生于肺脏和肠管等部位。其形成原因除动脉阻塞外,往往还与以下因素有关:①高度淤血;②器官富有血管吻合支;③组织结构疏松。肺脏有双重血液供应,吻合支十分丰富,故在一般情况下不易发生梗死。但如果在动脉栓塞的同时,伴有高度肺淤血,由于静脉压增高,支气管动脉的侧支循环不易建立,于是血流停止而发生梗死。血液通过损伤的血管壁进入梗死灶,使梗死区呈暗红色或紫红色(图2-4)。

出血性梗死的病灶眼观呈紫红色,体积稍肿大,质地硬实,其他变化与贫血性梗死的情况基本相同。镜检,除有组织细胞凝固性坏死外,在梗死区内充满大量的红细胞。

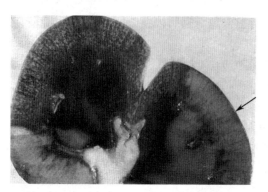

图2-3　肾白色梗死　肾切面上可见三角形灰白色梗死灶(↑)(采自 R. G. THOMSON)

图2-4　肺出血性梗死　肺组织内有一三角形梗死区(黑色)(采自胡瑞德)

(三)结局和对机体的影响

梗死的结局有以下2种可能,一种是坏死组织经过酶解后发生自溶、软化和液化,然后吸收,多见于小梗死灶;另一种是梗死灶周围发生炎性反应,并有肉芽组织向坏死区生长,将坏死组织溶解、吸收,最后由结缔组织取代坏死组织,即机化,日后留下一灰白色疤痕。若梗死灶过大不能完全被机化时,则可由结缔组织包裹形成包囊,久后水分被吸收便成为干涸的坏死片,坏死组织可发生钙化。

梗死组织机能完全丧失。梗死对机体的影响取决于梗死发生的部位和范围大小。一般器官发生的小范围梗死,通常对机体影响很小,但是心脏和大脑的梗死,即使梗死灶很小,也能引起严重的机能障碍,甚至导致动物死亡。

(郑明学)

第五节　弥散性血管内凝血

正常情况下,血液在心脏和血管内能畅通流动。当血管受损时,血液能够及时在受损部位形成凝血块,封闭伤口,防止出血过多。这些特性的维持依赖于机体凝血、抗凝血和纤维蛋白溶解系统之间的动态平衡。凝血系统由一系列凝血因子组成,凝血过程是凝血因子相继酶解激活的过程。体内的抗凝系统包括细胞抗凝系统和体液抗凝系统,抗凝系统的激活可防止凝血过程的扩散,而纤溶系统的激活则有利于局部血流的再通,以保证血液的供应。此外,血管内皮细胞及血小板等在维持这一平衡中也具有重要作用。

弥散性血管内凝血(disseminated or diffuse intravascular coagulation,DIC) 是指在某些致病因子作用下,凝血因子和血小板被激活而引起的,以凝血功能障碍为主要特征的病理过程。在这个过程中,凝血因子和血小板的激活,使大量促凝物质入血,在微血管内形成广泛的微血栓,继而因大量凝血因子消耗和继发性纤维蛋白溶解功能加强,导致明显的凝血功能低下,在临床上DIC患畜主要表现为出血、休克、器官功能衰竭和溶血性贫血等。

一、原因和发病机理

(一)原因

能引起DIC的原因很多,某些疾病的发生、发展中可能也呈现不同程度的DIC。常见的疾病有:感染性疾病(如细菌、病毒等感染和败血症等)、产科疾病(如流产、产后大失血、妊娠中毒、宫内死胎、胎盘早期剥离、羊水栓塞等)、广泛的组织损伤(如严重创伤、大面积烧伤及大手术等)、恶性肿瘤、各种免疫性溶血及严重的肝脏和心血管疾病等。另外,疾病中继发的缺血、缺氧、酸中毒以及补体系统、纤溶系统、激肽系统等相继激活,均可促进 DIC 的发生发展。

(二)发病机理

虽然 DIC 的病因众多,发生机理复杂,但凡能使凝血作用增强或抑制纤溶系统活性的各种因素均可引起 DIC 的发生。DIC 发病的起始环节是凝血系统被激活,其中以血管内皮细胞的损伤与组织损伤所引起的内外凝血系统被激活最重要。

由于病因不同,DIC 的发生机制也不同。DIC 发生发展的过程中存在 2 方面的病理变化:①凝血系统活化和血小板的激活,导致广泛微血栓的形成;②凝血物质的大量消耗和继发性纤溶功能亢进,导致机体止、凝血功能严重障碍和出血倾向。这两者存在因果关系,它们先后或同时发生,推动 DIC 的发展(图 2-5)。

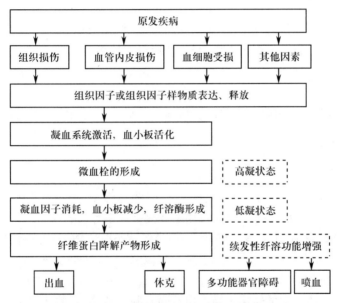

图 2-5　DIC 发生发展的机制及对机体的影响

1. 凝血系统激活和广泛的微血栓形成

(1)组织严重损伤　外源性凝血系统是由组织释放的组织因子(tissue factor,TF)启动的。临床上严重创伤、烧伤、外科手术、产科意外、病变组织的大量坏死等都可以促使 TF 大量释放入血,导致 DIC 的发生。TF 广泛分布于各种组织器官中,是由 263 个氨基酸残基构成的跨膜糖蛋白,含有带负电荷的 γ 羧基谷氨酸能与 Ca^{2+} 结合。因子Ⅶ通过 Ca^{2+} 与 TF 结合形成复合物而活化为Ⅶa。Ⅶa 形成Ⅶa-TF 复合物可通过激活因子Ⅸ或Ⅹ启动凝血反应。其中凝血酶又可以正反馈加速因子Ⅴ、Ⅷ及Ⅸ的激活,从而加速凝血反应及血小板活化、聚集过程。

目前认为,在血管外层的平滑肌细胞、成纤维细胞及周围的周细胞、星形细胞、足细胞可恒定地表达 TF,而与血液接触的内皮细胞、单核细胞、中性粒细胞及巨噬细胞正常时不表达TF,但在各种感染或炎症介质刺激下,这些细胞可在短时间内诱导出 TF,引起凝血反应。

(2)血管内皮损伤　细菌、病毒、内毒素、抗原-抗体复合物、持续性缺氧、酸中毒、颗粒或胶体物质进入血液循环时,都可以损伤血管内皮细胞(vascular endothelial cell,VEC)。目前认为血管内皮损伤激活凝血系统的机制主要为:受损的 VEC 表达大量的 TF。VEC 暴露内皮下组织,引起血小板黏附、聚集和释放反应,可加剧凝血反应及血栓形成。受损的 VEC 趋化并激活单核巨噬细胞、中性粒细胞和淋巴细胞,这些细胞与 VEC 相互作用,释放 TNF、IL-1、IFN 和自由基等,加速 VEC 的损伤和 TF 的释放。

(3)血小板激活　除血管内皮损伤可以造成血小板黏附、活化外,某些微生物及其代谢产物如病毒、内毒素及 DIC 早期形成的凝血酶等,均可引起血小板活化。血小板一方面可以为凝血因子级联反应提供膜磷脂,另一方面血小板的激活可以导致其黏附、聚集,或通过脱颗粒释放大量内源性生物活性物质促进 DIC 的发生和发展。

(4)其他促凝物质入血　在某些病理条件下,还有一些其他凝血激活途径与因素。如急性胰腺炎时入血的大量胰蛋白酶、某些肿瘤细胞释放的 TF 样物质、输入过量库存血损伤的红细胞残体及某些蜂毒或蛇毒等。

2. 止、凝血功能障碍

(1)凝血物质的大量消耗　由于凝血系统的活化,纤维蛋白大量生成并形成广泛微血栓,从而导致各种凝血因子和血小板被大量消耗,血液凝固性逐步降低。

(2)继发性纤溶功能增强　DIC 中晚期,凝血系统活化产生的各种因子(如凝血酶、因子Ⅺ、因子Ⅻ、活化蛋白 C 等)引起大量纤溶酶原被激活,体内纤溶活性大大增强。此时,在促进微血栓溶解的同时,纤维蛋白降解产物的生成加剧了机体止、凝血功能障碍和出血的表现。

二、类型和分期

(一)类型

依据凝血发生的快慢和病程长短,可将 DIC 分为急性型、亚急性型和慢性型 3 种。依据机体的代偿情况,DIC 可分为代偿型、失代偿型和过度代偿型。

1. 急性型　其特点为:①突发性起病,一般持续数小时或数天;②病情凶险,可呈暴发型;③出血倾向严重;④常伴有休克;⑤常见于暴发型流脑、流行型出血热、败血症等。

2. 亚急性型　其特点为:①急性起病,在数天或数周内发病;②进展较缓慢,常见于恶性疾病,如急性白血病(特别是早幼粒细胞性白血病)、肿瘤转移、死胎滞留及局部血栓形成。

3. 慢性型　临床上少见:①起病缓慢;②病程可达数月或数年;③高凝期明显,出血不重,可仅有淤点或淤斑。

(二)分期

根据 DIC 的发病机理和临床特点,典型的 DIC 病程可分为以下 3 期。

1. 高凝期　各种病因导致凝血系统被激活,凝血酶生成增多,微血栓大量形成,血液处于高凝状态。此期系发病之初,机体的凝血活性增高,各脏器微循环可有程度不同的微血栓形成。部分患畜可无明显临床症状,尤其急性 DIC,该期极短,不易发现。该期实验室检查的特点为凝血时间和复钙时间缩短,血小板的黏附性增高。

2. 消耗性低凝期　凝血酶和微血栓的形成使凝血因子和血小板因大量消耗而减少,同时因继发性纤溶系统功能增强,血液处于低凝状态。该期患畜已有程度不等的出血症状,也可能有休克或某脏器功能障碍的临床表现。实验室检查可见血小板明显减少,血浆纤维蛋白原(Fbg)含量明显减少,凝血和复钙时间明显延长。

3. 继发性纤溶功能亢进期　凝血酶及Ⅻa等激活了纤溶系统,使大量的纤溶酶原变成纤溶酶,加上纤维蛋白降解产物(FDP)形成,使纤溶和抗凝作用大大增强,出现纤维蛋白溶解,故此期出血十分明显。严重病畜有休克及多系统器官功能衰竭(MSOF)的临床症状。该期除仍有前一期实验室指标变化的特征外,继发性纤溶功能亢进相关指标的变化十分明显。

三、病理变化

DIC 的临床表现因病因不同而呈现多样性和复杂性。由单纯的 DIC 引起的临床表现为出血、休克、器官功能障碍和溶血性贫血,急性病例以前 3 种表现为主。

1. 出血　出血是 DIC 最常见的症状之一,常见于皮肤、黏膜处点状和斑状出血、各实质器官出血、伤口及手术创面渗血等。DIC 引起出血的特点是:广泛且多部位出血,常伴有 DIC 的其他临床表现等。导致机体广泛性出血常与下列因素有关。

(1)凝血物质大量消耗　广泛微血栓的形成消耗了大量血小板和凝血因子,虽然肝脏和骨髓可代偿性地生成,但消耗过多而代偿不足,尤其是急性 DIC 情况下,使血液中纤维蛋白原、Ⅴ、Ⅷ、Ⅸ、Ⅹ等凝血因子及血小板明显减少,故 DIC 又称消耗性凝血病。

(2)继发性纤维蛋白溶解　DIC 后期,纤维蛋白酶活性增高,一方面使纤维蛋白和凝血因子溶解,致血液的凝固性降低;另一方面由于纤维蛋白(原)溶解时生成大量的纤维蛋白降解产物,大多数降解片段具有抑制血小板凝集及聚集的作用,部分片段还具有增强血管通透性的作用,所以继发性纤维蛋白降解是 DIC 后期出血的主要原因。

2. 器官功能障碍　DIC 早期,由于毛细血管和微静脉内皮细胞受损,血流缓慢和血液凝固性的升高,可引起血小板聚集和纤维蛋白沉积,在单个器官或多个器官的微循环内形成微血栓。其中,肾、肺、脑、心、肾上腺、皮下和肠黏膜的微循环中最为常见。形成微血栓的器官,由于缺血缺氧,可发生不同程度的组织细胞变性坏死及功能障碍。如肺内广泛微血栓的形成(彩图 2-4),可引起呼吸膜损伤,出现呼吸困难,肺出血,呼吸衰竭等;肾内血栓可引起两侧肾皮质坏死及急性肾功能不全,临床上表现为少尿、血尿和蛋白尿;脑内微血栓形成可引起脑淤血,水肿,甚至脑出血,颅内压升高等;心脏形成广泛微血栓时,则可引起急性心功能不全,甚至心源性休克。

3. 休克　DIC 与休克常互为因果,形成恶性循环。急性 DIC 引起休克的机制为:①微血栓形成,使回心血量减少;②出血引起血容量降低;③凝血系统、激肽系统及补体系统激活产生大量血管活性物质,如激肽、组胺等,增强血管通透性和强烈的扩血管作用;④纤维蛋白的降解产物及补体成分也有扩血管和增强血管通透性的作用;⑤心肌内微血栓的形成,影响了心肌的收缩力,使心泵功能降低。以上因素使血容量和回心血量减少,外周阻力下降及心泵功能降低,最终导致动脉血压明显降低和严重的微循环功能障碍。

4. 贫血　DIC 形成过程中,纤维蛋白和血小板在微血管内形成网状结构。当血流通过时,红细胞容易被纤维蛋白网冲击和挤压,造成红细胞机械性损伤,导致外周血中出现各种扭曲变形或破碎的红细胞,变形的红细胞脆性增强,容易破裂发生溶血。这种病变常发生于慢性DIC 及部分亚急性 DIC,称为微血管病性的溶血性贫血(microangiopathic hemolytic anemia)。当外周血破碎红细胞数大于 2% 时,具有辅助诊断意义。

第六节 休 克

休克(shock)一词源自希腊文,意为震荡和打击。人类对休克的认识和研究已有200多年的历史。20世纪60年代以来,大量的实验研究发现,多数休克都有交感-肾上腺系统强烈兴奋导致的微循环障碍。因此,目前休克可定义为:机体在各种强烈致病因子作用下发生的一种以全身有效循环血量急剧下降,组织血液灌流量减少,细胞代谢机能紊乱及器官功能障碍的全身性危重病理过程。休克的主要表现有血压下降,脉搏细速微弱,可视黏膜苍白,皮肤温度下降,耳、鼻及四肢末端发凉,呼吸浅表,尿量减少或无尿,毛细血管充盈时间延长(3～4 s以上),动物反应迟钝,衰弱,常倒卧,严重者可在昏迷中死亡。

一、原因和分类

(一)原因

许多强烈的致病因素作用于机体可引起休克,常见的有以下几个方面。

1. **体液的丢失** 很多因素可导致机体失血、失液,引起体液容量的严重减少,如果超出了机体的代偿范围,就会导致休克。如外伤失血,产科意外引起的大失血、胃肠溃疡出血等,通常短时间内超过机体总血量的20%～25%就会发生休克。剧烈呕吐、腹泻、大量出汗以及多尿等均可引起体液容量的严重减少,进而导致休克。

2. **创伤** 创伤严重或面积较大时往往伴发休克,特别是当合并一定量失血或伤及生命重要器官时更易引起休克。

3. **烧伤** 严重的大面积烧伤,因血浆大量渗出,易合并休克发生。

4. **感染** 见于各种致病微生物,如细菌、病毒、霉菌等引起的严重感染。特别是革兰氏阴性菌感染时易伴发休克,占感染性休克病因的70%～80%。

5. **心脏疾病** 大面积急性心肌梗死、急性心肌炎、严重的心律失常、心包填塞等均可引起心输出量急剧减少而导致休克。

6. **过敏** 某些变应原(如药物、血清制剂或疫苗等)可引起以小动脉和小静脉扩张、毛细血管通透性增加为主要特征的过敏性休克。

7. **神经因素** 如剧烈疼痛、高位脊髓麻醉或损伤等均可引起神经源性休克。

(二)分类

由于休克的种类较多,其分类方法也不统一,较常用的分类方法有:

1. **按休克发生的原因分类** 根据引起休克的原因,可将休克分为:

失血性休克(hemorrhagic shock)、创伤性休克(traumatic shock)、感染性休克(infectious shock)、心源性休克(cardiogenic shock)、过敏性休克(anaphylactic shock)烧伤性休克(burn shock)和神经源性休克(neurogenic shock)。

2. **按休克发生的始动环节分类** 尽管引起休克的原因很多,但其发生的始动环节不外乎是血容量减少、心输出量急剧下降及外周血管容量的扩大。据此,可将休克分为:

(1)低血容量性休克(hypovolemic shock) 低血容量性休克的始动发病环节是血液总量减少,常见于各种大失血及大量体液丧失,如大面积烧伤所致的血浆大量丧失、大量出汗及严重腹泻或呕吐等所引起的大量体液丧失均可使血容量急剧减少而导致低血容量性休克。

(2)心源性休克(cardiogenic shock)　心源性休克的始动发病环节是心输出量的急剧减少。常见于急性心肌梗死、弥漫性心肌炎、严重的心律失常、尤其是过度的心动过速等。

(3)血管源性休克(vasogenic shock)　血管源性休克的始动环节是外周血管(主要是微血管)扩张而致的血管容量扩大。其特点是血容量和心脏泵功能可能正常,但由于外周广泛的小血管扩张和血管床扩大,大量血液淤积在微血管中而导致回心血量明显减少。过敏性休克和神经源性休克属于此型。

3. 按休克时血液动力学变化的特点分类

(1)低动力型休克(hypodynamic shock)　血液动力学特点是心输出量减少,而总外周血管阻力增高,故又称低排高阻型休克。又因皮肤血管收缩,温度降低,故又称冷型休克或冷休克。主要临床表现为血压降低,皮肤湿冷,可视黏膜苍白,尿量减少。低动力型休克临床上最为常见。低血容量性休克、心源性休克、创伤性休克及大多数感染性休克均属于此型。

(2)高动力型休克(hyperdynamic shock)　血液动力学特点是心输出量增多,而总外周阻力降低,故又称高排低阻型休克。因皮肤血管扩张而温暖、故又称暖型休克或温休克。主要临床表现为血压降低,皮肤温暖,可视黏膜潮红,动静脉氧差缩小,血中乳酸/丙酮酸值增大。主要见于某些感染性休克、高位脊髓麻醉及应用血管扩张药等情况。

二、发病机理和发展过程

休克的发病机理尚未完全阐明。20 世纪 60 年代提出了休克的微循环障碍学说,近年来特别重视休克发生发展中的细胞机制,提出了休克细胞(shock cell)的概念。

虽然休克的病因和始动环节不同,但微循环障碍是大多数休克发生的共同基础。微循环(microcirculation)是指微动脉与微静脉之间的微血管内的血液循环,是血液与组织间物质交换的基本结构和功能单位。一个典型的微循环包括微动脉、后微动脉、毛细血管前括约肌、真毛细血管、直捷通路、动静脉短路和微静脉(图 2-6)。微循环主要受神经体液的调节:交感神经支配小动脉、微动脉和微静脉平滑肌上的肾上腺能 α 受体,α 受体兴奋时血管收缩;血管平滑肌(包括毛细血管前括约肌)同时受体液因素的影响,如儿茶酚胺、血管紧张素 II、血管加压素、血栓素 A_2 和内皮素等引起血管收缩;而组胺、激肽、腺苷、乳酸、前列腺素 I_2、内啡肽、肿瘤坏死因子和 NO 则引起血管舒张。

生理条件下微循环的血液灌流量主要由局部体液因素进行调节,使毛细血管交替性开放:微血管收缩使真毛细血管关闭,血流减少,局部组织中的代谢产物和血管活性物质堆积,使血管平滑肌对缩血管物质的反应性降低,微血管扩张,真毛细血管开放,血流增加,代谢产物及血管活性物质被稀释或冲走,血管平滑肌对缩血管物质反应性恢复,微循环再次收缩,使真毛细血管血流减少,如此周而复始,形成了微循环灌流的局部反馈调节(图 2-7)。

现以失血性休克为例,阐述休克的微循环障碍的发展过程及其机制。

(一)微循环缺血缺氧期(ischemic anoxia phase)

1. 微循环的特点　微循环缺血缺氧期(休克 I 期)为休克早期,又称休克代偿期(compensatory stage)。此期微循环血液灌流减少,组织缺血缺氧。因为全身小血管收缩或痉挛,尤其是微动脉、后微动脉和毛细血管前括约肌的收缩,使微循环前阻力增加,大量真毛细血管网关闭,此时微循环内血流速度显著减慢。因开放的毛细血管数减少,血液通过直捷通路和开放的动静脉短路回流(图 2-6)。所以此期微循环灌流的特点是:少灌少流,灌少于流,组织呈缺

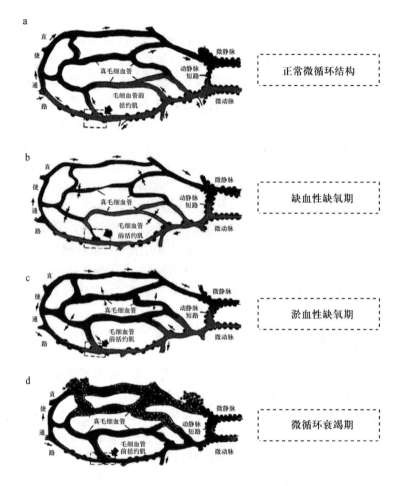

图 2-6　休克各期微循环变化示意图

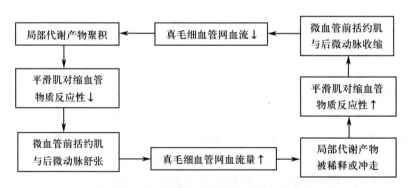

图 2-7　微循环灌流的局部反馈调节示意图

血、缺氧状态。

2. 微循环改变的机制　各种原因引起交感-肾上腺髓质系统的强烈兴奋,儿茶酚胺大量释放入血,引起小血管收缩和痉挛。休克时儿茶酚胺大量释放,既刺激 α 受体,造成皮肤、内脏血管明显痉挛,又刺激 β 受体引起大量动静脉短路开放,微循环灌流量锐减。其他体液因子如血管紧张素Ⅱ、血液加压素、血栓素 A$_2$、白三烯、内皮素及血小板活化因子等也都有促进血管收缩的作用。

3. 微循环改变的意义　休克早期交感神经和缩血管物质的大量释放,一方面引起皮肤、腹腔内脏及肾脏等许多器官缺血缺氧;另一方面也具有十分重要的代偿意义。

(1)有助于维持回心血量和动脉血压　其机制是:①交感神经兴奋和儿茶酚胺增多,可使外周小血管收缩,外周阻力增加;②心率加快,心肌收缩力加强,使心输出量增加;③静脉收缩,回心血量增加,起"自身输血(auto blood transfusion)"的作用。微动脉和毛细血管前括约肌比微静脉对儿茶酚胺更敏感,导致毛细血管前阻力比后阻力大,毛细血管中流体静压下降,使组织液进入血管,起到"自身输液(auto fluid transfusion)"的作用,使回心血量增加。由于这几方面的共同作用,休克早期机体的动脉血压可以在一定时间内不会明显降低。

(2)有助于维持心、脑血液供应　人体内不同部位的血管对儿茶酚胺的反应不一样,皮肤、腹腔内器官的血管有丰富的交感缩血管纤维支配,α受体密度高,对儿茶酚胺的敏感性强,因而明显收缩,血流量减少。冠状动脉由于局部代谢产物的扩血管作用,脑血管因交感缩血管纤维分布少,α受体密度低,心和脑的血流量此时均无明显减少。微循环反应的不均匀性导致血液重新分布,保证了心脑重要生命器官的血液优先供应。

4. 动物临床表现　休克早期患畜由于中枢神经系兴奋,皮肤和内脏微血管收缩,临床上动物出现烦躁不安、面色苍白、四肢冰凉、出冷汗、脉搏细速、尿量减少(图2-8)等症状。

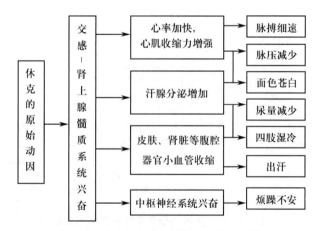

图2-8　休克缺血缺氧期的主要临床变化

此期是抢救的最好时期,应及时采取输血、输液等措施恢复循环血量,积极改善微循环缺血,阻止休克的进一步发展。但如果得不到有效治疗,则会继续发展进入微循环淤血缺氧期。

(二)微循环淤血缺氧期(stagnant anoxia phase)

如果休克的原始病因不能及时除去,且未得到及时和适当的救治,病情继续发展到淤血缺氧期而失代偿。

1. 微循环的特点　微循环淤血缺氧期(休克Ⅱ期)为休克的失代偿期(decompensatory stage),又称休克期。此期微循环中血管自律运动首先消失,终末血管床对儿茶酚胺的反应性降低,微动脉和毛细血管前括约肌的收缩逐渐减弱,血液大量涌入毛细血管网(图2-6)。该期微静脉往往扩张并非持续的收缩,而由于红细胞聚集,白细胞滚动、黏附、贴壁嵌塞、血小板聚集、血黏度增加等,使毛细血管的后阻力大于前阻力,组织液灌而少流,灌大于流,该期真毛细血管开放数目虽增多,但血流更慢,甚至"泥化"(sludge)淤滞,组织处于严重的低灌流状态,缺氧更加严重。

2. 微循环的改变机制　此期微循环改变的主要原因是组织长时间缺氧、酸中毒和扩血管物质增多而失代偿。具体机制为：①早期缺血缺氧引起组织内 PO_2 下降、CO_2 和乳酸堆积诱发酸中毒，导致平滑肌对儿茶酚胺的反应性降低。②缺血缺氧引起局部血管扩张，代谢产物增多：如释放组胺增多，ATP 分解产物腺苷增多，细胞分解时释出的 K^+ 增多，组织间液渗透压增高，激肽类物质生成增多，这些都可以使血管扩张。③内毒素作用：除病原微生物感染引起的败血症外，休克后期常有肠源性细菌和脂多糖（LPS）入血，LPS 和其他毒素可以通过多种途径，引起血管扩张。④血液流变学的改变：该期白细胞滚动、贴壁、黏附于内皮细胞上，加大了毛细血管的后阻力。此外，还有血液浓缩、血浆黏度增大，血细胞压积增大，红细胞聚集，血小板黏附聚集，使微循环血流变慢，血液淤滞，甚至血流停止。

3. 微循环改变的后果　由于毛细血管后阻力大于前阻力，血管内流体静压增高，自身输血停止，血浆外渗到组织间隙。此外组胺、激肽、前列腺素 E 和心肌抑制因子等作用引起毛细血管通透性增高，促进了血浆外渗，组织间液增加，血液浓缩，血细胞压积上升，血液黏度进一步升高，促进了红细胞聚集，加重了微循环淤滞，形成恶性循环。并出现冠状动脉和脑血管灌流不足，心脑功能障碍，甚至衰竭。

4. 临床表现　休克期患畜的主要临床表现是血压进行性下降，常明显下降 20%～40%，心搏无力，心音低钝；大脑供血减少导致患畜昏迷；肾血流量严重不足，出现少尿甚至无尿；脉搏细弱频速，静脉塌陷，皮肤紫绀，可出现花斑（图 2-9）。

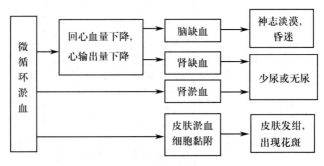

图 2-9　微循环淤血缺氧期的主要临床变化

（三）微循环衰竭期（microcirculatory failure stage）

微循环淤血缺氧期持续一段时间后，则可能使休克进入不可逆期（irreversible stage），即微循环衰竭期（休克Ⅲ期），又称凝血性缺氧期、微循环难治期或 DIC 期。

1. 微循环的改变　此期血管发生麻痹性扩张，毛细血管大量开放，有微血栓形成，血流停止，出现不灌不流的状态。即使大量输血补液，血压回升，毛细血管血流仍不能恢复，称为无复流现象（no-reflow）。

2. 微循环改变的机制　此期微循环的淤滞更加显著，血液更加浓稠，可形成微血栓并堵塞微循环，严重时可有微循环出血。微循环的形成与下列因素密切相关：①血管反应性进行性下降：该期缺氧和酸中毒的进一步加重，使微血管对儿茶酚胺的反应性显著下降，血压进行性下降。②血液流变学的改变：血液浓缩，血细胞聚集，使血液处于高凝状态，易产生 DIC。③凝血系统激活：严重缺氧及酸中毒等损伤血管内皮细胞，导致组织因子释放，激活凝血系统。④内皮损伤也为血小板的黏附聚集提供靶点，可促进 DIC 的发生（图 2-6）。

3. 微循环改变的后果及临床表现

（1）循环衰竭　患畜由于微血管反应性降低，动脉血压进行性下降，给升压药仍难以恢复血压；脉搏细弱而频速，静脉塌陷，出现循环衰竭，以致死亡。

（2）并发 DIC　本期常可并发 DIC，对微循环和器官功能产生严重的影响。DIC 发生后微血栓可阻塞微循环，出血可使有效循环血量进一步减少，纤维蛋白降解产物及某些补体成分使血管的通透性增加，都进一步加重了休克的程度。

（3）重要器官功能衰竭　休克患畜在持续性重度低血压后，细胞损伤越来越严重。DIC 发生使器官栓塞梗死，心、脑、肺、肝、肾等重要器官功能代谢障碍加重。严重缺氧和酸中毒产生的体液因子，如溶酶体酶、活性氧及细胞因子等，也会引起组织器官损伤。上述因素的综合作用，导致多器官功能不全甚至多系统功能衰竭的发生（图 2-10）。

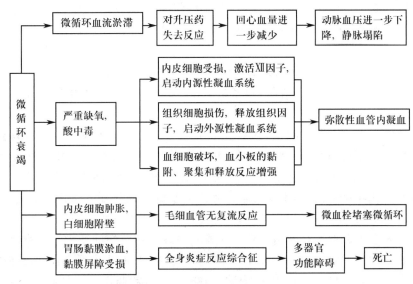

图 2-10　休克衰竭期的主要临床变化

上述休克的发生发展过程因发病原因不同而长短不一。一般来说急性病例较短，反之较长。休克发展的 3 个时期既有区别又相互联系，休克Ⅰ期和休克Ⅱ期主要是微循环的应激反应，是可逆的；休克Ⅲ期则由于微循环衰竭和细胞损伤，故休克从可逆向不可逆转化，各重要脏器发生严重的机能衰竭。但不是所有的休克均依次经历上述 3 个时期，如过敏性休克多从休克Ⅱ期开始；而严重烧伤或严重败血症性休克，往往前两期表现不明显，一开始即以休克Ⅲ期表现为主。因此，在兽医临床实践中应根据实际情况做具体分析。动物出现休克时因检测设备、治疗手段相对落后，预后都较差。

三、一般病理学变化

休克对机体代谢和功能的影响是微循环缺血缺氧的直接后果，首先是组织细胞的代谢紊乱，表现为糖酵解增强及脂肪和蛋白质的分解增强，使酸性代谢产物增多、ATP 减少。继而出现生物膜受损，线粒体和溶酶体遭到破坏，诱发细胞坏死或凋亡。严重时引起重要器官和系统的功能代谢障碍，导致多系统器官功能衰竭。

(一)细胞代谢障碍

休克时,由于组织细胞缺血缺氧,物质代谢的变化表现为:糖的有氧氧化减弱,而无氧酵解增强,脂肪和蛋白质的分解增强,出现一过性的高血糖和糖尿,血中游离脂肪酸和酮体增多。能量生成减少,细胞膜上的 Na^+-K^+-ATP 酶转运失灵,容易导致细胞水肿和高钾血症。无氧酵解增强使酸性代谢产物生成增多,而此时由于微循环灌流障碍及肾功能受损,酸性代谢产物不能及时排出,容易导致严重的酸中毒。

(二)细胞结构损伤

细胞损伤在休克发病学中具有重要作用,休克时的细胞损伤,可以是微循环障碍所致的继发性变化;也可以是在微循环障碍之前或无血流变化的情况下,由某些休克原始动因直接作用于细胞所引起的原发性变化。休克时的细胞损伤,主要涉及细胞器的功能和结构变化。

1. 细胞膜的变化 缺氧、ATP 减少、高钾、酸中毒及溶酶体酶的释放、自由基引起脂质过氧化等,都会损伤细胞膜,出现离子泵功能障碍,水、Na^+ 和 Ca^{2+} 内流、细胞水肿,跨膜电位明显下降。

2. 线粒体的变化 休克早期的缺氧导致线粒体功能受损,造成呼吸链氧化磷酸化障碍,能量生成不足。休克后期线粒体肿胀,致密结构和嵴消失,钙盐沉积,线粒体崩解,最终导致细胞死亡。

3. 溶酶体的变化 休克时缺血、缺氧和酸中毒可引起溶酶体肿胀、破裂,并释放溶酶体酶。溶酶体酶包括酸性蛋白酶(组织蛋白酶)和中性蛋白酶(胶原酶和弹性蛋白酶)和 β-葡萄糖醛酸酶,其主要危害是引起细胞自溶,消化基底膜,激活激肽系统,形成心肌抑制因子等毒性多肽,引起心肌收缩力下降,加重血流动力学障碍。其非酶性成分可引起肥大细胞脱颗粒,释放组胺,增加毛细血管通透性和吸引白细胞,使休克进一步加重。

上述的生物膜受损、线粒体和溶酶体功能障碍最终会导致细胞死亡。休克时的细胞死亡包括坏死(necrosis)和凋亡(apoptosis)。休克时,缺血、缺氧、酸中毒及炎症介质在引起细胞变性坏死的同时,也会启动细胞凋亡相关的信号通路,诱发细胞凋亡。

(三)重要器官功能衰竭

休克过程中最易受累的器官为心、肾、肺和脑,休克动物常因单个或多个重要器官相继或同时发生功能障碍甚至衰竭而死亡。

1. 心功能的改变 除了心源性休克伴有原发性心功能障碍以外,在其他类型休克时,由于机体的代偿,冠状动脉流量能够维持,因此心泵功能一般不受明显影响。严重和持续时间较长的休克,心肌因长时间缺氧而伴有心功能障碍,甚至出现心力衰竭,并可发生心肌局灶性坏死和心内膜下出血。休克时心功能障碍的发生机制为:①冠状动脉血流量减少,由于休克时血压降低和心率加快所致的心室舒张期缩短,可使冠状动脉灌流量减少和心肌供血不足;由于交感-肾上腺素系统兴奋引起心率加快和心肌收缩加强,导致心肌耗氧量增加,更加重了心肌缺氧。②严重休克伴有酸中毒和高血钾时,H^+ 和 K^+ 影响 Ca^{2+} 的运转,使心肌兴奋-收缩耦联发生障碍,心肌收缩力减弱。③休克时,胰腺外分泌细胞的溶酶体破裂,释放组织蛋白酶,分解组织蛋白而产生系列小分子多肽,其中部分小分子多肽具有心肌抑制作用,称为心肌抑制因子(myocardial depressant factor,MDF)。MDF 抑制心肌收缩,使心搏输出量减少,引起心功能障碍。④心肌内的 DIC 使心肌发生局灶性坏死和内膜下出血,加重心功能障碍。⑤内毒素可抑制心肌内质网对 Ca^{2+} 的摄取,并抑制肌球蛋白 ATP 酶活性,引起心脏舒缩功能障碍。

2. 肾功能的改变　各种类型的休克常伴发急性肾衰竭,称为休克肾(shock kidney),以肾小球内微血栓的形成为主要病变(彩图 2-5)。临床表现为少尿、无尿、氮质血症、高血钾及代谢性酸中毒。休克初期发生的肾功能衰竭属于功能性肾功能衰竭(functional renal failure),及时恢复肾血流灌注量可使肾功能恢复。若休克持续时间较长,严重肾缺血可发生急性肾小管坏死,即使恢复肾的血液灌流量,肾功能不可能立刻逆转,只有在肾小管上皮修复再生后,肾功能才能恢复,称为器质性肾功能衰竭(parenchymal renal failure)。

3. 肺功能的改变　严重休克动物的晚期,在脉搏、血压和尿量平稳后,常发生急性呼吸衰竭。肺呈褐红色,重量增加,充血、水肿、血栓形成及肺不张,可有肺出血和胸膜出血,透明膜形成等重要病理变化,这些病变称为休克肺(shock lung)(彩图 2-6)。休克肺发生的机制与休克动因通过补体-白细胞-氧自由基损伤呼吸膜有关。休克肺的病理变化将导致严重的肺内通气和换气障碍,引起进行性低氧血症和呼吸困难,从而导致急性呼吸衰竭甚至死亡。

4. 脑功能的改变　在休克早期,由于血液的重分布和脑循环的自身调节,暂时保证了脑的血液供应。因而除了因应激引起的烦躁不安外,没有明显的脑功能障碍表现。当血压降低到 50 mmHg 以下或脑循环出现 DIC 时,脑的血液循环障碍加重,脑组织缺血缺氧,患畜神志淡漠,甚至昏迷。缺氧可以引起脑水肿,使脑功能障碍加重。

5. 消化系统功能的改变　胃肠因缺血、淤血和 DIC 形成,发生功能紊乱。肠壁水肿,消化腺分泌抑制,胃肠道运动减弱,黏膜糜烂,有时形成应激性溃疡。肠道细菌大量繁殖,加上肠道屏障功能严重削弱,大量内毒素甚至细菌可以入血,是导致全身炎症综合征的重要原因之一。

休克时肝缺血、淤血常伴有肝功能障碍,使由肠道入血的细菌内毒素不能被肝充分解毒,引起内毒素血症,激活 Kupffer 细胞,释放炎症介质,形成"炎症瀑布",进一步损伤肝细胞,导致黄疸或肝功能不全。同时肝淤血、缺血还影响乳酸转化为葡萄糖功能,加重了酸中毒,促使休克恶化。

6. 多器官功能障碍综合征　休克晚期常同时或短时间内相继出现 2 个以上的器官或系统功能障碍,称为多器官功能障碍综合征(multiple organ dysfunction syndrome,MODS),MODS 是休克患畜死亡的重要原因。MODS 的发生机制较复杂,和休克发生过程中的诸多因素如微循环灌注障碍,肠道细菌移位及全身炎症反应失控等密切相关。

四、治疗原则

1. 去除病因　积极防治引起休克的原发病,去除休克的原始动因,如及时止血、止痛、控制感染等。

2. 补充血容量　各种休克都有有效循环血量的绝对或相对不足,最终导致组织灌流量减少。除心源性休克外,补充血容量是提高心输出量和改善组织灌流的根本措施。正确的输液原则是"需多少,补多少"。临床上动态观察静脉充盈程度、尿量、血压和脉搏等可作为监测输液量多少的参考指标。

3. 纠正酸中毒　休克时缺血缺氧,必然导致乳酸性酸中毒,及时地补碱纠酸可减轻微循环的紊乱和细胞的损伤,加强心肌收缩力。

4. 合理使用血管活性药物　血管活性药物分为缩血管药物(阿拉明、去甲肾上腺素、新福林等)和扩血管药物(阿托品、山莨菪碱、异丙肾上腺素和酚妥拉明等)。血管活性药物必须在纠正酸中毒的基础上使用。从微循环学说的观点,选用血管活性药物的目的必须提高组织微循环的血液灌流量,不能追求升压,而长时间大量使用血管收缩剂,导致灌流量明显下降。应合理使用血管活性药物,一般对低排高阻型休克,或应用缩血管药物后血管高度痉挛的患畜,休克中晚期体内儿茶酚胺浓度过高者,可使用血管扩张剂。对过敏性休克和神经源性休克治疗使用缩血管药物是最佳的选择。针对不同情况合理使用缩血管和扩血管药物,可起到相辅相成的作用。

5. 改善心功能　加强心泵的功能可以改善微循环。适当选用强心药,减少心脏的前、后负荷。

6. 防止细胞损伤　可用增加溶酶体膜稳定性、抑制蛋白酶活性和补充 ATP 来保护细胞的功能,防止细胞损伤。

7. 应用体液因子拮抗剂和抑制剂　涉及休克发病的体液因子有多种,可以通过抑制因子的合成、拮抗因子的受体和对抗因子的作用等方式来减弱某种体液因子的作用。如卡托普利等拮抗肾素-血管紧张素系统;糖皮质激素能阻断 IκB 的移位,减少细胞因子的合成和表达等。

8. 防治器官功能衰竭　休克后期如出现器官功能衰竭,除了采取一般治疗措施外,还应针对不同的器官衰竭采用不同的治疗措施。如出现急性心功能衰竭,除停止和减少补液,尚应强心、利尿,并适当降低前、后负荷;如出现休克肺,则应正压给氧,改善呼吸功能;当出现肾功能衰竭时,尽早利尿和进行透析等,从而防止 MODS 的发生。

(谷长勤)

第三章　水盐代谢及酸碱平衡紊乱

动物体内电解质、低分子有机化合物、蛋白质等以水为溶剂形成的液体称为体液(fluid)，约占成年动物体重的60％。体液分为细胞内液和细胞外液。分布于细胞内的液体称为细胞内液(intracellular fluid,ICF)，约占体重的40％；分布于细胞外的液体和血浆共同构成细胞外液(extracellular fluid,ECF)，约占体重的20％。细胞外液还包括一些特殊的分泌液，如体腔内液、脑脊液和关节囊液等，由于这些液体是由上皮细胞分泌产生的，故称为跨细胞液(trans-cellular fluid)。机体大部分生化反应在细胞内液进行，而营养物质的输送、细胞对营养物质的摄取、细胞代谢产物的排出等则依赖于细胞外液。动物体液总量、分布、渗透压和酸碱度的相对稳定是维持机体正常生命活动的重要基础之一。这种稳定一旦遭到破坏，即可引起水盐代谢及酸碱平衡紊乱，各器官系统机能发生障碍，甚至导致严重后果。本章重点讨论水肿、脱水、酸碱平衡紊乱3种常见而重要的基本病理过程。

第一节　水　　肿

等渗性体液在细胞间隙或体腔内积聚过多的病理现象称为水肿(edema)。正常时动物体腔内也存在少量液体，而当大量液体在体腔积聚时称为积水(hydrops)，如心包积水、胸腔积水(胸水)、腹腔积水(腹水)、脑室积水、阴囊积水等。积水是水肿的一种特殊表现形式。水肿不是一种独立性疾病，而是在许多疾病中都可能出现的一种重要的病理过程。但在有些动物疾病中水肿是其重要的临床体征，并以水肿病或类似病名来命名，如仔猪水肿病、牛恶性水肿病、肉鸡腹水综合征等。

水肿的分类方法有多种，根据发生范围，可分为全身性水肿和局部性水肿；根据发生部位，可分为皮下水肿、脑水肿、肺水肿等；根据发生原因，可分为心性水肿、肾性水肿、肝性水肿、炎性水肿、淋巴性水肿、淤血性水肿、恶病质性水肿等；根据水肿发生的程度，可分为隐性水肿和显性水肿，隐性水肿除体重有所增加外，临床表现常不明显，而显性水肿临床表现明显，如局部肿胀、体积增大、重量增加、紧张度增加、弹性降低、局部温度降低、颜色变淡等。

水肿液主要来自血浆，除了蛋白质外其余成分与血浆基本相同，水肿液的相对密度决定于其中蛋白质的含量，而后者则与血管通透性的改变以及局部淋巴液回流状态有关。相对密度低于1.018的水肿液通常称为漏出液(transudate)；相对密度高于1.018时则称为渗出液(exudate)，常见于局部炎症。漏出液和渗出液均能引起水肿和积水。

细胞间隙体液容量增多时，依据体液渗透压的不同，可分为等渗性体液过多、低渗性体液过多和高渗性体液过多。前1种情况即为水肿，后2种情况分别称为水中毒(water intoxication)和盐中毒(salt intoxication)。水中毒引起严重的神经症状,而盐中毒可引发动物的嗜酸性粒细胞性脑炎。

一、原因和发病机理

正常动物组织液总量相对恒定,有赖于血管内外液体交换的平衡和体内外液体交换的平衡这两大因素的调节。尽管每类水肿都有其各自的发生机制,但都可以归类到这两大因素的失衡中。①血管内外液体交换失衡导致的组织液的生成多于回流,从而使液体在组织间隙内积聚;②全身水分进出平衡失调导致细胞外液总量增多,以致液体在组织间隙或体腔中积聚。

(一)毛细血管内外液体交换失衡引起细胞液生成过多

正常生理情况下细胞液的生成和回流保持相对恒定,这种恒定是由血管内外多种因素调控的,其中有效滤过压和淋巴回流的正常起着重要作用(图 3-1)。

毛细血管的有效滤过压等于有效流体静压减去有效胶体渗透压的差值,有效流体静压是驱使血管内液向外流出的力量,有效胶体渗透压是促使液体回流至毛细血管内的力量。毛细血管动脉端、毛细血管静脉端和细胞间液的流体静压分别为 $4.0 \sim 5.33$ kPa(本书取 4.0 kPa)、$1.33 \sim 2.0$ kPa(本书取 1.6 kPa)和 1.33 kPa,血浆和组织间液的胶体渗透压分别为 3.33 kPa 和 2.0 kPa。根据这组数据计算的结果是:毛细血管动脉端有效滤过压为 $(4.0-1.33)-(3.33-2.0)=2.67-$

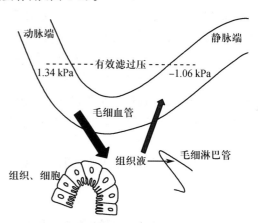

图 3-1　组织液生成与回流示意图

$1.33=1.34$(kPa),为正值,故血浆中水和无机盐等可通过毛细血管壁滤出而生成细胞间液(组织液生成);毛细血管静脉端有效滤过压是$(1.6-1.33)-(3.33-2.0)=0.27-1.33=-1.06$(kPa),为负值,故细胞间液中水和无机盐等可通过毛细血管壁回流入血(组织液回流)。可见正常组织液在动脉端的生成略大于静脉端的回流,剩余部分组织液(约 1/10)形成淋巴液。淋巴回流把不断生成的组织液送回循环系统内,维持血管内外液体交换处于动态平衡。因此,当毛细血管内流体静压升高、血浆胶体渗透压降低、细胞间液胶体渗透压升高、淋巴回流受阻时,均可引起细胞液生成增多或回流障碍而发生水肿。

1. **毛细血管流体静压升高**　当毛细血管流体静压升高时,其动脉端有效滤过压增大,细胞液生成增多,若超过淋巴回流的代偿限度时即可发生水肿。局部性或全身性静脉压升高是导致毛细血管流体静压升高的主要原因。前者可见于静脉血栓性栓塞、静脉管壁受到肿瘤或肿物压迫,而后者常见于心功能不全。例如,奶牛颈静脉血栓、静脉炎,引起颈部皮下水肿;奶牛或其他家畜发生子宫脱或脱肛时,因静脉回流受阻,导致子宫壁、肠壁水肿;马或其他动物发生肠扭转时,静脉回流障碍引起肠壁水肿;肝硬化造成静脉高压时,可引起腹水生成增多;肉鸡腹水综合征的发生与应激因素引起的肺循环高压、后腔静脉回流障碍、腹水生成增多有关;右心功能不全时,引起体循环淤血和全身性水肿;左心功能不全,引起肺淤血和肺水肿。

2. **血浆胶体渗透压降低** 由于晶体物质(电解质)能自由通过毛细血管壁,因此晶体渗透压对血管内外液体的交换影响不大。血浆胶体渗透压是限制血浆液体由毛细血管向外滤过的主要力量,其主要取决于血浆蛋白尤其是白蛋白的浓度,白蛋白含量减少,血浆胶体渗透压下降,液体返回血管动力不足而在细胞间潴留。当机体发生严重营养不良或肝功能不全时可导致血浆白蛋白合成障碍,肾功能不全时大量白蛋白可随尿液丢失,都会引起血浆胶体渗透压降低而发生水肿。例如,鸡饲料中长期蛋白质缺乏;骆驼有大量消化道蠕虫寄生,可引起动物极度消瘦,血液稀薄,皮下水肿,心腔、胸腔、腹腔积液;动物发生肾小球肾炎或出现肝硬化时,也可引起低蛋白性水肿;水中毒时也可引起血浆胶体渗透压下降而出现水肿征象。因这些因素导致的水肿不涉及微血管壁通透性的改变,故水肿液的蛋白浓度通常较低。

3. **微血管通透性增加** 正常毛细血管只容许微量血浆蛋白滤出,而微血管的其他部位几乎完全不容许蛋白质透过,因而在毛细血管内外可形成很大的胶体渗透压梯度。当微血管壁通透性增高时,血浆蛋白从毛细血管和微血管壁滤出,于是毛细血管静脉端和微静脉内的胶体渗透压下降,而组织间液的胶体渗透压上升,最终导致有效胶体渗透压明显下降,促使溶质及水分的滤出。此种情况下,水肿液中所含蛋白量较高,可达到 $30\sim60$ g/L。某些病毒(如流感病毒、马和猪的动脉炎病毒)、细菌(如梭菌、产志贺样毒素大肠杆菌)、立克次体(如反刍动物考得里立克次体、立氏立克次体)、细菌毒素(如内毒素)、过敏反应(如针对多种变应原发生的Ⅰ型超敏反应)等因素,可直接损伤毛细血管和微静脉管壁。例如,在变态反应和炎症过程中产生的组织胺、缓激肽等多种生理活性物质,可引起血管内皮细胞收缩,细胞间隙扩大使管壁通透性增高;鸡饲料中缺乏硒和维生素 E,致使血浆谷胱甘肽过氧化物酶活性降低,使血管内皮细胞脂质膜系统过氧化,造成血管通透性增高;大肠杆菌 O138、O139 感染引起血管壁通透性升高,导致仔猪水肿病。

4. **组织渗透压升高** 在病因作用下或在疾病过程中,当发生组织细胞大量坏死崩解时,组织蛋白可分解成小分子的含氮产物,使细胞间液胶体渗透压升高;当毛细血管和微静脉通透性增高时,血浆中滤出的蛋白质成分也使细胞间液的胶体渗透压升高。另外,组织细胞坏死崩解时释放出的 K^+ 等,可使细胞间液的晶体渗透压升高,组织液渗透压(胶体渗透压和晶体渗透压)升高,也促进水肿的发生。例如,炎性水肿的发生就与炎灶的变质性变化造成的局部组织液渗透压升高有密切的联系。

5. **淋巴回流受阻** 正常时细胞间液的小部分(约 1/10)经毛细淋巴管-淋巴管回流入血,从毛细血管动脉端滤出的少量蛋白质也主要随淋巴循环返回血液。若淋巴回流受阻,即可引起细胞间液积聚及胶体渗透压升高,淋巴性水肿液的蛋白质含量较高,可达 $30\sim50$ g/L。淋巴回流障碍常见于淋巴管炎或淋巴管受到肿瘤或肿物压迫,严重心功能不全引起的静脉淤血和静脉压升高。例如,奶牛分娩前乳房血流量增加,乳房静脉压升高,引起淋巴液积聚,导致乳房水肿;肝硬化时肝内淋巴回流障碍而经肝被膜滴入腹腔内,是腹水发生的重要机理之一;马鼻疽的皮肤型可引发淋巴管炎,出现水肿和结缔组织增生,发生所谓"象皮病"。

(二)球-管平衡失常导致体内的钠、水潴留

动物对钠、水的摄入量和排出量通常保持动态平衡,从而保持体液量的相对恒定。这种平衡的维持是通过神经-体液的调节而实现的,其中肾脏起着重要作用。肾脏通过肾小球的滤过和肾小管的重吸收作用而维持钠、水的平衡(称为肾小球-肾小管平衡或球-管平衡)。正常生理情况下,肾小球滤出的水、钠总量中只有 0.5% ~ 1% 以终尿的形式被排出体外,而绝大部分被肾小管重吸收,其中 60% ~ 70% 的水和钠由近曲小管重吸收,余者由远曲小管和集合管重吸收。近曲小管重吸收钠是一个主动需能的过程,而远曲小管和集合管重吸水和钠则主要受抗利尿激素(antidiuretic hormone,ADH)和醛固酮(aldosterone)激素的调节。肾小球滤出量与肾小管重吸收量之间保持的相对平衡称为球-管平衡。这种平衡关系一旦被破坏就会引起球-管失平衡,最常见的是肾小球滤过率降低和肾小管对水、钠重吸收增加。

1. 肾小球滤过率降低　肾小球滤过率是指单位时间内两肾生成的肾小球滤过量,主要取决于肾小球的有效滤过压、滤过膜的面积和滤过膜的通透性。引起肾小球滤过率下降的常见原因有:①广泛的肾小球病变,如急性肾小球肾炎时,由于肾小球毛细血管内皮细胞增生和肿胀,毛细血管基底膜增厚、断裂,系膜细胞增生,肾小球毛细血管内腔狭窄甚至阻塞,血流量减少,处于一种贫血状态,通过影响滤过膜的通透性降低引起原发性肾小球滤过率降低;慢性肾小球肾炎肾单位大量被破坏时,肾小球滤过面积明显减少;②有效循环血量较少,如心功能不全、休克、肝硬化大量腹水形成时,由于有效循环血量以及肾血液灌流量明显减少,可引起继发性肾小球滤过率降低,同时,继发性交感-肾上腺髓质系统和肾素-血管紧张素系统兴奋,使入球动脉收缩,肾血流量和肾小球滤过率进一步降低,而引起大量水、钠在体内潴留。

2. 肾小管对钠、水重吸收增加　包括近曲小管、远曲小管和集合管重吸收钠、水增多。

(1)近曲小管重吸收钠、水增多　近曲小管对钠、水的主动重吸收相对稳定在肾小球滤过总量的 60% ~ 70%,当有效循环血量较少时,近曲小管对钠水的重吸收增加使肾排水减少,成为某些全身性水肿发生的重要原因。主要与下列机制有关:①心房钠尿肽(atrial natriuretic peptide, ANP)是由哺乳动物心房肌细胞在胞浆内合成的一种含 21 ~ 33 个氨基酸的多肽类激素,又称为心钠素或心房肽。正常动物血液循环中存在较低 ANP,通过抑制近曲小管重吸收钠,抑制醛固酮和 ADH 的释放等方式,促进钠、水排出,调节细胞外液容量。当有效循环血流量减少时,心房的牵张感受器兴奋性降低,致使 ANP 的合成和分泌减少,近曲小管对钠、水的重吸收增加,从而导致或促进水肿的发生。②肾小球滤过分数(filtration fraction,FF)增加,FF=肾小球滤过率/肾血浆流量,正常时约有 20% 的肾血浆流经肾小球滤过。当发生充血性心力衰竭或肾病综合征时,由于有效循环血流量减少,肾血流量随之下降,此时出球小动脉收缩比入球小动脉收缩明显,肾小球滤过率与肾血浆流量相比增多得更大一些,因而 FF 增大,使血浆中非胶体成分滤过量相对增多,而通过肾小球后,流入肾小管周围毛细血管血液中血浆胶体渗透压增高,流体静压下降,于是近曲小管重吸收钠和水增加,导致钠、水潴留。

(2)远曲小管和集合管吸收钠、水增加　远曲小管重吸收钠、水主要受 ADH 和醛固酮 2 种激素的调节。①醛固酮分泌增加:醛固酮的作用是促进远曲小管重吸收钠、水,进而导致钠、水潴留。常见原因是:分泌增加,有效循环血量下降,或其他原因使肾血流减少时,肾血管灌注压下降,可刺激入球小动脉壁的牵张感受器,或当肾小球滤过率降低使流经致密斑的钠量减少时,均可使近球细胞分泌肾素增加,肾素-血管紧张素-醛固酮系统被激活。临诊上见于肝硬化腹水和肾病综合征;再者,机体对醛固酮灭活能力下降时,也可引起醛固酮增多。醛固酮的灭活主要在肝脏进行,当肝细胞有病变影响到对醛固酮的灭活作用,也可导致血中醛固酮含量升高。②ADH 分泌增多:ADH 的作用是促进远曲小管和集合管对钠、水的重吸收,其分泌增多是引起钠、水潴留的重要原因之一。ADH 的分泌主要受细胞外液渗透压和血容量的调节,因而当细胞外液渗透压升高(如醛固酮分泌增加可促进肾小管对钠的重吸收增多,血浆胶体渗透压增高)或容量减少时,均可引起 ADH 分泌增加。

(3)肾血流重分布　正常时约有 90％的肾血流通过靠近肾表面外 2/3 的皮质肾单位(约占肾单位总数的 85％),这些肾单位的髓袢短,不能进入髓质高渗区,对钠、水的重吸收性相对较弱;而约占 15％的近髓肾单位,由于其髓袢很长,深入髓质高渗区,对钠、水的重吸收功能较强。肾皮质交感神经丰富,肾素、血管紧张素Ⅱ含量较高,易引起皮质肾单位血管发生强烈收缩。当有效循环血流量减少时,交感神经兴奋,可发生肾血流重新分布的现象,即通过皮质肾单位的血流明显减少,而较多的血流转入近髓肾单位,其直接结果是钠、水重吸收增加,从而导致钠、水潴留。

总之,水肿是一个复杂的病理过程,有许多因素参与,通常是多种因素先后或同时发挥作用的,同一因素在不同类型水肿发病机制中所处的地位也不同。

二、类型

1. 心性水肿(cardiac edema)　是指由于心功能不全而引起的全身性或局部性水肿,多表现为皮下水肿、胸水和腹水增多等,其发生与下列因素有关:

(1)水、钠滞留　心功能不全时心输出量减少导致肾血流量减少,可引起肾小球滤过率降低;有效循环血量减少,导致 ADH、醛固酮分泌增多而心房钠尿肽分泌减少,肾远曲小管和集合管对水、钠的重吸收增多。这些因素引起的球-管失平衡,造成水、钠在体内大量滞留。

数字资源 3-1
心性水肿

(2)毛细血管流体静压升高　心输出量减少可导致静脉回流障碍,进而引起毛细血管流体静压升高。如左心功能不全易发生肺水肿;而右心功能不全,可引起全身性水肿,尤其在机体的低垂部位,如四肢、胸腹下部、肉垂、阴囊等处,由于重力的作用,毛细血管流体静压更高,水肿也越发明显。

(3)其他　右心功能不全可引起胃肠道、肝、脾等腹腔器官发生淤血和水肿,造成营养物质吸收障碍,白蛋白合成减少,导致血浆胶体渗透压降低;静脉回流障碍引起静脉压升高,阻碍淋巴回流。这些因素也可促进心性水肿的形成。

2. 肾性水肿　肾功能不全引起的水肿称为肾性水肿(renal edema),以机体组织疏松部位,如眼睑、腹部皮下、阴囊等处表现明显,其发生机理主要是:

(1)肾排水、排钠减少　如急性肾小球肾炎时,肾小球滤过率降低,但肾小管仍正常重吸收水和钠,故可引起少尿或无尿;慢性肾小球肾炎,当大量肾单位遭到破坏、滤过面积显著减少时,也可引起水、钠滞留;而一旦出现尿毒症,肾单位严重而广泛地受到破坏,引起肾排水、排钠明显降低而导致水肿。

(2)血浆胶体渗透压降低　如肾小球肾炎时,肾小球毛细血管基底膜受损,通透性增高,大量血浆白蛋白滤出,当超过肾小管重吸收能力时,可形成蛋白尿而排出体外,使血浆胶体渗透压下降,这样可引起血液的液体成分向细胞间隙转移而导致血容量减少,血容量减少又引起 ADH 和醛固酮分泌增加以及心房钠尿肽分泌减少,结果使水、钠重吸收增多。

(3)毛细血管通透性升高　肾功能不全时,各种代谢产物和有毒物质随尿排除障碍而在体内大量蓄积,可损伤毛细血管,使其通透性升高,引起水肿。

3. 肝性水肿(hepatic edema)　指肝功能不全引起的全身性水肿,常表现为腹水生成增多。其发生机理如下:

(1)肝静脉回流受阻　肝硬化时肝组织受到广泛性破坏和大量结缔组织增生,可压迫肝静脉的分支,造成肝静脉回流受阻,窦状隙内压明显升高引起过多液体滤出。肝硬化时肝淋巴管系统被破坏和重建,引起肝内淋巴回流障碍,淋巴液可经肝被膜滴入腹腔内而形成腹水。同时,肝静脉回流受阻以及肝内血管的改建又可导致门静脉高压,肠系膜毛细血管流体静压随即升高,液体由毛细血管滤出明显增多而形成腹水。

(2)血浆胶体渗透压降低　严重的肝功能衰竭,如重症肝炎、中毒性肝营养不良、肝硬化等,使肝细胞合成白蛋白发生障碍,导致血浆胶体渗透压降低。

(3)水、钠滞留　肝功能不全时,对相应激素的灭活作用减弱,其中包括对 ADH、醛固酮的灭活作用减弱,致使远曲小管和集合管对水、钠重吸收增多,促进水肿和腹水的出现。而腹水一旦发生,血容量即减少,又可抑制心房钠尿肽分泌和促进 ADH 和醛固酮分泌,结果进一步导致水、钠滞留,加剧肝性水肿。

4. 肺水肿　在肺泡腔及肺间质内蓄积多量体液时称为肺水肿(pulmonary edema)。其发生机理是:

(1)肺泡壁毛细血管和肺泡上皮损伤　由多种化学性因素(如硝酸银、毒气)、生物性因素(某些细菌、病毒感染)引起的中毒性肺水肿,有害物质可损伤肺泡壁毛细血管和肺泡上皮,使其通透性升高,血液的液体成分甚至蛋白质可渗入肺泡隔和肺泡腔内而引起肺水肿。而肺Ⅱ型上皮细胞的损伤导致肺泡表面活性物质合成与分泌减少,促使肺泡塌陷,有利于肺水肿的发生。

(2)肺毛细血管流体静压升高　左心功能不全、二尖瓣口狭窄、发生高原病时,可引起肺静脉回流受阻,肺毛细血管流体静压升高,若伴有淋巴回流障碍,或生成的水肿液超过淋巴回流的代偿限度时,易发生肺水肿。

(3)大量输入晶体溶液　大量输入生理盐水等晶体溶液,可稀释血浆蛋白的浓度,使血浆胶体渗透压降低,也可导致肺水肿。

5. 脑水肿　脑组织体液含量增多而引起的脑容积扩大,称为脑水肿(brain edema)。包括细胞内水肿和细胞间液积聚过多 2 种情况。脑水肿常表现为颅腔内压升高,发生机理是:

(1)毛细血管通透性升高　当发生脑炎、脑外伤、出血、栓塞、梗死时,导致脑毛细血管壁损伤,通透性增强,大量富含蛋白质的液体渗出,使神经细胞和其他细胞以及血管外周间隙扩大。

(2)细胞膜钠泵机能障碍　缺氧、窒息、休克、尿毒症和脑动脉血液供应减少或断绝时,可引起脑细胞膜钠-钾-ATP 酶(即钠泵)活性急剧降低,细胞内的 Na^+ 不能泵出细胞外而导致细胞水肿,可发生于神经细胞、胶质细胞和血管内皮细胞。

(3)脑脊髓液循环障碍　脑脊髓液由侧脑室脉络丛上皮细胞分泌产生后,经室间孔进入第三脑室,再经大脑导水管至第四脑室,于第四脑室的正中孔和外侧孔进入蛛网膜下腔流动,由蛛网膜绒毛吸收,入硬脑膜内的静脉窦返回血液。正常时脑脊髓液的生成量、循环量、重吸收量之间保持一种动态平衡,某些因素可打破这种平衡。例如,脑软膜炎常伴发脉络丛炎可引起脑脊液生成过多;炎性渗出物、肿瘤、寄生虫等堵塞大脑导水管、第四脑室正中孔和外侧孔可导致脑脊髓液淤积;脑硬膜静脉窦血栓形成影响脑脊髓液的重吸收。这些因素均可引起脑室积水和脑室周围组织的间质性水肿。

6. 其他

(1)淤血性水肿(stagnant edema)　主要是由于静脉回流受阻导致毛细血管流体静压升

高所引起。此外,淤血导致缺氧、代谢有害产物堆积、酸中毒,可进一步引起毛细血管通透性升高和细胞间液渗透压升高,淤血引起淋巴液回流受阻,也促进水肿的发生。淤血性水肿发生的区域通常与淤血范围相一致。

(2)恶病质性水肿(cachectic edema)　见于慢性饥饿、营养不良以及慢性传染病、大量蠕虫寄生等慢性消耗性疾病。由于蛋白质补充不足、消耗过多,血浆蛋白质含量明显减少,引起血浆胶体渗透压降低而发生水肿。有毒代谢产物蓄积损伤毛细血管壁,在此型水肿的发生上也起一定作用。

数字资源 3-2
恶病质性水肿

(3)炎性水肿(inflammatory edema)　指在炎症过程中,由于淤血、血液淤滞、炎症介质、组织细胞坏死崩解产物等多种因素的综合作用,导致炎区毛细血管流体静压升高、毛细血管通透性升高、局部组织液渗透压升高和淋巴液回流障碍而引起的炎灶局部水肿。

三、病理变化

1. 皮下水肿　皮下水肿(浮肿)的初期或水肿程度较轻时,水肿液与皮下疏松结缔组织中的胶体网状物(化学成分是透明质酸、黏多糖、胶原等)结合而呈隐性水肿。随着病情的发展,当细胞间液超过胶体网状物的最大结合能力时,可产生自

数字资源 3-3
炎性水肿

由液体,显现于组织细胞之间,指压时由于受到外力的作用,自由液体向周围扩散并遗留压痕,称为凹陷性水肿(pitting edema)。指压外力解除,凹陷逐渐平复,外观皮肤肿胀,色彩变浅,失去弹性,触之质如面团。切开皮肤有大量浅黄色液体流出,皮下组织呈淡黄色胶冻状。

镜检观察,见皮下组织的细胞和纤维间距增大,排列紊乱,并呈现各种变性和坏死性变化,例如,胶原纤维肿胀,甚至崩解、断裂、液化;结缔组织细胞、

数字资源 3-4
水肿组织学表现

肌纤维、腺上皮细胞肿大,胞浆内出现水泡,甚至发生核消失(坏死);腺上皮细胞往往与基底膜分离。皮下水肿部血管充血或淤血,淋巴管扩张。HE 染色标本上水肿液呈淡红色,均质无结构,有时因蛋白质含量较高而呈细颗粒状深红色着染。

2. 肺水肿　肺脏发生水肿时,外观体积增大,重量增加,质地稍变实,肺胸膜紧张而富有光泽,淤血区域呈暗红色而使肺表面的色彩不一致,肺间质增宽,尤其是猪、牛的肺脏,因富有间质,增宽尤为明显,肺切面呈暗紫红色,从支气管和细支气管断端流出大量白色或粉红色(伴发出血)的泡沫状液体。

发生非炎性水肿时,镜检见肺泡壁毛细血管扩张,肺泡腔内出现多量粉红色的浆液,其中混有少量脱落的肺泡上皮,肺间质因水肿液蓄积而增宽,结缔组织疏松呈网状,淋巴管扩张(彩图 3-1)。在炎性水肿时,除见到上述病变外,还可见肺泡腔水肿液内混有多量白细胞,蛋白质含量也增多。慢性肺水肿,可见肺泡壁结缔组织增生,有时病变肺组织发生纤维化。

3. 脑水肿　外观可见软脑膜充血,脑回变宽而扁平,脑沟变浅。脉络丛血管淤血,脑室扩张,脑脊髓液增多。

镜检见软脑膜和脑实质内毛细血管充血,血管周围淋巴间隙扩张,充满水肿液。神经细胞肿胀,体积变大,胞浆内出现大小不等的水泡,核偏位,严重时可见核浓缩、核溶解甚至核消失,神经细胞内尼氏小体数量明显减少。脑组织疏松,神经细胞和血管周围因水肿液积聚而使间隙加宽(彩图 3-2)。

4. 浆膜腔积水　当胸腔、腹腔、心包腔等浆膜腔发生积水时,水肿液一般为淡黄色透明液体,浆膜小血管和毛细血管扩张充血,浆膜面湿润有光泽,如由炎症引起,则水肿液内含有较多蛋白质,并混有渗出的炎性细胞、纤维蛋白和脱落的间皮细胞而混浊。此时可见浆膜肿胀、充血或出血,表面常被覆薄层或厚层淡黄色交织呈网状的纤维素。

5. 实质器官水肿　肝脏、心脏、肾脏等实质性器官发生水肿时,器官自身的肿胀比较轻微,眼观病变不明显,只有进行镜检才能发现。肝脏水肿时,水肿液主要蓄积在狄氏腔内,使通常情况下不易观察到的狄氏腔变得易于识别,这种变化称为"狄氏腔显现",肝脏水肿常引起肝细胞萎缩与窦状隙缺血。心脏水肿时,水肿液出现于心肌纤维之间,心肌纤维彼此分离,受到挤压的心肌纤维可进一步发生萎缩或变性。肾脏水肿时,水肿液蓄积在肾小管之间,使间隙扩大,且压迫肾小管,有时导致肾小管上皮细胞变性并与基底膜分离。

四、结局和对机体的影响

水肿是一种可逆的病理过程,当病因去除后,在心血管系统机能改善的条件下,水肿液可被吸收,水肿组织的形态改变和机能障碍也可完全恢复正常。但长期水肿的器官、组织(如慢性肺水肿、慢性皮下淤血性水肿),可因组织缺血缺氧、继发结缔组织增生而引起纤维化或硬化,此时即使去除病因也难以完全消除病变。

水肿对机体的影响,有其有利的一面,如炎性水肿液可稀释毒素,运送抗体、药物和营养物质到达炎症部位,因而具有一定的抗损伤作用;肾性水肿的形成对减轻血液循环的负担起着弃卒保车的作用;心性水肿液的生成可降低静脉压,改善心肌收缩功能。但在多数情况下水肿对机体都有不同程度的不利影响,其影响大小取决于水肿的部位、程度、发生速度和持续时间。

1. 器官功能障碍　急性发展的重度水肿因来不及适应和代偿,可引起比慢性水肿严重的功能障碍,如肺水肿导致通气、换气障碍;脑水肿引起颅腔内压升高,压迫脑组织可出现神经系统机能障碍,甚至脑疝致死;心包积水妨碍心脏泵血功能;急性喉黏膜水肿可引起气管阻塞,甚至窒息死亡。

2. 组织营养障碍　水肿液的存在使氧和营养物质从毛细血管到达组织细胞的距离增加,可引起组织细胞营养不良,抗感染能力降低易发生感染,由于水肿组织缺血、缺氧、物质代谢功能发生障碍,可引起组织细胞再生能力减弱,水肿部位的外伤或溃疡往往不易愈合。

环境中存在的有害物质和污染物会对人体和动物细胞组织造成不同程度的损伤,对机体产生不良影响。因此,按照党的二十大提出的推动绿色发展,以减少对自然环境的破坏,保护生态环境,有利于生物与自然和谐共生,实现可持续发展。

第二节　脱　水

脱水(dehydration)是指细胞外液容量减少,并出现一系列功能、代谢紊乱的病理过程。细胞外液包括水和溶解其中的电解质,最主要的阳离子是钠离子。在机体丧失水分的同时,细胞外液中钠离子也发生不同程度的改变,可引起血浆渗透压的变化,因而临床上常将两者合并讨论。

动物机体内水、钠平衡紧密相关,共同影响细胞外液的渗透压和容量。水平衡主要受渴感和抗利尿激素调节,维持体液等渗状态;钠平衡主要受醛固酮的调节,维持细胞外液的容量和组织灌流。①渴感的调节作用:渴觉中枢位于下丘脑外侧区,血浆晶体渗透压的升高是渴觉中枢兴奋的主要刺激,使机体主动饮水,饮水后血浆渗透压下降,渴感消失。另外,有效循环血量减少和血管紧张素Ⅱ的增多也可以引起渴感。②抗利尿激素(ADH)的调节作用:ADH主要在下丘脑的视上核合成,储存于神经垂体,其释放主要受血浆晶体渗透压和循环血流量影响。当血浆渗透压升高时,可刺激渗透压感受器使ADH释放入血,作用于肾远曲小管和集合管上皮细胞,增加对水的重吸收,使细胞外液渗透压降低。此外,ADH在血容量和血压下降时,可通过容量感受器(位于左心房和胸腔大静脉处)和压力感受器(位于颈动脉窦和主动脉弓),反射性地刺激ADH分泌,增加肾脏对水的吸收,补充血容量;一般在血容量改变10%左右才可强烈刺激ADH释放。③醛固酮的调节作用:当循环血量减少时,肾血流量不足,肾动脉压下降可刺激肾近球细胞分泌肾素,进而激活肾素-血管紧张素系统,增加肾上腺皮质球状带醛固酮的分泌,其主要作用于肾远曲小管和集合管上皮细胞,增加钠和水的吸收,补充循环血量。④其他:心房钠尿肽(ANP)和水通道蛋白(aquaporins,AQP)也是影响水钠代谢的重要因素。当血容量增加使心房容量扩张、血钠升高或血管紧张素增加时,可刺激心房细胞合成释放ANP,其具有利钠、利尿、扩血管和降低血压的作用;AQP是一组构成水通道与水通透性有关的细胞膜转运蛋白,其成员AQP2是ADH依赖性水通道,约有10%的肾小球滤过液经集合管时是在AQP2的参与下被重吸收的。

在临床中,一旦引起水、钠平衡紊乱就有可能导致机体脱水,根据水和钠丢失的比例和体液渗透压的改变,常将脱水分为高渗性脱水、低渗性脱水和等渗性脱水3种类型。家畜血清钠离子浓度和血浆总渗透压正常值见表3-1。

表 3-1 主要家畜血清钠离子浓度和血浆总渗透压正常值

动物	血清钠离子浓度/(mmol/L)	血浆总渗透压/(mOsm/L)
牛	132~152	284~324
马	132~146	284~312
猪	135~150	290~320
山羊	142~155	304~330
绵羊	146	312
犬	141~153	302~326

注:血清钠离子浓度引自 Coles E. H. ,Veterinary Clinical Pathology(third edition),W. B. Saunders Company,1980;血浆总渗透压按卢宗藩方法计算,见《家畜及实验动物生理生化参数》,农业出版社,1983。

一、高渗性脱水

失水多于失钠,细胞外液容量减少、渗透压升高,称为高渗性脱水(hypertonic dehydration),亦称为低血容量性高钠血症(hypovolemic hypernatremia)。主要特征是血浆钠浓度和血浆渗透压均可超过正常值上限,患畜表现口渴、少尿、尿体积质量增加、细胞脱水和皮肤皱缩等。

(一)原因

主要由于饮水不足和低渗性体液丢失过多所引起。

1. 饮水不足　当发生口炎、咽炎、食道阻塞、破伤风等疾病时不能饮水或拒绝饮水,或炎热季节长期在沙漠跋涉、水源断绝时饮水不足又消耗过多,可引起高渗性脱水。

2. 低渗性体液丢失过多　消化液稍呈低渗,当呕吐、腹泻、胃扩张、牛真胃扭转、肠梗阻等疾病时可引起大量低渗性消化液丧失;服用过多速尿、甘露醇、高渗性葡萄糖等可排出大量低渗尿;高热病畜通过皮肤出汗和呼吸的不断蒸发也丧失多量低渗性体液;下丘脑病变时导致抗利尿激素分泌减少,远曲小管和集合管不能重吸收水而引起低渗尿液排出。

(二)发病机理

引起高渗性脱水发生的主导环节是血浆渗透压升高和钠离子浓度升高,此时机体可发生一系列适应代偿性反应,以排钠、保水,恢复细胞内外的等渗状态以及体液容量。

1. 细胞内液向细胞外转移　由于细胞外液高渗,使细胞内液向细胞外转移,细胞外液容量得到部分恢复(图 3-2)。但同时也引起细胞脱水,严重时发生脑细胞脱水,可出现神经症状,如步态不稳、肌肉抽搐、嗜睡和昏迷等。

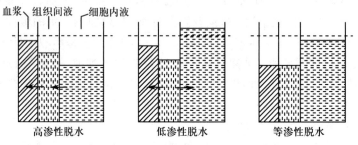

血浆　组织间液　细胞内液

高渗性脱水　　　低渗性脱水　　　等渗性脱水

图 3-2　3 种类型脱水体液变化示意图

2. 口渴　细胞外液容量减少和渗透压增高,可刺激渴觉中枢产生渴感,导致饮水增加并使血浆渗透压下降。但动物出现饮水障碍时此种代偿方式常不能发挥作用。

3. 醛固酮分泌减少　血浆钠离子浓度升高,引起肾上腺皮质多形区细胞分泌醛固酮减少,钠离子随尿排出增多,以降低血浆和细胞间液的渗透压。

4. ADH 分泌增多　有效循环血量降低和血浆渗透压升高,通过容量感受器和渗透压感受器反射性引起 ADH 分泌增多,以加强远曲小管和集合管重吸收水,故尿量减少,钠离子含量增多,尿体积质量升高,有效循环血量有所恢复。

机体经过上述调节,可使血浆渗透压有所降低,循环血量有所恢复,轻度脱水动物有可能恢复正常。但如果病因未除,脱水过程持续发展,机体的适应代偿能力逐渐降低而进入失代偿阶段,则会对机体造成较大影响。

(三)对机体的影响

1. 脱水热　脱水过多,病程过久,使血液黏稠、血容量减少而导致血液循环障碍,从各种腺体(如唾液腺)、皮肤、呼吸器官分泌和蒸发的水分相应减少,机体散热发生困难,热量在体内积蓄,引起体温升高,即发生脱水热。

2. 酸中毒　细胞间液渗透压升高可引起细胞内脱水,细胞出现皱缩,细胞内氧化酶活性降低,导致细胞内物质代谢障碍,酸性代谢产物堆积而发生酸中毒。

3. 自体中毒　由于血浆渗透压升高,细胞间液得不到及时更新和补充,加之血液循环障碍乃至衰竭,以至大量有毒代谢产物不能迅速排出而滞留体内,可引起自体中毒。

脱水热、酸中毒、自体中毒发展到严重阶段时,可引起大脑皮层和皮层下各级中枢机能紊乱,患者可出现运动失调、昏迷甚至死亡。

二、低渗性脱水

失钠大于失水,细胞外液容量和渗透压均降低,称为低渗性脱水(hypotonic dehydration),又称为低血容量性低钠血症(hypovolemic hyponatremia)。主要特征是血清钠浓度及血浆渗透压均可低于正常值的下限,病畜无口渴感,早期出现多尿和低渗尿,后期易发生低血容量性休克。

(一)原因

1. 体液丧失之后补液不合理　低渗性脱水大多发生于体液大量丧失之后补液方式不适当,即单纯补充过量水分所引起。如大量出汗、呕吐、腹泻或大面积烧伤之后,只补充水分或输入葡萄糖溶液,而未注意补充氯化钠,即有可能引起低渗性脱水。

2. 大量钠离子随尿丢失　肾上腺皮质机能下降时醛固酮分泌减少,抑制肾小管对钠离子的重吸收,即造成大量钠离子随尿排出体外。长期使用排钠性利尿剂如速尿、利尿酸、氯噻嗪类药物,由于肾单位稀释段对钠的重吸收被抑制,导致钠离子大量随尿丢失。

(二)发病机理

引起低渗性脱水发生的主导环节是血浆渗透压降低和钠离子浓度降低,此时机体也出现一系列适应代偿性反应,以保存钠离子,恢复和维持血浆渗透压。

1. 组织间液向细胞内液和血液转移　由于细胞外液的低渗,使水分从组织间液向渗透压相对高的细胞内转移,细胞外液渗透压有所升高;另外,由于细胞外液减少,血浆容量也就减少,使血液浓缩,血浆胶体渗透压升高,使组织间液进入血管补充血容量,因此低渗性脱水时组织液减少最明显(图3-2)。

2. 醛固酮分泌增多　血浆钠离子浓度降低,导致肾上腺皮质多形区细胞分泌醛固酮增多,加强肾小管对钠的重吸收,以升高血浆和细胞间液的晶体渗透压。

3. ADH 分泌减少　血浆渗透压降低,抑制 ADH 分泌,使远曲小管和集合管对水的重吸收减少,引起多尿,排出量增加。

4. 无渴感　血浆渗透压降低,抑制渴觉中枢,一般无渴感,饮水不增加,故机体虽缺水,但却难以经口补充水。

机体通过上述保钠、排水的调节反应,可使血浆渗透压有所恢复。如果脱水不很严重,去除病因、适当治疗之后,病畜可逐渐恢复正常。若病因未除,钠离子的丧失继续加重,脱水过程进一步发展,可造成严重后果。

(三)对机体的影响

1. 细胞水肿　由于细胞外液渗透压下降,水由细胞外液转移至细胞内,细胞内液增多,可引起细胞水肿,并导致细胞功能代谢障碍。严重时可发生脑水肿,出现头痛、意识模糊、昏迷等一系列中枢神经系统障碍症状。

2. 低血容量性休克　严重而持续的低渗性脱水,体液明显减少,加之水分大量通过尿液排出体外或进入细胞内,细胞外液容量更趋降低,而且动物饮水又不增加,可使有效循环血量进一步减少,造成重要器官的微循环灌流不足,极易发生低血容量性休克。患畜出现血压下降、四肢厥冷、脉搏细速等症状。

3. 脱水症状明显　血容量减少,组织间液向血管内转移,使组织间液减少更明显,出现明显的失水特征,如皮肤弹性减退、眼球凹陷等。

4. 自体中毒　低渗性脱水发展到严重阶段时,随着有效循环血量的下降,肾血液灌流量不足,致使肾小球滤过率降低、尿量锐减,加之细胞水肿物质代谢障碍引起各种有毒产物在体内大量蓄积,病畜可发生自体中毒而死亡。

三、等渗性脱水

等比例失水与失钠,细胞外液容量减少,渗透压不变,称为等渗性脱水(isotonic dehydration),又称为低容量血症(hypovolemia)。

(一)原因

此型脱水是由于大量等渗体液丧失所致。例如,大面积烧伤时,大量血浆成分从创面渗出;大量胸水和腹水形成也可能导致等渗体液丢失;呕吐、腹泻、肠扭转等疾病或病理过程的初期,虽造成低渗性消化液丢失,但通过机体调节也可能引起等渗性脱水。

(二)发病机理及对机体的影响

发生等渗性脱水时,主要是细胞外液(包括血浆和细胞间液)的丢失,但细胞内液量变化不大(图3-2),渗透压基本正常。细胞外液大量丢失造成有效循环血量减少,机体分别通过容量感受器的反射性调节和肾素-血管紧张素-醛固酮系统活动加强,引起ADH和醛固酮分泌增多,肾小管重吸收水、钠随之增多,以补偿血容量;患畜表现尿量减少,尿体积质量降低。经此调节反应,机体有效循环血量有所恢复,机能代谢状况可逐渐好转甚至恢复正常。但如果病因持续存在,病理过程不断加重,引发代偿失调,最终也可发生低血容量性休克。

在等渗性脱水的初期如果处理不及时,患畜可通过不断蒸发继续丧失水分,从而转变为失水大于失钠的高渗性脱水,机体可出现与高渗性脱水相似的变化;而如果对等渗性脱水的患畜治疗不适当,大量补水或输注葡萄糖溶液,则可由等渗性脱水转变为低渗性脱水,甚至发生水中毒。

四、脱水的一般治疗原则

脱水是一种常见的病理过程,在控制原发性疾病的基础上,可通过口服补液或静注输液得以纠正、治疗。补液的基础原则是缺什么补什么,需(缺)多少补多少。

高渗性脱水以失水为主,兽医临床上常用2份5%的葡萄糖溶液加1份生理盐水进行输液治疗。低渗性脱水以失钠为主,临床上常用2份生理盐水加1份5%葡萄糖溶液进行输液治疗,严重时可用高渗盐水替代生理盐水,若单纯输注葡萄糖溶液可能引起水中毒。等渗性脱水时,水、钠等比例丧失,临床上常用1份5%葡萄糖溶液加1份生理盐水来进行治疗。

输液量可参考下列标准:患畜精神好转,脱水的症状、体征减轻或消失,脉搏数、呼吸次数和尿量恢复正常,眼结膜由蓝紫色恢复正常色彩,实验室检查血清钠浓度、红细胞压积基本恢复正常。红细胞压积(hematocrit)指红细胞占全血容积的百分比,此指标易于检测,对输液效果的判断有重要参考价值(主要家畜红细胞压积参考值:马32%~52%,平均为42%;牛26%~42%,平均为34%;绵羊24%~45%,平均为35%;山羊20%~38%,平均为28%;猪32%~50%,平均为45%;犬37%~54%,平均为45%)。

第三节　酸碱平衡紊乱

机体的内环境必须具有适宜的酸碱度才能维持正常的代谢和生理功能。体液酸碱度的相对恒定是机体的组织、细胞进行正常代谢活动的基本条件。正常情况下,尽管机体摄入一些酸性或碱性食物,在代谢过程中也不断有酸性和碱性物质生成,但机体的酸碱度仍相对恒定,pH

维持在 7.35～7.45 这一狭窄的范围内,平均值为 7.40。这主要是靠机体内缓冲系统、肺脏和肾脏等的调节实现的。机体这种自动维持体液酸碱度相对稳定的过程为酸碱平衡(acid-base balance)。许多因素可打破这种平衡而造成酸碱平衡紊乱(acid-base disturbances)。酸碱平衡紊乱在多数情况下是某些疾病或病理过程的继发性变化,一旦发生,可使病情更加严重和复杂。

动物体液中的酸性和碱性物质主要是在细胞内物质分解代谢的过程中生成的,同时也有一定数量的酸性或碱性物质随饲草、饲料、药物等进入体内。机体内酸性物质的产生量远远超过碱性物质的产生量。体内产生的酸包括挥发性酸和固定酸。糖、脂肪和蛋白质在分解代谢中,氧化的最终产物是 CO_2 和 H_2O,两者结合生成碳酸,是机体分解代谢过程中产生最多的酸性物质。碳酸可形成 CO_2 气体,从肺排出,所以称之为挥发性酸,虽然 CO_2 和 H_2O 结合成碳酸的可逆反应可自发进行,但主要是在碳酸酐酶(carbonic anhydrase,CA)的作用下进行的,CA 主要存在于红细胞、肾小管上皮细胞、肺泡上皮细胞和胃黏膜上皮细胞等细胞中。不能以气体形式由肺呼出,只能通过肾脏由尿排出的酸性物质称为固定酸或非挥发性酸(unvolatile acid)。主要包括蛋白质分解代谢产生的硫酸、磷酸、尿酸;糖无氧酵解产生的甘油酸、丙酮酸、乳酸;脂肪分解代谢产生的脂肪酸、β-羟丁酸、乙酰乙酸等。此外,机体有时会摄入一些酸性食物(如稀盐酸、乙酸等)或使用酸性药物(如氯化铵、水杨酸等),这是固定酸的另一来源。而体内碱性物质主要来自食物,植物性饲料含有有机酸盐,如柠檬酸盐、苹果酸盐、草酸盐等,有机酸在机体内经三羧酸循环代谢为 CO_2 和 H_2O,而其所含有的 Na^+ 或 K^+ 则可与 HCO_3^- 结合生成碱性盐;另外,机体内代谢过程也可产生少量的碱性物质,如氨基酸脱氨基所生成的 NH_3。

机体对酸碱平衡的调节作用主要是通过下述 4 条途径进行的:

1. 血液缓冲系统的调节　由弱酸及弱酸盐组成的缓冲对广泛分布于血浆和红细胞内,这些缓冲对共同构成了血液的缓冲系统。血浆缓冲对有:碳酸氢盐缓冲对($NaHCO_3/H_2CO_3$)、磷酸盐缓冲对(Na_2HPO_4/NaH_2PO_4)、血浆蛋白缓冲对(Na-Pr/H-Pr,Pr 为血浆蛋白质);红细胞内缓冲对有:碳酸氢盐缓冲对($KHCO_3/H_2CO_3$)、磷酸盐缓冲对(K_2HPO_4/KH_2PO_4)、血红蛋白缓冲对(K-Hb/H-Hb,Hb 为血红蛋白)、氧合血红蛋白缓冲对(K-HbO_2/H-HbO_2,HbO_2 为氧合血红蛋白)。缓冲系统能有效地将进入血液中的强酸转化为弱酸,强碱转化为弱碱,最大限度地降低强酸、强碱对机体造成的危害,以维持体液 pH 的稳定。

血浆碳酸氢盐缓冲对在维持血液 pH 上起着重要作用,其缓冲能力强,H_2CO_3 和 HCO_3^- 是血液中含量最多的酸性物质和碱性物质,占血液缓冲系统总量的 1/2,而且是开放性缓冲,缓冲潜力大,决定血液的 pH。根据标准 Henderson-Hasselbalch 方程:

$$pH = pKa + \lg \frac{[缓冲碱]}{[缓冲酸]}$$

以血浆中碳酸氢盐缓冲体系为例,此方程又可写成:

$$pH = pKa + \lg \frac{[HCO_3^-]}{[H_2CO_3]}$$

其中 pKa 代表碳酸一级解离常数的负对数,在 38℃ 时为 6.1。正常动脉血浆 HCO_3^- 的浓度为 24 mmol/L。H_2CO_3 的浓度由物理状态溶解的 CO_2 与 H_2O 生成的 H_2CO_3 量决定的,可由 $pa(CO_2)$(在此取值为 40 mmHg;mmHg 为非法定单位,1 mmHg = 133.322 Pa)及其溶解系数 $α$(0.031 mmol/mmHg)之积来算出。这些数据代入上式则得:

$$pH = 6.1 + \lg \frac{24}{40 \times 0.03} = 6.1 + \lg \frac{24}{1.2} = 6.1 + \lg \frac{20}{1} = 6.1 + 1.301 = 7.401$$

HCO_3^- 的浓度可近似的用 $NaHCO_3$ 的浓度来代替。由此可见，无论 HCO_3^- 和 H_2CO_3 绝对量有多么明显的改变，只要其比值保持不变，血浆 pH 就会维持恒定。

2. **肺脏的调节**　机体可通过改变呼吸运动的频率和幅度来调整血浆中 H_2CO_3 的浓度。当动脉血二氧化碳分压升高、氧分压降低、血浆 pH 下降时，可刺激延脑的中枢化学感受器和主动脉弓、颈动脉体的外周化学感受器，反射地引起呼吸中枢兴奋，呼吸加深加快，排出二氧化碳增多，使血浆 H_2CO_3 浓度降低；但动脉血二氧化碳分压过高则引起呼吸中枢抑制。而当动脉血二氧化碳分压降低或血浆 pH 升高时，呼吸变浅变慢，二氧化碳排出减少，使血浆中 H_2CO_3 浓度升高。通过这种调节来维持血浆 HCO_3^- / H_2CO_3 的正常比值。肺仅对 CO_2 有调节作用，不能缓冲固定酸，其特点是作用快而有效。

3. **肾脏的调节**　血液缓冲系统和肺脏对酸碱平衡的调节作用发生很快（几秒钟至几分钟），而肾脏的调节作用发生较慢（需数小时甚至一天以上），但持续时间较久。肾脏主要是通过排出过多的酸或碱，调节血浆中 HCO_3^- 的含量，来维持血浆正常的 pH。肾脏的具体作用方式有 2 种，一是酸中毒时的排酸保碱，表现形式为近曲小管重吸收 HCO_3^-、远曲小管和集合管内尿的酸化、NH_4^+ 的排出；二是在碱中毒时的碱多排碱，表现形式为大量的 $NaHCO_3$、Na_2HPO_4 等碱性物质随尿排出。

4. **组织细胞的调节**　组织细胞对酸碱平衡的调节作用，主要是通过细胞内、外离子交换来实现的，如 H^+-K^+ 交换、Na^+-K^+ 交换、H^+-Na^+ 交换、Cl^--HCO_3^- 交换等，红细胞、肌细胞等都能参与此调节过程。例如，细胞间液 H^+ 浓度升高时，H^+ 弥散进入红细胞内，而红细胞内等量的 K^+ 移至细胞外，以维持细胞内外电荷平衡；进入红细胞中的 H^+ 可被细胞内缓冲系统所中和。当细胞间液 H^+ 浓度降低时，上述过程则相反。细胞内、外离子交换及细胞内的缓冲作用需 2～4 h 才能完成。

此外，在持续的代谢性酸中毒过程中，骨盐中 $Ca_3(PO_4)_2$ 的溶解度增加，并进入血浆，参与对 H^+ 的缓冲过程。$Ca_3(PO_4)_2 + 4H^+ \rightarrow 3Ca^{2+} + 2H_2PO_4^-$，在此反应中，每 1 分子的磷酸钙可缓冲 4 个 H^+。

通过上述调节，使体液的 pH 始终维持在一个狭窄的正常范围内。各种调节方式的特点见表 3-2。由于 H_2CO_3 的含量主要受呼吸的影响，故血浆内 H_2CO_3 浓度的原发性升高或降低引起的酸碱中毒，分别称为呼吸性酸中毒或呼吸性碱中毒；而 HCO_3^- 对维持血浆 pH 是一种非呼吸性因素，且 HCO_3^- 的含量主要受机体代谢状况的影响，因此血浆内 HCO_3^- 浓度的原发性降低或升高引起的酸碱中毒分别称为代谢性酸中毒或代谢性碱中毒。

表 3-2　血液、肺脏、组织细胞和肾脏在酸碱平衡中的作用时间和特点

调节方式	发挥作用时间	作用特点
血液缓冲	即刻发挥作用	不持久，只缓冲固定酸，对碱缓冲能力较弱
肺脏	数分钟开始，30 min 达高峰	仅调节碳酸
组织细胞	3～4 h 后发挥作用	继发血 K^+、血 Cl^- 浓度改变
肾脏	数小时起作用，3～5 d 发挥最大效能	作用持久，调节固定酸和 HCO_3^-

一、代谢性酸中毒

代谢性酸中毒(metabolic acidosis)是指由于体内固定酸增多或碱性物质丧失过多而引起的,以血浆 HCO_3^- 浓度原发性减少为特征的一种病理过程,是兽医临床上最为常见和重要的一种酸碱平衡紊乱。

(一)原因

1. 体内固定酸增多

(1)酸性物质生成过多 在许多疾病或病理过程中,由于缺氧、发热、炎症、血液循环障碍、病原微生物作用或饥饿等因素,引起物质代谢紊乱,导致糖、脂肪、蛋白质分解代谢加强,使体内乳酸、丙酮酸、酮体、氨基酸等酸性物质产生增多,可引起代谢性酸中毒。在兽医临床上常见的是乳酸性酸中毒和酮血症性酸中毒。

乳酸性酸中毒:指在疾病或病理过程中,动物产生大量丙酮酸和乳酸,由于乳酸堆积和进入血液,与血浆中的 $NaHCO_3$ 发生反应,使 HCO_3^- 原发性减少所致。例如,在马急性出血性盲肠结肠炎、马便秘、疝痛、休克等疾病中,由于严重脱水、血液黏稠、循环障碍、缺血缺氧的影响,可引起血液中乳酸含量升高;当动物发生血液原虫感染时,如马、牛、骆驼的伊氏锥虫病、马梨形虫病、牛泰勒虫病等疾病时,可因外周血液中红细胞受损或数量减少,引起缺氧而导致乳酸性代谢性酸中毒。

急性瘤胃酸中毒可因牛、羊一次性或短时间内过多食入易发酵产酸的饲料,如小麦、大麦、玉米、高粱、豆类、土豆等各种糖类饲料,经瘤胃细菌作用产生大量乳酸,当瘤胃 pH 降至 5.0 以下时发生。亚急性瘤胃酸中毒则是在饲料中精饲料的比例不断提高,例如,精粗比由 5:5 到 6:4、7:3,甚至 8:2,如此持续一段时间渐进性饲喂,当瘤胃 pH 波动于 5.2～5.5 时,即引起亚急性瘤胃酸中毒。持续的或严重的瘤胃酸中毒可对机体的全身状况造成严重影响,可进一步引起全身性酸中毒。

酮血症性酸中毒:反刍动物发生酮血病时,体内的酮体(乙酰乙酸、β-羟丁酸、丙酮)生成过多可引起酮血症性酸中毒。主要是由于牛、羊日粮中糖和生糖物质不足,以致脂肪代谢紊乱,产生大量酮体蓄积所致。据测定,血浆中每增加 1 mg 分子的酮体,就会相应消耗 1 mol 的 $NaHCO_3$;猪日粮中精料过多,同时缺乏根块类饲料,也易发生酮病。

(2)酸性物质摄入过多 在临床治疗中给动物服用大量氯化铵、稀盐酸、水杨酸盐等酸性药物,或当反刍动物前胃阻塞、胃内容物异常发酵生成大量短链脂肪酸时,因胃壁细胞损伤可通过胃壁血管弥散进入血液,这些因素都可引起酸性物质摄入过多。

(3)酸性物质排出障碍 发生急性或慢性肾功能不全时,组织细胞分解代谢加强,酸性代谢产物生成增多,但此时肾小球滤过率降低和肾小管泌 H^+、泌 NH_3 的机能减退,导致硫酸、磷酸、乙酰乙酸等固定酸滤出减少以及 $NaHCO_3$ 重吸收减少,可引起代谢性酸中毒。

(4)高血钾可引起代谢性酸中毒 由于血钾浓度升高可抑制肾小管上皮细胞 H^+-Na^+ 交换,造成 H^+ 在血液内潴留过多。

2. 碱性物质丧失过多

(1)碱性肠液丢失 当动物发生剧烈腹泻、肠扭转、肠梗阻时,如马疝痛、猪传染性胃肠炎、猪流行性腹泻、动物轮状病毒感染、沙门菌性肠炎、弯杆菌性肠炎、牛卡他性胃肠炎、霉菌性胃肠炎、大肠杆菌性肠炎、副结核性肠炎、病毒性腹泻/黏膜病、球虫病等疾病中,大量碱性肠液排出体外或蓄积在肠腔内,造成血浆内碱性物质大量丧失,酸性物质相对增多。

(2) HCO_3^- 随尿丢失　正常时动物原尿中含有 HCO_3^- 等碱性物质,通过肾小管上皮细胞排酸保碱作用而回收,而当发生肾小管性疾病时,这种排酸保碱机能出现障碍,导致 HCO_3^- 从尿中排出增多;此外当近曲小管上皮细胞刷状缘上的碳酸酐酶活性受到抑制时(其抑制剂为乙酰唑胺),可使肾小管内 $HCO_3^- + H^+ \rightarrow H_2CO_3 \rightarrow CO_2 + H_2O$ 的反应受阻,也可导致 HCO_3^- 随尿排出增多。

(3) HCO_3^- 随血浆丢失　如大面积烧伤或严重的外伤,血浆内大量 $NaHCO_3$ 由创面渗出流失,引起代谢性酸中毒。

(二)机体的代偿性调节

1. 血液的缓冲调节　发生代谢性酸中毒时,细胞外液增多的 H^+ 可迅速被血液缓冲体系中的 HCO_3^- 中和。

$$HCO_3^- + H^+ \rightarrow CO_2 + H_2O$$

反应中生成的 CO_2 随即很快由肺脏排出。血液缓冲系统调节的结果是某些酸性较强的酸转变为弱酸(H_2CO_3),弱酸分解后很快排出体外,以维持血液 pH 的稳定。

2. 肺脏的代偿调节　代谢性酸中毒时,血浆中 H^+ 浓度升高,以及血浆碳酸氢盐缓冲固定酸后生成的 CO_2,可刺激主动脉弓、颈动脉体的外周化学感受器和延脑的中枢化学感受器,引起呼吸中枢兴奋,呼吸加深加快,肺泡通气量增大,CO_2 排出增多,动脉血 CO_2 分压和血浆 H_2CO_3 含量随之降低,从而调整或维持血浆中 $NaHCO_3/H_2CO_3$ 的正常比值。肺的代偿反应非常迅速,一般在代谢性酸中毒发生几分钟后即可出现深快呼吸,30 min 后即达代偿,12～24 h 达到代偿高峰,因而呼吸代偿是急性代谢性酸中毒最重要的代偿方式。

3. 肾脏的代偿调节　除因肾脏排酸保碱障碍引起的代谢性酸中毒以外,其他原因导致的代谢性酸中毒,肾脏都发挥重要的代偿调节作用。代谢性酸中毒时,肾小管上皮细胞内碳酸酐酶和谷氨酰胺酶的活性升高,使肾小管上皮细胞泌 H^+、泌 NH_4^+ 增多,相应地引起 HCO_3^- 重吸收入血也增多,以此来排酸并补充碱储。此外,由于肾小管上皮细胞排 H^+ 增多,而使 K^+ 排出减少,故可能引起高血钾。肾脏的代偿作用较强、持续时间较久,但发挥作用较慢,一般需要 3～5 d 才能达到代偿高峰,是慢性代谢性酸中毒最重要的代偿方式。

4. 组织细胞的代偿调节　代谢性酸中毒时,细胞外液中大约 1/2 的 H^+ 可通过细胞膜进入组织细胞内,其中主要是红细胞,H^+ 可被红细胞内缓冲体系中的磷酸盐、血红蛋白等所中和。在 H^+ 进入细胞内时,导致 K^+ 从细胞内外移,引起血钾浓度升高。细胞内的缓冲多在代谢性酸中毒的 2～4 h 发生。

机体经过上述代偿调节,可使血浆 HCO_3^- 含量上升,或 H_2CO_3 含量下降。如能使 $[HCO_3^-]/[H_2CO_3]$ 比值恢复 20/1,血浆 pH 维持在正常范围内,称为代偿性代谢性酸中毒(compensated metabolic acidosis)。如果体内固定酸不断增加,碱储被不断消耗,虽经代偿 $[HCO_3^-]/[H_2CO_3]$ 比值仍小于 20/1,pH 降低(低于正常值的下限),则称为失代偿性代谢性酸中毒(decompensated metabolic acidosis)。

二、呼吸性酸中毒

呼吸性酸中毒(respiratory acidosis)是指由于 CO_2 排出障碍或 CO_2 吸入过多而引起的以血浆 H_2CO_3 浓度原发性升高为特征的一种病理过程。在兽医临床上也比较多见。

(一)原因

1. 二氧化碳排出障碍

(1)呼吸中枢抑制　颅脑损伤、脑炎、脑膜脑炎、脑脊髓炎等疾病过程中,如马或猪的流行性乙型脑炎,禽的脑脊髓炎,绵羊、猪、兔的李氏杆菌病时,均可损伤或抑制呼吸中枢。全身麻醉用药量过大,或使用呼吸中枢抑制性药物(如吗啡、巴比妥类),也可抑制呼吸中枢造成通气不足或呼吸停止,使 CO_2 在体内滞留引起呼吸性酸中毒。

(2)呼吸肌麻痹　当发生有机磷农药中毒、脊髓前位损伤、肋间神经损伤、脑脊髓炎、低血钾、重度高血钾等疾病和病理过程时,都可引起呼吸肌随意运动的减弱或丧失,导致 CO_2 排出困难。

(3)呼吸道堵塞　喉头黏膜水肿、异物堵塞气管或食道的严重阻塞部位压迫气管时,引起通气障碍, CO_2 排出受阻。如黏膜型禽痘、鸡传染性喉气管炎、马变态反应性喘鸣症、新生子畜窒息等疾病,都伴有呼吸道狭窄, CO_2 在体内潴留。

(4)胸廓和肺部疾病　胸壁创伤造成气胸时,胸腔负压消失,或胸腔积液、胸膜炎、肋骨骨折时,均可引起肺扩张与回缩发生障碍;肺炎、肺水肿、肺脓肿、肺肉变时,如牛传染性胸膜肺炎、肺结核、肺肿瘤,导致肺脏呼吸面积减少;肺水肿、肺泡内透明膜形成、肺纤维化,造成呼吸膜增厚,换气过程发生障碍,也可导致 CO_2 在体内蓄积。

(5)肺部疾病　心源性急性肺水肿、重度肺气肿、肺部广泛性炎症或肺组织广泛纤维化等均可因通气功能障碍而发生呼吸性酸中毒。

(6)血液循环障碍　当发生心功能不全时,造成全身性淤血、 CO_2 的运输和排除障碍,可引起血浆中 H_2CO_3 原发性升高。

2. 二氧化碳吸入过多　当厩舍过小、通风不良、动物饲养密度过大时,特别在我国北方地区冬季密闭的养鸡舍或养猪舍内,因外环境空气中 CO_2 过多(鸡舍一般 CO_2 的浓度宜控制在0.15%左右),可引起动物持续性 CO_2 吸入增多,而使血浆 H_2CO_3 含量升高。

(二)机体的代偿性调节

因呼吸功能障碍而引起的呼吸性酸中毒,呼吸系统难以发挥代偿作用;血浆中的碳酸氢盐缓冲系统不能缓冲碳酸,因此碳酸主要靠非碳酸氢盐缓冲系统缓冲,由于血浆中其他缓冲系统含量较低,缓冲能力有限。

发生呼吸性酸中毒时主要依靠细胞内外离子交换、细胞内缓冲和肾脏代偿。

1. 细胞内外离子交换和细胞内缓冲　急性呼吸性酸中毒时,肾脏往往来不及发挥代偿作用,细胞内外离子交换和细胞缓冲是急性呼吸性酸中毒的主要代偿方式。

(1) H^+-K^+ 交换　随着 H_2CO_3 浓度增高, H_2CO_3 解离为 H^+ 和 HCO_3^-, H^+ 与细胞内 K^+ 交换, H^+ 进入细胞内, K^+ 移出细胞外,引起高血钾, HCO_3^- 则留在细胞外液中,使血浆内 HCO_3^- 浓度有所增加。

(2)红细胞的缓冲作用　血浆中的 CO_2 可通过弥散进入红细胞,在碳酸酐酶的催化下生成 H_2CO_3,进而解离为 H^+ 和 HCO_3^-。 H^+ 主要被血红蛋白或氧合血红蛋白缓冲系统缓冲, HCO_3^- 则与 Cl^- 交换进入血浆,结果血浆中 HCO_3^- 浓度有所增加,而 Cl^- 浓度降低。

但上述细胞内外离子交换和细胞内缓冲能力十分有限,往往 $Pa(CO_2)$ 每升高 10 mmHg,血浆 HCO_3^- 浓度仅代偿性增高 0.7~1 mmol/L,不足以维持 $[HCO_3^-]/[H_2CO_3]$ 正常比值,所以急性呼吸性酸中毒时往往呈失代偿状态。

2. 肾脏的代偿　肾脏代偿是慢性呼吸性酸中毒的主要代偿方式,其代偿调节与代谢性酸中毒相同。

机体通过上述代偿反应,可使血浆 HCO_3^- 含量升高,如果 $[HCO_3^-]/[H_2CO_3]$ 值恢复 20/1,pH 保持在正常范围内(但大多偏于正常值下限),称为代偿性呼吸性酸中毒(compensated respiratory acidosis)。如果 CO_2 在体内大量滞留,超过了机体的代偿能力,导致 $[HCO_3^-]/[H_2CO_3]$ 比值小于 20/1,则 pH 低于正常(低于正常值下限),则称为失代偿性呼吸性酸中毒(decompensated respiratory acidosis)。

三、酸中毒对机体的主要影响

1. 中枢神经系统机能的改变　酸中毒尤其发生失代偿性酸中毒时,血浆 pH 降低,神经细胞内氧化酶活性降低,引起氧化磷酸化过程受阻,使 ATP 生成不足,脑组织能量物质供应减少。血浆 pH 降低时,脑组织中谷氨酸脱羧活性增高,使 γ-氨基丁酸 (γ-amino butyric acid, GABA)生成增多,GABA 对中枢神经系统具有抑制作用(图 3-3)。脑内能量物质供应不足加之抑制性氨基酸 GABA 增多,故患畜表现精神沉郁,感觉迟钝,嗜睡,甚至可发生昏迷。

呼吸性酸中毒时体内高浓度 CO_2 能直接引起脑血管扩张,造成颅腔内压升高。此外,CO_2 分子为脂溶性分子,能自由透过血脑屏障,而 CO_3^{2-} 是水溶性的,不容易透过血脑屏障,故与血浆 pH 相比,脑脊髓液 pH 降低更加明显。因此,呼吸性酸中毒引起的脑功能紊乱比代谢性酸中毒时更为严重。有时可因呼吸中枢、心血管运动中枢麻痹而使动物发生死亡。

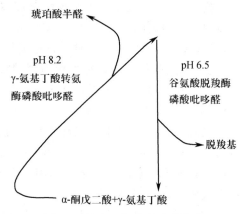

琥珀酸半醛

pH 8.2
γ-氨基丁酸转氨酶磷酸吡哆醛

pH 6.5
谷氨酸脱羧酶磷酸吡哆醛

脱羧基

α-酮戊二酸+γ-氨基丁酸

图 3-3　脑内 γ-氨基丁酸的代谢

2. 心血管系统机能的改变　酸中毒产生的大量 H^+ 可竞争性地抑制 Ca^{2+} 与肌钙蛋白结合,同时也影响 Ca^{2+} 内流和心肌细胞内肌浆网释放 Ca^{2+},从而抑制心肌兴奋-收缩耦联,使心肌收缩力降低,心输出量减少,可引起急性心功能不全。

酸中毒常伴发高血钾,血清钾浓度升高可引起心脏传导阻滞,导致心室颤动、心律失常,发生急性心功能不全。

血浆 H^+ 浓度升高,可使小动脉、微动脉、后微动脉、毛细血管前括约肌对儿茶酚胺的敏感性降低,而此时微静脉、小静脉仍保持对儿茶酚胺的反应性(可能与微静脉、小静脉正常时即处于一种微酸环境中有关)。故毛细血管的“前门开放,后门关闭”,血容量不断扩大,回心血量显著减少,严重时可引发低血容量性休克。

3. 骨骼系统的改变　慢性肾功能不全时可伴发长期性酸中毒。由于骨内磷酸钙不断释放入血以缓冲 H^+,故对骨骼系统的正常发育和机能都造成严重影响。在幼畜可引起生长迟缓和佝偻病,在成畜可导致骨软化症。

4. 高钾血症　一般来讲,酸中毒与高钾血症互为因果关系,即酸中毒引起高钾血症,高钾血症导致酸中毒。酸中毒时细胞外液 H^+ 浓度增加并向细胞内转移,为了维持电荷平衡,细胞内的 K^+ 以 H^+-K^+ 交换方式向细胞外转移,引起高钾血症;此外,酸中毒时肾分泌 H^+ 增加,分

泌 K^+ 减少,导致钾在体内潴留,也引起高钾血症。

5. 呼吸系统机能的改变　代谢性酸中毒时,由于 H^+ 浓度升高,对外周化学感受器的刺激作用加强,呼吸中枢兴奋,引起呼吸加深加快。

四、代谢性碱中毒

代谢性碱中毒(metabolic alkalosis)是指由于体内碱性物质摄入过多或酸性物质丧失过多而引起的以血浆 HCO_3^- 浓度原发性升高为特征的一种病理过程,在兽医临床上较少见。

(一)原因

1. 体内碱性物质过多

(1)碱性物质摄入过多　摄入碱性饲料(如尿素)或药物(如 $NaHCO_3$)过多时,易导致血浆内 NH_3 或 HCO_3^- 浓度升高,肾脏具有较强的排泄 HCO_3^- 的能力,因此若肾功能不全的患畜摄入碱性物质过多时,容易引起代谢性碱中毒。例如,当尿素喂饲量过大或喂饲方法不当时,可引起牛发生尿素中毒,尿素在瘤胃内很快溶解并被脲酶分解为 NH_3 和 CO_2,因此尿素中毒实际为 NH_3 中毒。尿素限用于出生 6 个月以上的牛、羊,添加量不得超过精料的 2%,例如,每天产奶量少于 30 kg 的泌乳牛,每头牛每天不要超过 100 g,且混合要均匀,喂后不要立即饮水。另据调查,国产鱼粉中含 4%～8% 的尿素,最高达 13%;如使用含有高浓度尿素的鱼粉配制的饲料喂鸡时也会发生尿素中毒。

畜舍、禽舍空气中 NH_3 浓度过高,也可引起 NH_3 中毒。例如,鸡舍中的氨气,是由鸡的粪、尿、垫料以及饲料残渣腐败分解后产生的。如果长期不清理粪便,又无通风设施,便会造成氨气等有害气体的大量蓄积而发生氨中毒。

(2)体内碱性物质排除障碍　当动物发生严重的肝功能不全时,肝细胞内的鸟氨酸循环不能正常进行,使氨基酸氧化脱氨中产生的大量 NH_3 不能生成尿素而在血中蓄积;当动物发生尿毒症时,作为尿毒症毒素之一的尿素不能随尿排出体外。这些原因都可引起以 NH_3 为代表的碱性物质排除障碍而在体内增多。

2. 酸性物质丧失过多

(1)酸性物质随胃液丢失　猪、犬等动物因患胃炎或其他疾病引起严重呕吐时,可导致胃液中的盐酸大量丢失;当乳牛发生真胃变位、真胃积食等疾病时常引起幽门阻塞,导致大量盐酸在真胃内积聚,此时肠液中的 $NaHCO_3$ 不能被来自胃液中的 H^+ 中和而被大量吸收入血,从而使血浆中 $NaHCO_3$ 含量升高。

(2)酸性物质随尿丢失　任何原因引起醛固酮分泌过多时(如肾上腺皮质肿瘤)均可导致代谢性碱中毒。因醛固酮促进肾远曲小管上皮细胞排 H^+ 保 Na^+、排 K^+ 保 Na^+,引起 H^+ 随尿流失增多,相应地发生 $NaHCO_3$ 回流入血增多而导致代谢性碱中毒。

(3)低血钾　动物血清钾浓度降低时,远曲小管上皮细胞分泌 K^+ 减少,相应地分泌 H^+ 增多,引起 $NaHCO_3$ 的生成和重吸收入血增多,也可导致代谢性碱中毒。此外,血清钾减少,可导致细胞内 K^+ 与细胞外 H^+、Na^+ 交换,引起细胞内酸中毒和细胞外碱中毒。

(4)血氨升高　当发生尿素中毒或其他任何原因引起的血氨水平升高时,NH_3 可对机体造成多方面的不良影响,如可引起肝性脑病。NH_3 又可与谷氨酸生成谷氨酰胺,肾分泌 NH_3 形成的谷氨酰胺排出时需结合 H^+,进一步导致机体酸性物质的消耗。

3. 低氯性碱中毒　在肾小管内 Cl^- 是唯一能和 Na^+ 被相继重吸收的阴离子,如机体缺氯,则肾小管液内 Cl^- 浓度降低,Na^+ 不能充分地与 Cl^- 以 NaCl 形式被重吸收,肾小管上皮细胞则以加强分泌 H^+、K^+ 的方式与肾小管液内 Na^+ 进行交换。Na^+ 被吸收后即与肾小管上皮细胞生成的 HCO_3^- 结合成 $NaHCO_3$,进入血液,可引起代谢性碱中毒。

(二)机体的代偿性调节

1. 血液的缓冲调节　当体内碱性物质增多时,血浆缓冲系统与之发生反应。如:

$$NaHCO_3 + H\text{-}Pr \rightarrow Na\text{-}Pr + H_2CO_3$$
$$NaHCO_3 + NaH_2PO_4 \rightarrow Na_2HPO_4 + H_2CO_3$$

结果可在一定程度上调整 $[HCO_3^-]/[H_2CO_3]$ 的比值,因血液缓冲系统的组成成分中酸性成分远低于碱性成分(如 $[NaHCO_3]/[H_2CO_3]$ 比值为 20/1),故血液缓冲体系对碱性物质的处理能力是很有限的。

2. 肺脏的代偿调节　由于血浆 HCO_3^- 含量原发性升高,H_2CO_3 含量相对不足,血浆 pH 升高,可对呼吸中枢产生抑制作用,呼吸运动变浅变慢,肺泡通气量降低,CO_2 排出减少,使血浆 H_2CO_3 含量代偿性升高,以调整和维持 $[HCO_3^-]/[H_2CO_3]$ 的值。呼吸的代偿反应比较快,往往数分钟即可出现,12～24 h 达到代偿高峰。但这种代偿是有限的,很少能达到完全代偿,因为呼吸变浅变慢会导致缺氧和 CO_2 浓度增高,减少了代偿作用。

3. 肾脏的代偿调节　代谢性碱中毒时血浆 $NaHCO_3$ 浓度升高,肾小球滤液内 HCO_3^- 含量增多。同时,血浆 pH 升高,肾小管上皮细胞内的碳酸酐酶和谷氨酰胺酶活性都降低,肾小管上皮细胞分泌 H^+、分泌 NH_3 减少,导致 HCO_3^- 重吸收入血减少,随尿排出增多。这是肾脏排碱保酸作用的主要表现形式。肾脏对 HCO_3^- 排出增多的最大代偿时限需要 3～5 d,所以急性代谢性碱中毒时肾脏代偿不起主要作用。

4. 组织细胞的代偿调节　细胞外液 H^+ 浓度降低,引起细胞内的 H^+ 与细胞外的 K^+ 进行跨膜交换,结果导致细胞外液 H^+ 浓度有所升高,但结果往往伴发低血钾。

机体通过上述代偿反应,如果 $[HCO_3^-]/[H_2CO_3]$ 比值恢复 20/1,血浆 pH 在正常范围内,称为代偿性代谢性碱中毒(compensated metabolic alkalosis)。如果代偿后 $[HCO_3^-]/[H_2CO_3]$ 比值仍大于 20/1,血浆 pH 升高(高于正常值的上限),则称为失代偿性代谢性碱中毒(decompensated metabolic alkalosis)。

五、呼吸性碱中毒

呼吸性碱中毒(respiratory alkalosis)是指由于 CO_2 排出过多而引起的以血浆 H_2CO_3 浓度原发性降低为特征的一种病理过程。在高原地区可发生低血氧性呼吸性碱中毒,在疾病过程中呼吸性碱中毒也可因通气过度而出现,但一般比较少见。

(一)原因

1. 中枢神经系统疾病　在动物发生脑炎、脑膜炎、脑膜脑炎等疾病的初期,或在发热的一定阶段,可引起呼吸中枢兴奋性升高,呼吸加深加快,导致肺泡通气量过大,排出大量 CO_2,使血浆 H_2CO_3 含量明显降低。

2. 药物中毒　一些药物如水杨酸盐类药物,也可直接兴奋呼吸中枢,导致换气过度,CO_2 排出过多。

3. 机体缺氧　动物初到高山、高原地区,因外环境大气氧分压降低,机体缺氧,可导致呼吸加深加快,排出 CO_2 过多。

4. 机体代谢亢进　外环境温度过高,如日射病、热射病、机体高热,或患有甲状腺功能亢进时,由于物质代谢亢进,产酸增多,加之高温血的直接作用,可引起呼吸中枢的兴奋性升高。

(二)机体的代偿性调节

发生呼吸性碱中毒时,肺的代偿作用不明显,主要依靠细胞内外离子交换、细胞内缓冲和肾脏代偿。

1. 细胞内外离子交换和细胞内缓冲　急性呼吸性碱中毒时,肾脏往往来不及发挥代偿作用,细胞内外离子交换和细胞缓冲是急性呼吸性碱中毒的主要代偿方式。

(1)H^+-K^+交换　细胞内 H^+ 与细胞外 K^+ 进行交换,H^+ 逸出细胞,并与 HCO_3^- 结合生成 H_2CO_3,使血浆 H_2CO_3 浓度升高,K^+ 进入细胞引起低血钾。

(2)红细胞的缓冲作用　HCO_3^- 与红细胞内 Cl^- 交换,HCO_3^- 进入红细胞,红细胞内 Cl^- 逸出,结果血浆 HCO_3^- 浓度下降,血氯浓度升高。

2. 肾脏的代偿调节　急性呼吸性碱中毒,肾脏来不及进行代偿,当慢性呼吸性碱中毒时,肾小管上皮细胞内碳酸酐酶活性降低,H^+ 的形成减少,肾小管液内 HCO_3^- 重吸收也随之减少,即 $NaHCO_3$ 随尿排出增多。

机体经上述代偿后,如果[HCO_3^-]/[H_2CO_3]的比值恢复 20/1,血浆 pH 在正常范围内,称为代偿性呼吸性碱中毒(compensated respiratory alkalosis)。如经过代偿,[HCO_3^-]/[H_2CO_3]仍大于 20/1,血浆 pH 高于正常值(高于正常值的上限),则称为失代偿性呼吸性碱中毒(decompensated respiratory alkalosis)。

六、碱中毒对机体的主要影响

1. 中枢神经系统机能的改变　动物发生碱中毒特别是失代偿性碱中毒时,由于血浆 pH 升高,可引起脑组织中 γ-氨基丁酸转氨酶的活性增高,GABA 分解代谢加强,脑内 GABA 含量减少(图 3-3),故对中枢神经系统的抑制性作用减弱,患畜呈现躁动、兴奋不安等症状。

正常时红细胞内 H^+ 与血红蛋白结合(生成 H-Hb)能影响血红蛋白的空间构型,使之与 O_2 的亲和力下降。碱中毒时,由于红细胞内 H^+ 浓度代偿性降低,故导致血红蛋白与 O_2 的亲和力增高,对组织的供氧能力降低。此外,血浆 CO_2 分压降低可引起脑血管收缩和脑血流量减少,因此严重碱中毒可引起脑组织缺氧,患畜可由兴奋状态转化为精神沉郁、萎靡不振,甚至发生昏迷。

2. 神经肌肉机能的改变　当血浆 pH 升高时,血浆内结合钙增多,而游离钙则减少。血浆游离钙浓度降低,可引起神经肌肉细胞阈电位下降(如由 -65 mV 下移至 -75 mV),导致静息膜电位(如为 -90 mV)与阈电位间的距离变小(如由 -25 mV 变为 -15 mV),引起神经肌肉组织的兴奋性升高,患畜出现肢体肌肉抽搐,反射活动亢进,甚至发生痉挛。

3. 低钾血症　发生碱中毒时,肾小管上皮细胞代偿性排 H^+ 减少(保酸),相应地排 K^+ 增多;加之细胞外液 K^+ 进入细胞内交换 H^+,故可引起血清钾浓度降低,低血钾导致心肌兴奋性升高,传导性降低,严重时引起心律失常。低血钾也可导致骨骼肌兴奋性降低,甚至发生麻痹。

七、混合性酸碱平衡紊乱

以上分述的酸碱中毒称为单纯型酸碱平衡紊乱。在临床上有时发现,同一病畜可以同时或相继发生 2 种或 2 种以上的酸碱中毒,这种情况称为混合性酸碱平衡紊乱(mixed acid-base disturbance)，混合性酸碱平衡紊乱又有酸碱一致型和酸碱混合型之分。

（一）酸碱一致型

指酸中毒与碱中毒在同一病畜身上不交叉发生。

1. 呼吸性酸中毒合并代谢性酸中毒　此类型最为多见，常见于通气障碍引起的呼吸功能不全时，如脑炎、延脑损伤等。CO_2 在体内滞留导致呼吸性酸中毒，缺氧又可引起代谢性酸中毒，此时血浆 pH 显著下降，

2. 呼吸性碱中毒合并代谢性碱中毒　这种情况主要见于带有呕吐的热性传染病，如犬瘟热，部分病犬剧烈呕吐并伴发高热。高热导致肺通气过度引起呼吸性碱中毒，呕吐导致胃酸丢失引起代谢性碱中毒，此时血浆 pH 显著升高。

（二）酸碱混合型

指在同一病畜体内有 2 种或 2 种以上的单纯性酸碱平衡紊乱并存。

1. 代谢性酸中毒合并呼吸性碱中毒　可见于动物发生高热、通气过度又合并发生肾病或腹泻，如严重肾功能不全又伴发高热时，可在原代谢性酸中毒基础上因过度通气而合并发生呼吸性碱中毒，此时 pH 可在正常范围，也可能升高或降低。

2. 代谢性酸中毒合并代谢性碱中毒　可见于动物发生肾炎、尿毒症又伴发呕吐时，如犬尿毒症又有呕吐。在原代谢性酸中毒基础上因胃酸大量丧失而引发代谢性碱中毒，血浆 pH 改变常不明显，有时可在正常范围内。

3. 呼吸性酸中毒合并代谢性碱中毒　这种情况罕见，如在治疗呼吸性酸中毒时输入碱性药物过多，或犬通气障碍又伴发呕吐，可能出现。血浆 pH 可在正常范围内，也可升高或降低。

在疾病中酸碱平衡紊乱的发展变化是很复杂的，酸中毒可转变为碱中毒，碱中毒也可转变为酸中毒。例如，代谢性酸中毒可因呼吸持续加快加深而转变为呼吸性碱中毒；猪、犬呕吐引起的代谢性碱中毒也可因饥饿、脱水而发展为酸中毒；呼吸性碱中毒可因缺氧而导致代谢性酸中毒，混合性酸碱平衡紊乱就更加复杂。因此，在兽医临床诊疗实践中，要认真查找原因，开展血气分析工作，结合实验室检查结果，总结经验，积累基础数据，不断提高分析问题、解决问题的能力和诊治水平。

（吕英军）

第四章　细胞和组织损伤

第一节　细胞损伤的原因和机理

细胞损伤(cell injury)是指细胞在各种刺激作用下所发生的形态、功能和生存状态的改变。当刺激所引起的细胞内、外环境的改变超过了细胞的适应能力,便可引起细胞损伤。如果有害刺激强度大,或持续存在,细胞损伤太严重,会发生细胞的死亡。某种情况下,某些细胞的损伤还会对其他细胞及组织器官产生不利影响。

细胞损伤可分为可逆性细胞损伤(reversible cell injury)和不可逆性细胞损伤(irreversible cell injury)2大类。可逆性细胞损伤是指可以恢复的细胞损伤,包括:细胞水肿、脂肪变性、玻璃样变、黏液样变、病理性色素沉着等。在细胞损伤的早期阶段,或有害刺激短暂、温和,细胞损伤轻,去除刺激后,细胞的功能和形态变化可恢复正常。在此阶段,尽管可能存在细胞的结构和功能异常,但通常不会发展为严重的膜损伤和核溶解。不可逆性细胞损伤是指持续、过度的有害刺激,使细胞产生不可逆转的损伤和细胞死亡,包括细胞的坏死、凋亡和自噬等。如细胞膜受损严重时,酶从溶酶体释放进入细胞质,消化细胞,导致细胞坏死。当细胞生长因子被剥夺,或细胞的 DNA、蛋白质受损无法修复时,会出现细胞凋亡。

一、原因

凡能引发疾病的原因,也能引起细胞损伤。既有获得性原因(acquired cause),如缺氧、物理性因素、化学性因素、生物性因素、营养性因素,以及社会、心理、精神、行为和医源性因素等,也有遗传性原因(genetic cause),如染色体异常、先天性细胞发育缺陷等。它们可互相作用或互为因果,导致细胞损伤的发生与发展。

引起细胞损伤的原因可归纳为以下几类。

(一)缺氧(oxygen deficiency)

缺氧是引起细胞损伤和死亡最重要、最常见的原因,缺氧导致部分细胞和组织供氧减少,所有组织器官供氧不足称为缺氧症。氧的重要性在于其参与细胞的氧化磷酸化过程,特别是分化程度较高的细胞,如神经元、肝细胞、心肌细胞和肾小管上皮细胞。血液内氧合不足造成的缺氧可导致心力衰竭或呼吸衰竭。此外,血液供应短缺或减少(局部缺血),血液中氧的运输障碍(如贫血或一氧化碳中毒),或细胞呼吸链中断(氰化物中毒),都可造成缺氧。

(二)物理因素(physical agents)

创伤、极端温度、辐射、电击和大气压力的突然变化,都会对细胞产生广泛的影响。机械性损伤能使组织、细胞破裂;高温可使细胞内蛋白质(包括酶)变性;低温可使细胞内形成冰晶,造成细胞膜破裂;电流通过组织时引起高温,同时也可直接刺激组织,特别是神经组织,引起功能障碍;电离辐射能直接或间接造成生物大分子损伤,导致细胞死亡、功能障碍,甚至出现遗传缺陷和肿瘤形成。

(三)化学性因素(chemical agents)

化学物质通过多种机制影响细胞生存。化学物质,包括药物和毒素,可阻断或刺激细胞膜受体,改变特异性酶系统,产生毒性自由基,改变细胞通透性,损伤线粒体,调控代谢途径,损伤细胞结构成分。化学物质造成的环境污染,其社会危害多是从引起细胞损伤逐步形成的。

(四)生物性因素(biological agents)

造成细胞损伤的生物因素种类繁多,常见的包括病毒、细菌、真菌等微生物及其毒素、酶类和代谢物,各种内外寄生虫等。病毒是专性细胞内寄生的,可将宿主细胞酶系统转化为病毒蛋白和遗传物质合成所需的酶,同时产生对宿主细胞有害的物质。病毒引起的细胞变化,从无作用到细胞死亡和癌变等,表现形式各样。

细菌感染引起的各种损伤是由其毒素对特异性宿主细胞的作用(梭菌感染、肠毒性大肠杆菌感染),过强的炎症反应或对细菌繁殖不可控制的无效炎症反应所造成的。

霉菌病原对机体的清除有一定的抗性,可导致机体发生进行性的慢性炎症反应,同时伴随着宿主组织正常功能的损害。原生动物在特异性宿主细胞中的复制,通常会导致被感染细胞的破坏。后生动物的寄生会引起炎症反应、组织破坏并影响宿主营养物质的利用。

(五)免疫功能异常(immunological dysfunction)

免疫是一把"双刃剑",它能保护身体免受各种伤害,但其本身也可导致细胞损伤,如过敏反应、自身免疫性疾病等。一些针对肾小球基底膜的变态反应,可造成弥漫性肾小球肾炎。针对自身组织发生的自身免疫反应,如红斑狼疮、类风湿性关节炎等,均可造成细胞及组织损伤。机体存在免疫缺陷或处于免疫抑制状态时,其对病原微生物的易感性会大大增强。免疫反应过强,也可造成细胞乃至机体损伤。如某些微生物感染机体后,可使机体迅速、大量释放多种细胞因子,形成细胞因子风暴(cytokine storm),使机体出现急性呼吸窘迫综合征(acute respiratory distress syndrome,ARDS)和多器官衰竭综合征(multiple organ dysfunction syndrome,MODS),严重时导致机体死亡。

(六)遗传性因素(genetic derangements)

正常的遗传机制对细胞稳态的维持非常重要。遗传既可引起器官发育异常(先天愚型),又可引起分子水平的异常(镰刀细胞贫血)。突变可能会造成决定细胞正常功能的主要蛋白质(酶)缺失,或与细胞的生存不相容,如凝血因子缺乏(血友病)、溶酶体贮存病(甘露糖苷病)、阿拉伯驹的复合性免疫缺陷和胶原合成障碍(皮肤脆裂症)。除引起显性疾病外,一些遗传类型使得宿主对特定类型的内源性或外源性疾病具有倾向性,这种情况常被称为遗传倾向。遗传缺陷可引起功能蛋白的缺乏、先天性或后天性酶合成障碍、错误折叠蛋白增多等,可使细胞乃至机体的生命活动出现异常。当DNA损伤无法修复时,会触发细胞甚至机体死亡。

(七)营养物质缺乏或不平衡(nutritional deficiency and imbalances)

营养物质缺乏或过多,均可引起动物发病。许多营养代谢病的发生机制有待深入研究。当动物饲料中缺乏硒和维生素E时,谷胱甘肽过氧化物酶活性降低,细胞膜性结构受过氧化物损害,可引起肌肉凝固性坏死,发生白肌病。饲料中缺乏蛋白质,会严重影响动物的生长发育。鸡缺乏维生素B_1、维生素B_2时,会引起神经炎。当饲料中能量物质过多时,家禽会出现严重的脂肪肝。动物缺钙和维生素D_3时,会影响骨骼发育,出现佝偻病,并极易发生骨折。

二、机理

各种原因引起的细胞、组织损伤的分子机制相当复杂。不同原因引起细胞损伤的机制不尽相同,不同类型和不同分化状态的细胞对同一致病因素的敏感性也不一样。细胞对不同损伤因子作出的反应决定于损伤因子的类型、作用的持续时间和损伤因子的数量。受损伤细胞的最终结局因细胞类型、细胞所处状态和其适应性强弱不同而有差异。细胞损伤的机制主要体现为细胞膜的破坏、活性氧类物质(氧自由基等)增多、细胞内高游离钙、缺氧、化学毒性作用和遗传物质变异等几方面,它们常相互作用或互为因果地导致细胞损伤。

(一)ATP 损耗(depletion of ATP)

机体的任何正常生命活动,如蛋白质合成、脂肪生成和膜运输等,都需要消耗 ATP。氧化磷酸化是细胞生产能量的主要方式,缺氧会使机体获取能量的方式,从糖的氧化磷酸化转变为无氧酵解,产能效率大大降低。无氧酵解可使机体的糖原储存、脂肪储存迅速减少,肌肉蛋白也会被分解,并产生多量乳酸和无机磷酸盐,最终会降低细胞内的 pH,使许多酶活性降低甚至失活。

ATP 耗竭和 ATP 合成减少,与缺氧、化学毒性损伤、营养物质供应减少、线粒体损伤等因素有关。随着能量供应减少,Na^+/K^+ 泵不能正常工作,细胞不能维持脂膜(包括细胞膜)两侧的离子浓度差,水和 Na^+ 进入细胞,内质网肿胀,细胞体积肿胀,发生水泡变性;Ca^{2+} 泵失效,大量细胞外及细胞器中的 Ca^{2+} 进入细胞浆,可大量激活依赖 Ca^{2+} 的蛋白酶,使细胞无法存活;核糖体从粗面内质网脱落,蛋白质合成减少,最终导致细胞结构被破坏。随着缺血、缺氧的持续,蛋白质合成系统受到伤害,新生成的蛋白质常发生错误折叠,细胞内原有的蛋白质也会发生错误折叠,从而引发细胞的"未折叠蛋白反应(unfolded protein reaction,UPR)",最终导致细胞损伤甚至死亡。UPR 是一种由内质网腔中未折叠或错误折叠蛋白的聚集而激活的细胞应激反应,这一机制在酵母、蠕虫及哺乳动物中均高度保守。UPR 可产生 4 种作用:①停止蛋白质合成,力图恢复细胞的正常功能;②降解错误折叠的蛋白质;③激活信号通路,增加参与蛋白质折叠的分子伴侣;④如果一定时间内这 3 个目标均不能达成,UPR 则诱导细胞凋亡。

细胞中 ATP 耗尽的后果,就是细胞死亡。一般来说,细胞中 ATP 下降到正常值的 5%~10%,可严重威胁细胞的生存。

(二)线粒体受损(mitochondrial damage)

线粒体是细胞氧化磷酸化的主要场所,是细胞 ATP 的主要来源。线粒体可被细胞浆 Ca^{2+}、活性氧物质和缺氧所破坏,它对几乎所有类型的有害刺激(包括缺氧和毒素)都很敏感。线粒体损伤通常导致线粒体膜形成高传导通道,被称为线粒体膜通透性转换孔(mitochondrial permeability transition pore,MPTP)。该通道的开放导致线粒体膜电位丧失、氧化磷酸化失败和 ATP 的逐渐耗尽,最终导致细胞坏死。线粒体含有几种能激活凋亡途径的蛋白质,包括细胞色素 c(cytochrome c,Cytc)。Cytc 在细胞生存和死亡中起关键的双重作用:①参与细胞能量产生和其他生命活动;②当线粒体受损严重时,发出凋亡信号,使细胞凋亡。线粒体受损可释放活性氧,造成细胞损伤。正常情况下,线粒体损伤会立即触发线粒体自噬(亦称线粒体吞噬),清除受损的线粒体。

(三)钙稳态丧失(influx of calcium and loss of calcium homeostasis)

Ca^{2+} 可以激活多种细胞调节机制,参与大量分子的活化,同时 Ca^{2+} 还是机体重要的第二信使。因此,细胞浆中的 Ca^{2+} 受到严格控制,其浓度维持在极低水平,比细胞外、线粒体和内质网中低 10 000 倍。细胞浆中的 Ca^{2+} 浓度由依赖 ATP 的 Ca^{2+} 转运蛋白(即 Ca^{2+} 泵)来维持。细胞损伤时,由于 ATP 的损耗或电子传输链的破坏,Ca^{2+} 泵中断工作,Ca^{2+} 从细胞外、内质网及线粒体中流向细胞浆,致使细胞浆中 Ca^{2+} 增加,引发一系列导致细胞异常的生物学效应:

1. 使许多酶被激活,导致有害细胞效应　这些酶包括磷脂酶:导致细胞膜结构损伤;蛋白酶:分解膜和细胞骨架蛋白;核酸内切酶:裂解 DNA 和染色质;三磷酸腺苷酶:即 ATP 酶,加速 ATP 消耗。

2. 诱导细胞凋亡　高浓度的 Ca^{2+} 激活胱天蛋白酶(caspases),直接触发细胞凋亡。同时,还可激活 MPTP,使线粒体释放 Cytc,促进细胞凋亡。

(四)氧自由基损伤(氧化应激)(accumulation of oxygen derived free radicals, oxidative stress)

含有不成对电子的原子或分子被称为自由基(free radical)。少量且受控制的自由基对机体是有益的,它们可传递能量、杀灭细菌和寄生虫,还能参与排除毒素。当机体内自由基超过一定数量,其活动失去控制,就会破坏正常生命活动,给机体带来疾病。由氧分子形成的自由基统称为氧自由基(oxygen-derived free radicals)。生物体内的自由基主要是氧自由基,如超氧阴离子自由基、羟自由基、过氧化脂质、二氧化氮和一氧化氮自由基,加上过氧化氢、单线态氧和臭氧等,通称活性氧(reactive oxygen species, ROS)。当氧自由基生成过多或清除系统无效时,导致细胞内自由基过量,称为氧化应激。过多的氧自由基破坏细胞的膜结构和功能,破坏线粒体,断绝细胞能源,毁坏溶酶体,使细胞自溶。氧自由基还危害机体的非细胞结构,破坏血管壁的完整性,易发生血细胞漏出、体液渗出,导致水肿和紫癜等。氧自由基可攻击细胞膜的脂肪酸,产生过氧化物,侵害核酸、蛋白质等,引发一系列细胞损伤。

组织缺血后恢复血流供应,出现过量自由基攻击存活的细胞,反而加剧组织损伤的现象,被称为缺血再灌注损伤(ischemia-reperfusion injury, I/R)。在创伤性休克、外科手术、器官移植、烧伤、冻伤和血栓等引起的血液循环障碍时,都会出现主要由活性氧自由基导致的缺血后再灌注损伤。

外界环境中的阳光辐射、空气污染、农药等,都会使机体产生过多氧自由基,使核酸突变,机体患病,加速衰老。

(五)细胞膜损伤(cell membrane damage)

机械力的直接作用、酶的溶解、缺氧、活性氧类物质、细菌毒素、病毒蛋白、补体成分、物理和化学损伤等,都可破坏细胞膜结构的完整性和通透性,影响细胞膜的信息和物质交换、免疫应答、细胞分裂与分化等功能。早期选择性膜通透性的丧失,最终导致明显的细胞膜损伤。细胞膜损伤的重要机制,涉及自由基的形成和继发的脂质过氧化反应,从而导致进行性膜磷脂减少,磷脂降解产物堆积,膜内泵及钙调磷脂酶激活。细胞膜与细胞骨架分离,也使细胞膜易受拉力损害。细胞膜破坏常常是细胞损伤特别是细胞早期不可逆性损伤的关键环节。

(六)DNA 损伤(DNA damage)

造成 DNA 损伤的原因很多,可分为外源性因素和内源性因素 2 大类。一般认为,外源性因素是引起 DNA 损伤的主要方面,如物理和化学诱变剂的影响。阳光中的紫外线、各种电离辐射等,会在细胞中产生 ROS,导致 DNA 单链或双链断裂。化学诱变剂可攻击 DNA 碱基上共价结合的烷基基团,使 DNA 碱基发生甲基化或乙基化。亚硝胺类在机体代谢中产生烷化剂——重氮烷,通过烷化作用,使 DNA 产生不可修复的变化而致癌。多环芳烃(PAH)中的苯并芘,可在混合功能氧化酶的作用下,形成环氧化物,造成 DNA 等大分子损伤。

内源性因素如代谢和生化反应等,也可能造成 DNA 损伤。机体正常代谢产生的 ROS,同样损伤 DNA 分子。DNA 酶切割 DNA 链上的碱基时,可在某种情况下出现错误。哺乳动物细胞大量存在的脱嘌呤和脱嘧啶现象,也会形成点突变。

当 DNA 损伤太严重,细胞不能修复,或修复过程中出现差错时,可导致以下后果:①发生致死性突变,触发细胞凋亡;②使细胞发生癌变;③改变细胞的基因型(genotype),进而改变机体的表型(phenotype),甚至使动物出现畸形;④使细胞丧失某些功能;⑤发生有利于物种生存的结果,使生物进化。

(七)化学(毒性)损伤(chemical/toxic damage)

化学性损伤包括化学物质和药物的毒性作用,日益成为致细胞损伤的重要因素。化学物质诱导细胞损伤的一般机制有:

1. 直接损伤作用 如强酸或强碱可直接造成细胞和皮肤黏膜的结构破坏,产生损伤作用。一些化学物质与某些关键分子结合后,可直接损伤细胞。如氯化汞中毒时,汞与细胞膜蛋白的巯基结合,导致细胞膜通透性增加,抑制离子转运;氰化物毒害线粒体细胞色素氧化酶,抑制氧化磷酸化;许多抗肿瘤化疗药物和抗生素药物,可通过直接的细胞毒性作用诱导细胞损伤。

2. 与生物大分子结合

(1)与蛋白质结合 某些化学毒物,通过与蛋白质的功能基团共价结合,影响该蛋白的结构和功能,导致组织细胞损伤,如光气($COCl_2$)中毒。光气分子中的羰基与肺组织的蛋白质、酶等结合,发生酰化反应,使肺泡上皮细胞和毛细血管受损,通透性增加,导致化学性肺炎和肺水肿。

(2)与核酸结合 多数化学毒物通过其活性代谢产物与核酸碱基共价结合,使碱基受损,引起"三致"(致畸、致癌、致突变)等严重后果。化学毒物直接与核酸共价结合的情况较少见。DNA 加合物可改变正常的蛋白质-DNA 之间的相互作用,引起细胞毒性,并诱导变异,引发肿瘤。如硫芥等糜烂性毒剂可与 DNA 结合,发生烷化作用而引起中毒;芳香胺可引起碱基置换,使 ras 等癌基因活化。

(3)与脂质结合 某些物质(如氟烷与乙烯叉二氯)的活性代谢物可与细胞膜乙醇胺共价结合,从而影响膜的功能。

3. 干扰受体-配体的相互作用与立体选择性作用 许多化学毒物可干扰受体-配体的相互作用,使某些信号物质的生物学功能丧失。如失能性毒剂毕兹等,可阻断乙酰胆碱与胆碱能受体的结合,从而产生失能作用。

4. 干扰易兴奋细胞膜的功能 某些化学毒物可以多种方式干扰易兴奋细胞膜的功能。如一些海产品毒素和蛤蚌毒素,可通过阻断易兴奋细胞膜上的钠离子通道,产生麻痹效应。

5. 干扰细胞能量的产生 某些化学毒物可干扰线粒体的氧化磷酸化,影响 ATP 合成。如氰化物和一氧化碳等全身性毒剂,可分别抑制呼吸链中的不同环节,致使 ATP 生成减少;亚硝酸盐可把血红蛋白的 Fe^{2+} 氧化为 Fe^{3+},使血红蛋白变为高铁血红蛋白而失去携带氧的能力,最终影响组织细胞 ATP 的合成。

(八)细胞内物质蓄积(intracellular accumulations)

细胞内各种物质数量的异常积累,是细胞代谢紊乱的重要表现。大多数细胞内物质累积可归因于以下4种类型:

(1)正常内源性物质正常或加速产生,但细胞新陈代谢的速度不能及时去除它们。如肝脏的脂肪变性和肾小管中的再吸收蛋白滴。

(2)正常内源性物质因其代谢酶缺陷而在细胞内累积,这种缺陷通常是遗传性的。如溶酶体酶缺陷所引起的溶酶体贮积病(lysosomal storage diseases,LSDs)。

(3)突变基因的表达产物等异常内源性物质,由于蛋白质折叠和转运缺陷不能被有效降解,致使异常蛋白质积累。如突变的α1-抗胰蛋白酶在肝细胞的累积,以及各种突变蛋白在中枢神经系统导致的退行性疾病。

(4)某种情况下,碳颗粒、二氧化硅等外源性异常物质进入细胞,由于细胞内没有降解它们的酶,也不能将其转移到其他位置,导致这些物质在细胞内累积,如矽肺等。

无论细胞内累积物的性质和来源如何,其在细胞内过量储存往往意味着细胞功能紊乱和结构破坏,某些情况下可导致细胞、组织甚至机体的死亡。

(九)细胞衰老(cell aging)

细胞衰老是指随着时间的推移,细胞增殖与分化能力和生理功能逐渐衰退的过程。对多细胞生物而言,衰老细胞的数量随机体年龄的增大而增加,但机体的衰老并不等同于其所有细胞的衰老。

细胞衰老在机体的整个生命周期中都可发生,包括胚胎发生期间。细胞衰老通常由损伤性刺激引起,包括端粒缩短(复制衰老)、DNA损伤(DNA损伤诱导衰老)和致癌信号转导(癌基因诱导衰老)。

复制衰老:是指正常非恶性肿瘤细胞在50余次分裂后,会停止体外分裂,退出细胞周期(称为海弗利克极限,Leonard Hayflick limit),导致无法产生新的细胞来取代受损的细胞,从而触发衰老的现象。复制衰老由端粒缩短所诱导。端粒是存在于染色体线性末端的短重复DNA序列(TTAGGG)。当体细胞复制时,端粒的一小部分没有参与复制,端粒逐渐缩短,最终达到一个临界长度,致使染色体末端无法受到保护,被视为断裂的DNA,由此激活DNA损伤反应,导致细胞周期停止。

DNA损伤诱导的衰老:自由基可导致DNA断裂和基因组不稳定,进而影响细胞功能,这是细胞衰老的重要原因。

癌基因诱导的衰老:某些癌基因的过度表达和抑癌基因的失活,可作为信号诱导细胞衰老,以防止其转化为恶性肿瘤细胞。这是一种强效的细胞自主抗癌机制。

细胞衰老是细胞的结构和功能性损伤积累至一定程度的后果。功能上,表现为线粒体呼吸速率减慢、氧化磷酸化减少;酶活性及受体蛋白结合配体的能力降低,最终导致细胞功能降低;细胞的增殖出现抑制,细胞生长主要停滞在G1期,不能进入S期,或停滞在有丝分裂后期。形态上,出现不规则的和不正常分叶的核及多形性空泡状线粒体,内质网减少,高尔基体变形;色素、钙、各种惰性物质沉积;常有由于自由基损伤所引起的细胞膜性结构的改变,如膜脂过氧化。近年的研究发现,某些衰老的细胞出现异常染色体、染色体端粒缩短及基因组的改变等现象。一些遗传性疾病可导致细胞早衰现象,表明细胞的衰老受基因的调节与控制。

细胞衰老会出现参与构成活细胞结构物质如蛋白质、脂类和核酸等的损伤,细胞代谢能力降低。细胞衰老的形态变化,主要表现在细胞出现皱缩,细胞膜通透性、膜的脆性增加,核膜内折,大多数细胞器数量减少,但溶酶体数量增加,出现脂褐素等胞内异常沉积物,最终出现细胞凋亡或坏死。

细胞的寿命是由细胞内发生的损害与抗损害的平衡所决定的。随着年龄的增长,机体所有器官组织细胞的亚致死性损伤逐渐积累,细胞对损伤的反应能力不断下降,最终导致细胞衰老或死亡。

第二节　细胞损伤的基本病变

细胞由细胞膜、细胞质和细胞核组成,是一个由细胞膜封闭的生命活动最小的结构和功能单位。细胞质中分布着由细胞膜内陷形成的、彼此分隔的内膜系统,即细胞器。细胞器是细胞进行生化反应、发挥生理功能、维持细胞和机体生命活动的场所。细胞器的病理学改变,是细胞和机体各种病变的基础。

一、细胞膜的超微病变

细胞膜是包于细胞表面、将细胞与周围环境分隔开来的弹性薄膜,厚 8～10 nm,由脂质和蛋白质构成,故为脂蛋白膜。许多特定组织的细胞,细胞膜可向外形成大量的纤细突起(微绒毛、纤毛),或向内形成各种形式的内褶,以利于其功能活动。相邻细胞的细胞膜之间还可形成闭锁小带、附着小带、桥粒和缝隙连接等各种特化结构,以保持细胞间的联系。细胞膜是细胞的机械性和化学性屏障,具有一系列重要生物学功能,如细胞内外的物质交换,细胞的运动、识别、生长调控,以及免疫决定和各种表面受体形成等。在致病因子的损伤作用下,细胞膜可以发生相应的病理变化。

1. **细胞连接结构的改变**　细胞间连接也是一些致病因素经常损伤的部位,如在缺氧、低温和铅中毒时,细胞间连接破坏而发生分离(图 4-1)。在细胞恶性转变时,其细胞间连接也有改变,例如,由于恶性肿瘤细胞去分化,细胞的桥粒减少乃至消失,细胞可互相分离,有利于恶性肿瘤细胞的侵袭性生长和转移;炎症中毛细血管内皮细胞间的紧密连接松解,血管壁通透性升高,发生体液及细胞的渗出。

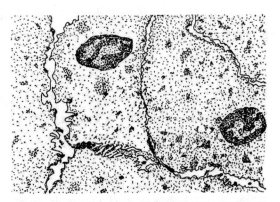

图 4-1　细胞连接破坏　鳞状细胞变性,细胞连接破坏,使细胞分离(源自林曦,2000)

2. **细胞膜螺旋状卷曲**　细胞损伤或水肿严重,细胞膜可发生继发性形态改变,如胞浆膨出、微绒毛变短甚至消失、细胞膜基底变平乃至破裂等。严重损伤时,细胞膜常层层卷叠,出现螺旋状或同心圆层状卷曲,形成髓鞘样结构(myelin figure)。

3. **细胞膜特化结构的超微病变**　在致病因素作用下,细胞游离表面特化结构会发生改变或消失,如微绒毛、纤毛可发生倒伏、黏连、断裂甚至缺失。某些肠道病毒感染肠黏膜上皮细胞后,可引起上皮细胞表面的微绒毛断裂、缺失,造成上皮细胞吸收功能下降,导致大量液体潴留肠腔引起腹泻。慢性炎症可使呼吸道黏膜上皮的纤毛发生肿胀、变短、变粗、排列杂乱,运动不灵,致使纤毛排出分泌物的功能发生障碍;慢性炎症反复发作和维生素 A 缺乏时,呼吸道黏膜上皮常发生鳞状上皮化生,纤毛消失。某些病原感染时,细胞膜表面的细胞衣(多糖萼)会发生改变。如沙门氏菌感染肠黏膜上皮细胞时,上皮细胞的细胞衣变薄甚至消失;旋毛虫感染时,骨骼肌细胞的细胞衣会增厚。

4. 伪足形成和滴落　许多细胞(如吞噬细胞)在运动活性升高或与其他物质接触时,形成的细胞质突起称为伪足。正常细胞向肿瘤细胞转化过程中,常形成大量伪足。伪足可由细胞表面分离脱落,称为滴落。正常情况下也发生滴落,当细胞受到物理、化学性损伤及炎症时,白细胞滴落过程增强,滴落增多。

二、细胞器的超微病变

(一)线粒体病变

线粒体(mitochondrion)是细胞内主要的能量供给场所,脂肪氧化、三羧酸循环、呼吸链电子传递和氧化磷酸化等产能过程均在此进行。线粒体是对各种损伤最为敏感的细胞器之一,受损或衰亡的线粒体,通常通过自噬过程被溶酶体酶降解、消化。细胞损伤时,线粒体最常见的病理改变可概括为数量、大小和结构的改变。

1. 数量的改变　线粒体平均寿命约为 10 d,线粒体以与细菌无丝分裂类似的方式进行增殖,衰亡的线粒体可通过保留的线粒体直接分裂为二予以补充。线粒体增殖大多是非特异损伤后的迅速修复反应。线粒体增生通常是细胞对慢性损伤或功能升高的适应性表现,如心瓣膜病时心肌肥大、运动训练时骨骼肌肥大,均可见肌细胞线粒体增生。线粒体数量减少常见于急性细胞损伤时线粒体崩解或自溶的情况。慢性损伤时,由于线粒体逐渐增生,故一般不见线粒体数量减少(甚至反而增多)。此外,线粒体的减少也是细胞未成熟和(或)去分化的表现。

2. 大小改变　线粒体分裂异常可导致线粒体破碎,融合异常则会导致线粒体形态变长,分裂与融合失衡则可产生巨线粒体,这些改变都会影响线粒体的功能。

(1)线粒体肿胀　细胞损伤时,最常见的改变为线粒体肿胀。线粒体对损伤极为敏感,其肿胀可由多种损伤因素引起,最常见的原因为缺氧。微生物毒素、各种毒物、射线及渗透压改变等,亦可引起。轻度肿大有时是线粒体功能升高的表现,但较明显的肿胀则为细胞受损的表现。短时间、轻微损伤导致的线粒体肿胀是可以恢复的。

线粒体肿胀可分为基质型肿胀和嵴型肿胀 2 种类型,而以前者为常见。基质型肿胀时,线粒体变大、变圆,基质变浅。嵴变短、变少、断裂,排列紊乱,结构不清甚至消失(图 4-2)。极度肿胀时,线粒体可转化为小空泡状结构。此型肿胀通常为细胞水肿的表现。光学显微镜下细胞颗粒变性(浊肿)时胞浆中所见到的细颗粒,即肿大的线粒体。嵴型肿胀较少见,其形态改变局限于嵴内隙,使扁平的嵴变成烧瓶状乃至空泡状,而基质则更显得致密。嵴型肿胀一般为可复性,当膜的损伤加重时,可过渡为基质型。

图 4-2　线粒体肿胀　线粒体肿胀伴随嵴解体,形成浓密基质颗粒(↑)(源自 Norman,1983)

(2)线粒体肥大和巨大线粒体形成　线粒体的肥大常见于细胞功能增高的情况。在各种营养缺乏或毒素影响下(如肝炎和白血病等),线粒体体积比正常线粒体增大数倍,称巨大线粒体。巨大线粒体通常呈圆形、卵圆形或不规则外形。一个细胞内通常仅有 1～2 个巨大线粒体,其内部嵴的数目增多,有时有皱褶形成,基质较致密,有时可见高密度的圆形颗粒。巨大线粒体通常是由于线粒体不分裂或许多线粒体互相融合而成。

有观点认为,巨大线粒体的形成是细胞在细胞器水平上对不利环境的适应过程。通过形成巨大线粒体,减少耗氧量,从而降低细胞内活性氧(ROS)水平。线粒体变大也可见于器官肥大时,是器官功能负荷增加所引起的适应性变化,此时常伴有线粒体数量增多。

(3)线粒体浓缩变性　线粒体体积变小,内腔皱缩,嵴萎缩向内膜融合,基质蛋白质浓缩,且电子密度增高,这种情况被称为线粒体浓缩变性。在线粒体肿胀程度达到不可复性之前,可发生收缩或皱缩。有些肿瘤和病毒感染的细胞,线粒体可出现浓缩变性。器官萎缩时,可见细胞中的线粒体缩小、变少。

3. 结构的改变　线粒体性肌病和进行性肌营养不良时,肾虚证、酒精中毒所致的脂肪代谢性肌肉病,以及铅中毒等疾病时,都可发生线粒体的结构异常。细胞发生中毒、缺氧等急性损伤时,嵴被破坏;慢性亚致死性细胞损伤或营养缺乏时,线粒体的蛋白合成受阻,严重影响嵴的形成。

4. 线粒体内包涵物　线粒体内糖原包涵物,在形态学上与胞质内普通糖原内含物相似,但可分为真包涵物和假包涵物。真包涵物通常以下几种形式存在:小簇糖原颗粒位于扩张的嵴内间隙,成簇糖原颗粒位于内室基质中,较大的糖原沉积物有一层膜包裹。假包涵物是双层线粒体膜将其与线粒体基质分开而形成的。线粒体内脂质包涵物,电镜下与胞质内脂质内含物的形态相似,可以单个或多个存在于线粒体内,为圆形或不规则形,中等至高电子密度,缺乏界膜。当有疑似脂质包涵体但不能肯定其脂质性质时,称"致密包涵物"。线粒体膜损伤时,可形成髓鞘样层状结构。

(二)内质网病变

内质网(endoplasmic reticulum,ER)可见于除红细胞之外的所有细胞,约占细胞总膜面积的 50%,是真核细胞中最多的膜结构。内质网是由生物膜构成的互相连通的片层隙状或小管状系统,膜片间的隙状空间称为池,通常不与细胞外隙和细胞浆基质直接相通。这种细胞内的膜性管道系统,一方面构成细胞内物质运输的通路,另一方面为细胞内各种酶反应提供广阔的反应面积。内质网与细胞膜、高尔基体及核膜相连续,使之成为通过膜连接的整体。

内质网通常分为粗面内质网(rough endoplasmic reticulum,RER)和滑面内质网(smooth endoplasmic reticulum,SER)两大部分。粗面内质网也称为糙面内质网,或颗粒型内质网,附着有大量核糖体,形态上多为排列整齐的扁囊。滑面内质网上无核糖体,所以也称为光面内质网或非颗粒型内质网,电镜下呈光滑的小管、小泡样网状结构,常与粗面内质网相通。

内质网是比较敏感的细胞器,在各种因素如缺氧、射线、化学毒物和病毒等作用下,会发生病理变化。如内质网扩张、肥大和某些物质的累积。当某些感染因子刺激某些特定细胞时,会引起这些细胞的内质网变得肥大。内质网的病理变化包括:

1. 粗面内质网病变

(1)粗面内质网肿胀　内质网肿胀是一种水样变性,主要是由于水分和钠的流入,使内质网形成囊泡,这些囊泡还可互相融合而扩张成更大的囊泡。如果水分进一步聚集,便可使内质网肿胀破裂。肿胀是粗面内质网发生的最普遍的病理变化,内质网腔扩大并形成空泡,继而核糖体从内质网膜上脱落下来,这是粗面内质网蛋白质合成受阻的形态学标志。

(2)粗面内质网脱粒　当RER脱颗粒时,RER胞质面上核糖体数目明显减少,呈稀疏分布,而胞质基质内核糖体数目则增多。核糖体以2种形式存在,一种是单颗粒状,称为单核糖体;另一种是若干核糖体颗粒聚集成簇,呈现菊形团状、线圈状或螺旋状,称为多聚核糖体。当多聚核糖体断裂、核糖体颗粒散落入胞质基质中,以至胞质基质内散布着大量游离的单核糖体颗粒,这种现象称为多聚核糖体解聚,在四氯化碳中毒的肝细胞和维生素C缺乏的成纤维细胞中都可见多聚核糖体解聚。

(3)粗面内质网池内隔离　粗面内质网扁池扩张,带有核糖体的膜突入扩张的池内,切面如同岛状,膜性小管、小泡游离在池内。

(4)粗面内质网对合池　平行的2片粗面内质网紧密靠拢,内侧面核糖体消失。也可有3片或多片,称三合池或多合池。

(5)粗面内质网增生或减少　在蛋白质合成及分泌活性高的细胞(如浆细胞、胰腺腺泡细胞、肝细胞等)以及细胞再生和病毒感染时,粗面内质网有增多现象。糖尿病大鼠视神经细胞胞浆中,粗面内质网减少且变形。某些毒素中毒可导致细胞内粗面内质网减少。

2. 滑面内质网主要病变

(1)滑面内质网增生　乙肝病毒性肝炎电镜检查中,可见细胞内滑面内质网呈增生现象。利福喷丁是新型长效抗结核抗生素,电镜观察发现,它能显著诱导小鼠肝细胞滑面内质网的增生。解毒作用增强,肝细胞内滑面内质网增多;肾上腺皮质瘤细胞内滑面内质网也多。

(2)肌浆网水肿　肌浆网由滑面内质网特化而来,通过释放、回收钙离子,传递膜电位,引发肌肉收缩。肌细胞缺氧、中毒时,可出现肌浆网水肿。

(三)高尔基体病变

高尔基体(Golgi apparatus,Golgi bodies,Golgi complex)由2种膜结构即扁平膜囊和大小不等的囊泡组成。其表面看上去极像滑面内质网。扁平膜囊是高尔基体最富特征性的结构组分。在一般的动、植物细胞中,3～7个扁平膜囊重叠在一起,略呈弓形。弓形囊泡的凸面称为形成面,或未成熟面;凹面称为分泌面,或成熟面。小液泡散在于扁平膜囊周围,多集中在形成面附近。高尔基体主要功能是在合成复合蛋白质过程中通过添加碳水化合物分子,形成分泌小泡和溶酶体。

在病理情况下,高尔基复合体出现的变化主要包括高尔基囊泡扩张、高尔基复合体肥大或萎缩及高尔基复合体成分的质和量改变。

1. 高尔基体肥大　高尔基体肥大见于细胞的分泌物和酶的产生旺盛时。巨噬细胞在吞噬活动旺盛时,可见形成许多吞噬体、高尔基复合物增多并从其上断下许多高尔基小泡。

2. 高尔基体萎缩　在各种细胞萎缩时可见高尔基体变小和部分消失。

3. 高尔基体扩张　高尔基体损伤时,大多出现扁平囊的扩张,以及扁平囊、大泡和小泡崩解。

(四)溶酶体病变

溶酶体(lysosome)是细胞浆内由单层脂蛋白膜包裹的,含有一系列酸性水解酶的细胞器,主要用于消化和清除多余或损坏的细胞器、食物颗粒和被吞噬的外来物如病原微生物等。溶酶体酶经粗面内质网核糖体合成后,运输到高尔基体进行加工、分拣与浓缩,被覆外膜,形成囊泡,最后以出芽的方式离开高尔基体,释放到细胞质中。

按其发育阶段,将溶酶体分为初级溶酶体和次级溶酶体 2 大类。初级溶酶体为新形成的溶酶体,尚未接触到待消化的底物;当初级溶酶体与含有待消化底物的液泡融合后,即为次级溶酶体。次级溶酶体消化作用完成后,酶活力变弱甚至丧失,仅留下未消化的残渣,被称为残余体或残存小体。溶酶体内腔 pH 为 4.5～5.0,有利于酶的水解。

1. 溶酶体的功能　溶酶体是细胞内重要的物质降解中心,其主要功能是降解来自细胞内外的各种底物,如凋亡的细胞、受损的细胞成分、内吞膜蛋白及小分子物质、自噬小体、食物颗粒和病原微生物等。

(1)细胞内消化　高等动物细胞的营养物质主要来自血液中的小分子物质,而一些大分子物质则通过胞吞作用进入细胞,其消化过程需要溶酶体酶。单细胞真核生物,溶酶体酶将吞噬的食物或致病菌等大颗粒物质消化,可利用的营养物质进入细胞质基质用于各种代谢,残渣通过胞吐作用排出。

(2)凋亡细胞的自溶作用　凋亡细胞以出芽形式形成凋亡小体,被巨噬细胞吞噬,通过溶酶体酶的消化被清除掉。通过这种自溶作用,清除发育过程中退化和死亡的细胞,以保证机体的正常发育。

(3)自体吞噬　细胞内许多细胞器及生物大分子的半衰期只有几天甚至几小时,例如,肝细胞中线粒体的平均寿命为 10 d 左右。这些衰老的细胞器和无用的大分子,需要溶酶体酶将其降解、消化。

(4)防御作用　所有白细胞均含有溶酶体性质的颗粒,能杀灭并降解侵入的病原微生物。如巨噬细胞可吞入病原体,将其在溶酶体中处理、杀死并降解。

(5)参与内分泌过程的调节　溶酶体与细胞内一些内分泌颗粒融合,将其消化、降解,以消除细胞内过多的激素,这种现象称为粒溶或分泌自噬。几乎所有分泌肽类和蛋白质类激素的细胞中,都存在粒溶现象。细胞通过这种方式,对激素的分泌量进行有效调节。

(6)形成精子顶体　精子顶体是一种特化的溶酶体。受精过程中,精子顶体中的酶被释放到细胞外,消化卵子周围的卵泡细胞和透明带,有利于精子进入卵细胞,达到受精的目的。

2. 溶酶体病变　溶酶体在细胞病理学中的主要作用可归纳为如下 7 个方面:损伤组织的自溶;自噬体的形成;在细胞内释放水解酶而造成细胞损伤;在细胞外释放水解酶使结缔组织基质损伤;在细胞内消化致病微生物;产生"贮积病",即溶酶体先天性缺乏必要的酶而不能分解聚集在溶酶体里的某些物质;在胎盘内不能进行组织细胞内消化作用而导致胎儿畸形等。溶酶体的病理变化主要表现为:

(1)溶酶体的病理性贮积　在某些病理情况下,一些内源性或外源性物质可在溶酶体内贮积,使溶酶体增大和数目增多。造成这种情况的主要原因,一是进入细胞的某些物质数量过多,超出溶酶体的处理能力,致使该物质在细胞内贮积。如各种原因引起蛋白尿时,可在肾近曲小管上皮细胞中见到玻璃滴状的蛋白质贮积(即所谓玻璃样变性);二是由于遗传原因,溶酶体中某些酶先天性缺陷,导致其对应的底物不能被消化而在溶酶体内贮积,造成细胞代谢障碍而导致疾病。例如,各种溶酶体贮积病(lysosomal storage diseases,LSDs)。

(2)溶酶体膜损伤导致酶释放损伤周围成分　当溶酶体膜损伤及通透性升高时,水解酶逸出,其相应细胞发生自溶或损伤细胞间质。当溶酶体酶释放,受损细胞的大分子成分被水解酶分解为小分子物质,尤其是细胞局灶性坏死时,胞浆内形成自噬泡,自噬泡与溶酶体结合形成自噬溶酶体,若水解酶不能将其中的结构彻底消化溶解,则自噬溶酶体可转化为细胞内的残余小体,如某些长寿细胞中的脂褐素。当溶酶体酶释放到细胞间质中时,可对间质成分造成破坏。例如:类风湿性关节炎时,关节软骨细胞的损伤就被认为是由于细胞内的溶酶体膜脆性增加,溶酶体酶局部释放所致。释放出的酶中含有的胶原酶能侵蚀软骨细胞。由于消炎痛和肾上腺皮质激素具有稳定溶酶体膜的作用,所以被用来治疗类风湿性关节炎。

(3)溶酶体破裂与矽肺 矽肺形成的原因主要是溶酶体破裂,这是由于肺部吸入矽尘颗粒后,便被巨噬细胞吞入形成吞噬小体,吞噬小体与溶酶体融合形成吞噬性溶酶体。矽尘颗粒中的二氧化矽在溶酶体内形成矽酸分子,矽酸分子能以其羧基与溶酶体膜上的受体分子形成氢键,使溶酶体膜变构而破裂,以致大量的水解酶和矽酸流入胞浆内,造成巨噬细胞死亡。由死亡细胞释放的二氧化矽被正常细胞吞噬后,将重复上述过程。巨噬细胞的不断死亡会诱导成纤维细胞的增生并分泌大量胶原物质,使吞入二氧化矽的部位出现胶原纤维结节,肺弹性降低,功能下降,引发矽肺病。

(五)微丝、中间丝和微管病变

微丝、中间丝和微管(microfilaments, intermediate filaments and microtubules)这3种由蛋白质亚基组成的结构,广泛存在于真核细胞,共同构成细胞骨架,在维持细胞形态及细胞运动过程中,发挥重要功能。

微丝是由肌动蛋白(actin)分子螺旋状聚合而成的纤丝,直径约6 nm。微丝的病理学改变主要表现为数量的增减、排列紊乱、溶解和聚集等。肌细胞机械性负荷过重时常出现微丝增多。病毒性肝炎时再生的肝细胞中微丝增多,是其功能代偿的表现。

微管外形笔直,长短不一,直径22～25 nm,管壁由13根纵列的原丝构成。微管基本结构改变包括数量改变、排列紊乱和蛋白成分异常。恶性转化细胞的微管数量可减少到正常细胞的一半,甚至缺如。微管排列紊乱可使细胞形态和细胞的运动发生异常,如肿瘤细胞。微管蛋白质成分改变会影响到细胞周期和细胞的增殖。

中间丝最早发现于平滑肌细胞,直径介于微丝与微管之间,约为10 nm,故又称10 nm纤维,是3类骨架纤维中结构最复杂的一种。中间丝对细胞有刚性支持作用,与细胞的运动密切相关。更重要的是,中间丝与细胞分化、细胞内信息传递、核内基因传递及表达等重要生命活动有关。中间丝的结构改变包括数量的改变、类型的转换和蛋白质的异常等。酒精性肝病时,肝细胞内出现的红染玻璃样物质(Mallory小体),即由中间丝的前角蛋白堆积而形成。

三、细胞核的超微病变

细胞核(nucleus)是真核细胞内最大、最重要的细胞器,是细胞代谢、生长及繁殖的控制枢纽,是遗传信息的载体。所有真核细胞除哺乳动物成熟的红细胞等极少数细胞外,都含有细胞核,无核细胞不能增殖。哺乳动物红细胞成熟期失去细胞核,寿命为120 d左右,不能继续增殖。

细胞核的病变主要包括细胞核形态的改变、核膜的变化、染色质的变化、核仁的变化以及出现核内包含物等。

(一)细胞核大小和数量的改变

核的大小通常反映着核的功能活性状态。功能旺盛时核增大,核浆淡染,核仁也相应增大、增多。如果这种状态持续较久,则可出现多倍体核或形成多核巨细胞。多倍体核在正常情况下可见于某些功能旺盛的细胞,如肝细胞中约 20% 为多倍体核。晚期肝炎及实验性肝癌前期等,均可见多倍体核肝细胞明显增多。

当细胞受损或功能下降时,核的体积则变小,染色质致密,见于器官萎缩时,与此同时核仁也缩小。某些情况下,细胞受损时也可见核增大现象,如细胞水肿时。这主要是细胞能量匮乏或毒性损伤所致,是核膜钠泵衰竭导致水和电解质运输障碍的结果。这种核肿大又称为变性性核肿大。

特殊肉芽组织(肉芽肿)中,上皮样细胞相互融合,形成多核巨细胞(亦称 Langhans 细胞,郎格罕细胞),胞核数量可达数十个,甚至上百个。

(二)细胞核形态改变

细胞核的形态随细胞所处的周期阶段而异,细胞分裂期看不到完整的细胞核,其形态描述通常以间期核为准,通常呈圆形或椭圆形。

细胞损伤时,一般是细胞膜和细胞器首先发生改变,最后在细胞凋亡或坏死时才出现细胞核的病变。在病理状态下,细胞核可出现内陷,变成不规则形状。有时因核的表面出现多个深浅不一的凹陷而呈脑回状,故称脑回状核。肿瘤细胞的核常呈现核分裂象增多,核膜异常凸出、内陷或扭曲,有时形成很深的裂隙(核裂)等。病毒感染时,受感染细胞核的形态也常发生改变。如核染色质边集、核膜内陷,核膜变成特殊的夹层,核周间隙扩张肿大,核孔增多、增大,核外膜空泡变性,核膜断裂、崩解以致核质外溢等。

(三)核仁的改变

核仁(nucleolus)为核蛋白体 RNA 转录和转化的场所,在蛋白质合成中起主要作用。除含蛋白的均质性基质外,电镜下核仁主要由线团状或网状电子致密的核仁丝(nucleolonema)和网孔中无结构的电子密度低的无定形部(pars amorpha)组成。核仁无界膜,直接悬浮于核浆内。核仁的大小和(或)数量常反映细胞的功能活性状态。大而多的核仁是细胞功能活性高的表现,反之,则表明细胞功能活性低下。

病理情况下,核仁可发生体积、数目、形状的改变,以及核仁边移、分离解聚、碎裂及空泡变性等变化。核仁增大见于增生活跃并且蛋白质合成增多的细胞,如胚胎细胞、干细胞、肿瘤细胞和肝部分切除后的再生肝细胞。在很多恶性肿瘤细胞内可见核仁增大、增多和形状不规则。当细胞的蛋白质合成降低或停止时,核仁发生退化,表现为核仁体积缩小。

(四)核内包涵物

细胞损伤时,核内出现正常成分以外的各种物质,称为核内包涵物(intranuclear inclusions)。核内包涵物可分为 2 大类:胞浆性核内包涵物、非胞浆性(异物性)核内包涵物。

1. 胞浆性核内包涵物 胞浆性核内包涵物是指在细胞核内出现胞浆成分,如线粒体、内质网断片、溶酶体、糖原颗粒等的现象。真性胞浆性包涵物是在细胞有丝分裂末期,某些胞浆成分被封入了正在形成中的子代细胞核内,以后出现于子细胞核中,某些致癌剂可引起此变化。假性胞浆性包涵物是由于胞浆成分隔着核膜向核内膨突,以致在一定的切面上看来似乎胞浆成分已进入核内,但实际上大多仍可见其周围有核膜包绕,其中的胞浆成分常呈变性性改变。

2. 非胞浆性(异物性)核内包涵物 非胞浆性核内包涵物,即异物性核内包涵物。此类核内包涵物有多种,如在铅、铋、金等重金属中毒时,核内可出现丝状或颗粒状含有相应重金属的包涵物。又如在糖尿病时,肝细胞核内可见有较多糖原颗粒沉着,在常规切片制作过程中,由于糖原被溶解,核内只可见大小不一的空洞,称为糖尿病性空洞核。某些病毒尤其是 DNA 病毒感染细胞后,核内除了可见有病毒粒子外,常可见核内出现特殊的包涵体(inclusion body),多数呈大的电子致密圆球形,有的呈线管状、线状、脂滴状,有的呈奇形怪状的结构,有的甚至出现特殊的板层结构。特定细胞中出现包涵体,是某些病毒性疾病的标志性病变。例如,狂犬病感染时大脑皮层海马角锥状细胞和小脑浦肯野氏细胞胞浆内的内基氏体(Negri body),鸡包涵体肝炎时肝细胞中的核内包涵体。外源基因在原核细胞尤其在大肠杆菌中高效表达时,形成由膜包裹的高密度不溶性蛋白质颗粒,也被称为包涵体。

(五)死亡细胞核的超微变化

细胞凋亡时,核染色质凝集成块并发生迁移,靠近核膜并向核的一端集中,形成新月形高致密度的染色质帽,称之为"成帽现象"。肝细胞凋亡时,核仁上部常染色质凝聚成块状,电子密度比异染色质高,逐渐延伸至整个核内。与其他细胞比较,肝细胞凋亡时染色质边集不明显,成帽现象也不太明显。核基质中核糖核蛋白由原来的均匀颗粒状,凝集成大小不等的异染色质样纤维块状物。与此同时,核膜孔消失,双层核膜开始降解,界限变得模糊,核膜间隙增宽,且不均匀。有时核膜皱缩,并出现缺损。核仁消失是细胞凋亡最早的变化之一,可发生在核染色质变化之前。随着凋亡的发展,逐步出现核膜破裂,凝聚的染色质散布到细胞浆内,与细胞质成分一起形成凋亡小体。

核固缩(karyopyknosis)、核碎裂(karyorrhexis)、核溶解(karyolysis)为细胞坏死时在光学显微镜下的形态学标记。电镜下,核固缩表现为染色质在核浆内聚集成致密浓染的大小不等的团块状,之后整个细胞核收缩变小,最后仅留下一致密的团块;核碎裂时,电镜下可见染色质逐渐边集于核膜内层,形成较大的高电子密度的染色质团块;核溶解时可见核内染色质在 DNA 酶的作用下全部溶解、消失,仅有核的轮廓,在核染色质溶解消失后,核膜也很快在蛋白水解酶的作用下溶解消失。

(尹燕博)

第三节　变　　性

变性(degeneration)是指细胞和组织损伤后出现的一类形态学变化,表现为细胞内或细胞间质中有异常物质形成或正常物质含量过多。变性常发生于实质细胞,以细胞浆的改变为主,胞核变化不明显。实质细胞的变性多为可逆性病理过程,但严重时可进一步发展为坏死。

一些组织或细胞发生退行性变化时,虽然细胞内并无任何异常物质沉着,但出于习惯,仍被称为变性,如神经细胞的退行性变化也称为神经细胞变性。

一、细胞肿胀

细胞肿胀(cellular swelling)又称水样变性(hydropic degeneration),是所有损伤过程中最早出现的改变。

(一)发生原因和机制

1. 原因　引起细胞肿胀的原因有机械性损伤、缺氧、缺血、电离辐射、中毒、脂肪过氧化、细菌及病毒感染、免疫反应等,只要能改变细胞的离子含量和水的平衡,就能导致细胞肿胀。

2. 发生机制　细胞内 Na^+ 和水蓄积过多是引起细胞水肿的直接原因。凡是能引起细胞内水分和离子稳态发生改变的刺激都可导致细胞水肿,常见于缺血、缺氧、感染和中毒时肝、肾、心等器官的实质细胞。线粒体是几乎所有损伤刺激的作用靶点,线粒体受损可引起 ATP 生成减少,细胞膜 Na^+-K^+ 泵功能障碍,导致细胞内 Na^+ 蓄积,进而吸引水分进入细胞,以维持细胞内外的渗透压。之后,随着无机磷酸盐、乳酸和嘌呤核苷酸等代谢产物在细胞内蓄积,细胞内渗透压进一步升高,细胞水肿逐渐加重。

（二）病理变化

细胞肿胀多发生于代谢旺盛的肝细胞、肾小管上皮细胞和心肌细胞,也可见于皮肤和黏膜的被覆上皮细胞。

1. 眼观　变性器官肉眼可见器官体积增大,边缘圆钝,包膜紧张,切面外翻,色泽苍白无光泽,似沸水烫过一样,所以又有混浊肿胀(cloudy swelling)或"浊肿"之称。

当皮肤和黏膜发生严重的水泡变性时,由于变性的细胞极度肿大,破裂,胞浆内的水滴聚于角质层下,即形成肉眼可见的水疱。

2. 镜检　可见变性细胞内有大量的红染细颗粒状物(彩图 4-1 和彩图 4-2)。若水钠进一步积聚,则细胞肿大明显,胞浆疏松呈空泡状(彩图 4-3)。变性的细胞肿大,胞浆内含有大小不等的水泡,水泡之间有残留的胞浆分隔,所以呈蜂窝状或网状外观,以后小水泡相互融合成大水泡,甚至整个细胞被水泡充盈,胞浆的原有结构完全破坏,胞核悬浮于中央。进一步加重时,细胞显著肿大,胞浆空白,形如气球(彩图 4-4),因此又有气球样变之称(ballooning degeneration)。变性轻微时,胞核的变化不明显,病变严重时核肿大。

神经节细胞水泡变性同时伴有胞浆粗面内质网(即尼氏小体或虎斑)溶解,称为染色质溶解(chromatolysis),细胞由于充满水分而扩张肿大,胞浆中的嗜碱性尼氏小体(大块致密的粗面内质网)消失。这种变化是神经元轴突断裂的特征,也见于许多病毒性传染病。

3. 电镜　变性细胞肿大,核也肿大,内质网和高尔基体扩张,充满细小的沉淀物,粗面内质网上的核糖体颗粒脱失,线粒体肿胀,胞浆中的糖原减少,脂类增加,自噬泡增多。光镜下胞浆中出现的颗粒,就是肿大的线粒体,在线粒体不发达的细胞则可能是扩张的内质网或高尔基体形成的小泡。

（三）结局和对机体的影响

细胞肿胀是一种可复性病变,当病因消除后,细胞的结构和功能即恢复正常,对机体影响不大。若病因持续存在,病变继续发展,可以引起实质细胞发生脂肪变性,特别是当胞核已发生破坏时,则细胞坏死。

器官、组织发生细胞肿胀后,其生理功能通常降低。例如,心脏的收缩功能减弱,肝脏的合成和解毒功能降低,肾脏的再吸收和排泄功能障碍。当然,这些器官都具有强大的贮备力,在发生轻度细胞肿胀时,其功能障碍常不明显。

二、脂肪变性

脂肪变性(fatty degeneration)是指变性细胞的胞浆内有大小不等的游离脂肪滴蓄积,简称脂变。蓄积的脂肪多为中性脂肪(甘油三酯),也可能是磷脂及胆固醇等类脂质,或为二者的混合物。脂肪变性常发生于代谢旺盛、耗氧多的器官,最常见于肝脏,也可以见于肾小管上皮及心肌等部位。主要见于中毒、缺氧和营养不良等情况。轻度脂肪变性对器官的功能一般无显著影响,其病变可逆。

（一）病理变化

1. 眼观　轻度脂肪变性的器官在肉眼上可无明显变化,重度脂肪变性的器官体积增大、颜色淡黄,边缘钝圆,切面有油腻感。

2. 镜检　光镜下可见细胞质中出现大小不等的球形脂滴,大者可充满整个细胞而将胞核挤至一侧。

在常规 HE 染色过程中,细胞内的脂滴被有机溶剂溶解而留下境界清楚的空泡(彩图 4-5)。为鉴别脂肪变性、糖原沉积和水样变性,可将新鲜或福尔马林固定的组织制作成冰冻切片,采用苏丹Ⅳ或油红 O 进行染色,这两种染料可将脂滴染成橘红色。PAS（periodic acid-schiff）染色法通常用于鉴定组织中是否有糖原沉积。如果经上述染色法排除脂肪变性或糖原沉积,则可判定细胞中空泡为水样变性。

3. 电镜　在电镜下,可见脂滴聚集在内质网中,细胞质内脂肪成分聚成脂质小体,进而融合成光镜下可见的脂滴。严重时脂滴可以通过核孔进入细胞核内。细胞器发生变性,如粗面内质网脱粒、线粒体肿胀变形、糖原消失以及出现吞噬脂滴的溶酶体等。

（二）常见的脂肪变性

1. 肝细胞脂肪变性　肝脏是脂肪代谢的重要场所,因此也最容易发生脂肪变性。

（1）眼观:变性轻微时,眼观无明显异常,但色泽较黄。病变严重时,体积肿大,质地松软易碎,呈灰白色或土黄色,切面上肝小叶结构模糊,有油腻感,有的甚至质脆如泥。如果发生肝脂变的同时伴有慢性肝淤血,在肝脏切面上可见暗红色的淤血和黄褐色的脂变相互交织,形成类似槟榔切面的花纹,称为"槟榔肝"（nutmeg liver）。

（2）镜检:肝细胞的胞浆内出现大小不等的脂滴。因为周围有表面张力高的磷脂层包裹,所以脂滴形成球状,游离在胞浆中。小的脂滴互相融合成较大脂滴,胞核常被挤于一侧,以至整个细胞变成充满脂肪的大空泡（彩图 4-5）。一般而言,小滴变性是细胞急性代谢障碍的特征,大滴变性常是慢性中毒或病毒感染的表现。脂变出现的部位,由于病因不同而不一致。在慢性肝淤血时,肝小叶中央区缺氧较重,故脂肪变性首先发生于小叶中央区;磷中毒时,小叶周边带肝细胞受累明显,这可能是此区肝细胞对磷中毒较为敏感;严重中毒和传染病时,脂肪变性则常累及全部肝细胞。弥漫性肝细胞脂肪变性称为脂肪肝,重度肝脂肪变性可进展为肝坏死和肝硬化。

在正常状况下,来源于脂肪组织和食物中的脂肪酸被转运至肝脏进行代谢。肝脏中部分脂肪酸也可由乙酸合成。在肝脏中,脂肪酸或转化为胆固醇或磷脂,或被氧化成为酮体,或被酯化形成甘油三酯。在载脂蛋白的参与下,甘油三酯重新释放入血,再储存于脂库或被其他细胞利用。从脂肪酸摄取到脂蛋白释放入血这一过程中任何环节发生障碍均可导致甘油三酯在肝脏中蓄积（图 4-3）,引起肝细胞发生脂变。

常见原因有:①肝细胞摄取脂肪酸增多,甘油三酯合成过多:营养不良、饥饿、奶牛酮病或糖尿病时,机体需要大量脂肪组织分解供能,导致过多的游离脂肪酸经由血液进入肝脏,引起甘油三酯合成剧增;大量饮酒可改变线粒体和滑面内质网的功能,促进 α-磷酸甘油合成新的甘油三酯;②脂蛋白合成障碍:缺血、缺氧、中毒或营养不良时,肝细胞中载脂蛋白合成减少,甘油三酯输出受阻而堆积于细胞内;③缺氧还可造成脂肪酸氧化障碍,促进甘油三酯在细胞内蓄积。

2. 心肌细胞脂肪变性　分为局灶性变性和弥漫性变性 2 种类型。局灶性脂肪变性常累

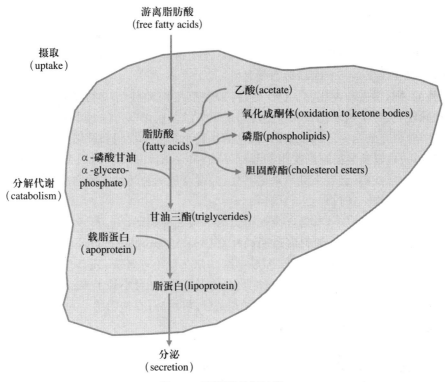

图 4-3　脂肪酸代谢过程

及左心室内膜下和乳头肌部位,变性心肌呈黄色,与正常心肌的暗红色相间,形成虎皮样条纹,故有"虎斑心"(tiger heart)之称,多见于冠状循环慢性淤血(如慢性心力衰竭)、严重贫血、中毒和恶性口蹄疫等疾病。弥漫性心肌脂肪变性常侵犯两侧心室,心肌呈弥漫淡黄色。中毒和严重缺氧可引起心肌弥漫性脂肪变性。镜检,脂肪滴通常很小,呈串珠状在肌纤维内的肌原纤维内排列,心肌纤维横纹被掩盖,胞核有不同程度退行性变化。

心肌脂肪变性与心肌脂肪浸润(fatty infiltration)不同,后者系指心外膜增生的脂肪组织沿间质伸入心肌细胞间,心肌细胞受脂肪组织的挤压而萎缩。病变常以右心室、特别是心尖区为重。心肌脂肪浸润多见于高度肥胖的病例,多数无明显临床症状,重度心肌脂肪浸润可致心脏破裂,引发猝死。

3. 肾小管上皮细胞脂肪变性　发生脂肪变性的肾脏体积肿大,表面呈淡黄色或泥土色,切面皮质增厚。镜下,脂滴主要沉积于肾近曲小管上皮细胞的基底部,严重时远曲小管也可受累。肾小管上皮细胞脂肪变性主要是因为原尿中脂蛋白含量升高和(或)肾小管上皮细胞重吸收脂蛋白增多所致。

(三)结局和对机体的影响

脂肪变性是一种可复性病理过程,病因消除后,细胞的功能和结构通常仍可恢复正常。严重的脂肪变性可发展为坏死。发生脂变的器官,其生理功能降低,如肝脏脂肪变性可导致糖原合成和解毒能力降低;严重的心肌脂肪变性,可使心肌收缩力减退,引起心力衰竭。

三、玻璃样变性

玻璃样变性(hyaline degeneration)又称透明变性或透明化,是指在细胞间质或细胞内出现一种光镜下呈均质、无结构、半透明的玻璃样物质的现象。玻璃样物质即透明蛋白或透明素（hyalin），可被伊红或酸性复红染成鲜红色。透明变性包括多种性质不同的病变，它们只是在形态上出现相似的均质、玻璃样物质，而其病因、发生机理和玻璃样物质的化学性质都是不同的。因此，透明变性仅是一个病理形态概念。

细胞外的透明蛋白种类很多，主要是指：①瘢痕组织和肿瘤中的胶原（结缔组织透明蛋白）。②动脉硬化、肾小球硬化和许多上皮组织下方的基膜增厚。③肾小管中的血浆蛋白凝结物，称为透明管型。细胞内的透明蛋白，常见的是肾小管上皮细胞和肝细胞内的透明蛋白小滴（hyaline droplet），以及浆细胞胞浆内的复红小体（Russell 小体）。透明蛋白是细胞或其产物发生物理变化而形成的，已丧失其原来的特性，并融合成一种无结构的均质性团块。

(一)病因及类型

根据病因及发生部位不同，透明变性可分为下列 3 种类型。

1. 细胞内透明滴样变　细胞内透明滴样变（hyaline droplet degeneration）指在变性的细胞内（胞浆中）出现大小不一的嗜伊红圆形小滴。如在肾小球肾炎，或其他疾病而伴有明显的蛋白尿时，肾小管上皮细胞内常发生这种变化。光镜下可见肾小管上皮细胞肿胀，胞浆中充满大小不一的嗜伊红圆球状颗粒，颗粒边缘整齐光滑，似水滴，有透明感。大的可比红细胞大，小的如颗粒变性的颗粒（彩图 4-6）。

透明滴的形成有两方面的来源：一方面是肾小管上皮细胞本身变性所致；另一方面，在炎症情况下肾小球通透性增高，大量血浆蛋白渗入原尿进入肾小管，被肾小管上皮细胞吸收，致使肾小管上皮内出现大量的变性蛋白，形成透明变性。当这种变性的上皮细胞被破坏时，透明蛋白即游离在肾小管腔内，并相互融合凝集成透明管型。

在酒精中毒时，肝细胞核周围胞浆内亦可出现不规则的嗜伊红玻璃样物质。电镜下可见这种物质由密集的细丝构成。据报道，可能是中间丝的前角蛋白堆积而形成的 Mallory 小体，也有人称之为酒精透明小体（alcoholic hyaline body）。

另外，被覆上皮的角化也为透明变性，浆细胞中的 Russell 小体也是一种透明小体，其实质是免疫球蛋白的凝集物。

2. 血管壁玻璃样变　包括由各种原因引起的动脉玻璃样变，它们在组织学上的共同特点是小动脉中的膜结构被破坏，平滑肌纤维变性和结构消失，变成致密的无定形透明蛋白，伊红深染，PAS 染色阳性。这种病变表示肌纤维溶解和动脉壁中有血浆蛋白渗透浸润。

血管壁玻璃样变常发生在脾、心、肾等器官的小动脉血管，如在坏死性动脉炎和血管壁纤维素样坏死等血管病变中，都可以出现玻璃样变。血管壁玻璃样变包括急性变化和慢性变化两个过程。急性变化的特征是管壁坏死和血浆蛋白渗出，浸润在血管壁内。慢性变化为急性变化破坏的修复过程，最后导致动脉硬化，管壁增厚、均质，管腔变窄。家畜临诊上常见的是急性变化，慢性变化仅见于犬的慢性肾炎。

动脉玻璃样变的染色和外形，决定于血管壁病灶中的主要成分。在急性病变，血浆蛋白及脂肪渗入中膜，造成管壁增厚、层次不清和结构消失。应用免疫组化技术可以发现纤维蛋白原、白蛋白及各种球蛋白，但一般不存在黏多糖。

家畜血管壁玻璃样变的发生原因最普通的是炎症性病变。例如，马病毒性动脉炎、牛恶性卡他热、鸡新城疫、鸭瘟等疾病都有动脉炎存在，在炎症基础上导致血管壁玻璃样变。有些化学药品和毒素，如细菌内毒素、生物碱等，对血管内皮细胞具有毒性作用，可以使肌型动脉的中膜发生急性坏死和引起玻璃样变。

大多数能引起肌型动脉管壁坏死和玻璃样变的物质，其作用机理都是损害内皮屏障，因为内皮屏障保护下层的中膜。中膜得到从血管腔内弥散入血管壁的氧和营养物质以维持正常代谢。当这些物质渗入中膜的量不足时，肌纤维就容易发生变性。如果血管壁的通透性增高，以致血浆蛋白能自由地渗入中膜时，就会发生严重的玻璃样变。

3. 纤维结缔组织玻璃样变性 这种变性常见于瘢痕组织、纤维化的肾小球、动脉粥样硬化的纤维性瘢块等。眼观为灰白色半透明状，质地坚实，缺乏弹性。光镜下可见，纤维细胞明显变少，胶原纤维增粗并互相融合成为带状或片状的均质半透明状，失去纤维性结构。纤维结缔组织发生玻璃样变性的机理尚不十分清楚，有人认为在纤维瘢痕化过程中，胶原原蛋白分子之间的交联增多，胶原原纤维也互相融合，其间夹杂积聚较多的糖蛋白，形成所谓玻璃样物质。另一种观点认为，可能是由于缺氧、炎症等原因，造成组织营养障碍，局部组织 pH 降低或温度升高，使纤维组织中的胶原蛋白发生变性沉淀，变成明胶，致使胶原纤维肿胀、变粗，相互融合，成为均匀一致、无结构的半透明状态。

(二)结局和对机体的影响

轻度透明变性是可以恢复的，但透明变性严重的组织容易发生钙盐沉着，导致组织硬化。小动脉壁透明变性时，管壁增厚、变硬，管腔变狭窄，甚至闭塞，即小动脉硬化症(arteriosclerosis)，可引起相应器官的缺血，以致坏死，如猪瘟时脾脏的梗死即是由中央动脉透明变性所致。血管硬化若发生在重要器官，如心脏和脑时，则可危及生命。结缔组织透明变性可使组织变硬，失去弹性，引起不同程度的机能障碍。肾小管上皮细胞透明滴样变一般无细胞功能障碍，玻璃滴状物以后可被溶酶体消化。浆细胞的复红小体形成则可视为浆细胞免疫合成功能旺盛的一种标志。

四、淀粉样变

淀粉样变(amyloidosis)是指细胞间质内出现淀粉样物质沉积，这种物质在本质上并不是淀粉，但遇碘时可被染成红褐色、再加硫酸则呈蓝紫色，与淀粉遇碘时的颜色反应相似，因此而得名。

淀粉样变的形成是蛋白质错误折叠(protein-misfolding)的结果。不同来源的淀粉样物质的氨基酸序列不同，但在电镜下均可形成有序的纤维状结构。因此，淀粉样变是一组具有共同发病机制(蛋白质错误折叠)和相似形态学外观的疾病。在淀粉样变疾病过程中，不仅错误折叠的蛋白质的生物学功能普遍丧失，淀粉样蛋白沉积的组织也发生损伤。

(一)发生机制

淀粉样物质的形成机制包括：①错误折叠蛋白自我复制(如朊病毒病)；②未能降解的错误折叠蛋白的积累；③基因突变导致蛋白错误折叠；④细胞合成蛋白质生成过多(如浆细胞瘤)；⑤蛋白质组装过程中伴侣蛋白或其他必要成分的丢失。淀粉样蛋白通常由未折叠或部分折叠的肽段形成，多肽链有序排列形成纤维状结构(不受氨基酸序列影响)，富含交叉的 β-折叠(与纤维方向垂直)，这一结构是淀粉样蛋白自我复制的基础。

根据淀粉样蛋白的前体肽的生化特征，可将其分为不同类型。轻链(light chain)淀粉样物质是由浆细胞产生的免疫球蛋白轻链构成。在轻链淀粉样变(light chain amyloidosis)中，异常浆细胞分泌的轻链片段进入循环血液，导致淀粉样蛋白在全身各处沉积。由浆细胞瘤所引起的淀粉样物质沉积称为原发性淀粉样变。虽然轻链淀粉样变可呈全身性发生，但在一些髓外(如皮肤)

浆细胞瘤中,轻链淀粉样蛋白仅沉积在肿瘤基质。炎症反应引起的全身性淀粉样变称为继发性淀粉样变。血清淀粉样蛋白A(serum amyloid A)(主要由肝脏产生)被切割成大小不等的片段,在肾脏(肾小球肾炎)、肝脏(狄氏隙)和脾脏等部位沉积。在沙皮犬和阿比西尼亚猫可发生遗传性淀粉样蛋白A沉积症,淀粉样蛋白A主要沉积在肾髓质的间质,而不是肾小球。

(二)病理变化

眼观,淀粉样变器官颜色变黄,质地变硬,浑浊无光,形如石蜡(彩图4-7)。光镜下,淀粉样物质为均质无定形的物质或呈不清晰的纤维状,弱嗜酸性(彩图4-8)。刚果红染色时,淀粉样物质变为橘红色(即刚果红嗜性)。淀粉样物质在偏振光下具有典型的苹果绿双折光特性,在刚果红染色后尤其明显。

1. 脾脏淀粉样变 脾脏是最易发生淀粉样变的器官之一,根据淀粉样物质沉积部位的不同分为滤泡型(局灶型)和弥漫型2种。滤泡型淀粉样变发生时,淀粉样物质主要沉积于中央动脉及其周围淋巴滤泡的网状纤维上,局部固有的淋巴细胞成分减少甚至消失,严重时整个白髓可完全被淀粉样物质占据(彩图4-9)。在脾脏切面上可见半透明灰白色颗粒状结构,形似煮熟的西米,俗称"西米脾"(sago spleen)。弥漫性淀粉样变发生时,淀粉样物质弥漫性地沉积于脾髓细胞之间和网状纤维上,眼观脾脏切面呈暗红色的脾髓与灰白色的淀粉样物质相互交织,呈火腿样花纹,故又称"火腿脾"(bacon spleen)。

2. 肝脏淀粉样变 淀粉样物质沉积于肝细胞索与肝细胞之间,形成粗细不等的条索,肝细胞受压萎缩(彩图4-8)。眼观肝脏肿大,呈灰黄色或棕色,病变特别严重时可引起肝破裂,动物可因大出血而死亡。

五、黏液样变性

黏液样变性(mucoid degeneration)是指结缔组织中出现类黏液的积聚。类黏液(mucoid)是体内的一种黏液样物质,由结缔组织细胞产生,为蛋白质与黏多糖的复合物,呈弱酸性。HE染色呈淡蓝色,阿尔新蓝染成蓝色,对甲苯胺蓝呈异染性而染成红色。正常情况下,类黏液见于关节囊、腱鞘的滑囊和胎儿的脐带中。

黏液(mucin)是由上皮细胞分泌的另一种黏液样物质,其外观性状及上述染色反应均与类黏液相同,只是化学成分稍有不同,对PAS染色反应不同,黏液染色为阳性呈紫红色,类黏液为阴性。消化道和呼吸道黏膜上皮细胞和黏液腺上皮细胞分泌的黏液,具有保护黏膜的功能。当黏膜受刺激时,上皮细胞分泌黏液机能亢进,产生大量黏液被覆于黏膜表面,这是机体对致病因素损伤作用的一种生理性防御反应。

(一)病因和发病机理

纤维组织黏液样变性常见于间叶性肿瘤、急性风湿病时的心血管壁及动脉粥样硬化的血管壁。大的乳腺混合瘤时,肿瘤的间质也呈现黏液样变性的变化。甲状腺机能低下时,全身皮肤的真皮及皮下组织基质中有大量类黏液及水分积聚,形成所谓的黏液水肿(myxoedema)。发生机理可能是,甲状腺机能低下时,甲状腺素分泌减少,以致透明质酸酶的活性降低,结果导致构成类黏液主要成分之一的透明质酸降解减弱,进而大量潴积于组织内,引起黏液样变性。

(二)病理变化

黏液样变性常发生于黏膜上皮及结缔组织。黏膜上皮的黏液样变性常见于胃肠黏膜、子宫黏膜的急性或慢性卡他性炎症过程中,眼观可见黏膜表面覆盖大量混浊、黏稠的灰白色黏液。光镜下,可见黏液中混有大量坏死脱落的上皮细胞和渗出的白细胞,黏膜上皮间杯状细胞大量增生,上皮细胞胞浆含有很多黏液小滴,胞核和胞浆被挤向细胞的基底部,最后细胞破裂,黏液从细胞内排出并游离于黏膜表面。结缔组织黏液样变性常见于全身营养不良的心冠状沟、皮下脂肪组织以及甲状腺功能低下时全身皮下黏液性水肿。变性组织失去原来的组织结构,变成一种同质化的黏液物质。显微镜下可见组织的原有结构消失,充满淡蓝色的胶状液体,其中散在一些星形和多角形的黏液细胞,细胞间有突起互相连接,与间叶组织的黏液瘤很相似,所以,结缔组织黏液样变性又称为黏液瘤样变性(myxomatous degeneration)。

(三)结局和对机体的影响

黏液样变性是可复性过程,病因消除后黏液样变性可以逐渐消退,组织结构可以恢复正常,黏膜上皮可通过再生而修复。结缔组织的黏液样变性如果进一步发展,则可引起纤维组织增生,导致组织的硬化。

第四节 细 胞 死 亡

细胞死亡(cell death)是一种受到严格调控的基本生物学活动,与细胞分裂和分化具有复杂的调控机制一样,细胞死亡的调控机制也十分复杂。细胞死亡可见于胚胎发育和组织更新等生理性过程,也见于细胞损伤和病原微生物感染等病理性过程,在维持上皮屏障功能完整,消灭病原微生物,回收生物大分子,维护细胞内信号转导和基因组完整性等多种生物学过程中发挥重要作用。动物体内局部组织、细胞的死亡,可以是病理性的,也可以在生理条件下发生。因此,细胞死亡可分为 2 类:细胞的病理性死亡即坏死和程序性细胞死亡(programmed cell death)。多数情况下,哺乳动物细胞死亡是在基因调控下发生的自主性死亡,即凋亡(apoptosis)。坏死(necrosis)是在细胞受到严重损伤后发生的,可被视为细胞稳态失衡的结果。近年来还发现了一种程序性细胞坏死,称为坏死性凋亡(necroptosis)。本节主要介绍坏死和凋亡。

一、坏死

坏死是指活体局部组织中细胞的病理性死亡。坏死细胞死后在溶酶体酶的作用下发生溶解而呈现出的形态学变化。坏死细胞的胞膜破裂,导致内容物释放,引起炎症反应。引起细胞溶解的酶来源于坏死细胞自身以及炎性细胞所释放的溶酶体酶。坏死可由强烈的致病因素直接引起,但大多由可逆性损伤发展而来。

(一)原因和发生机理

坏死发生的原因有机械性、物理性、化学性、生物性、血管源性及神经营养因素等。在疾病过程中,任何致病因素作用只要达到一定的强度或持续相当的时间,均可使细胞、组织代谢完全停止,引起细胞坏死。

1. 机械性因素 挫伤、创伤、压迫等均能引起细胞死亡。

2. 物理性因素 包括高温、低温、射线等,它们均可直接损伤细胞引起坏死。高温可使细胞内蛋白质(包括酶)变性、凝固;低温能使细胞内水分结冰,破坏胞浆胶体结构和酶的活性,造成细胞死亡;射线能破坏细胞的 DNA 或与 DNA 有关的酶系,从而导致细胞死亡。

3. 化学性因素 强酸、强碱、某些重金属盐类、有毒化合物、有毒植物等均能引起细胞坏死。强酸、强碱、重金属盐等可使细胞蛋白质及酶的性质发生改变;氰化物可以灭活细胞色素氧化酶,使细胞有氧氧化障碍;四氯化碳能破坏肝脏脂蛋白结构,使细胞坏死。

4. 生物性因素　各种微生物毒素、寄生虫毒素能直接破坏酶系统、代谢过程和膜结构,引起细胞死亡。细菌菌体蛋白引起的变态反应也是引起组织、细胞坏死的原因。

5. 血管源性因素　动脉受压、长时间痉挛、血栓形成和栓塞等可导致局部缺血,细胞缺氧,使细胞的有氧呼吸、氧化磷酸化及 ATP 酶生成障碍,导致细胞代谢障碍,引起细胞坏死。

6. 神经营养因素　当中枢神经和外周神经系统损伤时,相应部位的组织细胞因缺乏神经的兴奋性冲动而萎缩、变性及坏死。

7. 过敏原性因素　指能引起过敏反应而导致组织、细胞坏死的各种抗原(包括外源性和内源性抗原)。例如,弥漫性肾小球肾炎是由外源性抗原引起的过敏反应,此时抗原与抗体结合形成免疫复合物并沉积于肾小球,通过激活补体、吸引中性粒细胞、释放其溶酶体酶,可导致基底膜破坏、细胞坏死和炎症反应。

(二)基本病变

1. 细胞核的变化　细胞核的变化是细胞坏死的主要形态学标志,主要有 3 种形式:

(1)核固缩(pyknosis)　细胞核染色质DNA 浓聚、皱缩,使核体积减小,嗜碱性增强,提示 DNA 转录合成停止。

(2)核碎裂(karyorrhexis)　由于核染色质崩解和核膜破裂,细胞核发生碎裂,使核物质分散于胞质中,亦可由核固缩裂解成碎片而来。

(3)核溶解(karyolysis)　非特异性DNA 酶和蛋白酶激活,分解核 DNA 和核蛋白,核染色质嗜碱性减弱。死亡细胞核在1～2 d 内将会完全消失。

核固缩、核碎裂、核溶解的发生不一定是循序渐进的过程,它们各自的形态特点见图4-4。

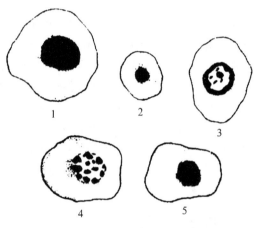

图4-4　细胞核损伤模式图
1. 正常核;2. 核固缩;3、4. 核碎裂;5. 核溶解

2. 细胞质的变化　除细胞核的变化外,坏死细胞因核糖体消失、蛋白变性、糖原颗粒减少等原因而呈现嗜酸性增强。之后胞浆中出现颗粒和不规则空隙,这是由于胞浆结构破坏崩解之故。最后细胞破裂,整个细胞轮廓完全消失,变成一片红染的细颗粒状物质。有时单个细胞(如肝细胞)坏死后,胞浆水分逐渐丧失,核破坏消失,胞浆深染伊红,整个细胞变成红色无结构小球状,称为嗜酸性坏死。

电镜下可见死亡细胞的结构模糊,胞膜边界不整齐,显有突起,细胞间连接消失。胞浆浓缩、均质化或空泡化,线粒体肿胀,形成光镜下可见的嗜伊红性颗粒,有时发生浓缩或溶解,胞浆中出现充满碎屑的自噬泡和细胞溶酶体。胞核固缩、碎裂和溶解,核膜折叠和溶解。严重时胞核、胞质完全消失。

3. 间质的变化　间质细胞对损伤的耐受性大于实质细胞,因此间质细胞出现损伤的时间要迟于实质细胞。间质细胞坏死后细胞外基质也逐渐崩解液化,最后融合成片状模糊的无结构物质。

由于坏死时细胞膜通透性增加,细胞内具有组织特异性的乳酸脱氢酶、琥珀酸脱氢酶、肌酸激酶、谷草转氨酶、谷丙转氨酶、淀粉酶及其同工酶等被释放入血,造成细胞内相应酶活性降低和血清中相应酶水平增高,可分别作为临床诊断某些细胞(如肝、心肌、胰)坏死的参考指标。细胞内和血清中酶活性的变化在细胞坏死刚发生时即可检出,早于超微结构的变化至少几小时,因此有助于细胞损伤的早期诊断。

(三)类型

根据组织坏死后的形态特征,可将坏死分为凝固性坏死(coagulative necrosis)、液化性坏死(liquefactive necrosis)和坏疽(gangrenous)3 种类型,这一分类在诊断上具有一定价值,但应注意的是,坏死细胞和组织的形态特征随时间推移而发生改变,某些组织发生凝固性坏死后可因白细胞浸润而发生溶解液化。

1. 凝固性坏死 凝固性坏死(coagulation necrosis)以坏死组织发生凝固为特征。在蛋白凝固酶的作用下,坏死组织变成一种灰白或灰黄色,比较干燥而无光泽的凝固物质。坏死组织发生凝固的原理,一般认为是胞浆凝固的结果——细胞的溶酶体酶含量少或水解酶本身受到损害,不能分解坏死组织。也有人认为坏死物质凝固类似分子变性,即与蛋白质受热凝固的原理相似。蛋白质变为不溶性,所以能阻止溶酶体酶的分解作用而保持不溶解。

坏死组织早期由于周围组织液的进入而显肿胀,质地干燥、坚实,坏死区界限清楚,呈灰白或黄白色,无光泽,周围常有暗红色的充血与出血带。显微镜下的主要特征是组织结构的轮廓尚在,但实质细胞的正常结构已消失,坏死细胞的核完全崩解消失,或有部分核碎片残留,胞浆崩解融合为一片淡红色、均质无结构的颗粒状物质。常见的组织凝固性坏死有 4 种类型:

(1)贫血性梗死(anemic infarction) 贫血性梗死是一种典型的凝固性坏死,坏死区呈灰白色、干燥,早期肿胀,稍突出于脏器的表面,切面坏死区呈楔形或不规则形,周界清楚。显微镜下,坏死初期,组织的结构轮廓仍保留,如肾小球和肾小管的形态依然隐约可见,但实质细胞的正常结构已破坏消失(彩图 4-10)。坏死细胞核完全崩解消失,或有部分碎片残留,胞浆崩解融合成为一片淡红色均质无结构的颗粒状物质。

(2)干酪样坏死(caseous necrosis) 干酪样坏死的特征是坏死组织崩解彻底,常见于结核分枝杆菌引起的感染。除凝固的蛋白质外,坏死组织还含有多量脂类物质(来自结核分枝杆菌),故外观呈黄色或灰黄色,质地柔软、致密,很像奶酪(彩图 4-11),故称为干酪样坏死。这是由于存在特殊的脂类和结核分枝杆菌的糖类及磷酸盐能抑制白细胞溶酶体酶的蛋白溶解作用,阻止了坏死组织的液化过程,因而能长期保留其干酪样的凝固状态而不溶解。显微镜下,组织的固有结构完全破坏消失,实质细胞和间质都彻底崩解,融合成均质嗜伊红的无定形颗粒状物质(彩图 4-12)。如果坏死灶中有其他细菌继发感染,引起中性粒细胞浸润时,干酪样物质可以迅速软化。例如,结核病病灶部位的空洞形成,通常就是干酪样坏死继发软化产生的。

(3)蜡样坏死(waxy necrosis) 蜡样坏死是肌肉组织发生的一种凝固性坏死。眼观肌肉肿胀、浑浊,无光泽、干燥、坚实,呈灰黄色或灰白色,外观像石蜡一样,故称蜡样坏死。此种坏死常见于动物的白肌病,由维生素 E 和硒缺乏所致。显微镜下可见肌纤维肿胀,胞核溶解,横纹消失,胞浆变成红染、均匀无结构的玻璃样物质,有的还可发生断裂。

数字资源 4-1
肌肉蜡样坏死

(4)脂肪坏死(fat necrosis) 脂肪坏死是脂肪组织的一种分解变质性变化。常见的有胰性脂肪坏死和营养性脂肪坏死。胰性脂肪坏死又称为酶解性脂肪坏死,是胰酶外溢并被激活而引起的脂肪组织坏死,常见于胰腺炎或胰腺导管损伤。此时,脂肪被胰脂酶分解为甘油和脂肪酸,前者可被吸收,后者与组织中的钙结合形成不溶性的钙皂。眼观脂肪坏死部,为不透明的白色斑块或结节。光镜下,脂肪细胞只留下模糊的轮廓,内含粉红色颗粒状物质,并见脂肪酸与钙结合形成深蓝色的小球(统一为 HE 染色)。营养性脂肪坏死多见于患慢性消耗性疾病而呈恶病质状态的动物,全身各处脂肪,尤其是腹部脂肪(肠系膜、网膜和肾周围脂肪)发生坏死。眼观脂肪坏死部,初期为散在的白色细小病灶,以后逐渐增大为白色坚硬的结节或斑块,并可互相融合。陈旧的坏死灶周围有结缔组织包囊形成。其发生机理尚不完全清楚,可能与大量动用体脂而脂肪利用不全,致使脂肪酸在局部蓄积有关。

2. 液化性坏死　组织坏死后在酶的水解作用下发生溶解液化,称为液化性坏死。脑组织和脊髓坏死的最后阶段通常表现为液化(彩图 4-13),这是由于神经系统缺乏起支撑作用的间质结缔组织,并富含磷脂和蛋白溶解酶所致。脑和脊髓坏死的大体表现是软化(malacia),脑组织的液化性坏死称为脑软化(encephalomalacia)(图 4-5,彩图 4-14)。神经元在坏死的早期阶段表现为凝固性坏死,随着时间的推移,坏死组织发生液化,并可见神经胶质细胞坏死。眼观软化灶最初呈半透明状,随后变黄、变软或发生肿胀,伴随格子细胞(gitter cell)(巨噬细胞)浸润并吞噬髓鞘碎片和其他成分。最终,实质细胞完全溶解,只残存血管系统,其间充满吞噬有脂质和细胞碎片的格子细胞。在中枢神经系统以外的器官或组织中,液化性坏死最常见于化脓性炎症,在病灶中心最为明显。

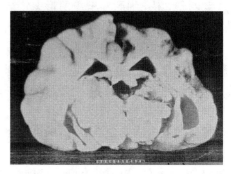

图 4-5　大脑液化性坏死(彩图 4-14)
大脑基地神经节完全液化,在切开大脑后坏死物质流失而遗留空腔,腔壁粗糙不平。(简子健)

3. 坏疽　是指继发有腐败细菌感染的局部组织大面积坏死,分为干性、湿性和气性坏疽 3 种类型。

(1)干性坏疽(dry gangrene)　常见于动脉阻塞但静脉回流尚通畅的四肢末梢部位。因水分散失较多,故坏死区干燥皱缩。坏死组织常呈黑色,这是由于坏死组织腐败分解产生的硫化氢与血红蛋白中的 Fe^{2+} 结合形成黑色的硫化铁之故。坏死组织与周围正常组织界限清楚,腐败变化较轻。

(2)湿性坏疽(moist gangrene)　坏死组织在腐败菌作用下发生液化,多发生于与外界相通的内器官,如肺、肠、子宫、阑尾及胆囊等,也可发生于动脉阻塞及静脉回流受阻的肢体。坏死区水分较多,有利于腐败菌繁殖,故组织腐败严重。坏疽部位呈蓝绿色或黑红色,经腐败菌分解产生吲哚和粪臭素等,故有恶臭。组织腐败分解所产生的有毒物质被机体吸收,易造成全身中毒。常见的湿性坏疽有牛、马发生的肠变位(肠扭转、套叠等)以及异物性肺炎(彩图 4-15)、腐败性子宫内膜炎和乳腺炎等。

(3)气性坏疽(gas gangrene)　由深在的开放性创伤合并产气荚膜杆菌、恶性水肿杆菌等厌氧菌感染所引起。这些细菌在分解坏死组织时产生大量气体,使病区肿胀呈蜂窝状,按之有捻发音。病变部位呈棕黑色,有奇臭。

(四)结局

1. 溶解吸收　坏死细胞本身及中性粒细胞释放水解酶,使坏死组织溶解液化,液化的坏死组织由淋巴管或小血管吸收,不能吸收的细胞小碎片由巨噬细胞吞噬清除。小的坏死灶被溶解吸收后,损伤部位可通过再生或形成肉芽组织进行修复。

2. 腐离脱落　皮肤或黏膜较大的坏死灶不易完全吸收,多取这一结局。坏死组织与周围健康组织形成分界性炎,白细胞释放溶酶体酶,将坏死组织边缘溶解液化,促使坏死组织与周围组织分离,进而发生脱落或排出,形成组织缺损。坏死组织脱落后,在皮肤或黏膜表面留下缺损,浅的称为糜烂(erosion),深的称为溃疡(ulcer)。组织坏死后形成的,开口于皮肤黏膜表面的深在性盲管,称为窦道(sinus)。连接两个内脏器官或从内脏器官通向体表的通道样缺损,称为瘘管(fistula)。肺、肾等内脏坏死物液化后,经支气管、输尿管等自然管道排出后所残留的空腔称为空洞(cavity)。

3. 机化与包囊形成　当组织坏死范围较大,不能完全溶解吸收或分离排出时,可由周围新生的毛细血管和成纤维细胞等组成的肉芽组织长入并取代,这个过程称为机化(organization)。如坏死组织不能被完全机化,则可由周围新生的肉芽组织将其包裹,称为包囊形成(encystment)(彩图 4-16)。

4. 钙化　凝固性坏死物很容易发生钙盐沉着,即钙化。如结核、鼻疽病的坏死灶、寄生虫的寄生灶均易钙化(calcification)。

二、细胞凋亡

细胞凋亡(apoptosis)是细胞的一种自杀性死亡,在这一过程中,细胞内多种酶被激活并对细胞自身 DNA、胞核和胞浆蛋白进行降解。与坏死细胞发生细胞膜破裂、细胞内容物泄漏并引起炎症反应不同,细胞以凋亡形式死亡后形成质膜完整的凋亡小体(apoptosis body),后者很容易被巨噬细胞识别和清除,不引起炎症反应(表 4-1)。

表 4-1　细胞凋亡和坏死的区别

特征	凋亡	坏死
诱导原因	通常为生理性,旨在清除不必要的细胞;也可发生于某些病理情况下,如 DNA 或蛋白损伤	病理性因素导致细胞发生不可逆损伤
发生范围	单个发生	多个细胞受累
细胞大小	皱缩	肿胀
细胞核	形成核小体大小的碎片	核固缩、碎裂、溶解
质膜	质膜完整,脂质重定位(磷脂酰丝氨酸由胞膜内侧迁移至胞膜外侧)	细胞肿胀,质膜破裂
细胞内容物	无泄漏	酶解、泄漏
炎症反应	不引起临近组织的炎症反应和组织修复反应,凋亡小体被巨噬细胞吞噬	引起组织炎症反应,并可刺激组织修复
生化特征	耗能的主动性过程,依赖 ATP,有新蛋白合成,DNA 片段化裂解(180～200 bp 的倍数),电泳呈梯状条带	不耗能的被动性过程,不依赖 ATP,无新蛋白合成,DNA 降解不规律,电泳通常不呈梯状条带

(一) 发生原因

凋亡可发生于生理状态下,其目的在于清除有害或无用的细胞。当致病因素引起细胞发生不可逆损伤,尤其是 DNA 或蛋白损伤时,受损细胞也可通过凋亡的方式被清除。

1. 生理性细胞凋亡　在生理状况下,细胞凋亡是机体清除不再需要的细胞以及维持组织器官正常细胞数量的一种正常现象,如胚胎发育期多余细胞的凋亡、月经期子宫内膜细胞凋亡、断奶后乳腺上皮细胞凋亡以及隐窝上皮细胞凋亡等。急性炎症过程中,中性粒细胞凋亡以及免疫反应后期淋巴细胞凋亡可看作是无用细胞的凋亡,这些情况下的细胞凋亡与细胞存活信号(如生长因子)消失有关。为避免引起自身免疫性疾病,自身反应性淋巴细胞(self-reactive lymphocytes)也通过凋亡的方式被清除。细胞毒性 T 细胞诱导被病毒感染的细胞和肿瘤细胞凋亡是机体对抗病毒感染和肿瘤的重要机制。

2. 病理性细胞凋亡　常见原因包括 DNA 损伤、错误折叠蛋白累积和病毒感染。放射线、化学抗癌药、高温和缺氧等因素的温和刺激可直接或间接(通过自由基)引起 DNA 损伤,如果 DNA 损伤无法修复,则可触发凋亡机制。如果上述刺激因素的作用过于强烈或剂量过高,则可引起细胞坏死。蛋白错误折叠可因蛋白编码基因突变或自由基而引起,其在内质网中的蓄积可引起"内质网应激",最终引起细胞凋亡。

(二)形态学变化

在 HE 染色的切片中,可见核染色质浓集成致密团块(固缩),或集结排列于核膜内面(边集),并最终裂解成碎片(碎裂)(彩图 4-17)。核碎片的形成提示 DNA 片段化。细胞皱缩,胞膜内陷,形成芽状突起并脱落,形成含核碎片和/或细胞器成分的质膜完整的凋亡小体(apoptosis body)。由于凋亡细胞可被巨噬细胞迅速清除且不引发炎症反应,有时在组织中即便有凋亡发生,也可能在切片中无法观察到。

(三)发生机制

凋亡的形成与细胞内一系列半胱氨酸蛋白酶(cysteine protease)的特异性激活有关。这些蛋白酶在结构上同源,同属于 caspase 蛋白酶家族,也称为 ICE/CED-3 家族。caspase 是 cystine-containing aspartate-specific protease 的缩写,原意为含半胱氨酸的天冬氨酸特异性水解酶。caspase 蛋白酶是一族在进化上高度保守的蛋白酶,目前已从人和动物体内克隆出 14 种这样的蛋白酶,其中大多数 caspase 蛋白酶与细胞凋亡有关。这个家族的蛋白酶能特异性地在特定的氨基酸序列中将肽链从天门冬氨酸(Asp)之后切断。根据它们在凋亡过程中的作用不同,分为启动酶(initiators)和效应酶(effectors)2 类,前者包括 caspase-8、caspase-9 和 caspase-10,后者包括 caspase-3、caspase-6 和 caspase-7,它们分别在死亡信号转导过程中的上游和下游发挥作用。

1. 凋亡信号的转导　来自体内外的凋亡信号需通过复杂的信号转导途径才能最终引起细胞凋亡的执行者 caspase 蛋白酶家族的活化。凋亡起始信号向 caspase 蛋白酶进行的转导通常被划分成 2 个途径,即死亡受体通路(death receptor pathway)和线粒体通路(mitochondrial pathway)(图 4-6)。

(1)死亡受体通路(外在通路)　该信号通路受死亡受体介导。死亡受体是一类跨膜受体,属于肿瘤坏死因子受体(tumor necrosis factor receptor,TNFR)基因家族成员,包括 Fas(CD95)和 TNFR。这类受体的特征是在胞外区富含半胱氨酸残基,在胞内区含有一段由 60～80 个氨基酸残基组成的同源结构域,死亡受体通过这个结构域与胞浆中介导细胞凋亡信

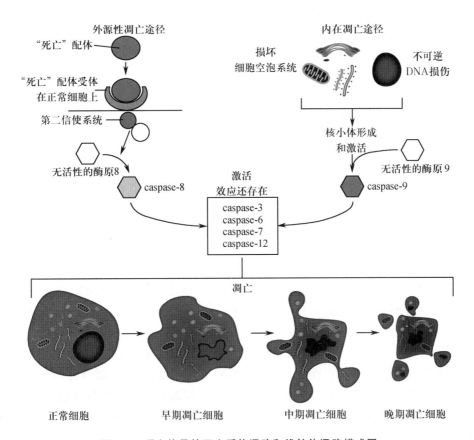

图 4-6　凋亡信号的死亡受体通路和线粒体通路模式图

(引自 James F. Zachary，Pathologic Basis of Veterinary Disease（6th Edition）

号的蛋白质结合，通过后者启动细胞内部的凋亡程序，引起细胞凋亡，所以这个结构域被称为死亡结构域（death domain，DD）。但在某些情况下，死亡受体也能介导抗凋亡信号。此外，虽然某些死亡受体缺乏死亡结构域 DD，但也能介导死亡信号的传递。

（2）线粒体通路（内在通路）　该通路是一种非死亡受体依赖性通路，来自细胞外部环境的凋亡信号以及细胞内部 DNA 损伤可迅即启动这一信号转导途径。细胞色素 C 从线粒体释放到细胞浆是线粒体通路介导的细胞凋亡的关键步骤。细胞色素 C 是一种水溶性蛋白，位于线粒体内、外膜之间的膜间隙，并与内膜松弛连接。目前认为，细胞色素 C 从线粒体释放出来与线粒体膜的通透性改变有关。线粒体内、外膜之间的通透性转换孔（permeability transition pore，PTP）具有调节线粒体膜通透性的作用，在正常情况下，绝大多数 PTP 处于关闭状态，当线粒体膜电位（△ψm）在各种凋亡诱导信号的作用下降低时，PTP 开放，导致线粒体膜通透性增大，细胞色素 C 得以释出。释放到细胞浆的细胞色素 C 在 ATP/dATP 存在的条件下能促使凋亡酶激活因子-1（apoptosis protease activating factor-1，Apaf-1）与 caspase-9 酶原结合形成 Apaf-1/caspase-9 凋亡酶体（apoptosome），进而使 caspase-9 活化，活化的 caspase-9 使caspase-3 激活，从而诱导细胞凋亡。

死亡受体通路与线粒体通路在激活 caspase-3 时交汇，caspase-3 的激活和活性可被凋亡抑制子（inhibitor of apotosis，IAP）拮抗，而 IAP 蛋白自身又可被从线粒体释放的 Smac/DIA-

BLO 蛋白所拮抗。死亡受体通路和线粒体通路的交叉对话(cross-talk)是通过促凋亡的 bcl-2 家族成员 Bid 实现的。caspase-8 介导的 Bid 的裂解极大地增强了它的促凋亡活性,并将其转位到线粒体,促使细胞色素 C 释放。因而,Bid 是将凋亡信号从 caspase-8 向线粒体传递的信使。

2. 凋亡的执行　当凋亡信号通过信号转导途径到达凋亡效应 caspase 蛋白酶并使之激活后,凋亡就进入执行阶段。caspase 蛋白酶的酶解底物多达百余种,其中就包括核酸内切酶。caspase 蛋白酶切割核酸内切酶使其活化,活化的核酸内切酶使染色质 DNA 发生片段化降解。组成染色质的最基本单位是核小体,核小体之间的连接最易受核酸内切酶的攻击而发生断裂。由于 DNA 链上每隔 200 个核苷酸就有一个核小体,因此,当核酸内切酶在核小体连接处切开 DNA 时,即形成 180~200 bp 或其整数倍的片段,出现 DNA 的梯状条带。值得强调的是,虽然 DNA 片段化裂解可作为鉴定凋亡细胞的重要参考依据,但也并非绝对,有时形态学上可见明显的凋亡,但并不出现 DNA 的梯状条带;相反,在肝细胞坏死时,也可见到梯状 DNA 电泳图谱。

caspase 蛋白酶介导的其他底物的酶解引起细胞出现相应的形态学变化。比如,caspase 蛋白酶对核层纤蛋白(nuclear lamins)的酶解导致细胞核皱缩和胞膜"出芽"(budding),而整个细胞的形态改变则可能与细胞骨架蛋白中的胞衬蛋白(fodrin)和凝胶蛋白(gelsonlin)的酶解有关。caspase 蛋白酶介导的 PAKα(一种 p21 活化的蛋白激酶)的降解可能与凋亡小体从胞膜上断离有关。此外,caspase 蛋白酶还能灭活或下调与 DNA 修复有关的酶、mRNA 剪切蛋白和 DNA 交联蛋白的表达及活性。由于这些蛋白功能被抑制,使细胞的增殖与复制受阻并发生凋亡。所有这些都表明,caspase 蛋白酶以一种有条不紊的方式对细胞进行"破坏",它们切断细胞与周围的联系、拆散细胞骨架、阻断细胞 DNA 复制和修复、干扰 mRNA 剪切以及损伤 DNA 与核结构,使细胞发生不可逆死亡。

(谭　勋)

第五节　病理性物质沉着

病理性物质沉着是指某些病理性物质在器官、组织或细胞内的异常沉积。病理性物质沉着的发生机理较为复杂,有些目前还不十分清楚。机体细胞具有摄食、消化和贮存等功能。这些功能的正常进行,需要溶酶体的参与,溶酶体内含多种水解酶,能够溶解、消化多种大分子物质,如蛋白质、核酸与糖类,但细胞的摄食和消化作用是有一定限度的,如果上述物质过多,不能被溶酶体酶所消化时,便会在细胞内沉积;结石形成是组织营养不良和盐类代谢障碍综合的结果,也与局部炎症有关。因此,病理性物质沉着往往发生在细胞溶酶体超负荷的情况下。外源性物质,如色素、无机粉尘和某些重金属等也可积聚在细胞浆中。

本节主要叙述病理性钙化、结石形成、痛风和病理性色素沉着。

一、病理性钙化

在血液和组织内的钙以 2 种形式存在,一部分为钙离子,另一部分是和蛋白质结合的结合钙。在正常动物体内,只有在骨骼和牙齿内的钙盐呈固体状态存在,称为钙化(calcification),而在其他细胞、组织中,钙质一般均以离子状态出现。在病理情况下,钙盐析出呈固体状态,沉积于除骨和牙齿外的其他组织内称为钙盐沉着或病理性钙化(pathological calcification)。沉着的钙盐主要是磷酸钙,其次是碳酸钙,还有少量其他钙盐。病理性钙化可分为营养不良性钙化(dystrophic calcification)和转移(迁徙)性钙化(metastatic calcification)2种类型。前者主要发生在局部组织变性坏死的基础上,由于局部组织的理化环境改变而促使血液中钙、磷离子发生析出和沉积;后者发生在高血钙的基础上,当血液中钙离子浓度升高时,钙盐可沉着在多处健康的器官与组织中。2种钙化的形态表现基本相同,但其发生机理及对机体的影响则不同。

(一)发生原因与机理

病理性钙化的发生机理较复杂。为了便于理解,先了解钙磷正常生理代谢过程。血液中钙磷含量的比值是恒定的,二者的乘积常保持一定数值,即$Ca \times P = 35$。这个数值称钙磷溶解度乘积常数。即当血液中钙磷乘积> 35时,在一定条件下,钙磷以骨盐形式沉积于骨组织中;当其乘积< 35时,则可影响骨的钙化,甚至促使骨盐溶解。血钙的浓度通常维持在一定范围内,血钙平衡与钙的吸收、利用和排出有很大的关系,受多种因素的影响,特别是维生素D及甲状旁腺功能对钙的代谢起着重要作用。维生素D可促进钙在肠道内的吸收,而甲状旁腺能促进影响血钙的因素间接地影响血磷,反之亦然。如果血钙降低,血磷含量则增高,相反,血钙升高时则伴有血磷含量的降低,以维持钙磷溶解度乘积常数恒定(即$Ca \times P = 35$)。无论生理性钙化还是病理性钙化,都是组织液中呈离解状态的钙离子(Ca^{2+})和磷酸根离子(PO_4^{3-})相结合而发生沉淀所致。当Ca^{2+}和PO_4^{3-}的浓度在组织液中的乘积超过其溶解度乘积常数时,局部组织就会发生磷酸钙的沉着。

1.营养不良性钙化　营养不良性钙化(dystrophic calcification)可简称为钙化,是指钙盐沉着在变性、坏死组织或病理性产物中的异常钙盐沉积,包括:①各种类型的坏死组织,如结核病干酪样坏死灶、脂肪坏死灶、梗死灶、干涸的脓液等。②玻璃样变或黏液样变的组织,如玻璃样变或黏液样变的结缔组织、白肌病时坏死的肌纤维。③血栓。④死亡的寄生虫(虫体、虫卵)、死亡的细菌团块。⑤其他异物等。这种钙化并无全身性钙磷代谢障碍,机体的血钙并不升高,而仅是钙盐在局部组织的析出和沉积。营养不良性钙化的机制尚未完全清楚,一般认为,钙化的发生与坏死局部的碱性磷酸酶升高有关。磷酸酶能水解有机磷酸酯,使局部磷酸根离子增多,进而使钙离子和磷酸根离子浓度的乘积超过其溶解度乘积常数,于是形成磷酸钙沉淀。磷酸酶的来源有二:一是从坏死细胞的溶酶体释放出来;二是吸收了周围组织液中的磷酸酶。此外,这种钙化可能与局部pH的变动有关。即变性、坏死组织的酸性环境先使局部钙盐溶解,钙离子浓度升高,以后由于组织液的缓冲作用,病灶碱性化,使钙盐从组织液中析出并沉积于局部。还有人认为,某些坏死组织对钙盐具有吸附性或亲和力。有资料表明,凡组织或其分泌物的质地均匀而呈玻璃样的(如玻璃样变的组织),钙盐均易沉着,如白肌病时的变性肌纤维。在脂肪组织坏死后发生的钙化是由于脂肪分解产生甘油和脂肪酸,后者和组织液中的钙离子结合,形成钙皂,以后钙皂中的脂肪酸又被磷酸根或碳酸根所替代,最后形成磷酸钙和碳酸钙而沉淀下来。

2.转移性钙化　转移性钙化(metastatic calcification)比较少见,是指由于血钙浓度升高,及钙、磷代谢紊乱或局部组织pH改变,使钙在未损组织中沉着的病理过程。主要是由于全身性钙、磷代谢障碍,血钙和/或血磷含量增高时,钙盐沉着在机体多处健康组织中所致。钙盐沉着的部位多见于肺脏、肾脏、胃肠黏膜和动脉管壁。

血钙升高常见的原因有:①甲状旁腺机能亢进(当发生甲状旁腺瘤或甲状旁腺代偿性增生

时),甲状旁腺素(PTH)分泌增多,PTH 可快速直接作用于骨细胞,激活腺苷环化酶,使磷酸腺苷(camp)增多,促使线粒体等胞内钙库释放钙离子进入血液。PTH 的持续作用,一方面能抑制新骨形成及通过酶系统促使破骨细胞活动加强,使破骨细胞增多,致骨质脱钙疏松,引起血钙升高。另一方面,PTH 作用于肾小管,可抑制肾小管对磷酸根离子的重吸收,因此,磷酸根离子从肾脏排出增多,血液中磷酸根离子浓度降低,这就造成血液中钙离子与磷酸根离子浓度的乘积下降,导致骨内钙盐分解,使血钙升高。血钙升高也和尿中排出的钙减少有关,因为PTH 能促进肾小管对钙的重吸收。②骨质大量破坏(常见于骨肉瘤和骨髓瘤),骨内大量钙质进入血液,使血钙浓度升高。③接受维生素 D 治疗或摄入维生素 D 量过多,可促进钙从肠道吸收和磷酸盐从肾排出,使血钙增加,PTH 也具有同样的作用。

转移性钙化常发生的部位有明显的选择性,说明转移性钙化除全身性因素,即血钙升高等原因外,可能还与局部因素有关。如转移性钙化易发生于肺脏、肾脏、胃黏膜和动脉管壁等处,可能与这些器官组织排酸(肺脏排碳酸、肾脏排氢离子、胃黏膜排盐酸)后使其本身呈碱性状态,而有利于钙盐沉着有关。例如,胃黏膜壁细胞代谢过程中产生的二氧化碳和水在碳酸酐酶的作用下形成碳酸,后者又解离为氢离子和碳酸氢根,氢与氯离子合成盐酸被排出,而碳酸氢根与钠结合为碳酸氢钠,故胃黏膜呈现碱性。肾小管的钙化,还与局部钙、磷离子浓度增高有关。广泛的转移性钙化称为钙化病(calliopsis)。转移性钙化也可发生于肌肉和肠等。软组织发生广泛性钙化的机理还不很清楚,一般认为是由于饲料中镁缺乏、慢性肾病和植物中毒等。某些植物毒素有生钙作用,如动物采食茄属、夜香树(Cestrum)和三毛草(Trisrtum)属植物时,出现高血钙、高磷酸盐血和广泛的钙化。毒素有维生素 D 样作用,可引起软组织钙化和进行性衰弱。这些植物的叶中含有一种类似 1,25-二羟基胆骨化醇(维生素 D 的活性代谢产物)的类固醇糖苷轭和物,可刺激钙结合性蛋白质的合成,并增强肠对钙的吸收。

(二)病理变化

无论营养不良性钙化还是转移性钙化,其病理变化基本相同。病理性钙化表现程度与钙盐沉着量多少有关。

病理性钙化是由钙盐逐渐积聚而成的,因此,它是一种慢性病理过程。早期或钙盐沉着很少时肉眼很难辨认,在光镜下才能识别。若钙盐沉着较多,范围较大时,则肉眼可以看到。眼观钙化组织呈白色石灰样的坚硬颗粒或团块,触之有沙粒感,刀切时发出磨砂声,甚至不易切开,或使刀口转卷、缺裂。如宰后牛和马肝脏表面形成大量钙化的寄生虫小节结,此类病变常称之为沙粒肝。光镜下,在 HE 染色的切片中,钙盐呈蓝色颗粒状,严重时,呈不规则的粗颗粒状或块状(彩图 4-18),如结核坏死灶后期的钙化(彩图 4-19)。如果沉着的钙盐很少,有时易与细菌混淆,但细心观察,钙盐颗粒粗细不一。如果做进一步鉴别,可采取硝酸银染色法(Von Kossa 氏反应),钙盐所在部位呈棕黑色。

转移性钙化,钙盐常沉着在某些健康器官尤其是肺泡壁、肾小管、胃黏膜的基膜和弹力纤维上。沉着的钙盐均匀或不均匀地分布。

(三)结局和对机体的影响

钙化的结局和对机体的影响视具体情况而定。少量的钙化物,有时可被溶解吸收,如小鼻疽结节和寄生虫结节的钙化。若钙化灶较大或钙化物较稳定时,则难以完全溶解、吸收,会使组织器官的机能降低,这种病理性钙化灶对机体来说是一种异物,能刺激周围的结缔组织增生,并将其包裹起来。

一般来说,营养不良性钙化是机体一种防御适应性反应。通过钙化及钙化后引起纤维结缔组织增生和包囊形成,可以减少或消除钙化灶中病原和坏死组织对机体的继续损害,它可使坏死组织或病理产物在不能完全被吸收时变成稳定的固体物质。如结核结节的钙化可使结核菌固定并逐渐失去活力;但该菌在钙化灶中可存活很长时间,一旦机体抵抗能力下降,则可能再度繁殖而复发。但钙化严重时,易造成组织器官钙化,机能降低,并可以导致其他病变的发生。

转移性钙化的危害性取决于原发病,常会给机体带来不良影响,其影响程度取决于钙化发生的部位和范围。如血管壁发生钙化,可导致管壁弹性减弱、变脆,影响血流,甚至出现血管破裂而出血;脑动脉壁发生钙化时血管则变硬、变脆、失去弹性,易发生破裂,引起脑出血。

二、结石形成

在腔状器官或排泄管、分泌管内,体液中的有机成分或无机盐类由溶解状态变成固体物质的过程,称为结石形成(calculosis),形成的固体物质称为结石(concretion,calculus)。家畜的结石最常发生于消化道、胆囊、胆管、肾盂、膀胱、尿道、唾液腺及胰腺的排泄管中。

(一)发生原因

结石的种类比较多,而且各种结石成分也不一样,因而它们的发生原因、机理也不尽相同,但一般来说结石形成都与局部炎症有关,当囊腔器官或排泄管的管壁发炎时,其中脱落的细胞成分或渗出的物质就可成为结石的核,随后在核的表面可吸附无机盐类和一些胶体,并逐步增大形成结石;此外,机体内排泄物或分泌物中水分被吸收或盐分浓度过高,也可使之浓缩形成结石。这里叙述的仅是在各种结石形成过程中比较重要的共同因素。至于某种结石的独特成因,将在谈及具体结石时再做介绍。

1. 胶体状态的改变　结石形成是盐类从液体中析出的结果。在正常状态下,分泌液或排泄物中的矿盐晶体,受到胶体的保护,即使在液体中呈过饱和状态,也不发生结晶沉淀。但是这种平衡是脆弱的,容易发生紊乱。一旦平衡紊乱,便有矿盐结晶析出,生成沉淀。溶液中的盐类浓度升高和胶体浓度降低,是平衡紊乱的原因。局部组织感染发炎,可使胶体浓度降低,对矿盐的保护作用减弱;同时炎性渗出物又可构成结石的有机核,促使结石的形成。

2. 有机核的形成　炎症渗出物、细菌团块、脱落的上皮细胞、小的血凝块、黏液,以及胶体状态紊乱使溶胶变成凝胶并形成胶体性凝块等,均可成为结石的有机核。有机核的表面可吸附矿盐结晶和集聚凝固的胶体。结石本身是一种异物,可刺激组织发生炎症。炎性渗出物在结石的外面构成一层有机基质,矿盐结晶吸附沉着,循此进行下去,使结石逐渐增大,并且具有同心轮层状结构。

3. 排泄通道阻塞　在排泄通道阻塞时,内容物滞留,水分被吸收,分泌物浓缩,使其中盐类浓度升高,破坏了胶体的保护作用,于是盐类结晶沉淀。当动物运动不足或粗饲料缺乏时,胃肠内容物滞留、浓缩,以及胆道感染和狭窄所致的胆汁淤滞和浓缩等,均可使其内容物中的盐类浓度升高,从而结晶析出。

4. 矿物质代谢障碍　甲状旁腺机能亢进时,由于骨中大量的钙质被析出,血液和细胞外液中的钙浓度升高,从而分泌物中的钙盐浓度也升高。当饲料中磷钙不平衡时(高磷),磷酸根与钙结合成不溶性磷酸钙,降低了钙的吸收,引起低血钙症。低血钙刺激甲状旁腺增生,又可增加钙在分泌物中的浓度,促使钙盐结晶沉淀。肠道内不溶性磷酸钙的存在,更有利于肠结石的形成。

（二）种类、病理变化和对机体的影响

结石的种类有多种，但最常见的有肠结石、尿石、胆石、唾石和胰腺结石等，其大小、数量、颜色、形态和成分也因其形成部位不同而异，结局及对机体的影响也不同。

1. 肠结石　肠结石即肠石（enterolith），主要发生在马、骡等动物的大肠，为一种有核心的轮层状结构的坚硬形成物。结石呈淡灰色，圆形、卵圆形或不规则形（图4-7）。其大小、重量与数量可因病例不同而异，而且差异甚大。由于肠道的蠕动，结石的表面受到反复摩擦，因此，比较光滑。结石切面的中心为异物（木片、石片、玻璃片和炎性渗出物等）与浸透钙盐的胶体所构成的核心，其外围是呈轮层状沉着的矿盐。肠石的主要成分以磷酸铵镁为主，另外，还含有磷酸钙、碳酸钙、磷酸镁、硅酸钙等矿盐。磷酸镁含于多种饲料中，在麸皮中含量最多，它在胃中经胃酸作用后溶解，在小肠

图4-7　斑马肠结石　结石呈淡灰色，圆形、卵圆形或不规则形（郑明学）

内被吸收。如饲喂大量麦麸，而又有胃肠道机能障碍（如慢性卡他性胃肠炎），胃酸分泌不足，肠道运动迟缓，则未溶解的磷酸镁进入大肠。麦麸蛋白质含量较高，在大肠内经细菌作用形成大量铵。慢性大肠炎更易促进铵的形成。磷酸镁和铵结合成不溶性磷酸铵镁，为结石形成提供了材料。当上述条件具备时，就可形成肠石。小肠蠕动较快，不利于细菌对蛋白质的分解和铵的形成，因此，不形成结石。此外，在胃肠内还可出现毛结石和植物粪石这2种假结石。

毛结石（piliconcretion）主要见于反刍动物的前胃，也见于猪的结肠以及奇蹄目动物的大肠，特别是在饲料缺乏矿物质或矿物质不平衡时，羔羊可能出现异食现象，舔食母羊的被毛，在前胃中形成毛球。

植物粪石（phytobezoar）多见于马、羊和鹿的大结肠，主要由植物纤维和少量矿物质等构成。结粪块是没有消化的饲料黏聚粪便、异物所构成，有时也见于犬、猫。

毛结石和植物粪石的外表常呈黑色、灰黄色或灰白色，似干牛粪，因其主要成分不是矿盐结晶，而是毛发和植物纤维，故其质地松软，重量较轻，能用火点燃，称为假结石。

肠结石、毛结石和植物粪石对机体的影响取决于结石的数量、大小和性质。少量小结石可随粪便排出体外。马、骡发生较大的肠结石，可压迫肠壁，引起肠壁损伤、溃疡、坏死甚至穿孔，也可阻塞肠腔的狭窄部，引起肠梗阻，诱发疝痛，后果严重。而毛结石和植物粪石，由于胃肠蠕动，可驱使其在腔内来回移动，因此，表面光滑，不致损伤胃肠壁。这类假结石如果体积小，游离在肠腔内不会引起多大伤害；但当前胃收缩，而进入真胃时，可阻塞幽门出口。

此外，如果它们体积大、数量多、排出困难而阻塞肠管，亦会引起严重后果。

2. 尿石　尿石（urolith）是指在肾盂、膀胱和尿路中形成的结石，是肉眼可见的尿酸盐、尿蛋白和含蛋白质碎屑的集合物。多见于反刍动物和马，杂食与肉食动物较少见。尿石的数量和大小差异很大，小的尿石常为球形，大的尿石外形与所在空腔的形状相一致，即呈肾盂、输尿管和膀胱的形状。成分不同的尿石，有其特殊的外观。草酸盐尿石硬而重，色白至淡黄，表面有的光滑，有的粗糙，或呈锯齿状。尿酸盐结石大部分由铵盐或钠盐组成，这类结石一般较小，坚硬或中等硬度，色黄褐，球形或不整形。磷酸盐尿石正常为许多沙粒状小结石，色白或灰白，质脆，轻压即碎。

尿石形成的机理尚不十分清楚。有些因素如维生素 A 缺乏、钙磷比例失调、激素、尿路感染、饮水中某些矿物质含量过高,均有利于尿石的形成。维生素 A 缺乏时,尿路的黏膜上皮可发生角化而脱落,构成结石的核心,为矿盐的进一步沉着提供了基础。饲养粗放的牛、羊,因饲料中维生素 A 缺乏,较易形成尿石。高精饲料易使其钙磷比例失调,摄入高磷低钙饲料可增加尿液中磷的排泄量;当动物对蛋白质和镁的摄入量同时增加时,尿中除磷酸盐以外,氨和镁的含量也可增高,在适宜的碱性环境下,可生成多量的、不溶性的磷酸铵镁,并在肾脏和膀胱中析出。例如,舍饲羊由于饲喂精饲料或玉米过多常引起尿路结石。此外,激素也起到重要作用。如甲状旁腺机能亢进和雌激素分泌过多均可促使结石形成。磺胺类药物应用过量也有促进结石形成的作用。尿路感染时,炎症渗出物、变性坏死脱落的上皮细胞和脓细胞以及细菌团块等,都可构成结石的核,有利于尿石形成。此外,在细菌感染时,尿素被细菌分解而产生氨,使尿液呈碱性,而碱性尿液有利于磷酸钙、磷酸镁与磷酸铵的沉淀。水中矿物质含量过高时,动物尿液中的矿物质浓度也可能随之增加,故有利于尿石的形成。

肾盂结石可引起肾盂积水、肾萎缩乃至尿毒症。这种结石如下移至输尿管,可将其阻塞并引起剧烈的疼痛;尿道结石可能阻塞公畜的尿道 S 状弯曲而引起尿闭,引起尿潴留和膀胱扩张,严重的可导致膀胱破裂和尿毒症。尿石可刺激局部黏膜组织,引起出血、溃疡和炎症。

3. 胆石　胆石(cholelith)是在胆囊和胆管中形成的结石。牛和猪较常见,牛的胆石中医称为牛黄,而绵羊、犬和猫等很少发生。结石的形状很不一致。在胆囊内的结石,通常呈梨形、球形或卵圆形;胆管内的通常呈柱状。胆石的大小和数量差异很大,直径从数毫米到几厘米,数量从 1~2 个到上百个。胆石的成分包括胆固醇、胆色素及钙盐,有的由单一成分构成,但多为混合性。胆石的硬度、色泽和内部结构因其成分不同而异。胆固醇结石通常单个存在,呈白色或黄色,圆形或椭圆形,表面光滑或呈颗粒状,切面略透明发亮呈放射状。胆红素结石通常很小,色深(绿色至黑色),常为数个,圆形或呈多面形,易碎裂。钙结石由碳酸钙和磷酸钙构成,色灰白,大而坚硬,可在胆囊内形成。混合性胆石是由胆固醇、胆色素和钙盐等三者或其中两者组成的。胆石体积通常细小,数量多,呈白色、灰色或棕黑色,切面为同心层结构。

胆石的成因和机理尚不完全明了,一般认为是多种因素共同作用的结果。目前认为胆汁理化状态的改变、胆汁淤滞和感染是胆石形成的基本因素。胆石的发生原因通常是胆囊和胆管的炎症。细菌感染引起胆囊炎,胆囊黏膜由于炎性水肿和慢性纤维增生而增厚变粗糙,引起胆汁的淤滞;另外,炎症时渗出的细胞和脱落的上皮以及寄生虫的残体和虫卵等均可作为结石的核心,促进胆石的形成。反刍动物肝片吸虫性胆管炎也能伴发结石形成。偶尔饲料颗粒、沙粒在胃肠强烈蠕动下,可从十二指肠的华氏乳头压入胆总管,构成结石核;此外,胆汁成分的改变及胆汁淤滞对胆石的形成也起着一定作用。正常肝细胞中的游离胆红素与葡萄糖醛酸结合形成水溶性的酯型胆红素(结合胆红素),有些肠道细菌(如大肠杆菌等)可产生葡萄糖醛酸酶,能分解酯型胆红素,使不溶于水的游离胆红素释放并析出,与胆汁中的钙结合,形成不溶性的胆红素钙(胆红素性结石)。当红细胞大量破坏时,游离的胆红素增多(溶血性黄疸),胆汁内钙量增加以及胆汁的酸度增加等均可促进胆红素性结石的形成。胆固醇在胆汁内被胆盐及脂肪酸维持在溶解状态,胆汁作为溶剂的作用,主要取决于能皂化的脂肪酸部分。如果脂肪酸不能维持胆固醇于溶解状态,胆石就较易形成。当长期摄取高胆固醇饲料和肝脏合成的胆固醇量过多,均可使胆汁中的胆固醇绝对含量增加,使之处于过饱和状态。某些肠道疾病时,由于胆酸盐大量丢失,也会使胆固醇处于相对饱和的状态。这些因素均可以使胆固醇析出并凝集,形成结石。胆汁淤滞时,胆盐易被吸收,留下大量能形成胆石的残渣。

胆石对机体的影响因其形成的部位和大小不同而异。位于胆囊内的小结石,有时不引起任何症状,但较大的胆石常可与胆囊炎相互促进,使病情发展,即胆石加重胆囊炎,而胆囊炎又促进胆石的增大。胆管内的结石可引起胆管发炎,并常阻塞胆管引起黄疸,往往继发其他疾病。

4. 唾石 唾石(sialith)是腮腺、舌下腺和颌下腺的排泄管中的结石,常见于马、驴、牛,其次为绵羊,其他动物少发。唾石质地坚硬、色白、表面光滑,常为单个,呈圆柱状。断面呈轮层状,其中常有异物作为结石的核。唾石的重量差异很大,轻者不到 1 g,重者可达 2 000 g 以上。这种结石的主要成分是碳酸钙。它绝大多数位于排泄管的出口处,可能引起唾液滞留,并使唾液腺易受感染与发炎、坏死,甚至穿破皮肤。

5. 胰腺结石 胰腺结石(pancreolith)罕见,主要发生于牛。结石的颜色为纯白、灰白或黄白,呈球形、立方形或柱状,体积从粟粒到莲子大小或更大,数量可多达几十个甚至几百个,质地坚硬,断面呈轮层状。结石由碳酸钙、磷酸钙、草酸钙以及各种有机物质如卵磷脂、白蛋白、胆固醇等组成。

三、痛风

痛风(gout)即尿酸盐沉着,是由于体内嘌呤代谢障碍,血液中尿酸浓度升高,并以尿酸盐(钠)结晶沉着在体内一些器官组织而引起的疾病。痛风可发生于人类及多种动物,但以家禽尤其是鸡最为常见。尿酸盐结晶常沉着于肾脏、输尿管、关节间隙、腱鞘、软骨及内脏器官的浆膜上。临床特点为高尿酸血症,反复发作的关节炎,关节、肾脏或其他组织因尿酸盐沉着而引起相应的组织器官损伤,痛风石形成等。该病可分为原发性和继发性 2 种。原发性痛风(primary gout)又称为特发性痛风(idiopathic),是先天性嘌呤代谢障碍(尿酸生成过多)或肾小管分泌尿酸的遗传缺陷所致。继发性痛风(secondary gout)则是以核酸分解增多或肾脏的获得性缺陷为特征的疾病。上述表现均可单独或同时存在。

(一)原因和发病机理

痛风发生的原因和机理都比较复杂,现仍不完全清楚。一般认为与饲料中核蛋白含量过多、饲养管理不善、药物中毒以及病原体感染有密切关系,其中之一种或多种综合作用均可引起该病的发生。正常时,循环血液中的尿酸,绝大部分以尿酸钠盐的形式存在,它的生成与排出是平衡的,其在血液中的含量始终保持一定水平,当这种平衡失调时,如尿酸在体内生成过多或排出过少,都会使血中尿酸及其盐类的含量增加,超出正常范围而造成高尿酸血症(hyperuricemia),进而导致痛风的发生。尿酸血症的发生,除了因摄入过多的核蛋白外,还可由组织细胞严重破坏(如当鸡患淋巴细胞性白血病、骨髓增生性疾病时)致使核蛋白大量分解造成。此外,肾脏的排泄功能障碍,也是一个十分重要的因素。而肾脏的功能障碍,可由其原发病变和持续排泄尿酸引起的肾损害所致。主要表现为:

1. 蛋白质特别是核蛋白的摄入量过多 痛风的主要原因之一是给动物饲喂大量高蛋白饲料,特别是动物性饲料,如鱼粉、肉粉、动物的内脏器官。因为动物性饲料核蛋白含量很高。核蛋白是动植物细胞的主要成分,是由核酸和蛋白质组成的一种结合蛋白,在水解时能产生蛋白质和核酸。核酸又可分解为磷酸和核苷。核苷在核苷酶作用下,分解为戊糖、嘌呤和嘧啶类碱性化合物。嘌呤类化合物在体内进一步氧化为次黄嘌呤和黄嘌呤,后者再形成尿酸。禽类不仅可将嘌呤分解为尿酸而且还可用蛋白质代谢中产生的氨合成尿酸,但和其他动物不同的是,禽类肝内缺乏精氨酸酶,不能经鸟氨酸循环生成尿素,随尿排出,只能生成尿酸,故更易沉积在内脏器官或关节里而发生通风。在一般情况下,机体的血液只能维持一定限度的尿酸和尿酸盐,当其含量过多又不能排出体外时,就沉积在内脏器官或关节内而引发痛风。

2. 维生素 A 缺乏　饲料中维生素 A 缺乏时,除食管与眼睑黏膜上皮常发生角化甚至脱落外,肾小管、输尿管上皮也会出现病变,致使尿路受阻。此时,一方面尿酸和尿酸盐排出障碍;另一方面因肾组织细胞发生坏死,核蛋白大量分解并产生大量尿酸,使血液中尿酸的浓度随之升高。所以,鸡尤其是雏鸡维生素 A 缺乏时,肾小管与输尿管等常有尿酸盐沉着;严重病例,心脏、肝脏、肺脏等表面亦可出现同样的病变。

3. 传染性疾病　许多传染病,如肾型传染性支气管炎、传染性喉气管炎、传染性法氏囊炎、包涵体肝炎、盲肠肝炎、鸡白痢、单核细胞增多症、大肠杆菌病、减蛋综合征、淋巴细胞性白血病等疾病,均可引起家禽肾脏的损害,尿酸排出障碍及肾脏组织细胞坏死而产生较多的核蛋白,使尿酸生成增多,导致痛风的发生。

4. 中毒　主要由于乱投药物,从生产实践和临床病例来看药物使用不当,易造成肾脏的损害,如长期大量服用磺胺类药物、抗菌素药物以及食盐、硫酸钠、碳酸氢钠等。肾脏损伤后,尿酸排出障碍以及肾组织细胞破坏,尿酸生成增多,结果血中尿酸盐的浓度增加进而引起痛风。

此外,饲养管理不良(如日粮配比不当、缺水、严寒、运动不足、长途运输)和遗传因素等在痛风的发生上也可能起一定的作用。

(二)病理变化

根据尿酸盐在体内沉着的部位,痛风可分为内脏型和关节型,有时这两型也可同时发生。

1. 眼观

(1)内脏型　肾脏肿大,色泽变淡,表面呈白褐色花纹状。切面可见因尿酸盐沉着而形成散在的白色小点。输尿管扩张,充满白色石灰样沉淀物(图 4-8)。有时尿酸盐变得很坚固,呈结石状。有时尿酸盐沉着如同撒粉样,被覆于器官的表面。严重的病例,体腔浆膜面以及心、肝、脾、肠系膜表面出现灰白色粉末状尿酸盐沉着,量多时形成一层白色薄膜覆盖在器官表面。此型痛风鸡最常见。

图 4-8　鸡内脏型痛风　肾肿大,输尿管内有尿酸盐沉积(郑明学)

(2)关节型　特征是脚趾和腿部关节肿胀,关节软骨、关节周围结缔组织、滑膜、腱鞘、韧带及骨骺等部位,均可见白色尿酸盐沉着。随着病情的发展,病变部位周围结缔组织增生,并形成致密坚硬的痛风结节(tophus)。痛风结节多发于趾关节(图 4-9)。尿酸盐大量沉着可使关节变形,并可形成痛风石(tophi)。

2. 镜检　在经酒精固定的痛风组织切片上,可见针状或菱形尿酸盐结晶,局部组织细胞变性、坏死,其周围有巨噬细胞和炎性细胞浸润,病程久的还可见有结缔组织增生。在 HE 染色的组织切

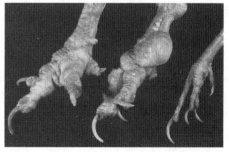

图 4-9　痛风病鸡　腿部肿胀变形右侧为正常对照(杜元钊)

片上,可见均质、粉红色、大小不等的痛风结节(彩图 4-20)。

(三)结局和对机体的影响

轻度尿酸盐沉着可因原发病好转或饲料变更而逐渐消失,但尿酸盐大量沉着常常可引起永久性病变并可导致严重的后果,如关节痛风带来的运动障碍,肾脏的尿酸盐沉着可进一步引起慢性肾炎,或因急性肾功能衰竭而导致死亡。

四、病理性色素沉着

组织中的有色物质称为色素(pigment),有的色素是机体自身产生的,称为内源性色素,如黑色素、脂褐素及从血红蛋白衍生的各种色素,包括含铁血黄素、橙色血质、胆红素、亚铁血红素、疟色素和血吸虫色素等;有的则是外来的,如铅色素、炭末、铁末、硅末等由体外经呼吸道、消化道与皮肤进入体内,称为外源性色素。上述各种色素在组织内大量沉着,称为色素沉着,如眼球虹膜的黑色素、卵巢黄体的脂色素等。病理性色素沉着(pathological pigmentation)是指组织中的色素增多或原来不含色素的组织中有色素异常沉着。色素沉着可以是外源性的,即从外界进入体内的;也可以是内源性的,即由体内自己产生的。

(一)外源性色素沉着

外源性色素沉着(exogenous pigment deposition)常是由于吸入了矿物或有机粉尘里的化合物所造成。这些外源性色素可沉着于呼吸器官及其局部的淋巴结,引起呼吸障碍。对家畜来说,较常见的是炭末沉着。炭末沉着是一种常见的外源性色素沉着,多见于长期生活在空气被粉尘污染的环境中的动物,如城市的犬和工矿区的牛,炭末常见沉着于肺脏和有关的淋巴结。空气中的炭末或尘埃,通过呼吸道进入肺内时,由于上呼吸道具有防御屏障作用,有些进入的粉尘可被黏附在黏膜上然后随黏液排出,或咽入胃内,只有直径小于 5 μm 的尘粒才能到达肺泡。进入肺泡的尘粒可被巨噬细胞(尘细胞)吞噬,并到达肺组织中,尤其是在细支气管周围和肺泡隔,有些还可通过淋巴管进入局部淋巴结。

炭末沉着轻微时,肺脏呈黑褐色斑驳状条纹,严重时,肺脏的大片区域或全部呈黑色,支气管淋巴结或纵隔淋巴结有炭末沉着时,切面有黑色小点或条纹,或大片区域呈黑色,偶见伴发肺硬化。光镜下,细支气管周围和肺泡隔中有大量黑色颗粒集聚,这些颗粒可能在巨噬细胞内或游离在组织中;在淋巴结,炭末常位于髓质和皮质淋巴窦的巨噬细胞内,严重病例淋巴组织几乎被内含炭末的大量巨噬细胞所取代,有时淋巴组织发生纤维化。炭末沉着病对机体的影响,取决于其沉着量的多少和沉着范围的大小。如炭末沉着较少,一般对机体影响不大,但炭末在组织中终身保留;如肺里沉着的炭末量多时,可能引起肺纤维化或继发感染,导致呼吸功能障碍。

(二)内源性色素沉着

内源性色素沉着(endogenous pigment deposition)是指体内自身色素的异常沉积,种类较多,如黑色素沉着、脂褐素沉着,以及来自血红蛋白的各种色素沉着等。这些色素沉着的原因、机理、病变及对机体的影响不尽相同。常见的有黑色素沉着、含铁血黄素沉着、卟啉症、脂褐素和类蜡素沉着和胆红素沉着等。

1. 黑色素沉着 黑色素(melanin)是由成黑色素细胞(malanoblast)产生的一种色素,存在于一些正常的器官、组织(如眼脉络膜)和皮肤表皮的基底层。如果在正常不含黑色素的部位出现黑色素沉着或正常存在黑色素的器官组织其黑色素含量增多,均为异常的黑色素沉着。

黑色素沉着有先天性的和后天性的。先天性黑色素沉着称黑变病(melanosis),它在胚胎时期就已发生。后天性黑色素沉着,是由于后天某些致病因素对机体的作用而引起的。

(1)黑变病(melanosis)　是指动物在胚胎发育过程中,由于成黑色素细胞错位而引起黑色素沉着在平时不存在黑色素的地方的病变。例如,胸膜、脑膜或心脏等器官组织出现局灶性黑色素沉着区。这些沉着的色素,通常随动物年龄增长而消失。但也有不消失的,如牛和羊的主动脉、脑膜、肾上腺的网状带,猪的皮肤、母猪的乳腺及其周围脂肪组织内沉着的黑色素。

黑色素是皮肤基底层的成黑色素细胞所生成的。这种细胞含有一种酪氨酸酶,此酶能将从蛋白质分解出来的酪氨酸氧化成二羟基丙氨酸(多巴),多巴被进一步氧化成多巴醌(吲哚醌),失去 CO_2 后转变为二羟吲哚,后者聚合成一种不溶性的聚合物,即黑色素,再与蛋白质结合为黑色素蛋白。黑色素为大小不等的黑色或棕色颗粒,存在于成黑色素细胞的胞浆里。此外,在真皮结缔组织和黑色素瘤的间质里,有一种巨噬细胞,能吞噬黑色素及黑色素细胞死后的碎屑,具有贮存和运输黑色素的功能,所以,又称黑色素吞噬细胞(melanophone)。成黑色素细胞和黑色素吞噬细胞,两者的功能虽然不同,但其胞浆内都含有黑色素,所以,把两者统称为黑色素细胞(melanocyte)。黑色素细胞内含有酪氨酸酶,当加上多巴时,则出现与黑色素相似的物质,称为多巴阳性反应;表皮下的黑色素吞噬细胞,不含酪氨酸酶,故多巴反应呈阴性。用此种方法可以将这两种细胞鉴别开来。

皮肤黑色素能大量吸收紫外线,对紫外线的辐射具有防护作用,又能俘获在损伤时内皮产生的有害自由基。但当日光暴晒或其他原因刺激局部黑色素细胞时,会产生多量的黑色素被黑色素吞噬细胞吞噬,并在皮内形成小的棕色斑点,称为雀斑(freckle)。

关于黑变病的发生机理,Breathnach 指出,黑色素细胞每一发育阶段和功能,都受单个或联合的特异基因来调节,酪氨酸酶的合成及其活性、黑色素小体的大小、形状、数量以及蛋白质的结构等,也都受基因控制,所以,先天性黑变病的发生与遗传有着密切的关系。黑变病眼观可见黑色素沉着的组织呈黑色或褐色;镜检单个黑色素颗粒为很小的棕色小体,呈球形,大小基本相等。多数黑色素存在于黑色素细胞内。黑色素较少时细胞核尚可辨认,若黑色素大量积聚,则细胞体增大,原有结构不清,整个细胞变成黑褐色团块。在电镜下,黑色素为直径5nm 的电子不透明椭圆体。黑变病对机体无明显不良影响。

(2)良性黑色素瘤(melanoma)　是由黑色素细胞所组成的肿瘤。此肿瘤最常见于马和骡,尤其是毛色较淡的老龄者,其次是年龄较大的犬,也见于猪。黑色素瘤可发生于动物的多种组织,通常见于成黑色素细胞较多的组织,如皮肤、黏膜,一般为单发,但也可呈多结节瘤团。瘤结节呈圆形或椭圆形,切面呈烟灰色或黑色。马、骡的黑色素瘤多位于尾根、肛门附近以及包皮或乳房,开始时生长缓慢,可在较长时间内不转移,但也可发生早期全身化。转移后见于全身许多器官组织,如淋巴结、肝、脾、肠系膜、肌肉、肾上腺、骨髓等。镜检,瘤组织主要由黑色素瘤细胞团块所构成。瘤细胞的形状因黑色素颗粒多少不等而有很大差异,一般为圆形、椭圆形、梭形或不规则形。这些肿瘤细胞都是黑色素细胞,在细胞内含有大量黑色或黄褐色颗粒,但其分布不均匀。瘤细胞的细胞核常被黑色素颗粒遮盖,有的隐约可见,有的不能区分。

2. 含铁血黄素沉着　含铁血黄素(hemosiderin)是一种血红蛋白源性色素,为金黄色或黄棕色且具有折光性的大小不等、形状不一的颗粒。因其含铁,所以,称含铁血黄素。它是网状内皮系统的巨噬细胞吞噬红细胞后,由血红蛋白衍生的,所以,正常机体含铁血黄素在肝、脾和骨髓内有少量存在,但如大量沉着,则属病理现象。

含铁血黄素沉着可以是全身性的,也可以是局部性的。全身性含铁血黄素沉着称为含铁血黄素沉着病(hemosiderosis),见于各种原因引起的大量红细胞破坏性疾病。红细胞可以在血管内被破坏,也可以在肝、脾、淋巴结、骨髓、肾脏等器官内被这里的巨噬细胞吞噬而破坏,在细胞酶的作用下,血红蛋白被分解为不含铁的橙色血质和含铁血黄素而沉着于组织内。局部含铁血黄素沉着见于出血部位和出血性炎灶。慢性心力衰竭时,因为肺淤血,红细胞进入肺泡,并被肺泡巨噬细胞所吞噬,在细胞内形成含铁血黄素,从而使肺及支气管的分泌物呈淡棕色或铁锈色。这种出现在心衰者肺和痰内的含有含铁血黄素的巨噬细胞称为心力衰竭细胞(heart failure cell)或心衰细胞。除心力衰竭者外,凡是肺内有出血的动物,肺内都可以看到这些细胞,但此时不能称之为心力衰竭细胞。不管是全身性或局部性沉着的含铁血黄素,因其含有铁,故都呈普鲁士蓝反应(prussian blue reaction)阳性。

含铁血黄素是一种黄棕色的色素,所以,凡有此色素沉着的器官或组织,都呈不同程度的黄棕色或金黄色。还常出现结节和硬化等病变。组织学观察,HE染色可见病变组织及细胞内有黄棕色或金黄色色素颗粒沉着,若用特殊染色法,如亚铁氰化钾法(普鲁士蓝反应),可见吞噬含铁血黄素的巨噬细胞浆内有蓝色颗粒,而细胞核呈红色,当巨噬细胞破裂后,此色素颗粒亦可在组织间质中出现,但一般很少。含铁血黄素在体内某器官组织或某一区域内大量聚集,说明该处曾发生过出血;若这些色素长期大量存在于肝、脾、肾等器官,可使这些器官组织质地变硬,结构破坏,功能障碍;若此色素沉着很少,可被溶解吸收,含铁血黄素中的铁,可再被利用来合成血红蛋白。

数字资源 4-2
含铁血黄素沉着

3. 卟啉症　卟啉(porphyrin)色素在全身组织中沉着,称为卟啉症(porphyria)。卟啉是由甘氨酸和琥珀辅酶A经过一系列化学反应生成的一种红色色素,这种卟啉色素是合成血红素的主要原料,是血红素中不含铁的色素部分,所以,又称无铁血红素。动物体内的卟啉主要有三种,即尿卟啉、粪卟啉和原卟啉,在正常机体内,它们的生成和转化是平衡的,在亚铁络合酶作用下,与铁络合成血红素,成为各种具有重要功能的蛋白质的辅基。这类蛋白质称血红素蛋白(如血红蛋白、肌红蛋白、细胞色素、过氧化氢酶等),对体内氧的运输、储存及利用等都有重要的生理作用,当卟啉代谢紊乱,血红素合成障碍时,体内产生大量卟啉(主要是尿卟啉和粪卟啉)就会在全身组织中沉着,从而发生卟啉症。

动物卟啉症多半是先天性的,但也有后天发生的。先天性卟啉症是一种遗传性疾病,动物在出生时便可出现,以牛和猪较为常见。后天性的多见于肝脏受到损害或食入含有直接光敏物质的植物,前者称肝毒性卟啉症,后者称原发性卟啉症。

先天性卟啉症的发生,认为是由于血红素生物合成链的基因发生了改变,引起关键酶的缺损或功能不全,使血红素合成异常,结果卟啉产生量过多而沉积于组织。目前常认为本病与血红素生物合成过程中所需的尿卟啉原Ⅲ辅合酶缺乏或其活性不足有关。因此,酶缺乏或活力不足,卟啉代谢发生紊乱,血红素合成障碍,造成卟啉在体内产生过多而在全身组织沉着。

肝毒性卟啉症是后天发生的,是由于动物食入叶红素(phylloerythrin)的结果。叶红素是叶绿素的代谢产物,具有光敏作用,当肝脏受到毒物损害,对卟啉色素不能进行正常降解时,卟啉色素便会在体内蓄积起来。肝脏的病通常为慢性,能侵害胆道系统。绵羊由于进食了一种真菌素——葚孢菌素(sporidesmin)而发生面部湿疹就是实例。

原发性卟啉症也是后天发生的,是由于动物食入含有直接光敏物质的植物所引起的,事先无肝脏损伤。例如,由荞麦引起的荞麦中毒(fagopylism)和北京鸭吃了大软骨草草籽引起的光过敏病。现已证明,在日光紫外线照射下,处于激发状态的卟啉,在有氧条件下,辐射出的能量可使周围其他物质发生化学反应。光敏性皮炎,是由于卟啉在这种条件下产生毒性,破坏皮肤细胞溶酶体膜,从而释放出各种水解酶,进一步破坏细胞结构,使细胞坏死。另外,皮肤沉着的卟啉色素,能促使肥大细胞释放出组织胺,引起皮肤血管扩张,血管壁通透性升高,而发生渗出和红肿,进一步形成水疱。

病畜的特征性症状是尿液、粪便和血液均含有卟啉色素,故尿液呈棕红色。病牛尿中含尿卟啉高达 $500 \sim 1\ 000\ \mu g/1\ 000\ mL$、粪卟啉 $356 \sim 1\ 530\ \mu g/100\ mL$(正常时仅含粪卟啉 $1.84\ \mu g/100\ mL$,尿卟啉含量很少),曝光后,尿变为暗黑色、暗棕色至棕黑色。含过多卟啉的红细胞易于破坏而发生溶血性贫血。卟啉是一种荧光色素,对日光中紫外线极为敏感,在紫外线激发下能产生红色荧光,所以,当皮肤内有多量卟啉沉着时,无黑色素保护的皮肤,暴露在日光中可产生光敏性皮炎、皮肤红肿,甚至形成水疱、坏死、结痂和大片脱落。北京鸭患此病时,上喙背侧和蹼背侧最先形成红斑,后发生水疱,水疱液淡黄半透明,并混有纤维素样物,经 $2 \sim 4\ d$,水疱破裂,形成棕黄色痂皮,经 10 d 左右,痂皮脱落,此处组织呈棕黄色或暗红色,鸭嘴变形、变短。在动物中,光敏性皮炎以牛和鸭明显,猪不敏感,此外,病畜的牙齿呈淡棕红色,所以,也称"红牙病"。

卟啉对钙有明显亲嗜性,剖检可见全身骨骼、牙齿均因多量卟啉沉着而呈红棕色或棕褐色;软骨、关节软骨呈浅蓝色;骨膜、韧带及腱均不着色,骨的结构无变化;这是与其他色素沉着的区别。肝、脾、肾等器官因卟啉沉着,外观呈棕褐色,全身淋巴结肿大,切面中央部分呈棕褐色。

病理组织学观察,在骨髓、肝、肾、脾、肺和淋巴结等器官均可见一种棕褐色、颗粒状不含铁的卟啉色素,大小和形状不规则,含存于网状内皮细胞的胞浆里,与含铁血黄素相似,普鲁士蓝反应呈阴性,用 Mallory 氏无铁血红素法染色呈红色阳性反应,据此可以和含铁血黄素及胆红素鉴别。此外,在肝细胞、肾小管上皮细胞胞浆内以及肾小管管腔中也有卟啉色素颗粒或团块。肾实质常萎缩,并伴发间质结缔组织增生和淋巴细胞、单核细胞浸润。

4. 脂褐素和类蜡素沉着 脂褐素(lipofuscin)为一种不溶性的脂类色素,是不饱和脂肪经过氧化作用而衍生的复杂色素,呈黄褐色颗粒状。其本质为自噬溶酶体中未被消化的细胞器碎片形成的一种不溶性残余小体。脂褐素位于实质细胞的胞浆里,常见于心肌纤维、肝细胞、神经细胞和肾上腺皮层细胞。因为这种色素沉着在老年动物或患有慢性消耗性疾病动物的机体细胞内,所以,常被称为"消耗性色素"或"萎缩性色素"。类蜡素(ceraid)是组织受损伤或出血时,游离在组织中的脂类在巨噬细胞内形成的一种色素物质,呈淡棕色,颗粒状。其性质与脂褐素相似,也被认为是一种不饱和脂肪的过氧化产物。

脂褐素和类蜡素沉着属于一种细胞内贮积病,通常这些聚合物不被正常的溶酶体脂酶所分解,而大多数细胞没有排除能力,因而在细胞内蓄积。现在发现,有的机体出现脂褐素的大量蓄积,是一种特殊的遗传性疾病,与缺乏苯丙氨酸参与的过氧化酶有关。还有人认为,维生素 E 缺乏能加重这两种色素的沉着,如维生素 E 缺乏的犬,可见其肠壁有这些色素沉着,因呈棕色故称为"棕色犬肠"。脂褐素常沉着于犬的神经元、牛的心肌纤维和有些衰竭动物的肾上腺和甲状腺,也多见于全身性萎缩时心肌纤维、肝细胞和肾小管上皮细胞内。脂褐素沉着的器官常发生萎缩和衰退,呈深棕色。病理组织学观察可见细胞胞浆内有棕褐色颗粒,常位于细胞核周围,用紫外线激发,在显微镜下可见棕色荧光。在电镜下,脂褐素为具有界膜的致密颗粒、空泡和脂肪小滴的凝聚物,呈小球状或不规则状。其化学成分约

50％为脂肪残余物，30％为蛋白质残余物，其余不能抽提的部分，性质还不清楚。类蜡素沉着于发生变性和坏死的组织中，在犬的乳腺肿瘤中很常见。这种色素在 HE 染色切片上与含铁血黄素很相似，但用特殊染色（普鲁士蓝反应）可以鉴别。类蜡素与脂褐素的区别在于前者不能溶解于脂溶性液体，而后者则能。脂褐素和类蜡素的沉着常发生于老龄和患有慢性消耗性疾病的动物。因此认为这类色素的沉着，是一种衰老的表现。有这些色素沉着的器官组织，其细胞发生变性、萎缩，甚至坏死。器官的功能也随之减退或发生障碍。色素沉着严重时，影响肉品外观，故常作废弃处理。

5. 胆红素沉着　胆红素（bilirubin）主要是红细胞破坏后的代谢产物，如果胆红素代谢障碍，血液中胆红素含量过高，可使全身的各组织器官呈黄色，如可视黏膜、皮肤等。这种病理状态称为黄疸（icterus，jaundice）。机体内衰老的红细胞被肝脏、脾脏及淋巴结等网状内皮细胞系统吞噬，红细胞破坏后释放出血红蛋白（hemoglobin），血红蛋白由血红素、铁和珠蛋白组成。血红素的卟啉环被打开后，血红素则成为胆绿素（biliverdin）。在禽类，含铁血红素的最终代谢产物为胆绿素；在哺乳类动物，胆绿素被还原为胆红素。释放到血液中的胆红素与白蛋白结合，称间接胆红素。间接胆红素在肝脏与白蛋白分离后，胆红素进入肝细胞，在葡萄糖醛酸转换酶的作用下，与葡萄糖醛酸结合，形成胆红素葡萄糖醛酸脂，称直接胆红素。肝细胞中形成的直接胆红素除很少量进入血液外，都以胆汁色素的主要成分排泄到肠道，在肠道细菌的作用下，还原为无色的尿（粪）胆素原（urobilinogen）。大部分尿胆素原在氧化酶的作用下，氧化成橙黄色的尿（粪）胆色素（stercobilin）。尿（粪）胆色素是形成粪便颜色的主要色素。一小部分尿胆素原被肠黏膜重吸收，在肝脏又结合成直接胆红素，并经胆管系统排泄，形成肝肠循环，也有小部分重吸收的尿胆素原经尿排出，并氧化为尿胆色素，使尿液呈浅黄色。间接胆红素在血液中与白蛋白结合，所以，不能通过半透膜，不能经尿排泄，不溶于水，但溶于酒精。临床上进行范登白实验（Van den Bergh）时，要先加酒精使胆红素与结合的蛋白解离，然后加偶氮试剂，可使反应呈紫红色。直接胆红素在肝细胞内与胆固醇、胆酸、卵磷脂和电解质一起合成胆汁，经胆管系统排入十二指肠。直接胆红素也可经尿排出，在进行范登白实验时，不需酒精处理，直接加偶氮试剂后，可使反应呈紫红色。血液中胆红素含量过高时，可以造成黄疸，引起黄疸的胆红素在显微镜下是观察不到的，但在胆管狭窄或闭塞时，胆汁排泄障碍，肝内毛细胆管扩张，胆汁淤积，可观察到黄褐色的胆汁块或胆汁栓（bile plug）。

数字资源 4-3
马肝黄疸

根据引起黄疸的原因，可将黄疸分为 3 种类型。①溶血性黄疸（hemolytic jaundice）是血液中红细胞大量破坏，生成过多的间接胆红素，虽然肝脏处理胆红素的能力也相应地提高，但仍不能把全部间接胆红素转化为直接胆红素，因而血液中间接胆红素含量增高，造成黄疸。溶血性黄疸主要见于中毒、血液寄生虫病、溶血性传染病、新生仔畜溶血病和腹腔大量出血后腹膜吸收胆红素等。溶血性黄疸时，血液中蓄积的是间接胆红素，范登白实验呈间接反应阳性。间接胆红素不能通过肾脏排出，因而尿中不含间接胆红素。②肝性黄疸（hepatotoxic jaundice）又称实质性黄疸，主要由毒性物质和病毒作用于肝脏，造成肝细胞物质代谢障碍和肝细胞的退行性变化所致。一方面肝脏处理血液中间接胆红素的能力降低，血液中间接胆红素含量增高；另一方面肝细胞肿胀，毛细胆管受压迫变狭窄，胆汁排出障碍，肝脏中直接胆红素蓄积，并进入血液。一般都是上述两种情况同时发生，所以，血液中直接胆红素和间接胆红素含量都增高。范登白实验时直接反应和间接反应均呈阳性。直接胆红素可通过肾脏排出,因而尿中含有直接胆红素。③阻塞性黄疸(obstructive jaundice)是由于胆管系统的闭塞,使胆汁排泄障碍,直接胆红素进入血液所致。引起胆管系统闭塞的原因很多,如肝细胞肿胀使毛细胆管狭窄或闭塞、胆结石或寄生虫性胆管阻塞、肝硬化性和肿瘤压迫性阻塞等。阻塞性黄疸时,范登白实验呈直接反应阳性。由于胆红素向肠道排泄障碍,粪便色泽变浅,呈脂肪便(steatorrhea)。直接胆红素可通过肾脏排泄,因而尿中含有直接胆红素,尿液颜色加深。各类黄疸不是一成不变的,在一定条件下可相互转变,导致病情复杂化。例如,溶血性黄疸可因缺氧等原因致肝细胞受损,诱发肝性黄疸;阻塞性黄疸可因胆道内压过高压迫肝细胞,胆汁逆流损伤肝细胞,致使肝细胞功能异常,诱发肝性黄疸;溶血性黄疸时胆红素产生增多,容易形成胆红素结石而造成胆道阻塞等。

数字资源 4-4
病理性物质沉着

细胞和组织损伤是许多疾病的共同特征和基础,科技创新可以促进医疗技术的发展和进步,提高疾病的预防和治疗效果,减少细胞和组织的损伤和死亡。通过推进科技创新,促进医疗技术的发展和应用,预防和控制疾病的发生和发展。

(古少鹏)

第五章　组织修复、代偿与适应

修复(repair)是指机体的细胞、组织或器官受损伤而缺损时,由周围健康组织细胞分裂增生来加以修补恢复的过程。修复主要是通过细胞的再生来完成的,参与修复的细胞可以是实质细胞,也可以是结缔组织细胞。修复的形式有多种,主要包括再生与纤维性修复2种形式。

代偿(compensation)是指在致病因素作用下,体内出现代谢、功能障碍或组织结构破坏时,机体通过相应器官的代谢改变、功能加强或形态结构变化来补偿的过程,是机体极为重要的适应性反应。但有时代偿可掩盖疾病的真相,造成病畜似乎处于"健康"状态的假象,这就可能延误诊断和治疗,使原来不太严重的功能障碍继续发展下去。另外,有些代偿过程可能派生出其他病理过程。代偿通常有3种形式:①代谢性代偿　在疾病过程中,机体内出现以物质代谢改变为特征的代偿形式。②机能性代偿　通过机能加强来消除或代偿某器官的功能障碍。③结构性代偿　指机体在功能加强的基础上伴发形态结构的变化来实现代偿的一种形式。代谢性、机能性和结构性代偿常常同时存在,相互影响,互为因果。代谢变化是功能和结构变化的基础,机能代偿可使结构发生变化,而结构代偿通常是在代谢和机能改变的基础上产生的一种慢性过程。

适应(adaption)是指机体对体内、外环境变化所产生的各种积极有效的反应。在生理情况下,动物机体会出现一定程度的适应性反应,如饥饿时动用机体储备,寒冷时动物表现出寒颤等。在致病因素的作用下,机体所出现的适应性反应主要包括:代偿、萎缩、肥大、增生和化生等,以期达到体内外新的平衡。

第一节　代偿与适应性病变

细胞和组织在对各种刺激因子和环境改变进行适应时,能发生相应的功能和形态改变。常见的代偿与适应有萎缩、增生、肥大、化生等。

一、萎缩

(一)概念

已发育成熟的组织、器官,由于实质细胞体积减小或数量减少而使其体积缩小、功能减退的过程称为萎缩(atrophy)。萎缩与发育不全和未发育不同,前者是指已发育成熟的组织、器官所发生的改变;而后者是指组织、器官未发育到正常大小,或根本未发育。

(二)类型和原因

萎缩可分为生理性萎缩和病理性萎缩两大类。

1. 生理性萎缩　是指家畜机体在发育到一定阶段时,一些组织、器官逐渐发生的萎缩。

这种萎缩往往与动物的年龄增长有关,故也称年龄性萎缩,如畜禽成年后胸腺、法氏囊的萎缩、老龄家畜全身各组织和器官的萎缩等。

2. 病理性萎缩 是指在致病因素作用下引起的萎缩,根据病因和病变波及的范围分为全身性萎缩和局部性萎缩。

(1)全身性萎缩 全身性萎缩是在全身物质代谢障碍的基础上发展而来的萎缩,多见于长期营养不良和分解代谢过度的慢性消耗性疾病(如结核、鼻疽、恶性肿瘤、蠕虫病等)。发生全身性萎缩时,各器官、组织的萎缩过程表现出一定的规律,脂肪组织的萎缩发生最早、最明显,其次是肌肉组织,再次为肝、脾、肾、淋巴结、胃、肠等器官,最后才是脑、心、肺、肾上腺、甲状腺、垂体。全身性萎缩严重时,病畜表现出进行性消瘦、被毛粗乱、贫血、水肿、内脏萎缩等一系列恶病质状态。

(2)局部性萎缩 局部性萎缩时,其组织、器官的变化与全身性萎缩的变化基本相同,但仅仅局限在一定范围内。同时,未受病因作用的相同组织或器官可发生肥大。局部性萎缩是由局部性因素引起局部组织、器官的萎缩,如局部组织工作负荷减少、失去神经支配、供血受阻、营养物质缺乏等。根据病因不同可分为以下几种类型:

废用性萎缩 指局部组织、器官长期活动减少或工作负荷减轻所导致的萎缩。例如,家畜的某肢体因骨折后被长期固定或发生关节疾患时,局部关节和肌肉的活动受到明显的限制,相应的肌肉、韧带和关节软骨等发生萎缩。

压迫性萎缩 指组织或器官长期受到机械性压迫而发生的局部性萎缩。例如,肿瘤、寄生虫对周围组织、器官的长期压迫引起的萎缩,肾盂积水导致肾实质长期受压而发生的萎缩。

神经性萎缩 指神经系统受到损伤和功能发生障碍时,其所支配的组织、器官因失去神经营养作用而发生的萎缩。例如,鸡马立克病时,常见外周神经受损,同侧腿部肌肉出现萎缩。这种萎缩一方面与外周神经的直接损伤有关;另一方面也与肌肉麻痹后发生的废用有关。

缺血性萎缩 指动脉不全阻塞,局部动脉血供应不足导致的萎缩。局部长期缺血造成局部营养不良,代谢降低,这是导致局部缺血性萎缩的重要因素。例如,动脉血栓形成、栓塞及动脉硬化等可引起动脉管腔的狭窄和局部缺血。

内分泌萎缩 指组织、器官因内分泌功能紊乱(主要为功能低下),导致相应的靶器官因内分泌激素减少而发生的萎缩。例如,去势家畜生殖器官因性激素刺激的丧失而逐渐萎缩;当家畜垂体受损后,功能大大降低,垂体促甲状腺素等分泌减少,导致甲状腺等发生萎缩。

(三)病理变化

1. 眼观

(1)全身性萎缩 剖检可见全身的脂肪组织消耗殆尽,皮下、腹膜下、肠系膜及网膜的脂肪完全消失。肾脏周围脂肪及心脏冠状沟脂肪发生浆液性萎缩,变成灰白或灰黄色的透明胶冻样物,又被称为脂肪胶冻样萎缩(彩图 5-1),这是因为脂肪细胞内的脂肪团块分解消失,细胞萎缩变小,而间质被多量浆液性物质所填充。这种变化是脂肪组织萎缩的典型表现。

全身肌肉萎缩、变薄,色泽变淡。

骨骼的骨质变薄,重量减轻,质脆易折,红骨髓减少,黄骨髓也因脂肪萎缩而变为胶冻样。

血液稀薄,血浆蛋白含量降低,红细胞数量减少,血红蛋白含量下降,出现贫血的征象,并由此引起全身水肿。皮下和肌间因水肿而呈胶样浸润,心包腔和胸腹腔内蓄积稀薄透明的漏出液。

心脏体积无明显改变,但质地松软。

肝脏体积缩小,边缘锐薄,质地坚实,重量减轻,被膜增厚、皱缩,色泽加深,呈深灰褐色。

肾脏体积略缩小,切面皮质色泽变深,厚度减小,质地坚实,被膜增厚、皱缩。

脾脏体积显著缩小,重量减轻,被膜皱缩、增厚,切面干燥,红髓明显减少,白髓消失,脾小梁明显可见。

肺脏无明显变化,或仅见轻度肺泡气肿。

淋巴结稍缩小,色淡,切面有多量液体流出。

胃肠道腔壁变薄,严重萎缩的肠壁呈半透明状,薄如纸,撕拉时容易碎裂。

(2)局部性萎缩　萎缩部位的变化与全身萎缩时相同器官组织的变化基本一致。在实质器官,局部实质发生萎缩时,邻近健康的组织可发生代偿性肥大,间质发生增生,由于萎缩、肥大及增生的组织交错分布,使脏器呈现凹凸不平的外观。和全身性萎缩所不同的是,局部性萎缩除可看到萎缩的病变外,还常看到引起萎缩的原始病变。

2.镜检　若萎缩器官的实质细胞体积缩小,胞浆致密,染色较深,胞核浓染,即细胞的基本结构变化不明显,只是细胞体积及核变小,称为单纯性萎缩(simple atrophy)。腺上皮、肌细胞、脾脏、淋巴结及骨髓的萎缩即属单纯性萎缩。若在萎缩的过程中,细胞发生脂肪变性及糖原变性则称为变性性萎缩(degenerative atrophy)。

心肌细胞及肝细胞等在发生萎缩时,细胞的胞浆内出现多量棕色微细的色素颗粒(彩图5-2),称为脂褐素,这是自噬泡内未彻底"消化"的含脂代谢产物,以致心肌及肝脏外观呈棕褐色变化,这种情况称为褐色萎缩(brown atrophy)。萎缩的肌纤维变细,胞核呈短杆状,深染(彩图5-3),如有脂褐素沉着,则出现在胞核的两端。

肾脏发生萎缩时,皮质肾小管上皮细胞变小,有的肾小管上皮细胞脱落,胞浆中也可见棕褐色色素颗粒沉着。肾小管管壁变薄管腔扩大,间质增生并可见水肿液浸润。

胃肠道发生萎缩时,黏膜上皮和腺上皮大量脱落消失。肠黏膜萎缩比胃黏膜更显著,不仅上皮脱落,而且肠腺和绒毛的数量也明显减少。固有膜、黏膜下层及肌层均见水肿。肌层平滑肌纤维变细,发生水泡变性和大量缺失。肠壁中的植物性神经节细胞也发生萎缩。电镜下可见萎缩细胞的细胞器如线粒体、内质网、高尔基体等减少甚至消失,自噬泡即自噬性溶酶体明显增多。

(四)结局和对机体的影响

萎缩是具有一定适应意义的可复性过程,只要萎缩的程度不十分严重,当病因消除后,萎缩的组织和细胞可逐渐恢复其正常形态和功能。但若病因持续存在,病变继续发展,萎缩的细胞最后会消失。

萎缩对机体的影响随萎缩发生部位、范围及严重程度不同而异。局部性萎缩,如果程度轻微,一般可由周围健康组织进行机能代偿,因而不会产生明显的影响;但若萎缩发生在身体重要器官或萎缩程度加剧时,则可引起严重的机能障碍,例如,严重的蠕虫寄生引起骆驼全身性萎缩时,可导致患病骆驼死亡。

二、增生

(一)概念

因为实质细胞数量增多而造成器官、组织内细胞数目增多称为增生(hyperplasia)。增生是由于各种原因引起细胞有丝分裂增强的结果,通常为可复性的,当原因消除后又可复原。细胞增生和再生可同时出现,一般来说,增生是为了适应增强的机能需要,而再生是为了替代丧失的细胞。

(二)类型和原因

增生可分为生理性增生和病理性增生两类。

1. 生理性增生　可分为激素性增生和代偿性增生。生理性增生是指生理条件下,组织或器官由于生理机能增强而发生的增生,如妊娠后期与泌乳期,由于雌激素和孕酮的刺激引起的乳腺增生就属此类型。骨质增生,可以说是一种正常的生理现象。

2. 病理性增生　病理性增生是指在致病因素作用下引起的组织或器官的增生。主要见于以下几种情况:

(1)慢性刺激　体内某些常发生慢性反复性组织损伤的部位,由于组织的反复再生修复而逐渐出现过度的增生,发生于某些慢性病变,例如:牛羊肝片吸虫病,由于肝片吸虫的成虫寄生在胆管内生长成熟,长期的刺激导致胆管上皮呈瘤样增生;此外,艾美尔球虫也可引起家兔肝内胆管黏膜上皮明显增生。

(2)慢性感染与抗原刺激　免疫细胞病理性增生,多因慢性传染病与抗原刺激后,网状内皮系统和淋巴组织增生,增生的脾脏和淋巴结均肿大,淋巴滤泡明显,生发中心扩大,细胞分裂象增多,网状细胞增生。如猪霉形体肺炎时,肺门淋巴结中的淋巴细胞增生。

(3)激素刺激　由某些器官内分泌障碍引起。如缺碘时可通过反馈机制障碍引起甲状腺增生,妊娠时雌激素过多引起的子宫内膜增生、乳腺增生等。病理性的乳腺增生是一种以乳腺泡导管的上皮细胞和结缔组织增生为基本病理变化,既非炎症又非肿瘤的一类病的总称。

(4)营养物质缺乏　碘缺乏时,甲状腺素分泌减少,引起垂体促甲状腺素分泌增多,导致甲状腺上皮细胞增生,细胞变成高柱状。又如核黄素(维生素 B_2)缺乏,雏鸡外周神经受到损伤,从而刺激雪旺氏细胞显著增生。这一增生有利于变性髓鞘的清除以及髓鞘和轴突的再生。

增生是适应机体需求并在机体控制下进行的一种局部细胞有限的分裂增殖现象,一旦除去刺激因素,增生便会中止。这和肿瘤不受控制的恶性增生是完全不同的,肿瘤细胞的增生与机体的需求无关,这一过程一旦开始,即使病因消除也不会停止。

三、肥大

(一)概念

细胞、组织或器官体积增大称为肥大(hypertrophy)。组织、器官的肥大通常是由细胞体积变大引起的,而细胞体积变大的基础主要是其细胞器增多。细胞发生肥大后,其线粒体总体积增大,细胞的合成功能升高,同时粗面内质网及游离核蛋白体增多。当酶合成增加时,滑面内质网也相应增多。在功能活跃的细胞(特别是吞噬中的细胞)溶酶体也增多增大。在横纹肌功能负荷加重时,除细胞器及游离核蛋白体增多外,肌丝也相应增多。此外,细胞核的 DNA 含量增加,导致核的增大和多倍体化,核形不规则。因此,肥大的组织器官功能增强。在肥大的同时常伴有增生,但心肌、骨骼肌的肥大不伴有增生。肥大的组织器官体积增大,外形也相应改变,质地变实,颜色加深。光镜下,肥大的细胞体积增大,细胞浆增多,细胞核变大,细胞浆中的细胞器也比正常大。

(二)类型

肥大在生理及病理情况下均可发生,故分为生理性肥大和病理性肥大两种类型。

1. 生理性肥大　激素的刺激或生理机能需求均可引起生理性肥大。例如,动物妊娠期的子宫,由于雌激素刺激平滑肌受体,从而导致平滑肌蛋白合成增多,细胞体积增大,使子宫发生生理性肥大。泌乳期的乳腺肥大也属这种情况。此外,赛马的心肌和骨骼肌的肥大则是因为生理机能需求,代谢活动增强,使细胞内合成较多的膜、酶、ATP 和肌丝,因而细胞体积增大。

2. 病理性肥大　在疾病过程中,为了实现某种功能代偿而引起相应组织或器官的肥大,称为病理性肥大(或代偿性肥大)。

代偿性肥大是组织器官在机能和结构上的一种代偿适应反应,通常系由相应器官的功能负荷加重引起,对机体是有利的,但有一定限度,如果超过其限度,便会出现代偿失调。如心肌肥大超过一定限度,增大的心肌便不能代偿增高的负荷,最后发生心力衰竭。

病理性肥大常见的有以下几种:

(1)心脏肥大　心脏主动脉瓣闭锁不全时,由于左心室不能完全排空,故舒张期左心室血容量增多,可反射性地引起心脏收缩机能增强,同时心肌的血液循环和物质代谢也增强,心肌纤维中的核糖核酸和蛋白质等的合成增强,形成较多的细胞器,如线粒体、肌质网,特别是肌丝,从而使心肌细胞体积增大,心脏表现肥大。

(2)平滑肌肥大　腔性器官内容物排除发生障碍时,如输尿管结石、肠道或食道某段狭窄等,为了促进内容物通过狭窄部,狭窄部前段的管壁肌层便加强收缩而发生肥大增厚。

(3)其他器官的肥大　一侧肾脏因发育不全、手术摘除或萎缩时,为了代偿其泌尿功能,另一侧肾脏则发生肥大。乳腺亦如此,一侧发生萎缩后,另一侧则发生肥大。肝脏一部分实质细胞发生萎缩或坏死时,其余部分的健康肝细胞发生肥大。

此外,组织、器官由于间质增生而发生的体积增大称为假性肥大,实质上组织器官的实质则发生萎缩并伴有组织器官的功能降低。如精料饲喂过多的役畜常出现这种肥大,大量脂肪蓄积在心脏的纵沟、冠状沟,同时心肌纤维之间也有大量的脂肪组织浸润,而心肌纤维却发生萎缩。虽然外观心脏体积增大,但功能却降低,并且容易发生急性心力衰竭。

四、化生

(一)概念

一种发育成熟的组织转变为另一种形态结构组织的过程称为化生(metaplasia)。化生并非由已分化的细胞直接转化为另一种细胞,而是由该处具有多方向分化功能的未分化细胞分化而成。

化生一般在同类组织范围内出现,如慢性支气管炎或支气管扩张症时,气管和支气管黏膜的假复层纤毛柱状上皮化生为鳞状上皮,称为鳞状上皮化生;慢性子宫颈炎时,子宫颈腺上皮化生为鳞状上皮。

当引起化生的原因消除之后,化生的上皮组织可以恢复为原来的上皮组织。但是,由于化生组织处于不稳定的状态,有的化生组织可以发展为肿瘤。因此,对化生采取积极的治疗对于防止肿瘤的发生是十分必要的。

(二)类型

根据化生的方式可分为直接化生和间接化生两种。

1. 直接化生　是指一种组织不经过细胞的分裂增殖而直接转变为另一种类型组织的化生。这种化生比较少见。如结缔组织的骨化生,就是通过胶原纤维溶合成为类骨基质、结缔组织细胞转变为骨细胞方式完成。

2. 间接化生　是指一种组织通过细胞增生形成幼稚细胞,然后再分化为不同于原组织的另一类型组织。此型化生比较多见,较常见的有鳞状上皮化生和肠上皮化生。

(三)发生机理

1. 鳞状上皮化生　在慢性炎症或其他理化因素作用下,柱状上皮伴有细胞增生,逐渐向多边形、胞质丰富的鳞状上皮细胞分化,这种柱状上皮在形态和功能上均转变为鳞状上皮的过程称为鳞状化生。这是一种适应性表现,通常是可恢复性的。鳞状上皮化生常见于气管和支气管黏膜,此处黏膜上皮长时间受化学性刺激气体或慢性炎症损害而反复再生时,可出现化生,即由原来的纤毛柱状上皮转化为鳞状上皮。但若持续存在,则有可能成为常见的支气管鳞状细胞癌的基础。鳞状上皮化生也可见于其他器官,如慢性宫颈炎时的宫颈黏膜上皮的鳞状化生等。

2. 肠上皮化生　是指胃黏膜上皮细胞被肠型上皮细胞所代替,即胃黏膜中出现类似小肠或大肠黏膜的上皮细胞,是胃黏膜常见病变。在病理情况下,肠上皮化生细胞来自胃固有腺体颈部未分化细胞,这部分细胞是增殖中心,具有向胃及肠上皮细胞分化的潜能,可分化为肠型上皮细胞,形成肠上皮化生。按化生上皮功能来分,肠上皮化生可分为小肠型化生(完全性肠上皮化生)和结肠型化生(不完全性肠上皮化生)。前者,其上皮分化好,是一种常见的黏膜病变,多见于慢性胃炎,随着炎症的发展化生加重,故认为小肠型化生可能属于炎症反应的性质;而后者,其上皮分化差,与胃癌的发生有密切关系。但两型化生可混合存在,因此结肠型化生可能是在小肠型化生逐渐加重的基础上发生的。

3. 结缔组织化生　许多间叶性细胞常无严格固定的分化方向,故常可由一间叶性组织分化出另一种间叶性组织。这种情况也多为适应功能改变的结果,例如,间叶组织在压力作用下可转化为透明软骨组织;有时可发展出骨组织,如骨化性肌炎(myositis ossificans)是新生的结缔组织细胞转化为骨母细胞的结果。

第二节　再　　生

一、概念

再生(regeneration)是指组织损伤后由周围健康细胞分裂增生来完成修复的过程。例如,伤口的修复即通过血管、结缔组织和上皮组织等组织的再生来完成。

二、类型

再生可分为生理性再生和病理性再生。

1. 生理性再生　在正常生命活动过程中,许多组织、细胞不断衰老死亡,同时又有同种组织和细胞通过细胞的分裂、增生补充更新,这种再生称为生理性再生。如表皮的复层扁平细胞不断地角化脱落,通过基底细胞不断增生、分化,予以补充;消化道黏膜上皮细胞每1~2 d再生更新一次等。

2. 病理性再生　在病理状态下,细胞或组织受损坏死后,被再生的细胞和组织所取代,称为病理性再生。如炎症引起的细胞死亡与组织缺损,在愈合过程中由邻近的健康细胞增生修复。病理性再生可分为两类:

(1)完全再生(complete regeneration)　指再生的组织完全恢复原有组织的结构和功能。常发生于损伤范围小,再生能力强的组织。

(2)不完全再生(incomplete regeneration)　指缺损的组织不能完全由原组织的再生恢复其结构和功能,而由肉芽组织代替,最后形成瘢痕,也叫疤痕修复或纤维性修复。常发生于损伤严重,再生能力弱或缺乏再生能力的组织。

多数情况下,由于多种组织同时发生不同程度的损伤,故上述 2 种修复过程常同时存在。

三、影响因素

组织损伤的再生修复除与组织损伤的程度和组织再生能力有关外,还受全身和局部因素的影响。了解这些因素,可创造条件加速和改善组织的再生修复。因此,应当避免一些不利因素,创造有利条件促进组织再生修复。

1. 全身因素

(1)年龄　一般而言,幼龄动物的组织再生能力强,愈合快;而老龄动物组织再生能力差,愈合慢。

(2)营养　当动物严重缺乏蛋白质,尤其是缺乏含硫氨基酸(如甲硫氨酸、胱氨酸),组织再生缓慢且不完全,肉芽组织及胶原形成不良,伤口愈合延缓(缓慢)。在维生素 C 缺乏时,成纤维细胞合成胶原障碍,可致创面愈合速度减慢,抗张力强度受损。微量元素锌对创伤愈合有重要作用,已证明补锌能促进愈合,但锌的作用机制尚不明确,可能与锌是细胞内一些氧化酶的成分有关。另外,钙缺乏可导致骨折愈合困难。

(3)激素　机体的内分泌功能状态,对修复有重要影响。如肾上腺皮质激素能抑制炎症渗出、毛细血管新生和巨噬细胞的吞噬功能,同时还可影响成纤维细胞增生和胶原合成。因此,在创伤愈合过程中,要避免大量使用这类激素。

(4)神经系统的状态　当神经系统受到损害时,由于神经营养机能的失调,可使组织的再生受到抑制。

2. 局部因素

(1)伤口感染　伤口感染是影响愈合的很重要的局部因素。局部感染时许多化脓菌产生一些毒素和酶,会引起组织坏死,基质或胶原纤维溶解,这不仅加重局部组织损伤,也妨碍愈合。此外,坏死组织及其他异物,也妨碍愈合并有利于感染。因此,伤口如有感染或有较多的坏死组织及异物,必然导致二期愈合。

(2)局部血液循环　局部血液循环一方面保证组织再生所需的氧和营养,另一方面对坏死物质的吸收及控制局部感染起重要作用。因此,局部血液循环良好,有利于坏死物质的吸收和组织再生,而血液供应不足则延缓创伤愈合。

(3)神经支配　完整的神经支配对组织再生有一定的积极作用。当局部神经受损后,它所支配的组织再生过程常不发生或不完善,因为再生依赖于完整的神经支配。

(4)电离辐射　会破坏细胞,损伤小血管,抑制组织再生,阻止瘢痕形成。如 X 射线照射局部损伤可影响肉芽组织的形成,而紫外线照射则加快创伤愈合。

四、组织的再生能力

各种组织有不同的再生能力,这是动物在长期进化过程中形成的。一般来说,分化程度低的组织比分化程度高的组织再生能力强,平常容易遭受损伤的组织以及在生理状态下经常更新的组织,有较强的再生能力。反之,则再生能力较弱或缺乏。

按再生能力的强弱一般可将细胞分为 3 类:

1. 不稳定性细胞(labile cells)　是指一大类再生能力很强的细胞,在细胞动力学方面,这些细胞不断地随细胞周期循环而增生分裂。在生理情况下,这类细胞就像新陈代谢一样周期性更换。病理性损伤时,常常表现为再生性修复。属于此类细胞的有表皮细胞、呼吸道和消化道黏膜被覆细胞,生殖器官管腔的被覆细胞,淋巴、造血细胞及间皮细胞等。

2. 稳定性细胞(stable cells)　这类细胞具有再生的潜能,在生理状态下不显示再生能力,但在组织损伤的刺激下表现出较强的再生能力。属于此类细胞的有各种腺体及腺样器官的实质细胞,如消化道、泌尿道和生殖道等黏膜腺体,肝、胰、内分泌腺、汗腺、皮脂腺实质细胞及肾小管上皮细胞等。此外还有原始的间叶细胞及其分化出来的各种细胞,如纤维母细胞、内皮细胞、骨母细胞等,虽然软骨母细胞及平滑肌细胞也属于稳定性细胞,但在一般情况下再生能力很弱,再生性修复的实际意义很小。

3. 永久性细胞(permanent cells)　这类细胞几乎没有再生能力,受损后只能由结缔组织增生来修补。属于这类细胞的有神经细胞、骨骼肌细胞及心肌细胞。不论中枢神经细胞及周围神经的神经节细胞,在出生后都不能分裂增生,一旦遭受破坏则成为永久性缺失。但这不包括神经纤维,在神经细胞存活的前提下,受损的神经纤维有着活跃的再生能力。心肌和横纹肌细胞虽然有微弱的再生能力,但对于损伤后的修复几乎没有意义,基本上通过瘢痕修复。

五、各种组织的再生过程

再生是生物界在长期进化过程中获得的自我防御机制。一般地说,低等动物比高等动物再生力强;结构、功能上分化低的,平时易受损伤的、生理过程中经常更新的组织再生能力强。

(一)上皮组织的再生

1. 被覆上皮再生　皮肤和黏膜的被覆上皮都具有强大的再生能力。①体表的复层鳞状上皮损伤后,由创口边缘或底层存留的细胞分裂增生,向缺损部伸展,先形成单层上皮覆盖缺损表面,随后增生分化为复层鳞状上皮。②黏膜覆盖上皮　复层鳞状上皮和移行上皮的再生与上述体表鳞状上皮相同;单层柱状上皮损伤后,也是由邻近的基底层细胞增生修补,新生的细胞初为立方形,以后分化为柱状上皮细胞。如果深部组织也受损,通常是先由新生的结缔组织填补其缺损以后,上皮细胞才开始再生和覆盖缺损的过程。

2. 腺上皮再生　腺上皮的再生能力一般较被覆上皮弱,其再生情况依损伤状况而不同。如腺上皮细胞缺损而腺体基底膜完整时,可由残存的细胞完全再生修复;如腺体结构完全破坏则再生很难发生。构造比较简单的腺体,如子宫腺、肠腺等,可从残留部细胞再生。肝脏是动物体最大的消化腺,肝细胞有活跃的再生能力。肝纤维化是指肝细胞发生坏死及炎症刺激时,肝脏内纤维结缔组织异常增生的病理过程,是机体对肝实质损伤的一种修复反应。

(二)结缔组织的再生

结缔组织的再生能力特别强,在组织修复中,结缔组织的再生最常见,且占有重要的地位。

它不仅见于结缔组织本身受损伤之后,同时也见于其他组织受损后不能完全再生,以及炎性渗出物和异物不能溶解吸收时的病理过程中。

在损伤的刺激下,这种再生由静止状态的纤维细胞转变为成纤维细胞,或原始间叶细胞分化为成纤维细胞,成纤维细胞进行分裂、增生,并形成胶原纤维,以后细胞逐渐成熟为纤维细胞(图 5-1)。

(三)血管的再生

1. 毛细血管再生　多以出芽的方式来完成。即由原有毛细血管的内皮细胞肥大并分裂增殖,形成向外突起的幼芽,以后分裂增殖继续进行,幼芽逐渐增长而成实心的内皮细胞条索,随着血流的冲击,增殖的细胞条索中出现管腔,形成新的毛细血管。新生的血管可彼此吻合构成毛细血管网。另一种血管再生方式是直接由组织内的间叶细胞新生分化,形成新生的毛细血管,即最初由类似于幼稚成纤维细胞的细胞平行排列,以后逐渐在细胞之间出现小裂缝,并与附近的毛细血管通连,在血液流入后,被覆在裂缝周边的细胞可转变为内皮细胞,从而形成新生的毛细血管。

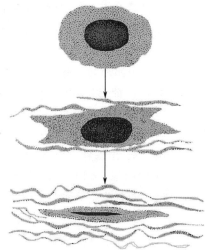

图 5-1　原始间叶细胞转化为纤维母细胞,产生胶原纤维再转化为纤维细胞模式图

新生的毛细血管基底膜不完整,内皮细胞间空隙较大,故通透性较高。为适应功能的需要,这些毛细血管还会不断改建,分化为成熟的内皮细胞分泌Ⅳ型胶原、层粘连蛋白和纤维粘连蛋白,形成基底膜的基板。纤维母细胞分泌Ⅲ型胶原及基质,组成基底膜的网板,本身则成为周细胞(即血管外膜细胞)。血管壁外的间叶细胞进而分化为平滑肌、胶原纤维和弹性纤维等成分,使管壁增厚,逐渐发展为小动脉或小静脉,有的新生毛细血管关闭成为实心结构,内皮细胞可逐渐消失,至此,毛细血管的再生完成。

2. 大血管的修复　大血管离断后,须经手术吻合,吻合处两侧内皮细胞分裂增生,互相连接,可恢复原来内膜结构;但离断的肌层不易完全再生,而由结缔组织增生连接,形成瘢痕修复。

(四)肌组织的再生

肌组织的再生能力弱。骨骼肌的再生状况依赖于肌膜是否存在以及肌纤维是否完全断裂。骨骼肌细胞是一个多核的长细胞,可长达 4 cm ,核可多达数十个乃至数百个。损伤不太严重且肌膜未被破坏时,肌原纤维仅部分发生坏死,此时中性粒细胞及巨噬细胞进入损伤部位吞噬清除坏死物质,残存部分肌细胞分裂,产生肌浆,分化出肌原纤维,从而恢复正常骨骼肌的结构。如果肌纤维完全断开,断端肌浆增多,也可有肌原纤维的新生,使断端膨大如花蕾样,但这时肌纤维断端不能直接连接,而靠纤维瘢痕愈合。愈合后的肌纤维仍可以收缩,加强锻炼后可以恢复功能。如果整个肌纤维(包括肌膜)均被破坏,则难以再生,而通过瘢痕修复。

平滑肌有一定的分裂再生能力,较骨骼肌弱,如小动脉的再生中就有平滑肌的再生,但是断开的肠管或是较大血管经手术吻合后,断处的平滑肌主要通过纤维瘢痕连接。心肌再生能力极弱,破坏后一般都是瘢痕修复。

（五）软骨和骨组织的再生

1. 软骨组织再生 软骨组织的再生能力很弱。较小的损伤则由软骨细胞与软骨基质形成以补充缺损。起始于软骨膜的增生,这些增生的幼稚细胞形似纤维母细胞,以后逐渐变为软骨母细胞,并形成软骨基质,细胞被埋在软骨陷窝内而变为静止的软骨细胞。较大范围的软骨组织缺损时则由纤维组织修补。近年来,我国在软骨组织工程的应用基础研究方面取得了一系列成果,首次提出体外培养3代以内的软骨细胞具有软骨形成能力。目前,已在猪、羊、鸡身上复制成功软骨、颅骨、肌腱和关节软骨,并完成了同种异体组织工程化软骨组织的体内构建。

2. 骨组织的再生 骨组织再生力很强,骨折后主要依靠骨外膜和骨内膜中的成骨细胞增殖修复。轻度受损时,由骨膜的成骨细胞分裂增殖,在原有骨组织的表面形成一层新的骨组织。严重受损时,如骨折,其再生过程十分复杂。

骨折愈合是指骨折后局部所发生的一系列修复过程,使骨的结构和功能完全恢复。骨折愈合包括以下几个相互连续的阶段。

（1）血肿形成 骨折时,骨外膜、骨内膜、骨和骨髓以及附近的软组织都被破坏,其中的血管也被断离或撕裂,大量血液流入骨折断裂间及邻近软组织中形成血肿,随后纤维蛋白网形成,血液凝固。骨折局部出现炎症反应。

（2）坏死吸收 骨折断裂后的坏死骨主要由破骨细胞和巨噬细胞吸收,也可能被成骨细胞吸收。

（3）骨痂形成 血肿形成和血液凝固后不久,新生的成骨细胞、成纤维细胞和毛细血管开始向血凝块中长入。局部形成梭形肿大的软组织,称为纤维性骨痂(fibrous callus)。纤维性骨痂形成后,其中的成骨细胞开始分泌骨基质,积聚于细胞之间,形成骨样组织(osteoid),骨样组织钙化后便成为骨组织,即骨性骨痂(osseous callus)。有时增生的骨膜细胞先分化为成软骨细胞并分泌软骨基质,形成软骨性骨痂(cartilage callus)。软骨性骨痂可进一步转变成骨性骨痂。在骨性骨痂形成的同时,可见新生的血管从骨髓中长入其内。随血管进入的成骨细胞,一部分互相融合成为破骨细胞,将已钙化的骨痂溶解吸收;另一部分成骨细胞环绕血管增生形成环层状的板层骨。这种新骨形成的骨痂,称为终期性骨痂。

（4）骨的改建 终期性骨痂的骨组织结构是不规则的,也不能适应功能的需要。根据功能需要,新形成的骨按力学原则进行改建,应力大的部位有更多折骨形成,而机械性功能不需要的骨质则被吸收。改建是在破骨细胞吸收骨质和成骨细胞形成新骨的协调作用下进行的,它使骨质逐渐变得更加致密,排列规则,恢复原来的结构,此时骨髓腔再通,骨髓再生,至此骨折完全修复。

（六）神经组织的再生

1. 中枢神经的再生 中枢神经系统损伤后的修复是神经科学家们面临的严峻挑战。脑及脊髓内的神经细胞破坏后一般不能再生,由神经胶质细胞及其纤维修补,形成胶质瘢痕。但是,神经多潜能干细胞体外分离培养的成功,为神经系统损伤后的结构重建提供了可能性。移植的干细胞可在宿主体内分化成为相应的神经元和胶质细胞以实现损伤修复。许多研究证实,神经系统具有可塑性,不仅表现为对外界各种刺激有强烈的代偿与适应能力,更重要的是在结构与功能上具有损伤后修复或重建的能力。这个过程的实现既需要神经元自身发育适宜的基因调控程序,又需要相当复杂的局部环境与条件。生长因子在神经元和胶质细胞发育成熟中起关键作用,并对神经元和胶质细胞的损伤有一定的保护作用。利用基因转染技术把神经营养因子相关基因导入哺乳动物细胞株,然后移植到脑内,或用逆转录病毒基因载体直接感染脑内神经元和胶质细胞,使这些经过基因修饰的细胞在局部表达相关蛋白,从而达到治疗中枢神经系统损伤的目的。

2. 外周神经的再生 外周神经受损时,如果与其相连的神经细胞仍然存活,则可完全再生。首先,断处远侧段的神经纤维髓鞘及轴突崩解,并被吞噬、吸收;近侧段的数个郎飞氏节神经纤维也发生同样变化。然后由两端的神经鞘细胞增生,形成带状的合体细胞,将断端连接,并形成髓鞘。此时,近端轴突以每天约 1 mm 的速度逐渐向远端生长,穿过神经鞘细胞带,最后到达末梢鞘细胞,鞘细胞产生髓磷脂将轴索包绕形成髓鞘。此再生过程常需数月以上才能完成。如果两侧断端相隔超过 2.5 cm 或中间有瘢痕等组织隔开,再生的轴突就不能到达远端,而与增生的结缔组织混在一起,卷曲成团,形成创伤性神经瘤,可发生顽固性疼痛。

六、细胞的再生特征与调控

1. 细胞的再生特征 再生力强的细胞见于表皮细胞,呼吸道、消化管和泌尿生殖器的黏膜被覆上皮,淋巴、造血细胞等。这类平时进行生理性再生的细胞每时每刻都在衰老与新生,当损伤后也具有强大的再生能力。

有潜在较强再生能力的细胞见于各种腺器官的实质细胞如肝、胰、内分泌腺、汗腺、皮脂腺及肾小管上皮细胞等。这类细胞在正常情况下不表现出再生能力,但当损伤破坏时,也具有较强的再生能力。属于此类的细胞还有纤维母细胞、血管内皮细胞、骨膜细胞和结缔组织中的原始间叶细胞,后者可向各种间叶成分的细胞分化,如骨、软骨、脂肪、纤维母细胞等。

再生能力微弱或无再生能力的细胞(如中枢神经细胞和神经节细胞)不能再生,遭损坏后由神经胶质瘢痕补充;神经细胞的轴索受损,在神经细胞存活的情况下可以再生,但再生的轴索有时杂乱无章,常与增生的结缔组织一起卷曲成团,形成所谓创伤性神经瘤,可发生顽固性疼痛。心肌细胞再生能力极弱,在修复中几乎无作用,损毁后均由纤维结缔组织代替。平滑肌和横纹肌虽有微弱的再生能力,但当细胞损伤后,一般也由纤维结缔组织代替。

损伤细胞能否完全再生除了取决于该细胞的再生能力外,还依赖于局部损伤的程度和范围。大范围细胞坏死后,不仅在数量上难以用同类细胞代替,而且坏死后留下的间质支架也往往塌陷,再生的同类细胞无法在结构上保持原样,也就难以实现功能的恢复。如肝大块坏死后,有大量纤维结缔组织增生,取代坏死组织,残留下来的肝细胞虽有较强的再生能力,但再生的肝细胞排列紊乱,最后形成肝硬化。

2. 细胞再生的调控 就单个细胞而言,细胞增殖是受基因控制的,细胞周期出现的一系列变化是基因活化与表达的结果,已知的有关基因包括癌基因(oncogene)及细胞分裂周期基因(cell division cycle gene)。然而机体是由多细胞组成的极其复杂的统一体,部分细胞、组织丧失引起细胞再生予以修复,修复完成后再生便停止,可见机体存在着刺激再生与抑制再生的两种机制,两者处于动态平衡。刺激再生的机制增强或抑制再生的机制减弱,则促进再生,否则再生受抑。目前已知短距离调控细胞再生的重要因素包括以下 3 方面。

(1)细胞与细胞之间的作用 细胞在生长过程中,如果细胞相互接触,则生长停止,这种现象称为生长的接触抑制。细胞间的缝隙连接(可能还有桥粒)也许参与了接触抑制的调控。肿瘤细胞丧失了接触抑制特性。

(2)细胞外基质对细胞增殖的作用 实验证明,正常细胞只有黏着于适当的基质才能生长,脱离了基质则很快停在 G1 或 G0 期。基质各种成分对不同细胞的增殖有不同的作用,如层粘连蛋白可促进上皮细胞增殖,抑制纤维母细胞的增殖,而纤维粘连蛋白的作用则正好相反。组织中层粘连蛋白与纤维粘连蛋白的相对比值可能对维持上皮细胞与间质细胞之间的平衡有一定的作用。

(3)生长因子及生长抑素的作用　近年来分离出许多因子,是某些细胞分泌的多肽类物质,能特异性地与某些细胞膜上的受体结合,激活细胞内某些酶,引起一系列的连锁反应,从而调节细胞生长、分化。能刺激细胞增殖的多肽称为生长因子(cell growth factors),能抑制细胞增殖的则称为抑素(chalone)。

目前已分离、纯化出一些重要的生长因子,如①表皮生长因子(epidermal growth factor,EGF),对上皮细胞、纤维母细胞、胶质细胞及平滑肌细胞都有促进增殖的作用。②血小板源性生长因子(platelet derived growth factor,PDGF),来源于血小板 α 颗粒,在凝血过程中释放,对纤维母细胞、平滑肌细胞及胶质细胞的增生有促进作用。③纤维母细胞生长因子(fibroblast growth,FGF),能促进多种间质细胞增生及小血管再生。④转化生长因子(transforming growth factor,TGF),最初从肉瘤病毒转化的细胞培养基中分离出来。其实许多正常细胞都分泌 TGF。TGF-α 与 EGF 在氨基酸序列方面有 33%～44% 同源,也可与 EGF 受体结合,故有相同作用。TGF-β 能刺激间质细胞增生。⑤许多细胞因子(cytokines)也是生长因子,例如,白介素-1(IL-1)和肿瘤坏死因子(TNF)能刺激纤维母细胞的增殖及胶原合成,TNF 还能刺激血管再生。此外,还有许多生长因子,如造血细胞集落刺激因子、神经生长因子、IL-2(T 细胞生长因子)等。

与生长因子相比,对抑素的了解甚少,至今还没有一个抑素被纯化和鉴定。抑素具有组织特异性,似乎任何组织都可产生一种抑素抑制本身的增殖。例如,已分化的表皮细胞能分泌表皮抑素,抑制基底细胞增殖。当皮肤受损使已分化的表皮细胞丧失时,抑素分泌中止,基底细胞分裂增生,直到增生分化的细胞达到足够数量和抑素达到足够浓度为止。前面提到的 TGF-β 虽然对某些间质细胞增殖起促进作用,但对上皮细胞则是一种抑素。此外干扰素-α,前列腺素 E2 和肝素在组织培养中对纤维母细胞及平滑肌细胞的增生都有抑制作用。

第三节　肉芽组织与创伤愈合

一、肉芽组织

肉芽组织(granulation tissue)是指富有新生毛细血管、成纤维细胞和炎性细胞的新生结缔组织,眼观创面常呈鲜红色、颗粒状、柔软湿润,形似鲜嫩的肉芽。

除创伤愈合之外,体内慢性炎症病灶、坏死组织周围、血栓机化过程、梗死边缘等,凡由新生的毛细血管、成纤维细胞和炎性细胞浸润构成的组织,均称为肉芽组织。

(一)形态结构

肉芽组织主要包括 4 种成分,丰富的新生的毛细血管、幼稚的成纤维细胞、少量的胶原纤维和数量不等的炎性细胞(彩图 5-4)。其形态特点如下:

眼观:呈鲜红色,颗粒状,质地柔软湿润,形似鲜嫩的肉芽。

镜检:可见大量由内皮细胞增生形成的实心细胞索及扩张的毛细血管,向创面垂直生长,并以小动脉为轴心,在周围形成袢状弯曲的毛细血管网。在毛细血管周围有许多新生的纤维母细胞,此外常有大量渗出液及炎性细胞。炎性细胞中常以巨噬细胞为主,也有数量不等的中性粒细胞及淋巴细胞。

数字资源 5-1
肉芽组织

(二)肉芽组织的形成过程

1. 胶原纤维的生成及分解 肉芽组织的形成来自损伤灶周围的毛细血管和结缔组织。新生的毛细血管是由原有毛细血管内皮细胞分裂增殖,以出芽方式向外生长而形成的。新生毛细血管比较脆弱,其通透性比成熟毛细血管高,它们向创面垂直生长,并可互相联结。在毛细血管内皮细胞分裂增殖的同时,损伤组织邻近的间质中的纤维细胞与未分化的间叶细胞均肿大,转变为成纤维细胞并分裂增殖形成纤维母细胞,纤维母细胞体积较大,与许多新生的毛细血管一起构成均匀分布的小团块突出表面呈颗粒状的外观。

肉芽组织成熟过程中,在成纤维细胞分裂增殖已经停止的区域,肌纤维母细胞(myofibroblast)产生基质及胶原。早期基质较多,以后则胶原越来越多。

在胶原纤维的生成过程中,在纤维母细胞在血小板源生长因子(PDGF)、成纤维细胞生长因子(FGF)、白介素-1(IL-1)及肿瘤坏死因子(TNF)等刺激下,合成前胶原(procollagen),前胶原分泌到细胞外后成为原胶原(tropocollagen),相邻的原胶原联成胶原原纤维(collagenous fibril),胶原原纤维聚合则成较宽的胶原纤维(collagenous fiber)。

2. 细胞外基质 新生成的肉芽组织及周围常有大量炎性细胞,以巨噬细胞为主,也有数量不等的中性粒细胞及淋巴细胞。中性粒细胞和巨噬细胞常分布于肉芽组织的表层,能吞噬细菌及组织碎片,这些细胞破坏后释放出各种蛋白水解酶,能分解坏死组织及纤维蛋白,为创伤修复创造有利条件。

主要有 2 大类:①粘连蛋白如纤维粘连蛋白(fibronectin)及层粘连蛋白(laminin)。纤维粘连蛋白除纤维母细胞外,内皮细胞、巨噬细胞及许多上皮细胞均可合成。间质中的纤维粘连蛋白在基质各成分之间及与细胞之间起连接作用。层粘连蛋白存在于基底膜中,由基底膜上的细胞如上皮细胞、内皮细胞等合成。如前所述,这两种粘连蛋白对细胞的生长与分化有调控作用;②氨基多糖与蛋白多糖。氨基多糖(glycosaminglycan)亦称酸性黏多糖,包括透明质酸、硫酸软骨素、硫酸皮肤素、硫酸角质素、硫酸乙酰肝素等,在肉芽组织中主要是透明质酸及硫酸软骨素。除透明质酸外,其他氨基多糖能与核心蛋白结合而形成蛋白多糖(proteoglycan),以前称黏蛋白。氨基多糖及蛋白多糖组成多孔亲水的凝胶结构,有利于水分及小分子的渗透,有的对细胞的生长分化有调节作用,有的对胶原形成有调节作用。它们由纤维母细胞及类似细胞(如骨母细胞、软骨母细胞)合成,一些多糖酶如透明质酸酶可将其降解。

(三)肉芽组织在伤口愈合中的作用

1. 抗感染、去异物及保护创面的作用 在伤口有感染的情况下,肉芽组织可对感染物及异物进行分解、吸收。如伤口中一些可溶性物质、细菌、细小的异物或少量坏死组织,可通过中性粒细胞、巨噬细胞的吞噬、细胞内水解酶的消化作用使之分解,通过毛细血管吸收,以消除感染,清除异物,保护创面洁净。

2. 机化血凝块和坏死组织的作用 肉芽组织在向伤口生长的过程,同时也是对伤口中血凝块、坏死组织等异物的置换过程,只有当血凝块、坏死组织等被肉芽组织完全机化后,才能给伤口愈合创造良好的条件,否则将影响愈合过程。同样,体内各种异物,仍需由肉芽组织处理,将其溶解吸收、机化或包裹。

3. 填补伤口、连接缺损、增加张力强度　肉芽组织从第 5～6 天起,纤维母细胞开始产生胶原纤维,其后一周内胶原纤维形成最活跃,第 3 周后胶原纤维成熟,纤维母细胞转变为纤维细胞,毛细血管减少、消失,肉芽组织转变为瘢痕组织,其中胶原纤维排列与表面平行,以适应伤口增加张力强度的需要。因此早期的肉芽组织只能起填补伤口及初步连接缺损的作用,当第 3 周后,张力强度迅速增大,至第 3 个月达最高点。瘢痕组织的张力强度虽只及正常组织的 70%～80%,但也足以使创缘牢固地结合起来。伤口愈合后如果瘢痕形成薄弱,抗张力强度低,再加上内压大,可使愈合口向外膨出,如心肌梗死瘢痕处向外凸出形成室壁瘤;腹壁瘢痕处因腹内压增大引起腹壁疝。

(四)肉芽组织的结局

肉芽组织一旦完成修复就停止生长,并全面向成熟化发展。此时,肉芽组织中液体成分逐渐减少,中性粒细胞和巨噬细胞逐渐消失,胶原纤维逐渐增多、变粗,成纤维细胞逐渐减少,残留的成纤维细胞转变为纤维细胞。胶原纤维初期排列不规则,随后适应机能负荷的需要,按一定方向排列成束。与此同时,毛细血管也停止增殖,数量减少,并逐渐萎缩、闭合、消失。最后,肉芽组织转为瘢痕组织(scar tissue)。瘢痕组织是肉芽组织逐渐纤维化的过程,可见纤维化的肉芽组织呈灰白色,质地较硬,称为疤痕。

瘢痕形成宣告修复完成,然而瘢痕本身仍在缓慢变化。如有的瘢痕常发生玻璃样变,有的瘢痕则发生瘢痕收缩。这种现象不同于创口的早期收缩,而是瘢痕在后期由于水分的显著减少所引起的体积变小,也有人认为与肌纤维母细胞持续增生以至瘢痕中有过多的肌纤维母细胞有关。由于瘢痕坚韧又缺乏弹性,加上瘢痕收缩可引起器官变形及功能障碍,如在消化道、泌尿道等腔室器官则引起管腔狭窄,在关节附近则引起运动障碍;一般情况下,瘢痕中的胶原还会逐渐被分解、吸收,以至改建,因此瘢痕会缓慢地变小变软;但偶尔也有的瘢痕胶原形成过多,成为大而不规则的隆起硬块,称为瘢痕疙瘩(keloid),易见于烧伤或反复受异物等刺激的伤口,其发生机制不明。而瘢痕疙瘩中的血管周围常见一些肥大细胞,故有人认为,由于持续局部炎症及低氧,促进肥大细胞分泌多种生长因子,使肉芽组织过度生长,因而形成瘢痕疙瘩。之后,由于胶原纤维在胶原酶的作用下被分解、吸收,又使其缩小、变软。

坏死组织、炎性渗出物、血凝块和血栓等病理性产物如不能完全溶解吸收或分离排出,则由周围组织新生的肉芽组织所取代的过程,称为机化(organization)。如较大坏死灶或坏死物质难以溶解吸收,或不能完全机化,则常由周围新生的肉芽组织将其包裹,称为包裹形成(encapsulation)。其中的坏死物质有时可发生钙化(calcification),如结核病灶的干酪样坏死即常发生这种改变。在纤维素性肺炎时,肺泡内的纤维素被机化,使结缔组织充塞于肺泡,肺组织变实,质地如肉,称为肉变。

瘢痕组织是由肉芽组织经改建成熟形成的纤维结缔组织,对机体有利也有弊。瘢痕组织形成的作用使接合更加牢固,但瘢痕组织有时也会引起严重危害,因为它缺乏原来组织的功能,在老化过程中逐渐发生玻璃样变而丧失弹性,并可收缩,从而导致器官发生功能障碍,如关节附近的瘢痕,可引起肢体收缩,肠壁的瘢痕则使肠管狭窄等。由于形成条件的不同,常有各种炎性细胞参加,它们的主要作用是抗感染、清除坏死物质和填补组织缺损。

二、创伤愈合

创伤愈合(wound healing)是指机体遭受外力作用所致组织损伤后,通过组织再生进行修复的过程。包括各种组织的再生和肉芽组织增生、瘢痕形成的复杂过程,表现出各种修复过程的协同作用。

(一)创伤愈合的基本过程

各种创伤的轻重程度不一,轻者仅为皮肤及皮下组织断裂,严重的创伤可有肌肉、肌腱、神经的断裂,甚至骨折。下面主要介绍创伤愈合的基本过程。

1. 急性炎症期 伤口早期局部有不同程度的组织坏死和血管断裂出血,数小时内便出现炎症反应,表现为充血、浆液渗出及白细胞游出,故局部红肿。白细胞以中性粒细胞为主,3 d后转为以巨噬细胞为主。伤口中的血液和渗出液中的纤维蛋白原很快凝固形成凝块,有的凝块表面干燥形成痂皮,凝块及痂皮起着保护伤口的作用。

2. 细胞增生期 创伤发生2~3 d后伤口边缘的整层皮肤及皮下组织向中心移动,于是伤口迅速缩小,直到14 d左右收缩停止。伤口收缩的意义在于缩小创面。实验证明,伤口甚至可缩小80%,不过在各种具体情况下伤口缩小的程度因动物种类、伤口部位、伤口大小及形状不同而不同。伤口收缩是伤口边缘新生的肌纤维母细胞的牵拉作用引起的,而与胶原无关。因为伤口收缩的时间正好是肌纤维母细胞增生的时间。5-羟色胺、血管紧张素及去甲肾上腺素能促进伤口收缩,糖皮质激素及平滑肌拮抗药则能抑制伤口收缩。抑制胶原形成则对伤口收缩没有影响,植皮可使伤口收缩停止。

3. 瘢痕形成期 肉芽组织增生和瘢痕形成大约从第3天开始,从伤口底部及边缘长出肉芽组织,填平伤口。毛细血管以每日延长0.1~0.6 mm的速度增长,其方向大都垂直于创面,并呈祥状弯曲。肉芽组织中没有神经,故无感觉。第5~6天起纤维母细胞产生胶原纤维,其后一周胶原纤维形成甚为活跃,以后逐渐缓慢下来。随着胶原纤维越来越多,出现瘢痕形成过程,大约在伤后1个月瘢痕完全形成。可能由于局部张力的作用,瘢痕中的胶原纤维最终与皮肤表面平行。

瘢痕可使创缘比较牢固地结合。伤口局部抗拉力的强度于伤后不久就开始增加,在第3~5周抗拉力强度增加迅速,然后缓慢下来,至3个月左右抗拉力强度达到顶点不再增加。但这时仍然只达到正常皮肤强度的70%~80%。伤口抗拉力的强度可能主要由胶原纤维的量及其排列状态决定,此外,还与一些其他组织成分有关。腹壁切口愈合后,如果瘢痕形成薄弱,抗拉强度较低,加之瘢痕组织本身缺乏弹性,则腹腔内压的作用有时可使愈合口逐渐向外膨出,形成腹壁疝。类似情况还见于心肌及动脉壁较大的瘢痕处,可形成室壁瘤及动脉瘤。

4. 表皮及其他组织再生 创伤发生24h以内,伤口边缘的表皮基底增生,并在凝块下面向伤口中心移动,形成单层上皮,覆盖于肉芽组织的表面,当这些细胞彼此相遇时,则停止前进,并增生、分化成为鳞状上皮。健康的肉芽组织对表皮再生十分重要,因为它可提供上皮再生所需的营养及生长因子,如果肉芽组织长时间不能将伤口填平,并形成瘢痕,则上皮再生将延缓;在另一种情况下,由于异物及感染等刺激而过度生长的肉芽组织,高出于皮肤表面,也会阻止表皮再生,因此临床常需将其切除。

皮肤附属器(毛囊、汗腺及皮脂腺)如遭完全破坏,则不能完全再生,而出现瘢痕修复。肌腱断裂后,初期也是瘢痕修复,但随着功能锻炼而不断改建,胶原纤维可按原来肌腱纤维方向排列,达到完全再生。

传统理论上将组织损伤后的愈合过程分为炎症与渗出、肉芽组织的增生以及瘢痕形成与重塑3个主要阶段。但随着分子生物学的飞速发展,对创伤修复的认识逐步深入,现在有关组织创伤后的愈合过程又被看作是各种修复细胞增殖、分化、迁移、凋亡和消失的过程。同时，它又是一系列不同类型细胞、结构蛋白、生长因子和蛋白激酶等形成网络式交互作用的结果。

（二）创伤愈合的类型

根据损伤程度及有无感染，创伤愈合可分为以下3种类型。

1. 一期愈合（healing by first intention） 又称直接愈合，主要见于组织缺损少、创缘整齐、无感染、经黏合或缝合后创面对合严密的伤口。

病理特点：伤口有少量血凝块，炎症反应较轻微，表皮再生在24～48 h内便可将伤口覆盖，肉芽组织在第3天就可从伤口边缘长出并很快将创口填满，5～6 d胶原纤维形成，2～3周完全愈合，因增生的肉芽组织少，创口表皮覆盖又较完整，故仅留下一条线状瘢痕（图5-2）。

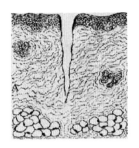 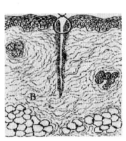 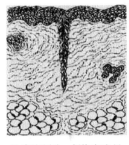 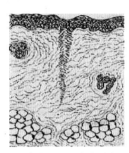

A.创缘整齐，组织破坏少　　B.经缝合，创缘对合，炎症反应轻　　C.表皮再生，创缘有少量肉芽组织　　D.愈合后少量瘢痕形成

图5-2　创伤一期愈合模式图

2. 二期愈合（healing by second intention） 又称间接愈合，是开放性创伤的愈合方式。见于组织缺损较大、创缘不整、无法整齐对合，并伴感染、坏死、出血、渗出物多，炎症反应明显的创口。创口有较多的坏死组织、异物或脓液，其愈合过程与第一期愈合基本相同，但也有差异。

病理特点：由于创口坏死组织多或由于感染继续引起局部组织变性、坏死，从而引起明显的炎症反应。只有等到感染被控制，坏死组织被清除以后，再生才能开始。伤口大，伤口收缩明显，因此，必须从伤口底部及边缘长出多量的肉芽组织将伤口填平。表皮再生一般在肉芽组织将伤口填平之后才开始。愈合的时间较长，形成的瘢痕较大（图5-3）。

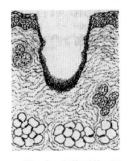 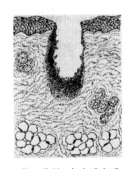 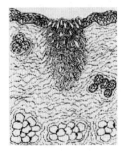 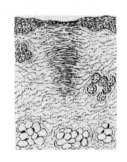

A.创口大，创缘不整，组织破坏多　　B.伤口收缩，炎症反应重　　C.肉芽组织将伤口填平，然后表皮再生　　D.愈合后形成瘢痕大

图5-3　创伤二期愈合模式图

上述2种创伤愈合并不是固定不变的。如果具备一期愈合的创伤不及时治疗和防止感染，即可转变成二期愈合。反之，创伤虽然较大或有感染，如果能及时处理伤口，清除坏死组织

或异物,控制感染,对创口进行缝合,尽量使创面对合良好,就可缩短愈合时间,促进伤口早日愈合。

3. 痂下愈合(healing under crust) 伤口表面的血液、渗出液及坏死物质干燥后形成黑褐色硬痂,在痂下进行上述愈合过程。待上皮再生完成后,痂皮即脱落。痂下愈合所需时间通常较无痂者长,因为在该情况下,表皮再生必须首先将痂皮溶解,然后才能向前生长。痂皮由于干燥不利于细菌生长,故对伤口有一定的保护作用。但如果痂下渗出物较多,尤其是已有细菌感染时,痂皮反而成了渗出物引流排出的障碍,使感染加重,不利于愈合。

(祁克宗)

第六章 缺 氧

氧气是有机体维持生命活动必不可少的物质。动物机体在生命活动中所消耗的能量主要来自营养物质在体内的氧化分解。营养物质在机体内氧化分解释放能量称为生物氧化。由于体内氧的储备很有限,仅够组织消耗 $3\sim5$ min,因此,机体必须不断地从外界获得氧并将氧输送到组织中,才能维持有机体的正常生命活动。如果供氧不能满足机体需要或组织用氧过程存在障碍,就会导致机体产生相应的功能、代谢和形态结构的改变,严重时甚至危及生命,这种病理过程称为缺氧(hypoxia, anoxia)。缺氧不仅是一个基本病理过程,也是很多疾病导致死亡的重要原因。

第一节 常用的血氧指标及其意义

组织的供氧量等于动脉血氧含量与组织血流量的乘积,组织的耗氧量等于动脉血氧含量与静脉血氧含量的差和组织血流量的乘积。因此,血氧是反映供氧量与耗氧量的重要指标。

一、血氧分压

血氧分压(partial pressure of oxygen, $p(O_2)$)是指以物理状态溶解在血浆内的氧分子所产生的张力(又称氧张力)。动脉血氧分压($p a(O_2)$)取决于吸入气体的血氧分压和肺的呼吸功能。静脉血氧分压($p v(O_2)$)反应的是内呼吸状态。$p a(O_2)$主要取决于肺泡氧分压的高低、氧通过肺泡膜弥散入血的量、肺泡通气量与肺血流量的比例。如果外界空气氧分压低或肺泡通气减少,使肺泡氧分压降低,或弥散障碍、通气/血流比例失调,使肺动-静脉血功能性或解剖性分流增加,都可使 $p a(O_2)$降低。

二、血氧含量

血氧含量(oxygen content, $c(O_2)$)是指 100 mL 血液中血红蛋白(Hb)结合氧和溶解在血浆中氧的实际总量。血氧含量主要取决于 $p a(O_2)$与血红蛋白的质和量。$p a(O_2)$明显降低或血红蛋白结合氧的能力降低,使血红蛋白饱和度降低,或单位容积血液内血红蛋白量减少,都可使血氧含量减少。如果单位容积血液内血红蛋白的量和性质正常,只是由于血氧分压降低使血红蛋白氧饱和度降低,此时血氧含量减少,但血氧容量是正常的。

三、血氧容量

血氧容量(oxygen binding capacity, $c(O_2)$ max)是指 100 mL 血液中血红蛋白被氧充分饱和时的最大携氧量,即氧分压为 20 kPa(150 mmHg)、二氧化碳分压为 5.33 kPa

(40 mmHg)、温度为 38℃时，每 100 mL 血液中 Hb 所能结合的最大氧量，它反映了血液携带氧的能力。血氧容量的高低主要取决于血液中 Hb 的含量和 Hb 结合氧的能力，不同动物血液中 Hb 的含量有一定差异，100 mL 血液中各种动物的 Hb 含量：牛 8.0～15.0 g，马 11.0～19.0 g，猪 10.0～16.0 g，绵羊 9.0～15.0 g。每克 Hb 约可结合 1.34 mL 的氧，血氧容量等于 1.34(mL/g)×Hb 含量(g/100 mL)，如以 12.0 g/100 mL 计算，则 100 mL 血液约可结合 16 mL 氧。

四、血氧饱和度

血氧饱和度(oxygen saturation，$s(O_2)$)是指血红蛋白与氧结合达到饱和程度的百分数。即指血氧含量与血氧容量的百分比。主要取决于 $pa(O_2)$。

五、氧合血红蛋白解离曲线

氧合血红蛋白解离曲线(oxygen dissociation curve，ODC)表示 Hb 氧饱和度与 $p(O_2)$ 的关系曲线。反映血红蛋白结合氧和解离氧的能力，呈 S 形。简称氧离曲线(图 6-1)。

氧饱和度高低主要取决于血氧分压的高低，血氧分压与氧饱和度之间的关系，可用氧合血红蛋白解离曲线来表示。由于血红蛋白的生理特点，氧离曲线呈 S 形，$p(O_2)$7.98 kPa 以下，才会使氧饱和度明显降低，血氧含量明显减少，从而引起缺氧。

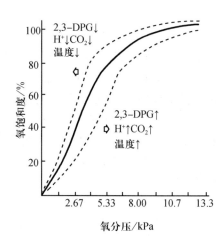

图 6-1 氧合血红蛋白解离曲线及其影响因素

六、动-静脉血氧含量差

动-静脉血氧含量差($A-V_DO_2$)即动脉血血氧含量减去静脉血血氧含量的差值。说明组织对氧消耗量。由于各组织器官耗氧量不同，各器官动静脉血氧差很不一样。正常动脉血与混合静脉血氧每 100 mL 血液差 6～8 mL。

动-静脉血氧含量差变化取决于组织从单位容积血液内摄取氧的多少。$pa(O_2)$明显降低，动脉血与组织血氧分压梯差变小；微循环动静脉吻合支开放，使流经真毛血管的血量减少；红细胞变形能力降低或红细胞聚集，使血液流变性发生改变；细胞受损，利用氧的能力降低，可使组织细胞从血液中摄取的氧减少，动静脉血氧含量减少变小。淤血，血流缓慢，虽然单位时间动脉血灌流减少，但由于血流缓慢和氧离曲线右移，组织从单位容积血液内摄取的氧增多，动-静脉血氧含量差加大。

第二节 缺氧的原因和类型

氧的获得和利用包括外呼吸(通气和换气)、氧的运输和内呼吸(氧的利用)等 3 个环节。外呼吸过程即外界的氧通过呼吸进入肺泡并弥散进入血液的过程。外呼吸可以提高流经肺泡的血氧分压和血氧含量，使血液动脉化；氧的运输过程，即弥散进入血液的氧气与血红蛋白结合后,通过血液循环将氧运送到全身组织的过程;最后,内呼吸过程使组织利用氧进行生物氧化并产生能量。其中任何一个环节发生障碍均可引起缺氧。

根据缺氧发生的速度可将缺氧分为急性缺氧和慢性缺氧。根据缺氧时 $p\mathrm{a}(O_2)$ 的变化将缺氧分为低张性低氧血症和等张性低氧血症。根据缺氧的原因,缺氧可分为乏氧性缺氧、血液性缺氧、循环性缺氧、组织性缺氧。

一、低张性缺氧

低张性缺氧(hypotonic hypoxemia)属于乏氧性缺氧,是指由于肺泡血氧分压降低,或静脉血分流入动脉,血液从肺摄取的氧减少,以致动脉血氧含量减少,$p\mathrm{a}(O_2)$ 降低,最终引起缺氧。

(一)原因

1. 空气中氧分压降低　由于空气中氧分压低,氧含量少,使肺泡气体中的氧分压降低,因而流过肺泡的动脉血氧分压与血氧含量也相应降低,呈现低氧血症。常发生在高山或高原地带的空气稀薄处,畜舍饲养密度过大或通风不良时也可能发生。

2. 通气或换气障碍　由于呼吸中枢抑制、呼吸肌麻痹、呼吸道阻塞、肺部疾患(肺炎、肺水肿、肺气肿等)、胸腔疾患(气胸、胸腔积液)、氧合作用不足,致使动脉血氧分压和血氧含量降低而导致缺氧。由呼吸功能障碍而引起的缺氧,又称呼吸性缺氧(respiratory anoxia)。

3. 静脉血分流入动脉　某些先天性心脏病,如卵圆孔闭锁不全、室间隔缺损等,由于右心的部分静脉血未在肺毛细血管内进行氧合作用,而直接经过缺损处流入左心,故左心动脉血氧分压降低。

(二)血气变化的特点

动脉血的血氧分压、血氧饱和度及血氧含量降低。血氧容量可表现为正常或增高,急性乏氧性缺氧时,Hb 无明显变化,血氧容量一般正常;如果由于慢性缺氧,使单位容积血液内红细胞数和血红蛋白量增多,血氧容量增加(表 6-1)。动静脉血氧差可表现为正常或降低,低张性缺氧时,如果动脉血氧分压太低,动脉血与组织间氧分压差缩小,氧弥散到组织内减少,动静脉血氧差降低;但慢性缺氧时,组织利用氧的能力会代偿性增强,动静脉血氧差变化不明显。

二、等张性缺氧

等张性缺氧(isotonic hypoxemia)又称血液性缺氧(hemic anoxia)。主要发生于血液中血红蛋白量减少,或血红蛋白变性,携氧能力降低,使动脉血氧含量低于正常或血红蛋白结合的氧不易释出所引起的组织缺氧。由于以物理状态溶解在血液内的氧不受血红蛋白的影响,所以此型缺氧的 $p\mathrm{a}(O_2)$ 和血氧饱和度正常,属于等张性低氧血症。

(一)原因

1. 贫血(anemia)　大失血或各型贫血,单位容积血液中红细胞及血红蛋白含量降低,虽然 $p\mathrm{a}(O_2)$ 和氧饱和度正常,但血氧容量降低,使血氧含量低于正常,导致组织缺氧。

2. 一氧化碳中毒　血红蛋白可以结合及解离氧,当一氧化碳进入血液可与血红蛋白结合成碳氧血红蛋白(HbCO)时(呈现樱桃红色),丧失了携带氧的功能。它的解离速度比氧合血红蛋白慢 2 100 倍,而一氧化碳与血红蛋白的结合力却比氧与血红蛋白的结合力大 210 倍。因此,空气中只要有少量的一氧化碳,就可以争占大量血红蛋白,且结合牢固不易解离,导致组织缺氧。另一方面,一氧化碳还使氧离曲线左移,是因为一氧化碳抑制红细胞内糖酵解,使

2,3-二磷酸甘油酸生成减少,使氧合血红蛋白不易释放氧,导致组织缺氧。此外,CO还能通过抑制细胞内的氧化酶而使得细胞利用氧的能力下降,进一步加剧缺氧。

3. 高铁血红蛋白血症(methemoglobinemia,MHb) 血红蛋白的二价铁,在氧化剂的作用下,可氧化成三价铁,形成高铁血红蛋白(methemoglobin,$HbFe^{3+}OH$),也称变性血红蛋白或羟化血红蛋白。高铁血红蛋白的三价铁因与羟基牢固结合而丧失携带氧的能力,加上血红蛋白分子的4个二价铁中有一部分氧化为三价铁后还能使剩余的二价铁与氧的亲和力增高,导致氧离曲线左移,使组织缺氧。正常机体血液内形成少量的MHb,MHb的三价铁可被红细胞内存在的MHb还原系统还原为二价铁。当血液中生成的MHb量超过一定量或红细胞MHb还原酶缺乏时,可发生MHb血症,形成明显紫绀。二价铁变成三价铁,而失去携氧的能力,导致组织缺氧。多见于亚硝酸盐、过氯酸盐、苯胺、磺胺类中毒等。

4. 血红蛋白与氧的亲和力异常增高 某些因素可增强氧与血红蛋白的亲和力,使得氧离曲线左移。例如,在输入大量库存血时,由于库存血红细胞中2,3-二磷酸甘油酸含量少,使得Hb与氧气的亲和力增高,氧离曲线左移,造成组织缺氧;或输入大量碱性液体,使血液pH升高,在短时间内使得Hb与氧气的亲和力增高;此外,在一些血红蛋白病中,由于Hb结构发生变化引起Hb与氧气的亲和力增高,最终导致组织缺氧。

(二)血气变化的特点

血氧分压、血氧饱和度正常;血氧含量、血氧容量和动静脉血氧差均降低(表6-1)。

三、循环性缺氧

循环性缺氧(stagnant anoxia)又称低血流性缺氧(hypokinetic hypoxia),主要是由于血液循环障碍、动脉血供应不足或静脉血液回流障碍使组织血流量减少而引起缺氧。因此,循环性缺氧又称缺血性缺氧(ischemic anoxia)或淤血性缺氧(stagnant anoxia),前者指因动脉血灌流不足引起的缺氧;后者则指由于静脉回流受阻引起的缺氧。循环性缺氧可以是全身性的,如休克、心功能不全时的全身缺氧;也可以是局部的,如局部血管痉挛、淤血、血栓形成、栓塞等引起的局部缺氧。

(一)原因

1. 血管狭窄或阻塞 可见于血管栓塞、受压、血管病变,如动脉粥样硬化或脉管炎与血栓形成等。

2. 心力衰竭 由于心输出量减少和静脉血回流受阻,而引起组织淤血和缺氧。

3. 休克 由于微循环缺血、淤血和微血栓形成,动脉血灌流急剧减少,而引起缺氧。

(二)血气变化的特点

循环性缺氧时,如未累及肺血流,动脉血氧分压、血氧饱和度、血氧含量和血氧容量均正常;动-静脉血氧差升高(表6-1)。

此型缺氧由于血流量减少或血流速度变慢,在单位时间内随血流进入组织内的氧量减少,从而引起组织缺氧。另一方面,由于血流缓慢或静脉回流障碍,血液在毛细血管中停留时间长,组织细胞可充分从血中摄取氧。因此,静脉血氧分压及静脉血氧含量降低,使动静脉血氧含量差增大。加之循环障碍、组织中二氧化碳及酸性产物进入血液增多,更促使氧合血红蛋白的解离,氧离曲线右移,这也是造成静脉血氧分压降低及动静脉血氧含量差增大的一个因素。酸性产物不能及时被血流带走,常可引起酸中毒,引起组织细胞死亡,血中还原血红蛋白增多,患畜可视黏膜发绀。

四、组织性缺氧

生理情况下,细胞内 $80\%\sim90\%$ 的氧在线粒体通过氧化磷酸化还原成水并产生 ATP,其余 $10\%\sim20\%$ 的氧在羟化酶和加氧酶的作用下,参与细胞核、内质网和高尔基体内的生物合成、物质降解和解毒反应。在组织供氧正常的情况下,因组织细胞利用氧异常所引起的缺氧称为组织性缺氧(histotoxic hypoxia)。

(一)原因

1. 组织中毒和某些维生素缺乏 生物氧化过程障碍见于氰化物、硫化氢、磷等引起的组织中毒性缺氧。①各种氰化物如 HCN、KCN、NaCN、NH_4CN 等可由消化道、呼吸道或皮肤进入体内,氰化物在血液内并不与血红蛋白结合,但很容易进入细胞内,迅速与氧化型细胞色素氧化酶的三价铁结合为氰化高铁细胞色素氧化酶,使之不能还原成还原型细胞色素氧化酶,以致呼吸链中断,造成细胞内窒息,组织不能利用氧。②硫化氢、砷化物等中毒也主要由于抑制细胞色素氧化酶等而影响了细胞的氧化过程。③维生素 B_1 是羟化酶的组成成分,维生素 B_2 是黄霉素的组成成分,维生素 PP 是脱氢酶的辅基成分,缺乏时,由于呼吸酶的活性降低,生物氧化过程也发生障碍。④麻醉剂(乙醚、吗啡等)深度麻醉时,能抑制或破坏脱氢酶,使生物氧化过程发生障碍。由于组织利用氧能力降低,因而静脉血氧含量高于正常,动静脉血氧含量差距缩小,血液呈鲜红色。

2. 组织水肿 组织间液和细胞内液的异常增多,使气体弥散距离增大,引起内呼吸障碍。

3. 线粒体损伤 线粒体是生物氧化的主要部位,大量放射线照射、细菌毒素、严重缺氧、热射病、钙超载、尿毒症等许多因素都可损伤线粒体,使细胞生物氧化发生严重障碍。

(二)血气变化的特点

单纯组织性缺氧时,动脉血氧分压、血氧含量、血氧容量和血氧饱和度均正常;由于组织利用氧障碍,静脉血氧含量和氧分压高于正常,所以动-静脉氧差降低(表 6-1)。

缺氧虽然可分为 4 种基本类型,但在疾病过程中,缺氧往往是混合性的,互相关联,互相影响的,可能是同时发生或是先后发生。如心功能障碍时,除因血流量减少和血流减慢可引起循环性缺氧外,还可由于继发肺淤血或肺水肿,导致呼吸性缺氧。又如失血性贫血时,由于血量减少可引起循环性缺氧,又可因红细胞大量丧失,血红蛋白减少,并发等张性缺氧。

表 6-1 各型缺氧的血气变化特点

	低张性缺氧	等张性缺氧	循环性缺氧	组织性缺氧
血氧分压	↓	→	→	→
血氧含量	↓	↓	→	→
血氧容量	→或↑	↓	→	→
血氧饱和度	↓	→	→	→
动-静脉氧差	↓或→	↓	↑	↓

注:↓代表降低;↑代表升高;→代表正常。

第三节 缺氧时机体的机能和代谢变化

缺氧时机体的机能代谢变化包括机体对缺氧的代偿性反应和由缺氧引起的代谢与机能障碍。一般而言,轻中度缺氧机体的变化具有适应和代偿意义,重度缺氧机体的变化具有损伤意义。机体急性缺氧与慢性缺氧的代偿性反应也有区别。急性缺氧是由于机体来不及代偿而较易发生代谢和机能障碍,而慢性缺氧则是机体的代偿反应与缺氧的损伤作用并存。机体对于缺氧的反应性取决于缺氧发生的速度、程度、部位、持续时间、机体的反应性和机体当时所处的机能状态。各种类型的缺氧所引起的变化,既有相似之处,又各具特点。

一、呼吸系统的变化

(一)呼吸系统的代偿反应

1. 肺通气量的变化 呼吸的变化因缺氧的类型和程度而异。伴有动脉血氧分压降低,二氧化碳分压升高或氢离子浓度升高的缺氧,可反射性地引起呼吸加深加快。当急性缺氧时,一般动脉血氧分压降至 8 kPa 以下才会明显地兴奋呼吸中枢。但是呼吸还受动脉血二氧化碳分压($pa(CO_2)$)的影响,肺通气过度又可排出较多的二氧化碳,使血中二氧化碳分压降低导致呼吸性碱中毒。后者在一定程度上会抑制呼吸,起着抵消缺氧兴奋呼吸中枢的作用。因此缺氧只引起一定程度的代偿性通气增加。在缺氧出现动脉血氧分压降低,同时伴有血中二氧化碳或氢离子增多,才会通过神经中枢化学敏感区——H^+ 感受器,使呼吸反应更加显著。

(1)低张性缺氧 动脉血氧分压降低,致颈动脉体及主动脉体的化学感受器受到刺激,反射性地使呼吸加深加快,通气量增大,以便从外界摄取更多氧来提高动脉血氧分压。肺通气量增加是对急性低张性缺氧最重要的代偿性反应。此反应的强弱存在显著的个体差异。

(2)等张性缺氧 一般在等张性缺氧(贫血、CO 中毒、MHb 血症)时,由于血氧分压保持不变,所以通常不发生呼吸增强。

(3)循环性缺氧 循环性缺氧如累及肺循环,如心力衰竭引起肺淤血、水肿时,可使呼吸加快。

2. 肺血流量的变化 呼吸深快时,因胸腔活动增强而加大了胸腔负压,增加了静脉回心血量和肺血流量。有利于氧在肺脏弥散入血及体内迅速转运。

(二)呼吸功能障碍

严重缺氧可抑制呼吸中枢的活动,引起周期性呼吸、呼吸减弱甚至呼吸停止。当 $pa(O_2)$ <30 mmHg 时,缺氧对呼吸中枢的直接抑制作用超过 $pa(O_2)$ 降低对外周化学感受器的兴奋作用,发生中枢性呼吸衰竭,表现为呼吸抑制、呼吸节律不规则、通气量减少,出现周期性呼吸甚至呼吸停止。

二、循环系统的变化

发生轻中度缺氧时,主要引起的是明显的代偿性心血管反应,表现为心率加快、心收缩力加强、每分钟输出量增大等。而极严重的缺氧时,由于心率变慢和心收缩力减弱,可使心输出量减少,心肌缺氧可降低心肌的舒缩功能,甚至使心肌发生变性、坏死。

(一)循环系统的代偿反应

1. 心脏机能的改变——心输出量增加

缺氧时,心输出量增加能够提高全身组织细胞的供血量,从而增加组织供氧量,对急性缺氧起到一定的代偿意义。缺氧时心输出量增加,是心率加快、心收缩力加强和静脉回流增加的结果。

(1)心率加快 缺氧时出现的心率改变,可能是多种因素综合作用的结果。

①由于呼吸运动增强引起肺膨胀,刺激肺牵张感受器,从而抑制了对心脏的迷走效应、增强了交感效应,最终引起心率加快。

②中枢神经系统缺氧,可通过交感神经兴奋心脏的 β-肾上腺素能受体,使心率加快。

(2)心肌收缩力增强 缺氧初期交感神经兴奋,作用于心脏 β-肾上腺素受体,使心肌收缩力增强,心输出量增大。

(3)静脉回流增加 缺氧时呼吸加深,胸内负压加大,导致静脉回流增加,从而引起心输出量增加。

2. 血管机能的改变 缺氧对外周血管的影响结果表现不一致,这是由于缺氧既可以使血管收缩,也可以使血管扩张。低氧血刺激颈动脉体与主动脉体化学感受器,反射性地通过交感神经兴奋引起血管收缩;而组织缺氧在局部形成酸性代谢产物及血管活性物质,导致局部血管扩张和更多的毛细血管网开放,以增加组织血流量和弥散到细胞的氧量。缺氧时各个器官组织的血流量变化取决于上述缩血管与扩血管两种力量的对比,往往是心脏和脑血管扩张,而皮肤、腹腔、内脏和骨骼肌的小血管收缩。这种血管变化及血流分布的改变有利于保证心脏和脑的血液供应。

(1)血流重新分布 急性缺氧时,心和脑供血量增多,而皮肤、腹腔、内脏和骨骼肌的血流量减少。

①不同器官血管受体不同 肾上腺素对血管的作用与该器官血管平滑肌上的肾上腺素相关受体有关。皮肤、骨骼肌以及腹腔脏器等血管中 α-肾上腺素受体密度较高,而心脏与脑血管的 α-肾上腺素受体密度较低。所以,当出现急性缺氧时,由于交感神经兴奋,儿茶酚胺释放增多,α-肾上腺素受体密度较高的皮肤、骨骼肌以及腹腔脏器血管收缩,血流量减少;而心脏及脑血管由于密度较低,对儿茶酚胺不敏感,主要受到后续会提到的局部组织代谢产物的影响而出现血管扩张。

②局部代谢产物的影响 心脏和脑组织缺氧时会产生大量的乳酸、腺苷、前列腺素 I_2 等扩血管的代谢产物,从而使得心脏和脑等主要生命器官的血流量增多。

③与后文会提到的肺血管不同,缺氧引起心、脑血管平滑肌细胞膜的钙激活性钾通道(K_{Ca})和 ATP 敏感性钾通道(K_{ATP})开放,钾外向电流增加,细胞膜超极化,Ca^{2+} 进入细胞内减少,血管平滑肌松弛,血管扩张。

(2)肺血管收缩 当吸入的空气氧分压低或肺通气功能障碍时,肺泡氧分压降低,可引起肺小动脉收缩,肺血流阻力增大,甚至导致肺动脉高压。其机理与以下 3 个方面有关:

①反射作用。动脉血氧分压降低可刺激颈动脉体和主动脉体化学感觉器,反射性地通过交感神经兴奋作用于肺血管的 α 受体,引起肺小动脉收缩;

②活性物质的作用 肺泡缺氧促使肥大细胞、肺泡巨噬细胞及血管内皮细胞等释放血管活性物质(组织胺、儿茶酚胺、前列腺素和白三烯等),引起肺血管收缩。在肺血管收缩反应中,

缩血管物质生成与释放增加,起介导作用。扩血管物质的生成与释放也可增加,起调节作用。两者力量对比决定肺血管收缩反应的强度。组胺作用于 H_1 受体使肺血管收缩,作用于 H_2 受体则使之扩张。在缺氧性肺血管收缩反应中,组胺释放增多,主要作用于 H_2 受体以限制肺血管的收缩;

③肺泡缺氧直接对肺血管平滑肌作用 使肌膜对钙离子通透性增高,促进了 Ca^{2+} 的内流,从而增强血管平滑肌的收缩。

肺泡缺氧时局部肺血管收缩有一定的代偿意义,可以减少肺泡的血流量,由此减少肺动脉与肺静脉之间的功能性短路,有利于维持动脉血氧分压。但当全肺的肺泡都发生缺氧而导致肺血管收缩时,则可导致肺动脉压增高及右心负荷增加。肺泡长期缺氧引起肺小动脉持久收缩时致使肺动脉压持续升高,会引起右心肥大,甚至右心衰竭。

(3)组织毛细血管增生 慢性缺氧可引起组织中毛细血管增生,尤其是心脏、脑和骨骼肌的毛细血管增生明显。缺氧引起毛细血管增生的机制尚未完全明确,长期缺氧时,细胞中缺氧诱导因子-1(hypoxia inducible factor-1,HIF-1)含量增多,促进血管内皮生长因子(vascular endothelial growth factor,VEGF)等基因高表达和蛋白质合成,促进缺氧组织内毛细血管增生。此外,缺氧时 ATP 生成减少,腺苷增加,也可以刺激血管生成。毛细血管增生可缩短氧向组织细胞弥散的距离,增加组织的供氧量,具有代偿意义。

(二)循环系统功能障碍

严重的全身性缺氧最后会导致循环功能失代偿,即发生心脏功能严重受损,表现为不同程度的心力衰竭、心率减慢、心肌收缩力减弱,以致心脏机能不全。如高原性心脏病、肺源性心脏病、贫血性心脏病等均可由于代偿期病因未及时解除而最终发展为心力衰竭。

三、中枢神经系统的变化

中枢神经系统生理活动所需能量的 $85\% \sim 95\%$ 来自葡萄糖的有氧氧化。脑血流量占心输出量的 15%,其耗氧量约占全身耗氧量的 23%。因此,对缺氧最敏感。中枢神经系统的不同部位及不同组织成分对缺氧的敏感性不一致。灰质耗氧多于白质,神经突触耗氧又多于神经细胞体。一般血液供应越多的细胞组织,对缺氧也越敏感。

缺氧时脑血管扩张,使局部血液量增多,具有代偿意义。轻中度的缺氧,中枢神经系统呈现兴奋状态,患畜表现兴奋不安;随着缺氧的加重,中枢神经系统呈现抑制状态,患畜表现运动失调、痉挛、昏迷,最后可因呼吸中枢、心脏和血管运动中枢麻痹,呼吸心跳停止而死亡。

缺氧引起的脑部形态变化除神经细胞变性、坏死外,主要是脑水肿。其发生机理主要是以下3个方面:①神经细胞膜电位的降低、神经介质的合成减少,缺氧 ATP 生成减少,使细胞膜上的钠泵功能失灵,细胞内钠离子增多,并吸收水分,导致脑神经细胞、胶质细胞和血管内皮细胞肿胀。②由于缺氧和酸中毒,使细胞膜磷脂蛋白发生改变,通过自由基反应,改变了蛋白构型,导致血管通透性加大,引起间质水肿。③脑血管扩张,引起流体静压升高。④脑充血和脑水肿使颅内压升高,压迫脑血管而导致脑血流量减少,加重脑缺血和脑缺氧,形成恶性循环。

脑严重缺氧时,呼吸中枢的抑制使胸廓运动减弱,可导致静脉回流减少,全身性极严重而持久的缺氧使体内产生大量乳酸、腺苷等代谢产物,后者可直接扩张外周血管,使外周血管床扩大,大量血液淤积在外周,回心血量减少,使心输出量减少,而引起循环衰竭。

四、血液系统的变化

(一)血液系统的代偿反应

血液系统对缺氧的代偿性反应表现为红细胞数量的增加以及氧离曲线的右移,使氧的运输和向组织释放氧的能力增强。

1. 红细胞和血红蛋白增多 缺氧可以使血液红细胞数量和血红蛋白量增多,由于交感-肾上腺系统兴奋,可使脾脏等贮血器官的血管收缩,释放红细胞入血,从而引起细胞增多。另一方面由于缺氧刺激肾脏释放促红细胞生成素增多,使骨髓造血机能增强,红细胞生成和释放入血增多,血液中红细胞数量增多,可提高血液携氧能力,使血氧容量和血氧含量增加,对缺氧有代偿意义。但红细胞增多,可使血液黏性增加,血流缓慢,形成血栓的可能性增加,不利于氧的运输。

2. 红细胞内 2,3-DPG 合成增多,氧离曲线右移 缺氧使 2,3-DPG 合成增多,2,3-DPG 是红细胞内糖酵解过程的中间产物。红细胞内的 2,3-DPG 虽然也能供能,但其主要作用是与脱氧血红蛋白结合而降低血红蛋白与氧的亲和力,导致氧离曲线右移,使得血红蛋白与氧的亲和力降低,有利于血液在组织中释放出较多的氧供组织利用。当缺氧伴有高碳酸血症和代谢性酸中毒时,氧离曲线右移则更显著。

缺氧时,红细胞内 2,3-DPG 合成增多,氧离曲线右移对机体的影响取决于吸入气、肺泡气及动脉血氧分压的变化程度。若动脉血氧分压在曲线的平坦段变动,此时曲线右移,有利于血液内氧向组织释放,对血氧饱和度的影响就不会太大;而当氧分压降低到曲线的陡坡段时,则动脉血氧含量明显降低,若此时氧离曲线右移,便会由于血红蛋白在肺中与氧结合减少而失去代偿意义。

(二)发绀

缺氧可伴有发绀。发绀是指可视黏膜或皮肤呈现蓝紫色,是还原血红蛋白含量超过 5 g/100 mL 的表现,见于低张性缺氧。发绀的程度取决于还原血红蛋白的浓度。此外,高铁血红蛋白呈暗蓝色,所以,当血液中含有一定量的高铁血红蛋白时,也表现出发绀,见于血红蛋白变性引起的循环性缺氧。缺氧不一定都伴有发绀,如严重贫血引起的血液性缺氧、组织中毒性缺氧,由于血液中还原血红蛋白含量基本正常,故不出现发绀。反之,不伴有缺氧的疾病如真性红细胞增多症,当毛细血管内血液中的还原血红蛋白超过 5 g/100 mL 时,也可呈现紫绀。

五、组织细胞的变化

缺氧时细胞反应是机体功能、代谢变化的基础。细胞对缺氧的反应包括适应性反应和损伤性反应。

(一)细胞适应性反应

在供氧不足的情况下,组织细胞可通过增强对氧的利用能力和增强无氧酵解过程,以获取维持生命活动所必需的能量。

1. 细胞利用氧的能力增强 轻中度慢性缺氧时,细胞内线粒体数量增加,其中的氧化还原酶活性增强,可增加组织利用氧的能力。

2. 肌红蛋白增加 慢性缺氧会造成肌肉中肌红蛋白的含量增加,可使得肌肉贮存较多的氧,以补偿组织中氧含量的不足。

3. 无氧酵解增强　严重缺氧时，ATP 生成减少，ATP/ADP(二磷酸腺苷)比值下降，以致磷酸果糖激酶(控制糖酵解过程最主要的限速酶)活性增强，促使糖酵解过程加强，在一定程度上可补偿能量的不足。

(二)细胞损伤性变化

1. 细胞膜损伤　一般而言细胞膜是细胞缺氧最早发生损伤的部位。缺氧使细胞产生的 ATP 减少，细胞膜对离子的通透性增高，导致 Na^+、K^+、Ca^{2+} 等离子顺浓度差通过细胞膜，使细胞膜电位下降。

2. 线粒体损伤　重度的急性缺氧，由于线粒体内氧化过程障碍，线粒体变性，出现线粒体肿胀、嵴断裂崩解、外膜破裂、基质外溢等病变，细胞、组织因能量不足而陷于代谢机能紊乱。

3. 溶酶体损伤　缺氧以及缺氧导致的酸中毒可激活磷脂酶，分解磷脂膜，使溶酶体通透性增高。溶酶体由于膜通透性增高而释放出大量的水解酶可损害细胞，导致细胞变性和坏死。

细胞受损程度取决于细胞对缺氧的敏感性、缺氧的程度和持续时间。不同组织细胞对缺氧的敏感性不同，神经细胞最敏感，其次是心肌细胞和肝细胞。

器官对缺氧的敏感性主要取决于以下因素：

(1)组织产能的特点　如脑组织的能量绝大部分产自葡萄糖的有氧氧化过程，而骨骼肌可通过糖的无氧酵解过程产生能量，因此脑比骨骼肌对缺氧更敏感。

(2)组织耗氧的速度　如每日的耗氧量脑约为 47.9 L/kg、心脏 140 L/kg、肾脏 83 L/kg，明显大于皮肤的 2.72 L/kg，故对缺氧的敏感性也高得多。

(3)细胞之间功能的联系性　如肝细胞可单独行使其代谢与解毒功能，而脑细胞必须相互联系才能发挥神经调节作用。故当部分脑细胞缺氧后对脑机能影响大，而部分肝细胞受损对肝功能的影响则较小。这也是脑对缺氧敏感性高的缘故。就整体而言，机体对全身性缺氧的耐受性，一方面取决于对缺氧较敏感的重要器官，如脑、心的代谢强度和需氧量；另一方面取决于肺、心血管及造血系统的代偿能力和组织利用氧的能力。机体的机能状态不同，对缺氧的反应也不同，如中枢神经系统兴奋、剧烈活动、发热、甲状腺机能亢进等状态，由于代谢强度增高和需氧量增大，机体对缺氧的耐受性则降低；而中枢神经系统抑制、低温麻醉等状态，由于物质代谢减弱，对缺氧的耐受性则增强。动物的种属和年龄不同，对缺氧的耐受性也有一定差异。通常动物进化程度越高，中枢神经系统越发达，对缺氧的耐受性越低；新生动物比成年动物对缺氧的耐受性高。

除以上所述神经系统、呼吸与循环系统机能障碍外，肝、肾、消化道、内分泌等各系统的功能均可因严重缺氧而受损害。

组织细胞是如何感知环境中氧的变化并产生应答反应的？随着分子生物学技术迅猛发展，在核酸、蛋白质水平上对细胞的缺氧有了深入的认识，提出了氧感受器的假说。氧感受是一个多途径调控的复杂过程。通过缺氧信号转导、缺氧基因表达及其调控、缺氧信号整合，使机体对缺氧表现出相应的应答。

(杨利峰)

第七章　炎　症

第一节　概　述

炎症(inflammation)是动物机体对各种致炎因素及其引起的损伤产生的防御性反应。其基本病理变化为炎灶局部组织细胞的变质、渗出和增生。同时往往还伴有发热、白细胞增多等全身反应。从炎症的本质上看,炎症是清除与消灭各种致炎因素和促进损伤修复,是机体的一种防御适应性反应,但是在抗损伤过程中还会引起血液循环障碍、炎症介质的释放以及组织的变性、坏死等,因此,对炎症过程必须辩证地分析和看待。

在生物界,无论是动物还是植物,一旦受到内外环境各种损伤因子的作用,就必然会发生各种反应。单细胞动物和其他无血管的多细胞动物对损伤因子发生反应主要是以吞噬和清除作用为主,但这种吞噬和清除还不能称为炎症。只有生物进化到机体发育产生了血管系统,才出现了以局部血管反应为主要特征,同时又保留了上述吞噬和清除等反应的复杂而又完善的炎症过程。因此,从生物进化角度来看,局部血管反应是炎症过程的中心环节。

炎症是许多疾病所共有的基本病理过程,所谓的"十病九炎",充分说明了炎症的普遍性。以日常所见的疖、脓疮、创伤到各种传染病、寄生虫病,无不是以炎症为其基本病理过程的。因此,对炎症的认识与了解,能帮助我们理解疾病发生、发展的机制,以及分析与解决兽医临床问题。早在两千多年前我国第一部医学经典《黄帝内经》指出:"大热不止,热胜则肉腐,肉腐则为脓"。古希腊医生 Hippocrate 最早用 flame(燃烧)一词来形容局部发热这一特征。公元前一世纪,一位罗马医生 Celsus 记述了"rubor(红)、tumor(肿)、calor(热)、dolor(痛)"4 种临床表现。16 世纪才出现炎症"inflammation"一词,其词根"inflame"火焰正是对这种临床表现的深刻描述。19 世纪,生理学的发展使医学取得了突破性进展。从生理学的角度认为疾病即为机体功能的紊乱,因此,Galenic 在引用 Celsus 的描述时,增加了"loss of function"(功能障碍)一词。到这时,炎症仍像当时对疾病的认识一样,只认为是机体损伤性反应。也是在 19 世纪,人们开始了用显微镜观察炎症过程的实验病理学的研究。德国病理学家 Cohnheim 观察了炎症反应的血管应答,发现活体青蛙的肠系膜受到刺激后出现下列变化:早期微动脉扩张,血流加快,以后血流变慢,白细胞靠边,并穿过血管壁到达血管外。在有些小静脉内红细胞密集排列,血浆渗出。俄国生物学家 Metchnikoff 于 1884 年提出"吞噬理论",认为炎症的实质即吞噬细胞移行到受损伤部位,吞噬和破坏刺激因子。因此,他首次将炎症的本质从对机体的一种损伤性反应转变为是一种防御性反应。这是炎症认识史上一个最重要的里程碑。进入 20 世纪,炎症研究的视野从对炎症本质的认识转移到了炎症发生、发展的机制方面,从而开拓了一个十分重要的新研究领域:炎症介质。大量的研究逐渐发现,无论炎症反应的启动、进展、强度,以及效应无不受到诱导和调控。诱导和调控炎症反应的因素中最主要的就是炎症介质。对炎症介质的研究不仅揭示了炎症反应发生、发展的分子机制并且亦为临床上抑制炎症的不良作用,防治疾病提供了许多新的策略。

炎症反应的发生和发展取决于损伤因子和机体反应性两方面的综合作用。当机体遭受有害刺激物的作用,特别是微生物感染时,在受作用的局部会发生一系列复杂的炎症反应。在这个反应过程中,炎症局部表现出 3 种基本的病理变化:变质、渗出、增生。变质是指机体受到外源性和内源性损伤因子作用后,局部组织细胞发生各种损伤性病变;渗出是指在变质的基础上,局部组织出现血液循环障碍、白细胞游出以及液体的渗出;增生是炎症发展到一定阶段,局部组织细胞增生、修复损伤而结束。临床上,发炎的部位常表现红、肿、热、痛及机能障碍等症状。这种局部反应可以波及全身,引起机体发热和末梢血白细胞计数增多等,同时这种全身反应强弱又受到机体机能状态的影响。因此,炎症是以局部改变为主的全身性反应。局部炎症反应的同时,常有不同程度的全身反应,局部与整体的反应是密切相关的。

第二节　炎症的原因和影响炎症过程的因素

一、原因

炎症是由致炎因子引起的,凡能引起机体组织损伤的因素,在一定条件下皆可成为致炎因子。包括各种生物性因子、物理性因子、化学性因子、机械性因子和免疫性因子等。

1. 生物性因子　是最常见的外源性致炎因素,如细菌、病毒、真菌、支原体、螺旋体、立克次体、寄生虫及其产生的内外毒素等,生物性因子不仅能侵害局部组织发生炎症,而且某些病原体可以侵入血液或淋巴循环而引起严重的全身感染。生物性因子既可以直接破坏组织细胞,或通过产生毒素及代谢产物损伤组织,亦可通过诱发机体免疫应答时产生免疫损伤机制来间接损伤组织。不同的细菌、病毒、寄生虫等生物性因子所致的炎症反应不尽相同,具有病原特异性。

2. 物理性因子　除生物性因子外,物理性因子如高温的烧伤、烫伤,低温的冻伤,紫外线,放射性物质等作用于机体,从而引起炎症。

3. 化学性因子　外源性化学物质如强酸、强碱、刺激性物质、腐蚀剂、有毒物质(蛇毒、蜂毒等);内源性化学毒性物质是指机体自身产生的一些致炎因子,主要包括组织坏死崩解产物如组织胺、肽类,疾病过程中体内堆积的代谢产物如尿素、胆酸盐等以及一些病理性产物等作用于机体,从而引起炎症。

4. 免疫性因子　免疫性因子对组织所造成的损伤最常见于各种类型的过敏反应:Ⅰ型变态反应,如荨麻疹;Ⅱ型变态反应,如抗基底膜性肾小球肾炎;Ⅲ型变态反应,如免疫复合物型肾小球肾炎;Ⅳ型变态反应,如结核菌素反应。如结核菌素接种致敏动物皮内反应实验所引起的局部炎症反应,主要是因为致敏 T 淋巴细胞再次接触相关抗原与其反应时,释放淋巴因子而造成局部组织的损伤和炎症。

5. 机械性因子　各种机械力造成的扭伤、挫伤,各种器械造成的创伤等在达到一定程度时均可引起炎症反应。

二、影响因素

1. 致炎因素 在机体炎症反应过程中,致炎因子是引起炎症的重要因素和必要条件。没有致炎因子就不可能产生炎症,特别是一些生物性因素在引起动物疾病的同时往往都是以引起相应组织的炎症为基础。炎症反应的剧烈程度以及能否发生炎症反应,与致炎因子的种类、性质、数量、毒力、作用时间及作用部位等有关,如化脓性链球菌常常引起局部组织的急性化脓性炎,结核杆菌、鼻疽杆菌等常引起慢性增生性炎症。

2. 机体因素 炎症的发生除了与致炎因子有关外,还与机体自身的免疫状态、营养状态、机能状态、神经内分泌系统功能密切相关,这些因素的作用直接影响到炎症的是否发生和炎症发生的强弱。对某种病原微生物处于免疫状态的个体,炎症反应较轻,甚至不发生炎症;在麻醉、衰竭等情况下,炎症反应往往减弱,尤其是在机体免疫力低下、缺乏某些氨基酸或维生素等营养物质的个体,机体对致炎刺激反应性降低,引起所谓"弱反应性炎",炎症修复较慢,损伤部位经久不愈,甚至停滞,相反,对一些致敏机体,常对一些不引起炎症的物质(花粉、某些药物、异体蛋白等),出现强烈的炎症反应,如出现支气管哮喘、实验性局部过敏反应(arthus 反应)等,称强反应性炎或变态反应性炎;甲状腺素、生长激素、肾上腺盐皮质激素等对炎症有促进作用,而肾上腺糖皮质激素则抑制炎症反应。

第三节 炎症局部的基本病理变化

炎症的发生、发展是一个复杂过程,尽管引起炎症的原因和发病部位各不相同,表现形式也不一样,但是各种炎症的基本病理变化都是一致的,即各种炎症都有不同程度的变质(alteration)、渗出(exudation)和增生(proliferation)3 种基本病理变化,只不过不同类型的炎症和同一炎症的不同时期 3 种基本病变所表现出的程度不同,例如,急性炎症和炎症的早期通常以变质和渗出为主,增生较轻,慢性炎症和炎症的后期主要以增生为主,变质和渗出较轻,三者之间相互影响,相互联系,共同构成炎症的整个过程。

一、变质

变质是指炎灶局部组织、细胞发生变性、坏死和物质代谢障碍。变质是炎症的始动环节,其发生主要有两个方面的原因,一是致炎因子的直接损伤作用;二是炎症应答的副作用所导致。致炎因子的直接损伤作用,如创伤、中毒、缺血、缺氧等因素所引起的炎症中,在早期变质表现十分显著,随后才出现炎症的渗出和增生等反应,其变质常是诱发炎症应答的主要因素。但在另一些炎症中,变质常伴随炎症的发展才变得明显,如化脓性炎症、病毒性肝炎等,在这类炎症中,致炎因子的直接损伤作用轻微,但所引起的炎症应答在清除致炎因子时,对组织能产生显著的损害。

组织发生变质的时候,常常引起物质代谢、理化性质和组织细胞形态学的改变。

1. 形态学改变 组织细胞形态的改变主要表现为变性和坏死,如细胞发生颗粒变性、水泡变性、脂肪变性、玻璃样变性等以及坏死,间质发生黏液样变性、结缔组织玻璃样变性、纤维素样坏死等。

2. 物质代谢改变 炎灶组织物质代谢的特点是分解代谢加强和氧化不全产物堆积。糖无氧酵解加强引起乳酸在炎灶局部急剧增多,脂肪分解增加,但因氧化不全而导致酸性中间代谢产物如脂肪酸和酮体发生蓄积,其结果是引起炎灶内各种酸性产物增多。初期,炎灶及其周围组织发生充血,酸性代谢产物可被血液、淋巴液吸收带走,或被组织液中的碱储所中和,局部酸碱度可无明显改变。但随着炎症的发展,炎灶内酸性产物不断增多,加之血液循环障碍,碱储消耗过多,可引起酸中毒。一般在炎灶中心 pH 降低最明显,如急性化脓性炎时 pH 可降至5.6 左右 ,而炎灶边缘 pH 逐渐升高。此外,细胞崩解导致 K^+ 释放增多,炎灶内 K^+、H^+ 堆积引起离子浓度升高;炎灶内糖、蛋白质、脂肪分解生成许多小分子微粒,加之血管壁通透性升高、血浆蛋白渗出等因素,又可引起分子浓度升高。上述因素的综合作用使炎灶局部渗透压增高,使血液中水分大量进入炎区发生炎性水肿。

炎症应答的损伤机制与炎症过程中血管充血、血栓形成、炎性水肿、理化性质改变有关,同时,炎症过程中损伤的组织细胞释放的溶酶体酶类、钾离子等各种生物活性物质,促进了炎区组织的溶解和坏死,因此,炎症细胞应答的免疫损伤与炎症介质所介导的损伤作用有密切的关系。不同的炎症,组织的变质程度是不同的,这主要与致炎因子的性质和机体的反应性有关,过敏状态的机体发生炎症时,变质变化更为明显。

二、渗出

渗出(exudation)是指血液中的血浆成分、细胞成分从血管内出到炎区中(如组织间隙、体内管腔、体表等)的过程。炎症过程中机体的应答是十分复杂的,是一个多细胞、多系统作用的多环节的过程。包括免疫系统、血管系统、血凝系统、补体系统等多个系统参与。整个炎症应答过程,表现为以血管为中心,有血管扩张、血浆的渗出、细胞成分(特别是白细胞)的渗出等变化。由于血管中的血浆、白细胞的渗出是整个应答的核心,因此,常把炎症应答过程称为渗出。渗出是炎症反应最主要、最具特征性的变化,包括血液动力学改变、血管壁通透性增加、血管内液体成分渗出、白细胞渗出及其在局部发挥作用几个步骤。

(一)血液动力学改变

在炎症过程中,组织发生损伤后微循环很快发生血液动力学改变,即血流状态和血管口径的改变,病变发展速度取决于损伤的严重程度。血液动力学改变的过程和机制如下:

1. 细动脉短暂收缩   在炎症的早期,致炎因子作用于血管,由于神经反射和体液的参与(如儿茶酚胺、LTC_4、LTD_4)可引起炎区微动脉短暂的挛缩(数秒至数分钟),致使局部组织缺血,外观苍白,但由于时间太短,对炎症的发生一般没有实际意义。

2. 血管扩张,血流加速   在小动脉毛细血管发生数秒钟的短暂痉挛性收缩后,瞬即通过轴突反射使血管运动神经、胆碱能神经纤维兴奋,引起血管扩张,血流加快,使流入组织内的血液增多。先累及细动脉,随后导致更多微血管床开放,局部血流量增加,并形成动脉性充血,这就是局部红、热的原因。血管扩张的发生机制除了与神经轴突反射有关外,与体液因素即炎症介质也有关。神经因素引起的血管扩张只是暂时的,而体液因素的作用较持久。

3. 血流速度减慢   由于血管扩张,血管壁通透性升高,血管内富含蛋白质的液体向血管外渗出,导致小血管内血液浓缩,红细胞黏集,血液黏稠度增加,血流变慢(淤血),最后在扩张的小血管内充满了红细胞,他们随心跳在原位摆动,称为血流停滞。此外,组织水肿及静脉受压,影响静脉回流,使微循环毛细血管也扩张,以及血管内皮细胞肿胀、白细胞附壁、血流阻力增加等,对血流减慢和血流淤滞的发生也有一定的作用。

血液动力学改变的速度取决于致炎因子损伤的种类和严重程度。如果是极轻度刺激,引起的血流加快仅持续 10～15 min,然后逐渐恢复正常;轻度刺激下血流加快可持续几小时,随后血流速度减慢,甚至发生血流停滞;较重刺激可在 15～30 min 内出现血流停滞;而严重损伤仅在几分钟内发生血流停滞。此外,在炎症灶的不同部位血液动力学改变是不同的,例如烧伤病灶的中心已发生了血流停滞,但病灶周边部血管可能仍处于扩张状态。

(二)血管通透性升高

在炎症过程中富含蛋白质的液体渗出到血管外,聚集在间质内称为炎性水肿,若聚集于浆膜腔则称为浆膜腔炎性积液。炎性水肿在急性炎症过程中常表现得很突出,引起炎性水肿的因素包括:血管扩张和血流加速引起流体静力压升高和血浆超滤;富含蛋白质的液体外渗到血管外,使血浆胶体渗透压降低,而组织内胶体渗透压升高。因此,微循环血管壁的通透性是影响血管通透性的重要环节,而微循环血管壁通透性的维持主要依赖于血管内皮细胞的完整性。在炎症过程中下列机制可影响血管内皮的完整性,引起血管通透性增加:

1. 内皮细胞收缩 由组织胺、缓激肽、白细胞三烯和 P 物质等作用于内皮细胞受体使内皮细胞迅速发生收缩,在内皮细胞间出现 0.5～1.0 nm 的缝隙。白细胞介素 1-(IL-1)、肿瘤坏死因子(TNF)、γ-干扰素(IFN-γ)、缺氧和某些亚致死性损伤可引起内皮细胞骨架重构,内皮细胞发生收缩。

2. 穿胞作用增强 近内皮细胞间连接处由相互连接的囊泡所构成的囊泡体,形成穿胞通道,富含蛋白质的液体通过穿胞通道穿跃内皮细胞称为穿胞作用(transcytosis),引起血管通透性增加,主要发生在小静脉。

3. 直接损伤内皮细胞 严重烧伤和化脓菌感染时可直接损伤内皮细胞,使之坏死脱落,血管通透性增加,并在高水平上持续几小时到几天,直至血栓形成或内皮细胞再生修复为止。轻、中度热损伤、X 射线和紫外线照射、某些细菌毒素引起的血管通透性增加发生较晚,常在 2～12 h 之后,但可持续几小时到几天,累及毛细血管和细静脉。

4. 白细胞介导的内皮细胞损伤 白细胞黏附于内皮细胞,使白细胞激活,并释放具有活性的氧代谢产物和蛋白水解酶,引起内皮细胞损伤和脱落,使血管通透性增加。

5. 新生毛细血管壁的高通透性 在炎症修复过程中形成的血管内皮细胞连接不健全,因而新生毛细血管具有高通透性。

微循环血管通透性升高的结果是导致血浆成分渗出(exudation)。渗出的液体成分叫渗出液(exudate)。渗出液进入组织间隙,引起组织间隙含水量增多,称为炎性水肿。炎性渗出液与漏出液不同,单纯流体静压升高所形成的液体,通常称为漏出液(transudate)。其区别见表 7-1。

表 7-1 渗出液与漏出液的比较

渗出液	漏出液
混浊	澄清
浓厚,含有组织碎片	稀薄,不含组织碎片
比重在 1.018 以上	比重在 1.015 以下
蛋白质含量高,超过 3%	蛋白质含量低,少于 3%
细胞含量高(>0.50×10⁹/L)	细胞含量少(<0.10×10⁹/L)
能自凝	不能自凝
醋酸沉淀试验阳性(Rivalta 试验阳性)	醋酸沉淀试验阴性(Rivalta 试验阴性)
与炎症有关	与炎症无关

炎性水肿的发生是血管通透性升高的结果,但其发展过程中,血液中大分子物质渗出和炎区组织细胞裂解所引起的管壁两侧渗透压的改变也起到了推波助澜的作用。

渗出液的作用　局部大量渗出液可稀释毒素,以减轻对局部的损伤作用,并为炎区组织细胞带来营养物质及带走炎性代谢产物。渗出物内含有补体和抗体等物质,有利于消灭病原体。渗出物中的纤维素互相交织形成网架,可限制病原体的扩散,同时也有利于吞噬细胞发挥吞噬作用。在炎症后期,还有利于组织修复。但渗出液过多也有不利的一面,发生在肺脏可影响气体交换,发生在脑膜可导致颅内压升高,引起头痛等神经症状,心包腔积液过多加重心脏负担,限制心脏搏动引起血液循环障碍,甚至心衰。

(三)白细胞渗出和吞噬作用

炎症反应最重要的功能是将炎症细胞输送到炎症灶,白细胞渗出是炎症反应最重要的指征。中性粒细胞和单核细胞可吞噬和降解细菌、免疫复合物和坏死组织碎片,构成炎症反应的主要防御环节。白细胞相对渗出过多,也可通过释放蛋白水解酶、化学介质和毒性氧自由基等,加重组织损伤并可能延长炎症过程。

白细胞的渗出过程是复杂的连续过程,包括白细胞边集、附壁、黏着和游出等阶段,并在趋化因子的作用下运动到炎症灶,在局部发挥防御作用。

1. 白细胞的附壁(margination pavementing)　正常情况下血流分成不同的带,血细胞等有形成分位于血流中央形成轴流,近血管壁为血浆成分,称为边流。炎症发生时,由于局部血管扩张淤血和液体渗出,血流缓慢或停滞,处于轴流中的白细胞逐渐进入边流并贴近血管内皮细胞滚动(白细胞边集),与血管内皮细胞黏附不再滚动称为白细胞附壁。白细胞的附壁是由选择素介导的。当致炎因子刺激后,通过炎症介质(如 IL-1、IL-6、TNF 等)的释放,刺激选择素(如血管内皮细胞上的 E-选择素、白细胞上的 L-选择素)的表达,通过选择素和相应配体间的作用,引起白细胞的滚动、流速变慢并靠近血管内皮。

炎症过程中白细胞附壁与机体中其他细胞与细胞之间的黏附机制一样,也是由黏附分子(adhesion moleculars)介导实现的。黏附分子是表达于细胞膜表面的一群糖蛋白,它与存在于其他细胞或基质中的配体结合,导致细胞-细胞、细胞-基质间的黏附反应,黏附分子又称黏附受体。它包括选择素家族(selection family)、免疫球蛋白超家族(immunoglobulin super family)和整合素家族(integrin family)3 大类。白细胞翻滚过程中产生的信号激活整合素,阻止了白细胞的翻滚,白细胞通过淋巴细胞功能相关抗原 1(LFA-1)和细胞间黏附分子 1(ICAM-1)、最晚期活化抗原 4(VLA-4)和血管细胞黏附分子 1(VCAM-1)等的相互作用,引起白细胞与内皮细胞的紧密黏附。黏附的白细胞可在内皮细胞表面形成一层,甚至堆积。

2. 白细胞游出(leucocytic emigration)　白细胞与血管内皮细胞黏附后,通过阿米巴样运动(amoebaoid movement)穿过血管壁,并游走到炎灶中,这个过程称为白细胞的游出。炎症时游出的白细胞称作炎性细胞(inflammatory cells)。

白细胞的游出部位主要是小静脉和小静脉端毛细血管。通过电镜观察证实,白细胞是通过内皮细胞的连接处游出的(图 7-1),此时内皮细胞间出现裂隙,当游出后,这种裂隙又很快重新连接起来。白细胞游出是白细胞和内皮细胞相互协同作用的主动过程。近年研究发现,附壁的白细胞穿过血管壁,亦是由黏附分子协同完成的。血小板/内皮细胞黏附分子-1(platelet/endothelial cell adhesion molecular-1,PECAM-1)的 Ig 家族成员 PECAM-1 在内皮细胞表达,其中 15% 分布在内皮细胞表面,85% 分布在内皮细胞的连接处,并从细胞的表面到基底部呈梯度分布。因此,附壁的白细胞便在PECAM-1介导下穿过内皮细胞连接处。也有的资料表明白细胞的游出可能与 ICAM-1 和 LFA-1 相互反应有关。

3. 炎性细胞浸润(inflammatory cell infiltration) 炎性细胞在炎区内聚集并发挥吞噬作用的现象称作炎性细胞浸润。炎性细胞浸润是炎症反应的重要特征。

炎症的不同阶段游出的白细胞的种类有所不同。在急性炎症的早期中性粒细胞首先游出,48 h 后所见则以单核细胞在组织内浸润为主,其原因在于:①中性粒细胞寿命短,经过 24～48 h 后中性粒细胞崩解消失,而单核细胞在组织中寿命长;②中性粒细胞停止游出后,单核细胞可继续游出;③炎症的不同阶段所激活的化学趋化因子不同,已证实中性粒细胞能释放单核细胞趋化因子,因此中性粒细胞游出后必然引起单核细胞游出。此外,致炎因子的不同,渗出的白细胞也不同。葡萄球菌和链球菌感染以中性粒细胞浸润为主,病毒感染以淋巴细胞浸润为主;在一些过敏反应中则以嗜酸性粒细胞浸润为主。

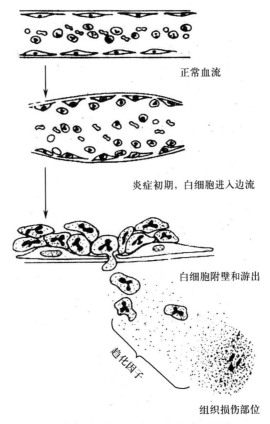

正常血流

炎症初期,白细胞进入边流

白细胞附壁和游出

趋化因子

组织损伤部位

图 7-1 炎症中白细胞游出模式图

趋化作用(chemotaxis) 白细胞穿过血管壁后,便向炎灶集中。白细胞这种定向朝炎灶运动的特性称之为趋化作用。不同的致炎因子或炎症的不同时期,所渗出的白细胞种类和数量有所不同。在炎症过程中,白细胞渗出过程、趋化性、以及渗出白细胞的种类等均受到调控。这些调控因素最主要的是一类被称之为趋化因子(chemotactic factors, or chemokines)的物质。趋化因子有外源性的和内源性的,并具有特异性。细菌及其代谢产物属于外源性的趋化因子,如从大肠杆菌和葡萄球菌分离出的一些多肽和类脂类趋化因子对中性白细胞具有很强的趋化作用;在炎症过程中,多数趋化因子都是体内产生的即为内源性的趋化因子,如来源于补体系统的 LTB_4、IL-8 是中性白细胞很强的趋化剂,C_{5a}、LTB_4、阳离子蛋白、单核细胞趋化因子等是单核细胞的趋化因子,C_{5a}、ECF-A、T 细胞分泌的嗜酸性粒细胞趋化因子等都是嗜酸性粒细胞的趋化因子。趋化因子精确调控着白细胞向炎区游出、集中,并行使其功能。

4. 白细胞在局部的作用 许多化学趋化因子不仅具有对白细胞的化学趋化作用,而且可激活白细胞,白细胞的激活也可由吞噬作用和抗原抗体复合物引起。白细胞在局部可发挥吞噬作用、免疫作用和组织损伤作用。

(1)吞噬作用 吞噬作用是指白细胞游出并抵达炎灶的途中吞噬病原体和组织碎片的过程,是炎症防御作用的重要组成部分。吞噬作用是除了白细胞通过释放溶酶体酶之外的另一种杀伤病原体的途径。炎症过程中具有吞噬作用的细胞称为吞噬细胞。

1)吞噬细胞的种类　发挥此种作用的细胞主要为中性粒细胞和巨噬细胞。

2)吞噬过程　吞噬过程包括：识别及附着、吞入、杀伤和降解 3 个阶段。

①识别及附着（recognition and attachment）　吞噬细胞识别病原微生物并使其附着需要在血清存在的条件下才可实现。血清中存在着调理素（opsonin），所谓调理素是指一类能增强吞噬细胞吞噬功能的蛋白质。这些蛋白质包括免疫球蛋白 Fc 段、补体 C_{3b} 等。它们分别可被白细胞的免疫球蛋白 Fc 受体（FcR）和补体受体识别。当病原微生物表面被调理素包裹后，就与吞噬细胞表面相应的受体结合，这样病原微生物就被黏着在吞噬细胞的表面。在无血清存在的条件下，吞噬细胞则难以识别和吞噬病原微生物。②吞入（engulfment）　吞噬细胞附着于调理素化的颗粒状物体后，便伸出伪足，随着伪足的延伸和相互融合，形成有吞噬细胞膜包围吞噬物的泡状小体，称之为吞噬体（phagosome）。吞噬体与初级溶酶体融合形成吞噬溶酶体（phagolysosome），细菌在溶酶体内容物的作用下被杀伤和降解。FcR 附着于调理素化的颗粒便能引起吞入，但仅有补体 C_{3b} 受体不能引起吞入，只有在此种受体被细胞外基质成分纤维粘连蛋白和层粘连蛋白，以及某些细胞因子激活的情况下，才能引起吞入。此过程是一耗能过程，并且需要 Ca^{2+}、Mg^{2+} 的参与。③杀伤和降解（killing and degradation）　进入吞噬溶酶体的细菌可被依赖氧和不依赖氧机制杀伤和降解。进入吞噬溶酶体的细菌主要是被具有活性的氧代谢产物杀伤的。吞噬过程使白细胞的耗氧量激增，可达正常的 2～20 倍，并激活白细胞氧化酶（NADPH 氧化酶），后者使还原型辅酶Ⅱ（NADPH）氧化而产生超氧负离子 O_2^-。大多数超氧负离子经自发性歧化作用转变为 H_2O_2。H_2O_2 不足以杀灭细菌，在中性粒细胞浆内的嗜天青颗粒含有髓过氧化物酶（MPO），在 Cl^- 存在的情况下可产生次氯酸（$HOCl^-$）。$HOCl^-$ 是强氧化剂和杀菌因子。$H_2O_2^-$ MPO 卤素是中性粒细胞最有效的杀菌系统。细菌被杀死后，死细菌可被溶酶体水解酶降解。嗜天青颗粒含有的酸性水解酶也可将其降解。细菌被吞入后，吞噬溶酶体的 pH 降至 4～5，有利于酸性水解酶发挥作用。

（2）免疫作用　发挥免疫作用的细胞主要为单核细胞、淋巴细胞和浆细胞。抗原进入机体后，单核细胞来源的组织内巨噬细胞将其吞噬处理，再把抗原递给 T 细胞和 B 细胞，免疫活化的淋巴细胞分别产生淋巴因子或抗体，发挥着杀伤病原微生物的作用。除巨噬细胞外，树突状细胞也可将抗原信息传递给淋巴细胞。

（3）组织损伤作用　炎症过程中，白细胞在化学趋化、激活和吞噬过程中不仅可向吞噬溶酶体内释放产物，而且还可将产物释放到细胞外间质中，中性粒细胞释放的产物包括溶酶体酶、活性氧自由基、前列腺素和白细胞三烯。这些产物可引起内皮细胞和组织损伤，加重原始致炎因子的损伤作用。单核巨噬细胞也可产生组织损伤因子。这些都可造成炎症局部一定范围的组织溶解和破坏。

5. 炎灶局部组织中炎症细胞的增生　炎灶中炎症细胞除从血管渗出外，还可从炎区组织中增生而形成，增生的炎症细胞只限于正常情况下就已到组织中定居的淋巴细胞和巨噬细胞。在正常机体中，淋巴细胞形成专门的淋巴器官，另外还分散存于各组织器官中；机体各组织中存在着一个巨噬细胞系统。这两类细胞是担负器官组织局部防御机能的成员之一。在炎症过程中，局部组织中的这两种细胞相应地会出现反应。有时会发生分裂增生，作为炎症细胞除血管渗出外的另一个来源。这种增生在一些炎症过程中表现得非常显著，甚至构成主要的细胞反应形式。

(四)炎症细胞的种类及功能

在炎症反应中,渗出的白细胞种类主要有中性粒细胞、嗜酸性粒细胞、嗜碱性粒细胞、单核细胞和淋巴细胞,加上在组织中广泛分布的肥大细胞、巨噬细胞、淋巴细胞及网状细胞,共同构成了炎症细胞群体(图 7-2)。不同致炎因子所引起的炎症,以及炎症的不同阶段所出现的炎症细胞的种类及数量有所差异。

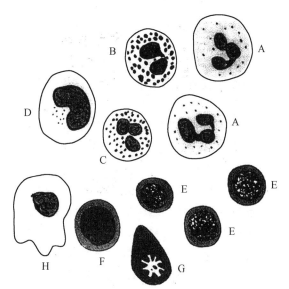

A. 中性粒细胞;B. 嗜酸性粒细胞;C. 嗜碱性粒细胞;D. 单核细胞;E. 淋巴细胞;F. 大淋巴细胞;G. 浆细胞;H. 网状细胞。

图 7-2　炎性细胞模式图

1. 中性粒细胞(neutrophil)　中性粒细胞是循环血液中的白细胞之一,多见于急性炎症的早期和化脓性炎症,具有很强的游走运动能力和吞噬能力,能吞噬细菌、组织碎片、抗原抗体复合物及细小异物颗粒,又称小吞噬细胞,并能释放血管活性物质和趋化因子,促进炎症的发生、发展,它构成了机体防御的主要成分。在大多数炎性渗出物中,均含有中性粒细胞。它往往是炎灶中最早渗出的粒细胞,但数量因致炎因子不同和宿主的反应不同而异。中性粒细胞在 pH 7～7.4 的环境中功能最活跃,pH 6.6 以下开始崩解。在细菌性感染,特别是化脓性细菌感染中,中性粒细胞大量渗出,其死亡的中性粒细胞构成了脓汁的成分之一。血液中白细胞分类计数可反映出机体炎症中中性白细胞的变化。在细菌感染性炎症,外周血内中性粒细胞往往也出现增多;但在一些病毒性感染时,中性粒细胞会出现减少。中性粒细胞减少或幼稚型中性粒细胞增多,往往是病情严重的表现。

中性粒细胞的形态结构特征是核分叶,成熟的中性粒细胞胞核分成 2～5 个叶,幼稚的胞核不分叶而呈弯曲的杆状或带状,细胞直径 10～12 μm,胞浆中有嗜中性颗粒,HE 染色呈淡红色中性颗粒,禽类颗粒较大,呈圆形或椭圆形嗜酸性染色,因此禽类的中性粒细胞又称伪嗜酸性粒细胞。颗粒内含有多种溶酶体,如胰蛋白酶、组蛋白酶、核甘酸酶、脱氧核糖核酸酶、脂酶、酸性及碱性磷酸酶、溶菌酶、过氧化酶等,因此中性粒细胞对吞噬的异物具有较强的消化能力,崩解后释放各种酶类,溶解周围变质组织,形成脓汁。例如,溶菌酶可以水解革兰氏阳性菌细胞壁的酰基多糖而使细菌死亡。中性粒细胞脱颗粒过程中还释放白细胞致热原,作用于下丘脑下部体温调节中枢,使体温升高。但在炎症组织的病理切片中,其核分叶特征没有血液涂片那样明显,而呈现不规则和多形状。因此,常被称为多形核细胞(polymorphonuclear leuko-cyte)。

2. 嗜酸性粒细胞(eosinophil)　嗜酸性粒细胞在循环血液中只占 1‰～7‰,直径 12～17 μm,成熟的细胞核多分为 2 叶,各自呈卵圆形,因胞浆中含有粗大的嗜伊红颗粒(嗜酸性染色)而得名。嗜酸性粒细胞具有游走运动能力,在趋化因子作用下游走至炎灶中,主要通过脱颗粒发挥其生物学效应。诱导嗜酸性粒细胞脱颗粒的因素主要有 IgE、C_3、血小板激活因子(PAF)等。

嗜酸性粒细胞的颗粒主要含有碱性蛋白、阳离子蛋白、过氧化物酶、活性氧以及 PAF、白细胞三烯等炎症介质。其主要功能是吞噬抗原抗体复合物,杀伤寄生虫。因此,嗜酸性粒细胞增多和渗出主要与变态反应及寄生虫感染有关。此外,在许多疾病特别是组织损伤性疾病中,也常见嗜酸性粒细胞渗出增多,在猪食盐中毒时能引起特异性嗜酸性粒细胞性脑炎,具有重要的诊断意义。

3. 嗜碱性粒细胞和肥大细胞(basophil and mast cell) 嗜碱性粒细胞和肥大细胞参与许多炎症过程,二者在形态和功能上有许多相似之处,它们的功能主要是通过脱颗粒来实现的。嗜碱性粒细胞直径 $10\sim12~\mu m$,胞浆中含稀疏粗大的嗜碱性颗粒,颗粒中含有肝素、组织胺、血小板激活因子和其它血管活性物质,胞核呈不规则的 S 状。嗜碱性粒细胞参与 I 型变态反应。肥大细胞的颗粒中含有组织胺、5-羟色胺、肝素、中性粒细胞趋化因子、嗜酸性粒细胞趋化因子、血小板激活因子等。嗜碱性粒细胞是循环血液中数量最少的白细胞,而肥大细胞广泛存在于结缔组织和皮下。它们脱颗粒主要通过 IgE 和补体成分介导。在速发性过敏反应、迟发性过敏反应及寄生虫疾病中,机体产生大量 IgE 和补体成分与肥大细胞及嗜碱性粒细胞膜上的受体结合,导致脱颗粒,颗粒中的各种炎症介质便启动急性和慢性炎症反应的发生。肥大细胞还能合成黏多糖前身物质,对促进炎症组织的修复具有积极的作用。

4. 单核细胞和巨噬细胞(monocyte and macrophage) 单核细胞与巨噬细胞均来源于骨髓多潜能干细胞。经过分裂与分化,形成血液中单核细胞,直径 $15\sim25~\mu m$,胞核肾形或马蹄形,胞浆内含有细小的嗜天青颗粒(即溶酶体),单核细胞游出血管进入组织中便转变成巨噬细胞。不同组织的巨噬细胞处在不同的分化阶段,再加上外界因素和细胞因子对它的激活程度差异,决定了单核巨噬细胞是一群异质性很大的细胞(表 7-2)。

表 7-2　单核巨噬细胞的异质性

单核巨噬细胞	分布的组织
单核细胞	血液
组织细胞	结缔组织
肺泡巨噬细胞	肺
渗出巨噬细胞	浆膜腔(胸腔、腹腔)
枯否氏细胞	肝
A 型滑膜细胞	关节
小胶质细胞	神经系统
破骨细胞	骨
组织巨噬细胞	脾、淋巴结、骨髓等

单核巨噬细胞具有很强的变形运动能力和吞噬机能。可吞噬体积较大的微生物、异物以及衰老细胞、肿瘤细胞等,对靶细胞还可通过细胞毒作用予以杀伤。巨噬细胞还参与特异性免疫反应。此外,还能产生许多炎症介质,参与炎症反应。在炎症反应时,单核巨噬细胞一般较中性粒细胞晚进入炎灶。在一些慢性细胞内感染的细菌,如结核杆菌、布氏杆菌、李氏杆菌以及一些病毒感染时,单核巨噬细胞常成为主要的炎症细胞。在由大量巨噬细胞聚集所形成的肉芽肿性炎灶中,巨噬细胞可转变成上皮样细胞(epithelioid cell)和多核巨细胞(giant cell)。上皮样细胞为过度成熟的巨噬细胞,由于相邻细胞的伪足互相交错致使胞界不清,加之胞浆细

胞器少,着色淡,呈现上皮细胞的外观。多核巨细胞被认为是相邻巨噬细胞相互融合而形成的,细胞体积巨大,含有多个核。根据核的排列,可将多核巨细胞分为 2 种类型:一种称为郎格罕巨细胞(Langhan′s giant cell),其核沿周边排列;另一种为异物巨细胞(foreign body giant cell),核散在分布。郎格罕巨细胞常出现在结核结节、鼻疽结节、放线菌感染等感染性肉芽肿中,而异物巨细胞常见于缝线、寄生虫卵等异物刺激所致的异物性肉芽肿。

5. 淋巴细胞(lymphocyte) 淋巴细胞是构成免疫器官的基本单位,它包括了许多形态相似而功能不同的各淋巴细胞亚群。淋巴细胞有大、中、小之分,直径分别为 5 μm、10 μm、15 μm,成熟的淋巴细胞多为小淋巴细胞。淋巴细胞由骨髓干细胞分化而来,伴随胚胎发育过程,骨髓干细胞分裂增殖,进入腔上囊或类似组织、胸腺等中枢免疫器官中,在此繁殖、诱导分化成为具有免疫活性的 B 淋巴细胞和 T 淋巴细胞,再经血流迁移至外周淋巴器官中。进入外周淋巴器官的淋巴细胞,可再经淋巴管回到血液,进行再循环。参与再循环的淋巴细胞绝大多数是 T 细胞和少量 B 细胞。根据来源、功能及淋巴细胞膜表面标志,可以把淋巴细胞分成 T、B、K、NK 等几大类。T 细胞和 B 细胞还可以进一步分为若干亚群。

T 淋巴细胞 简称 T 细胞,是骨髓干细胞经胸腺诱导分化所产生的,在免疫应答中扮演着重要的角色。T 淋巴细胞在胸腺内分化成熟,成熟的 T 细胞经血流分布至外周免疫器官的胸腺依赖区定居,并可经淋巴管、外周血和组织液等进行再循环,发挥细胞免疫及免疫调节等功能。T 淋巴细胞膜表面分子与 T 淋巴细胞的功能相关,也是 T 淋巴细胞的表面标志,可以用于分离、鉴定不同亚群的 T 淋巴细胞。

按免疫应答中的功能不同,可将 T 细胞分成若干亚群,一致公认的有:辅助性 T 细胞(TH),具有协助体液免疫和细胞免疫的功能;抑制性 T 细胞(TS),具有抑制细胞免疫及体液免疫的功能;效应 T 细胞(TE),具有释放淋巴因子的功能;细胞毒 T 细胞(TC),具有杀伤靶细胞的功能;迟发性变态反应 T 细胞(TD),有参与 IV 型变态反应的作用;放大 T 细胞(TA),可作用于 TH 和 TS,有扩大免疫效果的作用;记忆 T 细胞(TM),有记忆特异性抗原刺激的作用。T 细胞在体内存活的时间为数月至数年,其记忆细胞存活的时间则更长。

T 细胞是淋巴细胞的主要组分,它具有多种生物学功能,如直接杀伤靶细胞,辅助或抑制 B 细胞产生抗体,对特异性抗原和促有丝分裂原的应答反应以及产生细胞因子等,是机体中抵御病原感染、肿瘤形成的主力。T 细胞产生的免疫应答是细胞免疫,细胞免疫的效应形式主要有 2 种:一种是与靶细胞特异性结合,破坏靶细胞膜,直接杀伤靶细胞;另一种是释放淋巴因子,最终使免疫效应扩大和增强。

B 淋巴细胞 亦可简称 B 细胞,来源于骨髓的多能干细胞。在禽类是在法氏囊内发育生成,故又称囊依赖淋巴细胞(bursa dependent lymphocyte)。与 T 淋巴细胞相比,它的体积略大。这种淋巴细胞受抗原刺激后,会增殖分化出大量浆细胞。浆细胞可合成和分泌抗体并在血液中循环。从骨髓来的干细胞或前 B 细胞,在迁入法氏囊或类囊器官后,逐步分化为有免疫潜能的 B 细胞。成熟的 B 细胞经外周血迁出,进入脾脏、淋巴结,主要分布于脾小结、脾索及淋巴小结、淋巴索及消化道黏膜下的淋巴小结中,受抗原刺激后,分化增殖为浆细胞,合成抗体,发挥体液免疫的功能。B 细胞在骨髓和集合淋巴结中的数量比 T 细胞多,在血液和淋巴结中的数量比 T 细胞少,在胸导管中则更少,仅少数参加再循环。B 细胞的细胞膜上有许多不同的标志,主要是表面抗原及表面受体。

浆细胞胞浆较丰富,核呈圆形,常位于细胞的一侧,核染色质致密,沿核膜呈辐射状排列。

浆细胞能产生抗体,引起体液免疫反应。

K 淋巴细胞　又称抗体依赖淋巴细胞,直接从骨髓的多能干细胞衍化而来,表面无抗原标志,但有抗体 IgG 的受体。发挥杀伤靶细胞的功能时必须有靶细胞的相应抗体存在。靶细胞表面抗原与相应抗体结合后,再结合到 K 细胞的相应受体上,从而触发 K 细胞的杀伤作用。凡结合有 IgG 抗体的靶细胞,均有被 K 细胞杀伤的可能性。因此,也可以说 K 细胞本身的杀伤作用是非特异性的,其对靶细胞的识别完全依赖于特异性抗体的识别作用。当体内仅有微量特异性抗体,虽可与抗原结合,但不足以激活补体系统破坏靶细胞时,K 细胞即可发挥其杀伤作用。K 细胞在腹腔渗出液、脾脏中较多,淋巴结中较少,胸导管淋巴液中没有,表明 K 细胞不参加淋巴细胞的再循环。但 K 细胞的杀伤作用在肿瘤免疫、抗病毒免疫、抗寄生虫免疫、移植排斥反应及一些自身免疫性疾病中均有重要作用,产生的免疫应答有免疫防护及免疫病理 2 种类型。如靶细胞过大(寄生虫或实体瘤),吞噬细胞不能发挥作用或靶细胞表面被抗体覆盖,T 细胞不能接近时,K 细胞仍能发挥作用。肾移植中的排斥反应,机体自身免疫性疾病的受累器官或组织的破坏,都可能与 K 细胞有关。

NK 细胞　NK 细胞(natural killer cell,自然杀伤细胞)是与 T、B 细胞并列的第三类群淋巴细胞。NK 细胞数量较少,在外周血中约占淋巴细胞总数的 15%,在脾内有 3%～4%,也可出现在肺脏、肝脏和肠黏膜中,但在胸腺、淋巴结和胸导管中罕见。

NK 细胞较大,含有胞浆颗粒,故称大颗粒淋巴细胞。NK 细胞可非特异直接杀伤靶细胞,这种天然杀伤活性既不需要预先由抗原致敏,也不需要抗体参与,且无 MHC 限制。NK 细胞杀伤的靶细胞主要是肿瘤细胞、病毒感染细胞、较大的病原体(如真菌和寄生虫)、同种异体移植的器官、组织等。NK 细胞表面受体(NKR)可以识别被病毒感染的细胞表面表达的多糖分子。NK 细胞的杀伤效应由其活化后释放出的毒性分子介导,如穿孔素、颗粒酶和肿瘤坏死因子(TNFα)等。

淋巴细胞在炎症过程中的作用,一方面通过上述功能直接起到杀伤病原体等致炎因子的作用,另一方面还可通过产生大量的炎症介质调节其他炎症细胞的渗出和功能。在炎症灶中淋巴细胞一般出现于慢性炎症和炎症的较晚期,在一些病毒性疾病和过敏反应中,淋巴细胞常成为主要的炎症细胞。

树突状细胞(Dendritic cells,DC),DC 是机体功能最强的专职抗原递呈细胞(Antigen presenting cells,APC),它能高效地摄取、加工处理和递呈抗原,未成熟 DC 具有较强的迁移能力,成熟 DC 能有效激活初始型 T 细胞,处于启动、调控、并维持免疫应答的中心环节。它们通常少量分布于与外界接触的皮肤(黏膜)部位,主要分布在皮肤(在皮肤上的,称为 Langerhans 细胞)和鼻腔、肺、胃、肠的内层。血液中也可发现它们的未成熟型式。它们被活化时,会移至淋巴组织中与 T 细胞、B 细胞互相作用,以刺激和控制适当的免疫反应。

动物体内大部分 DC 处于非成熟状态,表达低水平的共刺激因子和黏附因子,体外激发同种混合淋巴细胞增殖反应的能力较低,但未成熟 DC 具有极强的抗原吞噬能力,在摄取抗原(包括体外加工)或受到某些因素刺激时即分化为成熟 DC,而成熟的 DC 表达高水平的共刺激因子和黏附因子。DC 在成熟的过程中,由接触抗原的外周组织迁移进入次级淋巴器官,与 T 细胞接触并激发免疫应答。

DC 作为目前发现的功能最强的 APC,能够诱导特异性的细胞毒性 T 淋巴细胞(cytotoxic T lymphocyte,CTL)生成。近年来研究表明,应用肿瘤相关抗原或抗原多肽体外冲击致敏

DC,回输或免疫接种于载瘤宿主,可诱发特异性 CTL 的抗肿瘤免疫反应。

三、增生

在致炎因子或组织崩解产物的刺激下,炎症局部细胞分裂增殖的现象,称为增生(proliferation)。包括实质细胞和间质细胞的增生。致炎因子与炎症应答可造成炎区组织损伤,机体可相应地通过启动、活化一些组织细胞的增生,包括巨噬细胞、淋巴细胞、浆细胞、血管内皮细胞、成纤维细胞等,增生使损伤的组织得以修复。修复在损伤发生后不久即已开始,到后期表现得最为明显。当损伤范围小、程度轻时,机体可通过再生使炎症得到痊愈。但多数情况下,炎症的修复是以肉芽组织的增生来完成的。成纤维细胞和血管在炎灶中显著增生,形成肉芽组织,最后成熟老化,转变成疤痕组织。

实质细胞和间质细胞的增生与相应的生长因子的作用有关。例如,转化生长因子 β(TGF$_\beta$)能刺激成纤维细胞增殖,血小板生长因子(PDGF)对成纤维细胞、血管平滑肌细胞、胶质细胞都有促分裂作用。这些生长因子主要包括血小板生长因子、表皮生长因子以及转化生长因子等。这些因子主要来源于血小板和炎症细胞,它们可趋化成纤维细胞、血管内皮细胞、平滑肌细胞等,并激活它们分裂增殖。此外,炎灶中的酸性代谢产物、细胞崩解释放的腺嘌呤核苷、氢离子、钾离子等,也有刺激细胞增殖的作用。

炎症增生是一种防御反应。炎症增生具有限制炎症扩散和修复作用。例如,增生的巨噬细胞具有吞噬病原体和清除组织崩解产物的作用;成纤维细胞和血管内皮细胞增生形成肉芽组织有利于炎症的局限化和形成疤痕组织而修复缺损。

第四节 炎 症 介 质

炎症反应的整个过程,包括血流的变化、通透性的变化、白细胞附壁、游出、趋化以及白细胞的激活、再生、损伤的修复,乃至全身性反应,无不与一些化学活性物质的参与有关。这些物质不仅参与各种炎症反应的诱导和调控,也可作为炎症反应的效应分子,这些物质就是炎症介质(inflammatory mediators)。炎症介质是指在致炎因子的作用下,由局部组织细胞释放或由体液中产生的,参与或引起炎症反应的化学活性物质,因此也称化学介质(chemical mediators)。作为炎症介质应具有下列特征:存在于炎症组织或渗出液中,在炎症发展过程中,其浓度(或活性)的变化与炎症的消长相平行;将其分离纯化后,注入健康组织能诱发炎症反应;用针对性的拮抗剂,可减轻或抑制炎症的发生或发展;清除组织内的炎症介质后,再给予炎症刺激,炎症反应减轻。对炎症介质的认识,不仅能帮助我们理解复杂的炎症反应,而且还可以为疾病的治疗提供新的策略和方法。炎症介质在炎症过程中主要是使血管扩张,血管通透性增高以及对炎性细胞的趋化作用,导致炎性充血和渗出。此外,炎症过程中的发热、疼痛和组织的损伤也与某些炎症介质有关。

炎症介质的种类较多,按其来源可分为外源性和内源性 2 大类。外源性炎症介质如细菌及其毒素;内源性炎症介质包括细胞源性和体液源性,其中以内源性为主。由细胞释放的炎症介质有血管活性胺、花生四烯酸代谢产物、细胞因子、血小板凝血因子以及白细胞产物等;由体液产生的炎症介质涉及补体系统、激肽系统、凝血系统和纤溶系统等多系统的部分活化产物。内源性炎症介质通常以其前身或非活性状态存在于体内,在致炎因子的作用下大量释放并转变为具有生物活性的物质,在炎症过程中发挥重要的介导作用。

一、细胞源性炎症介质

由细胞释放的炎症介质有血管活性胺、花生四烯酸代谢产物、细胞因子、血小板凝血因子以及白细胞产物等。

(一)血管活性胺

主要有组织胺和5-羟色胺2种,是炎症过程中血管反应最常见的活性物质。

1. 组织胺(histamine)　组织胺主要存在于肥大细胞、嗜碱性白细胞、血小板中。肥大细胞广泛分布于各种组织。致炎因子及许多其他炎症介质均可诱导肥大细胞及血小板等释放组织胺。组织胺的作用是引起小动脉扩张和血管壁通透性增加,引起血压下降和炎性水肿。它是启动血管反应最早的炎症介质,对嗜酸性白细胞有趋化作用,组织胺易被组胺酶灭活。

2. 5-羟色胺(5-hydroxytryptamine 5-HT)　又称血清素(serotonin),主要存在于肥大细胞、消化道上皮细胞间的嗜银细胞及血小板中,其作用是提高血管壁的通透性,低浓度有致痛作用。

(二)花生四烯酸代谢产物

包括前列腺素和白细胞三烯。花生四烯酸(arachidonic acid,AA)存在于细胞膜磷脂内,当细胞受到刺激或炎症介质的作用及细胞损伤时,细胞膜磷脂酸被激活,促使AA从质膜磷脂释放,AA在两种不同酶的作用下沿两条途径分别形成前列腺素和白细胞三烯。阿司匹林、消炎痛、类固醇激素能抑制花生四烯酸代谢,减轻炎症反应。

1. 前列腺素(prostaglandin,PG)　广泛存在于机体组织和体液中,当发生炎症时,局部组织能迅速合成PG。中性白细胞吞噬过程中也能释放PG。PG可引起血管扩张、通透性增加、发热和疼痛等反应,对中性白细胞和嗜酸性白细胞有微弱的趋化作用。

2. 白细胞三烯(leukotriene,LT)　在炎症中主要使血管壁通透性增强,对中性白细胞、嗜酸性白细胞和巨噬细胞有趋化作用。

(三)细胞因子(cytokine)

细胞因子是一类由多种细胞分泌产生,主要作用于免疫细胞、成纤维细胞、血管内皮细胞的多肽类分子。在免疫和炎症反应中有广泛的生物学活性,包括趋化、激活、促进增殖分化等。按其功能,将参与炎症反应的细胞因子分为下列几类:

1. 淋巴因子(lymphokine)　致敏的淋巴细胞(主要是T淋巴细胞)再次与相应的抗原接触,或非致敏的淋巴细胞在非特异性有丝分裂原(植物血凝素、刀豆蛋白A等)等刺激下产生的一类非抗体、非补体的可溶性活性物质的总称。与炎症有关的淋巴因子有:巨噬细胞趋化因子、巨噬细胞移动抑制因子、巨噬细胞活化因子、中性粒细胞趋化因子、嗜酸性粒细胞趋化因子、嗜碱性粒细胞趋化因子、白细胞移动抑制因子、皮肤反应因子、干扰素-γ、淋巴毒素等。

2. 单核因子(monokine)　由单核巨噬细胞产生,包括白介素-1(IL-1)、肿瘤坏死因子(TNF)和干扰素等。白介素-1增强机体抗肿瘤、抗感染作用,促进T、B淋巴细胞分裂增殖及抗体生成,促进纤维母细胞增生和胶原纤维合成,增强巨噬细胞和中性白细胞的趋化性,作用于下丘脑引起发热反应;肿瘤坏死因子能活化白细胞,增强白细胞吞噬功能,增强内皮细胞对白细胞的黏附,促进中性粒细胞的聚集,激活间质组织释放蛋白水解酶,刺激巨噬细胞合成细胞因子,抗病毒、抗感染;干扰素具有抗病毒、抗细胞增殖作用。

3. 其他 由血管内皮细胞、成纤维细胞等细胞产生。

(四)白细胞产物

包括活化氧代谢产物和中性粒细胞溶酶体成分等。主要是由中性粒细胞和单核细胞被致炎因子激活后所释放的一些炎症介质，具有促进炎症反应和破坏组织的作用。

1. 活化氧代谢产物 其作用是损伤血管内皮细胞导致血管通透性增强；灭活抗蛋白酶，致蛋白酶活性增加，破坏组织结构成分；破坏红细胞和其他实质细胞。

2. 中性粒细胞溶酶体成分 弹力胶原酶、胶原酶、组织蛋白酶等中性蛋白酶可降解胶原纤维、基底膜等，介导组织损伤和血管通透性增高；阳离子蛋白酶可引起肥大细胞脱颗粒，增加血管通透性，对单核细胞具有趋化作用，抑制中性粒细胞和嗜酸性粒细胞游走。

(五)血小板激活因子(platelet activating factor，PAF)

巨噬细胞、肥大细胞、中性粒细胞、嗜碱性粒细胞、血管内皮细胞等均能产生 PAF。PAF 能激活血小板，增强血管壁通透性，促进白细胞聚集和黏附，对纤维母细胞具有趋化作用。刺激细胞合成 PG、LT 等炎症介质。

(六)其他介质

P 物质可刺激肥大细胞脱颗粒而引起血管扩张和通透性增强；内皮细胞、巨噬细胞和其他细胞产生的一氧化氮(NO)具有细胞毒性并可引起血管扩张。

二、体液源性炎症介质

由体液(血浆)产生的炎症介质涉及补体系统、激肽系统、凝血系统和纤溶系统等多系统的部分活化产物。

(一)激肽系统

激肽(kinin)是由激肽原酶作用于激肽原(kininogen)而产生的。激肽系统包括激肽释放酶原、激肽释放酶、激肽原和激肽。激肽原酶可分为血浆激肽原酶和组织激肽原酶 2 类。血浆激肽原酶以非活化型存在于循环血液中，由凝血因子Ⅻ活化。组织激肽原酶主要存在于唾液腺、胰腺、汗腺、泪腺等腺体器官以及肾和肠黏膜中。激肽易被激肽酶分解而灭活。

在炎症中起主要作用的激肽是缓激肽。缓激肽被认为是目前体内最强的舒血管物质，主要扩张微静脉，其次是毛细血管前括约肌和微动脉，但对小静脉有收缩作用；对非血管平滑肌(如胃肠、支气管和子宫平滑肌)有收缩作用，能引起腹泻、哮喘、腹痛；增强微血管通透性，促进水肿形成；致痛作用，浓度很低的激肽就能刺激神经末梢引起强烈的痛觉；抑制白细胞的趋化性；促进成纤维细胞合成胶原纤维。

(二)补体系统(complement system)

补体系统是人和动物血清中的一组具有酶活性的糖蛋白。补体平时以非活性状态存在，当受到某些物质激活时，补体系统各成分便按一定顺序呈现连锁的酶促反应，参与机体的防御功能，并作为一种炎症介质，参与机体的炎症过程。补体的激活有两条途径，激活后产生多种具有不同生物活性的裂解产物。抗原抗体复合物和纤溶酶通过经典途径激活补体，病毒、革兰氏阴性菌的内毒素、部分抗原抗体复合物等通过替代途径激活补体。C_3 和 C_5 被某些细菌产生的酶或坏死组织释放的酶激活后可裂解为 C_{3a} 和 C_{5a}(过敏毒素)，通过引起肥大细胞释放组织胺而扩张血管和增加血管壁的通透性。C_{5a} 能与中性粒细胞、巨噬细胞和嗜酸性粒细胞表面受体结合，增加其与内皮细胞的黏附力，具有趋化作用。C_{5a} 能激活花生四烯酸代谢的脂质加氧酶途径,促进单核细胞和中性粒细胞进一步释放炎症介质。C_{3b} 与细菌细胞壁结合具有调理素的作用,由于单核细胞和中性粒细胞表面有 C_{3b} 受体,因此能增强单核细胞和中性粒细胞吞噬活性。

(三)凝血系统和纤溶系统

在致炎因子的作用下,血浆内的凝血系统、纤溶系统先后被激活,所形成的 A 肽、B 肽等纤维蛋白肽(凝血过程中间产物)和 A、B、C、D、E、Y 片段等纤维蛋白(原)降解产物(纤维蛋白多肽),具有促进白细胞趋化、增高血管通透性的促炎作用。

在炎症过程中,补体系统、激肽系统、凝血系统和纤溶系统相互反馈,以凝血因子Ⅻ被激活为始动环节,凝血系统启动后,产生纤维蛋白肽和纤维蛋白多肽;同时作用于血浆激肽释放酶原,使之转化为激肽释放酶,激肽释放酶促使激肽形成,同时又反馈激活Ⅻ。Ⅻa 又能使血浆纤溶酶原前活化素转为活化素,促使纤溶酶形成,纤溶酶通过反馈使凝血因子Ⅻ被激活。纤溶酶又是补体系统的重要激活剂,补体系统激活后生成的某些活性物质也能激活凝血系统,如此反复形成放大效应,影响炎症的发生与发展。

总之,在炎症整个过程中,各种炎症介质相互影响、相互协同,在炎症的不同时期发挥各自不同的作用。在炎症的早期以激肽和血管活性胺作用为主,后期则以前列腺素、淋巴因子、溶酶体成分作用为主。主要炎症介质的功能见表 7-3。

表 7-3　主要炎症介质的功能

功能	炎症介质种类
舒张血管	组织胺　PGI_2　PGE_2　PGD_2　PGF　溶酶体成分　缓激肽
增强血管通透性	组织胺　白细胞三烯 C_4、D_4、E_4　缓激肽　C_{3a}、C_{5a}　溶酶体成分　淋巴因子　活化氧代谢产物　PAF　5-HT
趋化、吞噬	白细胞三烯 B_4　C_{5a}　细菌产物　细胞阳离子蛋白　细胞因子(IL-8、TNF)
组织损伤	氧自由基　溶酶体酶　淋巴因子
疼痛	PGE_2　缓激肽　5-HT　白细胞三烯
发热	细胞因子(IL-1、TNF)　前列腺素

第五节　炎症的局部表现和全身反应

一、局部表现

致炎因子作用于机体后,首先引起炎症的局部表现。炎症局部的临床表现是红、肿、热、痛和机能障碍。其发生机理如下:

(一)红

红是炎灶局部充血所致。初期是动脉性充血,局部血液氧合血红蛋白增多,颜色呈鲜红色。随着炎症的发展,血流缓慢,静脉回流受阻,发生静脉性充血(淤血),局部血液中氧合血红蛋白减少,还原血红蛋白增多,局部颜色变为暗红色,若发生在局部皮肤和黏膜,则称作发绀。

(二)肿

肿是由于局部充血和渗出(炎性水肿)所致,特别是渗出。炎症的后期和慢性炎症,由于局部组织增生而引起局部肿胀。

（三）热

热是由于炎症局部动脉性充血，血流加速，血量增多，物质代谢增强，产热增加所致。内脏组织发炎时温度无明显变化。

（四）痛

痛与多种因素有关。局部肿胀，张力升高，压迫或牵引神经末梢引起疼痛；炎症局部分解代谢加强，氢离子、钾离子积聚刺激神经末梢引起疼痛；炎症介质如 5-羟色胺、前列腺素、缓激肽、白细胞三烯等刺激神经末梢引起疼痛。

（五）机能障碍

机能障碍也是多方面的。疼痛能引起机体功能障碍；局部组织的变性、坏死，组织结构改变，代谢功能异常，炎性渗出物所造成的压迫或机械阻塞等都可以引起发炎器官的机能障碍。

二、全身反应

炎症的病变虽然主要表现在炎灶局部，但作为一个完整的机体，局部的变化往往是整个机体反应的集中体现，它既受整体的影响，同时又影响整体。因此，在炎灶局部出现病理变化的同时，全身亦会表现相应变化。比较严重的炎性疾病，特别是病原微生物在体内蔓延、扩散时，常可出现明显的全身性反应。常见的全身反应主要有：

（一）发热

炎性疾病常伴有发热。病原微生物是引起发热最常见的原因。细菌、病毒、立克次体、原虫等生物性因素是引起发热常见的外源性致热原；中性白细胞、嗜酸性白细胞、单核巨噬细胞等释放一些内源性致热原；此外，干扰素、肿瘤坏死因子、单核细胞因子、前列腺素等也能引起机体发热。机体在致热原的刺激下，作用于丘脑下部体温调节中枢，反射性引起机体产热增多，散热减少，从而导致机体体温升高。短期轻微的体温升高，机体的代谢增强，促进抗体形成，增强吞噬细胞的吞噬功能和肝脏的解毒功能以及肾脏对有毒物质的排泄功能，可提高机体的防御能力。但高热和长期持续发热，常常由于中枢神经系统、血液循环系统以及其他各器官系统的代谢和功能的严重障碍而给机体带来危害，甚至危及生命。

（二）血液中白细胞的变化

炎症时，由于内毒素、C_3 片段、白细胞崩解产物等可促进骨髓干细胞增殖，生成和释放白细胞入血，使外周血中白细胞总数明显增多。增多的白细胞类型因病原体和病程不同而有差别。急性炎症的早期和化脓性炎症，以中性白细胞增多为主；慢性炎症或病毒感染时，淋巴细胞增多明显；过敏反应或寄生虫感染时，嗜酸性白细胞显著增多。但是，在流感病毒或伤寒杆菌感染时外周血中白细胞总数常减少。血中白细胞会大量增加，这是机体防御机能增强的一种表现。外周血中白细胞数量和质量在一定程度上能反映出机体的抵抗力和感染的程度。严重感染时，外周血中出现大量幼稚型中性白细胞，如果杆状核的幼稚型中性白细胞超过 5%，称作核左移。若感染严重，机体抵抗力低下，机体衰竭时，白细胞数目甚至减少，则表明病情严重和骨髓造血功能衰竭，其预后不良。在炎症反应过程中，许多炎症细胞还可分泌一些促进造血细胞分裂增殖、分化的细胞因子，这类细胞因子有白介素、粒细胞、巨噬细胞克隆刺激因子、粒细胞克隆刺激因子等。

(三)单核巨噬细胞系统变化

炎症过程中,特别是生物性因素引起的炎症,常见单核巨噬细胞系统机能增强,主要表现为骨髓、肝脏、脾脏、淋巴结中的单核巨噬细胞增多,吞噬功能增强,局部淋巴结、肝脏、脾脏肿大。单核巨噬细胞系统和淋巴组织的细胞增生是机体防御反应的表现。

(四)实质器官的变化

致炎因子以及炎症反应中血液循环障碍、发热、炎症细胞的分解产物,与一些炎症介质的作用均可导致一些实质器官(心、肝、肾等)发生变性、坏死、功能障碍等相应的损伤性变化。

第六节 炎症的结局

炎症过程充分反映了损伤与抗损伤的斗争过程,并且损伤与抗损伤的矛盾决定着炎症的进程和结局。如果致炎因子的作用强,机体的抵抗力弱,引起的损伤大于炎症反应的抗损伤力量,则炎症向恶化方向发展,蔓延扩散;如果炎症反应的抗损伤作用占优势,则炎症逐渐痊愈;当双方力量相持时,则炎症转为慢性过程。

一、痊愈

大多数炎症特别是急性炎症都能痊愈。痊愈的程度可分为 2 种:

(一)完全痊愈

在多数炎症过程中,机体抵抗力较强或经过及时适当治疗,病因被消除,少量坏死物和渗出物亦被溶解吸收,损伤的组织通过周围正常组织细胞的完全再生而修复,最后完全恢复组织原来的正常结构和功能。

(二)不完全痊愈

少数情况下,如果机体抵抗力较弱,炎症灶的坏死范围较广,周围组织再生能力有限或坏死物和渗出物较多不易完全溶解吸收,则由肉芽组织长入修复,形成瘢痕,不能完全恢复组织原有的结构和功能。

二、迁延不愈,转为慢性

由于机体抵抗力较弱,治疗不及时或不准确,致炎因子不能在短期内去除而在机体内持续存在,而且还不断损伤组织,反复发作,造成炎症过程迁延不愈,急性炎症转为慢性炎症。如急性病毒性肝炎转变为慢性肝炎而长久不愈。

三、蔓延扩散

由生物性致炎因子引起的炎症,在机体抵抗力低下、病原微生物毒力强、数量多的情况下,病原微生物可不断繁殖,并沿组织间隙向周围组织、器官蔓延,或通过淋巴管、血管向全身扩散。

(一)局部蔓延

炎症局部的病原微生物可经组织间隙或器官的自然通道向周围组织或器官扩散,如心包炎引起心肌炎,气管炎引起肺炎,尿道炎可上行扩散引起膀胱炎、输尿管炎甚至肾盂肾炎,母畜的阴道炎上行感染可引起子宫内膜炎,肺结核时结核杆菌可沿着组织间隙向周围组织蔓延,也可沿支气管扩散,在肺脏其他部位形成新的结核病灶。

(二)沿淋巴道扩散

病原微生物在炎区局部进入淋巴管,随淋巴液的流动而扩散至淋巴管及淋巴结,进而引起淋巴结炎,如急性肺炎可继发引起肺门淋巴结炎,可见淋巴结肿大、充血、出血、水肿等变化。后肢的炎症,腹股沟淋巴结亦出现相应的变化。淋巴结的变化有时可限制感染的扩散,但严重时,病原体可经胸导管入血液而引起血道扩散。

(三)沿血道扩散

炎症灶的病原微生物或某些毒性产物可侵入循环血液或被吸收入血,引起菌血症、毒血症、败血症和脓毒败血症等,严重者危及生命。

第七节 炎症的分类

由于致炎因子的性质、强度和作用时间不同,机体的反应性、器官组织机能和结构的不同,以及炎症发展阶段的不同,炎症的形态学变化是多种多样的。依据炎症局部的病变特点,将炎症分为变质性炎、渗出性炎和增生性炎 3 大类。

一、变质性炎

变质性炎(alterative inflammation)的特征是炎灶组织细胞变质性变化明显,而炎症的渗出和增生现象轻微。常见于各种实质器官,如肝、心、肾等。常由各种中毒或一些病原微生物的感染所引起,主要病变为组织器官的实质细胞出现明显的变性和坏死。

1. 肝脏的变质性炎 眼观肝脏肿大,黄褐色或土黄色,质地脆弱,并见灰白色坏死灶,镜检肝细胞有不同程度的细胞肿胀、脂肪变性和坏死,间质炎性细胞浸润,窦状隙单核巨噬细胞增多。坏死灶内坏死的肝细胞崩解、核破碎,炎性细胞浸润。

2. 心脏的变质性炎 眼观心肌色彩不均,色泽变淡,质度柔软,失去固有光泽,煮肉样;镜检,心肌发生颗粒变性、脂肪变性和水泡变性,肌间结缔组织充血、水肿,少量炎性细胞浸润,有时可见肌纤维断裂、崩解和坏死。

3. 肾急性变质性炎 肾小管上皮细胞发生细胞肿胀、脂肪变性,肾小管管腔变狭窄或闭锁,间质毛细血管充血,结缔组织水肿及炎性细胞浸润。肾小球毛细血管内皮细胞及间质细胞轻度增生。

二、渗出性炎

渗出性炎(exudative inflammation)以渗出性变化为主,变质和增生轻微的一类炎症。其发生机制主要是微血管壁通透性显著增高引起的,炎灶内大量渗出物包括液体成分和细胞成分,不同的渗出性炎症其渗出物的成分和性状不同,根据渗出物的特征可将渗出性炎分为浆液性炎、纤维素性炎、化脓性炎、出血性炎和卡他性炎。

(一)浆液性炎

浆液性炎(serous inflammation) 是以大量浆液渗出为特征的炎症。渗出物中蛋白质含量为 3%~5%,主要是血浆中的白蛋白,球蛋白较少,并有一定量的白细胞和脱落的上皮细胞。常发生于黏膜、浆膜、皮下、肺脏(彩图 7-1)等疏松结缔组织。一般由较缓和的致炎因子和一些生物性病原引起。炎灶组织呈现不同程度的充血,其被覆上皮常见变性、坏死、脱落。浆液积聚于体腔内(如结核性胸膜炎形成的胸水)或弥漫浸润于疏松结缔组织中(猪水肿病胃壁的水肿)。如积聚于表皮和真皮间可形成水疱(如口蹄疫鼻、唇等处形成的水疱)。有少量不同类型的炎性细胞浸润。渗出的浆液在炎症痊愈时易被吸收,但体腔中渗出的浆液量较多时,则可压迫周围器官,影响其功能。

(二)纤维素性炎

纤维素性炎(fibrinous inflammation) 以渗出液中含有大量纤维素为特征。纤维素来源于血浆中的纤维蛋白原,渗出后,单体纤维蛋白原聚合成纤维素。光镜下,HE 染色可见大量红染的纤维蛋白交织呈网状或片状(彩图 7-2),间隙中有中性粒细胞、数量不等的红细胞和坏死的细胞碎屑。纤维素的渗出,往往是血管通透性明显增高的结果。常见于由微生物如大肠杆菌、牛恶性卡他热、鸡传染性支气管炎、鸡传染性喉气管炎病毒、禽痘病毒、支原体感染等疾病中。按炎灶组织坏死程度和病变特点可将纤维素性炎分为 2 种类型。

1. 浮膜性炎(croupous inflammation) 常发生在黏膜(气管、肠黏膜)、浆膜(胸膜、腹膜、肝包膜、心包膜)和肺脏等处。其特征是渗出的纤维素形成一层淡黄色、有弹性的膜状物被覆在炎灶表面,易于剥离,剥离后,被覆上皮一般仍保留,组织损伤较轻。发生在肠黏膜表面的这种炎症,可以在黏膜上形成一个管状物,并可随粪便排出。纤维素性肺炎渗出的纤维素聚集在肺泡中,使得肺组织变实,质地如肝脏样,称之为肺肝变。纤维素性心外膜炎,渗出的纤维蛋白被覆于心外膜表面,由于心脏不停地跳动、摩擦和牵引而于心外膜形成绒毛状结构,称为绒毛心(图 7-3),如牛创伤

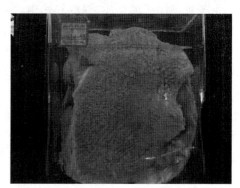

图 7-3　绒毛心　牛创伤性心包炎,心外膜附着一层灰白色绒毛状纤维素(郑明学)

性网胃心包炎。肝、脾等器官表面渗出的纤维素常形成一层白膜附着于器官的浆膜面,尤其以鸡的大肠杆菌病更具典型(彩图 7-3)。

2. 固膜性炎(diphtheritic inflammation) 又称纤维素性坏死性炎(fibrinonecrotic inflammation)。常见于黏膜,它的特征是渗出的纤维素与坏死的黏膜组织牢固地结合在一起,不易剥离,剥离后黏膜组织便形成溃疡。这种炎症常发生在仔猪副伤寒、猪瘟(图 7-4)、鸡新城疫等病畜禽的肠黏膜上。

纤维素性渗出物可以通过白细胞释放的蛋白酶分解液化,从而被吸收。浮膜性炎,因组织损伤轻微,可迅速修复。而固膜性炎,常需通过肉芽组织来修复。纤维素性肺炎和浆膜发生的纤维素性炎较为严重时,常发生机化,其结果使肺脏变为肌肉样组织,称为肺肉变(猪喘气病)。而浆膜的机化则可发生相邻器官粘连(如动物传染性胸膜肺炎的肺脏、胸膜和心包膜之间常常发生粘连)。

(三)化脓性炎

化脓性炎(suppurative inflammation)是以中性白细胞大量渗出,并伴有不同程度的组织坏死和脓液形成特征的炎症。炎灶内中性白细胞大量渗出,并引起坏死组织液化,生成脓液的过程,称为化脓(suppuration)。脓液是由变性坏死的中性粒细胞和坏死溶解的组织残屑组成

的液体。常见于葡萄球菌、链球菌、绿脓杆菌、棒状杆菌等化脓性细菌感染,某些化学物质和坏死组织亦可引起。由于发生原因和部位的不同,化脓性炎形成一些不同的病变类型,其中有 3 种主要的类型。

图 7-4 猪瘟 结肠黏膜上形成"扣状肿"(郑明学)

1. 脓肿(abscess) 是组织内发生的局限性化脓性炎症(彩图 7-4)。主要表现为组织溶解液化,形成充满脓液的囊腔。脓肿的形成过程,首先是局部有大量的中性粒细胞浸润,之后浸润的白细胞崩解,释放的蛋白水解酶将坏死组织液化,形成含有脓液的囊腔,即脓肿。经过一段时间后,脓肿周围有肉芽组织形成,即脓膜。早期的脓膜具有生脓作用。随后,结缔组织增生,巨噬细胞渗出,此时,脓膜具有吸收脓液的作用。如果病原体被消灭,渗出停止,脓肿内容物逐渐被吸收而愈合。深部脓肿可以向体表或自然管道穿破,可形成窦道(sinus)或瘘管(fistula)。窦道是指只有一个开口的病理性盲管,瘘管是指连接于体外与有腔器官之间或两个有腔器官之间的有 2 个以上开口的病理性盲管。例如,肛门周围组织的脓肿,向皮肤穿破形成脓性窦道,如果既向皮肤穿破又向肛管穿破,形成的就是脓性瘘管,无论是脓性窦道还是脓性瘘管可以不断向外排出脓性分泌物,长久不愈。

2. 蜂窝织炎(phlegmonous inflammation) 是一种弥漫性化脓性炎症。大量中性粒细胞在较疏松的组织间隙中弥漫浸润,使得病灶与周围正常组织分界不清(彩图 7-5)。蜂窝织炎的早期也可称脓性浸润,主要由溶血性链球菌等引起。链球菌能分泌透明质酸酶,降解结缔组织基质中的透明质酸,还能分泌链激酶,溶解纤维素。因此,细菌易于通过组织间隙扩散,造成弥漫性化脓性炎症。

3. 表面化脓(suppuration)和积脓(empyema) 表面化脓是指浆膜或黏膜的化脓性炎。黏膜表面化脓性炎又称脓性卡他。此时,中性粒细胞主要向黏膜表面渗出,深部组织没有明显的炎性细胞浸润,如化脓性脑膜脑炎或化脓性支气管炎。当这种病变发生在浆膜或胆囊、输卵管的黏膜时,脓液则在浆膜腔或胆囊、输卵管内蓄积,称为积脓。

(四)出血性炎(hemorrhagic inflammation)

当炎症灶内的血管壁损伤较重,致渗出物中含有大量红细胞时,称为出血性炎。出血性炎不是一种独立的炎症类型,常与其他渗出性炎症混合存在,常见于毒性较强的病原微生物感染,如炭疽、猪瘟、猪丹毒、鸡新城疫、禽流感(彩图 7-6)、兔瘟、动物巴氏杆菌病、鸡传染性法氏囊病等。

(五)卡他性炎(catarrhal inflammation)

是指黏膜发生的一种渗出性炎症。"卡他"一词来自拉丁语,意为"流溢"。黏膜组织发生渗出性炎症时,渗出物溢出于黏膜表面,故称卡他性炎。依渗出物性质不同,卡他性炎又可分为多种类型。以浆液渗出为主的称浆液性卡他,以黏液分泌亢进,使得渗出物变得黏稠者称为黏液性卡他,黏膜的化脓性炎症称为脓性卡他。根据发生部位不同又有胃卡他、肠卡他以及肺卡他等。

三、增生性炎

增生性炎是以组织、细胞的增生为主要特征的炎症。增生的细胞成分包括巨噬细胞、成纤维细胞等。与此同时炎症灶内也有一定程度的变质和渗出。一般为慢性炎症,但亦可呈急性经过。根据病变特点,一般可将增生性炎分为2类。

(一)普通增生性炎

是指由非特异性病原体引起的相同组织增生的一种炎症,增生的组织不形成特殊的结构,通常也称作非特异性增生性炎。可分为急性和慢性2类。

1. 急性增生性炎　呈急性经过,增生的几乎都是同一种细胞。例如,仔猪副伤寒的肝小叶内枯否氏细胞增生所形成的"副伤寒结节"(彩图7-7);病毒性脑炎中小胶质细胞增生所形成胶质细胞结节;急性肾小球性肾炎,肾小球毛细血管内皮细胞和球囊上皮细胞显著增生。

2. 慢性增生性炎　呈慢性经过,以结缔组织的成纤维细胞、血管内皮细胞和巨噬细胞增生而形成的非特异性肉芽组织为特征的炎症。慢性增生性炎多从间质开始增生,因此又称间质性炎。慢性间质性肾炎(彩图7-8)、慢性间质性肝炎,多为损伤组织的修复过程,常导致器官组织硬化和体积缩小。

(二)特异性增生性炎

是由某些特定病原微生物引起的特异性肉芽组织增生性炎症。在炎症局部形成以巨噬细胞增生为主的具有特异性结构的肉芽肿,通常又称作肉芽肿性炎症(granulomatous inflammation)。所谓肉芽肿,是由巨噬细胞及其演化的细胞,呈局限性浸润和增生所形成的境界清楚的结节状病灶,病灶较小。直径一般在0.5~2 mm。以肉芽肿形成为基本特点的炎症叫肉芽肿性炎。不同的病因可引起形态不同的肉芽肿,常可根据肉芽肿形态特点做出病因诊断。典型的结核结节可诊断结核病,若肉芽肿形态不典型者常需辅以特殊检查,如抗酸染色、细菌培养、血清学检查和聚合酶链式反应(PCR)检测。

1. 肉芽肿性炎的常见病因

(1)有些特异性感染诱发Ⅳ型变态反应,如某些细菌感染,最典型的如分枝杆菌、鼻疽杆菌、放线菌等。

(2)真菌和寄生虫感染,如组织胞浆菌和血吸虫病。

(3)异物刺激,如手术缝线、木片、金属碎片、二氧化硅、胆固醇结晶、石棉和滑石粉等。

(4)原因不明,如类肉瘤病(sarcoidosis)。

2. 肉芽肿形成的条件　病原体(如结核杆菌)或异物(矿物油)不能被消化,长期刺激机体,造成慢性炎症。另一方面,如果局部有某些难以降解的抗原刺激持续存在,如细胞内寄生菌(如结核菌、麻风菌)、某些真菌(如组织胞浆菌、隐球菌)、某些寄生虫(如血吸虫卵的可溶性抗原)、某些病毒感染可引起的细胞介导的迟发性变态反应,出现以单核细胞浸润为主的炎症,以及由于巨噬细胞释放溶酶体水解酶和淋巴细胞释放淋巴毒素所引起的组织坏死为特征的病理现象。在这个过程中,巨噬细胞吞噬病原微生物后将抗原递呈给T淋巴细胞,并使其激活,产生IL-2,可进一步激活T淋巴细胞,产生IFN-γ,促使巨噬细胞转变成上皮样细胞和多核巨细胞。数周后,炎症局部则在单核细胞浸润的基础上,出现典型的肉芽肿性炎,形成类上皮细胞结节。

3. 肉芽肿性炎的常见类型　不同原因可引起形态不同的肉芽肿。由病原微生物引起的肉芽肿称为感染性肉芽肿；由异物刺激引起的肉芽肿则称为异物性肉芽肿。

（1）感染性肉芽肿　通常由于感染了特殊的病原微生物或寄生虫形成有相对诊断意义的特征性肉芽肿。常见的有结核性肉芽肿、麻风性肉芽肿、伤寒性肉芽肿等。以结核结节（彩图7-9）为例，从结节中心向外，肉芽肿的组成依次为：

①干酪样坏死组织　为无结构的粉红染区，内含坏死组织细胞和白细胞，还有结核杆菌。它是细胞介导免疫反应的结果。

②上皮样细胞（epithelioid cell）　干酪样坏死灶周围可见大量胞体较大、境界不清的细胞。这些细胞的胞核呈圆形或卵圆形，染色质少，甚至可呈空泡状，核内可有1～2个核仁，胞浆丰富，染色较淡，其形态与上皮细胞相似，故称为上皮样细胞。上皮样细胞核内常染色质增多；核仁增大并靠近核膜；线粒体、滑面内质网和溶酶体增多；粗面内质网、核蛋白体和高尔基器增多。它们是巨噬细胞聚集并转变形态而形成的，为激活的巨噬细胞。

③多核巨细胞（multinucleated giant cell）　在上皮样细胞之间散在多核巨细胞。结核结节中的多核巨细胞又称为郎格罕细胞，这种巨细胞体积很大，直径达 $40\sim50\ \mu m$，胞核形态与上皮样细胞核相似，数目可达几十个或百余个，排列在细胞周边，呈马蹄铁形或环形，胞浆丰富，郎格罕细胞是由上皮样细胞融合而成。类上皮细胞首先伸出胞浆突起，然后胞体互相靠近，最后经胞浆突起的融合使类上皮细胞融合在一起形成多核巨细胞，其功能也与上皮样细胞相似。由上皮样细胞和多核巨细胞组成特殊肉芽组织。

④淋巴细胞　在上皮样细胞周围可见大量的淋巴细胞浸润，主要为 T 淋巴细胞。

⑤成纤维细胞和胶原纤维　在结核结节外围常常还有数量不等的成纤维细胞及胶原纤维分布，尤其在已经钙化的结核病灶外围，纤维结缔组织成分更为明显。

（2）异物性肉芽肿　异物性肉芽肿的结构通常是以进入组织内的不易被消化的异物（木片、缝线、滑石粉、石棉小体、尿酸盐结晶等）为核心，周围有巨噬细胞、成纤维细胞和异物巨细胞等包绕。异物巨细胞内胞核数目不等，有数个到数十个，甚至百个以上，与郎格罕细胞不同的是异物巨细胞的胞核多杂乱无章地积聚于细胞的中央区。胞浆内常有吞噬的异物。异物性肉芽肿内很少有淋巴细胞浸润。

（赵德明　周向梅）

第八节　败　血　症

一、概念

败血症（septicemia）是指机体感染各种病原微生物后，由于机体抵抗力较低，病原微生物突破机体的防御屏障侵入血液中，并持续地大量繁殖，产生毒素，导致机体处于严重的中毒状态，造成广泛组织损伤的全身性病理过程。败血症不是一个独立的疾病，而是许多病原微生物感染后病程演变的共同结局，是导致动物死亡的重要原因。

二、原因和发病机理

1. 原因　引发败血症的病原主要是病毒和细菌等病原微生物，常见的如猪瘟病毒、流感病毒、新城疫病毒、兔瘟病毒、炭疽杆菌、巴氏杆菌、丹毒杆菌、溶血链球菌、金黄色葡萄球菌、大肠杆菌、绿脓杆菌、腐败梭菌等。少数原虫如弓形体、焦虫也可引起败血症。

2. 发病机理　病原微生物经皮肤和黏膜侵入机体，一般在侵入门户造成局部感染性炎症。依据机体抵抗力、致病微生物毒力以及治疗效果决定炎症的转归。

在炎症发生过程中，如果细菌经血管或淋巴管侵入血液，能够持续一段时间在血液中查到细菌，但全身并没有中毒症状，这种现象称为菌血症（bacteremia）。一些炎症性疾病早期常常伴有菌血症。如果侵入的是病毒类微生物则称为病毒血症（viremia）。如果是寄生虫侵入血液称为虫血症（parasitemia）。在这一病理阶段，肝脏、脾脏、淋巴结以及骨髓的各类吞噬细胞组成一道防线，清除病原微生物。这些病原微生物在血液中出现是暂时的，如果机体很快将其清除，对机体影响不显著。

只有当动物机体抵抗力低下或者病原微生物的毒力强，或者治疗不及时的情况下，病原微生物在局部大量繁殖，炎症加剧，侵害血管和淋巴管，病原体经血管或淋巴管进入循环血液，扩散至全身，同时病原体在繁殖或代谢过程中产生大量毒素，首先造成全身出现广泛的病理损伤，同时刺激机体产生并释放大量 TNF、IL-1、IL-6、IL-8、INF-γ 等细胞因子，机体对入侵的病原微生物发生的阻抑反应，称为系统性炎症反应综合征（全身性炎症反应，炎症风暴），表现严重的临床症状。这些病理生理反应包括：补体系统、凝血系统和血管舒缓素-激肽系统被激活；糖皮质激素和 β-内啡肽被释出；这类介质最终使毛细血管通透性增加，发生渗漏，血容量不足导致心、肺、肝、肾等主要脏器灌注不足，随即发生休克和 DIC。病原微生物大量产生和释放毒素进入血液的病理过程称为毒血症（toxemia）。

有些病原微生物如炭疽杆菌、巴氏杆菌、丹毒杆菌、猪瘟病毒、流感病毒等，毒力和侵袭力很强，侵入机体后没有显著的局部炎症过程，直接破坏局部组织屏障，迅速侵入血液和淋巴系统，扩散到全身，在适宜的组织大量繁殖，然后向血液和淋巴系统再大量注入，造成广泛损伤。

化脓性细菌侵入机体后，首先引起局部化脓性炎症，破坏局部组织屏障，细菌栓子经血液和淋巴转移至其他部位，形成广泛的转移性化脓灶，表现全身性感染，从而引发脓毒败血症（pyosepticemia）。

三、临床症状

临床表现随致病菌的种类、数量、毒力以及动物年龄和抵抗力的强弱不同而异。轻者仅有一般感染症状，重者可发生感染性休克、DIC、多器官功能衰竭等。

1. 感染中毒症状　大多发病急剧，先有畏寒或寒战，继而高热，弛张热或稽留热；动物体弱或严重营养不良时可无发热，甚至体温低于正常。烦躁不安甚至惊厥；精神萎靡甚至昏迷。四肢末梢厥冷，食欲废绝，呼吸困难，心率加快，血压下降。

2. 皮肤充血淤血　部分病畜四肢、躯干皮肤或口腔黏膜出现大量淤点、淤斑、针尖大鲜红充血皮疹、大面积充血淤血，甚至整个身体发红。病程较长时出现淤血性坏死，比如猪丹毒。

3. 消化道症状　常有呕吐、腹泻、腹痛、呕血、便血。

4. 关节症状　部分病畜出现关节肿痛、活动障碍或关节腔积液，多见于大关节。

5. 泌尿系统症状　重症病畜常伴有少尿或无尿等症状。

四、病理变化

败血症的病理变化包括侵入门户的局部病变和全身病变。

1. 原发病灶的病理变化 非传染性病原菌引起的败血症和脓毒败血症,在侵入门户常出现明显的炎症或坏死等病理变化,如创伤感染引起的蜂窝织炎;化脓菌和坏死杆菌感染引起产后子宫化脓性内膜炎;脐带感染导致脐败血症等。侵入门户的病变可能多种多样,但其炎症的性质多是化脓性和坏死性。由局部炎症发展为全身性败血症需经过一定的途径和一段时间,在尸体剖检时应当注意局部原发性病变和感染全身化的通道。

2. 全身性病理变化 病毒和传染性细菌侵入机体后在局部组织不引起或只引发轻微的炎症变化,无显著眼观病理变化,所以,剖检时很难确定原发侵入门户。

发生败血症时,血液中大量毒素导致全身出现中毒和物质代谢障碍,各器官、组织均发生不同程度的变质变化。不同病原微生物造成的败血症病理变化特点相似。各种败血症死后剖检均具有如下特点。

(1)最急性型 在机体抵抗力特别弱、病原侵袭力和毒力特别强时,机体防御功能迅速瓦解,动物很快死亡。这类病例病程很短,虽然机体发生了严重的物质代谢障碍,但是形态结构方面的变化尚没有充分演变的时间,所以肉眼几乎很难发现明显的病变。

(2)急性型

①尸僵不全 死于败血症的动物,在病原微生物和毒素作用下,尸体很容易发生变性、自溶和腐败,尤其肌肉很快发生变性,所以常常呈现尸僵不全或尸僵不明显。

②血液变化 血液凝固不良,呈紫黑色粘稠状态,这是由于血液中凝血物质被破坏、酸中毒以及缺氧造成。很多病例发生溶血,大血管和心脏内膜被染成污红色。黏膜和皮下组织可呈现黄疸。

③全身出血 由于病原微生物和毒素的作用,全身小血管和毛细血管发生严重损伤,结构被破坏,全身皮肤、浆膜和黏膜上有多发性出血点和出血斑。许多实质器官被膜上有散在分布的出血点,比如猪瘟、猪肺疫、禽流感、鸡新城疫等。有的可见浆膜下、黏膜下和皮下结缔组织中大量浆液性或浆液出血性浸润。浆膜腔内有积液,其中混有丝状或片状纤维素。

④淋巴结肿大 全身淋巴结肿大、充血、出血,呈急性浆液性或出血性淋巴结炎变化。镜检可见淋巴组织充血、出血、坏死,窦腔和小梁被渗出的浆液浸润,呈现严重充血和水肿状态。有大量白细胞浸润,有时可见细菌团块或局灶性坏死。

⑤脾脏肿大 脾脏急性肿大,有时肿大2~3倍。脾脏呈青紫色或黑紫色,质地松软易碎,严重时有波动感。切面外翻,呈紫红色或黑红色,脾白髓和小梁不明显。脾脏严重肿大时可发生破裂,引起急性内出血。脾脏肿大和软化是由于脾髓轻度增生,尤其是脾小梁和被膜平滑肌变性,收缩力减弱,呈现高度淤血所致。这种变化称为急性炎性脾肿,俗称"败血脾"。镜检可见,脾静脉窦高度淤血、出血,甚至脾组织内一片血海,脾髓固有组织被血液挤压呈散在的岛屿状。在脾髓组织内有大量中性粒细胞浸润和网状细胞肿胀增生。脾白髓因受挤压而萎缩。脾小梁和被膜内平滑肌变性。脾内偶见细菌团块。

⑥其他变化 心脏、肝脏、肾脏等实质器官发生变性坏死,心脏扩张,内有大量凝固不良的血液;肝脏肿大,黄红色,切面槟榔样。肾脏肿大,灰黄色,皮质增厚。肺水肿、淤血或伴发出血性支气管炎。

五、治疗原则

1. 积极治疗原发病 如果是由细菌感染引起的败血症,应尽早使用抗生素。当病原菌不明确时,通常应用广谱抗生素,或针对革兰氏阳性菌和革兰氏阴性菌联合用药,而后可根据药敏试验结果进行调整。如有化脓病灶,则在全身应用抗生素的同时还应进行外科切开引流或穿刺排脓等处理。

2. 对症治疗　口服补液盐或输液给予高营养补充有利于维持体况,感染中毒症状严重者可在足量应用有效抗生素的同时给予肾上腺皮质激素短程(3~5 d)治疗。

六、结局和对机体的影响

1. 治愈　败血症出现后,如果治疗及时,用药合理,有可能治愈。生产实践中要兼顾成本与效益。

2. 死亡　败血症发生后,生命重要器官机能不全,常因败血症性休克和多器官功能衰竭而死亡。动物传染性疾病造成的死亡多数由感染引发败血症所致。

(董世山)

第八章 感染性疾病的发生机制与病理学诊断

病原微生物的感染顺序是由微生物对靶细胞或组织的毒性程度决定的。多数情况下经过食入、吸入或者经皮肤及黏膜的接触进入动物体内。如果病原的靶细胞不在黏膜或者皮肤上，则有可能扩散到黏膜下层和皮下淋巴结（如扁桃体或者集合淋巴小结），在局部进行集结，然后经过血液循环或者淋巴循环进入其他组织器官。病原一般会感染巨噬细胞、淋巴细胞和/或树突状细胞，并通过白细胞运输途径传播至其他的靶细胞，这些细胞作为免疫监测活动的一部分在各系统之间迁移。微生物会控制细胞的正常代谢，并利用这些细胞进行复制，以及向其他组织系统传播，这些过程的结果通常导致细胞功能失调和/或死亡，随后发生疾病。

第一节 病原体的传播途径及在体内的播散

一、病原体侵入机体的途径

疾病能否发生的关键在于病原微生物能否到达动物机体的特定部位进行生长和增殖。

1. 食入 动物体可能通过食入被微生物污染的食物而导致消化系统感染。通过咀嚼、吞咽以及肠胃蠕动，微生物进入到口咽部及肠道的黏液层。通常涉及的黏膜组织包括扁桃体上皮、绒毛上皮、隐窝上皮和集合淋巴小结表面的上皮，之后微生物要穿过黏液层到达靶细胞如黏膜上皮细胞、树突状细胞和组织巨噬细胞。M 细胞也是靶细胞，但是其没有黏液层。

2. 吸入 在呼吸系统中，病原微生物通过鼻腔进入体内，并根据病原的物理特性如大小、形状、重量和电极性分布于鼻腔、口咽部和/或管道中的黏膜上。当病原微生物被吸入后，较大的如细菌和真菌会定殖在鼻腔部位，而较小的微生物可能到达咽、喉、气管和支气管黏膜。当传染性的污染物被吸入后，首先停留在鼻甲处，流经鼻甲的空气会产生气流使一部分病原排出。如果直径较小的病原能通过鼻甲到达咽、喉、气管或者支气管，这些地方的气流也会迫使部分病原脱离附着的部位排出体外。

3. 皮肤渗透 病原微生物可以通过皮肤的擦伤、创口或者咬伤进入皮肤、真皮以及皮下组织，另外其他病原载体如蚊子也可以通过叮咬使病原微生物进入肌肉、血管和结缔组织。在这些组织中，病原会遇到靶细胞如上皮细胞、树突状细胞、组织巨噬细胞、血管内皮细胞，结缔组织以及真皮和皮下组织的肌肉，也可能通过昆虫的叮咬直接穿透毛细血管和小静脉附着于血管系统。此外，病原还会遇到体液如血液和血浆蛋白，这些物质为病原的生存、感染以及复制提供了条件。

4. 上行性感染 微生物可以通过动物交媾、使用污染的器械（如授精管）等途径进行上行性感染，从而感染泌尿和生殖系统的下端。黏膜的损伤也增加了微生物感染的可能性。

二、病原体在机体的传播途径

最简单、最直接的微生物寄生类型是在上皮表面部位繁殖,在上皮中扩散感染,并直接排到外部。

1. 病毒在宿主体内的传播方式　病毒进入宿主的主要途径:呼吸道、消化道和泌尿生殖道以及直接传播(如昆虫或动物叮咬)。病毒引起2种基本的感染模式:局部感染和全身感染。在局部感染中,病毒增殖和细胞损伤仍然局限于侵入部位附近(例如,呼吸道、胃肠道或生殖道的皮肤或黏膜),因此病毒仅传播到原始感染部位的相邻细胞。全身感染通过几个连续的步骤发展:①病毒在进入的部位和区域淋巴结中进行原发性复制;②子代病毒通过血液(原发性病毒血症)和淋巴结附加组织传播;③病毒在血液和淋巴结附加组织进一步复制;④病毒通过继发性病毒血症传播到其他靶器官;⑤病毒在这些靶组织中进一步繁殖,在这些靶组织中引起细胞生成和/或分泌、组织损伤和临床疾病。

2. 细菌在宿主体内的传播方式　许多细菌感染主要局限于上皮表面。细菌通过2种主要机制侵入宿主细胞:①微生物配体与宿主细胞受体之间的相互作用;②细菌在入侵过程中分泌的一种有利于自身,且使宿主细胞更易损伤的蛋白,称为效应子。

第二节　宿主与病原的相互作用

一、病原体的免疫逃逸

为了逃避可变又强有力的宿主防御系统,病原体在进化过程中形成了复杂的感染策略。

1. 病毒免疫逃逸机制

(1)拮抗宿主干扰素的作用　病毒由带有蛋白质或脂蛋白外壳的小段核酸组成,需要借助宿主活细胞来进行自身的复制。大多数病毒通过呼吸道、泌尿生殖道或胃肠道的黏膜传播,也可能通过破损的皮肤侵入,如在昆虫叮咬或刺伤期间。例如,流感病毒与细胞膜糖蛋白和糖脂中的唾液酸残基结合。一旦进入细胞,病毒就会利用细胞生物合成机制进行自我复制,然后接管宿主细胞,一个宿主细胞可以在短时间内产生数千个病毒粒子。宿主Ⅰ型干扰素的诱导是对抗病毒感染的主要先天防御。而一些病毒已经开发出策略来逃避干扰素-α/β的作用。例如,流感病毒的NS1蛋白就有拮抗干扰素的作用。

(2)被病毒感染的宿主细胞抑制抗原提呈　如单纯疱疹病毒(HSV)产生的一种蛋白质能非常有效地抑制抗原处理所需的人类转运蛋白分子(TAP)。抑制TAP可阻断HSV感染细胞中MHC-Ⅰ类分子的抗原提呈,有效地阻断HSV抗原呈递给CD8$^+$T细胞和CTL识别感染细胞。同样,腺病毒和巨细胞病毒(CMV)使用不同的分子机制来减少MHC-Ⅰ类分子的表面表达,再次抑制抗原呈递给CD8$^+$T细胞。许多病毒通过不断改变其表面抗原来逃避免疫攻击。例如流感病毒通过抗原变异,导致原有的流感疫苗失效,每年必须筛选新的疫苗,为新的流感季节做准备。

2. 细菌免疫逃逸机制

大多数细菌感染有4个主要步骤:附着于宿主细胞,细菌增殖,入侵宿主组织,以及(在某些情况下)毒素对宿主细胞的损伤。宿主防御机制可在这些步骤中的每一个步骤起作用,而许多细菌已进化出逃避宿主防御机制的方法。

（1）一些细菌表达的分子可以增强它们附着在宿主细胞上的能力。例如，许多革兰氏阴性细菌都有菌毛（长毛状突起），这使它们能够附着在肠道或泌尿生殖道的膜上。

（2）一些细菌通过分泌蛋白酶在铰链区裂解分泌型 IgA 来逃避 IgA 应答。一些细菌分泌黏附分子，帮助细菌黏附在上呼吸道纤毛上皮细胞上。宿主能产生特异性针对细菌这种结构的分泌型 IgA，以阻断细菌对上皮细胞的黏附，这是宿主抵抗这些细菌的主要防御系统。但是细菌通过分泌一种蛋白酶在抗体的铰链区裂解分泌型 IgA 来逃避 IgA 反应。

（3）细菌的表面结构可能具有抑制吞噬作用。例如，肺炎链球菌的碳水化合物小囊可以阻止中性粒细胞的吞噬。

（4）干扰补体系统的机制帮助其他细菌存活。在一些革兰氏阴性细菌中，细胞壁核心多糖脂质 A 部分上的长侧链有助于抵抗补体介导的溶解。假单胞菌分泌的弹性蛋白酶，使 C3a 和 C5a 过敏性毒素失活，从而减少局部炎症反应。

（5）许多细菌通过它们在吞噬细胞内生存的能力来逃避宿主的防御机制。例如，单核细胞增生李斯特菌等细菌从吞噬体逃逸到细胞质，这是它们生长的有利环境。其他细菌，如分枝杆菌属的成员，可阻止溶酶体与吞噬体融合或抵抗氧化攻击，有利于细菌在内体小泡中存活和复制。

3. 原虫或寄生虫免疫逃逸机制　逃避宿主免疫效应是原虫或寄生虫维持寄生的关键因素。在原虫或寄生虫与宿主长期相互适应过程中，能通过多种途径逃逸宿主免疫效应的攻击。

（1）抗原变异　原虫或寄生虫通过改变自身抗原成分而逃避免疫系统攻击。如某些血液内原虫的表面膜抗原表型易变，导致体内特异性抗体对新的变异体无效。

（2）分子模拟和抗原伪装　前者指寄生虫表达与宿主抗原相似的成分，后者指寄生虫能将宿主抗原结合到虫体表面，这 2 种情况均可干扰宿主免疫系统对寄生虫抗原的识别。

（3）释放可溶性抗原或虫体抗原脱落　寄生过程中，寄生虫释放某些可溶性抗原或虫体抗原脱落，以中和或阻断特异性抗体的免疫保护作用。

（4）解剖位置隔离　某些寄生虫与宿主免疫系统隔离，从而逃避免疫系统的攻击。此外，寄生于脑部的猪囊尾蚴可激发脑组织产生轻度反应，形成包膜包绕虫体，连同囊尾蚴体壁细胞分泌的 B 抗原，共同构建具有保护作用的微环境，阻断宿主免疫系统与囊体接触，使之逃避宿主免疫系统攻击。球虫等原虫在细胞内形成纳虫空泡，逃避宿主细胞及宿主免疫系统的攻击。

（5）干扰信号转导通路　某些寄生虫在感染过程中生活于细胞内，并不发生实质性的抗原变异，但可调节感染细胞内的信号转导，从而逃避宿主免疫应答。

（6）产生封闭抗体　感染曼氏血吸虫、丝虫、旋毛虫的宿主体内可产生封闭抗体，后者与虫体结合可阻断保护性抗体的作用，从而有利于虫体生存。

二、宿主的防御机制

1. 机体对入侵微生物的防御应答主要包括如下 3 个方面：

（1）固有免疫系统，识别病原体和细胞损伤。

（2）获得性免疫系统，产生病原体特异性反应。

（3）免疫效应机制，通过固有免疫和获得性免疫机制杀灭病原体。其中淋巴细胞、吞噬细胞和树突状细胞等相较于多数其他特化细胞（如骨骼肌细胞）更擅长抵抗病原体。

2. 固有免疫系统识别的主要分子

(1)微生物构成成分　固有免疫系统所识别的微生物分子包括肽多糖、脂多糖或双链RNA。病原体相关分子模式(PAMP)可被宿主细胞通过模式识别受体(pattern recognition receptors,PRR)所识别,其中 Toll 样受体(Toll-like receptor,TLR)是最重要的一类PRR。固有免疫系统所识别的损伤或坏死组织特征标记物,包括组织因子和其他的细胞应激标志物。血管损伤能启动凝血过程并激活激肽系统。

(2)损伤或坏死组织的特征产物　获得性免疫应答具体表现为:①T 淋巴细胞通过激活强大的效应机制和直接参与细胞毒性效应调节免疫反应;②B 淋巴细胞产生抗体。抗体既是免疫应答的直接效应分子,又是固有免疫和获得性免疫的调节分子。抗体可以直接清除某些病原微生物,也可以通过调理吞噬细胞摄取微生物,启动补体活化,增强效应。

第三节　病原体的致病机制

一、病毒的致病机制

病毒由带有蛋白质或脂蛋白外壳的小段核酸组成,需要借助宿主活细胞来进行自身的复制。

1. 病毒感染和病毒复制

(1)靶细胞以独特的方式表达受体,这些方式决定了病毒感染靶细胞的路径。例如,细小病毒和疱疹病毒采用特异性分布的特异性受体吸附和进入靶细胞。被病毒利用的宿主靶细胞受体包括补体、生长因子、神经递质、结合素类、黏附分子、补体调节蛋白、磷脂类和碳水化合物。

(2)根据病毒和其复制循环过程,病毒可以在吸附、融合、入侵、合成、组装和释放阶段损伤或杀死宿主细胞。通常病毒通过 2 种机制损伤或杀死宿主细胞:①取代细胞转录和翻译过程;②从被感染细胞中释放出来。另外,导致细胞死亡还包括:细胞膜功能的改变,如离子转运和第二信使系统;代谢过程的改变,如激活级联反应导致细胞活性改变;宿主细胞抗原或者免疫特性、形状和生长特性的改变,包括 DNA、RNA 和蛋白质等宿主细胞大分子合成的抑制,细胞溶解和细胞凋亡直接(蛋白质信使分子)或者间接(炎症介质)的激活。

2. 毒力决定簇　病毒的毒力决定簇可以提高病毒在宿主细胞完成复制循环的能力,以便病毒繁殖和传播给其他动物。致病因子参与控制下列过程:

(1)复制　包括吸附、复制和新病毒从宿主细胞释放。

(2)逃逸　调节或抑制宿主先天和适应性免疫反应。例如,猫免疫缺陷病毒隐藏在免疫系统内,在巨噬细胞和 T 淋巴细胞内复制和传播。其他病毒进化发展出一些其他机制,逃避细胞毒 T 淋巴细胞和自然杀伤细胞(NK)对病毒感染细胞的杀灭,破坏补体激活,合成同源的细胞因子干扰正常的免疫功能,合成某些分子来抑制干扰素反应或阻断感染病毒细胞自身凋亡的启动。

3. 基因组的突变机制　根据核酸不同,病毒通常被分为 DNA 或 RNA 病毒,一般情况下,RNA 病毒对感染宿主细胞有竞争优势,因为其具有极高的突变率,这能够增加其表达毒力决定簇的机会,提高完成复制循环的能力。基因变异包括遗传漂移和抗原转变 2 种形式。

4. 防御机制　通过表达或不表达病毒膜受体,或者通过影响免疫系统,宿主基因很可能决定着一些病毒感染的易感性。应激(过度拥挤)、营养状况和环境因素,如温度、湿度、通风等也影响动物对病毒感染的易感性,先天性免疫和适应性机制积极参与了抗病毒的保护,但是先天性免疫和适应性免疫系统,尤其是 T 淋巴细胞在抗病毒感染中具有有利和有害 2 方面的结果。有利的结果包括感染的宿主细胞和组织恢复到正常结构和功能,宿主动物获得了完全的抗病毒保护(已接种);有害结果包括宿主细胞不能够恢复到正常的结构和功能,因为细胞、组织、它们的干细胞、支持基质、基底膜和血管化 ECM (细胞外基质)组织已经被急性炎症反应中白细胞释放的酶或者慢性炎症反应中巨噬细胞释放的酶降解,并被纤维结缔组织取代。先天性免疫和 TLR 在与病毒抗原反应中,包括炎症反应中,引起细胞因子和干扰素的分泌,结果激活适应性免疫系统。在抗病毒感染中,细胞介导免疫是最重要适应性防御机制,单核巨噬细胞系统通过吞噬作用积极阻止病毒传播。抗体缺失通常不影响病毒感染的结果,但是抗体在防止再次感染是重要的(自身免疫作用或者免疫接种)。尽管病毒是专性细胞内寄生物,已经进化出一套复杂的机制干扰宿主细胞的转录和翻译进程,但是这种细胞内复制导致宿主细胞膜的改变,结果被适应性免疫系统的淋巴细胞识别为异物。

二、细菌的致病机制

一般来说,细菌的致病性主要由 2 个方面决定:①感染细胞的能力;②产生毒素以及破坏细胞和细胞外基质如胶原的能力。

1. 毒力决定因子　毒力决定因子一般由多个基因编码,它们能够抑制机体免疫反应并影响细菌和细胞相互作用,主要作用有细胞表面黏附、黏膜附着、促进细菌进入细胞、生长和增殖、局部/区域/全身性扩散、细胞破坏、炎症、损伤或者导致细胞死亡。

2. 病原入侵　在感染细胞之前,细菌需要首先穿过黏膜屏障系统的黏液层以到达黏膜上皮细胞、黏膜下层细胞和细胞外基质中。被限制在黏液层中的细菌可能会被巨噬细胞和树突状细胞吞噬,这些吞噬病原的细胞可能到达黏膜上皮细胞以及黏膜下层淋巴结、区域性淋巴结和其他组织器官及系统。细菌可能通过以下几种机制侵入和穿过黏液层到达黏膜上皮细胞:①运动性;②消化黏液层;③找到黏膜上没有黏液层的地方。如在消化系统中,螺旋菌通过移动穿过黏液层到达靶细胞;有的细菌通过表面没有黏液的 M 细胞到达靶细胞。

3. 黏附、定殖和侵入　有些毒力决定因子可以调节黏附、定殖和侵入,而有些因子可能通过对抗生素产生抗性、抗吞噬和减弱机体的免疫反应来间接地降低动物的防御机制。黏附、定殖和侵入的因素包括细菌表面蛋白、多糖囊膜、分泌性蛋白、细胞壁、外膜成分以及其他分子。细菌表面的特异性毒力决定因子可使细菌黏附、定殖和侵入屏障系统(如消化系统、呼吸系统、体被系统、泌尿系统和生殖系统)的上皮细胞中。

4. 毒素　有些革兰氏阴性菌和革兰氏阳性菌的毒力决定因子是毒素,如外毒素、脂磷壁酸和内毒素(LPS),这些毒素能够损害细胞核细胞外基质如胶原。从功能上来说,这些因子能够通过溶细胞作用或激活炎症反应来杀死细胞。

(1)外毒素和脂磷壁酸　外毒素(通常来自于革兰氏阳性菌)是由有活力的细菌分泌的,具有毒性,有的毒素直接作用于细胞导致细胞溶解,有的毒素通过 A-B 毒素系统,先与细胞膜表面受体(B 亚基)结合,再将毒性分子(A 亚基)输入细胞质内。利用该系统进行感染的疾病有:肉毒梭菌中毒(肉毒梭菌)、破伤风(破伤风杆菌)和棒状杆菌属导致的疾病等。

脂磷壁酸位于革兰氏阳性菌的细菌壁内,如金黄色葡萄球菌,它更像是一种革兰氏阳性菌的内毒素,因为其作用和 LPS 非常相似。脂磷壁酸与内皮细胞结合,与循环中的抗体作用,激活补体系统,促使活性氧族和氮族、水解酶、强阳离子蛋白水解酶、抗菌性阳离子多肽、生长因子和细胞毒性细胞因子从中性粒细胞和巨噬细胞中释放。幽门螺旋杆菌毒素、大肠杆菌溶血素和超级抗原是属于化脓性链球菌和金黄色葡萄球菌的表面作用性毒素,表面作用性毒素与细胞膜结合并引起细胞穿孔导致细胞死亡。

(2)内毒素　内毒素(主要是革兰氏阴性菌产生)对大多数动物细胞(特别是内皮细胞和巨噬细胞)、组织和器官有毒性作用,如果有大量的内毒素释放到循环系统中,会促使促炎因子释放,巨噬细胞与内皮细胞产生 NO,结果导致补体激活及凝血,引起内毒素性休克。大肠杆菌(*E. coli*)、沙门氏菌(*Salmonella* spp.)、假单胞菌(*Pseudomonas* spp.)、嗜血杆菌(*Haemophilus* spp.)和鲍特菌(*Bordetella* spp.)在病原死亡时可以释放内毒素到组织中。

5. 其他毒力决定因子

(1)分泌系统　目前已知的细菌分泌系统有 6 种,它们是由细菌内细胞器分泌并注入宿主靶细胞质中。研究最多的是Ⅲ型分泌系统,主要存在于革兰氏阴性菌中。如沙门氏菌和大肠杆菌,它们能将特异性的细菌毒性蛋白注入细胞质中,这些毒素一般会破坏细胞信号传导或者其他的细胞过程从而导致细胞死亡。

(2)铁载体　有些病原需要铁离子才能定殖到黏膜上。细胞内有丰富的铁,但是细菌并不能利用,因为这些铁紧紧地结合在血红素、铁蛋白、转铁蛋白或乳铁蛋白上,而铁载体能使细胞内的铁离子释放以供细菌使用,如大肠杆菌和沙门氏菌的肠螯合素(enterochelin)就能够将动物细胞内的铁游离出来供细菌使用。

(3)生物膜细胞内的细菌群落　细菌的定殖和共生通常通过毒力决定因子而发生,这些毒力决定因子形成胞外多糖基质,称为生物膜,衬于某些部位的黏膜表面,如口腔、鼻腔和乳腺导管系统。细菌嵌入细胞膜后,不易被巨噬细胞所吞噬,并且嵌入细胞膜后对抗生素有一定抵抗力。例如,生物膜相关蛋白(Bap),在金黄色葡萄球菌(*staphylococcus aureus*)引起的慢性奶牛乳腺炎疾病中,参与生物膜的形成。

6. 细菌基因在对疾病的易感性和抵抗力中所起的作用

(1)毒力决定因子　毒力决定因子由染色体 DNA、噬菌体 DNA、细菌质粒基因编码和翻译的。这些毒力决定因子随时可通过毒力岛(pathogeniceity islands)和/或毒力质粒(virulence plasmids)在细菌间水平转移(例如,决定抗生素抗性的毒力决定因子)。毒力岛是一组基因群,编码染色体中的 DNA。毒力质粒是一群能自我复制的染色体基因,编码位于细胞胞质质粒上的毒力决定因子。大多数细菌只有一条染色体,但可能含有数百个拷贝的特定毒力质粒。质粒复制与细菌分裂是两个独立的过程,细菌分裂时,质粒随机分配到两个新生的细菌中。染色体或质粒基因表达的毒力决定因子,如细菌黏附、定殖因子,蛋白质毒素如溶血素,以及其他类型的毒素和分子,影响机体的固有免疫和获得性免疫反应。缺乏毒力岛和/或毒力质粒的菌株,通常不引起疾病。在某一特定的菌株中,其毒力决定因子的数量和类型也是不断变化的,其变化一般通过毒力决定因子的基因选择,以使细菌在宿主内最适宜生存。

(2)抗生素耐药性和抗生素耐药性的细菌转移　抗生素耐药性,是指细菌承受静态或溶解状态抗生素影响的能力,通过细菌基因的自然选择随机突变逐渐形成。如果一种细菌中含有多种抗生素耐药基因,则被称为多重抗药性病原体。抗性基因可通过垂直或者水平方式在相关或不同种属的细菌间进行基因转移。

三、原虫的致病机制

原虫的致病力差别很大,同一种原虫也可有毒力很悬殊的株或系,而寄生部位及宿主生理状态更影响着原虫的致病力,如寄生在组织的原虫通常比寄生在肠道的对宿主的损害大。原虫的致病作用除了由于原虫侵袭力与宿主应答水平的相互作用而导致的机械、化学和生物性损伤外,还具有与寄生蠕虫不同的以下特点。

1. 增殖作用　致病原虫入侵宿主后必须战胜机体的防御功能,增殖到相当数量后才表现为明显的损害或临床症状。此种病原个体数量在无重复感染前提下的大量增长与一般的蠕虫感染不同,也是体积微小的原虫足以危害宿主的生物学条件。如大量疟原虫的定期裂体增殖使被寄生红细胞发生周期性裂解,导致宿主寒热节律发作。疟原虫虫体微小,每个红内期疟原虫只破坏一个红细胞,但由于红内期疟原虫的裂体增殖,使虫体密度呈几何级数上升。在鼠疟模型中,30%以上的红细胞可受原虫感染,造成十分严重的贫血;溶组织内阿米巴在结肠黏膜下的大量增殖性破坏,造成肠黏膜口小底大的烧瓶样溃疡,从而引起典型的痢疾症状;蓝氏贾第鞭毛虫在上消化道大量增殖,并吸附在肠黏膜表面,干扰肠吸收功能,导致营养障碍,临床上出现特殊的脂肪泻。

2. 播散能力　寄生原虫个体微小和增殖快速的特点,使其致病作用具有与微生物病原相似的某种播散潜能。多数致病原虫在建立原发病灶后都有向近邻或远方组织侵蚀和播散的倾向,从而累及多个器官。近代研究已发现致病原虫具有多种利于扩散的因子和生态特点。如原虫在血细胞内寄生,红细胞不仅成为逃避宿主免疫攻击的一种有效屏障,且为血源播散提供运输工具;利什曼原虫和弓形虫被巨噬细胞吞噬后的抗溶酶体特性,使它们能在宿主的免疫活性细胞内增殖自如,并被带至全身各处,引起累及全身的严重感染。近年来在不少致病原虫与宿主细胞表膜之间发现有配体与受体关系,这是揭示虫体对亲和细胞或组织进行识别、黏附,进而入侵或被噬蚀的物质基础;溶组织内阿米巴滋养体具有多种膜结合的蛋白水解酶,使它具有接触、溶解宿主组织细胞的侵袭特性,为其入侵肠壁深层组织,实现血行播散,诱发肠外阿米巴病创造基本条件。孕妇感染弓形虫可通过胎盘播散,引起先天性弓形虫病。

3. 机会致病　临床发现在一些极度营养不良、晚期肿瘤,长期应用激素制剂及免疫缺陷、免疫功能低下或获得性免疫缺陷综合征宿主中,常并发致死性原虫感染。在寄生原虫中,有些种群对健康宿主不表现明显致病性或呈隐性感染,却在这类宿主体内异常增殖,引起急性感染或严重发作,这类虫种称为机会致病原虫。常见的有弓形虫、隐孢子虫、贾第虫等。如多数表现为隐性感染的弓形虫病,常在免疫功能缺陷宿主及白血病等恶性肿瘤的治疗过程中急性发作。

第四节　感染性疾病的特征病理变化和病理学诊断

感染性疾病是由各种病原生物感染引起的炎症性疾病,包括传染病、寄生虫病等。感染性疾病的病理学检查,对于阐明疾病本质、病变特征,探索感染原因、发病机制,均起重要作用。由于篇幅的限制,本章仅对动物常见多发的典型疾病进行阐述。

一、特征病理变化

1. 炭疽（anthrax） 炭疽是由炭疽杆菌引起人兽共患的一种急性、热性、败血性传染病。本病的特征是突然发病、高热稽留、脾脏肿大（败血脾）、血液凝固不良和结缔组织出血性水肿。但在羊发病时，多呈超急性，生前常无明显症状而突然死亡，剖检除见出血性脑膜炎外，一般无明显病变，这是其区别于其他动物发病的特点。已确诊的病畜严禁剖检。

2. 口蹄疫（foot and mouth disease，FMD） 口蹄疫是由口蹄疫病毒引起的偶蹄动物的一种重要传染病，家畜中以牛、猪、绵羊、山羊易感。其病理特征是患病动物口腔黏膜以及蹄部和乳房皮肤等处发生水疱和溃烂。恶性口蹄疫时，动物发生变质性心肌炎表现为"虎斑心"。

3. 猪瘟（classical swine fever，CSF） 猪瘟是由猪瘟病毒引起的一种急性、热性和高度接触性传染病。单纯性猪瘟的病理特征是全身性出血和败血症变化；伴发巴氏杆菌感染的猪瘟（胸型）或沙门氏菌感染的猪瘟（肠型），除具有单纯性猪瘟的病变外，还可见纤维素性胸膜肺炎和固膜性肠炎（肠黏膜呈"扣状肿"样病变）的病变。

4. 马立克氏病（Marek's disease，MD）和鸡淋巴细胞性白血病（avian lymphol leukemia，ALL）见第九章肿瘤部分。

5. 新城疫（newcastle disease，ND） 新城疫是由新城疫病毒引起禽类的一种急性、高度接触性传染病。其病理特征为出血性坏死性肠炎、淋巴组织坏死、非化脓性脑膜脑炎及败血性变化。主要临诊症状为呼吸困难、水样腹泻及神经机能紊乱等。

6. 禽流感（avian influenza） 禽流行性感冒简称禽流感，是由禽流感病毒引起的一种人兽共患传染病。根据病毒致病性的不同，又可分为高致病性、低致病性和非致病性禽流感 3 类。高致病性禽流感已被世界动物卫生组织（OIE）列为 A 类传染病。病毒侵犯鸡的呼吸系统、神经系统和其他器官。主要病理特征是消化道、呼吸道等多器官出血、变性坏死和炎症。

7. 鸡传染性法氏囊病（infectious bursal disease，IBD） 传染性法氏囊病是由传染性法氏囊病病毒引起鸡的一种急性、高度接触性传染病。病变特征是胸肌、腿肌出血，法氏囊出血性坏死性炎症，肾变性肿大并有尿酸盐沉积。幼鸡感染后可引起严重的免疫抑制。

8. 犬瘟热（canine distemper） 犬瘟热是由犬瘟热病毒引起犬科等动物的一种急性败血性传染病。其病理特征是上呼吸道、肺和胃肠道的卡他性炎，非化脓性脑膜脑脊髓炎，感染细胞的胞质与核内包涵体形成。

9. 犬细小病毒病（canine parvovirus disease） 犬细小病毒病是由犬细小病毒引起以犬频繁呕吐、出血性腹泻和迅速脱水为主要症状的一种高死亡率的传染病。其病理特征是卡他性出血性肠炎或急性心肌炎。根据临床症状和病变，将本病分为急性肠炎型和心肌炎型 2 种类型。

10. 球虫病（coccidiosis） 球虫病是由球虫引起多种动物的一种常见原虫病。家畜、野兽、禽类、爬行类、两栖类、鱼类、某些昆虫和人均可感染。本病对鸡、兔、牛的危害较为严重，常引起幼龄动物大批死亡。其病理特征为寄生部位（如肠道或肝脏）发生损伤，表现为卡他性出血性肠炎或脱屑性增生性胆管炎。

11. 弓形虫病（toxoplasmosis） 弓形虫病是由刚第弓形虫引起的一种人兽共患的原虫

病。哺乳动物、鸟类和人都是刚第弓形虫的中间宿主,其中猫科动物既可作为中间宿主,又可作为终末宿主。猪弓形虫病较常见,其病理特征为后肢内侧皮肤毛囊出血、多器官坏死以及弓形虫性"假包囊"形成。

二、病理学诊断

1. 炭疽(anthrax)　牛常呈败血型(全身型)炭疽,有时表现为痈型(局灶型)炭疽。羊除可见上述病型外,多呈超急性型(卒中型),偶见皮肤痈型炭疽。

(1)诊断要点

①血液、病变组织和淋巴结涂片细菌检查,可发现炭疽杆菌。

②天然孔出血。血液黑红,凝固不良,如煤焦油样。

③全身黏膜、浆膜及组织器官多发性出血,浆膜腔积浑浊血样液。

④败血脾与出血性淋巴结炎。局灶性出血性坏死性小肠炎。

(2)诊断分析　对牛、羊不明原因败血性死亡病例,首先禁止剖检,并立即采取病料进行细菌学检查。生前可采取静脉血、水肿液或血便,死后则采取末梢血液涂片,进行炭疽荚膜染色(用甲醛龙胆紫或美蓝),若发现带荚膜的大杆菌,则可确诊。牛的炭疽应与牛出血性败血症、牛气肿疽等鉴别;羊炭疽则应与羊巴氏杆菌病、恶性水肿等疾病鉴别(表 8-1)。

表 8-1　炭疽与类似疾病的鉴别

病名	与炭疽相似点	与炭疽不同点
巴氏杆菌病	体温升高,咽喉、前颈部皮下水肿,多发性出血	其他部位无出血性胶样浸润,脾脏多不肿大,有出血性或纤维素性胸膜肺炎
气肿疽	体温升高,皮下与肌肉肿胀	肿胀部位于肌肉丰满处如臀部,按压有发音,切开有酸臭味和含气泡的液体流出,脾脏无明显改变
恶性水肿	体温升高,组织水肿	水肿的发生与局部损伤有关,水肿明显,水肿斑中含有气泡,无典型败血脾变化
羊链球菌病	体温升高,多发性出血,头颈部皮下与咽部、喉头黏膜等水肿	全身淋巴结肿大,其表面与切面有滑腻的胶样物,肺、肝及其他脏器浆膜面也常有滑腻的胶样物,羔羊还常见纤维素性肺炎
泰勒虫病	体温升高,多发性出血,脾脏肿大、软化	全身淋巴结肿大,皱胃黏膜常有结节与溃疡,淋巴结、肝脏、脾脏、肾脏有增生性、出血性、坏死性结节
牛巴贝斯虫病	体温升高,多发性出血,皮下与脂肪组织水肿,脾脏肿大	血液涂片可查到典型的巴贝斯虫虫体

2. 口蹄疫(foot and mouth disease)

临床上根据病型不同分为良性口蹄疫和恶性口蹄疫。

(1)诊断要点　根据流行特点和临诊病理特征,口腔、蹄部出现水疱可做出初步诊断。口蹄疫的准确诊断依据是能证明病毒抗原或核酸的存在。抗体的检测也具有重要的诊断意义,但这种方法很难将进行过免疫接种的动物与自然感染的动物相区分。

(2)诊断分析　在任何情况下,只要见到易感动物流涎、跛行或卧地不愿行走,就应仔细检查蹄部、口腔是否出现水疱。牛口蹄疫应与有口腔病变的牛恶性卡他热、牛瘟相鉴别。羊口蹄疫主要应与蓝舌病、羊传染性脓疱相区别。

3. 猪瘟(classical swine fever)

根据病猪有无混合感染,本病可分为单纯性猪瘟与混合性猪瘟两类。

(1)诊断要点　单纯猪瘟根据症状、流行特点和特征病理变化,尤其肾、淋巴结、脾和脑的典型病变可做诊断。温和型、迟发型猪瘟,除应仔细观察重要病变外,尚须迅速取材做猪瘟荧光抗体检查,或做免疫酶标试验等,以便确诊。

(2)诊断分析　本病病型较多,病变多样,应与多种疾病相鉴别。急性猪瘟应与急性副伤寒、猪肺疫、猪丹毒、弓形虫病、链球菌病等疾病相鉴别,胸型应与亚急性肺疫、肠型应与副伤寒等疾病相鉴别(表 8-2)。

表 8-2　猪瘟与相似疾病的鉴别

病名	病名与猪瘟相似点	与猪瘟不同点
仔猪副伤寒 (沙门氏菌病)	体温升高,腹泻	6 月龄以下的仔猪多发病,肝脏有小坏死灶或副伤寒结节,肠系膜淋巴结呈髓样变,可见弥漫性固膜性肠炎或浅平溃疡,脾多肿大;无脾梗死,无肠扣状溃疡,出血性素质不明显
猪肺疫 (巴氏杆菌病)	体温升高,出血	散发,主要为成年猪患病,下颌间隙、咽喉甚至颈部皮下浆液性出血性水肿与浆液性淋巴结炎,胸型有出血性纤维素性肺炎,出血性素质没有猪瘟明显
猪丹毒	体温升高,多呈急性	架子猪多患病,急性见全身(内脏、皮肤)淤血,脾肿大、质软,出血性肾小球肾炎,卡他性胃肠炎,淋巴结紫红,出血性素质不明显;亚急性有皮肤疹块;慢性有心内膜炎、皮肤坏死和关节炎
仔猪水肿病	多呈急性死亡	断奶前后的仔猪患病,眼睑、结膜、颈与腹部皮下水肿,胃壁明显水肿、增厚如胶冻样,结肠锥体肠系膜水肿,浆液性卡他性胃肠炎
非洲猪瘟	症状、病变均相似	脾明显肿大、软化,肾淤血,肝、肾、肠系膜淋巴结呈血块样,肺间质胶样水肿,胸腔积聚血样液体,脾梗死罕见
猪弓形虫病	体温升高,皮肤、淋巴结出血	肺间质水肿,肝脏散在针尖至粟粒大、淡黄或黄色坏死灶,肺、胃、肝、脾、肠系膜淋巴结肿大,并有出血和坏死灶,肝、肺、淋巴结涂片,姬姆萨或瑞特氏染色,或切片 HE 染色,均可发现弓形虫

4. 马立克氏病(Marek's disease)

通常按病程可将马立克氏病分为急性型和慢性型(古典型、神经型),如按病变发生部位则分为神经型、内脏型、眼型及皮肤型。

(1)诊断要点　急性型:2～3 月龄幼鸡常发,无特异症状,肝、脾、卵巢等多器官结节状肿瘤病变,"灰眼",皮肤结节病变。慢性型:3～4 月龄幼鸡常发,有行走困难、卧地等症状,腰荐神经丛、坐骨神经等有肿大、增粗等病变。显微镜下可观察到多形态的肿瘤性淋巴细胞增生(详见第九章肿瘤)。必要时也可应用血清学等方法进行病原学诊断。

(2)诊断分析　病鸡和带毒鸡是传染来源,尤其是这类鸡的羽毛囊上皮内存在大量完整的病毒,随皮肤代谢脱落后污染环境,成为在自然条件下最主要的传染源。根据临床症状、典型病理变化可进行初步诊断,对于临床上较难判断的可送实验室进行病毒分离鉴定、血清学方法、核酸探针以及组织病理学诊断等方法进行确诊。本病应和鸡淋巴细胞性白血病进行鉴别(表 8-3、表 8-4)。

表 8-3 马立克氏病与淋巴细胞白血病的鉴别

	检测项目	马立克氏病	淋巴细胞白血病
流行病学	开始发病与多发年龄	>4周龄,2~4月龄	>16周龄,5~6月龄
	发病率	高	低
	死亡率	高(20%~80%)	低(3%~5%)
	流行性	明显	不明显
	病程	一般较短	较长
临诊症状	肢体不全麻痹或瘫痪	常有	无
	虹膜浑浊	常有	常无
眼观变化	外周神经	常有肿瘤性病变	无病变
	皮肤与肌肉	可能有肿瘤性病变	无病变
	腔上囊	萎缩或弥漫性增大	结节状增大
组织变化	外周神经	水肿,变性,瘤细胞浸润	无变化
	羽毛囊	周围常有瘤细胞积聚	无变化
	腔上囊	滤泡萎缩,滤泡间有瘤细胞浸润	滤泡增大,其中有成淋巴细胞浸润,滤泡间无变化
	小脑白质"管套"	常有	无
	瘤组织的网状纤维	增多	减少,破碎,断裂

表 8-4 马立克氏病与淋巴细胞白血病瘤细胞的鉴别

	马立克氏病	淋巴细胞白血病
瘤细胞种类	淋巴细胞、成淋巴细胞、浆细胞、组织细胞等	成淋巴细胞
形态	多形态	一致,形圆
大小	小或大,大小不一	大,大小基本相同
细胞膜	多明显	较模糊
胞浆	少,中等,或较多	较多,色较淡,紧包于核外
胞核	小或大,大小不一	较大,呈泡状
染色质	块粒状或大粒状	大粒状,多靠近核膜
核仁	多不明显	明显
核分裂象	有,但较少	多
甲基绿哌若宁染色	阴性或弱阳性	阳性(红色)

5. 鸡淋巴细胞性白血病(avian lymphol leukemia)

(1)诊断要点 本病的诊断主要根据流行病学资料和病理学检查,鉴别诊断需进行病毒分离培养鉴定和血清学试验。诊断要点如下:①5~6月龄的鸡最易发病;②发病率低,病程缓慢;③腔上囊明显增大,镜下可见滤泡中有大量瘤细胞浸润。肝、脾等器官有灰白色肿瘤结节生长或器官弥漫性增大。瘤组织由大小、形状比较一致的成淋巴细胞组成,核分裂象较多。瘤细胞区里网状纤维减少或呈短状、碎片状。

(2)诊断分析 本病潜伏期较长,主要发生于肉用种鸡,尤其性成熟前后,死亡率5%~20%。根据流行特点、症状和病理变化一般可做诊断,如欲最后确诊,尚须进行其他实验室检查。注意与鸡网状内皮增生症、鸡马立克氏病鉴别。

6. 新城疫（newcastle disease）

新城疫可分为最急性型、急性型、亚急性型和慢性型，其中典型病变见于急性型，其他各型缺乏证病性变化。

（1）诊断要点　根据流行特点、主要症状和病理变化可做出初步诊断，确诊须进行病毒的分离鉴定和血清学试验。

（2）诊断分析　由于新城疫是一种高度接触性传染病，鸡的发病率、死亡率均很高，又有明显的呼吸、神经症状和典型的消化道出血性坏死性病变，只要综合分析、仔细剖检，一般容易做出诊断。本病应与有急性败血性变化的一些疾病做鉴别（表 8-5）。

表 8-5　禽的 4 种败血性传染病的鉴别

病名	特点
新城疫	鸡最易感，发病与死亡率高，鸭不发病；多呼吸困难，腹泻，神经症状；多发性出血，腺胃与肠黏膜出血、坏死，脾坏死，非化脓性脑炎
禽霍乱	鸭最易感，发热，流泪和头颈部肿胀，无神经症状，多心外膜出血，肝有环死点，多发性出血，出血性或纤维素性肺炎，病原为两极着色的巴氏杆菌
鸭瘟	鸭最易感，发热，流泪，头颈部肿胀，无神经症状，出血性、出血坏死性食道炎、十二指肠炎，肺无明显病变；肝、脾肿大，有坏死点病变，组织细胞内可检到核内包涵体
禽流感	鸡和火鸡最易感，发病与死亡率高，呼吸困难，腹泻，神经症状；多皮下水肿和黄色胶样浸润；皮肤与内脏广泛出血；非化脓性脑炎、坏死性心肌炎、肝炎、脾炎、胰腺炎、腹膜炎、输卵管与子宫炎，肠黏膜多不形成溃疡

7. 禽流感（avian influenza）

（1）诊断要点　由于禽流感病毒毒株致病力、感染年龄、继发感染、饲养管理的不同，病禽生前临诊症状和病理变化有明显差异。高致病性禽流感病毒所引起的主要病变是皮下水肿，皮肤与内脏广泛出血，心、胰、脾、肝、肾等脏器坏死性炎、非化脓性脑炎等。低致病性病毒所引起的症状和病变都较轻。

（2）诊断分析　当发生地方流行性暴发时，结合流行病学、临诊症状及病理学观察可初步诊断。大多数情况下因本病临诊症状不一，经常并发细菌、病毒混合性感染，并且与禽的许多疾病表现相似。因此，必须依据 RT-PCR 或实时荧光定量 RT-PCR、病毒分离鉴定与血清学试验结果方可做出确诊。

8. 鸡传染性法氏囊病（infectious bursal disease）

（1）诊断要点　根据本病的流行特点和病理特征，如突然发病、传播迅速、发病率高、有明显的高峰死亡曲线和迅速康复的特点以及法氏囊充血、出血、水肿、坏死和萎缩及胸肌和腿肌明显出血等就可做出明确诊断。由传染性法氏囊病毒（IBDV）变异株感染的鸡，只有通过法氏囊的病理组织学检查和病毒的分离才能做出诊断。病毒分离培养鉴定、血清学试验和易感鸡接种是确诊本病的主要方法。

（2）诊断分析　除流行病学特点外，病理变化应重点检查肌肉与法氏囊，如肌肉有出血（尤其腿、胸部），法氏囊有出血、水肿等，即可做出诊断。但应与鸡新城疫和鸡传染性支气管炎等鉴别诊断。

9. 犬瘟热(canine distemper)

(1)诊断要点

①临诊特征为复相热型,呼吸道、肺与胃肠道的卡他性炎症,神经症状,水疱或脓疱性皮炎和"硬脚掌病"。

②在鼻黏膜上皮、皮肤表皮、皮脂腺上皮、胃肠道黏膜上皮、胆管上皮、膀胱黏膜上皮、单核巨噬细胞系统的细胞中有胞浆内或核内包涵体。

(2)诊断分析 典型病例根据临诊症状及流行特点,可以做出诊断;在患病组织的上皮细胞或巨噬细胞内发现典型的细胞浆内或核内包涵体,一般可以确诊。中枢神经系统白质中的海绵状变性以及视网膜、视神经的病变可作为诊断的参考。如本病发生混合感染(如与犬传染性肝炎混合感染)或继发细菌感染而使临诊症状复杂化,则诊断较困难。此时,必须进行病毒分离或血清学诊断(以荧光抗体法较实用)才能确诊。鉴别诊断应特别注意与犬传染性肝炎和狂犬病相鉴别(表8-6)。

表8-6 犬瘟热、犬传染性肝炎、狂犬病的鉴别

	犬瘟热	犬传染性肝炎	狂犬病
主要症状	双相热型,结膜炎,呕吐,腹泻,神经症状。人工感染易使雪貂发病	发热,呕吐和腹泻,齿龈出血,黏膜苍白,扁桃体肿大,角膜浑浊。人工感染可使犬、狐发病,但不能使雪貂发病	神经症状明显,狂暴或沉郁。各种动物均可感染
特征病变	鼻炎,支气管炎,肺炎,水疱性或脓疱性皮炎,"硬脚掌病",非化脓性脑膜脑脊髓炎,有髓纤维海绵样变,视网膜损害	皮下水肿,腹腔积液,血凝缓慢,弥漫性坏死性肝炎,胆囊壁水肿、出血,虹膜睫状体炎,出血性素质	非化脓性脑炎,Babes结节,神经退行性变化,周围淋巴细胞浸润,唾液腺受损
包涵体的部位及主要存在的细胞	胞浆内和核内包涵体,以前者多见。包涵体位于黏膜上皮细胞、单核巨噬细胞系统的细胞	核内包涵体,主要位于血管内皮细胞、肝细胞、窦状间隙、内皮细胞、枯否氏细胞、脾网状细胞、脑毛细血管内皮细胞。神经细胞内无核内包涵体	胞浆内包涵体,主要位于神经细胞内(称内格里氏小体),特别是海马角的大神经细胞和小脑浦肯野细胞

10. 犬细小病毒病(canine parvoviral disease)

(1)诊断要点

①临诊特征为发热、呕吐、腹泻、白细胞减少、心力衰竭等。

②出血性胃肠炎,变质性心肌炎,肺水肿、出血,肠黏膜上皮细胞和心肌细胞内可见嗜碱性或嗜酸性核内包涵体。

(2)诊断分析 根据流行特点与症状可做出初步诊断。如果要进一步确诊,应早期采取病犬腹泻物,用0.5%的猪红细胞悬液,于4℃或25℃按比例混合,观察其对红细胞的凝集作用。必要时也可将粪便样品送检验单位做电镜检查,进行确诊。病理变化和病毒分离以及免疫荧光检查在本病的确诊中均起决定作用。本病的肠炎症状与病理变化易与犬瘟热、犬传染性肝炎、冠状病毒感染以及其他非传染性胃肠炎相混淆,应注意鉴别。

11. 鸡球虫病

(1)诊断要点 本病根据发病鸡的年龄、血便症状、盲肠与小肠的出血性肠炎变化以及病

原学检查即可做出诊断。禽组织滴虫病也有盲肠炎病变,注意与本病鉴别,但组织滴虫病同时有肝脏的特征性圆形坏死灶病变。

(2)诊断分析 鸡球虫病的发生,往往是在短期内遭到球虫的强感染,也就是说球虫卵囊的量在鸡球虫病的发生过程中起着非常重要的作用。即使强致病虫种轻度感染也不呈现明显的临床症状,同时能自行恢复。

12.猪弓形虫病(aoxoplasmosis)

(1)诊断要点 症状与流行特点在生前诊断时仅供参考,死后的病理学与病原学检查起决定作用。如肺、肝、淋巴结均可做涂片染色或切片染色,观察弓形虫速殖子和假囊,也可涂片荧光抗体染色检查组织中的滋养体。如有必要,还可做小鼠腹腔接种试验和血清学诊断(如间接血凝试验)。

数字资源 8-1 感染性疾病的发生机制与病理学诊断

(2)诊断分析 在本病的诊断上,病理学方法起着十分重要的作用。急性病例的尸体,在眼观与组织上均有重要变化,应特别注意对肺(间质性肺炎)、淋巴结(坏死性淋巴结炎)、肝(坏死增生性肝炎)的病理变化进行仔细观察,在这些器官增生的网状细胞和巨噬细胞中可发现弓形虫假囊,或在细胞外可找到滋养体。只要发现弓形虫病原体,即可做出确诊。在症状和病变方面,本病和急性猪炭疽、猪瘟、副伤寒、猪丹毒有些相似,应进行综合性鉴别(表 8-7)。

表 8-7 4 种相似疾病与猪弓形虫病的鉴别

疾病	与弓形虫病的相似点	与弓形虫病的区别点
炭疽	淋巴结周围胶样水肿,出血性坏死性淋巴结炎	多呈慢性散发,病变局限于颌下淋巴结,其他淋巴结和器官常无明显变化。败血型时,多见严重的败血脾;无弓形虫病的肝、肺等特征病变
猪瘟	皮肤紫红斑,淋巴结出血,生前高烧,发病率与病死率均高	皮肤主要为出血斑点,为出血性淋巴结炎(大理石样变),无坏死;肝仅淤血、变性,无坏死灶和增生灶;肾有明显的小点出血;脾有出血性硬死,但并不肿大,质软,也无坏死灶;慢性时大肠虽有溃疡,但无明显的出血性胃肠炎与小肠溃疡;肋骨与肋软骨交界处有骺线形成
副伤寒	肝副伤寒结节和坏死灶,盲肠、结肠溃疡坏死,生前高烧	发病率与病死率较低;皮肤无紫红色斑;淋巴结呈髓样变,而非出血性坏死性淋巴结炎;肝副伤寒结节和坏死灶比弓形虫病的小,镜检无原虫;大肠呈固膜性炎,胃和小肠无溃疡
猪丹毒	发病急,高烧,皮肤红斑,淋巴结淤血、出血、脾肿大	发病率低,皮肤红斑为充血;淋巴结无坏死;肾紫红、肿大(出血性肾小球炎);脾白髓周围常有红晕;肝无坏死灶和增生性结节;肺无间质性肺炎和坏死灶

畜禽感染性疾病的防治需要依靠科学技术和法律法规的支持,特别是需要依靠相关法律法规来规范畜禽养殖业的生产经营行为,保障畜禽产品的质量和安全,从而促进畜禽养殖业的健康发展。坚持全面依法治国、推进法治中国建设可以为畜禽感染性疾病的防治提供有力的法律保障,有利于调动各方力量,形成合力,共同推动畜禽养殖业的健康发展。

(石火英)

第九章 肿 瘤

肿瘤(tumor,neoplasia)是动物和人类的常发病,是严重威胁人和动物健康及生命的一类疾病,所以在医学研究中受到人们的高度重视。随着畜禽高密度规模化及集约化饲养,新的致瘤因素尤其是传染性因素不断出现,动物肿瘤性疾病的发病率逐年增加,某些肿瘤,如奶牛白血病、鸡马立克氏病、禽白血病等为畜禽常见的传染性疾病,给我国乃至世界的畜牧业造成了严重的危害。

特别是近年来,由于动物肿瘤研究的不断深入及比较医学的迅速发展,人们发现有些地区的动物肿瘤与人类肿瘤在流行病学、发病学和病理形态学特点上密切相关。例如,人原发性肝癌高发地区,鸭、鸡肝癌的发病率也很高;人食道癌高发地区,鸡和山羊食管癌的发病率也很高;人鼻咽癌高发地区,猪鼻咽癌和副鼻窦癌的发病率也相应较高。此外,在对肿瘤病毒的研究中,从白血病患犬及经常与白血病患儿接触的正常犬血浆中都曾检出过 C 型致瘤病毒,并且发现动物的致瘤病毒(如鸡劳斯氏肉瘤病毒)可致体外培养的人体细胞发生癌变,用人鼻咽癌病毒接种新生小白鼠可使小白鼠致癌。上述事实表明,人和动物的许多肿瘤病在流行病学、病因学等方面有着密切联系。因此,对动物肿瘤病的研究有助于人类肿瘤的病因学和发病学研究,并已逐渐引起人类医学界的高度重视。

动物肿瘤病的研究成果也可对人类肿瘤的防控起重要的推动作用,如鸡的马立克氏病病毒疫苗的研制和应用,是首例应用疫苗控制动物病毒性肿瘤病的典范,为人类控制病毒性肿瘤病创造了一个良好的开端。

环境污染和不良生活方式等因素可能会导致肿瘤的发生。而推动绿色发展可以改善环境质量,减少环境污染和毒害,从而降低肿瘤的发生率。

本章将系统介绍肿瘤的一般生物学特性、病理学诊断、病因学、发病机理以及畜禽常见肿瘤病。

第一节 肿瘤的概念

肿瘤是在致瘤因素作用下,体细胞在基因水平上失去对其生长的正常调控,异常分裂、增殖、分化而形成的新生细胞集团。肿瘤常以局部肿块的形式出现,因而称为肿瘤。但也有少数肿瘤性疾病并不形成局部肿块,瘤细胞呈弥漫性增生或在血液内散布(如白血病)。

肿瘤性增生不同于生理状态下的组织再生,也有别于炎症时的增生。肿瘤的形成是细胞生长、分化与增殖在基因水平上调控紊乱的结果,它具有异常的代谢和与机体不协调的生长能力,常表现进行性、持续性生长。

第二节　肿瘤的一般生物学特征

一、一般形态

(一)外形

肿瘤的形状多种多样,与肿瘤的发生部位、组织来源及肿瘤的性质密切相关(图 9-1)。有乳头状、菜花状、绒毛状、蕈状、息肉状、结节状、分叶状、弥漫肥厚状、溃疡状和囊状等形状。发生在体表的良性肿瘤往往呈乳头状、息肉状;发生在黏膜表面的良性肿瘤常呈绒毛状、蕈状、息肉状;发生于皮下、实质器官内的良性肿瘤多呈结节状并有包膜;卵巢的良性肿瘤常呈囊状。体表或黏膜面的恶性肿瘤常形成菜花状,多见出血和坏死,在实质器官内的恶性肿瘤,多呈树根状或蟹足样向四周生长,无包膜形成。

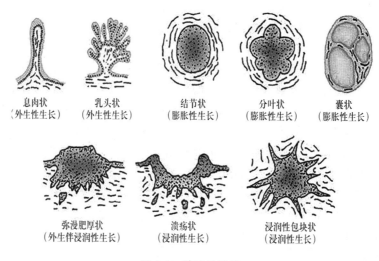

息肉状　　乳头状　　结节状　　分叶状　　囊状
(外生性生长)(外生性生长)(膨胀性生长)(膨胀性生长)(膨胀性生长)

弥漫肥厚状　　溃疡状　　浸润性包块状
(外生伴浸润性生长)(浸润性生长)(浸润性生长)

图 9-1　肿瘤的形状

(二)大小和数目

肿瘤体积大小不等,小的肿瘤只有在显微镜下才能发现,大的肿瘤重量可达数千克至数十千克。肿瘤的大小与动物的大小、肿瘤的性质、生长时间和发生部位有关。良性肿瘤对机体影响小,生长缓慢,生存期较长,体积一般较大;容易发生转移的恶性肿瘤,对机体危害较大,常致动物死亡,因此体积一般较小;受其生长部位空间的限制,生长于体表或大体腔(如腹腔)内的肿瘤可长得很大,生长于狭小腔道(如颅腔)内的肿瘤则一般较小。肿瘤数量通常是一个,有时可为多个。

(三)颜色

肿瘤的颜色与肿瘤的组织来源有关,有时可以从肿瘤的色泽大致推测是哪种组织的肿瘤,如血管瘤多呈红色或暗红色,黑色素瘤呈黑色,淋巴肉瘤呈灰白色。此外,肿瘤可因其含血量的多少,有无出血、坏死以及是否含有色素等而表现出不同的颜色。

(四)质地、硬度

与肿瘤的组织来源、实质和间质的比例以及有无变性和坏死有关。骨瘤最硬,纤维瘤较硬,黏液瘤和脂肪瘤则很柔软;实质多于间质的肿瘤较软,而结缔组织丰富的肿瘤则较硬;瘤组织发生坏死、液化时较软,而发生钙化或骨质增生时较硬。

二、组织结构

肿瘤的组织结构比较复杂,一般来讲任何一个肿瘤的组织都可分为 2 个部分,即肿瘤的实质和肿瘤的间质。

(一)肿瘤的实质

肿瘤的实质就是肿瘤细胞,是肿瘤的核心成分,决定肿瘤的性质,是肿瘤诊断的依据。肿瘤的组织类型、生长特性、代谢特点、抗原性以及肿瘤对机体的影响,主要由肿瘤实质所决定。身体的任何组织都可发生肿瘤,因此,肿瘤实质的形态也是多样的。在大多数情况下,构成肿瘤实质的肿瘤细胞只有一种,但肿瘤实质也可由 2 种或 2 种以上的瘤细胞组成。通常根据肿瘤的实质形态来识别各种肿瘤的组织来源和进行病理组织学诊断。

肿瘤实质与其起源的正常组织的相似程度称为肿瘤的分化程度。有些肿瘤细胞的形态和排列(组织结构)与其来源组织极其相似,即分化程度高,称为同型性(homotypy)或同类性肿瘤,良性肿瘤均属于此类型。如平滑肌瘤的肿瘤细胞与正常的平滑肌细胞很相似。与此相反,有些肿瘤细胞的形态和排列与其来源组织很不相似,甚至接近幼稚的胚胎组织,即分化程度低,称为异型性肿瘤。分化程度可反映肿瘤的良恶性,良性瘤通常分化好,恶性瘤则一般分化程度较差。

(二)肿瘤的间质

肿瘤的间质是肿瘤的支架,起着支持和营养肿瘤实质的作用。间质是局部原有的组织,它在肿瘤实质的影响下呈反应性增生,但并不参与肿瘤性增生的过程。在某种情况下,肿瘤间质亦有限制肿瘤生长的作用。肿瘤的间质包括结缔组织、神经、血管和淋巴管。一般生长迅速的肿瘤,其间质中血管丰富而结缔组织较少;生长缓慢的肿瘤,间质的血管则较少。肿瘤间质中少见神经纤维,多为原有组织神经的残存部分。由神经细胞形成的肿瘤,其神经细胞也不具有正常功能。肿瘤中的结缔组织一部分是病变部位原有的,而大部分是随肿瘤生长的。另外,肿瘤间质中往往有一些淋巴细胞或单核细胞浸润,这说明机体对肿瘤组织有一定的免疫反应,或与肿瘤组织坏死引起的炎症反应有关,无论肿瘤细胞的分化程度如何,其预后比无淋巴细胞的好。若有继发感染尚见中性粒细胞浸润。

三、物质代谢

肿瘤作为一种特殊的增生组织,生长迅速,代谢旺盛,以其特有的代谢方式消耗机体大量营养物质和能量,并且产生毒性代谢产物损伤机体。

(一)糖代谢

动物机体在正常供氧时,绝大多数细胞通过有氧氧化过程将葡萄糖分解为二氧化碳和水,仅在机体缺氧时进行无氧酵解。肿瘤组织即使在氧供应充足的条件下也主要通过无氧酵解获取能量,肿瘤的糖酵解过程加强,使营养物质转化为能量的效率大为降低,机体的能量大量消耗,酸性物质大量蓄积。这是肿瘤细胞与普通细胞在糖代谢上的差别,被称为"瓦博格(Warburg)效应"。肿瘤组织的这种特殊的糖代谢方式可能与瘤细胞线粒体的功能不全有关,使葡萄糖无法通过电子呼吸链转变为 CO_2,或者与酶谱变化有关,如糖代谢的合成酶活性降低而分解酶活性增强,有利于进行酵解过程。糖酵解的许多中间代谢产物又被瘤细胞用来合成蛋白质、核酸和糖类,为肿瘤本身的生长提供物质基础。

(二)蛋白质代谢

肿瘤组织的蛋白质合成及分解代谢都增强,但合成大于分解,甚至可夺取正常组织的蛋白质,合成肿瘤本身所需的蛋白质,结果使患肿瘤的动物处于严重消耗的恶病质状态。肿瘤组织还可以合成肿瘤蛋白,作为肿瘤相关抗原(tumor associated antigen,TAA),引起机体的免疫反应。有些肿瘤蛋白与胚胎组织有共同抗原性,称为肿瘤的胚胎性抗原(oncofetal antigen),如肝癌细胞能产生甲胎蛋白,胃癌能产生胎儿糖蛋白等。检测这些蛋白的产生对诊断相应的肿瘤有一定的帮助。肿瘤组织将蛋白质分解为氨基酸的过程较强,但氨基酸再分解的过程减弱,可使氨基酸重新合成肿瘤蛋白,有利于肿瘤生长。

(三)脂代谢

葡萄糖和脂肪酸代谢是能量的主要来源,以往关于肿瘤的能量代谢研究主要集中在糖代谢,近年来的研究发现,脂代谢异常也参与调控了多种肿瘤的恶性表型。恶性肿瘤的能量来源除了 Warburg 效应和谷氨酰胺代谢,内源性脂肪酸的重新合成和利用也发挥了重要作用。脂肪酸是一类由一个末端羧基和一条烃链构成的分子,是包括三酰甘油、磷脂和胆固醇酯在内的脂质分子的重要组分。有研究统计大多数肝癌患者血浆中甘油三酯、胆固醇、游离脂肪酸、载脂蛋白等水平显著降低。脂肪酸分为饱和和不饱和两种形式,一般用于能量的储存、细胞膜的合成和信号分子的生成。另外,某些类型的肿瘤(如前列腺癌)主要依赖脂肪酸 β 氧化作为能量的主要来源,而并不依赖于葡萄糖摄取的增加,所以选择性抑制内源性脂肪酸的合成,从而切断肿瘤增殖的能量来源已成为肿瘤治疗和抗肿瘤新药研发的新思路。

(四)酶代谢

瘤细胞的酶代谢变化主要表现在原组织中某些酶的含量或活性改变;一般恶性肿瘤组织内氧化酶减少,蛋白分解酶增加,来源不同的各种恶性肿瘤,其酶谱的一致性则是酶变化的特点之一。例如,各肿瘤组织中有关尿素合成的特殊酶系几乎完全消失,使其酶谱趋向一致。

(五)核酸代谢

肿瘤组织合成 DNA 和 RNA 的聚合酶活性较正常组织高,核酸合成能力增强,所以,DNA 和 RNA 的含量在恶性肿瘤细胞均有明显提高。DNA 与细胞的分裂和增殖有关,RNA 与细胞的蛋白质合成及生长有关。因此,核酸的增多可使肿瘤组织迅速生长。肿瘤组织还善于把 RNA 转变为 DNA,有利于肿瘤的分裂。在某些病毒、化学性致癌物质或放射线引起的肿瘤,瘤细胞的 DNA 结构发生改变,其蛋白质和酶的合成过程及其成分也发生改变,这就是正常细胞转变为瘤细胞的基础。

(六)水和无机盐的代谢

肿瘤中以肉瘤组织含水分和钾离子较多,肿瘤生长越快,钾的含量越高(周围健康组织钾的含量却减少),这和蛋白质合成旺盛有关。与此相反,肿瘤组织中除了坏死部分,钙的含量却减少,这有利于瘤细胞的解聚和分离,使瘤细胞更容易浸润性生长和转移。

四、异型性

肿瘤组织无论在细胞形态和组织结构上,都与其发源的正常组织有不同程度的差异,这种差异称为异型性(atypia)。肿瘤异型性的大小反映了肿瘤组织的成熟程度(即分化程度)。异型性小者,说明它与有关的正常细胞、组织相似,肿瘤组织成熟程度高(分化程度高);异型性大者,表示瘤细胞、组织成熟程度低(分化程度低),恶性程度越高,对机体危害也越大。区别这种异型性的大小是诊断肿瘤,确定其良、恶性的主要组织学依据。恶性肿瘤常具有明显的异型性。

有的恶性肿瘤主要由未分化细胞构成,称为间变性肿瘤。在现代病理学中,间变(anaplasia)指的是恶性肿瘤细胞缺乏分化,异型性显著。间变性的肿瘤细胞具有明显的多形性(pleomorphism),即瘤细胞彼此在大小和形状上有很大的变异,异型性大。因此,往往难以确定其组织来源。但大多数恶性肿瘤仍可显示某种程度的分化。间变性肿瘤几乎都是高度恶性的肿瘤。

(一)瘤细胞的异型性

良性肿瘤细胞的异型性小,一般都与其来源细胞相似。恶性肿瘤细胞常具有明显的异型性,表现为以下特点:

1. 瘤细胞的多形性　恶性肿瘤细胞一般比正常细胞大,各个瘤细胞的大小和形态又很不一致,有时出现瘤巨细胞。但少数分化很差的肿瘤,其瘤细胞较正常细胞小、圆形,大小也比较一致。

2. 瘤细胞核的多形性　瘤细胞核的体积增大(核肥大),使胞核与细胞浆的比例比正常增大[正常为 1:(4~6),恶性肿瘤细胞则接近 1:1];核大小、形状和染色不一,并可出现巨核、双核、多核或奇异形的核;核染色加深(由于核内 DNA 增多),染色质呈粗颗粒状,分布不均匀,常堆积在核膜下,使核膜显得增厚;核仁肥大,数目增多(可达 3~5 个);核分裂象增多(图9-2、图9-3),特别是出现不对称性、多极性及顿挫性等病理性核分裂象时,对于诊断恶性肿瘤具有重要的意义。恶性肿瘤细胞的核异常改变多与染色体呈多倍体(polyploidy)或非整倍体(aneuploidy)有关。

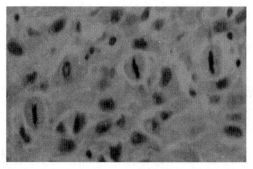
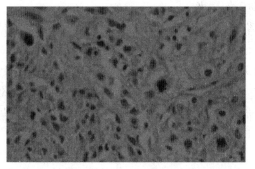

图9-2　纤维肉瘤　病理性核分裂象,HE×400(刘思当)

图9-3　纤维肉瘤　病理性核分裂象,HE×400(刘思当)

3. 瘤细胞胞浆的改变　由于胞浆内核糖体增多而多呈嗜碱性。并可因为瘤细胞产生的异常分泌物或代谢产物(如激素、黏液、糖原、脂质、角蛋白和色素等)而具有不同特点。

4. 瘤细胞超微结构改变　瘤细胞为了更好地侵袭生长,细胞器的形态结构、数量等常会异常发育。例如,在侵袭性细胞中,溶酶体数量会增多,释放大量水解酶便于浸润生长;细胞间连接减少,黏着松散便于其转移扩散。

上述瘤细胞的形态,特别是胞核的多形性常为恶性肿瘤的重要特征,在区别良恶性肿瘤上有重要意义,而胞浆内的特异性产物常有助于判断肿瘤的来源。

(二)肿瘤组织结构的异型性

肿瘤组织结构的异型性是指肿瘤组织在空间排列方式上(包括极向、器官样结构及其与间质的关系等方面)与其来源组织的差异。良性肿瘤瘤细胞的异型性不明显,一般都与其来源组织相似。因此,这些肿瘤的诊断有赖于组织结构的异型性。如子宫平滑肌瘤的细胞和正常子宫平滑肌细胞很相似,只是其排列与正常组织不同,呈编织状。恶性肿瘤的组织结构异型性明显,瘤细胞排列更为紊乱,失去正常的排列结构、层次或极向。如从纤维组织发生的恶性肿瘤——纤维肉瘤,瘤细胞很多,胶原纤维很少,排列很紊乱,与正常纤维组织的结构相差较远;从腺上皮发生的恶性肿瘤——腺癌,其腺体的大小和形状十分不规则,排列也较乱,腺上皮细胞排列失去极向,紧密重叠或呈多层,并可有乳头状增生。

五、生长

(一)生长速度

肿瘤生长速度差异很大,主要取决于肿瘤细胞的分化成熟程度。一般来讲,成熟度高、分化好的良性肿瘤生长较缓慢,往往有几年或更长的病史。成熟度低、分化差的恶性肿瘤生长较快,短期内可形成明显的肿块,由于血液及营养供应相对不足,易发生坏死和出血。

(二)生长方式

肿瘤的生长方式一般有以下 3 种:

1. **膨胀性生长** 是多数良性肿瘤所表现的生长方式。特点是由于瘤细胞的破坏力较弱,周围的正常组织对其有一定的限制,肿瘤体积逐渐增大,挤压周围组织,但不侵入到邻近的正常组织内。肿瘤组织的外围常有纤维组织增生,形成一层完整的包膜,与周围组织分界清楚。这类肿瘤位于皮下时触诊可以推动,容易手术摘除,术后也不易复发,对邻近组织器官一般仅起压迫作用。

2. **浸润性生长** 是大多数恶性肿瘤的生长方式。瘤细胞分裂增生,侵入周围组织间隙、淋巴管或血管内,像树根样生长,浸润并破坏周围组织,因此,肿瘤没有包膜,与邻近的正常组织无明显界限。肿瘤生长过程中不仅对周围健康组织进行挤压,而且还进行撕裂和破坏,因此,又称为"破坏性生长"。触诊时,肿瘤固定不活动。手术切除这种肿瘤时,切除范围应比肉眼所见肿瘤范围大,而且术后易复发。肿瘤的这种浸润性、破坏性生长,与瘤细胞分泌的一些蛋白分解酶的作用有关。

3. **外生性生长** 发生在体表、体腔表面或管腔性器官(如消化道、泌尿生殖道)表面的肿瘤,常向表面生长,形成突起的乳头状、息肉状、蕈状或菜花状的肿物。这种生长方式称为"外生性生长"或"突起性生长",也可以看作是特殊情况下的膨胀性生长。良性肿瘤和恶性肿瘤均可呈外生性生长。恶性肿瘤在外生性生长的同时,其基底部往往又呈浸润性生长(内生性生长),恶性肿瘤由于生长迅速和血液供应不良,外生性肿瘤组织往往发生坏死和脱落,形成底部不平、边缘隆起的溃疡。

六、扩散

恶性肿瘤不仅可在原发部位生长和蔓延,而且还可通过各种途径扩散到动物机体的其他部位,其扩散主要通过直接蔓延和转移 2 种方式进行。

（一）直接蔓延

呈浸润性生长的恶性肿瘤其瘤细胞常沿着组织间隙、血管、淋巴管和神经束浸润，破坏邻近正常组织器官，并继续生长，称为肿瘤的直接蔓延。例如，副鼻窦癌可通过筛窦直接蔓延，进而侵及上颌骨和额骨；晚期的宫颈癌可蔓延到直肠和膀胱。

（二）转移

恶性肿瘤的瘤细胞从原发部位脱离，经血管、淋巴管或其他途径迁移至身体的其他部位，并继续生长，形成与原发瘤同类型的肿瘤，这个过程称为转移（metastasis），所形成的肿瘤称为继发瘤或转移瘤（metastatic neoplasm）。一般良性肿瘤不发生转移，只有恶性肿瘤才发生转移。常见的转移途径有以下 3 种：

1. 淋巴道转移　瘤细胞侵入淋巴管后，随淋巴流首先到达最近的局部淋巴结，形成继发瘤，然后还可以由一组淋巴结侵入到另一组淋巴结，继续扩散发展。肿瘤晚期，当淋巴管发生阻塞时还可能出现逆行性转移。癌细胞通常经淋巴道转移。

2. 血道转移　瘤细胞侵入血管后以瘤栓的形式随血流到达远隔的器官继续生长，形成继发瘤。由于动脉壁较厚，同时管内压力较高，而静脉压低于组织压，故瘤细胞多从微静脉入血。血道转移的运行途径与栓子运行过程相似，侵入体循环静脉的瘤细胞可经右心转移至肺；门静脉的瘤细胞可经肝转移；肺静脉瘤细胞可经左心随主动脉到达全身各处。这是肉瘤的常见转移途径。

3. 种植性转移　浆膜腔（如胸腔、腹腔、骨盆腔等）内肿瘤的瘤细胞可以脱落并像播种一样，种植在体腔各器官的表面或体腔浆膜面，形成转移瘤。这种转移的方式称为种植性转移或播种（implantation），例如，肝癌细胞脱离后，可种植到胃的浆膜表面；胃癌破坏胃壁侵及浆膜后，可种植到大网膜、腹腔或肝脏表面。

恶性肿瘤的转移能力不一样，如基底细胞癌、神经胶质瘤、分化良好的纤维肉瘤等一般只在局部浸润而不向全身转移，而恶性黑色素瘤和淋巴肉瘤等往往具有广泛转移的倾向。

肿瘤转移的发生机理复杂，至今尚未十分明了。有人发现肿瘤组织间液中含有较多的溶酶体酶，如组织蛋白酶、多肽酶等，其量比正常组织间液高 4～100 倍。这些酶可降低肿瘤细胞的黏合力，使瘤细胞脱离和转移。近年来的研究表明，黏附因子在肿瘤的转移中起关键作用，转移始于个体瘤细胞从原发肿瘤脱落游离，主要缘于肿瘤细胞间黏附分子的丢失。在黏附分子的作用下，在循环中的瘤细胞与脉管内皮细胞及细胞外基质黏附，使瘤细胞转移至该组织器官。肿瘤的转移，仅是肿瘤实质的转移，肿瘤的间质并不随之转移。转移的组织器官有一定的规律可循，肺、肝是许多肿瘤易发生转移的器官。此外，转移灶内的血液供应十分重要，在血管丰富的组织，肿瘤易转移生长，而且种植的瘤组织生长也快。

七、对机体的影响

肿瘤因其良、恶的性质不同，对机体的影响也有所不同。

（一）良性肿瘤

良性肿瘤因其分化较成熟，生长缓慢，停留于局部，不浸润，不转移，外有包膜，界限清楚，向机体或器官内或外面突出，与基底部有短而粗的蒂相连，一般多能移动。故一般对机体的影响相对较小，主要表现为局部压迫和阻塞。良性肿瘤对机体的影响主要与其发生部位和继发病变有关。体表良性瘤除少数可引起局部症状外，一般对机体无重要影响；发生在腔道或重要器官的良性肿瘤,也可引起较为严重的后果,如消化道良性肿瘤(如突入肠腔的平滑肌瘤),有时可引起肠梗阻或肠套叠;颅内的良性瘤(如脑膜瘤、星形胶质细胞瘤)可压迫脑组织、阻塞脑室系统,引起颅内压升高等相应的神经系统症状。良性肿瘤有时可发生继发性改变,亦可给机体带来不同程度的影响。例如,子宫黏膜下肌瘤常伴有浅表糜烂或溃疡,可引起出血和感染。此外,内分泌腺的良性肿瘤则常因能引起某种激素分泌过多而产生全身性影响,如脑垂体前叶的嗜酸性细胞腺瘤(acidophilic adenoma)可引起巨人症(gigantism)或肢端肥大症(acromegaly)。

(二)恶性肿瘤

恶性肿瘤由于分化不成熟,生长较迅速,并可发生转移,自限性差,有较大的破坏性,常发生表面坏死,溃烂出血,并有恶臭、疼痛,且因浸润性生长或转移灶能够破坏周围邻近的器官或组织而发生功能障碍,晚期可因衰竭死亡,因而影响严重。恶性肿瘤除可引起与上述良性瘤相似的局部压迫和阻塞症状外,发生于消化道者更易并发溃疡、出血甚至穿孔,导致腹膜炎,后果更为严重。有时肿瘤产物或合并感染可引起发热。肿瘤压迫、浸润局部神经还可引起顽固性疼痛等症状。恶性肿瘤的晚期,往往发生恶病质,导致患病动物死亡。恶病质是指机体严重消瘦、无力、贫血和全身衰竭的状态。恶病质的发生机制尚未完全阐明,可能是由于食欲减退、进食减少、出血、感染、发热或因肿瘤组织坏死所产生的毒性产物引起机体的代谢紊乱所致。此外,恶性肿瘤的迅速生长,消耗机体大量的营养物质,以及晚期癌瘤引起的疼痛,影响患病动物的进食及睡眠等,也是导致恶病质的重要因素。近年来,发现巨噬细胞产生的肿瘤坏死因子(tumor necrosis factor,TNF)可降低食欲和增加分解代谢,与恶病质的发生也有一定关系。

第三节　良性肿瘤与恶性肿瘤的区别

良性肿瘤和恶性肿瘤的区别,主要依其组织分化程度、生长方式、生长速度、有无转移和复发以及对机体的影响等方面综合判断(表9-1)。

表 9-1　良性肿瘤与恶性肿瘤的区别

区别要点	良性肿瘤	恶性肿瘤
组织分化程度	分化好,异型性小,与原组织形态相似	分化不好,异型性大,与原组织形态差异大
核分裂象	较少或无病理核分裂象	多,并见病理核分裂象
生长方式	膨胀性或外生性生长,常有包膜形成	浸润性或内生性生长,无包膜,与周围组织分界不清
生长速度	缓慢或停止,少见坏死和出血	较快,常伴有坏死、出血
转移与复发	不转移,手术摘除后不易复发	常有转移,手术后可复发
对机体影响	小,主要对机体起局部压迫或阻塞作用	大,对组织破坏严重并形成转移瘤,甚至造成恶病质引起死亡

必须指出,良性肿瘤和恶性肿瘤间有时并无绝对界限,有些肿瘤的组织形态界乎二者之间,称为交界性肿瘤。如恶性程度较低的纤维肉瘤;卵巢交界性浆液性囊腺瘤和黏液性囊腺瘤。此外,肿瘤的良、恶性也并非一成不变。有些良性肿瘤如不及时治疗,有时可转变为恶性肿瘤,称为恶变,如结肠息肉状腺瘤可恶变为腺癌;而个别恶性肿瘤(如黑色素瘤),有时由于机

体免疫力加强等原因,可以完全停止生长甚至完全自然消退。

第四节　肿瘤的命名与分类

一、命名

动物机体的任何部位、任何组织、任何器官都可能发生肿瘤。因此,肿瘤的种类繁多,命名也很复杂。必须有一个统一的命名、分类原则,以利于肿瘤的诊断、治疗、教学和科学研究工作的进行。

肿瘤的命名主要是根据其组织的来源和良性或恶性的程度不同而命名的。

(一)良性肿瘤的命名

一般是在发生肿瘤的组织名称后加一个"瘤"(-oma)字,如来源于纤维组织的良性肿瘤称为纤维瘤(fibroma),来源于脂肪组织的良性肿瘤称为脂肪瘤(1ipoma),来源于腺体组织的肿瘤叫腺瘤(adenoma)等。

有时还结合良性肿瘤生长形状进行命名,如在皮肤、黏膜上生长的上皮组织良性肿瘤,其外形似乳头状,称为乳头状瘤(papilloma)。如果为了进一步说明这种乳头状瘤发生的部位,还可加上部位名称,如发生在皮肤的乳头状瘤称为皮肤乳头状瘤。有时为了详细说明良性肿瘤的性质,也可用"发生部位＋形状＋组织来源＋瘤"来命名,如发生于皮肤表面,形如乳头,来源于腺上皮的良性肿瘤,称为皮肤乳头状腺瘤。

此外,由多种组织成分构成的良性肿瘤称为混合瘤,如纤维腺瘤(fibroadenoma)或纤维软骨瘤(inochondroma)。

(二)恶性肿瘤的命名

可根据以下几种不同情况进行命名:

1. 由上皮组织形成的恶性肿瘤称为"癌"(carcinoma)。为了说明癌的发生部位和组织,还可以冠以发生器官和组织的名称,如腺癌(adenocarcinoma)、鳞状细胞癌(squamous cell carcinoma)和食道癌(carcinoma of esophagus)等。

2. 来源于间叶组织(包括结缔组织、脂肪、肌肉、脉管、骨、软骨组织以及淋巴、造血组织等)的恶性肿瘤称为"肉瘤"(sarcoma)。其命名方式是在来源组织名称之后加"肉瘤"二字,如淋巴肉瘤(1ymphosarcoma)、纤维肉瘤(fibrosarcoma)、脂肪肉瘤(adipose sarcoma)等。

3. 命名来源于神经组织和未分化的胚胎组织的恶性肿瘤时,通常在发生肿瘤的器官或组织名称之前加"成"字,如成神经细胞瘤(neuroblastoma)、成肾细胞瘤(nephroblastoma),也可以在来源组织的后面加"母细胞瘤",如神经母细胞瘤、肾母细胞瘤。

4. 有些恶性肿瘤成分复杂,组织来源尚有争议,则在肿瘤的名称前加"恶性"二字,如恶性畸胎瘤、恶性黑色素瘤等。

5. 有些恶性肿瘤常冠以人名,如鸡的马立克氏病(Marek′s disease)、何杰金氏病(Hodgkin′s disease)和劳斯氏肉瘤(Rous sarcoma)等。虽然这些肿瘤被称为"瘤"或"病",实际上都是恶性肿瘤。

二、分类

通常以肿瘤来源于何种组织为依据,将其分为上皮组织肿瘤、间叶组织肿瘤、神经组织肿瘤和其他类型的肿瘤,每一类别又按其瘤细胞分化成熟程度及对机体影响的不同分为良性肿瘤与恶性肿瘤 2 大类(表 9-2)。

表 9-2　肿瘤的分类

类别	组织来源	良性肿瘤	恶性肿瘤
上皮组织肿瘤	1. 被覆上皮	乳头状瘤	鳞状细胞癌
			移行上皮癌
	2. 腺上皮	腺瘤	腺癌
间叶组织肿瘤	1. 结缔组织		
	纤维组织	纤维瘤	纤维肉瘤
	脂肪组织	脂肪瘤	脂肪肉瘤
	肥大细胞	肥大细胞瘤	恶性肥大细胞瘤
	滑膜组织	滑膜瘤	滑膜肉瘤
	骨组织	骨瘤	骨肉瘤
	软骨组织	软骨瘤	软骨肉瘤
	2. 血液淋巴组织		
	淋巴组织	淋巴瘤	淋巴肉瘤
	造血组织		各种白血病
	血管	血管瘤	血管肉瘤
	淋巴管	淋巴管瘤	淋巴管肉瘤
	3. 肌组织		
	平滑肌	平滑肌瘤	平滑肌肉瘤
	横纹肌	横纹肌瘤	横纹肌肉瘤
神经组织肿瘤	1. 神经纤维	神经纤维瘤	神经纤维肉瘤
	2. 神经鞘细胞	神经鞘瘤	恶性神经鞘瘤
	3. 胶质细胞	神经胶质瘤	恶性胶质母细胞瘤等
	4. 脑膜细胞	脑膜瘤	脑膜肉瘤
	5. 交感神经节	神经节细胞瘤	神经母细胞瘤
其他组织肿瘤	1. 三胚叶组织	畸胎瘤	恶性畸胎瘤
	2. 黑色素细胞	黑色素瘤	恶性黑色素瘤
	3. 多种成分	混合瘤	癌肉瘤

第五节　肿瘤的病因学与发病学

肿瘤病因学是研究引起肿瘤发病原因的科学,是当前医学研究的重要课题之一。只有彻底地澄清引起肿瘤的原因和致病相关因素,在临床上才能对肿瘤进行有效的防治。

一、病因学

肿瘤的病因包括内因和外因 2 个方面。外因是指外界环境中各种对动物机体可能致癌的因素,主要包括化学性、物理性和生物性致癌因素以及各种慢性刺激作用;内因是指机体抗肿瘤能力的降低。

肿瘤的病因十分复杂，不同的病因在不同动物、不同器官可以引起同一种肿瘤，而同一种病因又可引起机体不同部位的肿瘤。在同一动物群体中，除受到传染性致瘤因素的作用外仅有少数动物发生肿瘤，这就说明肿瘤的发生还取决于机体的内在因素。

(一)外因

1. 化学性致瘤因素　外界环境中可引发动物肿瘤的化学物质千余种。这些物质有的是在自然界中存在的，有的是环境污染的产物。有的化学物质可以在作用于机体的部位形成肿瘤，有的却是在机体的其他部位形成肿瘤。许多化学性致瘤因素是前致癌物(precarcinogens)，必须经过细胞的代谢才能形成最终致癌物(ultimate carcinogens)。不同种类的动物或同种动物的不同器官对化学性致癌因素的反应不同。种特异性主要是指机体内某些细胞对毒物的代谢能力不同，而器官特异性是指毒物代谢的靶器官对化学性致癌因素的敏感性。例如，肝脏是毒物的代谢场所，而膀胱是毒物的排出场所，这些部位易受化学性致癌因素的影响而发生肿瘤。

(1)多环芳烃　煤焦油中所含的多环芳烃，如3，4-苯并芘、1，2，5，6-苯并蒽等，以及人工合成的甲基胆蒽，1，2-苯蒽等都具有致癌作用。这些物质小剂量涂擦皮肤即可引起皮肤癌，皮下注射可引起肉瘤。尤其是3，4-苯并芘存在于工厂废烟、汽车尾气、燃烧的烟草以及熏制的肉和鱼中，可能是导致肺癌和胃癌的因素之一。

(2)氨基偶氮染料　二甲基氨基偶氮苯(即奶油黄)等作为食品染料时，可导致动物肝癌，这些非食用性染料由于致癌作用很强已被禁用。

(3)亚硝胺类　亚硝胺是亚硝酸盐在胃内酸性环境中合成的致癌物质。亚硝酸盐广泛地存在于自然界中，如土壤、肥料、谷物、蔬菜和水中，而且亚硝酸盐也是肉食品的防腐增色剂。亚硝胺具有强烈的致癌作用，如一次给予足够剂量即可致癌。由于亚硝胺可溶于水和脂肪，在体内存留时间长、作用范围广，所以致癌谱广泛。亚硝胺对器官有明显的亲和性，常导致肝癌和食道癌等消化系统肿瘤。

(4)霉菌毒素　霉菌在自然界广泛存在，种类很多，其中大多数为非致病性的。有200多种霉菌可产生毒素，多数是曲霉、青霉、镰刀霉菌属的成员。其中，以黄曲霉毒素 B_1 致癌作用最强，可导致肝、肾、肺、食管和皮下的肿瘤。不同动物对黄曲霉毒素的敏感性不同，鸭最为敏感，猪次之，羊的抵抗力最强。此外，寄生曲霉毒素可诱发动物的肝、肾、胃癌，白地霉毒素可诱发食道癌和胃癌等。

(5)无机化合物　一些无机元素如铬、镍、镉、砷以及石棉等均有一定的致癌作用，可引起动物发生皮肤癌、肺癌和前列腺癌。

2. 物理性致瘤因素

(1)电离辐射　电离辐射是指波长很短的X射线、γ射线和带亚原子微粒的辐射。电离辐射可从其穿过的物质中带走电子，从而形成电离化的分子，这种分子很不稳定，可在 $10\sim16$ s内转变为高能量的自由基(free radical)。这些自由基可杀死细胞，造成细胞染色体畸变而引起肿瘤的发生。DNA是电离辐射的重要生物靶，尤其是嘧啶碱基对电离辐射的敏感性较高。电离辐射对DNA的损伤主要是单链断裂及碱基结构改变。与辐射有关的肿瘤：白血病、乳腺癌、甲状腺肿瘤、肺癌、骨肉瘤、皮肤癌、多发性骨髓瘤和淋巴瘤。例如，长期接触X射线的工作者易患白血病或皮肤癌。日本广岛、长崎两地受原子弹损害的居民中，7年内白血病发生率增高 4 倍。

(2)紫外线　紫外线的致癌作用是由于细胞内的 DNA 吸收光子,妨碍了 DNA 分子的复制,产生基因突变。紫外线对多种动物均具有较强诱发肿瘤的能力,如新疆等地区的绵羊在高原地区野外放牧,耳部少毛处易发生皮肤癌。

(3)慢性刺激　Virchow(1863)已提出慢性刺激致癌学说,认为许多肿瘤是在慢性物理性、机械性因素等刺激作用下发生的。例如,日本北海道大学早年用煤焦油反复涂擦兔耳,获得了皮肤癌的动物模型;慢性胃溃疡、胆囊结石、灼烧瘢痕等病变有时可发生癌变;长期吸烟斗者易发唇癌,咀嚼不细、吞咽过快常可引发食道癌。非特异性刺激在肿瘤发生中仅起到一种辅助性作用,但慢性刺激可使细胞损伤与再生作用加强,为肿瘤的发生提供了条件。此外,某些外伤或体内的异物也是引起肿瘤发生的诱因。

(4)纤维物质刺激　某些纤维物质是诱发肿瘤疾病的重要因素,如石棉被列为一级致癌物质,它的细小纤维物质释放后可以长时间存留在空气中,被吸入体内,沉积在肺部,造成肺癌、胸膜癌等疾病。

3. 生物性致瘤因素

(1)病毒　病毒致瘤机制是目前肿瘤病理学研究的一个重要课题。多种动物中不少类型的肿瘤发生均与病毒感染密切相关,并且病毒所致的肿瘤病还具有传染性疾病的特征,如鸡马立克氏病、禽白血病发病率高、流行广。继 Ellernan(1908)首先发现鸡白血病可由无细胞滤液接种而传递后,Rous(1911)也成功地复制出了鸡的肉瘤。目前已知的禽、牛和鼠的白血病,鸡马立克氏病和劳氏肉瘤,小鼠乳腺癌,绵羊的肺腺瘤,兔和鹿的纤维瘤,牛的淋巴肉瘤等均由病毒感染引起。目前已知引起动物肿瘤的病毒有 150 株以上,其中 1/3 为 DNA 病毒,其余为 RNA 病毒。肿瘤病毒是指凡能引起动物肿瘤或体外能使细胞发生恶变的病毒,即凡能致瘤的病毒统称为肿瘤病毒。判断病毒是否为肿瘤病毒需要遵循如下标准:a. 先有病毒感染,后发生癌变;b. 新分离的肿瘤组织内存在病毒的核酸和蛋白质;c. 体外组织培养中能转化细胞;d. 分类学上同属的病毒可以引起动物肿瘤;e. 存在流行病学证据;f. 用病毒或病毒的组织成分免疫高危动物,肿瘤发生率下降。

(2)霉菌　霉菌除了产生代谢产物——霉菌毒素导致动物肿瘤外,霉菌本身也有一定的致癌和促癌作用。霉菌本身可引起局部的慢性炎症,促使上皮细胞增生,提高其对致癌物的易感性。例如,在人类早期食道癌癌旁增生的上皮细胞内,霉菌阳性率达 50%。

(3)寄生虫　寄生虫对动物的侵袭也易导致肿瘤,如埃及人膀胱癌同时伴有血吸虫病者达90%,两者有明显的因果关系。寄生虫侵袭引起局部黏膜上皮细胞增生,但癌变的发生机理是由于虫体或虫卵的物理性刺激,还是由于其分泌物的化学作用,或两者共同作用,还有待进一步研究。

(二)内因

外界因素引起肿瘤发生的重要性已被人们认识,但机体的内在因素在肿瘤发生上也具有重要意义。

在同一环境中生存的动物,一般情况下仅有个别发生肿瘤,即使是由病毒感染引起的肿瘤,如鸡马立克氏病,在同群中的发生率和死亡率也不一致。牛淋巴白血病的发病率仅为万分之几。有的动物在发生肿瘤后,机体可将肿瘤控制在最小的范围内,不出现明显的临床症状,也不造成严重的经济损失。有的动物在发生恶性肿瘤后,肿瘤很快扩散到全身并引起死亡。

这些差别是与动物的年龄、品种、免疫力和遗传因素等密切相关的,现分述如下。

1. 年龄和性别 肿瘤一般见于年龄较大的动物,例如 10 岁以上的老龄犬,淋巴肉瘤的发病率较高;12 岁以上的老母鸡往往死于卵巢癌;4 岁以上的鸭,肝癌的发生率特别高;其他肿瘤,如猪的鼻咽癌、鸡的食道癌发病年龄也较高。

2. 品种和品系 动物品种和品系不同,肿瘤的发生率也有很大差别。1972 年,日本某地利用汉普夏和杜洛克与本地猪进行杂交,在其后代猪群中出现了大批黑色素瘤病例。1974 年英国也报道了大白猪的一种淋巴肉瘤发病率很高。禽淋巴白血病/肉瘤病毒群造成的经济损失较严重,又因其病毒亚型较多,疫苗生产困难,现已培育抗淋巴白血病鸡群,利用抗癌品种来消除本病造成的损失。

3. 机体的免疫力 动物机体的免疫状态与肿瘤的发生发展有密切的关系。先天免疫缺陷的动物,恶性肿瘤的发生率较高。现已证明,无论是化学性致癌物质还是病毒引起的动物肿瘤,都具有肿瘤特异性抗原。机体对肿瘤的免疫反应,不外乎是细胞免疫和体液免疫两种,但以细胞免疫为主。患肿瘤动物的淋巴细胞,对自体肿瘤和异体同种肿瘤细胞都具有抑制作用,而对正常体细胞或其他肿瘤细胞则无免疫反应,正常动物的淋巴细胞亦无此抑制作用。临床病理发现,人类乳腺癌和胃癌的癌组织及其周围组织中淋巴细胞浸润多者,预后较好,肿瘤可长期不转移,患者存活时间也长,但是机体的免疫反应一般难以抵抗肿瘤生长。

4. 遗传因素 动物肿瘤遗传性问题的研究远比人类方便,从 20 世纪 30 年代起国内外已繁殖了大量纯系动物,建立了 200 余种遗传性极纯的动物系进行研究。发现小鼠的 C3H 系、A 系、昆明系等自发性乳腺癌发病率很高,而 C57 纯系则极少发生。这说明小鼠能否发生乳腺癌的决定因素是其基因型。在人类除同卵双生之外,没有相同基因型的人,但国外早有"癌家族"的记载,如拿破仑一家三代包括他本人共有 7 人死于胃癌。有乳腺癌家族史的妇女,乳腺癌发生率较一般人群高 3～4 倍。近亲婚配可使隐性基因外显,其后代发生癌症的危险比一般人高。

5. 内分泌因素 激素作为机体的内因,与肿瘤之间的关系非常复杂。一方面激素对肿瘤的影响主要限于其靶器官发生的肿瘤。另一方面,有的肿瘤亦能产生激素,引起激素紊乱的各种症状。

综上所述,引起肿瘤发生的内外因素很多,这些因素协同作用,引起动物肿瘤的形成。在研究肿瘤病因时,应当防止只重视外界因素而忽视机体的内因,只注意某一因素的单独作用而忽视多种因素的综合作用。只有这样才能正确地认识肿瘤的病因,为肿瘤的诊断和防治提供有力的证据。

二、发病学

肿瘤的分子发病机理与一般的创伤、感染性疾病不同,涉及细胞信号转导障碍、过度增殖、细胞周期转变、凋亡不足、分化障碍等细胞病理过程。不同的病因引起肿瘤形成的机理是不一样的,一些肿瘤的形成机理迄今还不很清楚。为了给根治肿瘤提供可靠的依据,就必须重视和加强肿瘤发病机理的研究。随着现代分子生物学的发展,目前研究表明,肿瘤是细胞中多种基因突变的结果,主要发生在 4 大类细胞基因,即癌基因(oncogene)、抑癌基因(tumor suppressor gene)、凋亡基因(apoptotic gene)和 DNA 修复基因(DNA repair gene),并初步揭示了它们在肿瘤致病机理中的作用。目前已知的关于肿瘤的发病机理主要涉及以下几个方面。

(一)癌基因的病理学变化

1. 癌基因与原癌基因　癌基因是指细胞中发生变异的一类基因,包括病毒癌基因和细胞癌基因。病毒癌基因首先是在 RNA 逆转录病毒中发现的,含有病毒癌基因的逆转录病毒能在动物体中迅速诱发肿瘤并能在体外转化细胞。后来在正常细胞的 DNA 中也发现了与病毒癌基因几乎完全相同的 DNA 序列,被称为细胞癌基因,由于细胞癌基因在正常细胞中以非激活的形式存在,故又称为原癌基因(protooncogene)。细胞原癌基因是存在于所有生物体细胞基因组中具有高度保守性的基因,执行的是正常的生理功能,主要机能是调控细胞正常的生长、分化和发育。但在细胞生长过程中,原癌基因可以通过基因扩增、染色体移位、插入、点突变或甲基化状态改变等途径被激活转变成癌基因,使细胞获得永生性和恶性增生的能力,这对肿瘤的发生起重要的作用。

2. 原癌基因的激活　细胞中原癌基因在各种外界因素或内部因素的影响下被激活,转变为癌基因;有时,原癌基因本身结构并未发生改变,而是调节原癌基因表达的基因发生改变使原癌基因过度表达。原癌基因活化的方式主要有点突变、染色体易位、插入突变或基因扩增等。

(1)点突变(point mutation)指原癌基因在特定位置发生某个核苷酸的改变,使相应蛋白质的一个氨基酸改变,继而改变了蛋白质的空间构型和生物学功能。点突变可以表现为错义突变(missense)、无义突变(nonsense)、移码突变(frame shift)和终止码突变(stop codon)等多种形式。

(2)染色体易位(chromosomal translocation)指原癌基因在它正常所在的染色体发生位置的移动。原癌基因易位后可以从静止状态变成激活状态。

(3)插入突变(insertional mutation)指原癌基因附近插入某种 DNA 序列,从而引起基因表达的改变,进而影响氨基酸和蛋白质的改变。

(4)基因扩增(amplification)指原癌基因在原来染色体上复制形成多个拷贝,导致表达蛋白量异常增多,影响细胞的正常生理功能。

(5)基因甲基化改变　基因甲基化状态的改变可导致基因结构和功能的异常,被认为是细胞癌变过程中的关键一步。DNA 甲基化状态与基因的转录活性呈负相关。分析 DNA 甲基化状态或许成为临床上恶性肿瘤诊断及预后判定的重要指标。

3. 癌基因与肿瘤　目前虽已鉴定出许多与细胞增殖和分化密切相关的基因,但在肿瘤中到底有多少癌基因参与其中仍不清楚。迄今已发现 src、ras、myc、myb、sis、erb 等 6 大癌基因家族以及大量新的尚无法明确归类的癌基因,约有 50 种癌基因与病毒癌基因同源。当其被激活后,通过表达与生长因子有关的癌蛋白、与酪氨酸蛋白激酶有关的癌蛋白、具有胞浆丝氨酸/苏氨酸蛋白激酶活性的癌蛋白及 GTP 结合蛋白等癌基因表达产物,这些蛋白质大多是对正常细胞生长十分重要的细胞生长因子和生长因子受体,如血小板衍生生长因子(PDGF)、纤维母细胞生长因子(FGF)、表皮细胞生长因子受体(EGF-R)、重要的信号转导蛋白质(如酪氨酸激酶、丝氨酶-苏氨酸激酶等)以及核调节蛋白(如转录激活蛋白)等,引起细胞的过度生长、抑制细胞凋亡,干扰或模拟信号传导的各个环节而引起细胞癌变。

(二)抑癌基因的病理变化

肿瘤的发生发展不仅是细胞癌基因激活的显性作用,还有一类通过纯合子缺失与杂合子丢失或两者失活而引起恶性转化的基因,称为抑癌基因(tumor suppressor gene),也称肿瘤抑制基因,或抗癌基因,它是一类存在于正常细胞内可抑制细胞生长并具有潜在抑癌作用的基因。抑癌基因在控制细胞生长、增殖及分化过程中起着十分重要的负调节作用,它与原癌基因相互制约,维持正负调节信号的相对稳定,这类基因在发生突变、缺失或失活时可引起细胞恶性转化而导致肿瘤的发生。由此看来,肿瘤的发生可能是癌基因的激活与肿瘤抑制基因的失活共同作用的结果。目前了解最多的肿瘤抑制基因是视网膜母细胞瘤基因(retinoblastoma gene,Rb)和 p53 基因,它们的产物都是以转录调节因子的方式控制细胞生长的核蛋白。

1. Rb 基因　随着对一种少见的儿童肿瘤的研究而最早发现的一种肿瘤抑制基因。Rb 基因的纯合子性的丢失见于所有的视网膜母细胞瘤及部分骨肉瘤、乳腺癌和小细胞肺癌等。Rb 基因定位于染色体 13q14,编码一种核结合蛋白质(P105-Rb)。它在细胞核中以活化的脱磷酸化和失活的磷酸化的形式存在。活化的 Rb 蛋白对于细胞从 G0/G1 期进入 S 期有抑制作用。当细胞受到刺激开始分裂时,Rb 蛋白被磷酸化失活,使细胞进入 S 期。当细胞分裂成 2 个子细胞时,失活的(磷酸化的)Rb 蛋白通过脱磷酸化再生使子细胞处于 G1 期或 G0 期的静止状态。如果由于点突变或 13q14 的丢失而使 Rb 基因失活,则 Rb 蛋白的表达就会出现异常,细胞就可能持续地处于增殖期,并可能由此恶变。

2. p53 基因　p53 基因定位于 17 号染色体,是基因研究中最广泛深入的肿瘤基因,也被称为明星基因。p53 基因分为野生型和突变型 2 种,其产物也有野生型和突变型。正常的 p53 蛋白(野生型)存在于核内,但其半衰期很短,极其不稳定,并具有反式激活和抗肿瘤的功能。野生型 p53 蛋白在脱磷酸化时活化,在 G1/S 控制点起作用,DNA 损伤时可使细胞停止于 G1 期,阻碍细胞进入细胞周期。p53 基因缺失或突变是许多肿瘤发生的原因之一,在部分结肠癌、肺癌、乳腺癌和胰腺癌等均发现有 p53 基因的点突变或丢失,从而引起突变型 p53 蛋白表达,丧失其生长抑制功能,导致细胞增生和恶变。近来还发现某些 DNA 病毒,如 HPV、SV-40 和腺病毒,其致癌作用是通过它们的癌蛋白与活化的 Rb 蛋白或 p53 蛋白结合并中和其生长抑制功能而实现的。

(三)细胞凋亡基因

许多研究表明,在肿瘤的发生发展中往往伴有细胞凋亡基因的表达增强或促凋亡基因的异常。如 Bcl-2 基因家族,包含抑制和促进细胞凋亡 2 类功能相反的基因,其中 Bcl-2 基因是目前公认的重要细胞凋亡调控基因,是"B 细胞淋巴瘤/白血病-2"基因的缩写形式,是从滤泡型淋巴瘤中分离出来的原癌基因。Bcl-2 蛋白通过减慢发育中的神经和淋巴组织细胞的更新速度抑制细胞凋亡,促进肿瘤细胞的累积。Bcl-2 蛋白的高水平表达可见于淋巴造血系统肿瘤及其他肿瘤。

许多证据表明,肿瘤的发生与细胞凋亡的调节紊乱有密切关系。细胞凋亡参与了癌症的起始过程,并对癌症的发生起负调控作用,癌前期细胞对细胞凋亡更为敏感,更易被清除,这是机体自我保护功能的表现。目前对细胞凋亡与肿瘤发生的研究多为体外或动物实验阶段。

(四)多步癌变的分子基础

恶性肿瘤的发生是一个长期的、多因素造成的分阶段的过程,这已由流行病学、遗传学和化学致癌的动物模型所证明。肿瘤发生发展在分子水平上常涉及多种基因参与,近年来的分子遗传学研究从癌基因和肿瘤抑制基因的角度提供了更加有力的证明。单个基因的改变不能造成细胞的完全恶性转化,而是需要多基因的复杂改变,包括几个癌基因的激活和多个肿瘤抑制基因的丧失。以结肠癌的发生为例,在从结肠上皮细胞过度增生到结肠癌的演进过程中,关键性的步骤是癌基因激活以及肿瘤抑制基因的丧失或突变。这些阶段性积累起来的不同基因分子水平的改变,可以在形态学的改变上反映出来。

随着分子生物学的发展,近年来对肿瘤的病因与发病机制的研究有了很大进展。但肿瘤的发生发展是异常复杂的,还有许多未知的领域。总结近年来分子生物学研究的进展,有以下几点是迄今比较肯定的:①从遗传学角度上来说肿瘤是一种基因病。②肿瘤的形成是瘤细胞单克隆性扩增的结果。③环境和遗传等致癌因素引起细胞遗传物质(DNA)改变的主要靶基因是原癌基因、肿瘤的抑制基因和凋亡相关基因,原癌基因的激活、肿瘤抑制基因及细胞凋亡基因的失活导致细胞的恶性转化。④肿瘤的发生不只是单个基因突变的结果,而是一个长期的、分阶段的、多种基因突变积累的过程。⑤机体的免疫监视体系在防止肿瘤发生上起重要作用,肿瘤的发生是免疫监视机能丧失的结果。

虽然近年来对肿瘤的分子发生机理研究有了很大的进展,但肿瘤的发生、发展是极其复杂的,还有许多未知领域需要我们去探索。

第六节　常见动物肿瘤

一、良性肿瘤

1. 乳头状瘤(papilloma)　是由被覆上皮细胞转化来的良性肿瘤,可发生于各种动物的头、颈、背、胸、外阴、乳房等部皮肤以及口腔、食道、膀胱等黏膜。

肿瘤化的被覆上皮细胞向表面突起性生长,结缔组织、血管、淋巴管和神经也随之向上增生,呈乳头状,所以叫乳头状瘤。有的乳头状突起上还形成很多分支状的小"乳头",呈绒球状或菜花状,称为绒毛样乳头状瘤。乳头状瘤根部往往较细长,称为蒂(彩图 9-1~彩图 9-3)。

镜检,每个大、小乳头均以结缔组织、血管为轴心,表面覆盖着增生的上皮细胞。由于乳头状瘤发生的部位不同,覆盖的上皮细胞不尽相同,也可化生成异型状态。发生在皮肤或皮肤型黏膜者,覆盖的肿瘤组织为鳞状上皮样细胞;发生在膀胱者,覆盖的是移行上皮;发生在胃肠黏膜者,覆盖的是柱状上皮。黏膜上皮乳头状瘤又叫息肉,如牛、羊的鼻腔息肉。此外,还有一种由基底细胞转化来的基底细胞瘤,虽也呈乳头状,但表面常常发生溃疡。这种肿瘤多见于猫和犬,其他动物罕见。

2. 腺瘤(adenoma)　是由腺上皮转化来的良性肿瘤,可发生于各种动物的各种腺体,常见于胃、肠、子宫、肝、卵巢、甲状腺、肾上腺、乳腺和唾液腺等。腺瘤常呈球状或结节状,外有包膜,与周围界限清楚(彩图 9-4)。有时亦见于胃肠道,多突出于黏膜表面,呈乳头状或息肉状,有明显的根蒂。

镜检,腺瘤一般由腺泡和腺管构成,腺泡壁为生长旺盛的柱状或立方上皮(彩图 9-5)。由内分泌腺转化来的腺瘤,通常没有腺泡而是由很多大小较为一致的多角形或球状的细胞团构成。瘤细胞呈立方形,大小和形态比较一致,排列成大小不同的腺泡和腺管,瘤组织与周围组织分界明显。

3. 纤维瘤(fibroma)　是由纤维结缔组织转化来的良性肿瘤。畜禽的纤维瘤十分多见,凡有结缔组织的部位均可发生,多见于皮下、黏膜下、肌肉间隙、肌膜、筋膜和骨膜等处。纤维瘤由从纤维细胞转化来的瘤细胞和纤维细胞、胶原纤维、血管组成。与正常的纤维组织相比,其主要特点是：呈结节状或团块状，有包膜，界限明显；瘤体大小和数量不一，一般为单发，但也有的多发(彩图9-6)；质地比较坚韧，切面白色或淡红色，常有排列不规则的条纹状结构(彩图9-7)。

镜检，瘤细胞形态和染色与纤维细胞及其胶原纤维相似，但数量比例、结构排列不相同，在组织结构上有明显的异型性。瘤细胞分布不均匀，瘤细胞和胶原纤维排列紊乱，往往呈束状相互交错，或呈漩涡状排列，纤维粗细不一致，与正常的纤维组织结构有所不同(彩图9-8)。

根据纤维瘤所含瘤细胞和胶原纤维的比例不同，可将其分为2种。一种是硬纤维瘤，胶原纤维多而细胞成分少，纤维排列致密，质地坚硬；另一种是软纤维瘤，细胞成分多而胶原纤维少，纤维排列比较松散，质地较软。另外，还有一种纤维瘤是一种复合型肿瘤——纤维腺瘤，纤维腺瘤是由腺上皮及纤维组织2种成分混合组成的良性肿瘤，多见于乳腺和黏膜面(彩图9-9、彩图9-10)。

应当注意纤维瘤与瘤样纤维组织增生的区别。瘤样纤维组织增生不是真性肿瘤，但由于增生的纤维组织比较成熟，形态结构与纤维瘤相似。两者的区别如下：

(1)瘤样纤维组织增生呈浸润性生长，没有包膜，切除不完全时可以复发，但不转移扩散；而纤维瘤多为膨胀性生长，有包膜，切除后不复发，不转移扩散。

(2)瘤样纤维组织增生的细胞多为纤维母细胞，增生较为活跃，胞浆丰富、胞核肥大，有轻度异型性；而纤维瘤细胞类似成熟的纤维细胞，形态结构较为一致。

关于瘤样纤维组织增生的本质和分类尚不清楚，多数人认为它是介于纤维瘤与纤维肉瘤之间的新生物。有的被称为瘢痕瘤，如马球关节创伤以后的瘤样纤维组织增生。

4. 脂肪瘤(lipoma)　是由脂肪组织转化来的良性肿瘤，见于各种畜禽，多发生于皮下(彩图9-11)，有时也见于大网膜和肠系膜等处。

脂肪瘤呈结节状或分叶状，有包膜，能移动，与周围组织界限清楚(彩图9-12)。有时呈息肉状，有一蒂与正常组织相连接。脂肪瘤质地柔软，颜色灰白或淡黄，切面有油腻感，略透明，与正常脂肪组织相似。

镜检，瘤细胞近似脂肪细胞，瘤组织结构也与脂肪组织接近(彩图9-13)，但由少量间质(结缔组织和血管等)将肿瘤组织分割成许多大小不等的小叶(图9-4)，周围有一明显的包膜，结缔组织过多者，称为纤维脂肪瘤(fibrolipoma)。

脂肪瘤由于呈结节状或息肉状，手术容易切除，术后不复发、不转移(彩图9-12)。

5. 平滑肌瘤(leiomyoma)　是由平滑肌细胞转化来的良性肿瘤，多见于一些动物的消化道、支气管和子宫。平滑肌瘤呈结节状，有包膜，质地较硬，大小形状不一，切面呈淡灰红色。

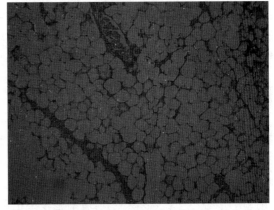

图9-4　脂肪瘤　瘤细胞近似脂肪细胞，被少量间质分隔，HE×200（刘思当）

镜检，瘤组织的实质为平滑肌瘤细胞，瘤细胞为长梭形，胞浆明显，胞核呈棒状，染色质细而均匀,细胞间有多少不等的纤维结缔组织,组织排列不规则(彩图9-14)。有时,其平滑肌成分几乎被纤维结缔组织取代,而成为纤维平滑肌瘤(fibroleiomyoma)。有的平滑肌瘤可能发生囊肿或钙化。

平滑肌瘤容易手术切除,术后不复发、不转移。

二、恶性肿瘤

1. 鳞状细胞癌(squamous cell carcinoma) 也叫鳞状上皮癌或表皮样癌,简称鳞癌,是由鳞状上皮细胞转化来的恶性肿瘤。发生于多种动物的皮肤和皮肤型黏膜,如乳房、瞬膜、阴茎、阴道、口腔、舌、食道、喉等处。非鳞状上皮组织如鼻咽、支气管、子宫体等的黏膜,也可出现鳞癌,但必定呈鳞状上皮化生之后才能发生。

鳞状细胞癌主要向深层组织浸润性生长,导致组织肿大,结构破坏,有时也向表面生长,呈菜花状,而且常发生出血、坏死及溃疡(彩图9-15)。

镜检,初期上皮细胞恶变,棘细胞出现进行性非典型性增生,表现细胞异型性和不规则有丝分裂。这些细胞尚未突破基底膜时,通称原位癌(carcinoma insitu)。继续发展时,癌细胞突破基底膜向深层组织浸润性生长,形成圆形、梭状或条索状细胞团,即成为典型的鳞癌。癌细胞团叫癌巢,分化程度好的癌巢中心发生角化,形成癌珠(角化珠、角珠、上皮珠、角蛋白珠),相当于表皮角化层,围绕着癌珠由内向外依次相当于透明层、颗粒层、棘细胞层、基底细胞层(彩图9-16)。分化程度差的鳞癌没有癌珠,细胞异型性大,有较多的核分裂象。鳞癌的间质多少不一,间质大量增生,使癌组织变硬,叫硬癌(scirrhous cancer);间质疏松,并有较多血管、淋巴细胞、浆细胞,甚至中性粒细胞和嗜酸性粒细胞时,癌组织较软,叫软癌。

2. 腺癌(adenocarcinoma) 由黏膜上皮和腺上皮转化来的恶性肿瘤,肿瘤多呈灰白色结节状或弥漫性增生,病变器官显著肿大,肿瘤易发生转移。多发生于动物的胃肠道、肝脏(彩图9-17)、卵巢(彩图9-18、彩图9-19)、胸腺、甲状腺(彩图9-20、彩图9-21)、乳腺和支气管等器官。

根据分化程度、形态结构和黏液分泌与否,腺癌可分为3个级别:①分化程度较好的腺癌,癌细胞排列成腺泡样或腺管样,与正常腺体相似,但癌细胞排列不整齐,异型性较大,核分裂象较多。②分化程度低的腺癌,癌细胞聚集成实心,没有空隙,癌细胞异型性大,核分裂象多(彩图9-22、彩图9-23)。③黏液样癌(mucoid cancer),开始癌细胞内有黏液聚积,以后细胞破裂,癌组织几乎成为一片黏液性物质,质地如胶状,切面湿润有黏性,呈灰白色、半透明状。

3. 纤维肉瘤(fibrosarcoma) 来源于纤维结缔组织的一种恶性肿瘤,可见于多种动物,发生部位与纤维瘤基本相同。

瘤体呈结节状、分叶状或不规则形,与周围组织界限清楚,有时还见有包膜,质地比正常组织稍硬,大小、数量不一,切面呈粉红色或灰白色,均质似鱼肉样。

镜检,纤维肉瘤之间差异较大。分化程度高、恶性程度低的纤维肉瘤与纤维瘤相近;分化程度低、恶性程度高的纤维肉瘤与纤维瘤有明显差异,表现为:瘤细胞大小不等,瘤巨细胞多见;瘤细胞形态不一,多形性显著,瘤细胞核染色深,常有核分裂象;瘤细胞多,而胶原纤维很少(图9-5)。异型性大的纤维肉瘤,瘤细胞呈梭形、圆形或椭圆形,无胶原纤维(图9-6)。

纤维肉瘤虽为恶性肿瘤,但家畜纤维肉瘤的恶性程度都不高,生长缓慢,很少见转移,切除后也少见复发,通常不会造成严重后果。只有少数分化程度低、生长速度快的纤维肉瘤易转移,可复发。

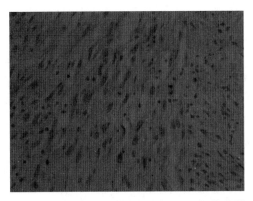

图 9-5 纤维肉瘤 瘤细胞形态不一,见核分裂象,瘤细胞多,纤维很少,HE×400(刘思当)

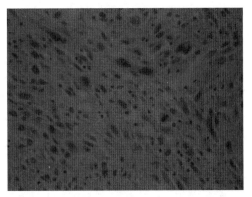

图 9-6 纤维肉瘤 异型性大的纤维肉瘤,瘤细胞呈梭形、圆形或椭圆形,HE×400(刘思当)

4. 恶性黑色素瘤(malignant melanoma) 由成黑色素细胞演变来的一种恶性肿瘤。人的黑色素瘤一般为良性,在家畜多为恶性。恶性黑素瘤可见于多种动物,但主要是马类,尤其是白色或浅颜色马更为多见,常发生于尾根、会阴部和肛门周围。开始,肿瘤生长较为缓慢,可在较长时间内不转移。转移瘤可见于淋巴结、肝、脾、肺、肾、骨髓、肌肉、脑膜、松果体、神经纤维等。

瘤体大小不等,小者仅豆粒大,大者可达数千克;原发小肿瘤为结节状(彩图 9-24),转移瘤可使组织弥漫性肿大;质地不一,原发瘤较坚硬,转移瘤较柔软;切面干燥,呈黑色或棕黑色。

镜检,瘤细胞大小不等、形态不一,呈圆形、椭圆形、梭形或不规则形。瘤细胞胞浆中黑色素颗粒少时,还可见到胞核和嗜碱性胞浆,黑色素颗粒多时,胞核和胞浆常被掩盖,极似一点墨滴(图9-7)。瘤细胞排列较为紧密,间质成分很少。

5. 肾母细胞瘤(ephroblastoman) 为动物和人常见的腹部恶性肿瘤,多见于猪、兔、鸡,偶见于牛、羊。兔的发病率很高,在小儿腹部肿瘤中其发病率占首位。多发生于一则肾,左右侧发病数相近。肿瘤外观呈灰白色,分叶状,有一层包膜,切面瘤组织灰白,质地柔软,多位于皮质部,肾组织被严重破坏或被瘤组织完全取代(彩图 9-25)。

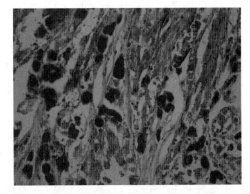

图 9-7 恶性黑色素瘤 瘤细胞大小不等、形态不一,胞浆充满黑色颗粒,HE×400(刘思当)

镜检,肾母细胞瘤源于胚胎时期的生肾胚芽,组织呈不正常的持续增殖。上皮组织形成腺样结构,也有肾小球样结构形成。在肉瘤样结构的肾母细胞瘤中,瘤细胞为圆形或梭形,核较大深染,呈弥漫性增生,具核分裂象,瘤细胞形成低分化的肾小球或肾小管样结构。

6. 淋巴肉瘤(lymphosarcoma) 由淋巴组织起源的恶性肿瘤,最初肿瘤组织多发生在淋巴结、脾脏、肠壁淋巴组织等部位,以后逐渐增生肿大,并向周围组织浸润性生长或转移。肿瘤结节状,大小不等,切面呈灰白色鱼肉状(彩图 9-26～彩图 9-28)。

镜检,正常淋巴组织坏死消失,被弥漫性增生的淋巴样瘤细胞所代替,瘤细胞似幼稚淋巴细胞或成淋巴细胞,前者细胞圆形、胞浆少、核深染,后者细胞体积大,胞浆多,核染色浅。瘤组织常见核分裂象。

7. 白血病(liukemia)　是畜禽常见的恶性肿瘤性疾病。

(1)哺乳动物白血病　可分为淋巴组织增生病(淋巴细胞性白血病)和骨髓增生病(骨髓性白血病)2 大类。淋巴细胞性白血病是各种动物最常见的白血病类型,特点为血液中白细胞大量增加,其中淋巴细胞总数最多。瘤细胞主要为异型明显的大小淋巴细胞、成淋巴细胞,多见核分裂象(彩图 9-29)。骨髓性白血病也可见白细胞增多,但不如淋巴细胞性白血病时明显,增生的白细胞主要有幼稚型的中性粒细胞、早幼粒细胞、晚幼粒细胞和髓母细胞(占 80%～90%)等。

除血液中白细胞增数外,各型白血病在不同器官组织内尚可形成由相应的增生细胞构成的肿瘤(彩图 9-30)。

贫血是各型白血病的基本特征之一,红细胞和血红蛋白含量明显下降,血液稀薄,黏滞度显著下降,血液凝固缓慢,常有出血倾向。

(2)禽白血病　禽白血病(又称禽白细胞增生症)是由禽白血病/肉瘤病毒群病毒引起的禽类(主要是鸡)各种良性和恶性肿瘤的一群疾病。它包括淋巴细胞性白血病、成红细胞性白血病、成髓细胞性白血病、骨髓细胞瘤、血管瘤、内皮瘤、肾胚胎细胞瘤、纤维肉瘤和骨化石病等。

①淋巴细胞性白血病:潜伏期较长,自然病例多见于 14 周龄以上的鸡。临床见鸡冠苍白、腹部膨大,剖检肿瘤呈结节状、粟粒状或弥漫性灰白色,主要见于肝、脾和法氏囊,其他器官如肾、肺、性腺、心、骨髓及肠系膜也可见肿瘤病灶。肝发生弥散性肿瘤时,呈均匀肿大,且颜色为灰白色,俗称"大肝病"(彩图 9-31)。

镜检,瘤体由大小较一致的成淋巴细胞样瘤细胞组成,法氏囊部分淋巴滤泡极度增大,充满大小一致的成淋巴细胞样瘤细胞(彩图 9-32)。

②骨髓细胞瘤病:特征病变是骨骼上长有暗黄白色、柔软、脆弱或呈干酪状的骨髓细胞瘤,通常发生于肋骨与肋软骨连接处、胸骨后部、腰椎骨、下颌骨和鼻腔软骨处(彩图 9-33、彩图 9-34),也见于头骨的扁骨,常见多个肿瘤,一般两侧对称。

镜检,瘤细胞为胞浆充满红色颗粒的髓样瘤细胞(彩图 9-35)。

③血管瘤:见于皮肤或内脏表面,血管腔高度扩大形成"血疱",通常单个发生(彩图 9-36),也可多发。"血疱"破裂可引起病禽严重失血而死亡。

镜检,有的见血管丛状增生,管腔充满红细胞。有的为血管内皮细胞弥漫性增生(彩图 9-37)。

④成红细胞性白血病:病鸡虚弱、消瘦和腹泻,血液凝固不良致使羽毛囊出血。本病分增生型(胚型)和贫血型 2 种类型。

增生型以血流中成红细胞大量增加为特点。特征病变以肝、脾、肾弥散性肿大,呈樱桃红色或暗红色,且质软易脆。骨髓增生、软化或呈水样,色呈暗红或樱桃红色。

贫血型以血液中成红细胞减少,血液淡红色,以显著贫血为特点。剖检可见内脏器官(尤其是脾)萎缩,骨髓色淡呈胶胨样。

⑤成髓细胞性白血病:病鸡贫血、衰弱、消瘦和腹泻,血液凝固不良致使羽毛囊出血。外周血液中白细胞增加,其中成髓细胞占 3/4。骨髓质地坚硬,呈灰红或灰色。实质器官增大而脆,肝脏有灰色弥漫性肿瘤结节。晚期病例,肝、肾、脾出现弥漫性灰白色肿瘤浸润,使器官呈斑驳状或颗粒状外观。

8. 马立克氏病(Marek's disease,MD)　是鸡最常见的淋巴组织增生性疾病,以外周神经以及性腺、虹膜、各种内脏器官、肌肉和皮肤的淋巴样瘤细胞浸润和肿瘤形成为特征。本病病原属于乙型疱疹病毒，MDV 分为血清 1 型(MDV 强毒株)、血清 2 型(鸡 MDV 自然无毒株)和血清 3 型(火鸡疱疹病毒自然无毒株)，只有血清 1 型 MDV 具有致瘤性。血清 1 型 MDV 分为 4 种不同毒力类型:温和型(mMDV)、强毒型(vMDV)、超强毒型(vvMDV)、超超强毒型(vv＋MDV)。鸡易感，火鸡、山鸡和鹌鹑等也可感染，但一般不发病，哺乳动物不感染。病鸡和带毒鸡是传染源，尤其是这类鸡的羽毛囊上皮内存在大量完整的病毒，随皮肤代谢脱落后污染环境，成为在自然条件下最主要的传染来源。1 日龄雏鸡最易感染，潜伏期常为 3～4 周，一般在 50 日龄以后出现症状，70 日龄后陆续出现死亡，90 日龄以后达到高峰，很少晚至 30 周龄才出现症状，偶见 3～4 周龄的幼龄鸡和 60 周龄的老龄鸡发病。

病理变化:

(1)眼型　主要侵害病鸡虹膜部位，瞳孔边缘不整齐，多呈锯齿状、环状或斑点状，虹膜色素消失呈灰白色增厚，形如鱼眼样，严重者导致失明。

(2)神经型　以受损害神经(常见于腰荐神经、坐骨神经)的横纹消失，变成灰色或黄色，肿胀增粗、水肿，比正常的大 2～3 倍，有时更大，多侵害一侧神经，有时双侧神经均受侵害(彩图 9-38)。

(3)皮肤型　于羽毛囊处肉眼可见大小不一的肿瘤结节，该病变多见于颈部、翅膀及大腿外侧等部位(彩图 9-39)。

(4)内脏型　最为常见，主要表现多种内脏器官出现肿瘤，肿瘤多呈结节性，为圆形或近似圆形，数量不一，大小不等，略突出于脏器表面，灰白色，切面呈脂肪样。常侵害的脏器有肝脏(彩图 9-40)、脾脏、性腺、肾脏、心脏、肺脏、胰腺、腺胃、肌胃、肠道(彩图 9-41)等。有的病例肝脏上不具有结节性肿瘤，但肝脏异常肿大，比正常大 5～6 倍，正常肝小叶结构消失，表面呈粗糙或颗粒性外观。性腺肿瘤比较常见，甚至整个卵巢被肿瘤组织代替，呈菜花样肿大，腺胃肿大变圆，胃壁明显增厚或薄厚不均，切开后腺乳头消失，黏膜出血、坏死。一般情况下法氏囊常见萎缩，偶尔可见肿瘤结节。

瘤细胞为大小不一的多形态淋巴样细胞，可见到许多核分裂象(彩图 9-42)。此外，在瘤细胞聚集区里，常见瘤细胞坏死和碎裂。在肿瘤组织中可见个大、胞浆嗜碱性的马立克氏细胞。受害器官的实质细胞或其他主要发生退行性变化，如肝细胞、肾小管上皮细胞、心肌纤维的变性、萎缩、坏死，外周神经纤维脱髓鞘与轴索崩解。腔上囊淋巴滤泡萎缩，瘤细胞主要在滤泡间浸润、增生。在用硝酸银染色的切片中，在瘤细胞聚集区有相当多的黑色网状纤维。

第七节　肿瘤的诊断

肿瘤的诊断包括确定肿瘤良恶性质、恶性程度、组织来源、累及范围等，目前作为动物肿瘤病的最终诊断，有"金标准"之称。由此可知肿瘤病理诊断的价值及其重要性。

一、诊断原则

1. 与瘤样病变区别　有时慢性增生性炎症、血肿、异物等病变和肿瘤非常相似，注意鉴别诊断。

2. 确定组织来源　确定肿瘤起源于何种组织、有几种组织起源。肿瘤诊断的关键环节就是确定组织来源,有些恶性肿瘤因分化程度低、异型性大,确定其组织来源极为困难。

3．判定肿瘤是良性还是恶性　确定肿瘤的性质是肿瘤诊断的核心内容,是对肿瘤治疗的依据。

二、诊断方法

1．尸体剖检　作为患瘤动物死后的全身检查。对疾病的全面了解及研究具有重要价值。

2．病理组织学诊断　取机体病变组织标本,经固定、包埋,制成组织切片,染色,在显微镜下观察。根据其组织细胞学形态特点,做出肿瘤诊断。染色主要指 HE 染色,也包括对某些组织的特染。如染脂肪、糖原、黏液、胶原纤维、网织纤维、黑色素、含铁血黄素等。

3．免疫组化诊断　免疫组化全称为免疫组织化学或免疫细胞化学。其基本原理是利用组织细胞含有的特殊抗原与相应单克隆抗体进行免疫性结合的原理。再用组织化学方法显色,表明肿瘤细胞的种类和类型。该技术是 20 世纪末才发展起来的新技术,对肿瘤病理诊断给予很大帮助。

4．超微结构观察　取机体病变组织标本,经固定、包埋,制成超薄切片,染色,在电子显微镜下观察。根据瘤细胞的超微结构特点,作出肿瘤诊断。相对于光学显微镜检查而言,其观察细胞结构更加细微,可观察各种细胞器,用以辅助确定细胞类型、组织发生、分化程度、分化方向等。对确定肿瘤组织来源很有帮助。

5．分子病理学诊断　利用分子生物学研究技术,辅助肿瘤诊断的方法。包括部分免疫组化(如癌基因蛋白检测)、分子原位杂交技术、基因分子排序检测技术等。可用来检测肿瘤的遗传学变异。如癌基因的扩增、各种突变、结构异位等,为研究肿瘤的发生发展的演变,以及判断肿瘤的良恶性质具有重要意义。

6．常用的病理活体检查方法

(1)活体组织检查(活检) 从患畜病变部位取得小块组织,做病理组织学检查,用以判断肿瘤的良恶性质。活检的种类:

①切除活检:将肿物全部切除,送病理检查;

②切取活检:切取肿物的一部分,行病理检查;

③钳取活检:多通过内镜钳咬小块组织活检;

④穿刺活检:用粗针穿刺吸取切割微小组织活检。也可用细针吸取细胞后进行细胞学诊断。

(2)细胞学检查　从机体内取得的细胞标本,涂片观察细胞的形态变化,从而做出病变的诊断,主要用来确定肿瘤良恶性。包括脱落细胞学检查及针吸细胞学检查。

(3)手术切除标本病理检查　确定肿瘤性质、组织来源、累及范围等,为决定辅助治疗方案及预后的预测提供主要依据。

(刘思当)

第十章 免疫病理学

免疫应答(immune response)是免疫细胞及其相关分子针对外源性物质所产生的反应,是动物机体在进化过程中所获得的"识别自我、排斥异己"的一种重要生理功能。正常情况下,机体免疫系统通过细胞免疫或(和)体液免疫可抵御外界入侵的病原生物、清除体内突变细胞、维持自身稳态(homeostasis),以达到维护机体平衡的作用。但当机体免疫反应异常,无论是反应过高(变态反应)还是过低(免疫缺陷)均可使组织、细胞损害引发疾病。免疫病理学(immunopathology)是研究机体免疫功能异常(或继发性异常)和免疫应答所引起病理现象的科学,是免疫学和病理学的重要分支学科,属边缘交叉学科,其涉及范围较广,包括由内外源性抗原物质所致的免疫应答导致的免疫损伤(immuneinjury)即变态反应(allergicreacti)、自身免疫(autoimmunity)、免疫增生(immonoproliferation)和免疫缺陷(immunodeficiency)等。本章重点介绍变态反应、自身免疫和免疫缺陷及其相关疾病。

第一节 变态反应

动物机体受到"非己"抗原物质(微生物和非微生物)作用后,其免疫反应发生改变,使机体对同一抗原物质的再次作用产生两种截然不同的应答:一种是有利于机体的防御反应,使机体抵抗力增强,即产生免疫保护力(immune protection);另一种是产生有害于机体的组织损伤,即免疫损伤(immune injury),也称超敏反应(hypersensitivity),或称变态反应(allergy)、或称过敏反应(anaphylaxis)。

变态反应指机体对某种抗原物质初次应答后,再次接触相同物质或抗原性相同物质时则免疫应答增强,是机体摄入抗原量较大或免疫功能处于高应答状态时,因免疫应答过强而导致组织损伤为主的特异性免疫应答。变态反应是一种超敏感的异常免疫反应,常常导致机体产生不良后果。

凡能选择性的激活 CD_4^+ T 细胞和 B 细胞,诱导机体产生特异性抗体或致敏淋巴细胞,产生变态反应的一切抗原物质均称过敏原(anaphylactogen),或变应原(allergen)。包括:完全抗原,如各种微生物、寄生虫及其某些代谢产物,异种动物血清及其制剂,异种细胞,植物花粉和动物毛皮等;不完全抗原,也称半抗原,如许多药物(青霉素、磺胺类、非那西汀、奎宁、阿司匹林等),以及染料、生漆和多糖等低分子质量化学物质等。半抗原本身无免疫原性,只有与蛋白质或胶体颗粒结合形成复合抗原后才可获得免疫原性,引起变态反应。

由变态反应引起的疾病,称变态反应性疾病。依据发生范围将变态反应分为全身性和局部性,前者如青霉素过敏性休克、血清过敏症等;后者如支气管哮喘、过敏性鼻炎、荨麻疹、组织器官移植排斥反应、鼻疽、结核、布鲁菌病及流行性淋巴管炎等。

机体功能状态和变应原的性质不同,变态反应的特点、发生机制和动物的临诊表现也不尽相同。根据发生速度、发生机制和患病动物的主要临诊表现,Coombs 和 Gell(1963)将变态反应分为 4 型:即Ⅰ、Ⅱ、Ⅲ和Ⅳ型。其中Ⅰ~Ⅲ型均由抗体介导,可经血液被动转移,反应发生较快,称其为速发型变态反应;Ⅳ型由 T 细胞介导,可经细胞被动转移,反应发生较慢,称为迟发型超敏反应。

动物临诊实践中变态反应常表现为以 1 种为主的 2 种或 3 种并存的状态。同一种抗原可经不同途径引起不同类型的变态反应,通过不同机制引起相关病变;对一种疾病而言,由于抗原特性、机体反应性及病程发展的阶段性,可同时或先后出现不同类型的变态反应。本节重点介绍 4 个基本型变态反应的发生机制及其主要特点:

一、Ⅰ型变态反应

Ⅰ型变态反应,又称Ⅰ型过敏反应,是 4 型变态反应中发生最快的一型,一般在第二次接触抗原物质后数分钟内出现反应,故称速发型变态反应(immediate hypersensitivity)。抗原(致敏原)进入机体后与附着在肥大细胞和嗜碱性粒细胞上的 IgE 分子结合,触发该细胞合成和释放生物活性物质,引起平滑肌收缩、血管壁通透性增加、腺体分泌增强等病理变化。

(一)原因及发生机制

1. 原因 引起Ⅰ型变态反应的抗原物质比较广泛,根据来源分为吸入性变应原和食源性变应原 2 大类。吸入性变应原常见于:植物花粉,真菌,动物的脱落上皮、毛发、唾液、尿液等,尘埃,疫苗等;食源性变应原常见有:异种蛋白质(如异种动物血清、蜂毒、昆虫毒液、寄生虫、真菌等),药物(如各种抗生素、有机碘、汞制剂、胰岛素等)。

2. 发生机制 虽然因动物种属不同,参与Ⅰ型变态反应的免疫球蛋白类型存在一定差异,如家兔、犬、豚鼠、小鼠有 IgG,大鼠还有 IgA;但Ⅰ型变态反应主要由特异性 IgE 介导。抗原进入机体后,刺激扁桃体、肠道淋巴集结或呼吸道、泌尿生殖道黏膜中的淋巴细胞、巨噬细胞,在辅助性 T(T_H)细胞协同下产生 IgE(一般情况下,该过程受抑制性 T 细胞调节)。IgE 的 Fc 片段与肥大细胞、嗜碱性粒细胞的 Fc 受体结合,使机体处于致敏状态。当处于致敏状态的机体再次接触相同抗原时,后者与附着于肥大细胞上的 IgE 结合。多价抗原与两个以上邻近 IgE 分子发生交联,激发两个平行,但又独立的过程,即肥大细胞脱颗粒和释放颗粒中的原发性介质及细胞膜中原有介质合成和释放。Ⅰ型变态反应的发生可概括为 3 个阶段或时期:即致敏、发敏和效应。

(1)致敏阶段 变应原第一次进入机体后,刺激 B 细胞产生相应 IgE。该抗体属亲细胞性抗体,可在不结合抗原的情况下,以其 Fc 端与肥大细胞和嗜碱性粒细胞表面相应的高亲和性 IgE Fc 受体结合,使机体处于对该变应原的致敏状态。该过程一般在接触变应原后 2 周左右开始形成,可维持较长时间(多数是半年至数年),如动物机体长期不接触相同变应原,则致敏状态可逐渐减弱,以至减退或消失。肥大细胞和嗜碱性粒细胞表面结合了特异性 IgE 后,分别被称作致敏肥大细胞和致敏嗜碱性粒细胞,总称致敏靶细胞。

(2)发敏阶段 当上述致敏机体再次与相同变应原接触时,通过与致敏靶细胞 IgE 的 Fab 端上的抗原结合位点发生特异性结合,从而使细胞膜上 2 个相邻的 IgE 重链 Fc 段受体(FcεR)Ⅰ发生相互连接(桥联)。FcεRⅠ桥联后触发细胞膜一系列生物化学反应,胞外 Ca^{2+} 流入胞内。此时两个同时平行发生的过程被启动,即脱颗粒,释放出颗粒中预先合成的介质或

(和)合成新介质。当致敏靶细胞表面 FcεR I 交联聚集时,可通过其 γ 链 C 端免疫受体酪氨酸活化基序(immune receptor tyrosine activation motif,ITAM)的磷酸化作用,使 Syk 和 Fyn 蛋白酪氨酸激酶(protein tyrosine kinase,PTK)活化。进而通过以下途径诱导靶细胞脱颗粒、合成和释放生物活性介质。①使 γ 异构型磷脂酰肌醇特异性磷脂酶 C(PI-PLCγ)活化,PI-PLCγ 催化膜磷脂酰肌醇二磷酸(PIP_2)水解,产生三磷酸肌醇(IP_3)和甘油二酯(DAG)。IP_3 可激发胞内钙库(内质网)开放,胞浆内 Ca^{2+} 浓度升高;DAG 能与胞浆内非活化型蛋白激酶 C(PKC)结合,并在膜磷脂和 Ca^{2+} 协同作用下使之活化。活化 PKC 作用于胞浆内肌球蛋白,使之轻链磷酸化,从而导致脱颗粒、释放组胺等生物活性介质。②使丝裂原活化蛋白激酶(mitogen activated protein kinase,MAPK)活化,MAPK 与 Ca^{2+} 协同作用使磷脂酶 A_2(PLA_2)激活。后者使膜磷脂水解产生花生四烯酸,进而分别经脂加氧酶和环加氧酶途径合成白三烯(leucotrienes,LTs)和前列腺素 D_2(prostaglandin D_2,PGD_2),使烃基化磷脂分解生成溶血血小板激活因子(Lyso-PAF),后者再经乙酰转移酶作用生成血小板活化因子(platelet activating factor,PAF)。

(3)效应阶段 上述生物活性物质作用于相应效应器官,引起平滑肌收缩、毛细血管扩张和血管壁通透性增加,腺体分泌功能增强等病理变化。根据发生速度和持续时间,可将效应阶段进一步分为早期反应相和晚期反应相。前者一般在接触变应原后数秒钟内发生,持续数小时;后者常发生在变应原作用后 6~12 h,可持续数天。早期反应相主要由血管活性胺类(如组胺)引起;晚期反应相主要由新合成的脂类介质(如 LT、PAF)及某些其他细胞因子引起。另外,嗜酸性粒细胞及其代谢产生的酶类物质,在晚期反应相形成和维持中也发挥一定的作用。

3. 参与 I 型变态反应的生物活性物质种类及其主要生物学效应 按作用方式由肥大细胞等释放的生物活性物质可归纳为 3 类:

(1)趋化剂 包括中性粒细胞趋化因子(neutrophilchemotactic factor,NCF)、过敏性嗜酸性粒细胞趋化因子(eosinophil chemotactlc factor,ECF-A)和白细胞三烯(leukotriene,LT)B_4,主要作用是将中性粒细胞等细胞吸引到肥大细胞活化部位。

(2)炎性活化剂 主要有组胺、PAF、类胰蛋白酶和激肽原酶等。该类介质可引起血管舒张、水肿和组织损伤。

(3)致痉剂 包括组胺、PGD_2、LTC_4 和 LTB_4 等,该类物质可直接引起支气管平滑肌痉挛。

(二)常见类型及其主要特点

1. 常见类型及其主要病理变化

(1)全身性变态反应 变应原进入体内引起急性全身性反应,导致动物变态反应性休克,甚至死亡,如抗血清、药物(如青霉素)变态反应性休克,可造成机体迅速死亡。动物种类不同,发生变态反应性休克时,累的主要器官不同,故动物临诊表现也不完全相同,如牛、羊休克时多累及肺脏,表现肺气肿、水肿、淤血和呼吸困难等;马休克器官为肺和肠道,常呈现肺气肿(呼吸困难)和肠道出血(下痢);猪休克器官为呼吸道和肠道,表现为呼吸困难、血压下降和虚脱;兔休克器官是心脏,呈现充血性心力衰竭;犬休克器官是肝脏,表现肝和胃肠道严重充血和功能紊乱等;猫休克器官为呼吸道和肠道,可见肺和胃肠道水肿、呼吸困难、呕吐和下痢;鸡休克器官主要是呼吸道,呈现肺水肿、呼吸困难和惊厥。

（2）局部变态反应　表现为局部组织水肿、嗜酸性粒细胞浸润、黏液分泌增加或支气管平滑肌痉挛等，如皮肤荨麻疹（由食物引起的变态反应），变态反应性鼻炎（由枯草热引起）及支气管哮喘等。局部变态反应的发生部位与变应原进入机体途径有关，吸入变应原常引起呼吸系统和皮肤症状，如曲霉菌、花粉等引起犬和猫吸入性变态反应，是以瘙痒为特征的变态反应性皮炎；由饲料引起的变态反应，主要表现为消化道和皮肤症状。

2. 主要特点　反应发生迅速，消失也快；补体不参与反应，通常使机体出现功能紊乱，但不发生严重的组织细胞损伤；个体差异明显，仅少数敏感个体易发；全身性变态反应严重时，动物可因休克而死亡。

二、Ⅱ型变态反应

Ⅱ型变态反应由 IgG 和 IgM 类抗体与靶细胞表面抗原结合后，通过募集和激活炎症细胞及补体系统所致的以细胞裂解和组织损伤为主的病理性免疫反应，故称抗体依赖的细胞毒型变态反应、溶细胞型（cytolytic reaction）或细胞毒型变态反应（cytotoxic type hypersensitivity）。该类抗体能与自身抗原或与自身抗原有交叉反应的外来抗原特异性结合。这些自身抗体可与靶抗原结合或以游离形式存在于血液循环中。抗体、补体、巨噬细胞和自然杀伤性（natural killer，NK）细胞均参与此型变态反应。该型变态反应的靶细胞主要为血细胞和某些组织成分。

（一）原因及发生机制

Ⅱ型变态反应的变应原包括：自身组织细胞表面抗原，如血型抗原、自身细胞变性抗原、暴露的免疫特许部位抗原、与病原微生物含有的共同抗原等，以及吸附在组织细胞上的外来抗原或半抗原，如药物、细菌成分、病毒蛋白等。Ⅱ型变态反应的靶细胞或靶组织主要是血细胞和某些组织成分（如肾小球毛细血管基底膜、心脏瓣膜、心肌细胞等）。

Ⅱ型变态反应主要由 IgG 或 IgM 类抗体引起。细胞表面抗原与相应抗体结合导致细胞崩溃死亡、组织损伤或功能异常。正常组织细胞、改变的自身组织细胞和被抗原或抗原表位结合修饰的自身组织细胞，均可成为Ⅱ型变态反应中被攻击杀伤的靶细胞。在抗原物质作用下，机体产生 IgG 或 IgM 类抗体，此类抗体具有细胞毒作用，在其上有补体 C_{1q} 结合位点，与靶细胞表面抗原结合后，可通过激活补体或经补体裂解产物 C_{3b} 介导的免疫调理作用，使靶细胞溶解或破坏。但有些细胞并不结合补体，这类抗体（如 IgG）与靶细胞表面抗原特异性结合后，可通过其 Fc 与巨噬细胞、中性粒细胞及 NK 细胞表面相应受体结合，对靶细胞产生调理吞噬和（或）抗体依赖性细胞介导的细胞毒（antibody-dependent cell-mediated cytotoxicity，ADCC）作用，使靶细胞溶解破坏。

（二）常见类型及其变化特点

1. 常见类型　Ⅱ型变态反应所致的疾病种类颇多。常见有：

（1）同种不同个体间的Ⅱ型变态反应

①输血反应　各种动物均有其血型系统，血型相同的同种动物可以输血。如输入的血液血型不同，则会造成输血反应，严重者可导致动物死亡。这是由于红细胞（RBC）膜上存在各种抗原（又称凝集原），而在不同血型个体血清中有相应的抗体（又称凝集素），这些同族血细胞凝集素一般为 IgM 类抗体，供血者与受血者间血型不符，则 RBC 与凝集素结合，补体被激活，在补体作用下 RBC 被破坏，出现溶血、血红蛋白尿等。

②新生动物免疫性溶血病 该病是由于母体产生抗新生动物 RBC 的抗体,当其进入新生动物血液内,可引起新生动物 RBC 溶解,在动物和人类常有发生,多见于马类动物,其次为猪。

雄性与雌性动物血型不同是引起该病的主要原因。如公马与母马血型不同,当公马血型遗传给胎儿时,则胎儿 RBC 对母马属同种异型 RBC,对母马具有抗原性。各种原因(如分娩)引起母马胎盘病损时,胎儿 RBC 异常地进入母体循环,使母体致敏,产生抗同种异型 RBC 的抗体,主要为 IgG,该类抗体能通过胎盘,主要集中于初乳中。新生动物吸食初乳后,抗体通过肠壁吸收入血,与新生动物 RBC 发生作用,在补体作用下引起溶血。通常初次妊娠母马的致敏程度较弱,故第一胎新生动物较少发生溶血病,但若连续用同一匹种公马或血型相同的种公马配种时,由于刺激母马免疫记忆,产生大量抗体,则易导致新生驹溶血病。据报道,新生骡驹溶血病发病率一般为 3%~8%,在骡子繁殖场,其发病率随母马胎次增加而上升,如连续怀 3~6 胎时,发病率可高达 30%~50%。

另外,使用含异型 RBC 抗原的疫苗,如马病毒性鼻肺炎疫苗、猪瘟结晶紫疫苗、牛边虫和巴贝斯焦虫虫苗等,因同族异型 RBC 随同抗原进入母体而使母体致敏,偶尔也可使新生动物发生免疫性溶血病。

③移植排斥反应 器官移植后的排异反应机制非常复杂,既有体液免疫的作用,也有细胞免疫的参与。针对移植抗原的抗体对移植物可产生直接的细胞毒性,或引起吞噬细胞的黏附或由 NK 细胞行使非特异性攻击。当抗体与血管内皮细胞表面上的抗原结合时,抗体也可引起血小板黏附。超级排斥反应为受者体内预存的抗体所介导。

(2)常见自身免疫性疾病

①自身免疫性溶血性贫血 在某些致病因素(如病毒、紫外线、X 射线等)作用下,RBC 膜抗原改变,从而刺激机体产生抗 RBC 的自身抗体,主要为 IgG 类。该抗体与自身改变的 RBC 特异性结合,易被吞噬细胞吞噬破坏,或在补体参与下,RBC 发生溶解。自身免疫性溶血进一步分为原发性和继发性。原发性多与遗传因素有关,在动物仅见于犬;继发性见于马传染性贫血、犬全身性红斑狼疮、牛边虫病、牛淋巴肉瘤等。

②药物过敏性血细胞减少症 某些药物(如青霉素、氯丙嗪、磺胺、安替比林、氯霉素、奎宁、非那西汀等)抗原表位能与血细胞膜蛋白结合成为完全抗原,从而刺激机体免疫系统产生药物抗原表位特异性抗体。此抗体对与药物结合的血细胞具有细胞毒作用,即抗体与结合药物的 RBC、粒细胞或血小板作用,或与药物结合形成抗原-抗体复合物后再与含有 Fcγ 受体的 RBC、粒细胞或血小板结合,激活补体,引起 RBC、或粒细胞溶解,或使血小板破裂,或被吞噬细胞吞噬,或被 K 细胞杀伤破坏,从而引起药物过敏性溶血性贫血、药物过敏性粒细胞减少症和药物过敏性血小板减少症。

药物反应非常复杂,除药物与血细胞结合引起 Ⅱ 型变态反应外,药物还可与机体其他成分发生偶联成为完全抗原,使某些个体致敏,如果产生 IgE,则引起 Ⅰ 型变态反应;如果药物与血浆蛋白结合,可引起 Ⅲ 型变态反应;在某些情况下,特别是局部应用油膏,还可能引起 Ⅳ 型变态反应。

③抗肾小球基底膜型肾小球肾炎 常伴发于某些传染病(如猪丹毒、猪瘟、弓形体病等),由于某些抗原刺激机体产生了抗自身肾小球基底膜的抗体,该自身抗体与肾小球毛细血管基底膜中 Ⅳ 型胶原结合并在局部激活补体和中性粒细胞。镜下可见组织坏死、白细胞浸润及抗体和补体沿基底膜呈线状沉积。

④甲状腺功能亢进　也称 Graves 病,是动物产生了抗甲状腺上皮细胞表面甲状腺刺激激素(thyroid-stimulating hoemone,TSH)受体的自身抗体,TSH 的生理功能是刺激甲状腺上皮细胞生物合成甲状腺素。自身抗体与 TSH 受体结合,其作用与 TSH 本质相同,导致对甲状腺上皮细胞刺激的失调,甚至在无 TSH 存在时也能产生过量的甲状腺激素,呈现甲状腺功能亢进。Roitt 称该刺激型变态反应为Ⅴ型变态反应,但多数学者认为本型为Ⅱ型变态反应的特殊表现形式。

⑤自身免疫性受体病　由于各种因素的作用,使机体产生了抗细胞表面受体的自身抗体,该自身抗体与相应受体结合可导致细胞功能紊乱,但未见炎症现象和组织损伤。细胞功能异常可表现为受体介导的对靶细胞的刺激作用,也可呈现抑制作用。

此外,禽伤寒时伤寒菌 O 抗原(脂多糖)和牛锥虫病时锥虫的抗原均可吸附在 RBC 上,刺激机体产生相应抗体,呈现免疫反应,引起 RBC 溶解,从而导致溶血性贫血。

2. 主要特点　不释放介质,抗体与再次出现的抗原结合,形成抗原-抗体复合物,黏附于靶细胞上,在补体或吞噬细胞参与下破坏靶细胞,从而引起病理变化。

三、Ⅲ型变态反应

Ⅲ型变态反应又称免疫复合物型(immune complex type)或称血管炎型(angiitis type)变态反应。参与该型变态反应的抗体主要是 IgG 和 IgM 类,虽然该类抗体与Ⅱ型变态反应中的抗体相似,但参与Ⅲ型变态反应的抗体与相应可溶性抗原特异性结合形成抗原抗体复合物,即免疫复合物(immune complex,IC),IC 在一定条件下沉积于组织器官的特定部位,如肾小球毛细血管基底膜、血管壁、皮肤或关节滑膜等,进而激活补体系统,产生过敏毒素和吸引中性粒细胞在局部组织浸润;使血小板聚集、释放血管活性胺类或形成血栓;激活巨噬细胞使其生物合成和释放炎性细胞因子。结果发生以小血管壁为中心的病理变化,引起以充血、水肿、中性粒细胞浸润、组织坏死为主要病理特征的炎症性反应和组织损伤。

(一)原因及发生机制

1. 原因　引起Ⅲ型变态反应的抗原物质种类繁多,主要包括生物性因素(如细菌、病毒、寄生虫等)、异种动物血清、药物、自身抗原、肿瘤抗原及其他原因不明性抗原等。

2. 发生机制

参与Ⅲ型变态反应的抗体限于能被补体固定的 IgG 和 IgM。在抗原与相应特异性抗体反应形成免疫复合物的体系中,由于抗原与抗体分子的结合价以及两者的比例不同,形成分子大小不等的复合物。一般来说,在抗原极度过量情况下,形成小分子 IC;当抗体过量时,则形成大分子不溶性 IC;只有在抗原微过量或中度过量情况下,才形成中等大小可溶性 IC。不同分子大小的 IC 在机体内去向不同,其中小分子 IC 在循环中难以沉积,容易从肾小球滤过而排出体外;大分子不溶性 IC 可被单核-巨噬细胞吞噬而清除,故两者均无致病作用。只有中等大小的可溶性 IC 可长期存在于循环中,有可能沉积于毛细血管壁、肾小球基底膜、关节滑膜等,引起Ⅲ型变态反应。IC 沉积后引起组织损伤主要由补体、中性粒细胞和血小板引起。

(1)补体的作用　IC 由经典途径激活补体,产生 C_{3a}、C_{5a}、C_{567} 等过敏毒素和趋化因子,使嗜碱性粒细胞和肥大细胞脱颗粒,释放血管活性胺类等炎症介质,造成毛细血管壁通透性增加,导致渗出和水肿,并吸引中性粒细胞在炎症部位聚集、浸润。

(2)中性粒细胞的作用　中性粒细胞浸润是Ⅲ型变态反应的主要病理特征。局部聚集的中性粒细胞在吞噬 IC 的过程中,释放蛋白水解酶、胶原酶、弹性纤维酶和碱性蛋白酶等,使血管基底膜和周围组织损伤。此外,激活的中性粒细胞产生氧自由基也可引起组织损害。

(3)血小板的作用 IC 和补体 C_{3b} 可使血小板活化,释放血管活性胺类,导致血管扩张、血管壁通透性增加,引起充血和水肿。同时血小板聚集,激活凝血机制,局部组织缺血,进而出血,加重局部组织细胞的损伤。

除了炎症物质作用外,IC 的沉积还与局部解剖和血流动力学因素有关。循环 IC 容易沉积于血压较高的毛细血管迂回处,如肾小球基底膜及关节滑膜等处的毛细血管迂回曲折,血流缓慢易产生涡流,同时毛细血管内压较高,有利于 IC 沉积。

(二)常见类型及其主要特点

1. Ⅲ型变态反应常见类型和病理变化特点　依据发生范围Ⅲ型变态分为:

(1)局部免疫复合物病

①Arthus 反应　Maurice Arthus(1903)发现用马血清经皮内免疫家兔数周后,当再次注射同样血清时,可在注射局部出现红斑、水肿,3~6 h 上述反应达到峰值。红肿程度随注射次数的增加而加重,注射 5~6 次后,局部出现缺血性坏死,反应可自行消退或痊愈,此现象被称为 Arthus 反应。该反应是急性 IC 性血管炎所致的局部组织坏死,常发生在皮肤,为局限性 IC 沉积引起的变态反应。病理变化特征为:局部水肿、出血和坏死,血管壁纤维素样坏死,常伴有血栓形成,局部缺血加重了组织损害。此型的组织病理变化分为 3 期,早期为局部血管变化,主要表现为血管内皮细胞空泡变性、粒细胞浸润、轻度水肿、但无坏死;中期血管内形成粒细胞-血小板栓塞,其周围可见粒细胞浸润,严重时伴有纤维素样坏死;晚期见有巨噬细胞和单核细胞。犬的蓝眼病,即为腺病毒抗原引起的Ⅲ型变态反应,患犬角膜混浊、水肿,并有中性粒细胞浸润及眼前房色素层炎。由干草小多孢子菌引起的牛、马过敏性肺炎和犬葡萄球菌性过敏性皮炎,也属局部Ⅲ型变态反应。

②对吸入抗原的反应　由于动物反复吸入生活环境中的抗原性物质,后者刺激机体产生相应抗体,该抗体与原抗原物质结合产生 IC 而引起疾病。在人类与职业有关的变态反应性肺炎为最典型的病例;如吸入嗜热放线菌孢子或菌丝后 6~8 h,动物呈现呼吸困难,是吸入的抗原与特异性 IgG 结合形成 IC 所致。

(2)全身性免疫复合物病

①血清病　与 Arthus 反应不同,血清病(serum sickness)是一种由循环 IC 引起的全身性Ⅲ型变态反应性疾病。是由于大量注射异种动物血清所引起的一种全身性 IC 病。异种动物血清作为抗原物质,刺激机体产生相应抗体,与初次注入而未完全排出的异种动物血清结合,形成中等大小的可溶性 IC,随血液循环在全身特定部位沉着,激活补体,从而引起全身性病理变化,如发热、皮疹、关节疼痛、一过性蛋白尿、淋巴结肿大等;如一次形成大量 IC 并在多器官沉积,引起急性血清病,而反复持续沉积则引起慢性血清病。血清病常累及的部位是肾脏、心血管、关节滑膜、皮肤等血管丰富的组织。

血清病的病理变化特征因 IC 量和形成速度不同而异。经典血清病是在首次注射异体蛋白后 7~10 d 出现(产生抗体),临诊上动物表现为短暂发热、皮肤荨麻疹、关节肿胀、淋巴结肿大和蛋白尿等。当大量异体蛋白进入含有大量相应抗体的血液时,可迅速形成高浓度的 IC,导致动物虚脱。IC 沉积所致的血管病,表现为管壁纤维素样坏死伴有大量中性粒细胞浸润,管壁有抗体和补体存在。

②免疫复合物型肾小球肾炎　机体在抗原刺激下,产生 IgG,并形成一种抗原稍多于抗体的中等大小可溶性复合物,在血液循环中保持较长时间,引发膜性肾小球肾炎。多数肾小球肾炎都属此型。

2. Ⅲ型变态反应的主要特点　抗体不与细胞膜结合,而是游离于血液循环中与抗原结合形成 IC,沉积于某些部位,如血管壁、肾小球基底膜、关节滑膜等处,激活补体,引起组织细胞损伤。慢性 IC 病最常累及肾脏,引发膜性肾小球肾炎。

四、Ⅳ型变态反应

Ⅳ型变态反应又称细胞型或细胞介导型变态反应(cellular or cell-mediated allergic reaction),因发生缓慢,故又称迟发型变态反应(delayed type hypersensitivity,DTH),是各种细胞内感染,特别是结核分枝杆菌、病毒、真菌和寄生虫感染所致的免疫反应。其他如化学物质所引起的接触性皮炎及器官移植排斥反应、肿瘤免疫等也常出现明显的Ⅳ型变态反应。Ⅳ型变态反应由致敏 T 细胞接触特异性抗原介导的细胞免疫应答,一般接触变应原后 24～72 h 发生,效应细胞主要是 CD_4^+ 和 CD_8^+ T 细胞。

(一)原因及发生机制

1. Ⅳ型变态反应的原因　引起Ⅳ型变态反应的变应原主要为胞内寄生菌(如结核分枝杆菌、布鲁氏杆菌等)、某些真菌(如荚膜组织胞浆菌、新型隐球菌等)、某些病毒、寄生虫(如血吸虫卵)以及与体内蛋白质结合的简单化学物质等。

2. Ⅳ型变态反应的发生机制　致敏淋巴细胞是参与Ⅳ型变态反应的主要细胞,体液抗体不参与Ⅳ型变态反应,Ⅳ型变态反应常发生于局部。变应原进入机体后,首先经抗原提呈细胞(antigen presenting cells,APC)加工处理后,以主要组织相容性复合体(major histocompatibility complex,MHC)-Ⅰ/Ⅱ类分子复合物的形式结合于 APC 表面,进而使具有相应抗原受体的 CD_4^+ 和 CD_8^+ T 细胞活化,活化的 T 细胞在 IL-2 和 IFN-γ 等细胞因子作用下,绝大部分增殖分化为效应 T 细胞,即 $CD_4^+ T_{H1}$ 和 CD_8^+ 细胞毒性 T 淋巴细胞(cytotoxic T lymphocytes,CTL),只有少数成为静止的记忆 T 细胞。$CD_4^+ T_{H1}$ 细胞若与 APC 表面相应抗原再次作用后,可通过释放 IL-2、IL-3、TNF-β、IFN-γ、粒细胞-巨噬细胞集落刺激因子(granulocyte-macrophage colony stimulating factor,GM-CSF)和趋化因子等细胞因子,产生以淋巴细胞和单核细胞浸润为主的免疫损伤效应;CD_8^+ CTL 细胞与靶细胞表面相应抗原结合后,使其脱颗粒,并释放穿孔素及颗粒酶等生物介质,直接导致靶细胞溶解破坏,或诱导靶细胞表达 Fas,后者再与 CD_8^+ CTL 细胞表面的 Fas 配体(fas ligand,FasL)结合,引起靶细胞凋亡;当相应抗原再次作用时,记忆 T 细胞可迅速增殖分化为效应 T 细胞,后者与 APC 或靶细胞表面相应抗原结合后,引发炎症反应,即产生迟发型变态反应。

(二)常见类型及主要特点

1. 常见类型及其病理变化特征

(1)传染性变态反应　某些细胞内寄生的微生物(如结核分枝杆菌、副结核分枝杆菌、布鲁氏杆菌、一些病毒及真菌)、寄生虫(如血吸虫)等,在传染过程中引起的Ⅳ型变态反应,称传染性变态反应。如结核菌素反应、鼻疽菌素反应,结核结节和鼻疽结节等均属传染性变态反应。此型反应的存在,表明机体已受过病原微生物的感染,并获得对该病原菌的免疫力。特征是形成由上皮样细胞组成的肉芽肿,结核分枝杆菌感染是最经典的例子。细胞内寄生的结核分枝杆菌由巨噬细胞吞噬,残存的结核分枝杆菌被巨噬细胞包围在局部形成结节,外围聚集的巨噬细胞有的转变为上皮样细胞,有的融合成多核巨细胞(郎格罕细胞),结节内包含着大量被杀死的结核分枝杆菌和少数活菌及坏死组织团块。随病情发展,逐渐变成干酪样,甚至钙化,整个结节发展成肉芽肿。

(2)接触性皮炎　马流行性淋巴管炎、野兔热、钩端螺旋体病的慢性间质性肾炎以及某些化学物质(如甲醛、树脂、苯胺染料、有机磷等)引起的变态反应性接触性皮炎,也属Ⅳ型变态反应。上述化学物质经由皮肤接触进入机体,并以共价键或其他方式与机体蛋白结合,形成新抗原,致敏T细胞。当再次接触该类物质时,产生一系列反应,如单核细胞浸润、皮肤红肿和水疱,如犬的接触性皮炎。

2. 主要特点　Ⅳ型变态反应的局部病灶,首先出现中性粒细胞,继之为巨噬细胞、淋巴细胞,巨噬细胞占优势是该型变态反应的特点之一,也是其与Arthus反应的区别所在,后者的局部病灶以中性粒细胞为主。致敏淋巴细胞参与反应,与体液抗体无关;局部病灶中淋巴细胞和巨噬细胞占优势;反应发生迟缓,持续时间长。

第二节　自身免疫性疾病

生理情况下,机体免疫系统具有识别自身和非自身组织成分的功能,机体对自身组织具有天然耐受性,故不发生免疫反应,此现象称"免疫耐受"(immunological tolerance)。异常情况下,由于体细胞基因突变等,导致自身免疫耐受破坏,产生自身免疫应答,形成自身免疫。自身免疫(autoimmunity)是机体免疫系统对自身抗原发生免疫应答,产生自身抗体和/或自身致敏淋巴细胞的现象。当自身免疫反应达到一定程度,能够破坏正常组织结构并引起相应临诊症状时,称自身免疫病(autoimmune disease),如鸡的神经型马立克病、犬全身性红斑狼疮病、水貂阿留申病、类风湿性关节炎、鸡自发性甲状腺炎和马传染性贫血病等,均属自身免疫性疾病。自身免疫在正常动物体内参与维持机体生理自稳作用,血清中可测得有多种针对自身抗原的自身抗体称"生理性抗体",一般效价较低。该类抗体对自身正常组织不但不起破坏作用,而且可协助清除衰老、蜕变的自身组织成分。

自身免疫性疾病相对其他疾病,有以下特点:

①患病动物体内可检测到自身抗体(autoimmune antibody)和/或自身反应性T淋巴细胞(autoreactive T lymphocytes)。

②自身抗体和/或自身反应性T淋巴细胞介导对自身细胞或组织成分的获得性免疫应答,引起损伤或导致功能障碍。

③疾病转归与自身免疫反应强度有关。

④通常反复发作,病程慢性迁延。

⑤患病动物易伴发其他的自身免疫性疾病。

一、发病机理

自身免疫病的发生在于"自身耐受"的破坏,表现为自身抗体和/或致敏淋巴细胞攻击靶细胞和组织,使其产生相应病理变化和功能障碍。参与破坏"免疫耐受"的因素多种多样,且相互影响、相互制约,可归纳为以下几方面。

（一）抗原启动机制

关于启动自身免疫性疾病的确切原因迄今仍不十分清楚，但下述因素和自身免疫性疾病的发生密切相关。

1. 免疫特许部位抗原的释放　在胚胎期，接触自身抗原成分的免疫活性细胞（T 细胞）在胸腺内"死亡"，即发生"克隆性清除"（clonal deletion），这些细胞被称"禁忌细胞系"（forbidden clone），从而使机体出生后不发生自身免疫应答。大量研究证明，在胚胎发育过程中，免疫特许部位（immunologically privileged sites），如脑、晶体、睾丸和子宫等由于特殊的解剖学位置处于和免疫系统相对"隔离"状态。正常情况下，未致敏的淋巴细胞不能进入上述部位。此外，在该部位的组织表达 FasL，可启动对任何进入的、表达 Fas 的 T 细胞进行杀伤。故上述因素使免疫特许部位的细胞和蛋白不激发相应的自身反应性淋巴细胞。当炎症、创伤、感染等所致组织损伤时，与免疫"隔离"部位的抗原性物质释放，后者进入血液或淋巴循环，随血液和淋巴循环与免疫系统接触，激发免疫系统产生相应抗体，通过抗原抗体反应而导致组织损伤。如睾丸损伤，输精管基底膜屏障遭受破坏，精子与免疫活性细胞接触，机体产生抗精子的自身抗体，从而引起精子溶解和自身免疫性睾丸炎；眼部外伤时，由于眼内容物抗原释放，经树突状细胞（dendritic cells，DC）激活特异性的细胞毒性 T 淋巴细胞（cytotoxic T lymphocytes，CTL），CTL 可对健侧眼睛的细胞发动攻击，引发自身免疫性交感性眼炎（sympathetic opthalmia）；将晶体或精子抗原注入动物自身体内，可诱发自身抗体；输精管结扎后可因形成抗精子的自身抗体而导致不育症等。

2. 自身抗原发生改变　正常自身组织（如血细胞、皮肤、黏膜、心肌和肝细胞）可因温度、辐射、外伤、感染、某些药物或化学品等的作用而发生改变，被免疫系统识别为非自身组织而受到排斥。这些理化、生物因素可通过多种方式改变组织的抗原性，如暴露出新的抗原决定簇、发生构象改变、对抗原的修饰或将抗原降解成具有免疫原性的片段，外来半抗原、完全抗原与组织成分中的完全抗原或半抗原结合起来，机体免疫系统就可"识别"这些抗原，并作为"非己"抗原而产生免疫反应。如肺炎支原体感染可改变 RBC 的抗原性，这种改变抗原性的 RBC 可刺激机体产生抗 RBC 抗体，此抗体与 RBC 结合后，在补体参与下引起 RBC 溶解破坏；某些药物（如长期使用普鲁卡因胺）能与细胞内组蛋白或 DNA 结合，改变自身组织成分产生自身抗体，引起红斑狼疮样综合征。另外，变性的自身 IgG 可刺激机体产生抗自身变性 IgG 的 IgM 或 IgG，该类抗 IgG 的抗体，被称类风湿因子（rheumatoid factor，RF）。RF 与自身变性 IgG 形成 IC，引起包括关节炎在内的多种疾病。

在病毒感染过程中常伴发自身免疫过程，如慢病毒长期感染时，机体细胞膜上可出现病毒特异性抗原，引发自身免疫病。如临诊上病毒感染后常伴发肾小球肾炎，在人类，患有乙肝的病人常并发亚急性硬化性脑炎，EB 病毒、副流感病毒及风疹病毒感染后可并发系统性红斑狼疮（systemic lupus erythematosus，SLE）等。病毒感染引起自身免疫病的原因与其改变自身组织成分的抗原性，刺激 B 细胞增殖产生抗体、损害免疫系统等因素有关。

3. 交叉反应抗原　某些微生物与机体自身组织成分有相似的抗原性，可因交叉反应产生抗体导致机体免疫系统在清除外源性抗原的同时，也清除了具有相似抗原性的自身组织。如溶血性链球菌的胞膜糖蛋白和胞壁多糖与肾小球基底膜及心瓣膜部分成分相同，因此，溶血性链球菌感染与肾小球肾炎和风湿性心脏病密切相关。大肠埃希菌 O_{14} 与结肠黏膜有相似抗原性，可能与溃疡性结肠炎的发生有关。另外，热休克蛋白（heat shock protein，HSP）在诱导自身免疫病发生中有重要作用。多种微生物因其 HSP 与动物的 HSP 以及多种组织有交叉抗原性，也可引起自身免疫性疾病，如肾小球肾炎、心肌炎、类风湿性关节炎等。人类 HSP_{60} 与 19 个人类已知自身抗原的氨基酸序列有高度同源性，并与相应自身免疫病发生有关，如慢性活动性肝炎、慢性甲状腺炎、类风湿性关节炎、SLE、重症肌无力等。HSP_{65} 与胰岛素依赖性糖尿病（insulin-dependent diabetes mellitus，IDDM）发病密切相关。

4. 超抗原 超抗原（super antigen）由瑞典科学家 White（1989）提出，指一种由细菌、病毒、寄生虫产生的对淋巴细胞有强大刺激功能的蛋白质，对 T 细胞的激活能力是普通抗原的 $2\,000 \sim 50\,000$ 倍。超抗原的特点是不受 MHC 限制，无严格抗原特异性，只需极低浓度（$1 \sim 10\ \mathrm{ng/mL}$）即可激活多克隆 T 细胞产生很强的免疫应答。T 细胞超抗原，如葡萄球菌肠毒素和 B 细胞超抗原，引起人类艾滋病（acquired immune deficiency syndrome，AIDS）的人类免疫缺陷病毒（Human immunodeficiency virus，HIV）的 gpl20，可分别激活自身反应的 T 和 B 细胞，与自身免疫病，如实验性变态反应性脑脊髓炎（experimental allergic encephalomyelitis，EAE）和胰岛素依赖性糖尿病的发生与复发有关。

（二）免疫系统异常

1. 免疫活性细胞突变 在各种体内外因素作用下，免疫活性细胞可发生突变，丧失识别"自己"和"非己"能力，而与自身抗原发生免疫反应，造成自身组织损伤。免疫活性细胞突变，是由细胞核内基因突变所引起。基因突变可能是自发的，也可能是继发的。继发的基因突变多由病毒感染、电离辐射及化学物质等作用引起。如有些自身免疫性溶血性贫血，RBC 抗原性并未改变，而是由于免疫活性细胞发生突变，丧失识别功能，把自身 RBC 误认为"非己"物质，产生抗 RBC 的自身抗体，对 RBC 呈现破坏作用。

2. 免疫稳定功能失调 哺乳动物的胸腺和骨髓是维持免疫稳定功能的主要器官。胸腺通过衍生 T 细胞以消除体内突变细胞，控制"禁忌细胞株"，发挥免疫稳定功能。当机体免疫稳定功能失调时，不能有效清除突变细胞或控制"禁忌细胞株"活动，则容易发生自身免疫病理过程或自身免疫性疾病。如动物胸腺发育不全、萎缩及肿瘤时，可因"禁忌细胞株"脱抑制而发生自身免疫性病理变化。

3. TH_1 和 TH_2 细胞功能失调 TH_1 和 TH_2 细胞功能失衡与自身免疫性疾病发生密切相关。研究发现，TH_1 细胞功能增强可促进某些器官特异性自身免疫性疾病的发生发展，如多发性硬化症（multiple sclerosis，MS）、胰岛素依赖型糖尿病；而 TH_2 细胞功能增强，可促进抗体介导的全身性自身免疫性疾病，如 SLE 的发生发展。

4. 抑制性 T 细胞功能减退或缺乏 抑制性 T 细胞（suppressor T cell，Ts）是维持免疫耐受的重要因素之一，Ts 细胞能抑制自身反应细胞的激活。其细胞数量或功能发生缺陷，使自身反应细胞发生脱抑制而功能亢进，导致自身免疫病的发生。大量研究表明，抑制性 T 细胞功能低下或缺乏，能引起对自身抗原有反应能力的 B 细胞活化（增殖），产生相应抗体，这在某些自身免疫性疾病的发生上具有重要作用。

（三）遗传因素的作用

许多自身免疫性疾病的发生与遗传性免疫缺陷有关，即有遗传性免疫缺陷的机体，容易发生免疫功能失调。自身免疫病的发生有家族性倾向，如 NZB、NZB/NZWFl 品系小鼠自身免疫病发生率特别高；SLE 是一个多基因疾病，遗传因素在其发病中起主导作用，如人类单卵双生患者中，其 SLE 发病率为 $50\% \sim 60\%$，而在双卵双生患儿中仅为 5%。

（四）年龄、内分泌等因素的影响

1. 年龄　动物实验和临床资料均显示，许多自身免疫病的发病率随年龄增加而升高。衰老可引起免疫功能紊乱，产生自身抗体，可能与老龄动物胸腺功能相对不足、Ts 细胞减少或功能减退有关。

2. 性激素　一般而言，雌性动物比雄性动物易患自身免疫性疾病。如在人类，女性发生 MS 和 SLE 的比男性高 10～20 倍，上述现象表明自身免疫性疾病的发生与激素类型和性别有关。SLE 患者的雌激素水平普遍升高，给 SLE 小鼠应用雌激素可使病情加重。故认为雌激素对 SLE 发生的影响是通过免疫系统的作用实现的。雌激素不但可促使产生抗 DNA 抗体，而且还作用于胸腺，使前 T 细胞不能在胸腺内发育转化为成熟 T 细胞。从而大大减少 T 细胞数量，其中 Ts 减少与 SLE 发生有关。

二、分类

根据原因，自身免疫性疾病分为原发性自身免疫病和继发性自身免疫病 2 种。前者如 SLE、RA、自身免疫性溶血性贫血，此类疾病的发生很难找到明确具体的引起原因，大多数自身免疫病属此类。后者如眼外伤后交感性眼炎、外伤后睾丸炎所致的雄性不育症、药物所致的血小板减少性紫癜，继发性自身免疫病的发生常有比较明确的原因。

根据自身抗原的范围，自身免疫性疾病分为：器官特异性和非器官特异性。前者病变比较局限，只累及一个器官，其特征是抗体一般是对某一器官的一种或多种抗原的特异抗体，抗原一般局限于某一部位。如甲状腺炎、脑脊髓炎。后者病变多数是分散的，病变累及多个系统，其抗体一般是针对多种器官或组织，抗原可与同种或不同抗体发生反应，抗原是分散的，正常情况下免疫系统对它们有耐受，如 SLE、类风湿性关节炎等。

按发生速度，自身免疫性疾病可分为急性和慢性。前者如特发性血小板减少性紫癜、自身免疫性溶血性贫血；后者如类风湿性关节炎、SLE 及重症肌无力等。

第三节　免疫缺陷病

机体免疫功能呈现缺乏或严重不足的状态，称免疫缺陷（immune deficiency）。因遗传因素或其他各种原因所致动物免疫系统先天性发育不全或后天损伤导致的免疫成分缺失、免疫功能障碍而引起的临诊综合征，称免疫缺陷病（immunodeficiency disease，IDD）。

按原因 IDD 可分为原发性（先天性）免疫缺陷病（primary immunodefiency disease，PIDD）和继发性（获得性）免疫缺陷病（secondary immunodeficiency disease，SIDD）；根据主要累及免疫成分 IDD 分为体液免疫缺陷、细胞免疫缺陷、联合性免疫缺陷、吞噬细胞缺陷和补体缺陷。

IDD 的共同特点是：动物对各种感染性因素的易感性增加，患病动物可出现反复、持续的严重感染，其感染性质和严重程度主要取决于免疫缺陷的成分及其程度；肿瘤和自身免疫病的发生率均提高，并具有遗传倾向。

一、原发性免疫缺陷病

原发性免疫缺陷病（PIDD）又称先天性免疫缺陷病（congenital immunodeficiency disease，CIDD），其发生机制较为复杂，主要是由于遗传因素（如基因突变）和先天性因素（如胚胎期感染、母体影响等)的作用,使免疫系统的不同部分受损而引起的免疫缺陷病。根据所累及的免疫细胞或免疫分子,PIDD进一步分为特异性免疫缺陷(如细胞免疫缺陷、体液免疫缺陷、联合免疫缺陷)和非特异性免疫缺陷(如吞噬细胞缺陷、补体缺陷)。

(一)特异性免疫缺陷病

1. 原发性细胞免疫缺陷病 由于胸腺发育不全或缺乏,T细胞数量显著减少,致使细胞免疫功能明显下降或出现障碍,表现为血液中淋巴细胞数量减少,尤其是T细胞数量减少,容易发生病毒、真菌及细胞内寄生菌感染,不呈现迟发型变态反应,并易发生恶性肿瘤。如牛的先天性胸腺发育不全,淋巴细胞减少性免疫缺陷等。

胸腺发育不全(thymic hypoplasia)是丹麦牛的一种常染色体隐性遗传病,其临诊主要特征是:犊牛呈现脱毛(腿部、唇部和眼周围以及其他部位)、皮肤角化不全、荨麻疹等,最后多因感染而死亡。免疫病理检查发现:病牛主要病理变化为胸腺发育不全,体积明显缩小并脂肪化,淋巴细胞稀少;淋巴结和脾脏的胸腺依赖区缺乏T细胞;迟发型变态反应减弱;而血液免疫球蛋白含量未见异常。

2. 原发性体液免疫缺陷病 由于B细胞缺陷或缺乏,免疫球蛋白生物合成不足,血液免疫球蛋白含量明显减少、甚至缺乏,机体容易频发细菌感染,但细胞免疫正常。如新生驹无丙种球蛋白血症(agammaglobulinemia of Newborn colt)、牛选择性免疫球蛋白缺乏症(selective immunoglobulin deficiency of cow)及鸡遗传性异常丙种球蛋白血症(heritable abnormality of gamma globulinemia in chicken)等。

(1)无丙种球蛋白血症 无丙种球蛋白血症(agammaglobulinemia)在牛有报道,只发于雄性犊牛,是一种性连锁遗传病,其临诊主要特征是:频发呼吸道感染。免疫病理学检查发现:幼犊出生时血清IgM缺乏,IgA和IgG合成障碍;对抗原刺激不呈现体液免疫反应,淋巴器官中无淋巴小结和生发中心,缺乏浆细胞,而T细胞未见异常。

(2)选择性免疫球蛋白缺乏症 选择性免疫球蛋白缺乏症(selective immunoglobulin deficiency)是牛的一种IgG_2缺乏症。病牛血清IgG_2含量明显低于正常,患牛易患化脓性感染。

3. 联合免疫缺陷病 联合免疫缺陷病(combined immunodeficiency disease,CID)由于干细胞不能分化为T细胞和B细胞,故细胞免疫和体液免疫均呈现缺陷,表现为血液中不仅淋巴细胞数量减少,而且免疫球蛋白含量也减少,胸腺和全身淋巴组织发育不全,动物机体易发生微生物感染。如新生驹重症联合免疫缺陷病(severe combined immunodeficiency disease,SCID)。

SCID是新生驹的一种常染色体隐性遗传病,其临诊主要特征是:易患呼吸道感染,病情逐渐恶化,导致死亡。免疫病理学检查发现:病驹IgM缺乏,不能合成IgG、IgA;胸腺发育不全和脂肪化;血液中T和B细胞减少或缺乏;脾脏和淋巴结胸腺依赖区缺乏T细胞,也无淋巴小结和生发中心,B细胞减少或缺乏。

(二)非特异性免疫缺陷病

1. 吞噬细胞缺陷病 吞噬细胞缺陷病(phagocytic defect disease,PDD)由于吞噬细胞数量减少,缺乏杀灭病原微生物的酶或游走功能障碍,动物机体容易反复发生细菌感染。如犬中性粒细胞减少症、巨噬细胞减少症,牛粒细胞脱颗粒异常综合征等。

2. 补体缺陷病 补体系统中的所有成分都可发生缺陷。大部分补体缺陷属常染色体隐性遗传,少数为常染色体显性遗传。补体缺陷病(complement deficiency disease,CDD)动物的临诊主要表现为:反复化脓性感染及自身免疫病,包括补体固有成分缺陷,如 C_3 缺乏或 C_5 功能降低等;补体调节分子缺陷和补体受体缺陷,如 CR_1 表达减少,CR_3、CR_4 缺陷等。

二、继发性免疫缺陷病

由于出生后动物免疫系统受抑制或继发于其他某些疾病而引起的免疫缺陷病,称继发性免疫缺陷病(secondary immunodeficiency disease,SIDD),又称免疫缺陷状态(immunodeficiency status,IDS)。动物继发性免疫缺陷病比原发性免疫缺陷病更为常见。许多因素可影响细胞免疫和体液免疫,导致免疫功能低下。引起继发性免疫缺陷的常见因素可归纳为:

1. 感染性因素　各种类型的感染,特别是病毒感染可导致免疫抑制,能引起免疫抑制的病毒常见有:流感病毒(influenza virus)、马立克病病毒(Marek's disease virus,MDV)、传染性法氏囊病病毒(infectious bursal disease virus,IBDV)、鸡传染性贫血病病毒(chicken infectious anemia virus,CIAV)、犬瘟热病毒(canine distemper virus)、非洲猪瘟病毒(African swine fever virus)、猴艾滋病病毒(monkey AIDS virus)、鸡白血病病毒(chicken leukemia virus)、猫泛白细胞减少症病毒(feline panleukopenia virus)、狂犬病病毒(rabies virus)、鸡网状内皮组织增殖病病毒(chicken reticuloendothelial proliferative virus)、新城疫病毒(Newcastle disease virus,NDV)等,均可直接损害免疫器官组织和免疫活性细胞,或产生抑制因子干扰免疫效应细胞之间的调控,从而引起细胞免疫和(或)体液免疫抑制。寄生虫,如弓形虫、锥虫、旋毛虫、曼氏吸虫、肝片吸虫、焦虫、捻转血矛线虫、蠕形螨等,可通过释放抑制因子或淋巴细胞毒性因子使淋巴细胞失活,或通过诱导免疫抑制细胞增多,损耗有免疫活性的 B 细胞,降低免疫应答能力。另外,免疫抑制还可与某些细菌(如大肠杆菌、结核分枝杆菌、溶血性巴氏杆菌)及支原体感染有关。

2. 非感染性因素

(1)营养不良　营养不良是引起继发性免疫缺陷的常见因素之一,蛋白质、脂类、维生素(如维生素 A、维生素 E 等)和微量元素(如 Zn、Se、Cu 等)摄入不足可影响免疫细胞成熟,降低机体对微生物的免疫应答。

(2)药物　免疫抑制剂(如激素)、抗肿瘤药物等可杀死或灭活淋巴细胞。

(3)肿瘤　恶性肿瘤,特别是淋巴组织的恶性肿瘤常可进行性地抑制患病动物的免疫功能。

(4)应激　手术、创伤等各种应激因素均可引起继发性免疫抑制。

(郑世民)

第十一章 应激反应

第一节 应激的概念

一、应激反应

应激（stress）是指机体在各种内外环境因素（应激原）刺激下所出现的全身性的非特异性适应性反应。应激原作用于机体后，除了引起与刺激因素直接相关的特异性变化外，还可以引起一组与刺激因素的性质无直接关系的全身性非特异反应。例如，环境温度过低或过高、手术、中毒、炎症以及恐惧、畜群结构改变、心理性刺激等，除引起原发刺激因素的直接效应（如冷引起寒颤、冻伤，热引起出汗、烫伤，手术引起组织创伤，中毒引起毒物的特殊毒性作用，以及心理刺激所引起的恐惧感等）外，还出现以交感-肾上腺髓质和下丘脑-垂体-肾上腺皮质轴兴奋为主的神经内分泌反应，以及细胞、体液中某些蛋白质成分的改变和一系列功能代谢的变化。不管刺激因素的性质如何，这一组反应都大致相似。这种对各种刺激的非特异性反应称为应激或应激反应（stress response）。

应激的生物学效应具有双重性。一方面，应激有利于提高机体适应与应对环境的变化能力，维持机体内环境的稳定，提高机体的防御能力。应激反应可使机体处于警觉状态，有利于增强机体的对抗或逃避（fight or flight）能力，有利于在变动的环境中维持机体的自稳态以及增强机体的适应能力。另一方面过强或持续时间过长的应激可导致急性或慢性的器官功能障碍和代谢紊乱，是动物多种应激性疾病发生发展的基础。

二、应激原

引起应激反应的各种刺激因素称为应激原（stressor）。应激原种类繁多，大致可分为 3 大类。

1. 外环境因素　包括各种理化因素，如饥渴、寒冷或过热、运输时的震动或拥挤、噪音、疲劳、去角、去势、断奶、预防注射、低氧、中毒等；生物因素，如各种微生物感染等。

2. 内环境因素　内环境失衡也是一类重要的应激原，如血液成分改变、器官功能紊乱、行为变化等。如贫血、失血、脱水、休克、低血糖和器官功能衰竭等。

来自外环境和内环境的各种因素都是客观存在的，统称为躯体性应激原。

3. 心理因素　如恐惧、拥挤和环境突变等。对于人类，心理、社会因素是现代社会中重要的应激原，如职业竞争、工作压力、生活工作节奏、人际关系紧张、拥挤、孤独、突发的生活事件等皆可引起应激反应。对于动物也涉及这方面的问题，如精神上的紧张、焦虑的情绪等。

一种因素要成为应激原，必须有一定的强度，但对于不同的动物存在明显的差异。机体受突然刺激发生的应激称为"急性应激",而长期持续性的紧张状态则引起"慢性应激"。有人还将应激分为生理性应激和病理性应激。若应激的结果是机体适应了外界刺激,并维持了机体的生理平衡,称为"生理性应激"或"自然应激";而由于应激导致机体出现一系列机能代谢紊乱和结构损伤,甚至发生疾病,称为"病理性应激"。

第二节　应激反应的发生机制及基本表现

应激是一个以神经内分泌反应为基础,涉及整体、器官和细胞等多个层面的全身性反应。各类应激原作用于机体,除引起各种特异反应和病变以及共同的神经内分泌变化外,还可引起基因表达的改变以及应激蛋白的合成等。

一、应激的神经内分泌反应及机制

中枢神经系统(CNS)是高等动物应激反应的调节中枢。应激相关的神经结构包括新皮质以及边缘系统(limbic system)的重要组成部分,如杏仁体(amygdala)、海马(hippocampus)、下丘脑(hypothalamus)和脑桥蓝斑(locus coeruleus)等。应激时,这些部位可出现活跃的神经活动,包括神经传导、神经递质释放和神经内分泌反应等,并产生相应的情绪反应,如兴奋、警觉、紧张等。

应激时,神经内分泌反应是代谢和多种器官功能变化的基础。其中最主要的神经内分泌反应是激活蓝斑-交感-肾上腺髓质系统(locus coeruleus-sympathetic-adrenal medulla system LSAM)和下丘脑-垂体-肾上腺皮质系统(hypothalamus-pituitary-adrenal cortex system,HPAC)。多数应激反应的生理生化变化与外部表现皆与这两个系统的强烈兴奋有关。

(一)蓝斑-交感-肾上腺髓质系统的变化

1. 蓝斑-交感-肾上腺髓质轴的基本组成单元　蓝斑是 LSAM 系统的主要中枢整合部位,富含上行和下行的去甲肾上腺素能神经元。上行主要与大脑边缘系统(limbic system)有密切的往返联系,成为应激时情绪/认知/行为功能变化的结构基础,下行则主要至脊髓侧角(lateral horn of spinalcord),行使调节交感-肾上腺髓质系统的功能。此外,蓝斑去甲肾上腺素能神经元还与下丘脑室旁核有直接的纤维联系,可能在应激启动 HPAC 系统中发挥关键作用。蓝斑是中枢神经系统对应激最敏感的部位,它与应激时的警觉、兴奋等情绪反应密切相关。

2. 应激时的基本效应　应激时该系统的外周效应主要表现为血浆肾上腺素(epinephrine)、去甲肾上腺素(norepinephrine)和多巴胺等儿茶酚胺水平迅速升高,并通过对血液循环、呼吸和代谢等多个环节的紧急动员和综合调节,使机体处于一种唤起(arousal)状态,保障心、脑和骨骼肌等重要器官在应激反应时的能量需求。

蓝斑-交感-肾上腺髓质系统的强烈兴奋主要参与调控机体对应激的急性反应,介导一系列的代谢和心血管代偿机制,以克服应激原对机体的威胁或对内环境的干扰,因而对机体具有防御适应意义,表现为:①交感兴奋和儿茶酚胺的释放导致心率加快、心肌的收缩力增强,从而提高心输出量。②在儿茶酚胺作用下,心输出量和血管外周阻力增加,导致血压升高同时发生了血流的重新分布。皮肤、腹腔内脏等血管收缩,脑血管口径无明显变化,冠状血管反而扩张,骨骼肌的血管也扩张,从而保证了心、脑和骨骼肌等重要器官和组织的血液供应,这对于调节和维持各器官的功能,保证骨骼肌在应对紧急情况时的强烈收缩,有很重要的意义。③支气管舒张,有利于改善肺泡通气,以满足应激时机体耗氧和排出二氧化碳增加的需求。④促进糖原分解、血糖升高,促进脂肪动员,使血浆中游离脂肪酸增加,从而保证应激时机体对能量需要的增加。⑤儿茶酚胺对许多激素(如 ACTH、胰高血糖素、生长素、甲状腺素、甲状旁腺素、降钙素、肾素、促红细胞生成素、胃泌素)的分泌有促进作用,而对胰岛素有抑制作用。

然而,强烈的蓝斑-交感-肾上腺髓质系统兴奋也可产生明显的损害作用。腹腔内脏血管的持续收缩可导致相应器官的缺血、缺氧,胃肠黏膜糜烂、溃疡、出血;引起明显的能量消耗和组织分解;儿茶酚胺可诱发氢过氧化物(hydroperoxide of lipids,POL)增加,自由基损伤。

(二)下丘脑-垂体-肾上腺皮质系统的变化

1. 下丘脑-垂体-肾上腺皮质系统(HPAC)的基本组成单元 下丘脑室旁核(paraventricular nucleus,PVN)是 HPAC 系统的中枢位点,其上行神经纤维主要投射至杏仁体、海马,下行纤维通过分泌的促肾上腺皮质激素释放激素(corticotmpinreleasing hormone,CRH),调控腺垂体释放促肾上腺皮质激素(adrenocorticotropic hormone,ACTH),从而调节肾上腺皮质合成与分泌糖皮质激素(glucocorticoid,GC)。此外,室旁核与蓝斑之间有着丰富的交互联络,蓝斑神经元释放的去甲肾上腺素对 CRH 的分泌具有调控作用。CRH 分泌是 HPAC 系统激活的关键环节。应激时,直接来自躯体的应激传入信号,或是经边缘系统整合的下行应激信号,都可促进 CRH 的分泌。

2. 应激时的基本效应

(1)应激时 HPAC 轴兴奋的中枢效应 CRH 在发生应激时的一个重要功能是调控情绪行为反应,大鼠脑室内直接注入 CRH 可引起剂量依赖的情绪行为反应。目前认为,适量的 CRH 增多可促进适应,使机体兴奋或有愉快感;但 CRH 的大量增加,特别是慢性应激时的持续增加则造成适应机制的障碍,出现焦虑、抑郁、食欲和性欲减退等,这是重症慢性病(人或动物)几乎都会出现的共同表现。

(2)应激时 HPAC 轴兴奋的外周效应 发生应激的动物,血浆 GC(皮质素、皮质醇、皮质酮)浓度明显升高,其反应速度快、变化幅度大,可以作为判定应激状态的一个指标。

GC 分泌增多对机体抵抗有害刺激起着极为重要的作用。动物实验表明,切除双侧肾上腺后,极小的有害刺激即可导致动物死亡,动物几乎不能适应任何应激环境。若仅去除肾上腺髓质而保留肾上腺皮质,则动物可以存活较长时间。GC 进入细胞后,与胞质中的糖皮质激素受体(glucocorticoid receptor,GR)结合,激活的 GR 进入细胞核,通过调节下游靶基因的转录水平发挥作用。GC 在应激反应中的正面作用主要包括以下方面:①有利于维持血糖:GC 有促进蛋白质分解和糖异生的作用,对儿茶酚胺、生长激素以及胰高血糖素的代谢功能起到允许作用,即这些激素要引起脂肪动员增加,糖原分解等代谢效应,必须要有足够量的糖皮质激素的存在。因此,应激时如果糖皮质激素分泌不足,就容易出现低血糖。②有利于维持血压:GC 本身对心血管没有直接的调节作用,但是儿茶酚胺发挥心血管调节活性需要 GC 的存在,这被称为 GC 的允许作用(permissive action)。肾上腺皮质切除后,循环系统对儿茶酚胺的反应性减弱甚至不反应,应激时容易发生低血压和循环衰竭。③对抗细胞损伤:GC 的诱导产物脂调蛋白(lipomodulin)对磷脂酶 A_2 的活性具有抑制作用,从而可抑制膜磷脂的降解,增强细胞膜稳定性,减轻溶酶体酶对组织细胞的损害,对细胞具有保护作用。④抑制炎症反应:抑制中性粒细胞活化和促炎介质产生,促进抗炎介质的产生,从而发挥抑制炎症和免疫反应的作用。

但慢性应激时 GC 的持续增加也对机体产生一系列不利影响。如抑制免疫系统,导致机体免疫力下降,容易并发感染;抑制甲状腺和性腺功能,导致内分泌紊乱和性功能减退,哺乳期泌乳减少等,导致胰岛素抵抗,血糖和血脂升高。

(三)其他神经内分泌反应

应激可引起广泛的神经内分泌改变,具体见表 11-1。

表 11-1 应激时 LSAM 和 HPAC 以外的内分泌变化

名称	分泌部位	变化
β-内啡肽	腺垂体	升高
抗利尿激素	下丘脑	升高
促性腺激素释放激素	下丘脑	降低
生长激素	腺垂体	急性应激时升高,慢性应激时降低
催乳素	腺垂体	升高
促甲状腺素释放激素	下丘脑	降低
促甲状腺素	腺垂体	降低
甲状腺素(T_3、T_4)	甲状腺	降低
黄体生成素	腺垂体	降低
促卵泡激素	腺垂体	降低
胰高血糖素	胰岛 α 细胞	升高
胰岛素	胰岛 β 细胞	降低

二、细胞应激反应

细胞应激反应(cellular stress response)是指在各种有害因素导致生物大分子(如膜脂质、蛋白质和 DNA)损伤、细胞稳态破坏时,细胞通过调节自身的蛋白表达与活性,产生一系列防御性反应,以增强其抗损伤能力、重建细胞稳态。细胞应激反应在进化上高度保守,广泛存在于高等动物、低等动物和单细胞生物。导致细胞应激反应的应激原很多,包括各种理化因素(冷、热、低氧、渗透压、射线、活性氧、自由基、化学药物、化学毒物)、生物因素(细菌或病毒等病原微生物感染)和营养因素(营养不良、营养过剩)等。

尽管导致生物大分子损伤的应激原差异很大,但是由其激发的细胞防御反应往往表现出应激原非特异性。同时,一些应激原特异性的应激反应大多与细胞稳态重建有关。这里重点介绍常见的热休克反应和氧化应激。

(一)热休克反应

1. 概念 将果蝇暴露于热环境(从 25℃转移到 30℃,30 min)时发现,果蝇唾液腺多丝染色体上某些部位出现膨突(puff),提示该部位某些基因的转录可能被激活。利用聚丙烯酰胺凝胶电泳从经受热应激果蝇的唾液腺中分离出 6 种蛋白质。这种生物体在热刺激或其他应激原作用下所表现出的,以热休克蛋白(heat shock protein,HSP)生成增多为特征的细胞反应称为热休克反应(heat shock response,HSR)。HSR 是最早发现的细胞应激反应。除热应激之外,许多其他物理、化学、生物应激原以及机体内环境变化(如放射线、重金属、能量代谢抑制剂、氨基酸类似物、乙醇、自由基、细胞因子、缺血、缺氧、寒冷、感染、创伤等)都可以诱导机体产生 HSP。因此,HSP 又被称为应激蛋白(stress protein,SP)。目前发现的 HSP 是一大类相对分子质量从 15 000～110 000 不等的蛋白质,其中以 70 000 的一组 HSP 为主。HSP 是热应激(或其他应激)时细胞新合成或合成增加的一组蛋白质,主要在细胞内发挥功能,属于非分泌型蛋白质。现已发现热休克蛋白是一个大家族,而且大多数是细胞的结构蛋白,只是受应激刺激而生成或生成增加。热休克反应亦是机体对不利环境或各种有害刺激的一种非特异性反应。

2. **热休克蛋白的基本组成**　热休克蛋白是一组在进化上十分保守的蛋白质。从原核细胞到真核细胞的各种生物体,其同类型热休克蛋白的基因序列有高度的同源性,提示热休克蛋白对于维持细胞的生命十分重要。目前主要根据相对分子质量的大小对热休克蛋白进行分类,如 HSP90(相对分子质量 90 000),HSP70 和 HSP27 等。其中,与应激关系最为密切的是 HSP70 亚家族成员,应激时表达明显增加。

3. **热休克蛋白的基本功能**　热休克蛋白在细胞内含量相当高,据估计细胞总蛋白的 5% 为 HSP,热休克蛋白的功能涉及细胞的结构维持、更新、修复和免疫等,但其基本功能为帮助新生蛋白质的正确折叠、移位、维持以及受损蛋白质的修复、移除、降解,被形象地称为“分子伴侣”(molecular chaperone)。热休克蛋白的基本结构为 N 端的一个具 ATP 酶活性的高度保守序列和 C 端的一个相对可变的基质识别序列。后者倾向与蛋白质的疏水结构区相结合,这些结构区在天然蛋白质中通常被折叠隐藏于内部而无法接近,也就是说热休克蛋白倾向于与尚未折叠的新生肽链或有害因素破坏了其折叠结构的受损肽链结合,并依靠其 N 端的 ATP 酶活性,利用 ATP 促成这些肽链的正确折叠(或再折叠)、移位、修复或降解。

正常情况下,大多数 HSP 在细胞有不同程度的基础表达,即组成性表达(constitutive expression),如 HSP90β、HSC70、HSP60、GRP78、HSP27;应激状态下,HSP 表达水平进一步升高,称诱导性表达(inducible expression)。有些 HSP 在正常状态下表达水平很低,应激状态下急剧升高,如 HSP70。

在应激诱导 HSP 表达的过程中,热休克因子(heat shock factor,HSF)发挥重要作用。HSF 是一种转录因子,几乎所有 HSP 基因的启动子区都存在 HSF 的作用位点,即热休克元件(heat shock element,HSE)。非应激条件下,HSF 与 HSF70 结合,以单体形式存在于胞质中,没有转录活性。在应激原的作用下,细胞内发生蛋白质变性,变性蛋白质通过其表面的疏水基团与 HSF 竞争结合 HSP70,从而使 HSF 与 HSP70 发生解离并激活;活化的 HSF 形成三聚体,从胞质中转位至核内,与 HSP 基因启动子区的 HSE 结合,从而激活 HSP 的基因转录,导致 HSP 蛋白表达水平升高。

(二)氧化应激

正常生理条件下,机体的氧化-抗氧化(即还原)能力保持相对的稳态。一方面,机体自身会产生具有氧化作用的自由基;另一方面,机体可通过抗氧化系统来清除自由基。由于内源性和或外源性刺激使机体自由基产生过多和/或清除减少,导致氧化-抗氧化稳态失衡,过多自由基引起组织细胞的氧化损伤反应称为氧化应激(oxidative stress)。广义上讲,参与氧化应激的自由基包括活性氧(reactive oxygen species ROS)和活性氮(reactive nitrogen species,RNS)等。

(三)急性期反应和急性期蛋白

急性期反应(acute phase response,APR)是感染、炎症、创伤、发热等强烈应激原诱发机体产生的一种快速防御反应,表现为体温升高、血糖升高、分解代谢增强、血浆蛋白含量的急剧变化。相关的血浆蛋白多肽统称为急性期反应蛋白(acute phase protein，APP)。APP 种类繁多，据估计可达 200 多种。

APP 属于分泌型蛋白，主要由肝细胞合成；此外，单核-吞噬细胞、血管内皮细胞和成纤维细胞也可产生少量 APP。APP 的产生机制主要与活化的单核-巨噬细胞释放炎性细胞因子有关，包括白细胞介素 1(interleukin-1，IL-1)、IL-6 和肿瘤坏死因子 α(tumor necrosis factor alpha，TNF-α)等。

APP 的生物学功能广泛，具有抑制蛋白酶、清除异物和坏死组织、抗感染和损伤以及结合、运输功能的作用。但总体来看，它是一种启动迅速的机体防御机制。机体对感染、组织损伤的反应可大致分为：急性反应期，急性期反应蛋白浓度的迅速升高为其特征之一；迟缓期或者免疫期，其重要特征为免疫球蛋白的大量生成。两个阶段的总和构成了机体对外界刺激的保护系统。

三、应激机体机能代谢的改变

(一)物质代谢的变化

1. 蛋白质、脂肪和糖的代谢　蛋白质分解代谢加强，尿氮排出增多，出现负氮平衡和体重减轻；血浆内游离脂肪酸和酮体增多；应激时血糖升高，有时还有糖尿和高乳酸血症。

2. 电解质和酸碱平衡障碍　应激时醛固酮和抗利尿激素分泌增多，促进钠和水的重吸收，使体内钠水潴留，尿少。肾脏排 K^+(或 H^+)保 Na^+ 的作用加强，使血液中 $NaHCO_3$ 增多，引起代谢产物蓄积；同时由于尿少不能充分排出，又可产生代谢性酸中毒。

(二)中枢神经系统的变化

中枢神经系统(CNS)是应激反应的调控中心，机体对大多数应激原的感受都包含有认知的因素。丧失意识的动物在遭受躯体创伤时，不会出现正常动物应激时的多数神经内分泌的改变，表明 CNS 特别是 CNS 的皮层高级部位在应激反应中的调控整合作用。

应激时中枢神经的功能改变是神经生物学的重要研究领域。与应激最密切相关的 CNS 部位包括边缘系统的皮层、杏仁体、海马、下丘脑、脑桥的蓝斑等结构。这些部位在应激时可出现活跃的神经传导、神经递质和神经内分泌的变化，并出现相应的功能改变。人类研究表明，HPAC 轴的适度兴奋有助于维持良好的认知学习能力和良好的情绪，但 HPAC 轴兴奋的过度或不足都可以引起 CNS 的功能障碍，出现抑郁、厌食，甚至产生自杀倾向等。应激时 CNS 的多巴胺神经能、五羟色胺(5-TH)神经能、γ-氨基丁酸(GABA)神经能以及阿片肽能神经元等都有相应的变化，并参与应激时的神经反应的发生。

(三)免疫系统的变化

免疫系统是机体应激反应的重要组成部分，与神经内分泌系统有多种形式的相互作用。一方面，某些应激(如感染、急性损伤)可直接导致免疫反应；另一方面，神经内分泌系统可通过神经纤维、神经递质和激素调节免疫系统的功能。免疫器官和免疫细胞都受神经内分泌系统的支配，如巨噬细胞、T 淋巴细胞和 B 淋巴细胞等免疫细胞表达肾上腺素受体、糖皮质激素受体等多种神经-内分泌激素受体，因此应激时免疫反应的变化与神经内分泌的作用密切相关。

反之，免疫系统也可通过产生的多种神经内分泌激素和细胞因子，调节神经-内分泌系统的功能。由于免疫细胞的游走性，它们分泌的激素和因子既可在局部发挥生理或病理作用，亦可进入循环系统产生相应的内分泌激素样作用。总之,神经内分泌和免疫系统拥有一套共同的信息分子(神经肽、激素、细胞因子等)及其相应的受体,通过合成和释放这些信息分子,实现系统内或系统间的相互作用,并以网络的形式共同调节机体的应激反应。

(四)循环系统的变化

血液重新分配是应激时循环系统变化的特点。应激时交感神经兴奋和儿茶酚胺释放增多,可以使心跳加快,心脏收缩力增强;外周小血管收缩而脑和冠状血管扩张,使脑和冠状动脉血流量增加,以保障生命攸关器官的血液供应。同时,由于醛固酮和抗利尿激素分泌增多,水和钠排出减少,以保持正常血压和循环血量。但应激时微循环缺血如果持续过久,则会导致外周循环衰竭而使重要器官损伤,甚至坏死。

(五)消化系统的变化

应激常由于交感神经兴奋,引起胃肠分泌及蠕动紊乱,从而导致消化吸收功能障碍。更为突出的特征性变化,则是胃黏膜的出血、水肿、糜烂和溃疡形成。这类病变是应激引起的非特异性损伤,常称为应激性胃黏膜病变或应激性溃疡。目前认为应激性溃疡的发生机制与胃黏膜缺血、屏障功能破坏以及内源性前列腺素 E 生成减少等综合作用有关。

(六)血液系统的变化

急性应激时,外周血中白细胞数可能增多、核左移,血小板数增多、黏附力增强,纤维蛋白原浓度升高,凝血因子Ⅴ、Ⅶ、血浆纤溶酶原、抗凝血酶Ⅱ等的浓度也升高。血液表现出非特异性抗感染和凝血能力增强,红细胞沉降率增快,全血和血浆黏度升高。骨髓检查可见髓系和巨核细胞系增生。上述改变既有抗感染、抗损伤、抗出血的有利方面,也有促进血栓、DIC 发生的不利方面。

研究表明,人在慢性疾病等慢性应激时,常出现低色素性贫血,血清铁降低,类似于缺铁性贫血。但与缺铁性贫血不同,骨骼中的铁(含铁血黄素)含量正常或增高,补铁治疗无效。红细胞寿命常缩短至 80 d 左右,其机制与单核巨噬细胞系统对红细胞的破坏加速有关。

(七)泌尿生殖系统的变化

应激时,交感-肾上腺髓质的兴奋和肾素-血管紧张素-醛固酮系统的激活使肾血管收缩,肾小球滤过率(GFR)降低;ADH 的分泌增多促进水的重吸收。因此,应激时泌尿功能的主要变化表现为尿少,尿的比重升高,水、钠排泄减少。

第三节　应激与疾病

在兽医实践中,一些疾病往往找不到特异性病因,关键问题在于各种各样不良的饲养管理方式造成的应激成为发病的主要原因,这类疾病称为应激性疾病。

一、应激性疾病

1. 全身适应综合征　　所谓全身适应综合征(general adaptation syndrome,GAS)是机体自稳态受威胁、扰乱后出现的一系列生理和行为的适应性反应。当应激原持续作用于机体时,GAS 表现为一动态的过程,并可最终导致疾病甚至死亡。全身适应综合征可以分为 3 个阶段。

(1)警觉期(alarm stage)　此期在应激作用后迅速出现,为机体保护防御机制的快速动员期。以交感-肾上腺髓质系统的兴奋为主,并伴有肾上腺皮质激素的增多。警觉反应使机体处于最佳动员状态,有利于机体增强抵抗力或逃避损伤。此期如果应激原特别强烈,已超过机体的承受限度,如严重缺氧、大量失血、广泛烧伤以及致死量毒物进入体内等,机体将很快死亡。但大多数动物能很快渡过此时期进入抵抗期。

(2)抵抗期(resistance stage)　如果应激原持续作用于机体,在警告反应之后,机体将进入抵抗或适应阶段。此时,以交感-肾上腺髓质兴奋为主的一些警告反应将逐步消退,而表现出以肾上腺皮质激素分泌增多为主的适应反应。肾上腺皮质开始肥大,糖皮质激素分泌进一步增多,机体的代谢率升高,而炎症、免疫反应减弱,胸腺、淋巴组织缩小。机体表现出适应,对其应激原的抵抗力下降,而对其他应激原的抵抗力增高,称之为交叉抵抗力;有时由于防御储备能力消耗,抵抗力反而下降,称为反交叉致敏。如果机体适应能力良好,则代谢开始加强,进入恢复期;反之,则过渡到衰竭期。

(3)衰竭期(exhaustion stage)　持续强烈的有害刺激使机体的防御机能和抵抗力减弱或消失,警觉期的症状可再次出现。肾上腺皮质激素持续升高,但糖皮质激素受体的数量及亲和力下降,机体内环境明显失衡。应激反应的负效应陆续显现,应激相关的疾病,器官功能的衰退甚至休克、死亡都可在此期出现。

上述 3 个阶段并不一定都依次出现,只要能及时撤除应激原,多数应激只引起第一、第二期变化,只有少数严重的应激反应才进入第三期。但若应激原持续作用于机体,则 GAS 后期的损伤和疾病迟早会出现,甚至导致死亡。

2. 猪应激综合征　猪应激综合征(porcine stress syndrome,PSS),多见于应激敏感猪,主要是由运输应激、热应激、拥挤应激等造成的。早期症状表现为肌肉震颤、尾抖,继而呼吸困难、心悸、皮肤出现红斑或紫斑,体温上升,可视黏膜发绀,最后衰竭死亡。死后尸僵快,尸体酸度高。肉质发生变化,如水猪肉、暗猪肉、背最长肌坏死等。这种综合征发生后主要影响肉的质量,60%～70%病猪死后 15～30 min 内,肌肉呈现苍白、柔软和渗出物增多的状态,即所谓白肌肉(pale-soft-exudative,PSE)。这种猪发病后还表现为体温升高、呼吸困难,出现严重的酸中毒现象,最后导致虚脱而死亡。因此,对养猪业和屠宰业造成的经济损失极为严重。

3. 猪应激性溃疡　猪应激性溃疡是在严重应激反应中所发生的急性胃、十二指肠黏膜溃疡。事前无慢性溃疡的典型临床症状,常见猪在斗架、运输、严重疾病中突然死亡。应激性溃疡是一种急性胃肠黏膜的病变,剖检可见胃或(和)十二指肠黏膜有细小、散在的点状出血;线状或斑块状浅表的糜烂;或浅表呈多发性圆形溃疡,边缘不整,但不隆起,深度一般达黏膜下层,也可深达肌层,甚至造成胃肠壁穿孔。

4. 猝死综合征　猝死综合征(sudden death syndrome,SDS)一般发生于预防接种、畜群迁移、公畜配种、合圈过程中的咬斗、驱赶、捕捉、产仔、季夏拥挤、抢食等情况下,动物发生突然死亡。有些动物在死前可见尾巴快速震颤,体温升高,全身僵硬,张口呼吸,白色猪可见皮肤红斑。一般病程只有 4～6 min。死亡的动物尸僵完全,尸体腐败迅速,剖检可见内脏充血,心包液增加,肺充血、水肿甚至出血,有的还可见臀中肌、股二头肌、背最长肌呈苍白色油灰状。商品代肉鸡也易发猝死综合征。肉鸡的猝死综合征在规模化饲养的肉鸡场较为多见。发病鸡群的死亡率为 2%～5%。惊吓、噪声、饲喂活动和气候突变等应激因素均可使死亡率增加。

本病的发生可能与交感-肾上腺系统高度兴奋,使心律严重失常并迅速引起心肌缺血而导致突发性心力衰竭有关。

二、应激相关疾病

有些疾病,如支气管哮喘、原发性高血压、动脉粥样硬化等,应激在其发生发展过程中是一个重要的原因和诱因,这些疾病称为应激相关疾病。

(一)运输病

运输病(transport disease)由 Glassor 于 1910 年首次报道,所以又称猪 Glassor 病,是指猪经过长途运输后,暴发由猪嗜血杆菌和副溶血性嗜血杆菌感染引起的多发性浆膜炎及肺炎。一般运输达 3~7 d 时,出现中度发热、食欲缺乏、倦怠。重症者死亡,轻者在停运或改善饲养条件后可逐渐自愈。

剖检主要以全身性浆膜炎为特征,其中以心包炎及胸膜肺炎发病率最高。镜检可见肺间质增宽、水肿、炎性细胞浸润及纤维素渗出,支气管黏膜上皮变性、脱落,周围有炎性细胞浸润及出血。

(二)运输热

动物的各种应激综合征几乎都与长途运输有关。运输热(shipping fever)是指动物在运输过程中发生的以高热、大叶性肺炎为主的综合征。患病动物表现呼吸、脉搏加快,体温高达 42~43℃,精神沉郁,全身颤抖,有时发生呕吐,体重减轻,肉质下降。血清学检查可见一些指标发生变化,提示存在应激反应及细胞损伤变化。例如,血清抗坏血酸含量降低,而血清谷草转氨酶(GOT)、谷丙转氨酶(GPT)、磷酸肌酸激酶(CPK)、乳酸脱氢酶(LDH)等酶的活性升高。这可能是由于长途运输中的不良应激导致多种细菌和病毒的混合感染。

(三)猪咬尾综合征

高度密集饲养或饲料、饮水不足等不良条件的长期持续作用,常常可以诱发猪咬尾综合征(bite tail syndrome of swine)。发病猪对外界刺激反应敏感,防卫性表现强,有精神紧张、食欲缺乏等特征。该综合征的发病机制尚不清楚,可能与长期应激引起的微量元素代谢紊乱有关。

(四)鸡的应激性疾病

随着养鸡业向规模化、集约化发展,生产水平的提高,应激因素对鸡的健康和生产力都产生重要的影响。实践证明,鸡在应激状态下,生产力(产蛋率、蛋的质量、受精率、增重等)及健康状况会明显降低,鸡的免疫生物学指数显著下降,许多疾病随之发生,例如,鸡大肠杆菌病、鸡慢性呼吸道病、沙门菌病、传染性法氏囊病、传染性支气管炎、新城疫等疾病。应激因素,如气候突变,没有及时关闭门窗或通风孔而全群发生呼吸道疾病,湿度过高或过低、温度过高或过低、转群、断喙等均是它们发生的诱因。

(五)犬的应激性疾病

近年来,养犬数量猛增,交易量大,越来越多的犬变成了宠物。内、外环境的明显改变,也导致了许多疾病的发生。消化道菌群失调和胃黏膜损伤是较为常见的病变。同时,由于饲养环境突变、突然更换饲料或饲喂方法、市场交易、转圈混群、家中新引进犬、暴饮暴食、着凉、惊吓等应激因素会使免疫力下降而导致一些严重传染病(如犬细小病毒病、犬瘟热等)或内科病(肺炎、胃溃疡、自咬症等)的发生。

第四节　应激的生物学意义与临床处理原则

一、生物学意义

应激本质上是一种防御适应性反应,可帮助机体调动潜能以适应特殊情况下的防护任务。但应激原过于强烈和持久,机体的各种反应虽然仍然具有某些防御适应意义,但其主要作用则转变为导致机体功能代谢障碍及组织损伤,严重时甚至可以导致死亡。应激研究的主要目的就是要阐明其发生机制,尽量减少或避免应激的有害影响,并充分利用应激反应对机体的防御保护作用。正因为有了这些应激,动物体才能适应不断变化的内、外环境,维持新的平衡或自稳态。

二、临床处理原则

1. 排除应激原,加强饲养管理　避免过于强烈的或者过于持久的应激原作用于动物,当应激原的性质十分明确时,应尽量予以排除,如控制感染、修复创伤、清除有毒物质、加强饲养管理等。

2. 合理应用糖皮质激素　在严重创伤、感染、败血症性休克等应激状态下,糖皮质激素的释放是一种重要的防御保护机制。在生命受到威胁的重要关头,补充糖皮质激素可以帮助机体度过危险期。

数字资源 11-1
应激

3. 补充营养　应激时的高代谢率以及脂肪、糖原和蛋白质的大量分解,对机体造成巨大消耗。可经胃肠道或静脉补充氨基酸等营养物质。适当增加维生素的使用也是辅助手段。改善饲养模式,加强饲养管理,降低饲养密度,饲喂全价饲料,加以对动物的关怀和保护,合理安排免疫程序,尽量减少应激因素,以达到减少损失、增加经济效益的目的。

(韩克光)

第十二章 发 热

第一节 概 述

一、概念

大部分哺乳动物和鸟类具有相对恒定的体温,是动物在长期进化过程中获得的较高级的调节功能,这对动物减少环境的依赖性,增强环境的适应能力具有重要的意义。动物机体在各种环境温度下能维持相对稳定的体温,有赖于机体的产热过程和散热过程的动态平衡,这一平衡是在体温调节中枢(hypothalamic thermoregulatory center)的调控下实现的。

体温调节中枢是一个多层次的整合机构,视前区下丘脑前部(preoptic anterior hypothalamus,POAH)是体温调节中枢的整合中心部位,延髓、脊髓等部位也对体温信息有一定程度的整合功能,大脑皮层也参与体温的行为性调节。体温中枢的调节方式,目前大多仍以"调定点(set point,SP)"学说来解释。该学说认为恒温动物的体温调节类似于恒温器的调节机制,在恒温动物的下丘脑存在调定点,具有一定的调定点数值,当体温偏离这个数值,则通过反馈系统将信息送回调节中枢,进而对产热和散热活动加以调整,使体温保持恒定。

发热(fever)是指恒温动物在致热原的作用下,体温调节中枢的调定点上移,机体产热增加,散热减少,而引起的调节性体温升高(高于正常值 0.5℃),并伴有机体各系统器官功能和代谢的改变。

发热通常被认为是机体对入侵的有生命的(病原微生物)或具有致病性的无生命物质的防御性反应;这种防御性的反应是机体内分泌系统、神经系统、免疫系统和行为机制等共同作用的结果;发热除体温升高外,还伴随着机体代谢、功能和免疫反应等的改变,在疾病过程中发挥着重要的作用。

发热不是独立的疾病,而是多种疾病重要的基本病理过程和常见的临床症状,也是疾病发生的重要信号。在疾病过程中,一些特殊的体温变化曲线是某些疾病所特有的,体温的变化往往反映病情的变化,对疾病的诊断以及判断体内病变动向、药物疗效和疾病预后均有重要参考价值。

二、过热与发热的区别

曾经有很长一段时期,把所有的体温升高都称之为发热,并认为发热是体温调节功能紊乱的结果。19 世纪末,Liebermeister 提出:发热不是体温调节障碍,而是将体温调节到较高水平。由此将体温升高分为调节性体温升高和非调节性体温升高,前者即发热,后者即过热(hyperthermia)。发热时体温调节功能正常,只不过是由于调定点上移,体温调节在高水平上进行而已。过热时调定点并未发生移动,而是由于体温调节障碍(如体温调节中枢损伤),或散热障碍(如环境温度过高和湿度过大所致的中暑,或动物患有大面积的皮肤病等)及产热器官功能异常(甲状腺功能亢进)等,体温调节机构不能将体温控制在与调定点相适应的水平上,是被动性体温升高,是非调节性体温升高,故把这类体温升高称为过热。发热与过热二者具有体温升高的共同特点,但体温升高具有本质的区别(表 12-1)。

此外,有些动物在剧烈运动、使役、妊娠期、某些应激等情况下也会出现体温升高现象,但属于生理性反应,因此称为生理性体温升高或非病理性发热。

表 12-1　发热和过热的比较

		发热	过热
原因		致热原作用	调节中枢障碍 产热器官功能异常 散热障碍
发生机制	调定点	上移	无变化
	体温调节	体温调节无障碍	体温调节障碍 产热或散热障碍
	体温升高类型	调节性体温升高	被动性体温升高
	有无热限	有	无
	治疗原则	针对致热原	针对功能障碍部位,同时物理降温

第二节　发热的原因

一、发热激活物

(一)致热原与发热激活物的概念

发热是恒温动物在致热原的作用下出现的病理过程或症状,故致热原是发热的主要原因。传统上把能引起恒温动物发热的物质,统称为致热原(pyrogen)。例如,多数蛋白质、蛋白质分解产物和一些其他物质,包括细菌细胞壁释放的脂多糖、毒素等都可引起下丘脑体温调节中枢的调定点上移。有些致热原可直接快速作用于下丘脑体温调节中枢引起调定点上移;有些致热原本身并不含有或未经验证含有致热成分,但能引起动物机体发热,故其致热作用可能是间接的,一般几个小时后发挥致热作用。

根据来源把致热原可分为外源性致热原(exogenous pyrogens)和内生性致热原(endogenous pyrogen,EP),用以表示来自体外或体内。但研究认为,许多外源性致热原(传染源或致炎刺激物等)引起机体发热可能主要是激活产内生性致热原细胞,使后者产生和释放 EP,再通过某种途径引起发热,其中也并不排除一些外源性致热原与机体相作用,在体内产生某些物质,而这些体内产物,也可成为产内生性致热原细胞的激活物。因而认为,凡作用于动物机体,直接或间接激活产内生性致热原细胞,使其产生和释放 EP 的各种物质,统称为激活物(activator)或发热激活物(fever activator)。

(二)发热激活物的主要种类和性质

发热激活物主要包括外源性致热原和体内产物。

1. 外源性致热原 来自体外的发热激活物称为外源性致热原,属于感染性因素。

(1)细菌及其产物 革兰氏阴性细菌及内毒素。

革兰氏阴性细菌(如大肠杆菌、巴氏杆菌、布氏杆菌、猪胸膜肺炎放线杆菌等)的致热性,除全菌体和胞壁中所含的肽聚糖外,最突出的是其胞壁中所含的内毒素(endotoxin,ET)。ET的活性成分是脂多糖(lipopolysaccharide,LPS),是具代表性的细菌致热原。内毒素脂多糖分子由O-特异侧链、核心多糖和脂质A 3部分构成,其中脂质A是内毒素的多种生物活性或毒性反应的主要基团,是决定致热性的主要成分。ET不同给药方式对家兔致热规律的研究表明,鞘内注射发热的阈剂量为1.8 EU/kg,皮下注射发热的阈剂量为45.24 EU/kg,肌肉注射发热的阈剂量为25.97 EU/kg。

革兰氏阳性细菌及外毒素 革兰氏阳性细菌(如葡萄球菌、链球菌、肺炎球菌、猪丹毒杆菌等)感染也能引起发热。首先,全菌体可引起发热,给家兔静脉内注射活的或加热杀死的葡萄球菌,均能引起发热,研究认为革兰氏阳性细菌颗粒被吞噬就足以诱生EP。其次,外毒素可引起发热,如葡萄球菌释放的肠毒素,A型溶血性链球菌释放的红疹毒素(erythrogenic toxin)等都具有较强的致热性。另外,肽聚糖也可引起发热,从葡萄球菌和链球菌断裂的细胞壁碎片中分离到的肽聚糖可通过CD_{14}依赖的信号途径激活单核细胞分泌EP而引起发热。

此外,结核杆菌为典型菌群,其全菌体及细胞壁中所含的肽聚糖、多糖和蛋白质都具有致热作用。

(2)病毒 常见的有流感病毒、猪瘟病毒、猪繁殖和呼吸综合征病毒、犬瘟热病毒、兔出血症病毒、牛病毒性腹泻病毒等。流感等疾病,最主要的症状之一就是发热。实践证明给家兔静脉注射流感病毒,可因诱生EP而引起发热;将白细胞与病毒在体外一起培育也可产生EP。研究表明,流感病毒血凝素是实现发热激活所需的物质,把病毒混悬液加热或加入乙醚破坏其血细胞凝集能力,就丧失了其致热性。

(3)真菌 真菌的致热因素是全菌体及菌体内所含的荚膜多糖和蛋白质。临床上白色念珠菌感染所致的鹅口疮、肺炎;组织胞浆菌和球孢子菌引起的深部感染等过程都伴有发热。给家兔注射白色念珠菌、新型隐球菌等活真菌和无致病性的酵母菌,其发热期循环血液中出现EP。

(4)其他微生物 螺旋体感染和原虫病等一般都伴有发热。常见的有钩端螺旋体,回归热螺旋体和梅毒螺旋体,其引起发热可能与溶血素、细胞毒因子、代谢裂解产物及外毒素等有关。疟原虫感染引起发热可能与其潜隐子进入红细胞发育成裂殖子,当红细胞破裂时,大量裂殖子和代谢产物(疟色素等)释放入血有关。此外,猪等动物的附红细胞体病(病原为立克次氏体)、弓形体病均表现高热。

2. 体内产物

(1)非传染性致炎因子和炎症灶激活物 非传染性致炎因子,如尿酸盐结晶等,在体内引起炎症的同时还可激活产内生性致热原细胞使其产生和释放EP,但其激活作用不取决于吞噬过程。另外,各种物理、化学或机械性刺激所造成的组织坏死分解产物在炎灶局部或被吸收入血,均可激活产内生性致热原细胞,产生和释放EP,引起发热。

(2)抗原抗体复合物 变态反应和自身免疫反应过程中形成的抗原抗体复合物,可导致EP的产生和释放,引起发热。用牛血清蛋白使家兔致敏,然后把致敏动物的血浆或血清转移给正常家兔,再用特异抗原攻击受血动物,可以引起后者发热,且循环血液中出现EP。但牛血清蛋白对正常家兔却无致热作用,表明抗原抗体复合物可能是产内生性致热原细胞的激活物。

(3)恶性肿瘤 某些肿瘤(如急性淋巴性白血病等)细胞本身能产生 EP。此外肿瘤细胞生长迅速,常发生坏死,并可引起无菌性炎症,形成炎症灶激活物;坏死肿瘤细胞的某些蛋白成分可引起免疫反应,产生抗原抗体复合物,均可导致 EP 的产生和释放,引起发热。

二、内生性致热原

发热激活物并不直接作用于体温调节中枢,是通过激活免疫系统的一些细胞,使其合成、分泌某些致热细胞因子,后者作用于体温调节中枢引起发热。产内生性致热原细胞在发热激活物的作用下,产生和释放能引起恒温动物体温升高的物质,称为内生性致热原(endogenous pyrogen,EP)。

(一)来源

1984 年 Beeson 等首先发现家兔腹腔无菌性渗出白细胞培育于无菌生理盐液中,能产生释放致热原,并称之为白细胞致热原(leucocytic pyrogen,LP),为表示其来自体内,又称之为 EP。当动物注射外源性致热原后,如 LPS,其循环的体液中会出现 EP,而导致动物发热。后来证实,这些 EP 是一些小分子蛋白家族成员,也将其称为细胞因子。除少数外,健康动物体内检测不到循环的细胞因子,仅在动物不同疾病状态过程中存在,主要调节和协调免疫反应。

(二)种类及其生物学特性

目前,被鉴定为 EP 的细胞因子主要有肿瘤坏死因子(tumor necrosis factor,TNF)、白细胞介素-1(interleukin-l,IL-1)、白细胞介素-6(interleukin-6,IL-6)和干扰素(interferon,IFN)。例如,当动物机体注射 LPS 后,血液中会以特定的顺序产生 TNF-α、IL-1β 和 IL-6,其中 TNF-α 是血液中最早出现的细胞因子,而后是少量的 IL-1β 和长时间大量的 IL-6 产生。这些细胞因子,与其他分子(如前列腺素 E2)共同作用,影响着彼此的生成和抑制,这种现象被称为"细胞因子级联反应(cytokine cascade)"。

1. 白细胞介素-1(interleukin-l,IL-1) IL-1 包括 3 种结构相关的多肽,其中包括 2 种激动剂(IL-1α 和 IL-1β)和 1 种 IL-1 受体拮抗剂(IL-1ra),IL-1α 和 IL-1β 是目前公认的重要的 EP。在发热激活物作用下,IL-1 主要由单核-巨噬细胞、内皮细胞、淋巴细胞等合成和分泌,此外研究发现脑内小胶质细胞和星形细胞也能产生。

实验研究发现,给动物注射重组的 IL-1α 和 IL-1β 均能以剂量依赖的方式引起明显的发热反应,且应用过多剂量的 IL-1ra 可阻止发热。IL-1 的致热作用主要是通过 IL-1 受体及其辅助性蛋白来完成的。IL-1 不耐热,加热 70℃ 20 min 即可破坏其致热活性,蛋白酶如胃蛋白酶、胰蛋白酶或链霉蛋白酶,都能破坏其致热性。动物多次注射不出现耐受性。

2. 干扰素(interferon,IFN) IFN 是细胞对病毒感染的反应产物,具有抗病毒和抗肿瘤作用,属低相对分子质量的糖蛋白,这种糖蛋白物质去糖后仍具活性。根据氨基酸序列和抗原结构不同,IFN 分为 α、β、γ 3 种类型,主要由单核细胞、成纤维细胞和淋巴细胞产生。

与发热有关的是 IFN-α 和 IFN-γ。IFN-α 致热性具有很大的种系特异性,如在人用 $1\mu g/kg$ 就能引起发热,但在家兔则必须用 $100\ \mu g/kg$ 的剂量。纯化和重组的 IFN 对动物和人均具有致热效应,且存在剂量依赖性,同时伴随着脑内或组织中前列腺素(PG)E 含量升高,这种致热作用可被 PG 合成抑制剂阻断。IFN 反复注射可产生耐受性。

3. 肿瘤坏死因子(tumor necrosis factor,TNF) TNF 是一类与 IL-1 具有多种相似生物学

功能的多肽生长因子,根据其来源和结构不同可分为 TNF-α 和 TNF-β 2 种类型,其中 TNF-α 主要由巨噬细胞产生,TNF-β 主要来源于活化的 T 细胞。

TNF 是重要的 EP 之一,研究表明葡萄球菌、链球菌、内毒素等多种发热激活物能诱导巨噬细胞和淋巴细胞产生 TNF。IL-1 能诱导 TNF-α 产生和释放;TNF 也能刺激下丘脑合成 PGE_2 及诱导单核细胞产生 IL-1。给家兔静脉注射小剂量($0.05 \sim 0.2\ \mu g/kg$)TNF,能迅速引起单相热;大剂量($10\ \mu g/kg$)TNF 后 $3 \sim 4$ h 可引起双相热,其第一热峰是 TNF 直接作用于体温调节中枢的结果,第二热峰是由 IL-1 而引起。

4. 白细胞介素-6(IL-6) IL-6 是一种最初被认为是有效的急性期蛋白诱导物,是分子质量为 $21 \sim 26$ Kd 的糖蛋白,主要由单核细胞、巨噬细胞、内皮细胞、成纤维细胞、血管平滑肌细胞、小胶质细胞、T 和 B 淋巴细胞等合成和释放。LPS、病毒、IL-1、TNF 等都能诱导其产生和释放。

给家兔静脉内注射 IL-6 可引起明显发热,给大鼠脑内注射 IL-6 也能引起发热,但有人认为循环血液中 IL-6 在发热机制中的作用可能不及 IL-1 和 TNF-α,家兔致热所需 IL-6 的量是 IL-1 的 $50 \sim 100$ 倍。IL-6 缺陷型小鼠,对 LPS、IL-1β 或 TNF 等无发热反应,故认为 IL-6 是 IL-1 和 TNF 发热过程中的下游调节物质。研究报道脑组织中也能产生 IL-6,且认为脑内 IL-6 在发热发展中的作用可能要比血浆中 IL-6 更加重要。

除以上这 4 种细胞因子作为经典的 EP 可引起发热外,认为巨噬细胞炎症蛋白-1 也可作为 EP 引起机体发热,也有研究报道 IL-2、IL-8 和内皮素等与发热有一定的关系,但这些因子是否引起动物 EP 的产生,还有待于进一步研究证实。有研究报道,在动物注射 LPS 后,当血液中还未检测到 EP 时已开始发热,认为经典的 EP 在维持发热方面起着重要的作用,而对于启动早期的发热还有其他物质参与,如前列腺素 E_2、补体片段 5a(complement fragment C_5a)和氧自由基等,这都有待于研究证实。

第三节 发热的发生机制

一、内生性致热原的产生和释放

EP 的产生和释放是一个非常复杂的细胞信息转导和基因表达的调控过程,包括产内生性致热原细胞的激活、EP 的产生和释放。

1. 产内生性致热原细胞的激活 动物机体内能够产生和释放 EP 的细胞统称为产内生性致热原细胞,主要有单核细胞、巨噬细胞、淋巴细胞、星状细胞、内皮细胞及肿瘤细胞等。发热激活物(如细菌、病毒、内毒素、免疫复合物等)与产内生性致热原细胞上的特异性受体结合,通过信号转导启动细胞内蛋白质的合成过程即为产内生性致热原细胞的激活。

目前认为,LPS 以 2 种方式激活产内生性致热原细胞:①在上皮细胞和内皮细胞,LPS 首先与血清中的 LPS 结合蛋白(lipopolysaccharide binding protein,LBP)结合形成复合体后,LBP 将 LPS 转移给可溶性 CD_{14}(sCD_{14}),形成的 LPS-sCD_{14} 复合物进一步与细胞膜特异性受体结合而激活产内生性致热原细胞;②在单核-巨噬细胞,LPS 与 LBP 形成复合体后,再和细胞膜表面的 CD_{14}(mCD_{14})结合,形成 LPS-LBP-CD_{14} 三重复合体,从而激活产内生性致热原细胞。

2. EP 的产生和释放 产内生性致热原细胞被发热激活物激活后的前 $1 \sim 2$ h 内,细胞内

RNA 和蛋白质合成均明显增强,但细胞内外均不存在 EP,推测可能此时在细胞内先合成了 EP 前质分子或活化 EP 合成所需的关键酶。在 LPS 信号转入细胞内的过程中,可能还需 Toll 样受体(Toll-like receptors,TLR)参与,TLR 将信号通过类似 IL-1 受体活化的信号转导途径进行转导,激活髓性分化因子 88、核转录因子(NF-κB)、IL-1、TNF、IL-6 等细胞因子的基因表达增强,PGE 合成的限速酶-环氧合酶 2(COX$_2$)的合成,最后将合成的 EP 释放入血。

二、内生性致热原的作用方式

(一)内生性致热原进入 POAH 的途径

内生性致热原合成后释放进入血液,但视前区-下丘脑前部(preoptic anterior hypothalamus,POAH)是体温调节中枢的高级部位,EP 是如何从脑毛细血管进入神经组织,尤其是 POAH,发挥致热作用的? 目前认为可能有以下几种途径:

1. 下丘脑终板血管器 EP 的分子量较大,循环 EP 不能通过血脑屏障而作用于 POAH,近年来有的学者提出其作用部位可能位于血脑屏障外的脑血管区,这个特殊部位称为下丘脑终板血管器(organum vasculosum laminae terminalis,OVLT),位于第三脑室壁的视上隐窝处(图 12-1)。这里的毛细血管属于有孔毛细血管,EP 可能通过这种毛细血管而作用于血管外周间隙中的巨噬细胞,由后者释放介质再作用于 OVLT 区神经元(与 POAH 相联系)或弥散通过室管膜血脑屏障的紧密连接,而作用于 POAH 的神经元。

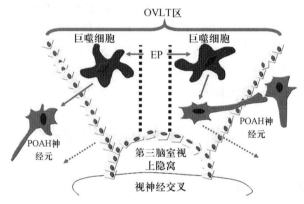

图 12-1 小丘脑终板血管器组成示意图

2. 血脑屏障 EP 虽然是一些难以透过血脑屏障的大分子蛋白质,但研究发现在血脑屏障的毛细血管床上都存在 IL-1、IL-6 和 TNF 的转运机制,这些功能可将相应的 EP 特异地转入脑组织中。此外,EP 可能从脉络丛直接渗入或扩散到脑组织,再通过脑脊液循环到达 POAH,而引起发热。

3. 外周自主神经系统 研究表明,外周自主神经系统(主要是迷走神经)可将外周发热信号直接传入中枢。外周发热激活物或内生性致热原的致热信号可以通过迷走传入神经经过孤束核(nucleus of the solitary tract,NTS)传入低位脑干的 A1/A2 去甲肾上腺能神经细胞群,在去甲肾上腺素的作用下导致 POAH 合成 PGE$_2$,从而引起调节性体温升高。

(二)发热的中枢调节介质

EP 通过不同的途径作用于体温调节中枢后,以何种方式引起体温调定点的上移还不很是明确。但研究表明由静脉注入 EP 后,总要经过一段时间才使体温升高,表明 EP 并不是引起调定点上移的最终物质,还需某些介质参与才能引起发热反应。

研究认为,EP 是首先作用于体温调节中枢,引起发热中枢介质的释放,而引起调定点改变的。中枢的发热介质分为正调节介质和负调节介质,中枢性正调节介质启动升温机理,使 POAH 的热敏神经元发放升温信息,并到达效应器官,引起产热过程大于散热过程,中心体温上升;中枢性负调节介质作用于脑腹中隔区(ventral septal area,VSA)和中杏仁核(medical a-mygdaloid neuleus,MAN)等,启动限温机理,产生某种信息或效应,限制体温升高。因此,发热是体温上升的正调节和限制体温上升的负调节共同作用的结果。

1. 正调节介质

(1)前列腺素 E_2(prostaglandin E_2,PGE_2)　PGE_2 是否是中枢发热介质还存在争议。主张 PGE_2 是发热的主要介质的重要依据是:在发热动物的脑脊液及第四脑室中,PGE_2 浓度较高,在动物脑内(下丘脑)或侧脑室注射 PGE_2 引起发热,其升温速度比 EP 快,并呈剂量依赖关系;给予 PGE_2 合成抑制剂,如阿司匹林等,在降低动物体温的同时,PGE_2 在脑脊液及脑室中的含量也下降。

但是许多资料不支持 PGE_2 作为发热介质,其依据是:PGE_2 特异拮抗物能有效地抑制注入脑室内的 PGE_2 引起的体温上升,但不能抑制 EP 性发热;小剂量水杨酸钠尽管能抑制 EP 引起的脑脊液 PGE_2 含量的增加,但同样也不能抑制 EP 性发热;IL-1β 引起的发热由促皮质激素释放激素所介导,与 PGE_2 无关;EP 注入家兔 POAH,使大部分热敏神经元敏感性受抑制,大部分冷敏神经元的敏感性提高,但 PGE_2 注入 POAH,大部分热敏神经元不受影响,约 1/2 冷敏神经元也不受影响;巨噬细胞炎症蛋白-1 给家兔静脉内注射引起剂量依赖性发热反应也不依赖于 PGE_2。

近年来有人提出花生四烯酸比 PGE_2 更有条件作为发热介质,它是 PGE_2 的前体物质,致热作用不受 PGE_2 拮抗剂的影响,多种动物脑室内注入花生四烯酸可引起明显发热。但也有相反资料,故有待于进一步研究。

(2)Na^+/Ca^{2+} 比　研究表明用 0.9% 的 NaCl 溶液灌注动物侧脑室,可使动物体温明显上升;加入 $CaCl_2$ 可阻止体温升高,而等渗蔗糖溶液、KCl 或 $MgCl_2$ 则无明显作用,故提出体温调定点受 Na^+/Ca^{2+} 比所调控,EP 可能先引起体温中枢 Na^+/Ca^{2+} 比值的升高,再通过其他环节促使调定点上移,并确定其敏感区位于后下丘脑。给家兔脑室内灌注 $CaCl_2$,除限制 EP 性体温升高外,同时还能抑制脑脊液中环磷酸腺苷(cyclic adenosine monophosphate,cAMP)的增加,故体温中枢 Na^+/Ca^{2+} 比的升高可能再通过 cAMP 环节使调定点上移。

(3)环磷酸腺苷　cAMP 作为细胞内的第二信使,脑内含量较高,也有丰富的 cAMP 合成降解酶系,它又是脑内多种介质的信使和突触传递的重要介质,故当 PGE_2 作为发热介质有争议的同时,cAMP 能否作为发热介质参与中枢机制,倍受重视。许多学者认为 cAMP 是 EP 性发热的重要中枢介质,其依据是:外源性 cAMP 注入动物脑室内迅速引起发热;腺苷酸环化酶抑制剂能减弱致热原和 PGE_2 引起的发热;动物静脉内注射 ET 和 EP 在引起发热的同时,脑脊液中 cAMP 浓度也明显增高,两者并呈现几乎同步的双相性波动;而环境高温引起的体温升高,并不伴有脑脊液 cAMP 含量的增多。

研究表明,Na^+/Ca^{2+} 比改变不直接引起调定点上移,而是通过 cAMP 起作用,故有人提出:EP→下丘脑 Na^+/Ca^{2+} 比升高→cAMP 升高→调定点上移,可能是多种致热原引起发热的重要途径。故认为 cAMP 可能是更接近终末环节的发热介质。

（4）促皮质激素释放激素（corticotrophin releasing hormone，CRH）　近年来研究表明，CRH 是一种发热时体温中枢的正调节介质。IL-1β、IL-6 等都能刺激离体和在体下丘脑产生和释放 CRH；中枢注入 CRH 可引起家兔脑温和大鼠结肠温度明显升高；CRH 单克隆抗体或其受体拮抗剂可阻断 IL-1β 引起的发热。但也有人发现 TNF-α 和 IL-1α 性发热并不依赖于 CRH。有研究表明，在大鼠 LPS 性发热时，CRH 可能是一种具有双相作用的分子，一方面本身通过 cAMP 的作用介导发热体温的升高；另一方面又诱生发热体温负调节介质，如精氨酸加压素，而限制发热体温的升高。

（5）一氧化氮（nitric oxide，NO）　NO 作为一种新型的神经递质，广泛分布于中枢神经系统，研究表明 NO 在 LPS 性发热的发生机制中可能作用是，作用于 POAH、OVLT 等部位，介导发热时的体温上升；通过刺激棕色脂肪组织的代谢活动导致产热增加；通过抑制发热时的负调节介质的合成与释放来参与发热。

2. 负调节介质　临床和实验资料表明，发热时的体温升高很少超过 42℃，即使在实验过程中增加致热原的剂量，也很难越此界限，说明体内存在一些对抗或限制体温过高的物质。多年来报道过多种神经肽和其他内生物质具有降温或解热作用，如促肾上腺皮质激素（adreno-corticotropic hormone，ACTH）、P 物质、神经降压素、牛磺酸、精氨酸加压素（arginine vaso-pressin，AVP）、α 黑素细胞刺激素（α melanocyte stimulating hormone，α-MSH）和膜联蛋白 A1（annexin A1）等，但目前只有后 3 种被认为是发热体温中枢负调节物质。

（1）精氨酸加压素（arginine vasopressin，AVP）　AVP 是由下丘脑神经元合成的垂体后叶肽类激素，是一种 9 肽神经递质，广泛分布于中枢神经系统的细胞体、轴突和神经末梢，视上核和室旁核含量最丰富，OVLT、VSA、MAN 及下丘脑外区也含有较丰富的 AVP。AVP 有 V$_1$ 和 V$_2$ 2 种受体，其中，V$_1$ 受体在解热中发挥重要作用。AVP 具有解热作用表现为：①脑内或其他途径注射 AVP 具有解热作用；②环境温度不同，AVP 的解热机理也不同，25℃时，AVP 的解热效应主要是增强散热；而在 4℃时，主要表现为减少产热，表明 AVP 是通过中枢机制来影响体温的；③AVP 拮抗剂或受体阻断剂能阻断 AVP 的解热作用或加强致热原的发热效应。AVP 可抑制 IL-1、ET、PGE$_2$ 性发热，其作用方式可能是：①VSA 和 MAN 分泌 AVP 增多，经 V$_1$ 受体通过神经网络到达 POAH 整合神经元，减弱由 EP 引起的升热反应；②抑制产 EP 细胞，减少 EP 的合成和释放；③通过 V$_2$ 受体降低 OVLT 区毛细血管对 EP 的通透性。新出生动物在感染时不出现发热反应，可能与此时动物血液中 AVP 的高水平有关。

（2）α-促黑激素（α-melanocyte stimulating hormone，α-MSH）　α-MSH 是腺垂体分泌的一种 13 肽神经垂体激素，广泛分布于中枢神经系统，是目前发现的解热效应最强的物质。研究证明，无论经脑内，还是静脉内给动物注射 α-MSH 均有解热作用；在 EP 性发热时，VSA 区 α-MSH 含量增加，而将 α-MSH 注射于此区可使发热减弱，说明其效应的作用位点在 VSA；脑内注入抗 α-MSH 血清，不但能增加 IL-1 的致热程度，而且其持续时间也明显延长；α-MSH 的解热作用与增强散热有关。

（3）膜联蛋白 A1（annexin A1）　膜联蛋白 A1 又称为脂皮质蛋白-1，是一种钙依赖性磷脂结合蛋白，在体内广泛分布，主要存在于脑、肺等器官。研究表明，向大鼠中枢内注入重组的人膜联蛋白 A1，可明显抑制 IL-1β、IL-6、IL-8、CRH 诱导的发热反应，中枢注射抗膜联蛋白 A1 的抗体，可明显增强实验动物 IL-1β 性发热反应，故表明膜联蛋白 A1 可能是一种发热体温中枢负调节介质。

三、发热的病理生理学机制

发热是机体对疾病的一种复杂的反应,此过程包括细胞因子调控的体温升高和内分泌系统、神经系统和免疫系统等多系统的相互作用。与机体其他生物学一样,体温是由机体通过严密的内部控制机制来进行调控的,相对恒定体温的维持依赖于机体产热和散热平衡,而下丘脑的"调定点"的高低决定体温的水平。实验证明,在 POAH 存在温度感受神经元(包括密集的热敏神经元和稀疏的冷敏神经元),称为中枢性温度感受器,这些热敏神经元发挥"调定点"的作用。当体温高于"调定点"时,热敏神经元兴奋和发放冲动的频率增加,机体下丘脑后部的交感神经系统处于抑制状态,导致皮肤血管舒张、刺激汗腺分泌汗液,促进散热。反之,当体温低于"调定点"时,热敏神经元兴奋和发放冲动的频率减少,对交感区和丘脑下部背内侧的寒颤中枢的抑制作用减弱,交感神经系统兴奋性增强引起皮肤血管收缩,流经皮肤的血量下降,因而散热减少;寒颤中枢的兴奋性增强来增加肌肉收缩、分泌神经递质加强细胞的代谢,从而来增加产热。此外,内脏器官(肝、肾)的分解代谢和内分泌腺(垂体、肾上腺、甲状腺)的活动均增强,也使产热增多。家兔动物试验表明,体温的调节需要完整的交感神经系统来完成,应用各种肾上腺受体拮抗剂可影响机体体温的调节。

致热原性发热是由于 EP 作用于体温调节中枢,可能以某种方式,改变 POAH 热敏神经元的化学微环境,使"调定点"上移的结果。当热敏神经元的"调定点"上移后,血液温度则低于"调定点"的感受阈值,致使机体散热减少,产热增多,从而引起体温升高。当血液温度升至热敏神经元新的"调定点"阈值时,产热和散热过程则在新的高水平上达到平衡,体温保持在新"调定点"的相应温度。

总的来说,发热的过程可概括为 4 个环节,第一环节是激活物的作用,传染性因素和非传染性因素作为激活物激活体内产 EP 细胞;第二环节是 EP 信息传递,产 EP 细胞被激活后产生和释放 EP,后者作为发热的"信息因子"对体温调节中枢发生作用;第三环节是中枢调节,EP 改变下丘脑"调定点"神经元的化学微环境,POAH 整合正、负调节信息以确定"调定点"上移的程度,并发放升温信号;第四环节是效应反应,升温信号引起调温效应器的反应,使产热增加散热减少,体温相应上升,达到新的调定点。综合发热的主要环节,发热的机理可用下列模式图加以表示(图 12-2)。

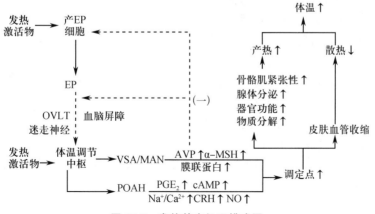

图 12-2　发热基本机理模式图

第四节　发热的临床经过、热型及热限

一、临床经过

一般临床上，多数发热尤其是急性传染病和急性炎症性发热，大致可分为 3 期。

（一）体温上升期（effervescence period）

体温上升期又称升热期，是动物体温开始迅速或逐渐上升的过程，为发热的第一阶段。热代谢的特点是体内散热减少和产热增多，产热大于散热，体温因而上升。这是由于体温调节中枢的"调定点"上移，血液温度低于"调定点"的温度感受阈值，中枢发出升温信号，引起皮肤血管收缩、血流降低，散热减少；同时，产热器官功能及物质分解代谢均增强，出现寒颤，产热增强。患病动物呈现兴奋不安，食欲减退，脉搏加快，皮温降低，畏寒颤栗，被毛竖立等临床症状。此期体温上升的程度，取决于体温调节中枢新的"调定点"水平。

体温上升的速度与疾病性质、致热原数量及机体的功能状态等有关。如炭疽、猪瘟、猪丹毒等体温升高较快，而非典型腺疫体温上升较慢。

（二）高温持续期（persistent febrile period）

高温持续期又称高热期，动物体温波动于较高的水平上，为发热的第二阶段。热代谢的特点是体温与上升的调定点水平相适应，体内产热与散热在较高水平上保持相对平衡，体温持续在较高水平上。这是因为体温上升已达到体温新"调定点"阈值，不仅产热较正常增高，散热也相应加强。患病动物呼吸、脉搏加快，可视黏膜充血、潮红，皮肤温度增高，尿量减少，有时开始排汗。

不同的疾病，高温持续时间长短不一，如牛传染性胸膜肺炎时，高热期可长达 2～3 周；而马流行性感冒的高热期仅为数小时或几天。

（三）体温下降期（defervescence period）

体温下降期又称退热期，是动物体温回降的阶段，为发热的第三阶段。热代谢的特点是体内散热增强和产热减少，散热超过产热，高温不断下降。这是由于发热激活物在体内被控制或消失，EP 及增多的发热介质也被清除（主要自肾脏清除），上升的体温调定点回降到正常水平，血液温度高于"调定点"的感受阈值，中枢发出降温信号，产热减少和散热增强的结果。此时患病动物体表血管舒张，排汗显著增多，尿量亦增加。

体温下降的速度，可因病情不同而不同。体温迅速下降为骤退（crisis）；体温缓慢下降为渐退（lysis）。高温骤退伴有心功能不全时，往往是预后不良的先兆。

发热过程中，体温随着"调定点"的上移而发生变化，变化情况见图 12-3。

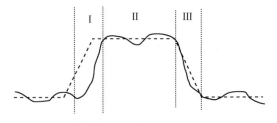

Ⅰ体温上升期；Ⅱ高温持续期；Ⅲ体温下降期
－－－－－调定点动态曲线；～体温曲线。

图 12-3　发热过程中体温与调定点的关系示意图

二、热型

疾病过程中将不同时间测得的体温值标在体温单上，所连接起来的具特征性的体温动态变化曲线，称为热型。热型反映的是调定点上移的速度和幅度，这可能与体内 EP 产生的速度和数量等有关，而这些又决定于病变的性质和机体的反应性，故临床上将热型作为疾病诊断的参考依据之一（图 12-4）。

临床上根据动物体温的升降程度、速度和持续时间，热型可分为以下几种：

1. 稽留热（continued fever）　此型的特点是：高热持续数日不退，其昼夜温差不超过 1℃，见于急性型猪瘟、急性型猪丹毒、急性型猪附红细胞体病、急性型羊支原体性肺炎、犊牛副伤寒、牛恶性卡他热、马传染性胸膜肺炎、犬瘟热等。

2. 弛张热（remittent fever）　此型的特点是：体温升高后，其昼夜温差超过 1℃ 以上，但体温不降至正常。见于牛结核病、支气管炎、败血症、中山病、Q 热等。

3. 间歇热（intermittent fever）　此型的特点是：发热期与无热期有规律的交替，即高热持续一定时间后，体温降至常温，间歇较短时间而后再升高，如此有规律的交替出现。见于猫淋巴白血病、牛焦虫病、马传染性贫血等。

4. 回归热（recurrent fever）　此型的特点与间歇热相似，但无热的间歇期较长，其持续时间与发热时间大致相等，见于亚急性和慢性马传染性贫血。

5. 消耗热（depletive fever）　又称衰竭热，此型的特点是：长期发热，昼夜温差变动较大，可达 3～5℃。见于慢性或严重的消耗性疾病，如重症结核、脓毒症等。

6. 短时热（temporary fever）　此型的特点是：短时间发热，可持续 1～2 h 至 1～2 d。见于分娩后、牛轻度消化障碍、鼻疽菌素及结核菌素反应等。

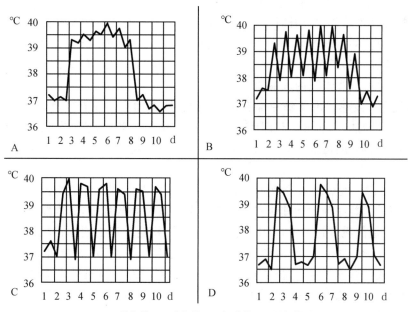

A. 稽留热；B. 弛张热；C. 间隙热；D. 回归热。

图 12-4　常见的发热热型示意图

三、热限

热限(febrile ceiling)是指动物发热时体温升高被限制在一个特定范围以下的现象。热限提示体内存在着调控体温的自限机构,对于防止体温无限上升而危及生命具有重要的保护意义,但目前体内掌控发热程度的生物学机制还不清楚。有关热限形成机制的研究报道主要集中于以下 3 方面:①当发热激活物和产 EP 细胞受体达到饱和时,EP 的生成被限制在一定的水平;②当致热原超过一定剂量时,脑脊液中 cAMP 含量也不再增多,体温也不再上升;③AVP 可能通过产 EP 细胞,减少 EP 的合成而抑制体温升高。研究报道内毒素性热限、内生致热原性热限及葡萄球菌性热限形成的主要原因都是体温调节中枢内 cAMP 的产生受限。也有研究报道 LPS 诱发发热时,通过下丘脑中热休克转录因子 1(heat shock transcription factor,HSF_1)的活化,进而抑制 cAMP、PGE_2 等中枢致热原的表达而限制体温的升高。

第五节　发热机体主要代谢和机能改变

一、代谢改变

发热常伴有物质代谢加快、基础代谢率增高,一般认为,体温每升高 1℃,基础代谢率提高 13％,所以发热时物质代谢加快,物质消耗明显增多。发热时机体物质代谢的变化特点是通过寒颤和代谢率的提高使三大营养素分解加强,这是体温升高的物质基础。临床上如果动物持久发热,营养物质得不到相应的补充,一方面由于物质代谢加快,消耗增多;另一方面发热时消化吸收功能障碍,机体营养物质摄入不足,都会导致病畜消瘦和体重下降。

1. 糖代谢　发热时交感神经兴奋,甲状腺素和肾上腺素分泌增多,使肝糖原和肌糖原分解加强,血糖升高(体温急剧上升时明显),糖原储备减少。发热时由于产热的需要,能量消耗大大增加,因而对糖的需求增多,糖的分解代谢加强,尤其在寒颤期糖的消耗更大。发热时由于糖的分解代谢加强和耗氧量增高,会造成机体氧供给相对不足,有氧氧化障碍,而糖无氧酵解过程加强,结果血液和组织内乳酸增多。

2. 脂肪代谢　发热时由于糖原储存减少或耗尽,再加上交感肾上腺髓质系统兴奋性增高,脂解激素分泌增加,脂肪分解代谢明显加强,脂库中的脂肪大量消耗,机体消瘦,血液中脂肪及脂肪酸含量增加(脂血症),如果脂肪分解加强伴有氧化不全时,酮体生成增多,则出现酮血症及酮尿。

3. 蛋白质代谢　发热时随着糖和脂肪的分解加强,蛋白质分解也增强,在感染性发热时尤为显著。发热时,首先肝脏和其他实质器官的组织蛋白分解加强,其次肌蛋白分解,血浆蛋白也减少。由于蛋白质分解加强,血中非蛋白氮增多,并随尿排出增加;加之动物消化机能紊乱,蛋白质的消化和吸收减少,导致负氮平衡。长期或反复发热,由于蛋白质消耗过多和摄入不足,可致蛋白质性营养不良,实质器官及肌肉出现萎缩、变性,以至机体衰竭。

4. 水、盐代谢　高热持续期,皮肤和呼吸道水分蒸发增加,体温下降期尿液的增多和大量出汗,体内潴留的水和钠大量排出,严重时可导致动物脱水。此外,发热时,因组织分解加强,血液和尿内钾含量增多,磷酸盐的生成和排出增多,长期发热可导致缺钾。发热时由于氧化不全产物如乳酸、脂肪酸和酮体等增多,可引起代谢性酸中毒。

5. 维生素代谢 长期发热时,由于参与酶系统组成的维生素消耗过多,加之摄入不足,故常发生维生素缺乏,特别是维生素 B 族及维生素 C 族。

二、机能改变

1. 中枢神经系统功能变化 发热初期,中枢神经系统兴奋性增高,动物出现兴奋不安的临床症状。高热持续期,由于高温血液及有毒产物的作用,中枢神经系统呈现抑制。体温上升期和高热持续期,交感神经系统兴奋性增强;退热期,副交感神经兴奋性相对增高。

2. 循环系统功能变化 在体温上升期和高热持续期,由于交感肾上腺髓质系统活动增强及高温血液作用于心血管中枢和心脏的窦房结,引起心率加快(体温每上升 1℃,心率约增加18 次,幼年动物可增加得更快),心肌收缩力加强,心输出量增多,血液循环加速,血压略升高。但在严重中毒、心肌及其传导系统受损、迷走神经中枢受到刺激或脑干发生损伤时,体温升高不仅不伴有心率加快,反而呈现心率变慢。体温下降期,因副交感神经兴奋性相对增高,随着体温下降,心率逐渐减慢、减弱;加之外周血管舒张及大量排汗和排尿,可引起循环血量减少和血压略降。如果血管过度舒张和循环血量明显减少,会引起血压明显下降,可导致休克,多预后不良。

3. 呼吸系统功能变化 发热时,由于高温血液和酸性代谢产物蓄积,刺激呼吸中枢,引起呼吸加深加快。这不但有利于散热,而且可增加氧的吸入,但随着时间的延长,可能导致呼吸性碱中毒。持续的体温升高可因大脑皮质和呼吸中枢的抑制,出现呼吸浅表甚至周期性呼吸。

4. 消化系统功能变化 发热时,交感神经兴奋性增高,消化液分泌减少,胃肠蠕动减慢,消化吸收功能降低,肠内容物发酵和腐败,引起食欲减退或废绝,胃肠臌气,甚至自体中毒。胰液及胆汁合成和分泌不足,导致蛋白质和脂类消化不良。

5. 泌尿系统功能变化 在体温上升期和高热持续期,由于交感神经系统兴奋,肾小球入球动脉收缩,肾小球的血流量减少,尿液量减少。长期发热,由于肾小管上皮细胞受到损伤,使得水、钠和毒性代谢产物在体内潴留,引起机体中毒,同时出现蛋白尿。在体温下降期,肾小球血管扩张,肾小球血流量增加,尿量增加。

6. 免疫系统功能变化 有些研究表明发热时动物的免疫系统功能增强。因为 EP 本身是一些免疫调控因子,如 IL-1、IL-6 可刺激淋巴细胞分化增殖;IFN 能增强 NK 细胞与吞噬细胞的活性;TNF 可增强吞噬细胞的活性,促进 B 淋巴细胞的分化。此外,发热还可促进白细胞向感染局部趋化和浸润。因此,发热可提高动物的抗感染能力,如蜥蜴或金鱼感染嗜水性产气单胞菌,体温升高者生存率较高;发热提高动物对痢疾性中毒的抵抗力,延缓中毒死亡或提高生存率。

但持续高热也可能造成免疫系统的功能紊乱,发热过程中产生的各种细胞因子具有复杂的网络关系,过度激活这些细胞因子将使其平衡关系紊乱。也有资料表明,发热可降低免疫细胞功能,如抑制 NK 细胞的活性和降低机体抗感染能力。

第六节 发热的生物学意义和处理原则

一、生物学意义

发热具有双重性,有利也有弊。但近年来的研究报道主要集中到发热的有利方面。2003

年世界卫生组织发行的公报中提到，"发热是对感染的一种万能的、古老的、有益的反应"。尽管需要大量的能量，但发热作为所有哺乳动物免疫反应的主要组成部分具有重要的进化价值。

一些微生物学家认为，发热不仅是动物体温升高，而且是对感染的一种非常复杂的天然免疫反应。发热过程能量代谢率增加 30%～50%，这种高的代谢率给机体超常的免疫反应提供了大量的能量。在此过程中，机体单核-巨噬细胞的吞噬功能增强、淋巴细胞转化率提高、抗体的生成加快、肝脏的解毒功能增强等，有助于机体对致病因素（特别是病原微生物）的抵抗。发热还可使血流加速，使白细胞快速到达感染部位，加快了机体内毒素的排出。因此，发热可被视为机体对致病因素的一种防御适应性反应，泛用或滥用退热药物是不正确的。

此外，发热可抑制或治疗肿瘤。19 世纪末，外科医生 William Coley 发现一些不能手术的肿瘤在继发急性热性感染，如猩红热、白喉、伤寒等，可自发性地抑制肿瘤，如果发热时体温升高到一定程度，并持续足够长的时间，病人可摆脱肿瘤的作用。目前，临床上通过刺激病人的天然免疫系统来达到攻击肿瘤的目的，被称为"免疫治疗"，如应用卡介苗来治疗浅表性的膀胱癌就是其中之一。2010 年，美国临床肿瘤学会报道，发热对免疫治疗肿瘤有很好的作用。

但是，在某些病理情况下，当体温过高或持续发热时，由于体内物质分解代谢增强，营养物质消耗过多，加之摄入不足及酸性代谢产物蓄积或酸中毒，各器官系统功能障碍，特别是各实质器官呈现的营养不良性变化，可使机体消瘦和抗病能力降低，这是发热对机体不利的一面。

因此，在疾病过程中，既要看到发热对机体有利的一面，又要看到其不利的一面，必须根据具体情况，采取适当措施，既不能盲目地不加分析地乱用解热药，也不应对高热或长期发热置之不理。

二、处理原则

发热是多种疾病所共有的病理过程，在动物不同疾病过程中会伴随出现不同的临床症状，但针对发热的处理应遵循以下原则：

数字资源 12-1
发热

（1）积极的治疗原发病，消除主要的致病因素；

（2）对于不过高的发热，也不伴有其他严重疾病时，可不急于解热，应针对物质代谢加强和脱水等情况，补充足够的营养物质，保持水和电解质平衡；

（3）对于高热或持续较长时间的发热、心功能障碍伴有发热、妊娠动物发热等应及时解热。

（王建琳）

第十三章 心血管系统病理

心血管系统是由心脏、动脉、静脉和毛细血管组成的一个密闭的管道系统。血液循环联系着全身各组织器官,不断地给组织细胞输送氧、营养物质、激素和抗体等,同时运出组织细胞代谢废物和沟通机体各部分之间的联系,从而保证机体内环境和内外环境之间的动态平衡及各器官系统的正常生理活动。因此,当心血管系统发生功能性或器质性疾病时,就必然引起全身性或局部性血液循环紊乱,进而导致各组织器官发生机能、代谢和结构的改变,甚至危及生命。反过来,机体其他组织器官发生疾患时,也必定以不同方式和不同程度影响心血管系统,使其功能和结构发生改变。故在探讨心血管系统病理过程或疾病时,不仅要注意到心血管系统疾病的病因、发病学规律和形态机能改变,而且还要注意到心血管系统疾病和其他器官乃至整个机体之间的生理和病理状况的关系。

本章主要讲述心脏机能障碍和心血管系统各组成部分的炎症,包括心脏肥大、心脏扩张、心力衰竭、心内膜炎、心肌炎、心包炎以及脉管炎。

第一节　心脏机能障碍

一、心脏肥大

心脏肥大(cardiac hypertrophy)是指心脏发生的一种可逆性的质量增加,即心脏体积和重量均增加的病理现象。肥大心脏的心肌细胞体积增大,数量不变。

(一)类型

根据原因和病变特征,可把心脏肥大分为向心性肥大和离心性肥大2种类型。

1. 向心性肥大(concentric hypertrophy)　不伴有舒张末期血液容积增加的慢性压力超负荷所导致的心肌肥大。常由主动脉狭窄、肺动脉狭窄和动脉导管未闭时肺动脉高压引起。

2. 离心性肥大(eccentric hypertrophy)　长期血液容量超负荷使舒张期心室壁张力持续增加,心脏收缩负荷增加,心肌纤维肌节呈串联性增生,心肌细胞增长,心腔容积增大,称离心性肥大。向心性肥大后期,因心肌缺血和收缩力减弱,伴有舒张末期血液容积增加,也可引起离心性肥大。肥大心脏的心壁增厚和心室扩张。由房室瓣或主动脉瓣闭锁不全以及重症肺炎等引起的肺动静脉分流可引起典型的心脏离心性肥大。

心脏肥大是心脏对机械工作和营养因素(如在甲状腺机能亢进时β肾上腺素受体的刺激)的一种代偿性反应。心脏肥大分为生理性的(运动所致)和病理性的(疾病或病理过程所致)。与心率加快和心脏扩张相比,心肌肥大是一种更有效的代偿方式。若心脏肥大持续发展,可引起心肌缺血或心腔过度扩张,心肌收缩力持续减弱,发展到失代偿阶段,可引起心力衰竭。

（二）病理变化

根据引起发病的原因不同病理性肥大可表现为左心肥大、右心肥大和全心性肥大。左心肥大引起心脏纵径明显变长，右心肥大引起心脏横径增宽明显，全心性肥大使心脏变得更圆，心脏横径和纵径均明显增加。向心性肥大的心脏重量呈不同程度地增加，肥大的心室壁呈不同程度地增厚，乳头肌、肉柱和腱索增粗，心腔变小（彩图 13-1）。一侧心室严重肥大，可侵占另一侧心室腔。右心肥大时隔缘肉柱增厚更明显，离心性肥大的心脏趋于圆球状，心脏横径增宽，甚至长于纵径，心脏重量增加，初期心室壁增厚（彩图 13-2），后期心室壁可变薄，乳头肌和肉柱变细，心腔扩张明显。镜检见心肌细胞增长，但心肌纤维的粗度不同程度地增加，有的病例光镜下常不易辨别；透射电镜下可见肥大的心肌细胞内肌原纤维和线粒体等细胞器的数量增多。

二、心脏扩张

心脏扩张（dilatation）是指心脏在生理和病理情况下对增加工作负荷的反应。急性容量负荷过载（如运动加强）可导致心脏的生理性扩张，而慢性容量负荷过载则是离心性肥大发生的一个刺激因素。各种疾病条件都可能引起心脏舒张期负荷过重（前负荷），从而引起心脏扩张，如肺动静脉分流及房室瓣和半月瓣功能不足。

（一）类型

根据心脏扩张的程度不同，可分为紧张源性扩张和肌源性扩张 2 种类型。

1. 紧张源性扩张（tonogenic dilatation）　由于心脏每搏输出量降低，使心室舒张末期容积增加，前负荷增加导致心肌纤维拉伸，使心肌收缩力增强和心腔扩大，每搏输出量和心输出量增加。

2. 肌源性扩张（myogenic dilatation）　因慢性容量负荷过载，心肌纤维拉伸超过肌节最适初长度（$2.2 \sim 2.4~\mu m$），细肌丝从与粗肌丝的交叉部位中完全抽出来，丧失了再形成肌动球蛋白的能力，心肌收缩力明显减弱。此期心功能不全发展到失代偿阶段，即心力衰竭阶段。

（二）病理变化

心脏扩张多发生于右心室，也可见于全心。心脏体积增大，横径增宽并明显大于纵径，心尖部钝圆（彩图 13-3），心腔内积有大量血液或血凝块（彩图 13-4）。心肌质软，排出心腔血液或血凝块后心室壁塌陷，心脏呈不同程度的扁平。紧张源性扩张的心壁增厚，而肌源性扩张的心脏心壁明显变薄。心肌因贫血和变性使心脏色彩变淡，甚至呈苍白色。心壁肉柱和乳头肌变扁变平，腱索松弛。

三、心力衰竭

心力衰竭（heart failure）不是一个特殊的疾病，而是诸多因素的共同结局。心力衰竭，简称心衰，是指由于心脏的收缩功能和/或舒张功能发生不可逆性的障碍，心脏已不能满足机体的代谢需求而引起的心脏循环障碍综合征。心力衰竭的特征是心输出量减少和/或静脉系统回心血量减少。前面所叙述的心脏肥大和心脏扩张是心衰发展过程中心脏主要的 2 个代偿机制。虽然代偿机制引起明显的心功能增强和心输出量增加，但随着病因的持续作用，超过代偿限度，心输出量降至动物机体需求以下，就会出现心力衰竭。兽医临床上最常发生淤血性心力衰竭（congestive heart failure），其特征是全身性血管淤血、水肿和体腔内水肿液积聚。但不是所有的心力衰竭的病例都是淤血性心力衰竭类型,如急性心力衰竭引起猝死的病例。

(一)类型

根据发生部位,心力衰竭可分为左心衰竭、右心衰竭和全心衰竭3种类型。

1. 左心衰竭　可由右心衰竭引起,也可由主动脉高压和左心心肌细胞严重损伤引起。左心衰竭引起左心房扩张,肺淤血和水肿,临床表现出呼吸困难和咳嗽症状。慢性左心衰竭的明显特征是肺泡腔内出现吞噬有含铁血黄素的巨噬细胞,即心力衰竭细胞。

2. 右心衰竭　右心衰竭可由左心衰竭引起,也可由右心心肌严重损伤、严重肺脏疾病和长时间的门静脉高压引起。右心衰竭引起右心房扩张、全身性淤血和水肿,表现为颈静脉扩张、肝脏和脾脏淤血肿大、腹水和外周性水肿。肺心病被称为继发于肺脏疾病、肺丝虫病和肺动脉血栓性栓塞的右心衰竭。

3. 全心衰竭　左心衰竭和右心衰竭均可引起全心衰竭,广泛性的心肌损伤(心肌炎、心肌病和中毒等)可直接引起全心性衰竭,此种类型临床上最常见。其病理变化同时存在左心衰竭和右心衰竭的病理变化。

(二)病理变化

1. 左心衰竭　眼观可见左心房和心室程度不同地扩张,左心房扩张最明显,内积有大量血液或血凝块;心壁增厚或变薄,心壁变软。镜检见心肌细胞肿胀,发生颗粒变性和轻度水泡变性。

2. 右心衰竭　可眼观见右心房和右心室程度不同地扩张,右心房扩张最明显,右心腔内积有大量血液或血凝块,心壁变薄变软,易塌陷。全身性淤血,体表皮肤和可视黏膜发绀,由暗红色至蓝紫色。镜检见心肌细胞肿胀,发生颗粒变性和轻度水泡变性。

第二节　心 内 膜 炎

心内膜炎(endocarditis)是指心脏内膜的炎症。根据发生部位可分为瓣膜性心内膜炎、心壁性心内膜炎、腱索性心内膜炎和乳头肌性心内膜炎。腱索性和乳头肌性心内膜炎没有独立意义,它们的发生是由瓣膜性心内膜炎累及所致。动物疾病中最具特征性是瓣膜性心内膜炎,此类心内膜炎几乎都伴有血栓形成,因此也称为血栓性心内膜炎。根据瓣膜损伤程度和形成血栓大小,瓣膜性心内膜炎可分为疣状心内膜炎和溃疡性心内膜炎2种类型。

一、原因和发病机理

1. 原因　绝大多数的瓣膜性心内膜炎是慢性传染病的并发症。动物的瓣膜性心内膜炎多数由细菌感染引起,常伴发于猪红斑丹毒丝菌、链球菌、葡萄球菌和化脓棒状杆菌等细菌慢性感染过程。偶见于真菌感染、寄生虫性疾病、病毒性疾病(慢性马传染性贫血)和动物尿毒症。

2. 发病机理　关于心内膜炎的发病机理有以下3个方面。

(1)免疫学理论　即局部自身变态反应(过敏反应)。实验证明,用猪红斑丹毒丝菌的培养物多次注射健康猪,可实验性地引起瓣膜性心内膜炎。近来证实,猪红斑丹毒丝菌抗原与瓣膜和心肌抗原之间存在交叉免疫反应,体外实验和静脉内注射猪红斑丹毒丝菌都证明该菌能选择性地黏附于猪心瓣膜的内皮细胞上,而且以腱索基部黏附最多。用链球菌与家兔的心肌或结缔组织混悬液反复注入家兔体内,也可使部分家兔诱发心肌炎或瓣膜性心内膜炎,故瓣膜性心内膜炎的发生是机体受上述细菌感染或抗原作用之后,菌体蛋白或抗原与心瓣膜内皮下胶原纤维的黏多糖结合,形成复合性自身抗原,刺激机体产生相应的抗体,抗体与自身抗原结合并大量沉积在胶原纤维上,激活补体结合反应,引起胶原纤维发生纤维素样坏死,瓣膜表面内皮细胞坏死脱落,形成大小不等的溃疡灶,使胶原纤维暴露,引起血栓形成,并为细菌繁殖创造了条件,导致瓣膜性心内膜炎的发生发展。

(2)细菌直接侵犯心瓣膜 当有心血管器质性病变时,心脏内血流状态改变,形成涡流或喷射状,使高压腔室与低压腔室间压力阶差增大,使受血流冲击处的内膜损伤,内皮下层胶原纤维暴露,血小板、纤维蛋白、白细胞和红细胞积聚,从而为病原微生物的侵入创造了条件。反复发生的菌血症可使机体血液循环中产生抗体如凝集素,有利于病原体在损伤部位粘附,并与上述的各种成分一起形成赘生物。赘生物成为细菌庇护所,赘生物通过血小板-纤维素聚集而逐渐增大,使瓣膜破坏加重。

(3)心瓣膜自身结构决定 瓣膜性心内膜炎主要发生于慢性疾病。在慢性传染病时,心脏和血管的全部内皮细胞摄取活动增强,开始从血液中吸取各种有害物质,这种情况在给敏感动物注射各种染料、蛋白和疫苗的实验中得到了确切的证明。心瓣膜表面内皮细胞吸取有害物质易引起损伤,因心瓣膜没有血管,无法产生充血和渗出一系列的抗损伤反应,营养供应相对较差和抵抗力较低。

二、病理变化

心内膜损伤、组织细胞反应和血栓形成是瓣膜性心内膜炎所必有的 3 个重要因素,三者的对比关系决定着瓣膜性心内膜炎的病理变化。但要明确的是,血栓形成并不是心内膜炎的本质,心内膜炎的本质在于瓣膜组织本身的变化,即表现为大小不等溃疡灶的损伤性变化。

1. 疣状心内膜炎(verrucous endocarditis) 在病原的毒力弱和数量少,动物机体抵抗力强时,瓣膜损伤轻微且少有细菌继发感染,在心瓣膜的迎血流面上形成疣状赘生物,又称单纯性心内膜炎(simple endocarditis)。

(1)眼观 早期在心瓣膜表面形成数量不等小溃疡灶的基础之上,逐渐形成微小的、散在或串珠状的、灰黄色或灰红色易脱落的疣状赘生物(白色血栓)。随着炎症的发展,疣状赘生物大小不等,呈黄白色,表面粗糙,质脆易碎。后期,随着瓣膜基部肉芽组织增生,逐渐将疣状赘生物完全机化为灰白色结缔组织,与瓣膜融合,使瓣膜呈不均匀增厚。疣状赘生物常见于二尖瓣的心房面(彩图 13-5)和主动脉瓣的心室面。

(2)镜检 炎症早期见心瓣膜内膜的内皮下层结缔组织细胞和胶原纤维肿胀,结缔组织纤维结构消失和纤维素渗出,发生纤维素样坏死。内皮细胞肿胀、变性、坏死和脱落,其表面附着由血小板、纤维素、少量细菌及中性粒细胞组成的细小的白色血栓。病程较久者或炎症的后期,从疣状血栓基部的心内膜向血栓内生长肉芽组织,肉芽组织内可见大量中性粒细胞和巨噬细胞浸润,逐渐将血栓完全机化为结缔组织。内膜的深层组织通常无明显病变。

2. 溃疡性心内膜炎(ulcerative endocarditis) 见于病原的毒力强和数量多,动物机体抵抗力弱时。心瓣膜损伤严重,形成大面积溃疡,坏死达瓣膜深层组织,表面常形成大的息肉状或菜花样赘生物。溃疡性心内膜炎多发于处细菌性败血症阶段的动物,常有细菌继发感染,也称败血性心内膜炎(septic endocarditis)。

（1）眼观　细菌侵入瓣膜后，首先可引起心瓣膜多灶性或单灶性坏死和溃疡，逐渐在溃疡表面形成大小不等伴有细菌感染的白色血栓，此时可形成疣状心内膜炎病变。随炎症发展，大小不等的血栓和细菌共同作用使溃疡和血栓逐渐增大并相互融合，形成干燥的、表面粗糙的黄白色或黄红色息肉状或菜花样赘生物，赘生物可覆盖整个心瓣膜的迎血流面（彩图13-6）。在此过程中形成的血栓和瓣膜的溃疡面可能发生化脓。菜花样赘生物表层组织质地脆弱，容易脱落形成含有细菌的栓子，随血液运行至其他器官组织引起栓塞、梗死或转移性脓肿。在少数病例，因病原的毒力极强，瓣膜表层坏死可迅速向深层组织发展，引起瓣膜破裂或穿孔，破裂表面和穿孔周围有少量或无血栓形成。溃疡性心内膜可累及腱索和乳头肌。

（2）镜检　从心瓣膜到赘生物表面可观察到四层结构。第一层为血栓基部与瓣膜连接部位，瓣膜的溃疡已被结缔组织填满，血栓已被肉芽组织完全机化而形成结缔组织；第二层为伴有大量中性粒细胞和巨噬细胞浸润的肉芽组织，正在逐渐机化血栓和逐渐成熟；第三层为不太明显的伴有中性粒细胞浸润的炎性反应带，内可见中性粒细胞，部分细胞核破碎和崩解；第四层为赘生物表层，主要由均质红染的同质化血栓、坏死产物和蓝色粉末状的大小不等形态不一的细菌团块组成（彩图13-7）。

三、结局和对机体的影响

1. 瓣膜性心内膜炎时，在瓣膜表面形成的大小不等赘生物可完全或部分被机化，与瓣膜紧密相连，使瓣膜表面和边缘呈不均匀增厚、皱缩、变形和变硬，引起瓣膜病。瓣膜病使瓣膜口狭窄和瓣膜闭锁不全，可进一步引起心室扩张和心功能不全，严重时引起心力衰竭，危及生命。

2. 溃疡性心内膜炎时，息肉状或菜花样血栓性赘生物表层为未被机化的质脆易碎的含有坏死产物和细菌团块的同质化血栓，在血流冲击下易破碎、脱落并形成栓子，若大量的栓子形成随血流运行可引起相应的组织器官栓塞和梗死。若栓塞发生在脑、心脏等生命攸关的器官可危及生命；多数栓子内含有细菌，在栓塞部位可形成转移性细菌炎灶，进一步加重败血症；若栓子内含有化脓菌，可引起全身性转移性脓肿，引起脓毒败血症（pyemia）。

第三节　心　肌　炎

心肌炎（myocarditis）是指心肌的炎症。动物的心肌炎，一般呈急性经过，而且伴有明显的心肌纤维变质性变化。原发性的心肌炎极少见，通常是全身性疾病在心脏的炎症表现。

多数心肌炎是致病因素对心肌的直接作用而引起的。例如，口蹄疫病毒、化脓性细菌、毒素和化学毒物等都可经血源性途径直接侵害心肌引起心肌炎。致病因素也可能先引起心内膜炎或心外膜炎，之后炎症蔓延到心肌而致心肌炎。另外，对动物的变态反应性心肌炎的病理形态学研究表明，在一定程度上可能与Ⅲ型和Ⅳ型变态反应有关。说明在致病因素致敏作用的基础上发生的变态反应在心肌炎的发病学中可能有着重要作用。

一、类型和病理变化

根据病因可将心肌炎分为病毒性心肌炎、细菌性心肌炎、寄生虫性心肌炎、免疫反应性心肌炎和孤立性心肌炎5种类型。根据发生部位和炎症性质，心肌炎可分为实质性心肌炎、间质性心肌炎和化脓性心肌炎3种类型。本节按心肌炎发生部位和炎症性质分类进行学习。

1. 实质性心肌炎　实质性心肌炎（parenchymatous myocarditis）呈急性经过,炎灶内以心肌纤维的变质性变化占优势,同时有不同程度的渗出和增生性变化。实质性心肌炎通常见于急性败血症、中毒性疾病（如细菌毒素中毒、磷中毒、砷中毒和有机汞农药中毒等）、代谢性疾病（如马肌红蛋白尿症、绵羊白肌病和猪桑葚心病等）和病毒性疾病（如犊牛、仔猪和羔羊的恶性口蹄疫、牛恶性卡他热、马传染性贫血、流行性感冒和猪脑心肌炎病毒感染）等。此外,弓形虫病也能引起实质性心肌炎。

（1）眼观　轻症时,心脏颜色变淡,心脏横径轻度增宽。重症时,特别是恶性口蹄疫病毒引起的典型实质性心肌炎,心脏表面和切面明显色彩不均,不同程度的心脏扩张,尤以右心室扩张明显,心肌质地变软,表现明显心衰病变。在因不同程度的淤血而呈深红色或暗红色的心脏表面和切面上,散在或弥漫分布大小不等的灰白色或黄白色的点状、条索状或斑纹状的蜡样坏死灶,与相对正常的心肌形成黄（白）、红相间的纹理,形似虎皮样斑纹,这种病变称"虎斑心"（彩图13-8）。

（2）镜检　轻度心肌炎时,仅见心肌纤维颗粒变性和轻度脂肪变性。重症时,心肌纤维呈单个散在性或局灶性坏死,坏死的心肌呈条索状、团块状,有的断裂和溶解,呈均质红染加深或红染变淡。有的坏死心肌纤维上散在或弥漫分布细小的蓝色钙盐颗粒,偶见大小不等的钙化灶。心肌间质充血、水肿,常见大量淋巴细胞增生和浸润,还可见少量的浆细胞、巨噬细胞和中性粒细胞浸润（彩图13-9）。病程长者,心肌间质有数量不等的成纤维细胞增生。

值得注意的是,不同类型的疾病所伴发的心肌炎组织学变化有一定差异。磷、砷、汞、镉等化学毒物引起的心肌炎,急性病例主要表现心肌的变性和坏死,无明显的炎性细胞渗出和增生。弓形虫病心肌炎时,在心肌纤维变质性病变基础上见嗜酸性粒细胞浸润,可观察到弓形虫虫体圆形的组织囊。

2. 间质性心肌炎　间质性心肌炎（interstitial myocarditis）是以心肌间质水肿和淋巴细胞浸润占优势,而心肌纤维变质性变化轻微为特征的炎症,多发生于病毒性疾病、中毒性疾病和变态反应,也可见于羊囊尾蚴病。孤立性心肌炎实际上属间质性心肌炎的一种,即为一种原因未明的急性间质性心肌炎。

（1）眼观　多数急性间质性心肌炎的病变与实质性心肌炎相似。但羊囊尾蚴病引起的间质性心肌炎,心脏表面和切面可见绿豆粒大小的圆形或椭圆形的中央绿色的灰白色结节。严重的慢性间质性心肌炎,心脏体积缩小,质地变硬,色泽变淡,常见心肌表面机化病灶呈灰白色的斑状凹陷区,冠状动脉增粗呈蛇状。

（2）镜检　心肌间质因水肿而增宽,大量淋巴细胞和少量巨噬细胞、浆细胞以及一些嗜酸性粒细胞浸润（见于寄生虫性病和变态反应性疾病）,血管周围病变最明显。间质的病变呈弥漫性或局灶性,沿大血管或间质分布,并与正常的心肌纤维相交织。可见心肌纤维变性和坏死,但损伤的范围及严重程度在不同的病程和疾病中表现有明显的差异。毒力强的病原引起心肌纤维坏死明显。在慢性疾病,心肌间质还可见明显的成纤维细胞增生,发生纤维化。羊囊尾蚴病引起的间质性心肌炎的炎灶为伴有嗜酸性粒细胞浸润的寄生虫性肉芽肿。风湿病引起的变态反应性心肌炎时,心肌间质结缔组织内可见到典型的风湿性肉芽肿。

3. 化脓性心肌炎　化脓性心肌炎（suppurative myocarditis）以心壁内形成大小不等的脓肿为特征。常由化脓性细菌所引起,如葡萄球菌、链球菌等。化脓性细菌可来源于脓毒败血症时形成的转移性细菌栓子,见于子宫、乳房、关节等化脓性炎症。此外,化脓性心肌炎也可由创伤性心包炎、溃疡性心内膜炎和化脓性心包炎蔓延到心肌而引起。

（1）眼观　在心肌组织内有大小不等的灰白色或黄白色脓肿。新形成的脓肿周围可见红色的炎症反应带，陈旧性脓肿边缘有明显的脓肿膜（结缔组织包囊）。因感染细菌的种类不同，脓肿内脓汁可呈灰白色、黄白色或灰绿色。严重病例，脓肿部位的心壁因心肌变薄和心腔内压作用向外扩张。

（2）镜检　急性病例，在心肌组织内可见较小的化脓灶（微脓肿），化脓灶中央可见有蓝色粉末状细胞团块的细菌性栓子，栓子周围出现充血、出血及大量中性粒细胞浸润的炎性反应区。慢性病例，心肌组织内的脓肿体积相对较大并有明显的层次结构，脓肿中央是带有或不带有蓝色粉末状细菌团块的均质红染的坏死组织，坏死组织主要由坏死的心肌细胞和中性粒细胞构成，坏死灶边缘为伴有大量中性粒细胞浸润的炎性反应区，脓肿边缘是或薄或厚的结缔组织包囊。

二、结局和对机体的影响

绝大多数心肌炎是动物全身性疾病的局部表现。因此，其结局和对机体的影响取决于动物的原发病、机体的抵抗力和是否及时有效地对症治疗。在轻症时，若致病因素毒力弱且能够及时清除，损伤的心肌细胞被肉芽组织完全机化，形成疤痕；化脓性心肌炎形成的小脓肿中央坏死组织可发生钙化及纤维化，对机体无严重影响；当致病因素毒力强，无法清除，心肌损伤严重和范围大时，心肌传导系统严重障碍，如恶性口蹄疫病毒引起的实质性心肌炎，可快速发展为急性心力衰竭而引起动物急性死亡。化脓性心肌炎时，若脓肿向心室内破溃，脓汁进入血液循环而播散全身，脓汁内化脓菌性栓子引起器官的转移性脓肿或脓毒败血症。

心肌炎时，因心肌纤维和传导系统受损，加之炎灶的刺激，出现心功能明显障碍，使心脏的自动节律性、兴奋性、传导性和收缩性受到不同程度的影响，临床上动物表现出心律紊乱，如窦性心动过速、窦性心律不齐、各种形式的期外收缩及传导阻滞。

第四节　心　包　炎

心包炎（pericarditis）是指发生在心包脏层和壁层的炎症。心包脏层是心外膜，因此心包脏层的炎症也称为心外膜炎。动物的心包炎多呈急性经过，通常是全身性疾病在心包的炎症表现，但有时也可以作为一种独立性疾病存在，如创伤性心包炎。

一、原因和发病机理

1. 传染性因素　常见于动物的链球菌病、巴斯德菌病、大肠埃希菌病和支原体病，也可见于猪沙门氏菌病、猪丹毒和猪副嗜血杆菌病（Glasser's disease），偶见于牛气肿疽、牛结核病和各种动物的病毒性疾病。猪浆膜丝虫病中，乳白色细如毛发的浆膜丝虫寄生在猪心包脏层淋巴管内，引起心包脏层炎症，也可称为寄生虫性心包炎或寄生虫性心外膜炎。心包炎多是由病原经过血液或从相邻器官炎症（如心肌炎或胸膜炎）的直接蔓延到心包所引起。

2. 创伤性因素　心包受到机械性损伤，主要见于牛，偶见于羊和猪。牛采食时咀嚼粗放并快速咽下，口腔黏膜分布着许多角化乳头，对尖锐性的硬物感觉比较迟钝，易把混入饲草内的铁钉、铁丝或玻璃片等咽入胃内。由于网胃的前部相邻薄层的横膈和心包，在网胃壁肌肉收缩时,易使尖锐物刺破网胃、横膈和心包壁层,严重时可累及心脏。此时胃内的病原微生物也随之侵入心包腔,引起创伤性心包炎,甚至创伤性心肌炎。狼针草的针芒也可引起进口纯种牛的创伤性心包炎,狐尾草和大麦草的草芒可引起猪的创伤性心包炎。

二、类型和病理变化

根据发病原因心包炎可分为传染性心包炎和创伤性心包炎 2 种类型。根据炎症性质心包炎可分为浆液性、纤维素性、化脓性和增生性心包炎 4 种类型。本节按炎症性质分类来讲述心包炎。

1. 浆液性心包炎(serous pericarditis)　是以浆液渗出为主要特征的急性心包炎,也称为单纯性心包积液。浆液性心包炎是心包炎的初期变化,随病程延长可发展为浆液-纤维素性和纤维素性心包炎等炎症类型。

(1)眼观　心包壁层和心外膜浆膜面因充血和水肿而潮红,在急性败血症病例心外膜可见出血斑点。心包扩张,心包腔蓄积大量淡黄色透明或半透明的渗出液(彩图 13-10);若伴有出血或少量纤维素渗出,渗出液呈不同程度的红色或带有少量黄白色丝状渗出物。

(2)镜检　心外膜因充血和水肿而增宽,严重病例可见红细胞渗出形成大小不等的出血灶。间皮细胞肿胀、变性,心肌细胞轻度肿胀,发生颗粒变性。心外膜及周围的心肌组织内炎性细胞轻度浸润(细菌性疾病时中性粒细胞浸润,病毒性疾病时以淋巴细胞浸润为主,寄生虫性疾病时出现嗜酸性粒细胞浸润)。

2. 纤维素性心包炎(fibrinous pericarditis)　是以心包腔内大量纤维素渗出为特征。多数是由浆液性心包炎发展而来,此时称为浆液-纤维素性心包炎(serous-fibrinous pericarditis),也可单独发生。传染性因素和创伤性因素均可引起纤维素性心包炎。

(1)眼观　急性病例的心包轻度扩张,心包腔内渗出少量纤维素(由心脏基部开始渗出,逐渐向心尖部)聚集在一起形成灰白色或黄白色丝状、网状或薄层膜状,附着于心包壁层和心外膜表面,此时纤维素性渗出物易从心外膜上剥离,心外膜表面光滑,仅见充血和水肿。心包腔内积有或多或少的浆液,此时若心外膜有出血,纤维素性渗出物可呈不同程度红色。随着病程的延长,近心包壁层和心外膜表面的纤维素开始被肉芽组织机化并牢固地附着在这两层表面,因心脏的搏动把心包腔中部未被机化的纤维素渗出物撕扯成为网状和絮状,使心脏表面呈绒毛状外观,称为“绒毛心”(cor villo-sum)(图 13-1)。绒毛心时,有的病例在心外膜和心包壁层可见明显的充血和出血。

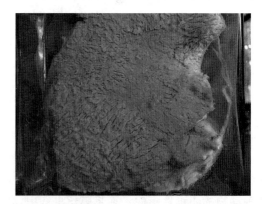

图 13-1　绒毛心　心外膜上有大量灰白色绒毛状纤维素(郑明学)

(2)镜检　心包壁层、心外膜和附近的心肌组织充血、水肿、出血和炎性细胞浸润,间皮变性、坏死和脱落,部分心肌细胞也明显的变性和坏死。在心包壁层和心外膜表面,附着厚层伴有大量炎性细胞浸润和红细胞渗出的均质红染丝网状的纤维素;随病程发展,近心包壁层和心外膜表面长出新生的毛细血管和成纤维细胞(肉芽组织),逐渐机化渗出的纤维素。

3. 化脓性心包炎(purulent pericarditis)　多见于牛创伤性心包炎的发展过程中感染了化脓菌,可由化脓菌最初感染引起,也可继发于纤维素性心包炎。胸腔积脓也可引起化脓性心包炎。

(1)眼观　心包扩张,心包腔内有或多或少的稀薄浑浊的或奶油状黏稠的脓性心包液,有的病例脓液中有大小不等的团块状纤维素性渗出物。脓性心包液的颜色取决于化脓菌的类型,通常从黄色到绿色不等;当腐败菌存在时,脓液为污灰色或污灰黑色,常有臭味。脓液体积从浆膜表面的薄层到 4 L 及以上不等。病程长的病例,大量的脓性渗出物因液体的吸收而变成凝固物覆盖于整个心外膜,心包壁层病变相对较轻,剖开心脏两层分离,心脏可呈绒毛心状外观,形成绒毛心。

(2)镜检　初期,心外膜和邻近的心肌组织严重的充血、水肿、出血和大量中性粒细胞浸润,间皮细胞和附近的心肌细胞严重坏死,可能观察到细菌团块。病程长者,近心外膜含有纤维素的脓性渗出物被机化,新生血管、成纤维细胞和结缔组织形成明显,心脏表面由伴有大量中性粒细胞的均质红染的坏死物覆盖。

4. 增生性心包炎(proliferative pericarditis)　也称缩窄性心包炎(constrictive pericarditis),主要见于慢性疾病,可由纤维素性心包炎发展而来,也可单独发生。根据病原的不同,心包腔内主要增生的细胞成分不同。

(1)眼观　在出现纤维素性心包炎的慢性病例中(如慢性猪巴氏杆菌病),被覆于心包壁层和心外膜上及心包腔中部的纤维素完全被肉芽组织机化,引起粘连,这时整个心脏外形成一层或薄或厚的灰白色硬实的结缔组织。牛结核分枝杆菌引起的增生性心包炎时,在心包腔内充满大量的伴有钙化的结核性肉芽肿和大小不等的干酪样坏死灶,肉芽肿和干酪样坏死灶融合在一起,质度硬实。在严重的纤维素性心包炎慢性病例和结核分枝杆菌性慢性心包炎时,整个心脏表面附着一层或薄或厚的质度硬实的结缔组织或结核性肉芽肿及干酪样坏死物时,宛如盔甲裹在心脏表面,使心脏不易扩张和充盈,故称"盔甲心"(armored heart)。

(2)镜检　由纤维素性心包炎发展而来的增生性心包炎病例,在心包壁层和心外膜表面附着伴有淋巴细胞、巨噬细胞和浆细胞浸润的结缔组织。牛分枝杆菌引起的增生性心包炎病例,在心包壁层和心外膜表面附着伴有大量淋巴细胞浸润的典型结核性肉芽肿,肉芽肿内可见由上皮样细胞和多核巨细胞构成的特殊肉芽组织,体积较大的肉芽肿中央可见伴有蓝色粉末状钙盐沉积的红染细颗粒状的干酪样坏死灶,肉芽肿边缘为结缔组织。

浆液性、纤维素性、化脓性和增生性心包炎可由传染性因素或创伤性因素引起,这 4 种类型心包炎可以分别单独发生,也可以是同一致病因素引起的心包炎的不同发展时期的病理变化,体现着心包炎的发生、发展和转归,以及机体局部损伤、抗损伤和修复的过程。

三、结局和对机体的影响

轻度的浆液性心包炎和化脓性心包炎时,病原若能及时消除,炎性渗出液可被吸收而消散,浆膜间皮细胞经再生修复。若渗出液中少量的纤维素不能完全溶解和吸收时,可由心脏壁层和心外膜的间皮下长出肉芽组织将其机化,心包两层浆膜轻度粘连,引起轻度的心功能障碍,但往往无明显的临床症状。

严重的心包炎,大量的炎性渗出液、纤维素、脓性渗出物、厚层结缔组织和厚层肉芽肿使心包腔明显变窄或完全闭塞,不同程度地限制心脏的舒张和收缩活动,特别是心脏的舒张受限严重,右心房压力增高可使静脉回流压力差变小,静脉回流障碍,导致全身性淤血、水肿和有效循环血量减少。虽然此时也呈现心脏肥大、心脏扩张、心跳加快、呼吸加强以及血液再分布等代偿反应,但时间过长仍可引起失代偿而导致动物心力衰竭死亡。

化脓性心包炎的脓性渗出物可蔓延至邻近器官,引起化脓性胸膜炎;若大量化脓菌团块进入血液循环,可引起脓毒败血症而导致动物死亡。

第五节　脉　管　炎

脉管炎,或称血管炎症,其特征是血管壁内外炎性细胞浸润,并伴有纤维蛋白沉积、胶原纤维变质、内皮细胞和平滑肌细胞坏死的血管壁损伤。脉管炎可分为动脉炎和静脉炎2种类型。

脉管炎可由细菌、病毒、霉菌、寄生虫、免疫复合物以及机械性、化学性和物理性等因素引起。

一、动脉炎

动脉炎(arteritis)是指动脉管壁的炎症。根据炎症发生的部位可分为动脉内膜炎(endarteritis)、动脉中膜炎(mesarteritis)和动脉周围炎(periarteritis)。若动脉壁各层均发生炎症,则称为全动脉炎(panarteritis)。根据病程和病因,动脉炎分为急性动脉炎(acute arteritis)、慢性动脉炎(chronic arteritis)和结节性动脉周围炎(nodular periarteritis)3种类型。

(一)急性动脉炎

致病因素侵入途径不同,血管壁各层发生炎症的先后顺序不同。

1. 血管外膜侵入途径　致病因素先引起动脉周围炎,动脉增粗,浆膜面因出血可见出血斑点或呈不同的红色。镜检见血管外膜充血、出血和水肿,胶原纤维变质及炎性细胞浸润,随后炎症蔓延至动脉中膜和内膜引起全动脉炎。全动脉炎时,动脉增粗明显,管壁增厚,管腔变窄,浆膜面出血呈暗红色(彩图 13-11)。镜检动脉外膜和中膜变性或坏死,中膜水肿,炎性细胞浸润,弹性纤维断裂、凝集和溶解,发生纤维素样坏死。内膜细胞肿胀、坏死和炎性细胞浸润(彩图 13-12)。常见于牛坏死杆菌病的子宫、牛肺疫的肺脏和曲霉菌感染的组织脏器的炎灶内小动脉,以及犬化脓性支气管炎时肺组织内的中、小动脉。

2. 血管内膜侵入途径　病原由血流侵入,首先引起动脉内膜炎,再累及动脉中膜和动脉外膜。例如,在化脓性子宫炎、脐静脉炎、化脓性关节炎等炎症时,化脓菌团块进入静脉血流,经右心至肺动脉,在其分枝处形成细菌性栓塞,引起动脉内膜炎和血栓形成(血栓性动脉内膜炎),随后以此为中心发展成小脓肿。镜检动脉内膜内皮细胞肿胀、变性或坏死、脱落,管腔内见血栓形成,内膜与中膜有中性粒细胞浸润,中膜平滑肌变性或坏死。这种血源性动脉炎也见于典型猪瘟时组织器官的中、小动脉,表现为动脉内皮细胞肿胀和坏死,血管壁纤维素样坏死,管腔内形成血栓和引起血管营养区域梗死。另外,在亚急型猪丹毒、仔猪副伤寒、猪水肿病、水貂阿留申病和马病毒性动脉炎疾病中也常伴发急性动脉炎。

3. 血管壁内侵入途径　病原菌经动脉壁内的营养血管侵入,首先引起动脉外膜炎和中膜炎,再引起动脉内膜炎和全动脉炎,其病变同前所述。

(二)慢性动脉炎

慢性动脉炎多数由急性动脉炎发展而来,其实质是损伤血管的纤维性修复和血栓机化,也可由慢性炎症直接发展而来,其病变以血管壁纤维化为主。由马普通圆线虫幼虫寄生所引起的马前肠系膜动脉瘤为典型的慢性动脉炎,犬血色旋尾线虫、牛圆形盘尾丝虫寄生于主动脉,也可诱发慢性动脉炎。

(1)眼观　多数慢性动脉炎的血管增粗,管壁增厚、变硬,管腔变窄,内膜粗糙;有时也见管壁扩张,甚至破裂以及血栓形成等变化。

(2)镜检　动脉壁结缔组织增生明显,外膜和中膜纤维化最为明显,伴有淋巴细胞、巨噬细胞和浆细胞浸润,管腔中的血栓常被不同程度地机化。

(三)结节性动脉周围炎

结节性动脉周围炎又称结节性全动脉炎(panarteritis nodosa),是一种与变态反应有关的病理过程。其特点是许多器官内的中、小动脉(尤其在血管分枝处)发生坏死性全动脉炎。结节性动脉周围炎可见于各种家畜。

(1)眼观　病变组织器官的中型动脉呈结节状或条索状肥厚,管壁显著增厚,有的管腔内有血栓形成,管腔狭窄或闭塞,在心脏和肾脏可引起贫血性梗死。

(2)镜检　病变始于动脉中膜和外膜,初期水肿,随后中膜平滑肌和弹性纤维崩解,呈纤维素样坏死,中性粒细胞浸润。纤维素样坏死常常累及外膜和内膜,致使血管各层都受损伤,并伴有血栓形成。随病变发展,血管壁坏死组织逐渐被增生的肉芽组织所取代;后期发生结缔组织均质化和血栓机化而形成闭塞性动脉瘤。

二、静脉炎

静脉炎(phlebitis)是指静脉管壁的炎症,通常分为急性和慢性 2 种类型。

(一)急性静脉炎

急性静脉炎(acute phlebitis)多见于感染和中毒的情况下。

1. 血管外膜侵入途径　由静脉周围组织的炎症蔓延至静脉,首先引起静脉周围炎,再蔓延引起中膜炎和内膜炎,最终发展为全静脉炎,管腔内有血栓形成。外伤和感染常常是静脉炎发生的原因,如颈静脉穿刺或反复静脉注射引起的颈静脉炎。

2. 血管内膜侵入途径　病原菌经血流扩散,先引起静脉内膜炎,并逐渐累及中膜,内膜内可见血栓形成。在犊牛急性副伤寒和禽伤寒时,门静脉分枝内可见静脉内膜炎。初生动物脐感染大肠埃希菌可引起急性脐静脉炎,如果感染化脓菌则引起急性化脓性静脉炎;急性静脉炎也偶见于羊肝静脉化脓菌感染。

(1)眼观　静脉不同程度增粗和变硬,管腔扩张,内充满浓稠的黄绿色脓性物和坚硬的血栓附着在血管壁上(彩图 13-13),硬性剥离血栓和坏死物后血管内膜污浊而粗糙。

(2)镜检　血管壁明显增厚,血管内膜完全坏死,呈均质红染,部分坏死的内膜脱落;坏死可累及部分血管中膜。血管中膜增厚明显,发生严重的充血、出血和水肿,大量中性粒细胞浸润(彩图 13-14),管腔内可见呈粉红色与红色层状结构的混合血栓,坏死组织和血栓内可能见到蓝色粉末状的细菌团块。

急性静脉炎在败血症的发生方面有着重要意义。各种败血症的原发性炎灶往往引起邻近的静脉周围炎,继而发展为静脉内膜炎和血栓形成,见于败血性子宫炎(产后败血症)、皮下和肌肉间蜂窝织炎。在猪瘟、牛肺疫和化脓性支气管肺炎时,炎症过程也常侵犯肺静脉,引起静脉炎及血栓形成。血栓形成虽能阻止病原菌的扩散,具有一定的保护意义,但是细菌易于在血栓中繁殖,使血栓破裂,产生细菌性栓子,经血流运行,可引起脓毒败血症而危及生命。

(二)慢性静脉炎

慢性静脉炎(chronic phlebitis)常为急性静脉炎的后期变化。

数字资源 13-1

心血管系统病理

（1）眼观　病变静脉呈结节状或条索状增粗,管壁增厚,管腔缩小,管腔内可形成血栓。

（2）镜检　静脉管壁炎症区域内肉芽组织大量形成,并不断成熟,中膜与外膜因结缔组织增生而显著增厚,静脉内血栓不同程度被机化。有的慢性静脉炎中膜肌层肥大明显。

（王金玲）

第十四章　呼吸系统病理

呼吸系统包括鼻、咽、喉、气管、支气管和肺。支气管由肺门进入肺后逐级分支,愈分愈细,形成细支气管、终末细支气管、呼吸性细支气管、肺泡管、肺泡囊和肺泡。呼吸性细支气管、肺泡管、肺泡囊和肺泡共同组成肺的呼吸部。肺内有双重血液循环供应,即完成气体交换的肺循环及供应肺组织营养的支气管循环。

呼吸系统疾病比较常见,这主要是因为:①呼吸道与外界直接相通,外界环境中的病原微生物、有害气体、粉尘及某些致敏原通过吸入的空气进入呼吸系统(气源性),引起呼吸系统疾病。在鼻腔、咽、喉处存在正常菌群,如多杀性巴氏杆菌、支气管败血波氏杆菌、曼氏杆菌等,在机体应激时或病毒感染后,这些细菌常继发感染,使疾病变得复杂。②病毒、细菌、寄生虫和毒素可通过血液循环(血源性)进入呼吸系统。③少数情况下,病原微生物可通过胸壁的穿透性创伤进入胸腔。

呼吸系统具有非常有效的防御机制,正常情况下肺部可保持无菌状态。呼吸道可通过咳嗽、打喷嚏、纤毛运输及吞噬等方式清除有害物质。气管及支气管黏膜的假复层柱状纤毛上皮、杯状细胞以及黏膜下的浆液黏液腺具有净化呼吸道的功能。吸入的直径较大的颗粒($2~\mu m$以上)附着在黏膜上,吸入的有害气体可溶解在黏膜表面的一薄层黏液中,随着纤毛的不停摆动,颗粒和黏液被推向咽部,然后被咳出或吞下,从而得以清除。直径较小的微粒($2~\mu m$以下)及细菌进入肺泡后,可被肺泡巨噬细胞吞噬,并被巨噬细胞内的酶消化、降解。肺泡巨噬细胞可离开肺泡向支气管迁移,随着纤毛不断地摆动被推向咽部,与颗粒物一样被清除。在支气管与细支气管分叉处有支气管相关淋巴组织(bronchus-associated lymphoid tissue,BALT),在鼻腔、气管的分泌物中有丰富的IgA,肺泡表面有丰富的IgG,这些淋巴组织及抗体在呼吸道局部免疫及全身免疫中均发挥着重要作用。

如果防御机制受损,就会导致呼吸系统疾病。常见的呼吸系统疾病很多,本章主要讲述鼻炎、喉炎、气管炎、肺炎、肺气肿、肺萎陷等病理过程。

第一节　上呼吸道炎

一、鼻炎

鼻炎(rhinitis)是鼻腔黏膜的炎症,可单独发生,或与其他呼吸道炎症合并发生。

1. 病因　病毒、细菌、变应原、刺激性气体、寄生虫等多种原因都可以引起鼻炎。

(1)感染　是常见病因。如流感病毒引起上呼吸道感染,犬瘟热病毒、犬副流感病毒均能引起卡他性鼻炎;猪巨细胞病毒引起猪包涵体鼻炎;恶性卡他热病毒引起牛上呼吸道、口腔、胃肠道黏膜的坏死性炎症;副鸡嗜血杆菌引起鸡传染性鼻炎;支气管败血波氏杆菌引起猪传染性萎缩性鼻炎;羊狂蝇的幼虫寄生于羊的鼻腔及鼻窦内,引起慢性鼻炎。

(2)物理因素(寒冷、粉尘、异物等)、化学因素(氨气、二氧化硫等)的刺激、家禽维生素 A 缺乏等可引起鼻炎。

(3)变态反应 花粉、粉尘等变应原可引起变应性鼻炎。变应性鼻炎是发生在鼻黏膜的Ⅰ型变态反应,常见于牛,发生在牧草开花的夏季。

2.病理变化 鼻炎与一般黏膜的炎症病变基本相同。根据病程可分为急性鼻炎和慢性鼻炎。

(1)急性鼻炎(acute rhinitis) 发病急促,病程短,以渗出病变为主。根据渗出物性质不同,可分为浆液性炎、卡他性炎、化脓性炎和纤维素性炎。

鼻炎初期鼻黏膜红肿,表面被覆稀薄、清亮的液体,呈浆液性鼻炎。镜检,鼻黏膜充血、水肿,黏膜上皮细胞变性、坏死、脱落,固有层中少量炎性细胞浸润。随着炎症的发展,杯状细胞和黏液腺分泌大量黏液,黏膜表面的渗出物变为黏稠的、半透明的或浑浊的黏液,进而变为黄白色、浑浊浓稠的脓性渗出物,即化脓性鼻炎。镜检,黏膜下层及渗出物中有大量中性粒细胞,黏膜上皮细胞坏死。若纤维蛋白原大量渗出,继而凝聚成不溶性的纤维蛋白(纤维素),在鼻黏膜表面形成一层假膜,即纤维素性鼻炎。变应性鼻炎时,鼻腔分泌物中和鼻黏膜内可见嗜酸性粒细胞渗出。鼻炎可继发鼻窦炎,此时鼻窦内充满浆液或脓性渗出物。

鸡传染性鼻炎,主要病变为鼻腔和眶下窦的急性卡他性炎症,病鸡流鼻液,面部肿胀,眼结膜肿胀。剖检,鼻腔、眶下窦内有大量浆液或黏液,黏膜充血肿胀。

鸭传染性窦炎,主要病变为眶下窦一侧或两侧肿胀,呈卵圆形或球形,窦内充满浆液性、黏液性或脓性分泌物,窦黏膜充血、水肿。

鼻炎在局部蔓延,可引起咽炎、喉炎、支气管肺炎、中耳炎、脑膜炎以及面部骨骼的骨髓炎。急性鼻炎也可转为慢性鼻炎。

(2)慢性鼻炎(chronic rhinitis) 多由急性鼻炎转变而来,病程较长。可分为肥厚性鼻炎和萎缩性鼻炎2种。

慢性肥厚性鼻炎(hypertrophic rhinitis)鼻黏膜肥厚,黏膜表面不平,呈结节状,或形成鼻黏膜息肉,有少量黏液性渗出物,鼻道变狭窄。镜检,黏膜固有层血管充血、水肿,淋巴细胞、浆细胞浸润,黏液腺、杯状细胞增生。后期黏膜、黏膜下层纤维结缔组织增生。

慢性萎缩性鼻炎(atrophic rhinitis)上皮变性萎缩,黏膜、腺体、鼻甲骨萎缩及纤维化,动脉、静脉血管壁结缔组织增生,血管管腔缩小或闭塞。猪传染性萎缩性鼻炎早期,鼻黏膜发生卡他性炎症,后期鼻甲骨一侧或两侧逐渐萎缩,甚至完全缺失。鼻甲萎缩导致鼻道扩张,鼻中隔弯曲,鼻部、面部变形。

二、喉炎

喉炎(laryngitis)是喉黏膜的炎症,可单独发生,也可伴发于鼻炎或咽炎。

1.病因

(1)理化因素刺激 吸入寒冷空气、粉尘、刺激性化学气体,误入喉头中异物的机械性刺激,剧烈咳嗽、高声嚎叫等。

(2)感染 喉炎是某些传染病的主要病变,如鸡传染性喉气管炎、鸡痘、坏死杆菌病等。

（3）鼻炎、口炎、咽炎、气管炎等炎症蔓延引起。

2. 病理变化　根据炎症性质,喉炎可分为急性卡他性喉炎、纤维素性喉炎和慢性喉炎。

（1）急性卡他性喉炎（actue catarrhal laryngitis）　喉黏膜弥漫性充血、肿胀,黏膜表面有浆液性、黏液性或脓性渗出物。黏膜上皮脱落,黏膜下层水肿。咽喉部黏膜肿胀可导致呼吸困难甚至窒息。例如鸡传染性喉气管炎,喉、气管黏膜充血、出血、坏死,气管内有含血黏液或血凝块,呈卡他性或卡他性出血性炎症。

（2）纤维素性喉炎（fibrinous laryngitis）　喉头黏膜充血、肿胀,黏膜表面被覆灰白色纤维素性渗出物,形成一层纤维素性假膜,假膜易剥离,或不易剥离。例如黏膜型鸡痘,咽喉和气管的黏膜坏死,纤维素渗出,形成纤维素性坏死性炎症(禽白喉);鸡传染性喉气管炎,喉头和气管的病变为出血性、纤维素性炎症。犊牛、仔猪、羔羊的坏死杆菌病,可见坏死性鼻炎、坏死性口炎(白喉),鼻黏膜、口腔黏膜、咽喉黏膜坏死、溃疡,表面形成灰白色或灰褐色粗糙的伪膜。

（3）慢性喉炎（chronic laryngitis）　喉黏膜充血、肥厚,表面凹凸不平。镜检,黏膜毛细血管充血,黏液腺分泌增多。黏膜下淋巴细胞浸润、结缔组织广泛增生,黏膜上皮增厚。

三、支气管炎

支气管炎（tracheitis）指支气管黏膜的炎症。根据渗出物的性质,支气管炎分为卡他性、化脓性、纤维素性和肉芽肿性4种类型。按病程长短,支气管炎可分为急性支气管炎和慢性支气管炎2种。

1. 急性支气管炎

（1）病因　主要由细菌、病毒、寄生虫感染引起,以病毒感染最常见。如鸡传染性喉气管炎病毒、鸡传染性支气管炎病毒、鸡新城疫病毒、流感病毒、犬瘟热病毒、犬副流感病毒、牛传染性鼻气管炎病毒以及犬腺病毒2型等。

吸入寒冷空气、粉尘、烟雾、氨气等可使支气管黏膜损伤、坏死,引起气管炎。鼻炎、喉炎等邻近组织的炎症蔓延至气管,引起气管炎。

（2）病理变化　眼观,气管黏膜充血、肿胀,气管腔内有多量渗出物。起初为浆液性或黏液性渗出物,随后中性粒细胞大量渗出,变为脓性渗出物。镜检,黏膜上皮细胞脱落,固有层及黏膜下层大量中性粒细胞浸润,气管腔内充满炎性渗出物及脱落上皮细胞(彩图14-1)。

鸡传染性支气管炎,气管、支气管内有浆液性、黏液性渗出物,病程稍长,渗出物变为干酪样。

牛传染性鼻气管炎,又称坏死性鼻炎、"红鼻子病",因感染部位不同,可分为呼吸道型、生殖道型、结膜炎型、流产型、脑膜脑炎型。呼吸道型以呼吸道黏膜的炎症、水肿、出血、坏死为特征,鼻黏膜高度充血,支气管黏膜下层高度水肿,气管壁增厚,管腔狭窄。鼻腔、鼻窦、气管、支气管黏膜呈现浆液性、卡他性、化脓性及纤维素性炎症。镜检,黏膜上皮变性、坏死、脱落,并形成纤维素性坏死性伪膜。呼吸道上皮细胞核内可见嗜酸性包涵体(感染早期)。

2. 慢性支气管炎

（1）病因　慢性气管炎常常由急性气管炎转变而来。鸡毒支原体常引起慢性呼吸道感染,当气管受到长期慢性刺激时也发生慢性气管炎。如羊肺线虫、猪肺线虫、羊网尾线虫、牛网尾线虫均寄生在支气管和细支气管内,引起管腔阻塞或局部炎症。

（2）病理变化　气管、支气管黏膜充血、增厚,黏膜表面有多量黏液性、脓性渗出物,支气管壁增厚,管腔狭窄。由寄生虫引起的慢性支气管炎,支气管腔内可见多量虫体。细支气管内的黏液或寄生虫虫体可阻塞管腔,进而引起阻塞性肺气肿。慢性支气管炎可继发支气管扩张。镜检,黏膜上皮变性、坏死、脱落,上皮细胞纤毛消失,不规则的支气管黏膜上皮增生,慢性支气管炎的刺激引起支气管黏膜鳞状上皮化生,支气管的清除功能丧失。杯状细胞明显增生,支气管腺体增生、肥大,浆液性上皮发生黏液腺化生,导致黏液分泌增加。支气管平滑肌及结缔组织不同程度地增生,常见大量淋巴细胞或嗜酸性粒细胞浸润。炎症向管壁周围组织蔓延,引起支气管周围炎。

第二节 肺　　炎

　　肺炎(pneumonia)指肺细支气管、肺泡、肺间质的炎症,是呼吸系统常见的病变。肺炎可以是原发的独立性疾病,也可以是其他疾病的并发症。常由于多种致病因素的共同作用,多种肺炎可同时发生。

　　肺炎可由外界直接吸入的各种致病因子引起,但更多见于呼吸道常在微生物在机体抵抗力降低,特别是在呼吸系统的防御机能低下时,侵入肺组织引起肺炎。血液内的病毒、细菌、寄生虫及毒素通过血液循环进入肺部,可引起血源性肺损伤。

　　肺炎的分类方法有多种,同一种肺炎也会有不同的名称。按照病因进行分类,可分为细菌性肺炎、病毒性肺炎、支原体肺炎、霉菌性肺炎、寄生虫性肺炎、中毒性肺炎、吸入性肺炎和过敏性肺炎等。按炎症性质进行分类,可分为浆液性肺炎、卡他性肺炎、纤维素性肺炎、化脓性肺炎、出血性肺炎、坏疽性肺炎和肉芽肿性肺炎等。按发生的部位和病变累及的范围分类,可分为肺泡性肺炎、小叶性肺炎、融合性肺炎、大叶性肺炎和间质性肺炎。目前多采用最后一种分类方法。诊断时可选用最能反映肺炎特征和本质的名称。

一、小叶性肺炎

　　小叶性肺炎(lobular pneumonia)又称支气管肺炎,是以细支气管为中心、以肺小叶为单位的急性渗出性炎症,病变局限于肺小叶范围,多数为化脓性支气管肺炎。支气管肺炎是动物最常见的肺炎类型,多见于幼驹、幼犊、仔猪和各种年龄的羊。

　　1. 原因及发病机理　支气管肺炎大多由细菌感染引起。引起支气管肺炎的病原菌很多,大多数是寄居在上呼吸道黏膜的条件性致病菌。常见的病原菌有溶血性曼氏杆菌、支气管败血波氏杆菌、沙门氏菌、马红球菌、链球菌等。某些病毒性传染病,如犬瘟热、流感等可继发细菌感染,引起支气管肺炎。病原绝大多数经呼吸道侵入,首先引起细支气管黏膜炎症,以此为中心,蔓延到细支气管周围及肺泡,引起细支气管周围炎和支气管肺炎。少数情况下,病原菌经血流到达肺组织,引起血源性肺感染。血液内的化脓性细菌栓子进入肺,阻塞肺毛细血管,形成新的化脓灶,发生栓塞性肺炎。

　　支气管肺炎常发生于幼龄及老龄畜禽。在冬春季节发病较多,寒冷、感冒、过劳和维生素A缺乏时机体抵抗力降低,局部黏膜免疫机能减弱,使呼吸道内的条件性致病菌乘虚而入,沿着支气管进入肺泡引起炎症。

　　此外,当药物、饲料被吸入肺时,常并发细菌感染,引起吸入性肺炎,表现为支气管肺炎。

　　2. 病理变化　支气管肺炎的特点是,病变在肺组织中呈散在的灶状分布,病灶的中心有发炎的细支气管。

眼观,支气管肺炎病变常呈灶状分布于左右两肺叶,多数发生于肺尖叶、心叶和隔叶的前下部,呈灰红色或灰黄色,米粒或黄豆粒大,形状不规则,病灶实变,呈岛屿状散在分布于肺表面。切面上可见散在或密集的灰红色或灰黄色的大小不等的病灶,中心常见有一个细小的支气管,挤压时支气管断端流出脓性渗出物。支气管黏膜充血、水肿,管腔中含有黏液性或脓性渗出物。病灶周围肺组织代偿性肺气肿。

兔波氏杆菌病由支气管败血波氏杆菌引起,以鼻炎、咽炎、化脓性支气管肺炎为病变特征。支气管腔内充满混有泡沫的脓性渗出液,肺胸膜下散在大小不一、数量不等的脓肿,肺切面可见大小不等的脓肿。

当药物、食物等异物误投、误咽进入肺内时,首先引起吸入性肺炎,呈现化脓性、坏死性支气管肺炎。若继发腐败菌感染则发展为坏疽性肺炎。由肺炎造成的肺组织坏死,继发腐败菌感染,也可引起坏疽性肺炎。坏疽性肺炎是以肺组织腐败分解为特征的炎症,肺组织表面和切面可见灰绿色、粟粒大或互相融合的病灶,边缘不整齐,病灶内含有绿色腐败内容物,呈液状、豆腐渣样,发出恶臭味。

镜检,细支气管及其周围肺泡腔出现明显病变。病灶以细支气管为中心,细支气管腔有多量的浆液性、黏液性或脓性渗出物,其中含有大量中性粒细胞、巨噬细胞以及脱落的黏膜上皮细胞(彩图14-2)。细支气管壁充血、水肿,并有较多的中性粒细胞浸润,使管壁增厚(彩图14-3)。细支气管周围的肺泡隔毛细血管充血,肺泡腔充满浆液和中性粒细胞。坏疽性肺炎病初呈化脓性支气管肺炎,支气管内含有黏液性、脓性渗出物;之后,黏膜坏死,形成溃疡,肺组织坏死、液化。

3. 结局

(1)消散　支气管肺炎多数经及时治疗,消除病因,炎性渗出物溶解吸收、消散,肺泡上皮再生,肺组织恢复原状。

(2)并发症　若病因不能消除则病变继续发展,引起肺坏疽、肺脓肿、脓毒败血症等。

(3)转为慢性　变为慢性支气管肺炎,支气管相关淋巴组织（BALT）增生,肺泡隔纤维化、增厚,间质中结缔组织增生。支气管扩张,支气管、细支气管完全或不完全阻塞引起肺萎陷、肺气肿等。

二、大叶性肺炎

大叶性肺炎(lobar pneumonia)是以肺泡内渗出大量纤维素为特征的急性炎症,又称纤维素性肺炎(fibrinous pneumonia)。此型肺炎常侵犯一个大叶、一侧肺脏或全肺以及胸膜,肺组织发生大面积实变。

1. 原因及发病机理　常见于一些细菌性传染病,如猪传染性胸膜肺炎、牛传染性胸膜肺炎、山羊传染性胸膜肺炎、巴氏杆菌病、曼氏杆菌病、副猪嗜血杆菌病等。

引起纤维素性肺炎的病原微生物侵入肺脏的途径有血源性、气源性和淋巴源性3种。主要侵入途径是气源性的,病原微生物经呼吸道感染,沿支气管树扩散,侵入肺泡引起肺炎。有些致病菌是呼吸道内的条件性致病菌,当机体感冒、过度疲劳、长途运输、吸入刺激性气体以及免疫功能低下时,呼吸道的净化功能及肺泡巨噬细胞的吞噬能力下降,呼吸道内病原微生物繁殖,并经肺泡孔、支气管周围及小叶间质内的淋巴管蔓延,引起间质浆液纤维素性炎症,支气管周围及小叶间质明显增宽。炎症迅速波及整个肺叶及胸膜,肺泡腔和胸膜表面有大量纤维素渗出。肺曼氏杆菌存在于健康动物鼻腔中,通常不引起疾病,但在运输、断奶、拥挤、饥饿、病毒感染、恶劣天气等应激时引起牛、绵羊的肺曼氏杆菌病,发生纤维素性肺炎、纤维素性胸膜炎。

2. 病理变化　大叶性肺炎病变的发展过程有明显的阶段性,大体可分为 4 期,即充血水肿期、红色肝变期、灰色肝变期、消散期。

(1)充血水肿期　为大叶性肺炎的初期。特征是肺泡隔毛细血管扩张充血和肺泡腔内浆液性渗出物。

眼观,病变肺叶肿胀,重量增加,肺组织充血、水肿,呈暗红色,质地稍变硬。切面湿润,按压时流出灰红色泡沫状液体。切取病变肺组织一小块投入水中,呈半沉浮状态。

镜检,肺泡隔毛细血管显著扩张充血,肺泡腔内充满浆液性渗出物,呈透明粉红色,其中含少量红细胞、中性粒细胞、巨噬细胞和脱落的肺泡上皮(彩图 14-4)。

(2)红色肝变期　由充血水肿期发展而来。特征是肺泡隔毛细血管仍显著扩张充血,肺泡腔内有大量纤维素和红细胞。

眼观,病变肺叶肿胀明显,重量增加,呈暗红色,质地变实如肝,故称红色肝变期。切面干燥,呈粗颗粒状,这是凝结于肺泡腔内的纤维素性渗出物凸出于切面所致。小叶间质增宽,充满半透明胶样的渗出物,外观呈条索状。间质中的淋巴管扩张,切面上呈圆形或椭圆形的管腔状。炎症常扩展到肺胸膜,在肺胸膜表面可被覆一薄层纤维素性渗出物(纤维素性胸膜炎)。胸腔内常含有多量混有淡黄色纤维素凝块的渗出液。此时,切取病变肺组织一小块投入水中,组织沉入水底。

镜检,肺泡隔毛细血管扩张充血,肺泡腔内含有大量网状的纤维素和多量红细胞、少量白细胞及脱落的肺泡上皮细胞(彩图 14-5)。小叶间质、血管周围、支气管周围因浆液渗出而疏松、增宽,其中的淋巴管扩张,内含多量网状的纤维素。

(3)灰色肝变期　特征是肺泡隔毛细血管充血现象减轻或消失,肺泡腔内的红细胞逐渐溶解,肺泡腔内充满大量纤维素和中性粒细胞。

眼观,病变肺组织由暗红色转变为灰白色或灰黄色,质地仍实变如肝,故称灰色肝变期。切面干燥,有细颗粒状物突出。间质及胸膜病变与红色肝变期相似。将一块病变肺组织投入水中,组织沉入水底。

镜检,肺泡腔中红细胞大部分溶解消失,肺泡腔内充满大量网状的纤维素、中性粒细胞、巨噬细胞(彩图 14-6)。肺泡隔毛细血管因受压而呈缺血状态。

(4)消散期　特征是渗出的中性粒细胞崩解和渗出的纤维素被溶解,肺泡上皮再生。

眼观,肺体积缩小,质地变柔软,实变病灶消失,色泽变淡,并逐渐恢复正常。切面湿润。肺组织逐渐恢复其正常结构及功能。

镜检,肺泡中的中性粒细胞多数处于变性、坏死、崩解状态,数量减少。坏死的细胞碎片由巨噬细胞清除,纤维素被白细胞崩解释放的蛋白酶溶解液化,液化的渗出物大部分经淋巴管吸收,小部分被咳出。随着渗出物的吸收,肺泡隔毛细血管又重新扩张,肺泡腔内空气进入,肺泡上皮再生修复。

大叶性肺炎的上述各期的发展是连续的,彼此之间并无绝对界限。由于肺的各部先后受累,故在同一肺脏上可见到肺炎不同时期的变化,一些部位处于红色肝变期,而另一些部位处于灰色肝变期,色彩不同。另外,小叶间质水肿增宽,如条索状。整个肺叶的切面呈大理石样外观。大叶性肺炎和小叶性肺炎时炎性渗出发生在肺泡腔,为"典型"肺炎。

3. 大叶性肺炎对机体的影响和结局　由于大叶性肺炎病变范围广,使肺呼吸面积明显减少,动物出现严重的呼吸困难。病变部实变,肺泡内无气体,肺动脉的静脉血在此不经气体交换即流入左心。因此,动脉血氧含量减少,动物出现缺氧,故对生命威胁很大,动物常常因缺氧、呼吸困难而死亡。

大叶性肺炎的结局有以下几种情况。

(1)吸收、消散　由于机体抵抗力较强或及时治疗,部分病例可以痊愈。大叶性肺炎很少完全消散。

(2)并发纤维素性胸膜炎或纤维素性化脓性胸膜炎　纤维素性肺炎常并发纤维素性胸膜炎,胸腔积液,胸腔积脓,胸膜表面纤维素机化时造成胸膜粘连。

(3)并发肺脓肿、肺坏疽甚至败血症　机体的抵抗力不强时,大叶性肺炎可继发化脓菌感染,引起化脓性肺炎,肺组织坏死液化,形成大小不等的脓肿。如果肺组织坏死继发腐败菌感染,则可引起坏疽性肺炎。此时肺组织腐败分解,呈黑色或灰绿色,并有特殊臭味,最后患病动物往往因脓毒败血症而死亡。

(4)肺肉变　肺泡内的纤维素性渗出物不能完全溶解液化时,结缔组织大量增生,并伸入肺泡,将纤维素性渗出物机化。此时病变肺组织致密、坚实,变成红褐色肉样组织,称肺肉变。

三、间质性肺炎

间质性肺炎(interstitial pneumonia)是指肺泡隔、支气管周围、血管周围及小叶间质等间质部位发生的炎症,特别是肺泡隔因增生、炎性浸润而增宽的炎性反应。间质性肺炎可分为急性间质性肺炎和慢性间质性肺炎。

1. 原因及发病机理　许多原因可以引起间质性肺炎。病因不同发病机理也各不相同。

(1)病毒　病毒感染引起的病毒性肺炎一般都属于间质性肺炎。例如,猪繁殖与呼吸综合征病毒、猪圆环病毒、流感病毒、犬瘟热病毒、绵羊梅迪-维斯纳病毒、山羊关节炎-脑炎病毒等引起的肺炎均呈间质性肺炎。病毒的感染通常引起肺泡隔增宽,间质水肿,淋巴细胞、巨噬细胞浸润等。

(2)支原体　支原体感染引起的支原体肺炎是一种间质性肺炎。例如,猪肺炎支原体引起的猪支原体肺炎,支气管周围、血管周围大量淋巴细胞增生,形成"管套"。

(3)寄生虫　寄生虫感染引起寄生虫性肺炎。肺线虫、弓形虫、蛔虫、卡氏肺孢子虫等均可引起间质性肺炎。肺线虫寄生在支气管、细支气管内,引起支气管炎和支气管周围炎,支气管周围大量淋巴细胞、嗜酸性粒细胞浸润,幼虫、虫卵还可引起肉芽肿。弓形虫感染引起小叶间质水肿增宽,间质结缔组织中、细支气管周围、血管周围、肺泡隔水肿,淋巴细胞、巨噬细胞、中性粒细胞、嗜酸性粒细胞浸润。

(4)某些细菌和真菌　结核杆菌、放线菌、曲霉菌、新型隐球菌等均能引起以形成肉芽肿结节为特征的肉芽肿性肺炎。禽曲霉菌慢性病例在肺内形成黄白或灰白色、绿豆大小的硬性肉芽肿结节;牛分枝杆菌常侵害肺,在肺内形成结核性肉芽肿。肉芽肿性肺炎是一种特殊类型的肺炎,可归为间质性肺炎(肉芽肿性间质性肺炎)。

(5)粉尘　长期吸入有害无机粉尘,粉尘沉着于肺,造成肺组织损伤及纤维化,称为尘肺。长期吸入含游离二氧化硅(SiO_2)的无机粉尘可引起矽肺,在肺内形成硅结节,肺组织弥漫性纤维化。长期吸入石棉粉尘引起肺石棉沉着症(石棉肺),肺间质弥漫性纤维化,胸膜脏层增厚。吸入含变应原的有机粉尘,可引起过敏性肺炎(外源性过敏性肺泡炎),属间质性肺炎。牛吸入发霉干草粉尘,粉尘中的真菌孢子可引起过敏性肺炎。

此外,间质性肺炎还可继发于支气管肺炎、大叶性肺炎、肺慢性淤血及胸膜炎等。

2. 病理变化

眼观,病变呈弥漫性或局灶性散在分布,红褐色或灰白色,质度硬实,缺乏弹性,呈肉样,有的形成局灶性结节。病灶周围肺组织气肿,肺间质水肿、增宽。胸膜表面及支气管内一般无渗出物。间质性肺炎仅凭眼观变化有时难以诊断,必须依靠病理组织学检查。严重的急性间质性肺炎,发生急性呼吸窘迫综合征,动物因呼吸衰竭而死亡。慢性间质性肺炎,病变部纤维化,体积缩小、变硬。

镜检,急性间质性肺炎,肺泡隔、支气管周围、小叶间质等间质明显增宽,增宽的间质中淋巴细胞、巨噬细胞浸润(彩图 14-7)。肺泡隔、小叶间质血管充血、水肿,肺泡腔内一般无渗出物,或有少量巨噬细胞、脱落的上皮细胞。病变较严重时,肺泡腔内渗出的血浆蛋白浓缩并贴附于肺泡腔内表面形成薄层均质红染的膜状物,即透明膜形成。支气管上皮、肺泡上皮增生,部分病毒性肺炎上皮细胞的胞核或胞质内可见嗜酸性或嗜碱性病毒包涵体。Ⅰ型肺泡上皮坏死后脱落,Ⅱ型肺泡上皮增生并取代坏死的Ⅰ型肺泡上皮。Ⅱ型肺泡上皮呈立方状,被覆于肺泡壁上,使肺泡壁增厚,严重时肺泡呈腺瘤样结构。慢性间质性肺炎,肺泡隔显著增厚,大量淋巴细胞、巨噬细胞浸润及结缔组织增生。BALT 显著增生,Ⅱ型肺泡上皮增生。肺间质纤维化,严重时肺组织发生弥漫性纤维化。

猪繁殖与呼吸综合征病毒、猪肺炎支原体、梅迪-维斯纳病毒、山羊关节炎-脑炎病毒均引起典型的间质性肺炎,肺泡隔明显增厚,大量淋巴细胞、巨噬细胞增生,常见淋巴滤泡形成。肺泡上皮增生、化生。犬瘟热病毒感染引起间质性肺炎,在支气管黏膜上皮、胃肠道黏膜上皮、肾盂和膀胱黏膜上皮、胆管上皮等细胞的胞浆及胞核内可见嗜酸性包涵体。

结核杆菌、放线菌、曲霉菌引起的肉芽肿性肺炎,可见特异性肉芽肿结节。镜检,肉芽肿中心是坏死组织,周围被上皮样细胞和多核巨细胞围绕,最外层是结缔组织环绕,结缔组织中常有淋巴细胞、浆细胞浸润(彩图 14-8)。

弓形虫感染引起间质性肺炎,在巨噬细胞、脱落的肺泡上皮细胞的胞浆内可见滋养型弓形虫,在细胞外还可见到游离的虫体。

肺线虫引起的间质性肺炎,在支气管管腔中可见缠绕成团的线样虫体,支气管黏膜杯状细胞增生、细支气管平滑肌增生。

病毒性肺炎和支原体肺炎与细菌性肺炎有所不同,病理组织变化不是肺泡的渗出,而是肺间质性炎症,为"非典型"肺炎。

3. 结局和影响 一般来说,急性过程的间质性肺炎能完全扩散,预后良好。慢性过程的间质性肺炎引起肺组织弥漫性纤维化,可造成持久地呼吸机能障碍和肺动脉高压,肺动脉高压导致右心室肥大,进一步引起右心衰竭。

第三节　肺　气　肿

肺气肿(pulmonary emphysema)是指肺组织因空气含量过多而致肺脏体积过度膨胀,伴有肺泡隔断裂、肺泡相互融合,导致肺体积膨大、通气功能降低的病理状态。按肺气肿发生的部位可分为肺泡性肺气肿和间质性肺气肿 2 种。肺泡性肺气肿是指肺泡内含空气过多,引起肺泡过度扩张;间质性肺气肿是由于细支气管和肺泡发生破裂,空气进入肺间质而使间质含有多量气体。其中以肺泡性肺气肿较多见。

一、肺泡性肺气肿

1. 原因及发病机理

(1)阻塞性通气障碍　慢性支气管炎时,支气管管壁增厚、管腔狭窄,而且炎性渗出物常积聚在管腔内,使空气通道发生不完全阻塞。吸气时支气管扩张,空气可以进入肺泡,但呼气时因支气管管腔狭窄,气体呼出受阻,进入肺的空气量超过肺排出的空气量,肺泡内储气量增多,发生肺气肿。如羊肺线虫、猪肺线虫、羊网尾线虫、牛网尾线虫寄生在支气管、细支气管内,引起慢性支气管炎、细支气管炎,支气管黏膜肿胀,管腔被虫体或炎性渗出物不完全堵塞,引起肺气肿。

(2)代偿性肺气肿　当肺脏某一部位因发生肺炎而实变时,病灶周围组织代偿实变部的呼吸机能,表现过度充气,形成局灶性代偿性肺气肿。

(3)α_1-抗胰蛋白酶水平降低　α_1-抗胰蛋白酶(α_1-antitrypsin, α_1-AT)广泛存在于组织和体液中,对于多种蛋白水解酶具有抑制作用,与蛋白水解酶之间处于平衡状态。肺炎时,中性粒细胞、巨噬细胞释放的氧自由基能氧化 α_1-AT,使之失活。中性粒细胞、巨噬细胞分泌的弹性蛋白酶增多、活性增强,降解肺泡隔的弹力蛋白等物质,肺泡壁因此受到破坏。

(4)老龄性肺气肿　随着动物年龄的增长,肺泡隔的弹力纤维减少和弹性回缩力减弱,肺泡不能充分回缩,肺残气量增多,肺泡膨胀,发生老龄性肺气肿。

2. 病理变化

眼观,肺体积高度膨胀,打开胸腔后,肺充满胸腔。肺重量减轻,颜色苍白,边缘钝圆。肺胸膜下可见明显扩张的空泡(彩图 14-9)。肺组织柔软而缺乏弹性,有时表面有肋骨压痕。切面干燥,可见大量较大的囊腔,切面呈海绵状或蜂窝状。

镜检,可见肺泡扩张,肺泡隔变薄,部分断裂、消失,相邻肺泡互相融合形成较大囊腔(彩图14-10)。肺泡隔内的毛细血管受压而贫血,数量显著减少或消失。支气管和细支气管常有炎症病变。由肺线虫所引起的肺气肿,在支气管或细支气管管腔内可见虫体断面,支气管周围组织有嗜酸性粒细胞浸润。

3. 结局和对机体的影响　短时间内发生的急性肺泡性肺气肿,在病因消除后肺泡功能逐渐恢复,可痊愈。

慢性肺泡性肺气肿病程缓慢,通常不显临床症状,病因除去后,也可恢复。

严重的肺气肿,肺泡破裂可引起气胸。气胸时,胸腔负压降低,影响血液回流。肺气肿时,因毛细血管受压,使肺血液循环阻力增加,导致肺动脉高压,使右心负担加重,逐渐引起右心室肥大,最后引起右心衰竭。

肺气肿时,肺泡隔毛细血管受压,影响肺泡与血液间的气体交换,从而导致血氧分压降低和二氧化碳潴留,机体呈缺氧状态。

二、间质性肺气肿

间质性肺气肿多伴发于肺泡性肺气肿,牛多发。

强烈、持久的深呼吸,咳嗽,胸壁穿透伤等造成肺泡、细支气管破裂,空气进入肺小叶间质。牛黑斑病、甘薯中毒时,可发生肺泡性和间质性肺气肿。

病理变化　在小叶间隔、肺胸膜下形成多量大小不等的一连串的气泡,小气泡可融合成大气泡。肺胸膜下的气泡破裂则形成气胸。气体也可沿支气管和血管周围组织间隙扩展至肺门和纵隔,发生纵隔气肿。气体到达肩部和颈部皮下,形成皮下气肿。

第四节　肺　萎　陷

肺萎陷(collapse of lungs)是指肺泡内空气含量减少甚至消失,以致肺泡呈塌陷(无气)状态。肺萎陷与先天性肺膨胀不全(congenital atelectasis)有区别,肺萎陷是指原已充满空气的肺组织因空气丧失,从而导致肺泡塌陷,是获得性的、后天性的。先天性肺膨胀不全是先天性的,肺组织从未被空气扩张过,由于呼吸道被胎粪、羊水、黏液所阻塞或胎儿呼吸中枢发育不成熟等原因,致使胎儿出生时吸入的空气量不足而导致肺泡张开不全或死胎。若为死胎,其肺萎陷的病变是弥漫性的,肺脏全部瘪塌,放于水中会下沉。若生下时仍为活者并能吸气则肺不可能完全萎陷,可以此来鉴定生下时是否为死胎。

一、类型

按肺萎陷发生的原因,可将肺萎陷分为压迫性肺萎陷和阻塞性肺萎陷2种类型。

(一)压迫性肺萎陷

压迫性肺萎陷由肺内外的各种压力所引起,比较常见。

肺外压力　胸腔积液、积血、气胸、胸腔肿瘤压迫肺组织,腹水、胃扩张等腹压增高,通过膈肌前移压迫肺组织。

肺内压力　肺内肿瘤、脓肿、寄生虫、炎性渗出物等直接压迫肺组织。

(二)阻塞性肺萎陷

主要由于支气管、细支气管被阻塞,位于阻塞后部肺泡内的残存气体逐渐被吸收,肺泡因而塌陷。支气管、细支气管阻塞的原因有急性或慢性支气管炎时的炎性渗出物、吸入的异物、寄生虫、支气管肿瘤等。若完全阻塞,则肺内的气体最终被肺吸收。因小叶的气道受阻,故阻塞性肺萎陷以小叶为单位发病。

二、病理变化

眼观,病变部位体积缩小,表面下陷,胸膜皱缩,肺组织缺乏弹性,似肉样。切面平滑均匀、致密。压迫性肺萎陷的萎陷区因血管受压迫而呈苍白色,切面干燥,挤压无液体流出。阻塞性肺萎陷的萎陷区因淤血而呈暗红色或紫红色,切面较湿润,有时有液体排出。

镜检,由于肺泡塌陷,可见肺泡隔彼此互相靠近、接触,呈平行排列,肺泡腔呈裂隙状(彩图14-11)。先天性肺萎陷表现为肺泡壁显著增厚,肺泡衬以立方状上皮;阻塞性肺萎陷,细支气管、肺泡内可见炎症反应,肺泡隔毛细血管扩张充血,肺泡腔内常见水肿液和脱落的肺泡上皮。压迫性肺萎陷细支气管和肺泡腔内无炎症反应。

三、结局和对机体的影响

肺萎陷常是可逆的,只要病因消除,病变部分可再膨胀而恢复。如果病因不能消除,病程持久,萎陷部肺组织间质结缔组织增生,发生肺纤维化。

萎陷的肺组织抵抗力明显降低,易继发感染,发生肺炎等。小区域肺萎陷不会严重影响呼吸功能。胸腔大量积液、气胸等压迫肺组织引起的肺萎陷,使呼吸膜面积明显减少,可引起呼吸功能不全。

第五节　呼吸功能不全

呼吸是动物不断从环境中摄取氧和从机体排出二氧化碳的过程。完整的呼吸功能包括 3个密切相关的过程:①外呼吸　外界环境与血液在肺部进行的气体交换,包括通气(肺泡与外环境之间的气体交换)和换气(血液与肺泡之间的气体交换)2个环节;②内呼吸　指血液与组织液之间以及组织液与细胞之间的气体交换;③气体运输　血液运输氧和二氧化碳。

一般把呼吸功能不全(respiratory insufficiency)与呼吸衰竭(respiratory failure)视为同义词,是指由于外呼吸功能的严重障碍,导致动脉血氧分压降低,伴有或不伴有二氧化碳分压增高的病理过程。动物正常动脉血氧分压 $p_a(O_2)$ 为 13.3 kPa,动脉血二氧化碳分压 $p_a(CO_2)$ 为 5.33 kPa。在动物安静状态下,一般以 $p_a(O_2)$ 低于 8 kPa,伴有或不伴有 $p_a(CO_2)$ 高于 6.67 kPa 作为判断呼吸衰竭的标准。

根据发生的速度,可将呼吸功能不全分为急性呼吸功能不全和慢性呼吸功能不全。根据原发病变部位不同,可将呼吸功能不全分为中枢性呼吸功能不全和外周性呼吸功能不全。根据发生机理不同,可将呼吸功能不全分为通气性呼吸功能不全和换气性呼吸功能不全。根据血液气体变化的特点,可将呼吸功能不全分为低氧血症型呼吸功能不全和高碳酸血症型呼吸功能不全。

一、原因

呼吸运动的正常进行有赖于呼吸中枢、肺、呼吸道、胸腔、呼吸肌及胸廓等组织的结构、功能的正常,上述一个或多个环节出现障碍均会引起呼吸功能不全。

1. 呼吸中枢受损　呼吸中枢若受损或被抑制,其调节机能必然发生障碍,从而引起呼吸功能不全。麻醉药、镇静剂过量可引起呼吸中枢抑制,脑创伤、脑炎、脑出血、脑水肿、脑肿瘤以及中毒等均能引起呼吸中枢受损。

2. 肺部疾病　肺炎、肺充血、肺淤血、肺水肿、肺气肿、肺萎陷、弥漫性肺间质纤维化、肺泡透明膜形成等可严重影响肺内气体交换,从而引起呼吸功能不全。

3. 呼吸道狭窄或阻塞　呼吸道狭窄或阻塞引起通气障碍。见于喉头水肿、喉头麻痹、气管炎、慢性支气管炎、管腔被黏液、渗出物、异物所阻塞等。

4. 胸腔积液和气胸　胸腔大量积液或气胸时,肺扩张受限制。

5. 呼吸肌功能障碍　呼吸肌损伤,其收缩机能减弱或失去,可引起呼吸功能不全。肌营养不良可致呼吸肌萎缩,低血钾症、缺氧、酸中毒可引起呼吸肌无力,膈肌痉挛及腹压增大等易使膈肌活动受限制。

6. 胸廓活动障碍　胸廓变形、肋骨骨折、胸壁严重外伤、胸膜增厚和粘连等均可限制胸部的扩张。

二、发病机理

呼吸功能不全是由于外呼吸功能出现严重障碍引起的,外呼吸包括通气和换气2个环节。上述各种病因通过影响通气和换气这2个环节引起肺通气功能障碍和肺换气功能障碍。

(一)肺通气功能障碍

通气是指肺泡与外界进行气体交换的过程。机体正常的通气主要依赖于胸廓、肺脏的扩张与回缩以及呼吸道的畅通。根据通气障碍发生的原因和机理,可将其分为限制性通气障碍和阻塞性通气障碍2型。

1. 限制性通气障碍　由于呼吸运动或肺泡扩张受限制所引起的肺通气量不足称为限制性通气障碍。其发生机理如下。

(1)呼吸运动减弱　呼吸中枢或支配呼吸肌的神经出现器质性病变,如脑炎、脑外伤等;过量镇静药、麻醉药引起的呼吸中枢抑制;呼吸肌本身的收缩功能障碍,如低钾血症、缺氧、酸中毒等引起呼吸肌无力,膈肌麻痹和痉挛、严重腹水或胃肠臌气使膈肌活动受限。呼吸运动减弱时,肺泡扩张受限而发生通气不足。

(2)胸廓和肺的顺应性降低　胸廓和肺扩张的难易程度通常用顺应性表示。在外力作用下,容易扩张的称顺应性大,不易扩张的称顺应性小。胸廓畸形、胸膜纤维化或粘连、胸壁外伤等原因可限制胸廓的扩张,引起胸廓的顺应性降低。肺淤血、水肿、纤维化、肺萎陷、肺炎、肺泡表面活性物质减少等均可导致肺的顺应性降低。

(3)胸腔积液和气胸　压迫肺,使肺扩张受限。

2. 阻塞性通气障碍　由于气道狭窄或阻塞,使气道阻力增加而引起的肺泡通气障碍称为阻塞性通气障碍。气道的阻力主要取决于口径的大小。气道内外压力的改变,管壁痉挛、肿胀或纤维化,管腔被黏液、渗出物、异物或肿瘤等阻塞,肺组织弹性降低以致对气道管壁的牵引力减弱等,均可使气道内径变窄或不规则而增加气流阻力,引起阻塞性通气不足。

(1)气道堵塞　喉头水肿、异物或支气管炎时的大量黏液性分泌物可造成阻塞。

(2)气道狭窄　急性支气管炎时支气管黏膜充血、水肿、炎性细胞浸润,使管壁增厚;慢性支气管炎时支气管黏膜肿胀、黏液腺体增生、肥大、炎性细胞浸润及结缔组织增生使管壁增厚、管腔狭窄及管腔内积有多量黏液;支气管平滑肌痉挛使支气管腔狭窄等。

(3)气道外的异常　支气管受肿瘤或肿大的淋巴结的压迫、肺泡壁损伤使细支气管受周围肺组织的牵引力减弱等引起支气管、细支气管狭窄或不规则。

由通气障碍引起的呼吸功能不全,肺泡通气量减少,氧气的吸入和二氧化碳的排出受阻,故动脉血 $p_a(O_2)$ 降低,$p_a(CO_2)$ 增高。

(二)肺换气功能障碍

肺泡气与毛细血管血液之间的气体交换是一个物理弥散过程。气体弥散的速度取决于呼吸膜两侧的气体分压差、呼吸膜的面积和厚度、气体的弥散能力以及血液与肺泡接触的时间。其中呼吸膜面积减少以及厚度增加在呼吸功能不全的发生中起着重要作用。

1. 弥散障碍　由于呼吸膜面积减少或呼吸膜增厚所引起。

(1)呼吸膜面积减少　在静息状态下,参与气体交换的呼吸膜面积约为呼吸膜总面积的一半,表明呼吸膜面积有较大的储备量。只有当呼吸膜面积减少一半以上时,才会发生换气功能障碍。严重的肺实变、肺萎陷时引起呼吸膜面积显著减少,从而引起呼吸功能不全。

（2）呼吸膜增厚　正常呼吸膜厚度 $0.2 \sim 1~\mu m$，通透性大。肺水肿、肺纤维化、间质性肺炎、肺透明膜形成等病变时，呼吸膜厚度增加，使呼吸膜通透性降低，气体弥散距离增宽，引起气体弥散速度减慢。弥散障碍主要引起动脉血 $p_a(O_2)$ 下降，对 CO_2 影响较小，这是由于 CO_2 弥散速度比 O_2 快，血液中的 CO_2 能很快地弥散入肺泡，CO_2 潴留不明显。

2. 肺泡通气与血流比例失调　血液流经肺泡时能否获得足够的 O_2 和充分地排出 CO_2，还取决于肺泡通气量（V_A）与血流量（Q）的比例。动物在正常平和呼吸时，每分钟肺泡通气量与每分钟肺血流量体积之比（V_A/Q）约为 0.8。此时，肺泡与血液之间的换气最充分。

肺泡的通气与血流比例失调也会影响换气。若肺泡通气良好但肺泡血流量不足，或部分肺泡血流量充分但通气不好，这 2 种情况下均不能进行有效的气体交换。这是肺部病变引起呼吸功能不全的最常见最重要的机制。

肺泡通气与血流比例失调有以下 2 种基本形式：

（1）部分肺泡通气不足　慢性支气管炎、阻塞性肺气肿等引起的气道阻塞或狭窄性病变，以及肺纤维化、胸廓顺应性降低引起的肺通气障碍，其通气障碍的分布往往是不均匀的。病变严重的部位肺泡通气减少，但血流并未减少，甚至还会因炎性充血而有所增加，造成肺泡通气量与肺血流量之比显著降低，流经这部分肺泡的静脉血未经充分动脉化便掺入动脉血内，这种情况称为功能性分流（functional shunt），又称静脉血掺杂（venous admixture）。

（2）部分肺泡血流不足　肺动脉栓塞、弥散性血管内凝血、肺气肿、肺动脉压降低（出血、脱水）等时，使部分肺泡血流减少，而肺泡通气良好，因而肺泡通气量与肺血流量之比增大。虽然肺泡通气正常，但肺泡血流不足，吸入的空气不能被充分利用，肺泡内气体成分和气道内气体成分相似，肺泡死腔增多，故称为死腔样通气（dead space like ventilation）。

三、治疗原则

1. 消除病因　是治疗的关键环节。如呼吸道感染时，积极进行抗感染治疗。

2. 氧疗　呼吸功能不全时，必然有低张性缺氧，吸氧是治疗低张性缺氧的最有效的方法。

3. 增加肺泡通气量　用抗生素治疗气道炎症，减少黏膜的肿胀与分泌。用平喘药扩张支气管，减轻呼吸道阻塞。由呼吸中枢抑制引起的通气障碍，使用呼吸中枢兴奋剂等。

4. 改善内环境　呼吸功能不全时可出现代谢性酸中毒、呼吸性酸中毒等单纯性或混合性酸碱平衡紊乱，以及血钾、血氯浓度改变，应注意纠正酸碱平衡及电解质紊乱。

（祁保民）

第十五章 消化系统病理

动物的消化系统是一个复杂的管状结构,由消化管和消化腺 2 大部分构成,担负着机体营养物质的消化、吸收和废物的排泄功能。其结构和功能因动物种类而异。例如,草食动物需要一个发酵罐(牛羊等反刍动物的瘤胃、马属动物膨胀的盲肠)来消化纤维素。生理条件下,消化系统消化过程受中枢神经系统的控制和受植物神经系统的直接支配,并与各系统器官的功能相互协调、相互影响。因此,消化系统疾病的发生除与自身组织结构和功能的改变有关外,也受到机体其他组织器官的影响;反之,消化系统的疾病也会对其他器官甚至全身产生影响。本章重点介绍胃肠炎、肝功能不全、肝炎、肝硬化和胰腺炎。

第一节 胃 肠 炎

胃肠炎是动物多种疾病发生过程中的一种常见病变,是指胃、肠道浅层或深层组织的炎症。胃肠道某一段炎症的严重程度与致病刺激物在这一部分的浓度高低、有毒物质溶解度、胃肠道不同区段的酸碱度、有毒物质的排出部位以及某些病原体对组织的特殊亲嗜性等有关。由于胃炎和肠炎往往相伴发生,故临床上常将其合称为胃肠炎。

一、类型

(一)胃炎

胃炎(gastritis)是指胃壁表层和深层组织的炎症。胃炎在临床上常伴有呕吐(尤其是犬瘟热、犬细小病毒性肠炎、猪伪狂犬病和冠状病毒感染)、脱水和代谢性酸中毒。炎症反应表现为胃黏膜出血、水肿、黏液增多、脓肿、肉芽肿、异物穿透、寄生虫、各种类型的炎性细胞浸润,严重时可发生糜烂、溃疡和坏死。临诊上按病程可将其分为急性胃炎和慢性胃炎 2 种。急性胃炎的病程短、发病急、症状重、渗出明显;慢性胃炎常常是由前者转化而来,病程较长、病情缓和、有的病例伴有增生。胃炎的性质视渗出物的种类而定,有卡他性、浆液性、化脓性、出血性和纤维素性几种;如果损伤仅限于黏膜层的,称为浅表性胃炎;如果炎症累及黏膜下层甚至肌层组织,称为深部性胃炎。现将几种常见的胃炎叙述如下:

1. 急性浆液性胃炎 急性浆液性胃炎(acute serous gastritis)是最常见的一种胃炎,也是胃炎中最轻微者,常见于各种胃炎的开始和早期,通常以胃黏膜表面渗出多量的浆液为特征。

(1)病因 能引起急性浆液性胃炎的病因很多,包括理化因素(如饮食冷水)、病原微生物(如冠状病毒)感染、细菌(如梭菌)毒素等。饲养管理失常,不合理的更换饲料及饲喂制度的改变、饲料质量低劣(发霉变质、过硬、刺激性强等)以及役畜的不合理使役等往往是诱因。

(2)病理变化 眼观,可见发炎的胃黏膜肿胀、潮红,以胃底腺部黏膜最为严重,被覆大量稀薄黏液,严重者偶见少量出血点。镜检,可见胃黏膜上皮细胞变性,严重时上皮细胞可发生坏死、脱落,固有层和黏膜下层毛细血管扩张充血,组织间隙充斥淡红色的浆液(HE 染色),但很少见到炎性细胞浸润,偶见出血。

2. 急性卡他性胃炎　急性卡他性胃炎(acute catarrhal gastritis)以胃黏膜表面被覆多量黏液和脱落上皮为特征,也是一种常见的胃炎类型。

(1)病因　致病因素包括机械性(低劣、粗硬饲料的刺激)、物理性(过冷、过热的刺激)、化学性(酸、碱物质、霉败饲料、化学药物及毒物)、生物性(细菌、病毒、寄生虫等)因素以及各种剧烈的应激等。其中以生物性因素最为常见,如猪传染性胃肠炎和流行性腹泻、猪瘟、猪伪狂犬病、猪丹毒、仔猪水肿病,犬瘟热、犬细小病毒性肠炎、犬冠状病毒感染,鸡新城疫、禽流感、禽霍乱、沙门氏菌病等传染性疾病。

(2)病理变化　眼观,胃黏膜肿胀,有不同程度的潮红充血区,胃底充血尤其明显。根据病变程度不同,黏膜表面可依此被覆大量不同性质的分泌物,如浆液性、浆液-黏性、脓性甚至血性分泌物,有时可见胃黏膜有出血点或出血斑,轻刮黏膜,黏膜易脱落。镜检,可见胃黏膜上皮细胞变性、坏死、脱落,有时局部出现浅层糜烂;固有层、黏膜下层毛细血管扩张、充血,甚至出血;固有层内淋巴小结肿胀,有时可见生发中心扩大或新生淋巴小结形成;组织间隙有大量渗出物及多量炎性细胞浸润;化脓性卡他病例渗出物中有大量变性的中性粒细胞。

3. 出血性胃炎　出血性胃炎(hemorrhagic gastritis)以胃黏膜点状、斑块状或弥漫性出血为主要特征。

(1)病因　强烈的机械性刺激、毒物和毒素中毒、某些烈性传染病以及剧烈呕吐等都可能引起出血性胃炎。如饲喂了霉败饲料,鼠药、重金属(砷)及农药中毒。梭状芽孢杆菌是引起牛羊出血性真胃炎的原因(由细菌的外毒素引起的),这种疾病是由于牛羊食用了被致病菌污染的冷冻饲料而引起的;猪的许多败血症过程中,细菌的栓子沉积在胃黏膜下层的血管中,引起血栓形成,导致充血、出血、梗死和溃疡,如猪沙门氏菌病、猪痢疾、大肠杆菌病等。此外,某些病毒感染也会导致胃黏膜出血。如猪瘟和非洲猪瘟病毒感染引起胃底黏膜出血,鸡新城疫病毒、禽流感病毒、鸡法氏囊病毒引起腺胃、肌胃交界处黏膜和肌胃角质膜下出血,犬瘟热病毒、兔瘟病毒感染等疾病过程中均可引起胃黏膜出血。

(2)病理变化　眼观,胃黏膜表面有点状、斑块状或弥漫性出血,严重者浆膜出血(彩图15-1),黏膜表面或胃内容物呈黑红色,甚至内含有游离的血凝块。镜检,可见黏膜固有层、黏膜下层毛细血管扩张、充血、出血,红细胞局灶性或弥漫分布于整个黏膜层。

4. 纤维素性-坏死性胃炎　纤维素性-坏死性胃炎(fibrinonecrotic gastritis)以胃黏膜表面覆盖大量纤维素性渗出物为特征。

(1)病因　由较强烈的致病刺激物(误咽腐蚀性药物)、应激(猪合群打斗、长途运输等造成的猪应激性溃疡)、寄生虫感染(牛羊真胃内奥斯特线虫寄生)以及某些传染病过程中,如猪瘟、鸡新城疫、畜禽沙门氏菌病、坏死杆菌及化脓性细菌感染等。

(2)病理变化　眼观,胃黏膜表面被覆一层灰白色、灰黄色纤维素性薄膜。根据损伤程度不同可分为 2 种,即浮膜性炎和固膜性炎。浮膜性炎,也称作假膜性炎,薄膜易剥离,剥离后,可见黏膜表面充血、肿胀、出血,黏膜光滑完整无缺损;固膜性炎,由于组织损伤较严重,有一定程度坏死,薄膜与组织结合牢固,不易剥离,强行剥离则见糜烂和溃疡。镜检,黏膜表面、黏膜固有层甚至黏膜下层有大量纤维素渗出。

5. 慢性胃炎　慢性胃炎(chronic gastritis)是以黏膜固有层和黏膜下层结缔组织显著增生为特征的炎症。

(1)病因　多数慢性胃炎是由各种急性胃炎发展转变而来，少数由寄生虫(猪蛔虫、马胃蝇虫、牛羊真胃捻转血矛线虫)寄生所致。

(2)病理变化　胃黏膜表面被覆大量灰白色、灰黄色或灰褐色黏稠的黏液。有的病例黏膜固有层和黏膜下层腺体、结缔组织增生，胃黏膜皱褶显著增厚，并有多量炎性细胞浸润。固有层的部分腺体受增生的结缔组织压迫而萎缩，部分存活的腺体则呈代偿性增生。由于增生性变化，使全胃或幽门部黏膜肥厚，形成慢性肥厚性胃炎。慢性巨大肥厚性胃炎常见于比格犬、拳狮犬和斗牛梗等品种。

6. 胃溃疡　胃溃疡(gastric ulcer)是指胃黏膜的缺陷，是指胃黏膜在消化液的作用下，导致了一个深达黏膜下层甚至于肌层的一个组织缺损。严重时可达腹膜腔，则称为穿孔性溃疡。猪胃溃疡较常见，其原因多种，包括摄入细碎的谷物或颗粒饲料(可能缺乏维生素 E)，饲料中的糖发酵，以及限制饲养的压力。这些溃疡经常出血，可导致失血。这些溃疡通常局限于环绕贲门的胃黏膜食管部分的层状鳞状上皮。

(二)肠炎

肠炎(enteritis)是指肠道的某段或整个肠道的炎症。根据发病部位不同可分为十二指肠炎、空肠炎、回肠炎、盲肠炎、结肠炎和直肠炎等，但肠炎往往并不局限于某一固定区段，往往表现在不同肠段同时发生或相继发生炎症，因此临床上常有小肠结肠炎、盲肠结肠炎之称。某些情况下，肠炎还常与胃炎伴发而构成胃肠炎；根据病程长短而将肠炎分为急性和慢性 2 种；根据渗出物性质和病变特点又有卡他性肠炎、出血性肠炎、纤维素性肠炎和慢性增生性肠炎之分。

1. 卡他性肠炎　常见急性卡他性肠炎和慢性卡他性肠炎 2 种。

(1)急性卡他性肠炎(acute catarrhal enteritis)为临床上最常见的一种肠炎类型，多为各种肠炎的早期变化，以黏膜发生急性充血和大量的浆液性、黏液性或脓性渗出为特征。

①病因　卡他性肠炎病因很多，有营养性、物理性、化学性、中毒性、生物性因素等几大类。如饲料粗糙、霉败、搭配不合理，饮水过冷、不洁，误食有毒植物，抗生素长期大剂量使用等导致肠道正常菌群失调，霉菌毒素(如黄曲霉毒素)作用，发生于病毒性疾病(如猪瘟、伪狂犬病、细小病毒性肠炎、传染性胃肠炎、流行性腹泻、鸡新城疫、禽流感、传染性法氏囊病、牛黏膜病、犬细小病毒性肠炎、冠状病毒感染)、细菌病(如仔猪黄、白痢、仔猪副伤寒、鸡白痢、伤寒、副伤寒、禽霍乱、小鹅瘟)及寄生虫病(如畜禽蛔虫病)。

②病理变化　眼观，肠黏膜肿胀、潮红充血，充血可为弥漫性或局限于某段肠黏膜；黏膜表面附有大量半透明无色浆液或灰白色、灰黄色黏液，肠壁孤立淋巴滤泡和淋巴集结肿胀，形成灰白色结节，向肠黏膜表面突起。镜检，黏膜上皮变性、脱落，杯状细胞显著增多，黏液分泌增多。黏膜固有层毛细血管扩张、充血，并有大量浆液渗出和大量的中性粒细胞及数量不等的单核细胞、淋巴细胞浸润，有时可见出血性变化。当有化脓性细菌(如链球菌、绿脓杆菌等)感染时，可形成大量脓性分泌物被覆于肠黏膜表面，黏膜上皮坏死，大量多形核的中性粒细胞浸润，坏死变化严重，可见大量的中性粒细胞崩解。

冠状病毒是近几年来临床上引起仔畜腹泻常见的病原体之一，常常引起仔猪、犊牛、犬等动物发生严重的急性腹泻。由冠状病毒引起的哺乳仔猪腹泻包括传染性胃肠炎和流行性腹泻,尤其是流行性腹泻,近几年来发病率逐年升高,尤其是出生 1 周以内的仔猪,冠状病毒感染引起的腹泻占到整个病毒性腹泻的 90％以上。眼观可见小肠充血、出血、黄染、鼓气(彩图 15-2),胃内充满大量未消化的乳凝块,由于该病毒的肠道毒性强,死亡特别常见,特别是 1 周内的仔猪,病死率几乎百分之百。冠状病毒感染除了引起小肠炎症之外,还能导致结肠炎,主要表现为肠上皮细胞脱落,然后被幼稚的鳞状上皮取代。隐窝腔常含有细胞碎片,隐窝细胞局部增生,固有层内大量的炎性细胞浸润。

通常情况下,急性卡他性肠炎的早期,其渗出物为浆液性,随着病情的发展,可转化为黏液性,如果有化脓性细菌感染,则转化为脓性。急性卡他性肠炎因病变损伤相对比较轻微,因此,只要及时除去病因和正确治疗,易于痊愈;部分病例因病程过久或治疗不及时,则可转为慢性卡他性肠炎。

(2)慢性卡他性肠炎(chronic catarrhal enteritis)　多数是由急性卡他性肠炎发展转变而来,以肠黏膜表面被覆黏稠黏液和组织增生为特征。

①病因　如果是由急性卡他性肠炎发展而来的,则病因与急性卡他性肠炎相似。一些肠道寄生虫病,肝脏、心脏疾病所引起的长期淤血也可导致慢性卡他性肠炎。

②病理变化　眼观,肠黏膜表面被覆灰黄色、黄绿色、黑褐色黏稠的黏液,肠壁肥厚或变薄。镜检,间质增生,固有层增厚,淋巴细胞为主的炎性细胞浸润,上皮组织增生,增生旺盛时可见核分裂象,陈旧性病变由于结缔组织增生压迫腺体导致腺体体积缩小和数量减少,再加上结缔组织的收缩作用,使肠壁变薄,肠绒毛也发生萎缩。

2. 出血性肠炎　出血性肠炎(hemorrhagic enteritis)是以肠黏膜损伤严重,有明显出血的一种肠炎。

(1)病因　其发生的原因以病原微生物感染为主,如炭疽、急性猪瘟、非洲猪瘟、急性猪丹毒、仔猪红痢、猪痢疾、猪肺疫、仔猪副伤寒、产气荚膜梭菌感染、犬细小病毒性肠炎、羊肠毒血症、鸡新城疫、禽霍乱、禽流感等。少数寄生虫也能引起,如畜禽的球虫病,球虫是一种宿主特异性和组织特异性的原生动物,它们是专性胞内病原体,常引起鸡、犬、猫和牛的出血性肠炎。此外,剧烈的应激反应也能引起肠道出血(彩图 15-3)。

(2)病理变化　眼观,肠黏膜肿胀,有点状、斑块状或弥漫性出血,表面覆盖多量红褐色黏液,血管破坏严重时可形成暗红色血凝块,严重时浆膜表面都成暗红色。肠内容物中混有血液,呈淡红色或暗红色(彩图 15-4、彩图 15-5)。镜检,黏膜上皮和腺上皮变性、坏死和脱落,黏膜固有层和黏膜下层血管明显扩张、充血、出血和炎性渗出。

3. 纤维素性肠炎　纤维素性肠炎(fibrinous enteritis)是以肠黏膜表面形成纤维素性渗出物为特征的炎症。临床上多为急性或亚急性经过,有时可见慢性经过。

(1)病因　多数与病原微生物感染有关,如猪瘟、仔猪副伤寒、猪坏死性肠炎、牛黏膜性腹泻、鸡沙门氏菌病、鸡新城疫、仔猪球虫病等。

(2)病理变化　眼观,肠黏膜充血、水肿并有小出血点。肠黏膜表面渗出多量灰白色、灰黄色絮状、片状、糠麸样纤维素性渗出物,渗出物与渗出的白细胞和坏死的上皮细胞混合而成为一种灰白色的粗糙膜状物(假膜),有时呈条索状或管状物。若假膜较薄,易于剥离,肠黏膜坏死较轻者称为浮膜性肠炎(croupous enteritis);如肠黏膜坏死严重已达深层,渗出的纤维素和坏死组织融合形成一层与深层组织牢固相连的痂膜(彩图 15-6),难以剥离,强力剥离后遗留较深的溃疡,则称为固膜性肠炎(diphtheritic enteritis),也叫纤维素性坏死性肠炎(fibrinonecrotic enteritis)，以亚急性、慢性猪瘟在大肠黏膜表面形成的"扣状肿"最为典型(彩图 15-7)。慢性肠道沙门氏菌病经常发生在猪、牛和马等动物，猪感染发病后，在盲肠和结肠等部位可形成局部坏死和溃疡，此现象也可称为纽扣溃疡。

镜检，肠黏膜见均质红染无结构的坏死区，坏死的黏膜组织和纤维素性渗出物凝固在一起，其中含有黏液、变性坏死的中性粒细胞和脱落的上皮细胞。坏死组织和活组织交界处见充血、水肿、炎性细胞浸润和纤维素渗出。炎性细胞以中性粒细胞为主，也有数量不等的淋巴细胞、浆细胞和巨噬细胞。此外，还可见少量红细胞和小静脉血栓形成。

4. 慢性增生性肠炎　慢性增生性肠炎(chronic proliferative enteritis)以肠黏膜和黏膜下层结缔组织增生及炎性细胞浸润为特征，又称肉芽肿性肠炎(granulomatous enteritis)。

(1)病因　主要是由副结核分枝杆菌、结核分枝杆菌、细胞内劳森氏菌、组织胞浆菌及一些尚未确定的病原引起的。细胞内劳森氏菌能引起猪、犬、马、羊、兔、豚鼠、仓鼠、大鼠、雪貂、狐狸、鹿、猴子、鸵鸟和鸸鹋等动物慢性增生性肠炎，3 个月以下的幼畜较常见。

(2)病理变化　眼观，肠管变粗，肠壁增厚，在黏膜面形成脑回样皱褶，或高低不平，黏膜呈黄白色，表面常覆盖灰白色的黏液。镜检，肠黏膜上皮细胞变性、脱落，肠腺萎缩或增生，杯状细胞肿胀、分泌亢进，黏膜固有层和黏膜下层大量上皮样细胞、多核巨细胞、淋巴细胞浸润以及成纤维细胞增生。

二、结局和对机体的影响

1. 结局　对于急性胃肠炎，如果能消除病因，及时治疗，机体很快会恢复健康，严重的病毒性肠炎，由于剧烈地腹泻导致严重脱水，最终因心衰而死亡。若病因长期持续存在，治疗不当，则可转变为慢性而难以治愈，结果往往以结缔组织增生、胃肠壁变薄(萎缩)为结局，严重者导致死亡。

2. 胃肠炎对机体的影响

(1)呕吐、腹泻和消化不良　急性胃肠炎时由于病因强烈刺激，胃肠道肠蠕动加强、分泌增多，引起剧烈的呕吐和腹泻。慢性胃肠炎，由于胃肠道腺体受压萎缩，肌层被结缔组织取代，导致分泌机能、运动机能减弱，可引起消化不良、便秘及肠臌气。

(2)脱水和酸碱平衡紊乱　急性胃肠炎，由于剧烈呕吐和腹泻，导致大量的酸性胃液或碱性肠液、胰液丢失，K^+、Na^+ 丢失增多，重吸收减少而丢失过多引起脱水、电解质和酸碱平衡紊乱，引起代谢性酸中毒或碱中毒，以及低 K^+、低 Na^+ 血症等。

(3)肠管的屏障机能障碍和自体中毒　急性肠炎(特别是十二指肠炎)，黏膜肿胀，胆管口被阻塞，胆汁不能顺利排入肠道，细菌得以大量繁殖，产生毒素，加之黏膜受损，可将毒素吸收入血，引起自体中毒。慢性肠炎，肠运动、分泌减弱，内容物停滞，可发酵、腐败、分解，产生有毒物质(吲哚、酚、胺等)，被吸收入血，引起机体中毒。

第二节　肝功能不全

肝脏是体内具有多种生理功能的器官，它既是物质代谢的中心，又是重要的分泌、排泄、生物转化和屏障器官。一般而言，肝实质细胞发生功能障碍时，首先受损的是分泌功能(如高胆红素血症)，其次是合成功能障碍(如凝血因子减少、低白蛋白血症等)，最后是解毒功能障碍

(如灭活激素功能低下,芳香族氨基酸水平升高等)。枯否氏细胞是定居肝脏内的一种巨噬细胞,它是体内最大的固有巨噬细胞群,占固有巨噬细胞总数的80%～90%,在维持机体内环境稳定上起着相当重要的作用。枯否氏细胞除具有强大的吞噬功能外,尚有调节肝内微循环,参加某些生化反应(如合成尿素与胰岛素降解等),并可分泌多种细胞因子和炎症介质,对机体的防御、免疫功能有着极其重要的作用。枯否氏细胞受损或功能障碍将会导致肠源性内毒素血症的发生,后者又可加重肝脏损害,并引起多种肝外并发症,如DIC、功能性肾衰竭、顽固性腹水等。

肝脏具有相当大的功能储备和再生能力。在健康的动物中,超过2/3的肝实质可以被切除而不会对肝功能造成明显的损害,损伤的肝组织可以在几天内再生修复,尤其是幼龄动物,再生能力更强。某些致病因素(一次或长期反复作用)严重损伤肝细胞和枯否氏细胞时,会导致肝脏形态结构和功能出现异常,进而引起水肿、黄疸、出血、继发性感染、肝性脑病等一系列症状,这一病理过程称为肝功能不全(hepatic insufficiency)。如果引起中枢神经系统功能紊乱时,常导致肝性昏迷,此时称作肝功能衰竭(hepaticfailture),临床的主要表现为肝性脑病与肝肾综合征(功能性肾功能衰竭)。

根据病情发展速度,肝功能不全可分为急性肝功能不全、慢性肝功能不全2种类型。前者见于马传染性贫血、猪钩端螺旋体病以及严重的中毒性肝炎(如四氯化碳中毒)等,常很快发生黄疸,出血明显;后者主要可见于各种肝硬化的晚期。

一、原因

引起肝功能不全的原因很多,其中主要有以下几个方面:

1. **感染** 病毒(如鸭的病毒性肝炎病毒)、细菌(如畜禽沙门氏菌)、寄生虫(如血吸虫、华枝睾吸虫、阿米巴虫)等均可造成肝脏损害。在病原体复制和繁殖过程中及其毒素的直接作用下,导致肝细胞代谢紊乱,或者由于病原体作用导致肝脏的血液循环障碍,发生淤血、缺氧,从而引起肝细胞的变性和坏死。传染性因素是引起肝功能不全的主要因素。

2. **中毒** 重金属(如铅、铜、汞、镉等)、某些植物毒素(如棉酚等)、真菌毒素(如黄曲霉毒素等)和代谢毒物(如氨、胺类等)等,这些物质对肝细胞内的细胞器具有很强的选择性;棉酚能抑制肝细胞所需的酶,影响肝细胞的代谢,引起细胞的变性和坏死。黄曲霉毒素B1是黄曲霉毒素中最强的一种,其主要在肝脏中发生代谢,它在细胞色素P450混合功能氧化酶的作用下转化成黄曲霉毒素M1、黄曲霉毒素M2、黄曲霉毒素P1、黄曲霉毒素Q1、黄曲霉毒素B2α、黄曲霉毒素醇等物质。黄曲霉毒素B1的急性毒性是氰化钾的10倍,砒霜的68倍,慢性毒性可诱发癌变,致癌能力为二甲基亚硝胺的75倍,比二甲基偶氨苯高900倍,人的原发性肝癌也与黄曲霉毒素有关。此外,某些药物如氯霉素、利福平等长期大剂量的不合理使用,也会引起肝功能不全。

3. **营养性因素** 饲料中缺乏某些营养物质,特别是矿物质和维生素,如微量元素硒、维生素E、含硫氨基酸缺乏或不足时,常发生"营养性肝病"。此时肝脏发生弥漫性变性和坏死,并伴发黄脂病以及骨骼肌和心肌的变性等。缺乏胆碱、甲硫氨酸时,可以引起肝脂肪变性。这是因为肝内脂肪的运输须先转变为磷脂(主要为卵磷脂),而胆碱是卵磷脂的必需组成部分。甲硫氨酸供给合成胆碱的甲基。当这些物质缺乏时,脂肪从肝中移除受阻,造成肝的脂肪变性。

4. **免疫功能异常** 肝病可以引起免疫反应异常,免疫反应异常又是引起肝脏损害的重要原因之一。例如,乙型肝炎病毒引起的体液免疫和细胞免疫都能损害肝细胞,乙型肝炎病毒的表面抗原(HBsAg)、核心抗原(HBcAg)、e抗原(HBeAg)等能结合到肝细胞表面,改变肝细胞膜的抗原性,引起自身免疫。

5. 遗传缺陷 有些肝病是由遗传缺陷而引起的遗传性疾病。如由于肝脏不能合成铜蓝蛋白,使铜代谢发生障碍,而引起肝豆状核变性;肝细胞内缺少1-磷酸葡萄糖半乳糖尿苷酸转移酶,1-磷酸半乳糖不能转变为1-磷酸葡萄糖而发生蓄积,损害肝细胞,引起肝硬化。

6. 肿瘤 肝癌对肝组织的破坏而导致肝功能不全。

7. 胆道阻塞 胆道结石、寄生虫(如猪蛔虫、牛、羊肝片吸虫)等引起胆道阻塞而使胆汁淤积,如时间过长,可因滞留的胆汁对肝细胞的损害作用和肝内扩张的胆管对血窦压迫造成肝缺血,而引起肝细胞变性和坏死。

8. 血液循环障碍 心包炎、心肌炎、心瓣膜病、慢性心力衰竭、各种原因引起的心包积液、胸水、胸内压增高时引起的心功能不全,均能造成肝静脉血液回流发生障碍,以及各种原因造成的门静脉阻塞(如肝癌、胰腺癌等)、肝静脉阻塞(如肿瘤压迫、血栓形成等)均可引起肝淤血、肿大、窦状隙被动性扩张,肝细胞因缺氧和受到压迫而发生萎缩、变性和坏死,后期由于结缔组织弥漫性增生,导致肝硬化。

二、结局和对机体的影响

肝脏是机体重要的物质代谢器官,当肝功能不全时,可引起机体的多种物质代谢障碍,影响机体的机能活动。

(一)对物质代谢的影响

1. 糖代谢改变 肝脏是合成和储存糖原、氧化葡萄糖和产生能量的场所,肝糖原在调节血糖浓度以及维持其稳定中起重要作用。肝功能不全时,肝脏利用葡萄糖合成糖原的能力降低,而且对代谢所产生的乳酸、蛋白质及脂类等中间产物通过糖原异生的途径来合成糖原的过程也发生障碍,故糖原含量下降,引起低糖血症;同时糖原分解也减少,ATP生成不足,维生素B_1的磷酸化障碍,血液中丙酮酸增高,结果导致血糖浓度降低,严重时脑组织因能量供应不足而出现低血糖性昏迷,甚至危及生命。

2. 脂类代谢障碍 肝内脂肪酸是在线粒体内进行分解的。通过β-氧化反应,脂肪酸被氧化为乙酸辅酶A,并产生大量能量;肝脏还能合成甘油三酯和脂蛋白,参与磷脂和胆固醇的代谢等。因此,当肝功能受损时,肝内脂肪氧化障碍或脂肪合成增多,而又不能有效地运出,中性脂肪在肝细胞内堆积导致脂肪肝。

3. 蛋白质代谢改变 肝脏是蛋白质代谢的场所,在蛋白质合成和分解代谢中,都起着重要的作用。正常情况下,氨基酸脱氨基后形成的氨,在肝内经鸟氨酸循环形成尿素而解毒。肝功能不全时,首先表现为氨基酸的脱氨基及尿素合成障碍,血及尿中尿素含量减少,血氨含量增多;同时肝细胞蛋白分解所产生的氨基酸,如亮氨酸、酪氨酸等也将出现在血及尿中。此外,肝功能不全时,肝脏合成蛋白质的能力降低,故血浆中白蛋白、纤维蛋白原、凝血酶原的含量减少。因此在肝硬化发生时,由于有效肝细胞总数减少和肝细胞代谢障碍,白蛋白合成可减少一半以上,以致出现低白蛋白血症,这也是肝性腹水发病的机制之一。

4. 酶活性改变 肝脏在代谢过程中起重要作用,与它含有许多种酶有关。因此,肝功能不全时,常伴有血浆中某些酶活性的升高或降低,如谷草转氨酶(GOT)可因肝细胞的损伤而释放至血液,血清中 GOT 浓度升高;胆碱酯酶活性降低;血清氨甲酰鸟氨酸转氨酶(SOCT)增高;山梨醇脱氢酶(SD)增高等。

5. **维生素代谢障碍** 肝脏是多种维生素的贮存场所,脂溶性维生素的吸收依赖于肝脏分泌的胆汁,许多维生素在肝内参与某些辅酶的合成。肝功能不全时,胡萝卜素转变成维生素 A 的能力降低,肝内维生素 A 也不易释放,如果此时伴有胆道阻塞,则可影响维生素 A 的吸收,血液中维生素 A 的含量降低,出现维生素 A 缺乏症;脂溶性维生素(D、K)吸收障碍则可引起骨质软化和凝血因子合成不足导致出血性素质;维生素 B_1(硫氨素)在肝内磷酸化过程的障碍使得丙酮酸氧化脱羧作用发生障碍,血液中丙酮酸含量增高,出现多发性神经炎等症状。

6. **激素代谢障碍** 许多激素的代谢与肝脏有关,肝脏是体内多种激素降解的主要场所。肝功能不全时,肾上腺糖皮质激素降解灭活作用减弱,激素在血内浓度升高,久而久之可因垂体促肾上腺皮质激素的分泌抑制导致肾上腺皮质机能低下;抗利尿激素和醛固酮的灭活作用减弱,使其在体内含量增多,常可引起水肿和腹水;胰岛素灭活减弱导致低血糖。

7. **水和电解质代谢障碍** 肝功能不全时,抗利尿激素和醛固酮的灭活作用减弱,肾小管对水和钠的重吸收增加,同时由于血浆蛋白减少,血浆胶体渗透压降低,促进水肿的形成,因此,常可引起水肿和腹水。肝功能衰竭时,患者常发生低钾血症和低钠血症。低钾血症的发生与醛固酮的作用增强有关,肝功能受损时,醛固酮灭活减弱;同时,因严重肝脏疾患常伴有腹水,导致有效循环血量减少引起醛固酮分泌增加,醛固酮含量增加导致钾随尿排出增多而引起低钾血症。低钾血症以及继发的代谢性碱中毒可诱发肝性脑病。低钠血症则由水潴留引起。在肝功能障碍时,ADH 释放增加、灭活减弱,肾脏排水减少导致稀释性低钠血症。

(二)对机体机能活动的影响

1. **血液学改变** 肝功能不全时,由于物质代谢障碍,缺乏造血所必需的原料,如蛋白质、维生素、酶类等,因此红细胞生成减少,常有贫血现象。另外,维生素 K 缺乏及凝血酶原等多种凝血因子生成减少,凝血功能障碍,使机体伴有出血倾向。肝功能不全时,由于肝脏摄取、结合和排泄胆红素的功能发生障碍,因而血中胆红素含量增多,引起黄疸现象。

2. **脾脏功能改变** 肝细胞的变性、坏死引起肝功能不全时,常伴有脾脏的某些变化,如急性肝炎时常见脾脏巨噬细胞增生;肝硬化时则常伴有脾窦扩张、脾索纤维结缔组织增生以及脾脏机能亢进等肝脾综合征,从而引起脾脏功能的相应改变。

3. **胃肠道功能改变** 门静脉循环障碍可造成胃肠道黏膜淤血、水肿以及胃肠道分泌、吸收、运动功能障碍,临床上常出现食欲不振、营养不良等症状。由于胆汁的分泌、排泄障碍,从而影响脂类及维生素 A、维生素 D、维生素 K 等脂类相关物质的消化和吸收。

4. **心脏血管系统功能改变** 肝功能不全时若伴有胆汁在体内潴留,由于胆汁盐对迷走神经和心脏传导系统的毒性作用,以及水盐代谢紊乱,常出现心动缓慢、血压下降、血管扩张、心脏收缩力减弱等变化。

5. **肝脏防御功能改变** 肝脏是机体重要的防御器官,体内、外的许多有毒物质可通过肝脏的氧化、还原、水解、结合等方式转化成无毒或毒性较低的物质。肝功能不全时,进入体内的大量毒性物质不能经肝脏有效地进行生物转化而直接进入大循环中,同时,由于肝脏合成尿素发生障碍,容易引起机体的中毒现象。严重肝病时,肝代谢药物的能力下降,改变药物在体内的代谢过程,延长多种药物的生物半衰期,导致药物蓄积,因而增强某些药物,尤其是镇静药、催眠药等的毒性作用,而易发生药物中毒。另外,由于肝功能不全造成机体单核-吞噬细胞系统免疫反应性降低,机体抵抗感染能力下降。枯否氏细胞有很强的吞噬能力,能吞噬血中的异物、细菌、内毒素及其他颗粒物质。门静脉中的细菌约有99%在经过肝窦时被吞噬。因此,枯否氏细胞是肝脏抵御细菌、病毒感染的重要屏障。在严重肝功能障碍时,由于补体不足以及血浆纤维连接蛋白减少,枯否氏细胞的吞噬功能受损,因此机体感染的概率增加,肝病常常并发感染引起菌血症、细菌性心内膜炎、尿道感染等。

6. 神经系统功能的改变　发生肝病时,从肠道吸收的蛋白质终末代谢产物(如氨、胺类等毒性物质)不能通过肝脏进行生物氧化作用,因而在体内蓄积引起中枢神经系统发生严重功能障碍,以至出现以昏迷为主的一系列神经症状,称为肝性昏迷,或称肝性脑病,动物出现行为异常、烦躁不安、抽搐、嗜睡甚至昏迷。

第三节　肝　炎

肝炎(hepatitis)是指在致病因素作用下发生的以肝细胞变性、坏死、炎性细胞浸润和间质增生为主要特征的一种炎症过程。

肝脏内炎性病变的性质和分布通常由侵入途径、宿主的炎性反应、感染源(如病毒、细菌或真菌)的性质以及它们与肝脏内特定细胞类型的关系所决定。血源性感染往往导致病变的随机多灶性分布。胆道的严重感染可能影响整个门脉系统并延伸至邻近的实质。穿透性伤口会导致肝包膜上明显的有或无坏死的炎症离散区,并延伸至肝实质。肝损伤的特征主要表现为炎症的累及模式、炎症细胞类型(中性粒细胞、淋巴细胞、浆细胞、嗜酸性粒细胞和/或巨噬细胞)、坏死或纤维化的严重程度、再生以及病原体的存在等。

急性肝炎以炎症、肝细胞坏死和细胞凋亡为特征。炎症细胞的比例和类型因炎症的原因、宿主的反应、病变的阶段或年龄而异。炎症类型的表征通常需要显微镜下的评估。在许多形式的急性肝炎中,特别是细菌和原虫感染,通常情况下为中性粒细胞积聚,如新生仔畜,尤其是小牛、羊羔和小马驹常常会通过脐静脉而感染细菌,如大肠杆菌、病毒性感染(如多种疱疹病毒感染)引起的急性肝炎更常见的特征是坏死和凋亡,炎症或淋巴细胞浸润极少。

慢性肝炎是由于抗原刺激的持续存在而引起的持续炎症。慢性肝炎以纤维化为特征,通常以淋巴细胞、巨噬细胞和浆细胞等单核细胞的浸润为主,常有再生。中性粒细胞常存在于某些慢性的未治愈的肝脏炎症中,如某些犬慢性肝炎。

一、原因和类型

引起肝炎的病因很多,根据病因把肝炎分为传染性肝炎和中毒性肝炎2类。

(一)传染性肝炎

传染性肝炎(infectious heptitis)是指由生物性致病因素(细菌、病毒、霉菌、寄生虫等)引起的肝脏炎症。在动物传染性肝炎中以细菌性、病毒性和寄生虫性因素最常见,因此临床上常有细菌性肝炎、病毒性肝炎和寄生虫性肝炎之分。

1. 细菌性肝炎　很多细菌均可以引起肝脏的炎症,沙门氏菌、坏死杆菌、结核杆菌、巴氏杆菌、化脓棒状杆菌、链球菌、葡萄球菌、禽弧菌及钩端螺旋体等都可引起肝炎。细菌性肝炎主要以变质、坏死和形成肉芽肿为特征。细菌可通过不同的途径,包括门静脉、新生儿脐部静脉感染、肝动脉、胆道系统上行感染等到达肝脏而形成脓肿。

2. 病毒性肝炎　病毒性因素,尤其是某些对肝脏组织具有明显亲嗜性的病毒,往往在引起相应传染病的同时,可在毒血症的基础上促发特定的病毒性肝炎。疱疹病毒通常感染新生儿或胎儿而导致病毒性肝炎的发生。包括流产性马疱疹病毒(马疱疹病毒1型)、传染性牛鼻气管炎病毒(牛疱疹病毒1型)、山羊疱疹病毒、犬疱疹病毒(犬疱疹病毒1型)、猫病毒性鼻气管炎病毒(猫疱疹病毒1型)和伪狂犬病病毒(猪疱疹病毒1型)等。疱疹病毒感染途径包括胎盘暴露、产道、与受感染的同窝仔畜及口鼻分泌物接触等。此外,鸡包涵体肝炎、鸭病毒性肝炎、犬病毒性肝炎、牛和绵羊的裂谷热和兔瘟等病毒性传染病过程中,常伴有肝炎的病变。

3. 寄生虫性肝炎　多见于原虫感染和某些寄生虫的幼虫移行引起。如弓形虫、兔球虫、鸡组织滴虫感染以及动物蛔虫的移行等均可引起寄生虫性肝炎。

(二)中毒性肝炎

中毒性肝炎是指由病原微生物以外的其他毒性物质所引起的肝炎。主要是一些亲嗜性的化学物质、霉菌毒素、植物毒素及机体代谢产物。

1. 化学药物及毒物　农药、四氯化碳、氯仿、硫酸亚铁、铜、锑、磷、砷、汞、棉酚、煤酚、某些抗生素、呋喃类药物等长期过量使用,均可使肝脏受到损害,引起中毒性肝炎。与肝炎相关的药物有:三氟溴氯乙烷、异烟肼、利福平、酮康唑、阿米替林、布洛芬和吲哚美辛等都可能引起肝炎。酒精也是引起肝炎的常见原因。

2. 代谢产物　由于机体物质代谢障碍,造成大量中间代谢产物蓄积。这些中间代谢产物可引起自体中毒,此时常发生肝炎。

3. 植物毒素　动物常因采食有毒植物而引起中毒性肝炎,如野百合、野豌豆和小花棘豆等。

4. 霉菌毒素　一些霉菌如黄曲霉菌、杂色曲霉菌、镰刀菌、青霉菌等产生的毒素。黄曲霉毒素通常在被真菌污染的饲料的储存过程中产生,特别是在潮湿的条件下,可能存在于许多作物中,包括玉米、花生和棉籽,动物摄食由上述霉菌毒素污染的饲料,常可发生肝炎,在犬类可导致严重的急性毒性暴发。

二、病理变化

(一)基本病理变化

各型肝炎病变基本相同,都是以肝实质损伤为主,即肝细胞变性和坏死,同时伴有不同程度的炎性细胞浸润、间质增生和肝细胞再生等。

1. 肝细胞的变性、坏死　可分为4种模式,即随机性、区域性、桥联性和广泛性。

(1)随机性肝细胞变性和/或坏死　特征是在整个肝脏内存在单个肝细胞或多灶性坏死。这些区域在肝脏中随机分布,在肝小叶内位置不固定。这是许多传染因素造成的肝损伤的典型模式,包括病毒、细菌和某些原生动物。肝脏表面可见明显的散在苍白色或暗红色(较少见)病灶。大小可从几微米到几毫米。

(2)区域性肝细胞变性和/或坏死　区域性肝细胞变性和/或坏死的特征是损伤发生在肝小叶特定区域内的肝细胞中。这些区域包括肝小叶中心区域、肝小叶中间区域和门静脉周围。病变区域呈灰白色,肝脏轻度增大,边缘钝圆,质脆易碎,肝包膜和切面上的肝小叶明显。一旦肝小叶特定区域的肝细胞坏死,就会导致血窦扩张和充血,使受影响的区域呈现红色。

肝小叶中心变性和/或坏死。肝小叶中心的肝细胞变性和坏死特别常见,因为肝小叶中心部位肝细胞接收到的含氧血液最少,因此容易缺氧,同时它具有最大的酶活性(混合功能氧化酶),能够将化合物激活成有毒的形式。肝小叶中心坏死可由急性严重贫血或右心力衰竭引起。

旁中心细胞变性和/或坏死。旁中心细胞变性和坏死只涉及中央静脉旁边的肝细胞,受损伤的部位呈菱形,此病变多见于具有生物活性的毒素的作用或严重的急性贫血。

门脉周围变性和/或坏死。门脉周围变性和坏死也不常见,但可见于动物含磷化合物中毒过程中。含磷化合物被门脉周围肝细胞中的酶代谢成有害的中间产物,从而造成肝细胞的损伤。

(3)桥联性坏死 桥联性坏死是坏死区域相互融合的结果。可发生小叶中心区域与小叶中心区域融合连接或小叶中心区域与门静脉周围区域融合连接。

(4)广泛性坏死 广泛性坏死是指多个肝小叶发生坏死,坏死严重且范围较大。肝脏的外观随病变的发展而随之变化。在急性病例中,由于肝实质广泛充血,导致肝脏肿大,外表面光滑,颜色变深。首先,肝细胞坏死、溶解,残留的间质浓缩。由于小叶中的所有肝细胞都发生了坏死,因此通常不会发生再生现象。显微镜下,受损区域缺乏肝细胞,结缔组织内充满血液。随着病情的发展,星状细胞或其他基质细胞从门静脉和存活的小叶中心区域迁移到损伤部位,产生新的胶原蛋白(特别是胶原蛋白Ⅰ)。最终的结果是肝小叶塌陷,肝实质消失,取而代之的是由基质组成的疤痕,包括不同数量和类型的胶原蛋白。外观上肝脏体积缩小,包膜形成皱褶。受损部分的肝组织以实质坏死和血管充血为特征。

2.炎性细胞浸润 肝炎时在汇管区或小叶内常有不同程度的炎性细胞浸润。有的在小叶内坏死区,呈灶状分布,有的散布在肝细胞索之间、在汇管区、散在于间质内或聚集于胆管周围。浸润的炎性细胞主要是淋巴细胞、单核细胞,有时也有少量中性粒细胞和浆细胞等。

3.肝细胞再生和间质反应性增生

(1)肝细胞再生 肝脏最大的一个特征就是能够快速有效地再生补偿修复失去的肝组织。实验结果表明,从健康动物身上切除肝脏的2/3而并没有发生肝功能障碍的迹象。再生的肝细胞体积较大,核大而染色较深,有时可见双核,胞浆略嗜碱性。病程较长的病例,在汇管区或大块坏死灶内增生的结缔组织中尚可见到细小胆管增生。

(2)间质反应性增生 包括枯否氏(Kupffer's)细胞增生以及间叶细胞和成纤维细胞增生。

枯否氏细胞增生是肝内单核巨噬细胞系统的炎性反应。增生的细胞呈梭形或多角形,胞浆丰富,突出于窦壁或自壁上脱入窦内成为游走的吞噬细胞。

间叶细胞和成纤维细胞增生 间叶细胞具有多向分化的潜能,存在于肝间质内,以小血管和小胆管周围为多。在肝炎早期间叶细胞增生并分化为组织细胞,参与炎性细胞浸润,以后分化为成纤维细胞参与肝损伤的修复。

纤维化是慢性肝损伤的常见后果之一。纤维化的模式通常是产生病变的损伤类型的有用指标。肝纤维化的意义取决于其对肝功能的影响及其可逆性。尽管肝脏有相当大的再生能力,但当肝纤维化足够严重时,可能是致命的。

(二)常见肝炎的病理变化

1.细菌性肝炎 根据其病理形态学特征,可分为变质性肝炎、坏死性肝炎、肝脓肿和肉芽肿性肝炎等。

(1)变质性肝炎 以肝细胞的变性为主而坏死轻微的肝炎。眼观,肝脏肿胀,充血明显的呈暗红色,发生黄疸的呈黄褐色或土黄色,表面和切面有大小不等的出血斑点,禽大肠杆菌、沙门氏菌感染时在肝脏表面常被覆纤维素性渗出物,严重时形成一层淡黄色的纤维蛋白膜被覆肝脏表面。镜检,中央静脉和窦状隙扩张、充满红细胞,以中性粒细胞浸润为主,肝细胞发生严重的颗粒变性、水泡变性(彩图 15-8)和脂肪变性,坏死轻微。

(2)坏死性肝炎　肝细胞发生严重的坏死性变化。眼观,肝脏表面有大小不等、形态不一的灰白色坏死灶。禽霍乱最典型,在肝脏表面有针尖大小的灰白色坏死点。镜检,肝细胞以坏死为主,有不同程度的变性以及炎性细胞浸润,仔猪副伤寒常形成由增生的单核细胞和网状细胞组成的副伤寒结节。

(3)肉芽肿性肝炎　主要见于结核杆菌、放线菌、鼻疽杆菌感染等。眼观,肝脏表面和切面上形成大小不等的增生性结节,结节中心为黄白色干酪样坏死,结节钙化后硬如沙砾。镜检,结节中心为无结构的坏死灶,有的已经钙化,周围是上皮样细胞浸润,其中夹杂着几个郎格罕多核巨细胞,再外层是淋巴细胞浸润,最外层是结缔组织包膜。

2. 病毒性肝炎　眼观,肝脏肿大,被膜紧张,重量增加,边缘钝圆,颜色暗红色或土黄色,有时可见灰白色或灰黄色坏死以及出血斑点。镜检,中央静脉淤血,肝细胞广泛性的变性,严重者可发生水泡样变性和气球样变。小叶内见出血和肝细胞坏死(彩图 15-9)。汇管区小胆管和卵圆细胞增生;间质结缔组织增生,巨噬细胞、淋巴细胞和单核细胞显著浸润。有些病毒性肝炎可在肝细胞核或细胞浆内见到特异性的包涵体(彩图 15-10),病程久时,因结缔组织增生导致肝硬化。

3. 寄生虫性肝炎　眼观,肝脏表面存在突出于表面、大小一致、界限清楚的小结节(寄生虫结节),寄生虫结节与肝脏坏死结节区别在于:寄生虫结节大小一致,分布均匀,界限清楚,易见钙化,结节外围多呈现以嗜酸性白细胞为主的炎性细胞浸润。慢性病例,间质内纤维性结缔组织显著增生,间质增宽,实质萎缩、变性。严重时,肝结构破坏,假小叶形成,从而导致肝硬化。临床上,一般以找到虫体或虫卵作为确诊依据。猪蛔虫幼虫移行时引起肝实质发生机械性破坏,寄生虫的毒素导致炎症反应和结缔组织增生,形成肉眼所见的白色花纹,如同乳斑状,称为"乳斑肝"。家禽或鸟类的盲肠肝炎在肝脏表面形成特征性的菊花样坏死结节(彩图 15-11)。镜检,肝表面或组织内散布数量不等的坏死灶,周围大量嗜酸性粒细胞以及少量中性粒细胞和淋巴细胞浸润。慢性病例可导致肝硬化。

4. 中毒性肝炎　中毒性肝炎因毒物的种类不同病理表现不完全一致,眼观,肝脏体积不同程度肿大、水肿、充血及出血,质地脆弱。表面偶有出血斑点,常见棕黄色的胆汁沉着斑点或条纹。胆囊多皱缩,胆囊壁水肿、增厚,胆汁黏稠。镜检,肝细胞发生严重的颗粒变性、水泡变性、脂肪变性。中央静脉周围肝细胞发生凝固性坏死,坏死的细胞呈现深染伊红的透明圆球状。窦状隙内枯否氏细胞肿大,毛细胆管有时扩张,含胆汁凝栓。肝细胞索之间有多量的炎性细胞浸润。

第四节　肝　硬　化

肝硬化(cirrhosis of liver)是由多种原因引起的以肝组织严重损伤和结缔组织增生为特征的慢性肝脏疾病。肝实质细胞发生变性、坏死、纤维化、肝内组织代偿性增生形成再生结节,晚期肝脏萎缩变小变硬。引起肝硬化的主要原因有:肝炎、酒精中毒(人常见)、慢性胆道梗阻、心功能不全、药物中毒、寄生虫等,还有一些原因不明。它不是一种独立的疾病,而是许多疾病的并发症。

一、原因和发病机理

根据肝硬化发生的病因、病变特点和临床特征不同,将之分为门脉性、坏死后性、淤血性(心源性)、胆汁性和寄生虫性肝硬化,它们各自由不同的原因引起。

(一)门脉性肝硬化

门脉性肝硬化(portal cirrhosis)主要见于各种传染性肝炎、体外毒物(如四氯化碳中毒)或体内的代谢毒物中毒,此时肝细胞严重变性、坏死,汇管区和小叶间结缔组织广泛增生,形成假小叶。主要特点是叶下静脉受压,肝窦内血液排出受阻,门静脉的血液注入肝内出现障碍,导致门脉高压现象。这是各类肝硬化中最常见的一种。

(二)坏死后肝硬化

坏死后肝硬化(postnecrotic cirrhosis)是在肝实质弥漫性坏死的基础上,坏死区及周围大量结缔组织增生而形成的,多是慢性中毒性肝炎的一种结局。慢性黄曲霉毒素中毒、四氯化碳和吡咯林碱等中毒以及猪的营养性肝病时,常可引起此型肝硬化。其特点为肝表面可见大小不等的结节,结节之间有下陷较深的瘢痕而导致肝脏萎缩和纤维化。间质内结缔组织增生显著,但分布不均,胆管增生较明显。肝细胞结节状再生。

(三)淤血性肝硬化

淤血性肝硬化(congestive cirrhosis)又称心源性肝硬化或中心性肝硬化。右心功能不全、肝脏长期淤血、缺氧导致小叶中心区肝细胞萎缩变性和继而发生中心区纤维化,纤维化逐渐扩大,与汇管区结缔组织连接而形成假小叶。本型肝硬化特点是肝体积稍缩小,呈红褐色,表面呈细颗粒状。

(四)寄生虫性肝硬化

寄生虫性肝硬化(verminous cirrhosis)在动物肝硬化中也常见。可以是由寄生虫的幼虫移行时破坏肝脏(如猪蛔虫病),或是虫卵沉着在肝内(如牛、羊血吸虫),或由于成虫寄生于胆管内(如牛、羊肝片吸虫),或由原虫寄生于肝细胞内(如兔球虫病)引起的,在肝内形成大量相应的寄生虫结节。寄生虫首先引起肝细胞变性、坏死,进而引起胆管上皮和间质结缔组织增生而发生肝硬化。此型肝硬化的特点是有嗜酸性粒细胞浸润。

(五)胆汁性肝硬化

胆汁性肝硬化(biliary cirrhosis)是由于胆道慢性阻塞、胆汁淤积而引起的肝硬化。例如胆道受到肿瘤的压迫或寄生虫和结石的阻塞,胆管慢性炎症使胆管壁增厚,均可使胆汁淤积。胆汁淤积区的肝细胞变性、坏死,小胆管增生,继而间质结缔组织弥漫性增生,形成肝硬化。由于胆汁淤积,肝脏体积增大,表面平滑或呈细颗粒状。肝组织常被胆汁染成明显的黄绿色。胆小管及假胆管增生。

二、病理变化

由不同原因所引起的肝硬化在形态表现上也略有差异,但其基本变化相似。概括其发生过程首先是肝细胞发生缓慢的进行性变性坏死,继之肝细胞再生和间质结缔组织增生,增生的结缔组织将残余的和再生的肝细胞集团围成结节状,最后结缔组织纤维化,导致肝硬化。

1. 眼观　肝脏表面凸凹不平,呈颗粒状、结节状或岛屿状,质度变硬,色泽亦不一,肝实质被增生的结缔组织分割成大小不等的区域,甚至成为大片的瘢痕,呈灰白色,胆汁淤滞性肝硬化,切面带有黄褐色或黄绿色。某些寄生虫性肝硬化及胆汁性肝硬化,肝内胆管增粗,管壁变厚,甚或有钙盐沉着。

2. 镜检　突出的变化是结缔组织增生和肝小叶结构的破坏改建。首先自汇管区开始结缔组织增生,逐渐将小叶包围,并向小叶内伸入,将相邻小叶的一部分围起来形成大小不等的结节状实质小岛,称为假小叶(彩图 15-12)。假小叶的特点为缺乏中央静脉,或者中央静脉位于假小叶一侧,有时可见 2 个以上的中央静脉。肝细胞大小不等,有的肝细胞体积大,着色深,核大而浓染或呈双核,是再生的肝细胞;有些肝细胞发生变性坏死,由于网状纤维支架破坏,致肝细胞排列零乱。结缔组织和假小叶内常见数量不等的淋巴细胞和巨噬细胞浸润,在寄生虫性肝硬化时常见嗜酸性粒细胞浸润,甚至可见虫体。

三、结局和对机体的影响

肝硬化是一渐进性病理过程,从发生发展到出现临床症状需要很长时间,肝硬化早期,由于肝细胞的再生和代偿能力很强,所以可通过机能代偿而在相当长的时间内不出现症状,而到晚期,由于肝实质受到严重破坏,大量结缔组织增生,病因消除后也不能恢复,超过了肝细胞的代偿能力,就可出现一系列症状,主要为门脉高压和肝功能不全。

(一)门脉高压症

门脉高压症(portal hypertension)是指由于门静脉压力增高所引起的症状。门脉高压的原因主要有 3 方面:

1. 肝内结缔组织增生、收缩,门静脉末梢血管床大量减少或扭曲,使门静脉回流受阻,引起门脉系统淤血,压力增高。

2. 肝细胞结节形成,压迫肝内静脉分支,使之扭曲和闭塞,导致门静脉血液回流受阻,门静脉压增高。

3. 肝小叶破坏改建时,有些新生毛细血管连接肝动脉和门静脉,形成动-静脉短路,压力高的动脉血直接流入门静脉,使门静脉压力增高。门脉压增高,引起门静脉所属器官(胃、肠、脾)淤血和水肿,肝硬化后期可引起腹水。腹水的形成主要是由门静脉高压、血浆胶体渗透压下降以及水钠潴留引起的。

(二)肝功能不全

肝功能不全(hepatic insufficiency)是由肝硬化引起的,是肝实质严重破坏的结果。其主要表现有:

1. 肝脏合成功能障碍　肝硬化时,肝脏合成蛋白质、糖原、凝血物质和尿素减少,导致患畜出现血浆胶体渗透压降低,血糖浓度降低,呈现明显的出血性倾向及血氨浓度升高等变化。

2. 灭活机能降低　肝硬化时,本应在肝脏灭活的物质得不到灭活,继续在体内,可引起水、电解质代谢障碍,导致水肿和腹水。

3. 胆色素代谢障碍　肝细胞和毛细胆管受损、胆汁排出受阻,血中直接胆红素及间接胆红素均增加。

4. 酶活性改变　肝细胞受损,有些酶如谷丙转氨酶、谷草转氨酶等进入血液,因而肝功能检查时,这些酶活性升高。

5. 肝性脑病　肝硬化时,脑屏障及肝脏解毒功能降低,不能有效地清除血液中有毒代谢产物,如血氨及酚类,造成自体中毒,特别是氨中毒,这是肝硬化最严重的合并症,也是导致患畜迅速死亡的重要原因。

第五节　胰　腺　炎

胰腺炎(pancreatitis)是胰腺因胰蛋白酶的自身消化作用而引起的一种炎症性疾病。胰腺炎是一种以胰腺坏死和不同程度的炎症为主要特征的疾病,可以是急性的,也可以是慢性的。急性胰腺坏死在急性胰腺炎中占主导地位,在大多数情况下,犬和猫急性胰腺炎中使用急性胰腺坏死一词。

一、原因和发病机理

胰腺炎发病机制主要有3种:管道阻塞;直接损伤腺泡细胞;腺泡细胞胞质内酶转运障碍。

1. 管道阻塞　结石或寄生虫阻塞导管可导致间质性水肿,压迫小口径血管,损害局部血流,导致腺泡细胞缺血性损伤。

2. 直接损伤腺泡细胞　动物中有几种特定的因子可对腺泡细胞造成直接损伤,包括在西洋决明子和T-2毒素中发现的化合物、由镰刀菌属产生的影响猪和羊的三孢菌毒素、犬和小牛的锌中毒。某些治疗药物,如磺胺类药物和溴化钾-苯巴比妥联合用药,会损害犬的胰腺。多种原因引起的胰腺缺血也可能对胰腺腺泡细胞产生直接损伤。

3. 腺泡细胞胞质内酶转运障碍机制　涉及腺泡细胞内酶原的异常运输,导致细胞内酶的不恰当激活。胰蛋白酶被认为是胰腺炎的关键因素。胰蛋白酶一旦被激活,反过来又能将原弹性蛋白酶和原磷脂酶激活成弹性蛋白酶和磷脂酶A。这些酶消化胰腺组织和邻近的脂肪并破坏血管。

二、病理变化

(一)急性胰腺炎

急性胰腺炎(acute pancreatitis)是指以胰腺水肿、出血和坏死为特征的胰腺炎,又称急性出血性胰腺坏死(hemorrhagic necrosis of pancreas)。依其病理变化又可分为2种:水肿型及坏死型,但实际上是同一病变的不同阶段。

急性水肿型,病变多局限在胰尾。眼观,胰腺肿大变硬、切面多汁;镜检,间质充血、水肿显著,出血不明显,有少量中性粒细胞和单核细胞等炎性细胞浸润,有时可发生局限性脂肪坏死。

急性坏死型(包括出血型)的主要病理变化是胰腺腺泡坏死。眼观,胰腺肿大,质地稍软,结构模糊,暗红褐色,切面湿润,血管坏死性出血(彩图15-13)、常见大网膜和肠系膜脂肪组织呈巨块坏死(彩图15-14),腹腔内有血色或咖啡色渗出液。镜检,可见局灶性凝固性坏死,伴发出血、微血栓形成,坏死灶外围可出现中性粒细胞和单核细胞浸润(彩图15-15)。随着病程进展,病灶可能纤维化或转为慢性胰腺炎。

(二)慢性胰腺炎

慢性胰腺炎(chronic pancreatitis)是指胰腺呈现弥漫性纤维化、体积显著缩小为特征的胰腺炎。多由急性胰腺炎演变而来。眼观,胰腺体积显著缩小,质地硬固,表面常有增生的结节状突起。镜检,许多胰腺腺泡和胰岛组织结构消失,有的坏死灶有钙盐沉着,以淋巴细胞为主的炎性细胞浸润,间质结缔组织大量增生以及广泛的纤维化。

三、结局和对机体的影响

胰腺炎时,因其内外分泌组织均遭严重损伤,导致胰腺功能障碍,故胰腺炎对机体的影响是多方面的。急性胰腺炎因疾病进程迅速,一般病情较为危重,其形成的大量的胰液不仅使胰腺组织发生自溶,还可外溢导致其相邻器官和组织的病损及腹膜炎,造成自体中毒,出现剧烈的腹痛,严重时发生休克。同时伴有血清钙、钾、钠离子浓度下降、糖尿等而产生相应的种种不良后果。慢性胰腺炎因胰腺组织的坏死和纤维化,以及间质结缔组织大量增生,实质萎缩,其内、外分泌部的功能大大减退,可出现消化、吸收功能障碍及糖尿病,疾病常见反复发作。

数字资源 15-1
消化系统病理

(吴长德)

第十六章　神经系统病理

神经系统主要由神经元、神经胶质和结缔组织组成。在多种疾病过程中,神经组织的代谢、功能和形态结构出现不同程度和不同类型的变化,本章重点介绍神经系统的基本病变、脑脊髓炎、脑软化、海绵状脑病和神经炎。

第一节　神经系统的基本病理变化

一、神经元的变化

神经元的变化包括胞体和神经纤维的变化。

(一)胞体的变化

1. 染色质溶解(chromatolysis)　是指神经元胞体尼氏小体(粗面内质网和多聚核糖体)的溶解。染色质溶解发生在细胞核附近称中央染色质溶解(central chromatolysis);发生在细胞周边称周边染色质溶解(peripheral chromatolysis)。尼氏小体溶解是神经细胞变性的形式之一。

(1)中央染色质溶解　多见于中毒和病毒感染,如铅中毒、禽传染性脑脊髓炎等疾病,在脑组织轻度缺血时,也可发生中央染色质溶解。脊髓腹角和脑干中的运动神经细胞的轴突断裂后,胞体的中央染色质溶解,所以也称为"轴突反应"。发生中央染色质溶解的表现为:神经细胞胞体肿大变圆,核附近的尼氏小体崩解成沫状并逐渐消失,核周围呈空白区,而细胞周边的尼氏小体仍存在(彩图16-1)。中央染色质溶解是可复性变化,但病因持续存在时,神经细胞病变可进一步发展,乃至坏死。

(2)周边染色质溶解　见于进行性肌麻痹中的脊髓腹角运动神经细胞、在某些中毒的早期反应和病毒性感染时,如鸡新城疫可出现周边染色质溶解。发生周边染色质溶解的神经细胞胞体中央聚集较多的尼氏小体,而周边尼氏小体消失呈空白区,胞体常缩小变圆。

2. 急性肿胀(acute neuronal swelling)　多见于缺氧、中毒和感染。如乙型脑炎、鸡新城疫和猪瘟等疾病的非化脓性脑炎可出现神经细胞的急性肿胀。病变神经细胞胞体肿胀变圆,染色变浅,中央染色质或周边染色质溶解,树突肿胀变粗,核肿大淡染、靠边。神经细胞的急性肿胀也是变性的一种形式,是可复性变化,但肿胀持续时间长,神经细胞则逐渐坏死,此时可见核破裂或溶解消失,胞浆染色变淡或完全溶解。

3. 神经细胞凝固(coagulation of neurons)　又称缺血性变化(ischemic neuronal injury)多见于缺血、缺氧、低血糖症、维生素 B_1 缺乏,以及中毒、外伤和重度癫痫的反复发作之后等。一般发生于大脑皮质中层、深层和海马的齿状回。病变细胞主要表现为胞浆皱缩,失去细微结构,嗜酸性增加,HE 染色呈均匀红色,在胞体周围出现空隙。细胞核体积缩小,染色加深,与胞浆界线不清,核仁消失,早期也属于神经细胞变性,但最终可出现核破碎消失而细胞坏死。

4. 空泡变性(cytoplasmic vacuolation)　指神经细胞浆内出现小空泡。常见于病毒性脑脊髓炎,如在羊痒病和牛海绵状脑病,主要表现为脑干某些神经核的神经细胞和神经纤维网中出现大小不等的圆形或卵圆形的空泡(详见第三节脑软化)。另外,神经细胞的空泡化也见于溶酶体蓄积病、老龄公牛等。一般单纯性空泡变性是可复性的,但严重时则细胞发生坏死。

5. 液化性坏死(liquefactive necrosis)　是指神经细胞坏死后进一步溶解液化的过程。可见于中毒、感染和营养缺乏(维生素 E 或硒缺乏)。病变部位神经细胞坏死,早期表现为核浓缩、破碎甚至溶解消失,胞体肿胀呈圆形,细胞界线不清。坏死细胞随时间的延长,胞浆染色变淡,其内有空泡形成,并发生溶解,或胞体坏死产物被小胶质细胞吞噬,使坏死细胞完全消失;与此同时,神经纤维也发生溶解液化,该部坏死的神经组织形成软化灶(彩图 16-2)。液化性坏死是神经元变性进一步发展的结果,是不可复性变化,坏死部位可由星形胶质细胞增生而修复。

6. 包涵体形成(intracytomic inclusion)　神经细胞中包涵体形成多见于某些病毒性疾病。包涵体的大小、形态、染色特性及存在部位,对一些疾病具有证病意义。在狂犬病,大脑皮质海马的锥体细胞及小脑浦肯野细胞胞浆中出现嗜酸性包涵体,也称 Negri 氏小体(彩图 16-3)。马的波那病,在大脑嗅球、皮质部、脑干、海马以及脊髓神经细胞出现有证病意义的嗜酸性核内包涵体。

(二)神经纤维的变化

当神经纤维损伤时,如切断、挫伤、挤压或过度牵拉时,轴突和髓鞘二者都发生变化,在距神经元胞体近端和远端的轴突及其所属的髓鞘发生变性、崩解和被吞噬细胞吞噬的过程称为华氏变性(wallerian degeneration)。相应的神经元胞体发生中央染色质溶解。华氏变性的过程一般包括轴突变化、髓鞘崩解和细胞反应 3 个阶段,其具体变化如下:

1. 轴突变化　轴突出现不规则的肿胀、断裂并收缩成椭圆形小体,或崩解形成串球状,并逐渐被吞噬细胞吞噬消化。

2. 髓鞘变化　髓鞘崩解形成单纯的脂质和中性脂肪,称为脱髓鞘现象(demyelination),脂类小滴被苏丹Ⅲ染成红色,在石蜡包埋 HE 染色的切片中,因脂滴被溶解而形成空泡。

3. 细胞反应　在神经纤维损伤处,由血液单核细胞衍生而来的小胶质细胞参与吞噬细胞碎片的过程(吞噬轴突和髓鞘的碎片),并把髓磷脂转化为中性脂肪,通常将含有脂肪滴的小胶质细胞称为格子细胞或泡沫细胞,它们的出现是髓鞘损伤的指证。也为消除和消化神经纤维的崩解产物、对神经纤维的再生创造条件。

二、胶质细胞的变化

(一)星形胶质细胞的变化

星形胶质细胞有 2 种类型,即原浆型和纤维型。原浆型主要位于灰质,胞体大而胞浆丰富,染色淡,有放射状突起和较多分支;纤维型主要位于白质,细胞小而染色深,突起与分支少。在 HE 染色的切片中,核呈圆形或椭圆形,染色质呈细粒,着色浅,胞浆不显示。用 cajal 特殊染色可显示胞浆和突起分支,在分支的末端膨大,附着于毛细血管和软脑膜下层,形成足板。星形胶质细胞主要起支持作用,此外,在物质代谢、血脑屏障、抗原传递、神经介质和体液缓冲的调节中也起着重要的作用。

星形胶质细胞对损伤的反应主要有以下 2 种形式：

1. 转形和肥大　在大脑灰质结构损伤时，星形胶质细胞由原浆型转变为纤维型，在脑组织损伤处积聚形成胶质痂。当脑组织局部缺血、缺氧、水肿时，以及在梗死、脓肿及肿瘤周围，星形胶质细胞可发生肥大，表现为胞体肿大，胞浆增多且嗜伊红深染，核偏位。在电镜下，见胞浆中充满线粒体、内质网、高尔基复合体、溶酶体和胶质纤维。

2. 增生　在脑组织缺血、缺氧、中毒和感染而发生损伤时，星形胶质细胞可出现增生性反应，当大量增生时称为神经胶质增生或神经胶质瘤（gliosis）。按其性质可分为反应性增生和营养不良性增生 2 类。前者表现为纤维型胶质细胞增生并形成大量胶质纤维，最后成为胶质瘢痕；后者是代谢紊乱的一种表现形式。当神经组织完全丧失时，星形胶质细胞增生围绕在缺损的周围，中间含有透明的液体，即形成囊肿。

（二）小胶质细胞的变化

小胶质细胞属于单核巨噬细胞系统，是神经组织中的吞噬细胞，来源于中胚层，分布在脑灰质及白质中，在 HE 染色中仅见圆形或椭圆形的胞核，胞浆少。

小胶质细胞对损伤的反应主要表现为肥大、增生和吞噬 3 个过程。

1. 肥大　一般在神经组织损伤的早期，小胶质细胞很快发生肥大。见胞体增大，胞浆和原浆突肿胀，核变圆而淡染，在 HE 染色时可见淡红色的胞浆。病程比较缓慢时，肥大的细胞呈杆状细胞，表现为突起回缩，核显著变大，胞浆聚集在细胞的两极。

2. 增生与吞噬　小胶质细胞的增生呈弥漫型和局灶型二种形式。常见于中枢神经组织的各种炎症过程，特别是在病毒性脑炎时，如禽脑脊髓炎、马乙型脑炎、猪瘟等疾病的非化脓性脑炎。小胶质细胞具有吞噬作用，可吞噬变性的髓鞘和坏死的神经元，在吞噬过程中，胞体变大变圆，胞核呈暗紫圆形，或杆状，胞浆呈泡沫状或格子状空泡，故称格子细胞或泡沫样细胞（gitter cell）。增生的小胶质细胞围绕在变性的神经细胞周围，称为卫星现象（satellitosis），一般由 3～5 个细胞组成。神经细胞坏死后，小胶质细胞也可进入细胞内，吞噬神经元残体，称此为噬神经元现象（neurophagia）（彩图 16-4）。在软化灶处小胶质细胞呈小灶状增生而形成胶质小结，细胞数量由几个至十几个甚至几十个不等（彩图 16-5），其中常有来源于血液的单核细胞浸润。有时小胶质细胞的核延长到原来的 3～4 倍，深染，胞体呈棒状，称此种小胶质细胞为棒状细胞（rod cell）。

（三）少突胶质细胞的变化

少突胶质细胞体积小，胞浆少，突起短而少，核呈圆形，染色深似淋巴细胞。少突胶质细胞主要存在于神经元胞体周围，近似于小胶质细胞形成的卫星现象，但这种现象不是病理变化，而是围绕神经细胞的一种保护性作用。此外，在神经纤维之间和血管周围也可见少突胶质细胞，形成中枢神经有髓神经纤维的髓鞘，与外周神经的雪旺氏细胞相似，在血管周围聚集成丛。

少突胶质细胞在疾病过程中可发生急性肿胀、增生和类黏液变性。

急性肿胀表现为胞体肿大、胞浆内形成空泡，核浓缩，染色变深。多见于中毒、感染和脑水肿。该变化是可复性的，当病因消除后，细胞形态可恢复正常；若液体积聚过多，胞体持续肿胀甚至可以破裂崩解，在局部可见崩解的细胞碎片。

增生表现为少突胶质细胞数量增多。见于脑水肿、狂犬病、破伤风、乙型脑炎等疾病。少突胶质细胞增生与急性肿胀常同时发生，增生的细胞发生急性肿胀并可相互融合，形成胞浆内含有空泡的多核细胞。在慢性增生时,少突胶质细胞也可围绕在神经元胞体周围呈卫星现象,在白质中的神经纤维内形成长条状的细胞索,或聚集于血管周围。

类黏液变性在脑水肿时,少突胶质细胞胞浆出现黏液样物质,HE 染色呈蓝紫色,黏蛋白卡红染色呈鲜红色,同时胞体肿胀,核偏于一侧。

三、血液循环障碍

(一)动脉性充血

常见于感染性疾病、日射病和热射病。表现为脑组织色泽红润,有时同时见小出血点。镜检见小动脉和毛细血管扩张,腔内充满红细胞。

(二)静脉性充血

多发生于全身性淤血,主要见于心脏和肺脏疾病。另外,颈静脉受压迫或阻塞时也可引起脑组织淤血,如颈部肿瘤、炎症,以及颈环关节变位等均可压迫颈静脉而引起脑淤血。其变化表现为脑及脑膜静脉和毛细血管扩张,充满暗红色血液。

(三)缺血

脑缺血可并发于各种全身性贫血。另外,脑动脉内血栓形成,出现各种栓塞,脑积水以及动脉痉挛性收缩,均可使动脉管腔狭窄或堵塞,引起脑组织缺血。脑组织对缺血特别敏感,在脑组织的不同部位及不同种类的细胞,对缺血的敏感性具有一定差异。一般灰质比白质敏感,皮质深层比表层敏感,特别是大脑皮质部的神经细胞和小脑浦金野氏细胞对缺血最敏感。神经胶质细胞对缺血具有一定耐受力,其中小胶质细胞的抵抗力最强,在其他细胞坏死后,小胶质细胞仍可存在。

新生驹共济失调症,是大脑的反射性缺血引起的,在大脑皮层出现缺血性坏死,同时也有中脑的灰质和脑干的坏死或出血。在猪肝源性黄疸和有机汞中毒时,常见脑膜血管发生血管炎,使局部脑组织缺血和坏死。

(四)血栓、栓塞和梗死

动物的脑血栓很少见。有时颈动脉血栓形成引起脑组织缺血和梗死,一般见于猫。

脑动脉栓塞可见于骨髓性栓子、软骨性栓子、组织性栓子、细菌性栓子和血栓性栓子等。其中最多见于细菌性栓子和血栓性栓子。在猪丹毒、巴氏杆菌病、葡萄球菌病等均可在脑动脉内形成细菌性栓塞。在栓塞形成的局部出现化脓性脑炎。动脉性栓塞可使局部脑组织发生梗死,梗死早期梗死区肿胀、中心呈液化性坏死,形成软化灶,其周围的脑组织出现轻微的缺血性变化。由于神经细胞和少突胶质细胞对缺血的耐受性低,常出现坏死崩解,而血管内皮细胞和外膜细胞增生,以及小胶质细胞增生并逐渐吞噬坏死的神经细胞现象,外围有增生的星形胶质细胞包绕。

(五)血管周围管套

在脑组织受到损伤时,血管周围间隙中出现围管性细胞浸润(炎性反应细胞),环绕血管如套袖,称此为血管周围管套(perivasocular cuffing)。管套的厚薄与浸润细胞的数量有关,有的只有一层细胞组成,有的可达几层或十几层细胞。管套的细胞成分与病因有一定关系。链球菌感染时,以中性粒细胞为主;李氏杆菌感染时,以单核细胞为主;病毒感染时,以淋巴细胞和浆细胞为主(彩图 16-6);食盐中毒时,以嗜酸性粒细胞为主。一般情况,这些反应细胞是从血液中浸润到血管间隙的,但有时也可由血管外膜细胞增生形成。血管周围管套形成通常是机体在某种病原作用于脑组织后,机体出现的一种抗损伤性应答反应。

关于血管管套形成的结局还不十分清楚。它们可能存在很长时间。如反应较轻微,管套可逐渐消散;管套严重时,可压迫血管使管腔狭窄或闭塞,进一步引起局部缺血性病变。

四、脑脊液循环障碍

脑脊液由血管渗出和脉络膜上皮细胞产生,存在于脑室、蛛网膜下腔和脊髓中央管。第四脑室脉络膜的后部顶壁与蛛网膜下腔相通,脊髓中央管与第四脑室相通,脑脊液进入蛛网膜下腔通过蛛网膜颗粒重吸收到静脉窦内,形成脑脊液循环。上述正常的脑脊液循环被破坏时,可引起脑脊液循环障碍,通常表现为脑积水和脑水肿。

(一)脑水肿

脑水肿(cerebral edema)是指脑组织水分增加而使脑体积肿大。根据原因和发生机理可将脑水肿分为血管源性脑水肿和细胞毒性脑水肿2种类型。

1. 血管源性脑水肿　是由血管壁的通透性升高所致。可见于细菌内毒素血症、弥漫性病毒性脑炎、金属毒物(铅、汞、锡和铋)中毒以及内源性中毒(如肝病、妊娠中毒、尿毒症)等。另外,任何占位性的病变,如脑内肿瘤、血肿、脓肿、脑包虫等压迫静脉而招致血液回流障碍,血浆渗出增多,液体蓄积于脑组织,造成脑水肿。

血源性脑水肿既可以是全脑性的,也可以是局灶性的。一般在白髓更容易发生。这与白髓的结构有关,液体容易在神经纤维间积聚。铅中毒时,灰质与白质同样会有水肿液出现。维生素 B_1 缺乏时,在灰质水肿更明显。

全脑性水肿表现为硬脑膜紧张,脑回扁平,蛛网膜下腔变狭窄或阻塞,脑组织色泽苍白,表面湿润,质地较软。切面稍隆起,白质变宽,灰质变窄,灰质和白质的界线不清楚,脑室变小或闭塞,有时小脑因受压迫变小并出现脑疝。局部性脑水肿可出现中线旁移,胼胝体和脑室受压变形,一侧或两侧性脑疝形成。若是静脉受压引起的局部水肿,灰质也有严重的水肿,或有出血,其色泽为粉红色或黄色。镜下可见血管外周间隙和细胞周围增宽充满液体,组织疏松。水肿区着色浅,有 PAS 阳性物质,髓鞘肿胀,轴突不规则增粗或成串球状变化,有时有血浆蛋白渗出或炎性细胞浸润。

2. 细胞毒性脑水肿　是指水肿液蓄积在细胞内。内外源性毒物中毒时,细胞内的三磷酸腺苷(ATP)产生发生障碍,对细胞膜的钠泵供能不足,钠离子在细胞内蓄积而细胞的渗透压升高所致。另外,低渗性水中毒时也可产生细胞毒性脑水肿。

眼观,变化类似于血源性脑水肿,但更多见于灰质。镜检,可见星形细胞肿胀变形,突起断裂,糖原颗粒积聚。如肿胀持续存在,并逐渐加重时,则核染色变淡甚至崩解,晚期周边部的星形细胞肥大增生,并有纤维性胶质疤痕形成。少突胶质细胞的胞体变大,核浓缩变形,胞浆呈颗粒状。神经细胞也可表现为胞体肿大,胞核大而淡染,染色质溶解,细胞均质化或液化,特别在大型的神经细胞更多见。

(二)脑积水

脑积水(hydrocephalus)由于脑脊液流出受阻或重吸收障碍,引起脑脊液在脑室或蛛网膜下腔蓄积形成的。液体聚集于脑室时称为脑内性脑积水(internal hydrocephalus);聚集于蛛网膜下腔时称为脑外性脑积水(external hydrocephalus)。

脑积水发生的原因主要是脑脊液流出机械性阻塞和蛛网膜颗粒重吸收障碍。有先天性的,也有获得性的。先天性脑积水主要见于幼犬、犊牛、马驹和仔猪。获得性脑积水见于多种动物。在脑膜炎、脉络膜炎和室管膜炎时的炎性渗出物,以及肿瘤和寄生虫囊肿等病理产物都可能阻塞大脑导水管、第四脑室的正中孔和侧脑孔引起脑积水。另外,脑稍向前或向后变位、脑水肿等病变也能影响脑脊液的流动。在脑膜慢性炎症发生增厚或粘连,以及蛛网膜下腔炎性渗出物沉着,可引起蛛网膜颗粒对脑脊液的重吸收障碍或阻塞蛛网膜下腔,引起脑积水。

脑积水的变化主要表现为脑室或蛛网膜下腔扩张,脑脊液增多,脑实质因脑脊液压迫发生萎缩,如在侧脑室内积水并逐渐增多时,大脑半球实质因压迫萎缩变薄,甚至形成菲薄的包膜。

五、炎症性病变规律

炎症的一般规律也适应于脑和脊髓,但根据神经组织的结构特点,其炎症病变有以下规律:

①由于神经组织缺乏黏膜,所以不发生卡他性炎。

②不可能发生浆液性炎,只可能发生水肿。

③出血性渗出性炎少见,如偶而发生,往往是神经组织的出血。

④纤维素性炎仅见于脑膜和穿透性创伤。

⑤最常见的是化脓性炎、淋巴细胞渗出与增生的非化脓性炎。

许多传染病是以脑炎为特征,其病原包括病毒、支原体、衣原体、细菌、寄生虫等。

第二节 脑　炎

一、化脓性脑炎

化脓性脑炎(suppurative encephalitis)是指脑组织由于化脓菌感染引起的,有大量中性粒细胞渗出,同时伴有局部组织的液化性坏死和脓汁形成为特征的炎症过程。一般化脓性脑炎同时出现化脓性脑脊髓膜炎,引起化脓性脑膜脑脊髓炎。

(一)原因与发病机理

引起化脓性脑炎的病原主要是细菌,如葡萄球菌、链球菌、棒状杆菌、巴氏杆菌、李氏杆菌、大肠杆菌等。其来源主要是血源性感染或组织源性感染。

血源性感染常继发于其他部位的化脓性炎,在脑内形成转移性的化脓灶,如细菌性心内膜炎、牛化脓性棒状杆菌感染、绵羊败血性巴氏杆菌病、驹的肾炎贺志氏菌感染、绵羊嗜血杆菌感染、鸡葡萄球菌感染等所引起的化脓性脑炎。有一些病原菌也可引起原发性的化脓性脑膜脑炎,如李氏杆菌、链球菌等。血源性感染可引起脑组织的任何部位形成化脓灶,在丘脑和灰白质交界处的大脑皮质最易发生。

组织源性感染一般源于脑组织附近的组织与器官的损伤或炎症,如筛窦、内耳、副鼻窦、额窦、眼球等组织的严重损伤与化脓性炎,可通过直接蔓延引起化脓性脑炎。

(二)病理变化

眼观,在脑组织表面或切面有灰黄色或灰白色小化脓灶,其周围有一薄层囊壁,内为脓汁。镜检,血源性化脓性炎,在小血管内常形成细菌性栓塞,呈蓝染的粉末状团块,在其周围有大量中性粒细胞渗出,并崩解破碎,局部形成化脓性软化灶,在化脓灶周围充血、水肿,且常伴有化脓性脑膜炎和化脓性室管膜炎。此外,在化脓性脑炎也见小胶质细胞和单核细胞增生与浸润,血管周围中性粒细胞和淋巴细胞浸润形成管套。耳源性化脓性炎多发生于脑桥脑角周围,在绵羊和猪多见。多发性脓肿时,一般病程短,动物在短期内死亡,而孤立性脓肿时可能存活较长时间,下丘脑或大脑内的化脓灶可扩展至脑室,引起脑室积脓。

(三)常见的化脓性脑炎

1. 李氏杆菌性脑炎　是由李氏杆菌引起的化脓性脑炎。病变特征为脑实质形成细小化脓灶和血管管套。病变部位主要存在于延脑、桥脑、丘脑、脊髓颈段。镜检,可见神经组织局灶性坏死崩解,形成小化脓灶。胶质细胞增生,并可形成胶质小结。血管周围出现以单核细胞渗出为主,并有中性粒细胞和淋巴细胞形成的管套。脑膜充血,有淋巴细胞、单核细胞和中性粒细胞浸润。在白质出现化脓性炎时,也容易出现血管炎,在其外周有浆液和纤维素渗出。

2. 链球菌病化脓性脑膜脑炎　是由链球菌引起的脑组织和脑膜的化脓性炎症过程。多见于猪。病变轻者,主要在脑脊髓膜出现化脓性炎。眼观,见脑脊髓的蛛网膜及软膜血管充血、出血。镜检,见血管内皮细胞肿胀、增生或脱落,其周围有大量中性粒细胞、少量单核细胞及淋巴细胞浸润和增生(彩图16-7)。病变严重时,在灰质浅层有中性粒细胞呈散在性或局灶性浸润,甚至在白质也可见血管充血、出血及在血管周围形成以中性粒细胞、淋巴细胞和单核细胞组成的管套。神经细胞呈急性肿胀、空泡变性甚至坏死液化,胶质细胞呈弥漫性或局灶性增生形成胶质小结。病变也可见于间脑、中脑、小脑、延脑和脊髓。有时,也可出现化脓性室管膜炎,见室管膜细胞变性脱落,局部充血,中性粒细胞浸润,并可进一步蔓延至脑组织。

二、非化脓性脑炎

非化脓性脑炎(nonsuppurative encephalitis)主要是指由于多种病毒性感染引起脑的炎症过程。其病变特征是神经组织的变性坏死、血管周围淋巴细胞渗出,以及胶质细胞增生等变化。

(一)病变

非化脓性脑炎多见于病毒性传染病,如猪瘟、非洲猪瘟、猪传染性水泡病、猪繁殖与呼吸综合征、伪狂犬病、乙型脑炎、捷申病、马传染性贫血、马脑炎、牛恶性卡他热、牛瘟、鸡新城疫、禽流感、禽传染性脑脊炎等疾病,所以,又称病毒性脑炎(viral encephalitis)。

(二)病理变化

1. 神经细胞变性坏死　变性的神经细胞胞体表现为肿胀或皱缩。肿胀的神经细胞体积增大,染色变淡、核肿大或消失。皱缩的神经细胞体积缩小,核固缩或核浆界线不清。变性细胞有时出现中央染色质或周边染色质溶解现象。如果损伤严重,变性的神经细胞发生坏死,局部坏死的神经组织形成软化灶。

2. 血管反应　其表现是中枢神经系统出现不同程度的充血和血管周围炎性细胞浸润,主要成分是淋巴细胞,同时也有数量不等的浆细胞和单核细胞等。浸润的细胞多见于小动脉和毛细血管周围,数量不等,可形成一层、几层或更多层,即管套形成。这些细胞主要来源于血液,也可由血管外膜细胞增生形成单核细胞或巨噬细胞。

3. 胶质细胞增生　也是非化脓性脑炎的一种显著变化,增生的胶质细胞以小胶质细胞为主,可以呈现弥漫性和局灶性增生。增生的胶质细胞可形成卫星现象和胶质小结。在早期,主要是小胶质细胞增生,以吞噬坏死的神经组织;后期主要是星形胶质细胞增生来修复损伤组织。

非化脓性脑炎不仅有上述的共同性病变，由于病原的不同，其病变的表现、发生部位及波及范围也有各自的特点。例如，在猪病毒性脑炎、马流行性脑脊髓炎、猪捷申病、绵羊脑脊髓炎等，病变主要在脑脊髓灰质，出现脑脊髓灰质炎。马流行性脑脊髓炎时，神经细胞内可出现核内嗜酸性包涵体；猪瘟、鸡新城疫、牛恶性卡他热引起的脑脊髓炎是全脑脊髓性的，病毒弥漫性的侵犯脑脊髓的灰质和白质，出现脑脊髓的灰白质炎；狂犬病、山羊关节炎脑炎等引起大脑和小脑的白质发生炎症，形成脑白质炎，狂犬病的脑神经细胞中见胞浆内嗜酸性包涵体，即 Negri 氏小体；猪凝血性脑脊髓炎时，病原可侵犯皮质下的基底神经节（纹状体）、丘脑、中脑、桥脑、延脑等脑干各部位，从而引起脑干炎。

三、嗜酸性粒细胞性脑炎

嗜酸性粒细胞性脑炎（eosinophilic encephalitis）是由食盐中毒引起的以嗜酸性粒细胞渗出为主的脑炎。

(一)病因与发病机理

病因主要是食入含盐过多的饲料，如咸鱼渣、淹肉卤、酱油渣等，有时在饲料中添加的食盐搅拌不均匀，也可使少数畜禽发生食盐中毒。饲料中缺乏某种营养物质如维生素 E 和含硫氨基酸时，可增加动物对食盐的易感性。

食盐中毒性脑炎的发病机理目前还不完全清楚。在食入过量的食盐时，可导致血钠升高，使脑组织内的钠离子浓度升高并逐渐蓄积，同时过多的水分进入脑组织使颅内压升高。钠离子浓度升高可加快神经细胞内的三磷酸腺苷转换为一磷酸腺苷的过程，磷酸腺苷的磷酸化作用减弱，结果导致一磷酸腺苷的蓄积，糖的无氧酵解作用受到抑制，神经细胞因物质代谢障碍而发生变性和坏死。钠离子浓度升高和嗜酸性粒细胞渗出的关系，目前还不清楚。

(二)病理变化

1. 眼观　可见软脑膜充血，脑回变平，脑实质有小出血点，其他病变不明显。

2. 镜检　见脑组织、大脑软脑膜充血、水肿，或出现小出血灶。在脑膜血管壁及其周围有不同程度的幼稚型嗜酸性粒细胞浸润，在脑沟深部更明显。大脑实质部分小静脉和毛细血管淤血，并形成透明血栓。血管周围因水肿液聚集而增宽，其中有大量嗜酸性粒细胞浸润，形成嗜酸性粒细胞性管套，少则几层，多则十几层。同时脑膜充血，脑膜下及脑组织中有嗜酸性粒细胞浸润。小胶质细胞呈弥漫性或局灶性增生，并出现卫星现象和噬神经元现象，也可形成胶质小结。有时，在大脑灰质见脑组织的板层状坏死和液化，形成泡沫状区带。此种变化在大脑灰质最明显，白质较轻微，延髓也可见到相似的变化，而间脑、中脑、小脑和脊髓变化不明显。本病耐过动物，浸润的嗜酸性粒细胞逐渐减少，最后完全消失，坏死区由大量星形胶质细胞增生修复，有时可形成肉芽组织包囊。

3. 鉴别诊断　嗜酸性粒细胞脑膜炎可见于桑甚心病的白质软化灶，以及其他原因引起的脑炎，但大脑灰质板层状坏死及嗜酸性粒细胞管套，是食盐中毒的特征性变化，以此可作为鉴别诊断的重要依据。在实践中还可结合饲料及血清中含盐量的测定进行综合分析。

四、变态反应性脑炎

变态反应性脑炎（allergic encephalitis）又称变应性脑炎或播散性脑炎（disseminated encephalitis)。研究证实,不同动物的神经组织具有共同的抗原性,其刺激机体产生的抗体与被接种动物的神经组织结合,引起神经组织的变态反应性炎症。根据其发生原因可分为 2 种类型。

(一)疫苗接种后脑炎

疫苗接种后脑炎(postvaccination encephalitis)主要见于接种狂犬病疫苗后的某些动物。眼观,可见脑脊髓出现灶状病变。镜检,见有大量淋巴细胞、浆细胞和单核细胞在血管周围浸润形成管套,胶质细胞增生和髓鞘脱失现象。

(二)实验性变态反应性脑炎

实验证明,用各种动物的脑组织加佐剂后,一次或多次经皮下或皮内注入同种或异种动物,可引起实验性变态反应性脑炎(experimental allergic encephalitis)。其病理变化类似于疫苗接种脑炎。用兔复制的实验性变态反应性脑炎,在麻痹前期,出现明显的脑膜炎、脉络膜炎和室管膜炎。软膜下和脑室周围的动脉壁肿胀、疏松、发生纤维素样变,血管周围也见淋巴细胞为主的管套形成。在血管和脑室周围的星形胶质细胞和少突胶质细胞增生,有髓神经髓鞘脱失,在脊髓的软膜和白质也有淋巴细胞浸润和脱髓鞘现象。

第三节　脑　软　化

脑组织坏死后,坏死部分组织分解变软或呈液态,称为脑软化(encephalomlacia)。引起脑软化的病因很多,如细菌、病毒等病原微生物感染;维生素缺乏;缺氧等。脑组织坏死后,经一定时间一般均可分解液化,形成软化灶。由于病因不同,软化形成的部位、大小及数量具有某些特异性。下面介绍畜禽几种常见的脑软化疾病。

一、维生素 B_1 缺乏引起的脑软化

(一)牛羊的脑灰质软化病

牛羊的脑灰质软化病(polioencephalomalacia of cattle and sheep)其病变特征是大脑皮层的层状坏死,故也称层状皮层坏死(laminar cortical necrosis)。

该病的病因主要是与维生素 B_1(硫胺素)缺乏有关,由于病牛羊的肝脏和大脑皮质维生素 B_1 的含量较低,应用维生素 B_1 对早期发病牛羊进行治疗效果较明显。有时体内存在对维生素 B_1 的拮抗物或对维生素 B_1 的需求量增加也可引起发病。

在牛羊发病早期或急性病例,眼观病变主要表现为大脑回肿胀变宽,水分含量增多,在白质附近的灰质区常有狭窄条状坏死区。发病晚期或病程较长的病例病变明显,在大脑灰质区的动脉周围形成坏死灶,有时坏死灶蔓延扩散到大脑半球而呈现弥漫性坏死,出现广泛的去皮质区,使脑沟的白质中心裸露。坏死区也可向下蔓延到小脑蚓突、四叠体和丘脑。镜检,轻微者灰质呈灶状的层状坏死,神经细胞坏死液化,在脑组织形成大小不等的软化灶。严重时,出现灰质的弥漫性坏死,初期浅层为海绵状变,以后完全液化到达深层,甚至可波及到白质附近。在病灶周围的血管扩张充血、水肿,小胶质细胞增生,并见泡沫样细胞。

(二)肉食兽的维生素 B_1 缺乏

肉食兽自身不能合成维生素 B_1,需要从外界摄取。在饲料中维生素 B_1 不足,或因受到某些因素的作用使维生素 B_1 破坏,都可导致维生素 B_1 缺乏。

发病动物常出现麻痹、昏迷,并呈现角反张和痉挛等神经症状。其病变主要为脑水肿、充血、出血及坏死液化,易感部位多是脑室周围灰质、下丘脑、中脑前庭核和外侧膝状体核,病灶呈双侧对称性。镜检,可见上述部位的神经细胞变性坏死并形成软化灶,其周围的小血管扩张充血,有时可见出血,如病程缓慢,则见星形胶质细胞增生,在坏死的基础上形成胶质疤痕。

肉食兽的维生素 B_1 缺乏也可引起外周神经炎。

二、羊局灶性对称性脑软化

羊局灶性对称性脑软化(focal symmetrical encephalomalacia)多见于羊的肠毒血症病例,与产气荚膜梭菌(魏氏梭菌)的感染有关。多发生于 2～10 周龄的羔羊或 3～6 月龄的育肥羊。病羊出现运动障碍、共济失调、肌肉痉挛、四肢麻痹等神经症状。

病变主要分布于纹状体、丘脑、中脑、小脑和颈腰部脊髓的白质,病灶直径 1～1.5 cm,常伴有出血呈红色,时间较久时为灰黄色,两侧对称性。镜检,见基底神经节、黑质、背侧丘脑、脊髓腹角、内囊、皮质下白质和小脑脚的神经纤维髓鞘脱失,神经细胞坏死液化,并常有明显的出血。初期还见有中性粒细胞浸润,以后小胶质细胞增生吞噬坏死组织,并逐渐填充坏死灶,在坏死灶的周围毛细血管增生。灰质一般无明显的变化。

三、雏鸡脑软化

雏鸡脑软化(encephalomalacia in chicken)是由维生素 E 和微量元素硒缺乏引起的一种代谢病。又称疯狂病(crazy disease)。

该病主要发生于 2～5 周龄的雏鸡,有时在青年鸡和成年鸡也可发生。病鸡运动失调,角弓反张,脚软弱无力,头后仰或向下挛缩,有的颈扭转或向前冲,少数鸡腿痉挛性抽搐,最后不能站立而衰竭死亡。

维生素 E 和微量元素硒具有抗氧化作用,维生素 E 能降低自由基的产生和中和细胞膜形成的自由基;硒是谷胱苷肽过氧化物酶(GSH-PX)的组成成分,GSH-PX 能分解过氧化物,保护细胞膜及细胞器的膜性结构不受破坏。另外,硒也能加强维生素 E 的抗氧化作用,并通过GSH-PX 阻止自由基产生的脂质过氧化物反应,维持细胞的正常结构,使 DNA、RNA、酶进行正常的合成与分解代谢,保证细胞正常的分裂生长过程。

病变主要出现在小脑、纹状体、延髓、中脑和脊髓。在发病初期,病鸡小脑脑膜水肿充血,甚至有出血点。大脑表面明显湿润,小脑脑沟变浅,脑实质肿胀柔软。病程稍长的病例,在小脑可见绿黄色混浊的软化灶,与周围脑组织有明显的界线;纹状体的坏死灶呈苍白色,界线明显;脊髓腹面扁平,普遍肿胀。镜检,见脑膜血管充血,脑膜疏松水肿,出现小灶状出血,毛细血管内形成血栓。小脑白质和脊髓神经束出现局灶性或弥漫性的脱髓鞘现象,神经元胞体变性、皱缩呈三角形,以及周边染色质溶解,在浦肯野细胞和大的运动核病变更显著。

四、马脑白质软化

马脑白质软化(leucuoencephalomalacia)是霉玉米中的镰刀菌毒素引起的马属动物的一种中毒性疾病。该毒素对马属动物的脑白质具有选择性毒性作用,毒素损伤髓鞘使其溶解。

病畜表现沉郁、发呆、步态蹒跚,或兴奋异常,直线前进,有时兴奋和沉郁交替出现,最终瘫痪衰竭而死亡。

主要病变：眼观硬膜下腔积液、出血，软脑膜充血、出血，蛛网膜下、脑室及脊髓中央管内脑脊液增多。在大脑半球、丘脑、桥脑、四叠体及延脑的白质中形成大小不一的软化灶，其色泽呈黄色糊状，或浅黄色质地较软，或伴有明显的出血呈灰红色。大的软化灶常为单侧性，在脑表面有波动感。镜检，脑膜血管和脑血管扩张充血，其周围间隙积聚水肿液和红细胞，附近脑组织因水肿而疏松。脑组织崩解呈颗粒状，形成软化灶，并有大量水肿液积聚。病灶周围胶质细胞增生，有时可形成胶质小结。其他部位的神经元变性，并出现卫星现象与噬神经元现象。

第四节　传染性海绵状脑病

传染性海绵状脑病（transmissible spongiform encephlopathies，TSEs）是由朊病毒（Prion）感染引起人和多种哺乳动物的一种以中枢神经系统退行性变化为特征的慢性致死性疾病，也称朊病毒病。主要有羊痒病（scrapie）、牛海绵状脑病（bovine spongiform encephalopathy，BSE）、鹿慢性消耗性疾病（chronic wasting disease，CWD）、猫科动物海绵状脑病（feline spongiform encephalopathy，FSE）、传染性水貂脑病（transmissible mink encephalopathy，TME）、人的库鲁病（kuru）和克-雅氏病（creutzfeldt-Jakaob disease，CJD）等。其病变主要发生在中枢神经系统，以神经元胞体和神经纤维空泡化、灰质海绵状变化、神经元消失、神经胶质细胞和星状胶质细胞增生以及 PrP^{Sc} 蓄积和淀粉样蛋白斑块形成为特征。

朊病毒蛋白（PrP^{Sc}）是存在于神经元和胶质细胞表面的一种未知功能的糖蛋白，它是动物细胞正常朊蛋白（PrP^{C}）的异构体，PrP^{C} 呈 α-螺旋的部分肽链在 PrP^{Sc} 的类似区域变为 β-折叠结构。PrP^{Sc} 具有抗蛋白酶特性，对理化因素抵抗力强，常用消毒药、醛类、醇类、非离子型去污剂及紫外线消毒无效；对强氧化剂敏感，在 NaOH 溶液中 2 h 以上，134～138℃高温 30 min，可使其失活。

朊病毒本身不能复制，但通过影响 PrP^{C} 变构进行增殖。现在解释这种增殖过程有 2 种模型：一种为"催化"模型，认为 PrP^{C} 受到 PrP^{Sc} 作用后，形成一种亚稳定的寡聚复合物，进一步诱导 PrP^{C} 变构为 PrP^{Sc}，该复合物最终形成淀粉样纤维蛋白聚合物；另一种为"结晶"模型，认为 PrP^{Sc} 可作为"晶种"作用 PrP^{C} 后，PrP^{C} 瞬间自发变构为 PrP^{Sc} 形式，并形成聚合物，导致中枢神经系统损伤。

不同动物的朊病毒在感染动物时存在种间屏障，即一种动物的朊病毒不易感染另一种动物，其屏障主要与朊病毒蛋白的氨基酸序列有关，羊痒病的 PrP^{Sc} 的氨基酸序列与牛的 PrP^{Sc} 序列只有 7 个位置有差异，其相似程度高，这可能是羊痒病引起牛海绵状脑病的分子基础。

一、羊痒病

羊痒病（scrapie）是羊的一种以中枢神经系统变性为特征的慢性致死性疾病。其临床特点为共济失调、麻痹、逐渐衰竭和皮肤严重瘙痒，致死率为 100%，主要发生于绵羊，有时也发生于山羊。

本病早在 1732 年于英格兰发现，随后传入苏格兰等地，现在已广泛分布于欧洲、美洲、亚洲多数养羊发达的国家和地区。本病主要发生在 2～4 岁的绵羊，1.5 岁以下的羊感染少，成年羊随年龄增长易感性降低，母羊发病较多，山羊也可感染本病。感染途径多为经口感染，在感染母羊产羔时可引起羔羊感染。经口感染病原因子可通过肠淋巴或肠神经系统最终蔓延到大脑,在脑组织增殖并导致脑组织损伤变性。

羊痒病的病变主要集中于中枢神经系统。眼观脑脊液有一定程度的增多,其他变化不明显。镜检,见中枢神经系统出现明显的空泡样变,无炎性反应,病变为两侧对称。在延脑、中脑、丘脑、纹状体等脑干内的神经细胞发生空泡变性与皱缩。神经细胞内的空泡呈圆形或椭圆形,界线明显,细胞核被挤压于一侧甚至消失;神经纤维分解形成许多小空泡,局部疏松呈海绵状。小胶质细胞和星形胶质细胞肥大、增生,呈弥漫性或局灶性增多,在脑干的灰质核团和小脑皮质内更多见(彩图 16-8)。

二、牛海绵状脑病

牛海绵状脑病(bovine spong form encephalopathy,BSE)是由朊病毒引起牛的一种慢性致死性疾病,俗称疯牛病(mad cow disease)。其临床症状以精神异常、运动障碍和感觉障碍为特征,病变与羊痒病相似,病牛脑组织灰质出现明显的空泡化。

1985 年英国首次发生 BSE,至 2000 年英国累计 18 万多头牛发生 BSE,目前 BSE 已在欧洲、美洲、亚洲多个国家和地区发生。引起 BSE 的朊病毒的病原特性与其他朊病毒类似。BSE 的来源主要是牛采食含羊痒病病毒的反刍动物下脚料、肉骨粉等所致。经口感染后病原先集聚在被感染动物的脾脏,然后随淋巴组织扩散进而侵入中枢神经系统。机体对朊病毒的感染不产生炎性反应和免疫应答反应。

牛海绵状脑病的眼观病变不明显。镜检,见脑干灰质发生两侧对称性变性。在脑干的某些神经核的神经细胞和神经网中散在分布有中等大小呈卵圆形的空泡,其边缘整齐,很少形成不规则的孔隙。脑干的迷走神经背核、三叉神经束核、孤束核、前庭核、红核网状结构等,在其神经细胞核周围和轴突内含有大的界线明显的胞浆内空泡,空泡为单个或多个,有的明显扩大,致使胞体呈气球样,使局部呈海绵样结构(彩图 16-9)。此外,在神经细胞内尚见类脂质——脂褐素颗粒沉积,有时还见圆形单个坏死的神经细胞或噬神经元现象,以及胶质细胞的轻度增生。一般在血管周围无炎性细胞浸润现象。透射电镜检查,在脑组织病变部位出现淀粉样纤维蛋白,经免疫组化染色证实,淀粉样纤维蛋白是羊痒病相关纤维(scrapie associated fibrils,SAF),SAF 的主要成分是 PrP^{Sc}。

第五节　神　经　炎

神经炎(neuritis)是指外周神经的炎症。其特征是在神经纤维变性的同时,神经纤维间质有不同程度的炎性细胞浸润或增生。

引起神经炎的原因有机械性、病原微生物感染、维生素 B_1 缺乏等。

根据发病的快慢和病变特性可分为急性神经炎和慢性神经炎 2 种。

急性神经炎又称急性实质性神经炎,其病变以神经纤维的变质为主,间质炎性细胞的浸润和增生轻微。雏鸡维生素 B_1 缺乏时引起多发性神经炎,眼观神经水肿变粗,呈灰黄色或灰红色,病理组织学变化为神经轴突肿胀、断裂或完全溶解,髓鞘脱失,在间质可见巨噬细胞和淋巴细胞浸润。在急性化脓性神经炎时,眼观神经纤维肿胀,湿润质软,呈灰黄色或灰红色。镜检,见轴突肿胀溶解呈空泡化、节片状或完全消失,间质血管扩张充血,浆液渗出而水肿,中性粒细胞浸润,进一步发展可由破碎的中性粒细胞与坏死溶解的纤维及渗出液融合形成脓汁(液),严重时可波及神经外膜及周围组织,形成外膜炎及神经周围炎。

慢性神经炎又称间质性神经炎(interstitials neuritis),其特征是在神经纤维变质的同时,间质中炎性细胞浸润及结缔组织增生明显。可由原发性或由急性神经炎转化而来。眼观神经纤维肿胀变粗,质地较硬,呈灰白色或灰黄色,有时与周围组织发生粘连,不易分离。镜检,见轴突变性肿胀、断裂,髓鞘脱失或萎缩消失,神经膜上及周围有大量淋巴细胞、巨噬细胞浸润及成纤维细胞增生(彩图 16-10)。渗出的炎性细胞可被结缔组织增生取代,结果使神经纤维出现硬化。

(王凤龙)

第十七章 泌尿生殖系统病理

由于泌尿系统与生殖系统在胚胎发生与解剖结构上存在着密切关系,病理上常将二者合并为泌尿生殖系统病理。

泌尿系统由肾脏、输尿管、膀胱和尿道四部分组成。肾脏是动物生命运动的重要器官,其主要功能有:①排泄功能,肾脏通过生成尿液排出代谢终末产物、毒物和药物;②调节功能,肾脏调节体内水、电解质、渗透压和酸碱平衡以维持体内环境稳定;③内分泌功能,肾脏分泌肾素、促红细胞生成素(erythropoietin,EPO)、1,25-$(OH)_2D_3$、激肽、前列腺素等多种生物活性物质,同时灭活甲状旁腺素和胃泌素。肾脏疾病可根据病变累及的主要部位分为肾小球疾病、肾小管疾病、肾间质疾病和血管性疾病。不同部位的病变引起的最初临床表现常有区别,不同部位对不同损伤的易感性也有不同,如肾小球病变多由免疫性因素引起,而肾小管和间质的病变常由中毒或感染引起。然而,由于肾脏各部位在结构上相互连接,因此一个部位病变的发展可累及其他部位。慢性肾脏疾病最终可累及肾脏各部分组织,引起肾功能不全。

生殖系统病理包括雄性和雌性生殖系统病理,生殖系统疾病以炎症性疾病最为常见,常常导致繁殖功能和泌乳功能障碍,严重影响动物的生产性能。

本章主要介绍肾炎、肾病、肾功能不全、子宫内膜炎、卵巢囊肿、卵泡及输卵管病变、乳腺炎和睾丸炎。

第一节 肾 炎

肾炎(nephritis)是指以肾小球、肾小管和肾间质的炎症变化为特征的疾病。根据发生的部位和性质,通常把肾炎分为肾小球肾炎、间质性肾炎和化脓性肾炎。

一、肾小球肾炎

肾小球肾炎(glomerulonephritis)是以肾小球的炎症为主的肾炎。炎症常常始于肾小球,然后逐渐波及球囊、肾小管和间质。根据病变波及的范围,肾小球肾炎可分为弥漫性和局灶性2类,其中病变累及两侧肾脏几乎全部肾小球者,为弥漫性肾小球肾炎,仅有散在的肾小球受累者,为局灶性肾小球肾炎。

(一)原因与发病机理

引起肾小球肾炎的原因尚不完全明确,随着对肾脏结构和功能认识的提高和免疫学的进展,对肾小球肾炎的病因和发病机理的认识也有了进一步的提高。近年来,应用免疫电镜和免疫荧光技术证实肾小球肾炎的发生主要是通过2种方式:一种是血液循环内的免疫复合物沉着在肾小球基底膜上引起的,称为免疫复合物型肾小球肾炎;另一种是抗肾小球基底膜抗体与宿主肾小球基底膜发生免疫反应引起的,称为抗肾小球基底膜抗体型肾小球肾炎。

1. **免疫复合物型肾小球肾炎**　免疫复合物型肾小球肾炎的发生是由于机体在外源性抗原(如链球菌的胞浆膜抗原或异种蛋白等)或内源性抗原(如由于感染或其他原因引起的自身组织破坏而产生的变性物质等)刺激下产生相应的抗体,抗原和抗体在血液循环内形成抗原抗体复合物并在肾小球滤过膜的一定部位沉积而致。大分子抗原抗体复合物常被巨噬细胞吞噬和清除,小分子可溶性抗原抗体复合物容易通过肾小球滤过膜随尿排出,只有中等大小的可溶性抗原抗体复合物能在血液循环中保持较长时间,并在通过肾小球时沉积在肾小球毛细血管壁的基底膜与脏层细胞之间。如用免疫荧光法检查,沿毛细血管基底膜表面可见有大小不等不连续的颗粒状物质,此型肾炎属Ⅲ型变态反应。

2. **抗肾小球基底膜抗体型肾小球肾炎**　抗肾小球基底膜抗体型肾小球肾炎的发生是某些抗原物质的刺激致使机体产生抗自身肾小球基底膜抗体,并沿基底膜内侧沉积而致。引起此种肾炎的原因可能是:在感染或其他因素作用下,细菌或病毒的某种成分与肾小球基底膜结合,形成自身抗原,刺激机体产生抗自身肾小球基底膜的抗体;机体在感染后体内某些成分发生改变,或某些细菌成分与肾小球毛细血管基底膜有共同抗原性,这些抗原刺激机体产生的抗体,既可与该抗原物质起反应,也可与肾小球基底膜起反应,即存在交叉免疫反应。如用免疫荧光法检查时,抗肾小球基底膜抗体呈均匀连续的线状分布于基底膜内皮细胞一侧,称为线型荧光型肾炎,此型肾炎属Ⅱ型变态反应。

(二)类型与病理变化

肾小球肾炎的分类方法很多,分类的基础和依据各不相同。根据肾小球肾炎的病程和病理变化一般将肾小球肾炎分为急性、亚急性和慢性3大类。

1. **急性肾小球肾炎**　急性肾小球肾炎(acute glomerulonephritis)发病急、病程短,病理变化主要在肾小球毛细血管网和肾球囊内,通常开始以血管球毛细血管变化为主,以后肾球囊内也出现明显病变。病变性质包括变质、渗出和增生3种变化,但不同病例,有时以增生为主,有时以渗出为主。

(1)眼观　急性肾小球肾炎早期变化不明显,以后肾脏轻度或中度肿大、充血,被膜紧张,表面光滑,颜色较红,所以称"大红肾"。若肾小球毛细血管破裂出血,肾脏表面及切面可见散在的小出血点,形如蚤咬,称"蚤咬肾"。肾切面可见皮质由于炎性水肿而变宽,纹理模糊,与髓质分界清楚。

(2)镜检　主要病变是肾小球内细胞增生。早期,肾小球毛细血管扩张充血,内皮细胞和系膜细胞肿胀增生,毛细血管通透性增加,血浆蛋白滤入肾球囊内,肾小球内有少量白细胞浸润。随后肾小球内系膜细胞严重增生,这些增生细胞压迫毛细血管,使毛细血管管腔狭窄甚至阻塞,肾小球呈缺血状。此时,肾小球内往往有多量炎性细胞浸润,肾小球内细胞增多,肾小球体积增大,膨大的肾小球毛细血管网几乎占据整个肾球囊腔(彩图17-1)。囊腔内有渗出的白细胞、红细胞和浆液(彩图17-2)。病理变化较严重者,毛细血管内有血栓形成,导致毛细血管发生纤维素样坏死,坏死的毛细血管破裂出血,致使大量红细胞进入肾球囊腔。不同的病例,病变的表现形式不同,有的以渗出为主,称为急性渗出性肾小球肾炎;有的以系膜细胞的增生为主,称为急性增生性肾小球肾炎;伴有严重大量出血者称为急性出血性肾小球肾炎。肾小管上皮细胞常发生颗粒变性、玻璃样变性和脂肪变性,管腔内含有从肾小球滤过的蛋白、红细胞、白细胞和脱落的上皮细胞,这些物质在肾小管内凝集成各种管型。由蛋白凝固而成的称为透明管型,由许多细胞聚集而成的称为细胞管型。肾脏间质内常有不同程度的充血、水肿及少量淋巴细胞和中性粒细胞浸润。

电镜下急性肾小球肾炎突出的病变为基底膜和脏层足细胞间有致密的蛋白质沉着,这些沉积物在基底膜外侧面呈"驼峰状"或"小丘状"。免疫荧光证实其中含有免疫球蛋白和补体。

2. 亚急性肾小球肾炎　亚急性肾小球肾炎(subacute glomerulonephritis)可由急性肾小球肾炎转化而来,或由于病因作用较弱,病势一开始就呈亚急性经过。

(1)眼观　肾脏体积增大,被膜紧张,质度柔软,颜色苍白或淡黄色,俗称"大白肾"。若皮质有无数淤点,表示曾有急性发作。切面隆起,皮质增宽,颜色苍白、浑浊,与颜色正常的髓质分界明显。

(2)镜检　突出的病变为大部分肾球囊有新月体形成。新月体主要由增生的球囊壁层上皮细胞和渗出的单核细胞组成。壁层扁平的上皮细胞肿大,呈梭形或立方形,堆积成层,在肾球囊内毛细血管丛的周围形成新月体或环状体。新月体内的上皮细胞间可见红细胞、中性粒细胞和纤维素性渗出物。早期新月体主要由细胞构成,称为细胞性新月体。然后,上皮细胞间逐渐出现新生的纤维细胞,纤维细胞逐渐增多形成纤维-细胞性新月体(彩图 17-3)。最后新月体内的上皮细胞和渗出物完全由纤维组织替代,形成纤维性新月体。

电镜检查除见新月体外,肾小球基底膜均存在缺损和断裂。

3. 慢性肾小球肾炎　慢性肾小球肾炎(chronic glomerulonephritis)可由急性和亚急性肾小球肾炎演变而来,也可一开始就呈慢性经过。慢性肾小球肾炎发病缓慢,病程长,常反复发作,是各型肾小球肾炎发展到晚期的一种综合性病理类型。

(1)眼观　由于肾组织纤维化、瘢痕收缩和残存肾单位的代偿性肥大,肾脏体积缩小,表面高低不平,呈弥漫性细颗粒状,质地变硬,肾皮质常与肾被膜发生粘连,颜色苍白,故称"颗粒性固缩肾"或"皱缩肾",切面见皮质变薄,纹理模糊不清,皮质与髓质分界不明显。

(2)镜检　大量肾小球发生纤维化或玻璃样变,所属的肾小管也萎缩消失,有的发生纤维化。由于萎缩部位有纤维化组织增生,继而发生收缩,致使玻璃样变的肾小球互相靠近,这种现象称为"肾小球集中"(彩图 17-4)。有些纤维化的肾小球消失于周围增生的结缔组织之中。残存的肾单位发生代偿性肥大,表现为肾小球体积增大,肾小管扩张,扩张的肾小管管腔内常有各种管型,间质纤维组织明显增生,并有大量淋巴细胞和浆细胞浸润。

二、间质性肾炎

间质性肾炎(interstitial nephritis)是在间质发生的以淋巴细胞、单核细胞浸润和结缔组织增生为原发病变的非化脓性肾炎。

(一)原因与发病机理

本病原因尚不完全清楚,一般认为与感染或中毒性因素有关。间质性肾炎常同时发生于两侧肾脏,表明毒性物质是经血源性途径侵入肾脏的。

(二)类型与病理变化

根据间质性肾炎波及的范围不同可将其分为 2 种类型,弥漫性间质性肾炎和局灶性间质性肾炎。

1. 弥漫性间质性肾炎(diffuse interstitial nephritis)

(1)眼观　急性弥漫性间质性肾炎的肾脏稍肿大,被膜紧张容易剥离,颜色苍白或灰白,切面间质明显增厚,灰白色,皮质纹理不清,髓质淤血暗红。亚急性和慢性弥漫性间质性肾炎的肾脏体积缩小,质度变硬,表面凹凸不平,呈淡灰色或黄褐色,被膜增厚,与皮质粘连,剥离困难,切面皮质变薄,皮质与髓质分界不清,眼观病变与慢性肾小球肾炎不易区别。

(2)镜检 急性弥漫性间质性肾炎的间质小血管扩张充血,有巨噬细胞、淋巴细胞和浆细胞浸润,浸润细胞波及整个肾间质,肾小管及肾小球变化多不明显。当转为慢性间质性肾炎时,间质纤维组织广泛增生,随着纤维组织逐渐成熟,炎性细胞数量逐渐减少,许多肾小管发生颗粒变性、萎缩消失,并被纤维组织所代替,残留的肾小管则发生代偿性扩张,肾小囊发生纤维性肥厚或者囊腔扩张,以后肾小球变形或皱缩。与慢性肾小球肾炎鉴别诊断时,许多肾小球无变化或仅有轻度变化是其主要特点。

2. 局灶性间质性肾炎(focal interstitial nephritis)

(1)眼观 在肾表面及切面皮质部散在多数点状、斑状或结节状病灶。不同动物发生局灶性间质性肾炎的病灶外观略有差异。在牛,尤其是犊牛,病灶较大(豌豆大到蚕豆大),稍膨隆,呈灰白色,有油脂样光泽,称为“白斑肾”;犬局灶性间质性肾炎病灶较小,为圆形或多形的灰色小结节;马局灶性间质性肾炎病灶更小,通常为灰白色针尖大小的结节,但小病灶可能融合成大病灶,严重者也可发展成为弥漫性间质性肾炎。

(2)镜检 肾间质有淋巴细胞和单核巨噬细胞局灶性浸润和增生,形成炎性细胞结节。随病情发展也可出现结缔组织增生,部分肾小管受压萎缩,甚至由结缔组织取代。肾小球变化不明显。

三、化脓性肾炎

化脓性肾炎(suppurative nephritis)是指肾实质和肾盂的化脓性炎症,根据病原的感染途径不同可分为以下2种类型。

(一)肾盂肾炎

肾盂肾炎(pyelonephritis)是肾盂和肾组织因化脓菌感染而发生的化脓性炎症。通常是从下端尿路上行的尿源性感染,常与输尿管、膀胱和尿道的炎症有关。

1. 原因与发病机理 细菌感染是肾盂肾炎的主要原因,主要病原菌是棒状杆菌、葡萄球菌、链球菌、绿脓杆菌,大多是混合感染。尿道狭窄与尿路阻塞都是引起肾盂肾炎的重要因素,尿路阻塞导致尿液蓄积,细菌大量繁殖,引起炎症,细菌沿尿道逆行蔓延到肾盂,经集合管侵入肾髓质,甚至侵入肾皮质,导致肾盂肾炎。

2. 病理变化

(1)眼观 初期肾脏肿大、柔软,被膜容易剥离,肾表面常有略显隆起的灰黄色或灰白色斑状化脓灶,化脓灶周围肾表面出血。切面可见肾盂高度肿胀,黏膜充血水肿,肾盂内充满脓液,髓质部见有自肾乳头伸向皮质呈放射状的灰白或灰黄色条纹,以后这些条纹融合成楔状的化脓灶,其底面转向肾表面,尖端位于肾乳头,病灶周围充血、出血,与周围健康组织分界清楚。严重病例中肾盂黏膜和肾乳头组织发生化脓、坏死,引起肾组织的进行性脓性溶解,肾盂黏膜形成溃疡。后期肾实质内楔形的化脓灶被吸收或机化,形成瘢痕组织,在肾表面出现较大的凹陷,肾体积缩小,称为继发性皱缩肾。

(2)镜检 初期肾盂黏膜血管扩张、充血、水肿和炎性细胞浸润,浸润细胞以中性粒细胞为主,黏膜上皮细胞变性、坏死、脱落。自肾乳头伸向皮质的肾小管(主要是集合管)内充满中性粒细胞,细菌染色可发现大量病原菌,肾小管上皮细胞坏死脱落。间质内常有中性粒细胞浸润、血管充血和水肿。后期转变为亚急性或慢性肾盂肾炎时,肾小管及间质内浸润的细胞以淋巴细胞和浆细胞为主,形成明显的楔形坏死灶。病变区成纤维细胞广泛增生,形成大量结缔组织,结缔组织纤维化形成瘢痕组织。

(二)栓子性化脓性肾炎

栓子性化脓性肾炎(embolie suppurative nephritis)是指因血源性感染在肾实质内形成的一种化脓性炎症,其特征性病理变化是在肾脏形成多发性脓肿。

1. 原因与发病机理　病原是各种化脓菌,这种化脓菌多来自机体的其他器官组织的化脓性炎症。引起机体其他器官组织发生化脓性炎症的化脓菌团块侵入血流,经血液循环转移到肾脏,进入肾脏的化脓菌栓子在肾小球毛细血管及间质的毛细血管内形成栓塞,引起化脓性肾炎。

2. 病理变化

(1)眼观　病变常累及两侧肾脏,肾脏体积增大,被膜容易剥离,肾表面见有多个隆起的灰黄色或乳白色圆形小脓肿,周边围以鲜红色或暗红色的炎性反应带。切面上的小脓肿较均匀地散布在皮质部,髓质内的脓肿较少,髓质内的病灶往往呈灰黄色条纹状,与髓放线的走向一致,周边也有鲜红色或暗红色的炎性反应带。

(2)镜检　在血管球及间质毛细血管内有细菌团块形成的栓子,其周围有大量中性粒细胞浸润。肾小管间也可见到同样的细菌团块和中性粒细胞,以后浸润部位肾组织发生坏死和脓性溶解,形成小脓肿,脓肿范围逐渐扩大融合,形成较大的脓肿,其周围组织充血、出血、炎性水肿以及中性粒细胞浸润。

第二节　肾　　病

肾病(nephrosis)是指以肾小管上皮细胞变性、坏死为主的一类病变,是各种内源性毒素和外源性毒物随血液流入肾脏引起的。内源性毒素是许多疾病过程中产生的并经过肾排出的毒素,如淀粉样物质、肌红蛋白和游离血红蛋白。外源性毒物包括重金属(汞、铅、砷、铋、钴等)、有机溶剂(氯仿、四氯化碳)、抗生素(新霉素、多黏菌素)、磺胺类药物以及栎树叶与栎树籽实。毒性物质随血流进入肾脏,被肾小管上皮细胞吸收后引起肾小管损伤;或原尿中的大量水分被重吸收后,尿液浓缩使毒性物质浓度升高,对肾小管上皮细胞产生强烈的毒害作用,导致肾小管上皮细胞变性坏死。

一、坏死性肾病

坏死性肾病(necrosis nephrosis),也称急性肾病,多见于急性传染病和中毒病。

1. 眼观　两侧肾脏轻度或中度肿大,质地柔软,颜色苍白,被膜易剥离,切面稍隆起,皮质部略有增厚且色泽不一,常出现暗红或灰红色纹理,髓质淤血,呈暗红色。

2. 镜检　急性病例的特征是肾小管上皮细胞变性、坏死、脱落,管腔内出现颗粒管型和透明管型(彩图17-5)。早期肾小管上皮细胞肿胀,肾小管管腔变窄,晚期肾小管中度扩张。经1周时间后,上皮细胞可以再生,肾小管基底膜由新生的扁平上皮细胞覆盖,以后肾小管完全修复不留痕迹,但动物多在大量肾小管上皮细胞变性坏死时发生肾功能衰竭而死亡。肾间质充血、水肿,有时可见出血及少量炎性细胞浸润。肾小球的变化一般不明显。

二、淀粉样肾病

淀粉样肾病(amyloid nephrosis),也称慢性肾病,多见于一些慢性消耗性疾病。

1. 眼观　肾脏肿大,质地坚实,色泽灰白,切面呈灰黄色半透明的蜡样或油脂状。

2. 镜检　肾小球毛细血管、入球动脉和间质小动脉及肾小管的基底膜上有大量淀粉样物质沉着,使肾小球血管和间质小动脉管壁增厚,血管腔狭窄,肾小管基底膜增厚。严重时,病变部的肾小球、肾小管和间质小动脉完全被淀粉样物质取代。除淀粉样物质外,肾小管上皮细胞也发生脂肪变性、透明滴状变等。病程久者,间质结缔组织广泛增生。

第三节　肾功能不全

各种原因引起肾脏功能严重紊乱或缺失,使机体不能维持内环境稳定,从而出现一系列症状和体征的病理过程,称为肾功能不全(renal insufficiency),又称肾功能衰竭(renal failure)。根据临床发病的轻重缓急,分为急性和慢性肾功能不全2种。无论急性还是慢性肾功能不全发展到严重阶段时,均以尿毒症告终。因此,尿毒症可以看作是肾功能衰竭的表现。

一、急性肾功能不全

急性肾功能不全(acute renal insufficiency,ARI)是各种致病因素在短时间内引起肾脏泌尿功能急剧降低,以致不能维持机体内环境稳定,从而引起水、电解质和酸碱平衡紊乱以及代谢废物蓄积的病理过程。临床主要表现为少尿或无尿、氮质血症、高钾血症、水肿和代谢性酸中毒。

(一)原因

引起急性肾功能不全的原因分为肾前性因素、肾后性因素和肾性因素。

1. 肾前性因素　主要见于各种原因引起的心输出量和有效循环血量急剧减少,如急性失血、严重脱水、急性心力衰竭等,其直接后果就是肾脏血液供应减少,引起肾小球滤过率急剧降低。同时,肾血流量不足和循环血量减少可促使抗利尿激素(antidiuretic hormone,ADH)分泌增加,肾素-血管紧张素-醛固酮系统(renin-angiotensin-aldosterone system,RAAS)活性增加,远曲小管和集合管对钠、水的重吸收增加,从而更促使尿量减少,尿钠含量降低。尿量减少使体内代谢终产物蓄积,常引起氮质血症、高钾血症和代谢性酸中毒等病理过程。

2. 肾后性因素　主要是肾盂以下尿路发生阻塞所引起的肾功能不全。尿路阻塞首先引发肾盂积水,原尿难以排出,从而使肾脏泌尿功能发生障碍,最终导致氮质血症和代谢性酸中毒。

3. 肾性因素　肾性急性肾功能不全的原因复杂多样,概括起来主要有2大类。

(1)肾小球、肾间质和肾血管疾病　在急性肾小球肾炎、急性间质性肾炎、急性肾盂肾炎或肾动脉栓塞时,由于炎症或免疫反应广泛累及肾小球、肾间质及肾血管,影响肾脏的血液循环和泌尿功能,导致急性肾功能不全的发生。

(2)急性肾小管坏死(acute tubular necrosis)　急性肾小管坏死是引起肾功能不全的常见原因,临诊特征是患病动物的尿中有蛋白质、红细胞、白细胞及各种管型。引起急性肾小管坏死的因素主要有以下 2 类:持续性肾缺血,多见于各种原因引起的循环血量急剧减少,如在休克Ⅰ期,严重和持续的血压下降及肾动脉强烈收缩,使肾脏持续缺血,可引起急性肾小管坏死;肾中毒,如重金属(汞、砷、铅、锑)、药物(磺胺类、氨基糖苷类抗生素如庆大霉素、卡那霉素等)、有机毒物(四氯化碳、氯仿、甲苯、酚等)、杀虫剂、蛇毒、肌红蛋白等经肾脏排泄时,均可直接作用于肾小管上皮细胞,引起急性肾小管坏死。

(二)发病机理

急性肾功能不全的发病机理至今尚不完全清楚,不同原因所导致的急性肾功能不全的发病机理不尽相同,但临床表现主要是源于肾小球滤过率下降所导致的少尿或无尿。肾小球滤过率下降主要与肾血管、肾小球、肾小管等因素有关。

1. 肾血管因素　急性肾功能不全初期就存在着肾血流量不足(肾缺血)和肾内血流分布异常现象,往往引起肾小球滤过率下降,导致急性肾功能不全。肾缺血和肾内血流异常分布的发生机制如下:①肾血管收缩。循环血量减少和肾毒物中毒,可引起持续性的肾血管收缩,使肾血流量减少,以皮质外层血流量减少最为明显,即出现肾脏血流的异常分布。②肾血管内皮细胞肿胀。肾缺血使肾血管内皮细胞营养障碍而发生变性肿胀,结果导致肾血管管腔狭窄,血流阻力增加,肾血流量进一步减少。③肾血管内凝血。肾脏缺血,肾血管内皮细胞损伤,暴露出胶原纤维,从而启动内源性凝血系统,同时血液中纤维蛋白原和血小板增多,二者共同作用导致肾血管内凝血,使肾脏缺血进一步加重。

2. 肾小球滤过功能障碍　肾小球滤过功能的正常与否取决于肾血流量与肾小球滤过率(glomerular filtration rate,GFR)的大小。而 GFR 的正常主要取决于肾小球滤过压、肾小球滤过面积和肾小球滤过膜的通透性是否正常。

(1)肾血流量减少　在正常动脉血压范围内,肾脏可以通过自身调节保持肾血流量和GFR 不发生改变。当有效循环血量明显减少(如休克、大出血等)、动脉血压急剧下降(如心力衰竭)或肾动脉血管收缩时,肾血流量显著减少,GFR 随之明显下降。

(2)肾小球滤过压降低　肾小球滤过压＝肾小球毛细血管血压－(肾球囊内压＋血浆胶体渗透压)。在失血、脱水等情况下,由于全身血压下降,引发肾小球毛细血管血压降低;另外,入球和出球小动脉的舒缩状态也可影响肾小球毛细血管血压;尿路阻塞、肾盂积水、肾间质水肿压迫肾小管时,可导致肾球囊内压升高;血浆胶体渗透压对肾小球有效滤过压的影响并不明显,这些因素综合作用可引起肾小球滤过压降低,GFR 随之下降。只有在大量输液、水中毒等引起循环血量增多和血浆胶体渗透压明显下降时,才会造成肾小球滤过压的增高。

(3)肾小球滤过面积减少　动物实验表明,只要有 25％的肾单位功能正常,就能维持内环境的稳定,由此可见肾脏的储备功能很强大。因此,只有肾单位大量破坏时,肾小球滤过面积极度减少,才会出现 GFR 降低和肾功能不全的表现。

(4)肾小球滤过膜的通透性改变　滤过膜的通透性大小与滤过膜的结构和电荷屏障有关。任何破坏滤过膜完整性或改变其电荷的因素,均可引起肾小球滤过膜通透性的改变。通透性增加是引起蛋白尿和血尿的重要原因;通透性下降是引起少尿、无尿和水肿的重要原因。肾小球滤过膜包括 3 层结构:里层的肾小球毛细血管内皮细胞、中层的基底膜和外层的肾球囊脏层上皮细胞(足细胞)。电镜下可见肾小球毛细血管内皮细胞上有许多圆形小孔,孔的直径为50～100 nm,孔处有一层极薄的隔膜,这一结构使许多小分子物质可以通过。基底膜由糖蛋白、胶原蛋白及网状纤维组成。电镜下基底膜可分 3 层,中层为电子密度较大的致密层,两侧为电子致密度较小的内、外疏松层,内外疏松层上带有负电荷颗粒。足细胞从胞体伸出几个较大的初级突起,每个初级突起又分成许多指状的次级突起,紧贴在毛细血管的基底膜外面。足细胞突起相互穿插镶嵌,形成栅栏状,突起之间有宽约 25 nm 的窄隙,称为裂孔,覆以 4~6 nm厚的裂孔膜。足细胞突起内的微丝可随突起活动而改变裂孔的宽度,裂孔膜能有效防止一部分有用物质和蛋白质的丢失。足突上也带有负电荷颗粒,借助静电作用阻止多聚阴离子(如白蛋白)漏出,正常情况下起到静电屏障作用。此外足细胞还具有吞饮作用,可吞饮透过膜间隙的任何蛋白质。滤过膜的 3 层结构分别对大小不同分子的滤过起限制作用。正常情况下最终只能通过相对分子质量在 7 万以下的物质,如多肽、葡萄糖、尿素、电解质和水等,少量小分子量蛋白质也可通过滤过膜,若滤过膜受损害,则大分子蛋白质甚至血细胞也能通过。生理状况下,肾小球滤过膜富含带负电荷的糖胺多糖(黏多糖),这种糖胺多糖依靠静电排斥作用,可以阻止许多带负电荷的血清蛋白(如白蛋白)随原尿滤过,即具有电荷屏障作用。当肾小球损伤时,滤过膜的糖胺多糖含量明显减少,从而使滤过膜负电荷量降低甚至消失,电荷屏障破坏,血清白蛋白和球蛋白等负电荷蛋白质即可随尿排出而形成肾小球性蛋白尿。缺血和肾中毒导致肾小球毛细血管内皮细胞和肾球囊脏层上皮细胞肿胀,肾球囊脏层上皮细胞相互融合,使正常的滤过缝隙变小甚至消失,从而使滤过膜的通透性降低,原尿生成减少。

3. 肾小管因素

(1)肾小管重吸收功能障碍　肾小管通过钠偶联主动转运过程重吸收肾小球滤液中几乎全部葡萄糖、氨基酸、枸橼酸、乳酸、醋酸和磷酸等。交感神经兴奋、血管紧张素Ⅱ、胰岛素以及有效循环血量减少,可促进近端肾小管重吸收 Na^+;HCO_3^- 重吸收增加可间接促进 Na^+ 的重吸收。

①近曲小管功能障碍。近曲小管是重吸收的主要部位,可以重吸收原尿中 80% 的水、几乎全部的葡萄糖和低分子质量蛋白质以及大部分钠、钾、碳酸氢盐等。当近曲小管功能障碍时,主要影响上述物质的重吸收,可出现蛋白尿、糖尿和酸碱平衡的变化。从肾小球滤出的主要蛋白质在近曲小管内被重吸收,因此正常动物尿液作蛋白质检查时均为阴性,当肾功能障碍引起肾小球滤出蛋白质增多,或肾小管对正常滤出的蛋白质重吸收减少时,均可导致尿中含有蛋白质,此称肾性蛋白尿(proteinuria);当尿路受损或渗出性炎症时,也可导致尿中蛋白质含量增多,此为非肾性蛋白尿。

②髓袢功能障碍。髓袢包括降支和升支,主要功能是浓缩尿液。尿液浓缩主要依赖髓袢的逆流倍增和逆流交换机制,通过尿液浓缩和稀释维持机体内环境的相对稳定。原尿经过升支时,Na^+ 能主动逆浓度差转移至管外间质,而水不能透过升支小管,造成管外间质高渗环境;当原尿通过降支时,H_2O、Na^+ 均能透过小管,H_2O 从管内进入间质,Na^+ 从间质进入管内,致使尿液浓缩。当髓袢功能发生障碍时,髓质部间质的高渗环境受到破坏,致使尿液浓缩发生障碍,从而导致尿量增多(多尿)和尿比重降低(低渗尿)。

③远曲小管和集合管的功能障碍。远曲小管通过分泌 H^+、K^+ 和 NH_4^+ 作用来维持内环境的稳定,同时远曲小管和集合管可在抗利尿激素、醛固酮、利钠因子等体液因子的作用下完成对尿的浓缩和稀释。因此,远曲小管和集合管发生功能障碍时,不但可引起体内酸碱平衡紊乱、水潴留等,还可出现肾性尿崩症。

(2)尿液浓缩和稀释功能障碍　肾脏对尿液的浓缩和稀释功能是维持机体内环境渗透压恒定的关键。当机体内 H_2O 过剩时(低渗状态),肾脏可将多余的 H_2O 排出体外;若体内

H_2O 相对缺乏时(高渗状态),肾脏通过减少排 H_2O,以保持机体 H_2O 代谢处于动态平衡。肾脏对尿液的浓缩和稀释功能障碍时,临床上出现低渗尿和高渗尿。尿液的浓缩与肾髓质部间质由表及里的渗透梯度、髓袢升支与降支的逆流倍增和逆流交换机制等有关。髓袢各段对 H_2O 和 NaCl 的通透性及转运机制的不同是髓袢逆流倍增的物质基础;另外,尿素在肾小管各段的循环也起十分重要的作用。ADH 通过促进集合管对 H_2O 及尿素的通透性和 NaCl 在髓袢升支粗段转运及增加近髓肾单位的滤过率等对尿液浓缩起调节作用。慢性肾脏病变时,肾小管上皮细胞由于缺血缺氧而发生变性坏死,甚至萎缩,使其对尿液的浓缩和稀释功能发生障碍,引起尿液的渗透压降低及变动范围缩小。慢性肾盂肾炎时,由于髓袢升支重吸收 Cl^-、Na^+ 功能减弱,髓质部高渗环境被破坏,致使肾浓缩功能障碍更加明显。慢性肾小管性间质性肾炎、肾小管性酸中毒和肾髓质性囊病等都能损害肾的浓缩功能,引起多尿。ADH 缺乏、某些药物、代谢产物、炎症和机械性因素等均可损伤髓质部高渗环境或使肾小管上皮细胞对 ADH 的反应性下降;高钙血症或低钾血症也能降低肾小管上皮细胞对 ADH 的敏感性,导致肾性尿崩症。

(3)酸碱平衡紊乱 肾脏通过肾小管的排 NH_3 保碱、排 H^+ 保 Na^+ 及对 HCO_3^- 的重吸收调节机体的酸碱平衡。肾脏的排酸功能主要由近端小管和远端肾单位完成,髓袢也发挥着十分重要的作用,当它们发生功能障碍时,往往呈现代谢性酸中毒。

①近端肾小管功能下降。近端肾小管主要通过分泌 H^+ 和 NH_3、生成 NH_4^+ 及重吸收 HCO_3^- 以实现尿液酸化,当其功能下降时,常引发肾小管性酸中毒。管腔内 HCO_3^-、pH、GFR 和肾小管流量增高以及糖皮质激素、生长激素等均可促进 HCO_3^- 的重吸收。甲状旁腺激素(parathyroid hormone,PTH)则抑制 HCO_3^- 的重吸收。碳酸酐酶抑制剂(如乙酰唑胺)能抑制近端肾小管对 HCO_3^- 的重吸收,可引起代谢性酸中毒。原发性甲状旁腺功能亢进常发生轻度高氯性酸中毒。肾血液流量减少引起谷氨酸(NH_3 的合成原料)供应不足,或谷氨酸的摄取利用发生障碍,可使肾小管生产 NH_4^+ 减少,均可导致机体酸碱平衡紊乱。

②髓袢功能下降。目前认为髓袢主要通过对 HCO_3^- 和 NH_3 的重吸收以实现尿液的酸化,当其功能障碍时,同样会引起酸碱平衡紊乱。

③远端肾单位功能下降。远端肾单位主要由远端肾小管和集合管 2 部分组成,远端肾小管主要通过增加 H^+ 的分泌和 NH_4^+ 的形成以排泄酸性物质,管腔 pH 降低,H^+ 分泌减少。醛固酮、PTH 和 ADH 均可促进 H^+ 分泌,而前列腺素(prostaglandin,PG)E_2 可抑制 H^+ 分泌。当远端肾小管分泌 H^+ 功能障碍时,因 HCO_3^- 再生障碍,可引起高氯性酸中毒。某些利尿剂(如安体舒通)能抑制远端肾小管对 Na^+ 的重吸收,抑制 H^+ 和 K^+ 的分泌,引起高钾高氯性代谢性酸中毒。

此外,严重失血、脱水、心功能不全、休克等各种原因引起肾血流量下降,或因肾小球有效滤过膜面积减少,使 GFR 明显降低,均可导致体内代谢产物蓄积,引起酸碱平衡紊乱。

4. 肾脏内分泌功能障碍 肾脏具备合成、分泌、激活或降低多种激素和生物活性物质的功能,它们在调节 H_2O 和电解质平衡、血压、红细胞生成及钙磷代谢等方面发挥着十分重要的作用。当各种疾病因素作用于动物机体使肾脏受损时,可导致其内分泌功能异常,出现一系列病理生理学反应,如高血压、贫血、骨营养不良等。

(1)RAAS 活性升高 肾脏通过 RAAS 参与调节循环血量、维持全身动脉血压及体内酸碱平衡。当全身血量减少、脱水或肾实质发生损害时,肾脏分泌肾素增加,从而导致 RAAS 活性升高。肾素-血管紧张素系统(renin-angiotensin system,RAS)活性升高可引起肾性高血压;醛固酮分泌增多往往引起钠水潴留。机体有效循环血量减少、严重脱水、肾动脉狭窄、低钠血症及交感-肾上腺髓质兴奋性增高等,均可刺激肾素的合成及释放增加;肾单位的纤维化、肾组织严重缺血也可导致肾素分泌增加,体内肾素含量增加,除了引起 H_2O、Na^+ 在体内潴留而产生水肿外,还是导致肾性高血压的重要因素之一。

(2)促红细胞生成素(Erythropoietin,EPO)合成减少　EPO 能刺激骨髓干细胞分化为原红细胞,缩短红细胞成熟的时间,使红细胞生成增加。慢性肾病时,因肾组织进行性大量破坏,EPO 生物合成明显减少,是导致贫血的主要原因。此外,肾功能不全时,由于体内红细胞生成抑制因子的作用,骨髓对 EPO 的反应性下降,也是造成贫血的主要原因之一。

(3)维生素 D 羟化受阻　肾脏含有 25-$(OH)_2D_3$-1α-羟化酶,在该酶催化下 25-$(OH)_2D_3$ 被活化为 1,25-$(OH)_2D_3$,以调节钙磷的代谢。严重肾脏病变时,由于1α-羟化酶缺陷,使维生素 D 羟化障碍,结果导致肠黏膜细胞合成钙结合蛋白及钙-ATP 酶减少,肠黏膜对钙磷的吸收功能降低,同时,远端肾小管对钙磷的重吸收也减少,成为肾性骨营养不良的重要原因之一。

(4)肾内 PG 合成减少　PG 是花生四烯酸(arachidonic,AA)在环加氧酶作用下产生的代谢产物,其中,PGE_2、PGI_2 可通过促进肾素释放,增加 H_2O、Na^+ 排出。当肾脏病变时,环加氧酶的活性异常使 AA 代谢产物失衡,PG 生物合成减少,是肾性高血压发生的重要机制。

(5)激肽释放酶-激肽-前列腺素系统(kallikrein-kinin-prostaglandinsystem,KKPGS)障碍肾脏含有激肽释放酶、激肽原、激肽和激肽酶,其共同组成激肽释放酶-激肽系统(kallikrein-kinin system,KKS)。肾脏富含激肽释放酶,可使血液中的激肽原转化成激肽和缓激肽,缓激肽可促使肾髓质间质细胞合成 PGE_2 和 PGA_2。激肽、PGE_2 和 PGA_2 具有扩张血管,降低外周阻力和促进肾小管 Na^+、H_2O 排出的作用。因此,KKPGS 系统活性降低是引起肾性高血压的原因之一。此外,阻塞性肾病、糖尿性肾病及急性肾功能衰竭时肾血流动力学改变可能与KKS 活性下降有关,肾病综合征时的蛋白尿也可能与 KKS 活性降低密切相关。

(6)内皮素生成增多　内皮素具有强烈的缩血管效应,体内许多组织都可以表达内皮素。在肾脏,内皮素主要由肾小球毛细血管内皮细胞合成。肾脏疾病时,可刺激血管内皮细胞分泌内皮素,通过自分泌和旁分泌途径作用于血管平滑肌,引起血管收缩、内皮细胞和平滑肌细胞增生。

(7)甲状旁腺素(parathyroid hormone,PTH)和胃泌素灭活减少　肾脏具有灭活 PTH 和胃泌素的功能。PTH 具有溶骨和抑制肾脏排磷的作用,胃泌素促进胃酸分泌,当上述 2 种激素灭活减少时容易发生肾性骨营养不良和诱发消化道溃疡。

(三)机能和代谢变化

急性肾功能不全主要表现为肾脏泌尿功能障碍。根据病程发展的经过,急性肾功能不全一般可分为少尿期、多尿期和恢复期。

1. 少尿期　急性肾功能不全常常一开始就表现尿量显著减少,并有代谢产物的蓄积,水、电解质和酸碱平衡紊乱,这也是病程中最危险的时期。

(1)尿的变化　由于肾小管上皮细胞损伤,对水和钠的重吸收功能障碍,尿钠含量升高。又因肾小球滤过功能障碍和肾小管上皮坏死脱落,除尿量显著减少外,尿中还含有蛋白质、红细胞、白细胞、上皮细胞碎片及各种管型。

(2)水中毒　由于肾脏排尿量显著减少,水的排出受阻,同时体内分解代谢加强,导致体内水分增多。当水潴留超过钠潴留时,可引起稀释性低钠血症,水分可向细胞内转移而引起细胞水肿,严重者可出现典型的水中毒症状。

(3)高钾血症　急性肾功能不全少尿期死亡大多是高钾血症所致。造成高钾血症的原因主要是尿钾排出减少,同时细胞分解代谢增强,细胞内钾释放过多,加之酸中毒时细胞内 K^+ 转移至细胞外,往往会迅速发生高钾血症。高钾血症可引起心脏兴奋性降低,诱发心率失常,甚至导致心室纤维性颤动或心跳骤停。

(4)代谢性酸中毒　由于肾脏排酸保碱功能障碍,尿量减少,酸性产物在体内蓄积,引起代谢性酸中毒。

(5)氮质血症　由于体内蛋白质代谢产物不能经肾脏排出,蛋白质分解代谢在肾功能不全时往往又增强,致使血中尿素、肌酐等非蛋白氮物质的含量显著增高。这种血液中非蛋白氮物质含量升高的现象,称为氮质血症(azotemia)。氮质血症一般发生在急性肾功能不全少尿期开始后几天,血中非蛋白氮含量明显增高。

(6)尿毒症　少尿期氮质血症进行性加重,严重者可出现尿毒症。

少尿期一般持续时间较短,从数天到数周不等,如果动物能安全度过少尿期,肾脏缺血得到缓解,且肾内已有肾小管上皮细胞再生时,病程即发展为多尿期。

2. 多尿期　进入多尿期,说明病情趋向好转。导致多尿的机制是:

(1)肾血流量及肾小球滤过功能逐渐恢复;

(2)再生修复的肾小管上皮细胞重吸收功能低下;

(3)脱落的肾小管内管型被冲走,间质水肿消退;

(4)少尿期滞留在血中的尿素等代谢产物开始经肾小球滤出,引起渗透性利尿。

在多尿期,因肾小管浓缩尿的功能尚未完全恢复,仍排出低比重尿。因此,在多尿期常因排出大量水分和电解质,而引起脱水、低钾血症和低钠血症。

3. 恢复期　多尿期与恢复期无明显界限,恢复期尿量及血液成分逐渐趋于正常,但是肾功能的完全恢复往往需要较长时间,尤其是肾小管上皮细胞尿液浓缩功能的恢复更慢。如果肾小管和基底膜破坏严重,再生修复不全,可转变为慢性肾功能不全。

二、慢性肾功能不全

肾脏的各种慢性疾病均可引起肾实质的进行性破坏,如果残存的肾单位不足以代偿肾脏的全部功能,就会引起肾脏泌尿功能障碍,致使机体内环境紊乱,表现为代谢产物、毒性物质在体内潴留以及水、电解质和酸碱平衡紊乱,并伴有贫血、骨质疏松等一系列临床症状的综合征,称为慢性肾功能不全(chronic renal insufficiency,CRI)。慢性肾功能不全常以尿毒症为最后结局而导致动物死亡。

(一)原因

凡能引起慢性肾实质进行性破坏的疾病都可引起慢性肾功能不全,如慢性肾小球肾炎、慢性间质性肾炎、慢性肾盂肾炎、多囊肾炎等。慢性肾功能不全也可继发于急性肾功能不全或慢性尿路阻塞。上述慢性肾脏疾病早期都有各自的临诊特征,但到了晚期,其表现大致相同,这说明它们有共同的发病机制。因此,慢性肾功能不全是各种慢性肾脏疾病最后的共同结局。

(二)发病机理

1. 慢性肾功能不全的发展过程　由于肾脏具有强大的代偿储备能力,慢性肾功能不全的

病程经过呈现明显的进行性加重,可分为以下 4 个时期:

(1)代偿期(肾储备功能降低期)　肾实质破坏尚不严重,肾脏能通过代偿维持内环境稳定。血液生化指标在正常范围内,无临诊症状。但肾脏贮备能力降低,在感染和水、钠负荷突然增加时,可出现内环境紊乱。

(2)肾功能不全期　肾实质受损加剧,肾脏浓缩尿液功能减退,不能维持内环境稳定,可出现酸中毒、多尿、夜尿、轻度氮质血症和贫血等,血液生化指标已出现明显异常。

(3)肾功能衰竭期　临诊症状已十分明显,出现较重的氮质血症、酸中毒、低钙血症、严重贫血,夜尿明显增多、多尿,并伴有部分尿毒症中毒症状。

(4)尿毒症期　此期是慢性肾功能不全的最后阶段,此期动物出现严重的氮质血症和水、电解质、酸碱平衡紊乱,并出现一系列尿毒症中毒症状而死亡。

2.慢性肾功能不全的发病机理　慢性肾功能不全是肾单位广泛破坏,具有功能活动的肾单位逐渐减少,并且病情进行性加重的过程。对这种进行性加重的原因和机理尚不十分清楚,目前主要有以下 4 种学说:

(1)健存肾单位学说　该学说认为,虽然引起慢性肾损害的原因各不相同,但是最终都会造成病变肾单位的功能丧失,肾功能只能由未受损害的健存肾单位来代偿。肾单位功能丧失越多,健存的肾单位就越少,最后健存的肾单位少到不能维持正常的泌尿功能时,就会出现肾功能不全和尿毒症症状。健存肾单位的多少,是决定慢性肾功能不全发展的重要因素。

(2)矫枉失衡学说　该学说是对健存肾单位学说的补充。该学说提出当肾单位和肾小球滤过率进行性减少时,体内某些溶质增多,为了排除体内过多的溶质,机体可通过分泌某些体液调节因子(如激素)来抑制健存肾小管对该溶质的重吸收,增加其排泄,从而维持内环境的稳定。这种调节因子虽然能使体内溶质的滞留得到"矫正",但这种调节因子的过量增多又使机体其他器官系统的功能受到影响,从而使内环境发生另外一些"失衡",即矫枉失衡。

(3)肾小球过度滤过学说　部分肾单位丧失功能后,健存肾单位的肾小球毛细血管内压和血流量增加,导致单个肾单位的肾小球滤过率升高(过度滤过)。在长期负荷过度的情况下,肾小球发生纤维性硬化,使肾功能进行性减退,从而促进肾功能不全的发生。

(4)肾小管高代谢学说　该学说认为健存肾单位肾小管的高代谢状态是慢性肾功能不全的重要决定因素。部分肾单位功能丧失后,健存的肾小球发生过多滤过,由于原尿增加、流速加快,钠离子滤过负荷增加,致使肾小管上皮细胞酶活性升高而呈现高代谢状态。长期高代谢状态导致肾小管明显肥大并伴发囊状扩张,到后期肥大扩张的肾小管又往往发生继发性萎缩,并有间质炎症和纤维化病变,即出现肾小管间质损害,导致慢性肾功能不全。

(三)机能和代谢变化

1.尿的变化

(1)尿量变化　慢性肾功能不全早期常见多尿,晚期则发生少尿。其发生机制是:肾功能不全早期,大量肾单位破坏后,残存肾单位血流量增多,肾小球滤过率增大,原尿的形成增多、流速较快,而肾小管对水分的重吸收减少,加上原尿中溶质含量升高引起渗透性利尿,从而导致多尿。到慢性肾功能不全后期,肾单位广泛破坏,残存的肾单位极度减少,尽管残存的每一个肾单位生成的尿液增多,但由于肾小球滤过面积明显减少而发生少尿。

(2)尿比重变化　慢性肾功能不全早期,由于肾浓缩功能降低,因而出现低比重尿或低渗尿。随着病情发展,肾脏浓缩与稀释功能均丧失,尿的溶质接近于血清浓度,则出现等渗尿。

（3）尿蛋白与尿沉渣 由于肾小球毛细血管壁的通透性升高，滤过膜电荷屏障破坏，滤过蛋白质增多，加上肾小管重吸收蛋白质的功能降低，所以慢性肾功能不全患病动物可有轻度至中度蛋白尿，严重病例可出现血尿，尿沉渣可出现细胞管型和蛋白管型。

2. 水、电解质及酸碱平衡紊乱

（1）水代谢紊乱 慢性肾功能不全时，由于大量肾单位的破坏，肾脏对水负荷变化的适应调节能力降低。当水的摄入量增加，特别是静脉输液过多时，因肾脏不能增加水的排泄而发生水潴留，导致水肿甚至充血性心力衰竭。

（2）钠代谢紊乱 慢性肾功能不全时，机体维持钠平衡的功能大为降低。由于残存肾单位发生渗透性利尿，尿量增加，钠的排出也相应增加，加上慢性肾功能不全时体内蓄积的代谢产物（如甲基胍）可抑制肾小管对钠的重吸收，因此，钠的排出明显多于正常，容易引起低钠血症。

（3）钾代谢紊乱 慢性肾功能不全时常常出现低钾血症，其原因是无论摄钾与否，肾小球排钾均较正常增多，有人认为这可能与醛固酮的分泌增多有关，另外多尿本身也增加钾的排出。低钾血症可引起肌肉无力和心律失常。

（4）镁代谢紊乱 慢性肾功能不全时一般不会发生镁代谢紊乱，只有当尿量减少，镁的排出障碍时才发生高镁血症。高镁血症对神经肌肉兴奋性具有抑制作用。

（5）酸碱平衡紊乱 代谢性酸中毒是慢性肾功能不全最常见的病理过程之一，其发生机制如下：肾小管合成氨的能力下降，肾小管排 NH_4^+ 减少，使 H^+ 排出障碍，血浆 H^+ 浓度升高；慢性肾功能不全常继发甲状旁腺素蓄积，甲状旁腺素可抑制近曲小管碳酸酐酶的活性，使近曲小管对 HCO_3^- 的吸收减少；肾小球滤过率降低，可造成酸性代谢产物排出受阻而在体内蓄积。

（6）钙、磷代谢紊乱 慢性肾功能不全往往呈现高磷血症和低钙血症。由于肾小球滤过率降低，肾脏排磷减少，导致血磷升高，当血磷升高时，血钙浓度就会降低。

3. 氮质血症 慢性肾功能不全早期一般不会出现氮质血症，晚期肾单位大量破坏，肾小球滤过率极度下降，血液中含氮物质开始大量蓄积，出现氮质血症。

4. 肾性贫血 慢性肾功能不全常伴有贫血，贫血程度与肾功能损害程度一致，其发生机制是：EPO 生成减少，导致骨髓红细胞生成减少；血液中潴留的有害物质抑制红细胞生成；毒性物质抑制血小板功能，导致出血；毒性物质使红细胞破坏增加，引起溶血。

5. 出血倾向 慢性肾功能不全后期机体常有明显的出血倾向，表现为皮下和黏膜出血，其中以消化道黏膜最为明显，这主要是由于体内蓄积的毒性物质抑制血小板功能所致。

6. 肾性骨营养不良 肾性骨营养不良是慢性肾功能不全的一个严重而常见的并发症。骨营养不良包括骨骼囊性纤维化、骨软化症和骨质疏松症。其发生机制如下：

（1）高血磷、低血钙和继发性甲状旁腺机能亢进 在慢性肾功能不全时，由于肾小球滤过率降低，血磷升高，后者引起继发性甲状旁腺激素分泌增多，于是血中甲状旁腺激素浓度升高，促进肾脏排磷，使血磷降低至正常水平。如果肾脏机能进一步损害，由于残存肾单位太少，继发性甲状旁腺激素分泌增多已不能维持磷的充分排出，则血磷水平会显著升高，血钙浓度将进一步降低，后者促使甲状旁腺激素持续大量分泌，甲状旁腺激素增多，促使骨骼脱钙，使骨磷释放增多，从而形成恶性循环，引起骨骼的营养不良。

（2）维生素 D 代谢障碍 肾组织严重破坏和高磷血症抑制肾小管 1,25-$(OH)_2D_3$ 合成，肠道吸收钙减少，使钙盐沉着障碍而引起骨软化症。

（3）代谢性酸中毒 慢性肾功能不全常伴有代谢性酸中毒，血液酸度升高可促进钙盐溶解,抑制肾脏 $1,25-(OH)_2D_3$ 合成,干扰肠道对钙的吸收,从而促进肾性骨营养不良。

三、尿毒症

尿毒症(uremia)是急性和慢性肾功能不全发展到最严重的阶段,代谢产物和毒性物质在体内潴留,水、电解质和酸碱平衡发生紊乱,以及某些内分泌功能失调所引起的全身性功能和代谢严重障碍并出现一系列自体中毒症状的综合病理过程。

(一)发病机理

1. 毒性物质蓄积 一般认为尿毒症的发生与体内许多蛋白质的代谢产物和毒性物质蓄积有关,很多毒性物质(如尿素、肌酐、胺类和胍类化合物)升高可引起明显的尿毒症症状。

2. 水、电解质和酸碱平衡紊乱。

(二)主要症状

1. 神经系统功能障碍

(1)尿毒症性脑病 尿毒症时,血液中有害物质蓄积过多,使中枢神经细胞能量代谢障碍,导致细胞膜 Na^+-K^+ 泵失灵,引起神经细胞水肿;有些毒素可直接损害中枢神经细胞,使动物出现狂躁不安、嗜睡甚至昏迷。

(2)外周神经病变 甲状旁腺激素和胍基琥珀酸可直接作用于外周神经,使外周神经髓鞘脱失和轴突变性,动物呈现肢体麻木和运动障碍。

2. 消化道变化 动物表现厌食、呕吐和腹泻症状,死后剖检可见胃肠道黏膜呈现不同程度的充血、水肿、溃疡和出血。

3. 心血管系统功能障碍 钠、水潴留,代谢性酸中毒,高钾血症和尿毒症毒素的蓄积,可导致心功能不全和心律紊乱。晚期尿毒症可出现无菌性心包炎,这种心包炎可能是由于尿毒症毒素(如尿酸、草酸盐等)刺激心包引起的。

4. 呼吸系统功能障碍 机体酸中毒可使呼吸加深加快。呼出气体有氨味,这是由于尿素在消化道经尿素酶分解形成氨,氨又重新吸收入血,血氨浓度升高并经呼吸挥发所致。尿素刺激胸膜可引起纤维素性胸膜炎。

5. 内分泌系统功能障碍 由于各种毒素蓄积和肾组织的破坏,肾脏的内分泌功能障碍,肾素、EPO、$1,25-(OH)_2D_3$ 等分泌减少,甲状旁腺激素、生长激素分泌增加,同时肾脏因功能降低对各种内分泌激素的灭活能力降低,肾脏排出减少,使各种激素在体内蓄积,从而导致严重的内分泌功能紊乱。

6. 皮肤变化 由于血液中含有高浓度的尿素,尿素可经过汗液代偿性排出。因此,患畜的皮肤表面常出现白色的尿素结晶,称为尿素霜。同时,在高浓度甲状旁腺激素等的作用下,动物往往表现有明显的皮肤瘙痒症状。

7. 免疫系统功能障碍 尿毒症患畜的细胞免疫功能明显降低,而体液免疫功能正常或稍有减弱,尿毒症患畜中性粒细胞的吞噬和杀菌能力减弱,淋巴细胞数量减少,机体容易发生感染,感染后往往不易治愈而死亡。

8. 代谢紊乱

(1)蛋白质代谢紊乱 蛋白质代谢障碍主要表现为明显的负氮平衡、动物消瘦和低蛋白血症。低蛋白血症是引起肾性水肿的主要原因之一。引起负氮平衡的因素有:消化道损伤使蛋白质摄入和吸收减少;尿毒症时在毒物的作用下,组织蛋白分解加强;尿液丢失和失血使蛋白质丢失增多。

（2）糖代谢紊乱　由于尿毒症动物血液中存在胰岛素拮抗物质，使胰岛素的作用减弱，导致组织利用葡萄糖的能力降低，肝糖原合成酶活性降低，导致肝糖原合成障碍，血糖浓度升高，出现糖尿。

（3）脂肪代谢紊乱　尿毒症时，肝脏合成甘油三酯增多，清除减少，使血液中甘油三酯浓度升高，产生甘油三酯血症，这种高脂血症可促进动脉粥样硬化的发生。

第四节　子宫内膜炎

子宫内膜炎（endometritis）是指炎症仅局限于子宫内膜的病理过程，可分为急性子宫内膜炎和慢性子宫内膜炎。本病是母畜的常发病之一，尤以乳牛多见。

一、原因和发病机理

引起子宫内膜炎的病原菌较多，主要是化脓杆菌、葡萄球菌和链球菌，其次是大肠杆菌、坏死杆菌和恶性水肿梭菌。此外，结核分枝杆菌、布氏杆菌及马副伤寒流产杆菌也可引起子宫内膜炎。某些理化因素也可引起子宫内膜炎，如用过热或过浓的刺激性消毒水冲洗子宫，助产器械或其他尖锐物体对子宫的直接损伤等。

病原菌侵入子宫的途径可分为上行性感染（阴道感染）和下行性感染（血源性或淋巴源性感染）2种，但以上行性感染较为常见。子宫内膜炎多发生于产后。雌性动物在分娩时和产后早期，机体抵抗力降低，生殖道开放，胎儿产出或胎盘剥离易导致子宫黏膜出现不同程度的损伤，子宫腔中多残留脱落和崩解的黏膜上皮、胎衣碎片、血液、渗出物和分泌物等，有利于病原微生物的侵入和繁殖。难产、胎衣不下、子宫脱出、子宫恢复不全、流产时更易发生。某些全身感染性疾病时，病原体可进入血液，经血道转移至子宫引起子宫内膜炎。另外，当母畜抵抗力降低，正常存在于子宫或阴道内的条件性致病菌可乘机迅速繁殖和增强毒力，引起子宫内膜炎。腹膜炎或腹腔其他组织器官的炎症，可直接蔓延引起子宫周围炎，进一步发展为子宫内膜炎，或经淋巴蔓延至子宫引起子宫炎和子宫内膜炎。

二、类型和病理变化

根据病程和炎症渗出物的性质可将子宫内膜炎分为以下3种：

1. 急性卡他性子宫内膜炎　急性卡他性子宫内膜炎（acute catarrhal endometritis）是最常见的一种子宫内膜炎，多由产后病原菌经阴道上行感染引起，常以卡他性炎为特点。一般无明显症状，发情期牛、马可从子宫内排出多量混浊的或含有絮状物的黏液。子宫外形常无明显异常，但切开子宫时，可见子宫腔内积有数量不等、混浊、黏稠的呈灰白色或因混有血液而呈褐红色的渗出物。子宫内膜出血、水肿，呈弥漫性或局灶性潮红肿胀，其中有散在出血点和出血斑。有时由于内膜上皮细胞变性、坏死，坏死组织与渗出的纤维素凝结在一起，而在内膜形成一层假膜，称为纤维素性子宫内膜炎；如果假膜与内膜深层组织黏着较牢固，强行剥离时常遗留有锯齿状边缘的溃疡，称为纤维素性坏死性子宫内膜炎。炎症如果发生于一侧子宫角，则病侧子宫角膨大，两侧子宫角的大小极不对称。镜检，子宫内膜的毛细血管和小动脉扩张充血，常伴有出血，黏膜表层子宫腺周围有白细胞浸润，腺腔内也有白细胞集聚，黏膜小血管常有血栓形成,黏膜上皮常见坏死。

2. 化脓性子宫内膜炎　化脓性子宫内膜炎(suppurative endometritis)是由化脓性细菌感染引起的病变,剖检时可见由于子宫腔内蓄积大量脓液而使子宫腔扩张,子宫体积增大,触摸有波动感。子宫腔内脓液的颜色因感染的化脓性细菌种类不同而有所不同,可呈黄色、黄绿色或红褐色。脓液有时稀薄如水,有时混浊浓稠或呈干酪样。子宫内膜表面粗糙、污秽、无光泽,多被覆一层坏死组织碎屑,并可见到糜烂或溃疡灶。子宫壁的厚度往往与脓液蓄积量有关,大量脓液充满子宫时,子宫扩张,壁变薄;仅有少量脓液时,通常子宫壁厚度正常或稍见肥厚。镜检,子宫黏膜固有层和黏膜表面有大量中性粒细胞,子宫腺和黏膜上皮细胞变性、坏死、脱落,与坏死崩解的中性粒细胞形成脓液,有时也可见细菌团块,肌层和外膜下充血、水肿,以及中性粒细胞、巨噬细胞和淋巴细胞浸润。

3. 慢性子宫内膜炎　慢性子宫内膜炎(chronic endometritis)多数是由急性子宫内膜炎演变而来。病变特点是子宫内膜结缔组织增生,浆细胞浸润,腺腔堵塞而致囊肿形成,息肉样增生,内膜上皮脱落和上皮化生为鳞状上皮等。病变初期多呈现轻微的急性卡他性子宫内膜炎的变化,如黏膜充血、水肿和中性粒细胞浸润,以后则以淋巴细胞和浆细胞浸润为主,并有成纤维细胞增生,致使内膜肥厚。细胞浸润和成纤维细胞增生以腺管周围最为显著。如腺腔堵塞,子宫内膜肥厚的程度不均匀,变化显著的部分可呈息肉状隆起,称为慢性息肉性子宫内膜炎(chronic polypoid endometritis)。随着成纤维细胞的增生和成熟,子宫腺的排泄管因受压迫而完全被堵塞,其分泌物排出受阻,管腔呈囊状扩张,在子宫黏膜上形成大小不等的囊肿,囊肿呈半球状隆起,内含白色混浊液体,称为慢性囊肿性子宫内膜炎(chronic cystic endometritis)。部分病例随着病程的不断发展,子宫内膜结缔组织弥漫性增生,子宫腺体萎缩或消失,增生的结缔组织老化、收缩,子宫内膜变薄,称为慢性萎缩性子宫内膜炎(chronic atrophic endometritis)。牛慢性子宫内膜炎时,子宫内膜坏死处常有钙盐沉着,形成灰白色且硬固的钙化灶。

第五节　卵巢囊肿

卵巢囊肿是指卵巢的卵泡或黄体内出现液性分泌物积聚,或由其他组织(如子宫内膜)异位性增生而在卵泡中形成的囊泡。卵巢囊肿多发生于牛、猪、马和鸡。发病原因尚不清楚,一般认为与遗传因素有关。根据发生部位和性质,卵巢囊肿分为以下 3 种类型。

一、卵泡囊肿

卵泡囊肿(follicular cyst)是成熟卵泡不破裂或闭锁卵泡持续生长,卵泡腔内液体蓄积形成的。囊肿呈单发或多发,可见于一侧或两侧卵巢,囊肿大小不等。囊肿壁薄而致密,内含透明液体,其中含有少量白蛋白。卵泡囊肿的组织学变化因囊肿的大小不同而有差异,小囊肿内可见退变的粒层细胞和卵泡膜细胞,大囊肿因积液膨胀而囊壁变薄,细胞变为扁平甚至消失,只残留一层纤维组织膜。

二、黄体囊肿

正常黄体是囊状结构,若囊状黄体持续存在或生长,或黄体含血量较多,血液被吸收后,均可导致黄体囊肿(corpus lutein cyst)。黄体囊肿多为单侧性,呈黄色,核桃大至拳头大,囊内容物为透明液体。镜检可见黄体囊肿的囊壁是由 15～20 层来自颗粒层的黄体细胞构成,黄体细胞大,呈圆形或多角形,内含大量脂质和黄色素,这些细胞构成一条宽的细胞带,外围主要是结缔组织。当黄体囊肿为两侧性时,常表现为多发性小囊肿。

三、黄体样囊肿

黄体样囊肿实质上是一种卵泡囊肿,是卵泡不破裂,不排卵,直接演变出来的一种囊肿,是在发情周期黄体生成素释放延迟或不足的基础上发展起来的,多见于牛和猪。囊腔为圆形,囊壁光滑,在临近黄体化的卵泡膜细胞区衬有一层纤维组织。

第六节　卵泡及输卵管病变

卵泡及输卵管病变是鸡,特别是产蛋鸡的一种常见病。临床上以卵巢、输卵管、腹膜炎症为特征,严重时卵泡变形、充血、出血,呈红褐色或灰褐色,甚至破裂,破裂后腹腔中的蛋黄液味恶臭,有时卵泡皱缩,形状不整齐,呈金黄色或褐色,无光泽;病情稍长时,肠道粘连,输卵管有黄白色干酪样物。

一、原因

致病因素较多,如鸡舍环境恶劣、潮湿、舍内通风不良、氨气、二氧化碳、二氧化硫等有害气体浓度过高、密度过大;常见的病毒性疾病,如鸡新城疫、禽流感、肾型传染性支气管炎和传染性喉气管炎;细菌性传染病,如成年产蛋鸡的大肠杆菌病、沙门氏菌病等,均可引起鸡卵泡及输卵管病变。

二、主要病理变化

产蛋鸡产蛋出现异常,有明显的产蛋率下降,产薄壳蛋、软壳蛋、沙皮蛋、畸形蛋、白皮蛋、小型蛋等的比例升高,鸡的繁殖机能明显下降。病理剖检变化主要是卵泡变性、变形、充血、出血、坏死破裂或萎缩;输卵管水肿、变粗,内有大量分泌物,腹膜发炎、充血、浑浊,严重的卵泡掉入腹腔,形成卵黄性腹膜炎,肠道与腹壁发生粘连或腹腔肠道、脏器发生粘连;腹腔积有混浊液体,恶臭或有黄白色干酪样物质。当表现卵黄性腹膜炎时,输卵管壁会变薄,内有异形的蛋样物,表面不光滑,切面呈轮层状。

第七节　乳　腺　炎

乳腺炎(mastitis)是动物常见的乳房疾病,指母畜乳腺的炎症,可发生于各种动物,最常发生于奶牛和奶山羊。引起乳腺炎的原因较多,如物理性、代谢性和生物性因素等。病因不同,乳腺炎的发生机制和病理变化也不同。

大多数乳腺炎是由病原微生物感染所致。引起乳腺炎的病原微生物多达 80 余种,较常见的有 20 多种,主要病原菌是链球菌,其次为葡萄球菌、化脓棒状杆菌、大肠杆菌、坏死杆菌等,结核分枝杆菌、放线菌、布氏杆菌及口蹄疫病毒等也可引起乳腺炎。病原体可经过 3 个途径进入乳腺而引起乳腺炎;①通过乳头输乳管孔进入乳腺,这是主要的感染途径;②通过损伤的乳房皮肤由淋巴道侵入乳腺;③经血液循环侵入乳腺。另外,多种诱因可促进乳腺炎的发生,如当乳腺受到机械性损伤时可为病原菌的入侵创造条件,乳汁在乳腺内停滞时间过长可使微生物在乳汁内大量繁殖,饲养场地卫生条件差和饲养管理不当等,均可促进乳腺炎的发生。此外,乳腺炎也可继发于急性子宫炎、急性胃肠炎、产后败血症以及其他疾病。

根据炎症的过程、性质和波及的范围,可将乳腺炎分为急性弥漫性乳腺炎、慢性弥漫性乳腺炎、化脓性乳腺炎和肉芽肿性乳腺炎 4 种。

一、急性弥漫性乳腺炎

急性弥漫性乳腺炎(acute diffuse mastitis)是牛最常见的一种乳腺炎,多发生于泌乳初期。通常由葡萄球菌、大肠杆菌感染,或由链球菌、葡萄球菌、大肠杆菌混合感染引起。发炎的乳腺肿大、坚硬,用刀易于切开;乳房的切面因炎性渗出物的性质不同而呈现不同的病理变化,浆液性乳腺炎时乳腺切面湿润,有光泽,颜色稍苍白,乳腺小叶呈灰黄色,镜检,腺腔内有少量白细胞和剥脱的腺上皮,小叶及腺泡间结缔组织呈现明显的水肿;卡他性乳腺炎时乳腺的切面稍干燥,因乳腺小叶肿大,切面呈蛋黄色颗粒状,挤压流出混浊的液体,镜检见腺泡内有多量白细胞和剥脱的腺上皮,间质具有明显水肿,并有白细胞及巨噬细胞浸润;出血性乳腺炎时乳腺切面光滑,呈暗红色,有的乳管内有白色或黄白色的栓子,乳池的黏膜充血、肿胀、出血,黏膜上皮损伤,并有纤维蛋白及脓汁渗出。乳腺淋巴结(腹股沟浅淋巴结)肿大,切面呈灰白色髓样肿胀。

二、慢性弥漫性乳腺炎

慢性弥漫性乳腺炎(chronic diffuse mastitis)除由急性炎症转化而来外,多是由无乳链球菌和乳腺炎链球菌引起。眼观病变常侵害一个乳叶,且常发生于后侧乳叶。初期病变以卡他性或化脓性炎症为特征,可见病变乳叶肿大、硬实,容易切开,切面呈白色或灰白色。乳池和输乳管扩张,其内充满黄褐色或黄绿色的脓样液体,乳池和输乳管黏膜充血,呈颗粒状结构。随后,病变由初期的卡他性化脓性炎症逐渐发展为慢性增生性炎症,间质内结缔组织显著增生,乳腺组织逐渐减少。继而因结缔组织纤维化收缩,病变部乳腺萎缩和硬化,乳腺淋巴结显著肿胀。镜检,乳腺腺泡缩小,腺泡腔内的炎性渗出物中混有多量中性粒细胞和脱落的上皮,输乳管周围淋巴细胞和浆细胞浸润,结缔组织增生,乳腺组织萎缩。

三、化脓性乳腺炎

化脓性乳腺炎(suppurative mastitis)多并发或继发于卡他性或纤维素性乳腺炎。病变特点是发炎的乳腺渗出物内含有脓性混合物,病原为化脓棒状杆菌,常见于牛、猪及羊。当乳腺有脓肿时,位于浅部的单个脓肿可突出于乳房表面,有热痛,后期波动明显,界限不清。乳腺蜂窝组织炎时常常伴发脓毒败血症,乳腺轻度肿胀,切开时可见乳池及输乳管内充满黄白色或黄绿色的脓性渗出物,稀薄或浓稠,黏膜粗糙或形成溃疡,表面覆有坏死组织碎块,乳腺组织化脓坏死,形成瘘管时脓汁可由皮肤和乳管的穿孔排出。化脓性乳腺炎有时表现为皮下和间质的弥漫性化脓性炎,炎症过程可由间质波及乳腺实质,使乳腺组织大范围坏死糜烂。病灶若为湿性坏疽,则见乳管排出混浊、红色并带有恶臭的渗出物,乳腺组织呈污秽绿色或褐色,乳腺淋巴结肿大,也见有化脓、坏死灶或脓肿形成。

四、肉芽肿性乳腺炎

肉芽肿性乳腺炎(granulomatous mastitis)是一类以肉芽肿形成为主要病理特征的乳腺慢性炎症,兽医临床常见的主要包括结核性乳腺炎、放线菌性乳腺炎和布氏菌性乳腺炎;此外还有一类特发性肉芽肿性乳腺炎,是指乳腺的非干酪样坏死,检测不到病原体,可能与自身免疫性疾病有关,发病率不高,对其观察研究不多。

1. 结核性乳腺炎 结核性乳腺炎(tuberculosis of mammary gland)主要见于奶牛。以血源性感染为主,病变以增生性结核结节较多。眼观,乳腺中弥漫分布的结核结节,呈灰白色,周围有结缔组织增生,质地较硬。乳腺结核也可呈弥漫性渗出性结核,病变常波及几个乳腺叶或整个乳腺,使乳腺显著肿胀而硬实,切面见不规则的大面积干酪样坏死灶,故也称为干酪性乳腺炎。结核病灶也可波及输乳管、乳池,其黏膜形成结核性病变。镜检,可见典型的增生性结核性肉芽肿或大片干酪样坏死,在乳汁中可查出大量结核菌。

2. 放线菌性乳腺炎 放线菌性乳腺炎(actinomycelial mastitis)多见于牛和猪。一般经皮肤创伤感染,在乳腺皮下或深部组织发生放线菌性化脓灶。眼观,感染部位乳腺皮肤和皮下肿胀,切开肿胀部,可见厚的结缔组织包囊,其囊腔内有稀稠不等的脓汁,其中含有淡黄色硫磺样颗粒,脓肿及表面皮肤可逐渐软化和破溃,并形成瘘管或窦道。镜检,脓汁中可见放线状排列的菌块。

3. 布氏菌性乳腺炎 布氏菌性乳腺炎(brucellar mastitis)见于牛和羊,呈亚急性或慢性经过。眼观,发病初期,病变轻微,不易被注意,后期乳腺变硬、萎缩,其内分布有硬固结节。镜检,可见局灶性增生性病灶,增生的细胞主要是淋巴细胞和上皮样细胞,其内混有少量中性粒细胞和巨噬细胞,结节外围有结缔组织增生,结节内腺泡上皮细胞变性、坏死和脱落,腺泡崩解。

第八节 睾 丸 炎

睾丸位于阴囊鞘膜内,其表面被覆厚而坚韧的白膜,可以阻止细菌和其他致病因素对睾丸的直接危害,因此睾丸炎(orchitis)的发生原因多是经血源扩散的细菌感染或病毒感染。尿道、生殖道有病原体感染时,可发生逆行感染,此时往往先引起附睾炎,然后波及睾丸。此外,各种外伤引起的阴囊腱鞘炎,也可继发睾丸炎。根据睾丸炎的病程和病变,将其分为急性睾丸炎、慢性睾丸炎和特异性睾丸炎3种类型。

一、急性睾丸炎

急性睾丸炎往往引起睾丸充血,使睾丸变红肿胀,白膜紧张变硬,切面湿润隆突,常见有大小不等的坏死灶。当炎症波及白膜时,可继发急性鞘膜炎,引起阴囊积液。急性睾丸炎的病原常是化脓菌,因此睾丸切面常分散有大小不等的灰黄色化脓灶。

二、慢性睾丸炎

慢性睾丸炎多由急性炎症转化而来。慢性睾丸炎病程长,常表现为间质结缔组织增生和纤维化,睾丸体积变小,质地变硬,被膜增厚,切面干燥。伴有鞘膜炎时,因机体使鞘膜脏层和壁层粘连,以致睾丸被固定,不能移动。

三、特异性睾丸炎

特异性睾丸炎是由特定病原菌(如结核分枝杆菌、布氏杆菌、鼻疽杆菌)引起的睾丸炎,病原多源于血源散播,病程多取慢性经过。

数字资源 17-1　泌尿系统病理

（王平利　康静静）

第十八章　血液和免疫系统病理

血液在机体生命活动中具有重要的作用,作为携带氧的红细胞,其数量的变化和质量的改变,会引起机体的多种代谢和机能的改变。免疫系统包括淋巴结、脾脏、胸腺、腔上囊、骨髓、扁桃体和黏膜相关淋巴组织,除具有制造血液细胞成分、过滤血液的功能外,主要参与机体的免疫,尤其是外周免疫器官、组织是机体与病原斗争的主战场。所以,在疾病过程中,免疫器官、组织最容易受到损伤,病变最为明显,表现出各种各样的病理变化,其中最为重要的是炎症病变。

第一节　贫　　血

贫血(anemia)是指单位容积血液中红细胞数或/和血红蛋白量低于正常值,并伴有红细胞形态和氧运输障碍的病理过程。贫血的发生机制是携氧能力下降,其引起的临床症状包括黏膜苍白、昏睡、虚弱以及不耐运动等。贫血不是一种独立的疾病,可伴发于多种疾病的过程中。而马传染性贫血和鸡传染性贫血病,则以独立疾病的形式出现。

一、类型、原因和发病机理

根据贫血发生的原因和机理,可分为出血性贫血、溶血性贫血、营养缺乏性贫血及再生障碍性贫血等4种类型。前两种为外周血液红细胞丧失过多造成的贫血,而后两种则是骨髓造血功能障碍导致的贫血。

(一)出血性贫血

出血性贫血(hemorrhagic anemia)是由于出血、红细胞丧失过多而发生的贫血。可分为急、慢性2种。

1. 急性出血性贫血(acute hemorrhagic anemia)　见于各种急性大出血,如创伤性出血、产后大出血、某些原因引起肝、脾破裂发生的出血。

急性大出血时,由于红细胞丧失超过了红细胞的再生和血库的代偿限度,以至在一定时间内机体的红细胞得不到补充而呈现贫血。当出血时,血液总量虽然减少,但是由于红细胞和血浆的损失比例相同,所以,单位容积血液内红细胞数量和血红蛋白含量仍为正常,血色指数不发生变化,故此时为正色素性贫血。出血数小时至$1\sim2$ d,通过加压反射,交感神经兴奋和肾上腺素分泌增加,促使脾脏、肝脏、皮下及肌肉的血管收缩,使蓄积于其中的血液参与循环。同时,失血后血管内流体静压下降,导致组织间液不断渗入血管,从而使循环血量逐渐得到恢复。但是此时单位容积血液内红细胞数量及血红蛋白含量均减少。

由于贫血和缺氧,肾脏产生促红细胞生成素增多,刺激骨髓造血机能增强,结果在外周血液中出现大量幼稚的红细胞,如网织红细胞、多染红细胞及有核红细胞。体内需铁量增加,而出血导致铁的丧失,若此时铁供应相对不足,由于红细胞再生速度较血红蛋白合成速度快,常可继发低色素性贫血,外周血液中出现淡染红细胞。

外周血液中白细胞数量增多,并出现杆状核粒细胞等幼稚型白细胞及髓细胞,有时还可见血小板增多,这均是骨髓机能增强的表现。

肉眼可见所有器官组织显著苍白,尤其以可视黏膜和皮下组织明显。脾萎缩,体积缩小,切面红髓减少。管状骨体中可见红骨髓再生,甚至将原黄骨髓完全替代。

2. 慢性出血性贫血(chronic hemorrhagic anemia) 多伴发于慢性反复出血的各种疾病,如胃肠道寄生虫长期寄生(犊牛、兔、鸡球虫,马圆形线虫,犬钩虫等)或胃肠溃疡等长期、反复少量出血的情况下。

初期因出血量不多,丧失的红细胞和血红蛋白易被骨髓造血机能增强代偿,故贫血症状不明显。但长期持续、反复的出血,由于铁损耗过多,可发展成为慢性缺铁性贫血,此时血色指数小于1(可达 0.4~0.6),呈现低色素性血症。此时红细胞总数显著减少,严重时在 100 万/mm³以下。外周血液检查,红细胞大小不一,出现淡染性红细胞、多染性红细胞、异型红细胞及网织红细胞。

此外,由于骨髓机能增强,初期中性粒细胞增多,并呈核左移现象。但随着贫血的加重,红细胞数量减少,说明骨髓造血机能呈现衰竭。

死于慢性出血性贫血动物,其器官和组织色彩变浅,皮肤、黏膜显著苍白,脾脏缩小;体腔积水及皮下组织水肿;管状骨骨体中红骨髓再生以及脾脏、肝脏和淋巴结出现髓外造血。因血液携氧能力减弱造成组织缺氧,从而导致心、肝、肾、骨骼肌等组织器官变性、坏死。

(二)溶血性贫血

因红细胞破坏过多而引起的贫血称为溶血性贫血(hemolytic anemia)。

1. 原因与发病机理 引起溶血的因素很多:

(1)化学性因素 包括化学毒物和药物,是引起溶血较多见的原因。常见的化学毒物有氯酸钾、苯、胆酸盐、铅、铜、砷和蛇毒等。化学药物如磺胺、头孢类抗生素等。

(2)物理性因素 如烧伤、低渗溶液、电离辐射。

(3)生物性因素 如溶血性链球菌、葡萄球菌、产气荚膜梭菌等。

(4)免疫性因素 如异型输血、新生动物溶血病等。

上述这些因素所引起的机理并不相同,主要有以下 4 个方面。

(1)血红蛋白变性 如氯酸钾、苯肼等能使红细胞的还原型谷胱甘肽含量减少以及谷胱甘肽过氧化物酶的活性降低,导致血红蛋白变性。

(2)红细胞膜的变化 如电离辐射能使红细胞脆性增加,发生溶血。蛇毒中的磷酸酶导致红细胞膜中的卵磷脂水解而引起溶血。再如铅,可以抑制红细胞膜上的 ATP 酶活性,引起红细胞浆内的离子浓度失常,钠离子和水的含量增多而发生溶血。

(3)免疫机理 如马传染性贫血及新生幼畜溶血病等。马传染性贫血病毒通过激活红细胞表面补体导致红细胞破坏,发生溶血。而新生幼畜溶血病是由于新生幼畜的红细胞与母体的抗红细胞抗体发生免疫反应所致。父系公畜的血型与母畜不同,通过遗传给子代,则胎儿血型与母系不同。胎儿红细胞通过各种途径进入母体时,便使母体产生抗胎儿红细胞抗体,并可进入母畜初乳中。当新生畜吸食含抗红细胞抗体的初乳时,抗体由肠黏膜进入新生幼畜血液,与其红细胞发生免疫反应,致红细胞破坏发生溶血。

(4)血液寄生虫病 发生血液寄生虫病(如牛泰勒虫病)和猪附红细胞体病时,由于病原在红细胞中分裂增殖而使红细胞破坏。

2. 病理变化 全身黏膜和皮肤呈黄白色,有点状出血。溶血性贫血可引起溶血性黄疸。外周血液中出现多染性红细胞以及异形红细胞。实质器官变性。脾脏肿大,由于大量含铁血黄素沉着而呈青褐色。若骨髓造血机能增强,出现正红细胞、多染性红细胞及异型红细胞。脾脏的脾髓网状细胞和脾窦内皮细胞中有大量含铁血黄素沉着。肝脏和脾脏可见髓外化生灶。

(三)营养缺乏性贫血

由于制造红细胞的原料缺乏所引起的贫血称为营养缺乏性贫血(deficiency anemia)。多由于长期饲喂营养不全的饲料,如缺乏蛋白质、维生素 B_{12} 或叶酸以及铁等元素,或因动物长期胃肠机能障碍(如内因子缺乏导致维生素 B_{12} 吸收障碍),导致上述造血必需的营养物质吸收不足所致。

1. 缺铁性贫血 缺铁性贫血是动物贫血中比较常见的一种。铁是合成血红蛋白中血红素的重要成分,因此,当机体缺铁时,由于血红素合成障碍引起血红蛋白合成不足而导致贫血。此外,缺铁还会引起各种含铁酶类活性降低,如细胞色素氧化酶、过氧化物酶、琥珀酸脱氢酶等,可能影响骨髓代谢,导致造血功能降低。同时影响红细胞的脂类、蛋白及糖代谢,使得红细胞生长期缩短,易于破坏,这也是缺铁引起贫血的原因之一。表现为外周血液中红细胞数量正常或稍减少,但每个红细胞的血红蛋白含量不足,红细胞体积变化,故称为低色素性贫血或小细胞性贫血。

2. 维生素 B_{12} 或叶酸缺乏性贫血 维生素 B_{12} 在机体内以辅酶形式出现,参与转甲基作用和蛋氨酸的合成等。维生素 B_{12} 还因为合成胸腺嘧啶核苷酸,进一步影响核蛋白合成和细胞的成熟,因此缺乏维生素 B_{12} 时,骨髓干细胞出现分裂障碍而致贫血。

叶酸是一种水溶性B族维生素(维生素 B_{11}),也是在体内起辅酶作用的。它与维生素 B_{12} 一起参与嘧啶核苷酸生物的合成。因此,维生素 B_{12} 和叶酸的缺乏主要使 DNA 合成减少,复制困难,使红细胞生成(包括细胞分裂、增殖、成熟等)陷于抑制。胞浆 RNA 受影响较小,故细胞浆 RNA 含量较多,这种细胞核与胞浆发育不平衡导致巨幼红细胞的形成。

维生素 B_{12} 或叶酸缺乏引起的贫血,红细胞数量降低,但血红蛋白含量变化较小,故血色指数大于1,红细胞平均体积也大于1,所以,又称为高色素性贫血或大细胞性贫血。外周血液检查,可见大型红细胞数量增多,这是本病的特征性变化。细胞大小不均,常见异型红细胞、网织红细胞及巨幼红细胞。白细胞及血小板数量减少。

(四)再生障碍性贫血

再生障碍性贫血(aplastic anemia)是因骨髓造血机能障碍、红细胞生成不足而引起的一种贫血。

1. 原因和发病机理

(1)造血机能抑制 某些传染病如结核病、马传染性贫血、雏鸡传染性贫血病等,由于病原微生物的直接损伤,造成红细胞生成受到抑制。血液寄生虫如焦虫病及许多化学毒物和药物如砷、苯、汞、磺胺类、氯霉素以及一些农药和蕨类植物等,均可抑制红细胞生成。如长期使用氯霉素,由于其分子结构与嘧啶核苷酸相似,可以发生竞争性抑制,抑制 DNA 合成,阻断信使核糖核酸(mRNA)与核糖体结合,从而抑制蛋白质的合成,使造血机能障碍。

(2)骨髓组织损伤 在电离辐射中,一些放射性物质如镭、锶等能抑制骨髓干细胞的分化增殖;另一方面电离辐射损害骨髓基质细胞,引起造血机能障碍。

(3)红细胞生成调节障碍 肾脏病变,促红细胞生成素减少;某些恶性肿瘤,如白血病等,也能抑制促红细胞生成素的产生,因而红细胞的生成得不到正常的调节而发生障碍。

2.病理变化 造血组织萎缩,总量减少是本型贫血的基本特征。以马传染性贫血为例,骨髓造血组织萎缩,呈灰白色胶冻状,被增生的脂肪组织代替,镜下只能见到少量红骨髓呈岛状散在。血液学检查,由于干细胞分化增殖受阻,以致红细胞及粒细胞数量显著减少。另一方面又表现红细胞成熟障碍,出现异常的幼稚红细胞。脾脏中,脾小体萎缩,数量减少。肝脏一般不肿大,在肝内可见灶状坏死,汇管区及肝窦内有时可见髓外造血灶。

二、病理变化

发生贫血时,外周血红细胞的基本病理变化有以下几种:

1.红细胞数量和血红蛋白含量减少 红细胞数量和血红蛋白含量一般同时减少,但二者均等减少的情况极少。通常多以血色指数来表示。血色指数是指血细胞内血红蛋白的饱和程度(含量)。计算方法是:

$$血色指数 = \frac{被检动物血红蛋白克数}{健康动物血红蛋白克数} : \frac{被检动物红细胞数量}{健康动物红细胞数量}$$

健康动物血色指数为1。凡血色指数小于1的,称为低色素性贫血(hypochromic anemia);凡血色指数大于1的,称为高色素性贫血(hyperchromic anemia)。当二者平行减少时,则血色指数等于1,称为正色素性贫血(normochromic anemia)。

2.外周血液中红细胞形态异常 发生贫血时,有些红细胞的体积可能发生改变,大小不均,体积大于正常红细胞的,称为大红细胞,体积小于正常红细胞的,称为小红细胞。

3.红细胞嗜染性异常 发生贫血时,红细胞的嗜染性出现异常,外周血中可出现淡染性红细胞和多染性红细胞。淡染性红细胞即红细胞呈环形,由于胞浆中血红蛋白含量减少,细胞中央呈现无色透明状,仅细胞边缘着色而呈环形。多染性红细胞是指红细胞嗜染性改变,胞浆的一部分或全部变为嗜碱性,故呈淡蓝色着染,是一种未成熟的红细胞。

4.红细胞形态改变 发生贫血时,有些红细胞失去正常圆盘状形态而改变为梨形、长形或桑葚形。有时在细胞浆中见含有少量嗜碱性小颗粒或纤维网,这是一种幼稚形红细胞,又称为网织红细胞,是骨髓造血机能增强的表现。有时,红细胞胞浆内出现浓染的细胞核(禽类除外),细胞体积近于正常或稍大,这称为正成红细胞,或原巨红细胞,也属于未成熟的红细胞。血液中出现这种细胞表示造血功能返回到胚胎期的类型。

通过外周血液中红细胞形态变化可以帮助判断贫血的程度及机体造血机能状态。如血液中出现淡染性红细胞,红细胞大小不均,异型红细胞,原巨红细胞等,表示机体造血机能紊乱及病理性红细胞生成。而网织红细胞及多染性红细胞出现则表明骨髓造血机能亢进。

三、对机体的影响

贫血对机体代谢和机能的影响是与血液中红细胞数、血红蛋白浓度、血液携氧能力降低所致的血液性缺氧,引起贫血的原因或原发疾病对机体代谢和机能的影响以及溶血性贫血时红细胞溶解产物等因素有关。主要的代谢和机能变化如下:

(一)主要代谢变化

1.血液性缺氧 氧在血液中的溶解度有限,主要是以氧合血红蛋白的形式携带。贫血时血液中红细胞数及血红蛋白浓度降低,血液携氧能力降低,引起血液性缺氧,对组织供氧不足,糖酵解加强和红细胞内 2,3-DPG 的增高使氧合血红蛋白解离曲线右移,血红蛋白氧的释放量增高,可提高对组织的供氧量。需氧量较高的组织,如心脏、中枢神经系统、骨骼肌等受贫血时缺氧的影响较明显。

2. 胆红素代谢　溶血性贫血时,单核巨噬细胞系统非酯型胆红素产量增多,如超过肝脏形成酯型胆红素的代偿能力时,则出现以非酯型胆红素升高为主的溶血性黄疸。

(二)主要机能变化

贫血所引起的全身各系统的机能变化,视贫血的原因、贫血程度、贫血持续时间的长短及机体的适应能力等因素而定。另外,贫血时所表现的各系统机能变化,常常使造成贫血的原因与后果混杂在一起,因此是比较复杂的。例如,营养缺乏所引起的贫血,还伴有营养缺乏的症状,不一定都因贫血而引起。单纯因大失血后引起的贫血所出现的机能变化,主要是由于缺氧所致。

1. 循环系统　贫血时由于红细胞和血红蛋白减少,导致机体缺氧与物质代谢障碍,在早期可以出现代偿性心跳加强加快,以增加每分钟心输出量,因血流加速,通过单位时间的供氧增多,就能代偿红细胞减少所造成的缺氧,但到后期由于心脏负荷加重,心肌缺氧而致心肌营养不良,则可诱发心脏肌原性扩张和相对性瓣膜闭锁不全,导致血液循环障碍。

2. 呼吸系统　贫血时由于缺氧和氧化不全的酸性代谢产物蓄积,刺激呼吸中枢使呼吸加快,患畜轻度运动后,便发生呼吸急促;同时组织呼吸酶活性增强,且因红细胞内 2,3-二磷酸甘油酸增高促使氧合血红蛋白的解离加强,从而增加了组织对氧的摄取能力。

3. 消化系统　消化道机能改变除因缺氧所致外,还与营养障碍有关。动物表现食欲减退,胃肠分泌与运动机能减弱,消化吸收障碍,故临诊上往往呈现消瘦、消化不良、便秘或腹泻等症状。消化过程障碍,反过来又可加重贫血的发展。

4. 神经系统　贫血时,中枢神经系统的兴奋性降低,以减少脑组织对能量的消耗,增高对缺氧的耐受力,因此具有保护性意义。严重贫血或贫血时间较长时,由于脑的能量供给减少,神经系统机能减弱,对各系统机能的调节则降低,动物表现精神沉郁,容易疲劳,生产效率降低,抵抗力减弱。

5. 骨髓造血机能　贫血时,由于缺氧可促使肾脏产生促红细胞生成素,致使骨髓造血机能增强(再生障碍性贫血除外)。关于促红细胞生成素的作用机理,通过骨髓培养证明,其最初效应,是控制与合成血红蛋白所必需的蛋白质有关的信使 RNA 的合成速度,并促进 δ-氨基-γ-酮戊酸、原血红素合成酶、原血红素的生成以及 DNA 的合成速度。此外,促红细胞生成素还能促进其反应细胞的增生,并增加正在成熟的红细胞内的血红蛋白合成速度,缩短骨髓内各级未成熟红细胞的转化时间,并引起网织红细胞早期释放。

第二节　脾　炎

脾炎(splenitis)即脾脏的炎症,多伴发于各种传染病,也可见于血原虫病,是脾脏最常见的一种病理过程。由于脾脏是参与免疫反应的重要外周免疫器官,又是位于血液循环通路中的滤过器官,在吞噬、处理和清除血液病原体的过程中,本身容易遭受刺激和损伤,从而发生炎症。在不同的传染病中,脾炎的表现形式是不同的,这取决于病原的性质、强度及机体的状态和病程的长短等。

一、基本病理变化

由于脾脏的结构和机能特点,脾炎时可出现以下几方面的基本病理变化。

1. 脾脏多血 即脾脏含血量增多。主要发生于脾炎的初期,尤其在急性脾炎时最为突出。脾脏多血主要是由炎性充血所致,同时也伴有脾脏内血液的淤滞。另外,出血也是造成脾脏多血的原因之一。脾脏含血量增多与植物神经机能障碍致使脾脏支持组织内的平滑肌松弛以及平滑肌本身的变性、坏死有直接联系。

脾脏多血时,眼观脾脏肿大,被膜紧张,切面隆起,富有血液。镜检可见脾脏红髓内充盈红细胞,而红髓固有细胞成分则大为减少。

2. 渗出和浸润 在整个脾炎的过程中都可见到,它表现为在脾髓内有浆液性和浆液纤维素性渗出和白细胞浸润。在急性脾炎时,可见渗出的浆液为均匀一致的蛋白质,其中有时可见析出的纤维素,它们常与坏死的细胞或肿胀崩解的网状纤维混在一起而不易分辨。白细胞浸润在脾炎中是最常见的现象,其中以中性粒细胞的浸润最为明显,白细胞的数量在不同的传染病和个体有很大的差别。例如,败血症时机体很快死亡,往往看不到白细胞浸润;反之,具有一定病程而死亡的家畜,则可见大量白细胞浸润(如猪丹毒和猪副伤寒),浸润的白细胞一般来自血液。

3. 增生与免疫反应 是指脾脏中的单核-巨噬细胞、淋巴细胞和浆细胞的数量增多,后两种细胞的增生多属于免疫反应。增生是在脾炎过程中除充血与渗出外发生较早的一种变化,一般在慢性脾炎时增生的程度比较明显,它是使脾脏体积增大的主要原因之一。

单核-巨噬细胞的增生,无论是急性炎症或慢性炎症过程均可见到,但在急性过程中表现较为明显。增生的单核-巨噬细胞呈圆形,椭圆形胞核常位于胞浆的一侧,可对病原体、变性的红细胞、淋巴细胞和组织分解产物进行吞噬。这些增生的单核-巨噬细胞充满脾脏髓质,部分位于静脉窦内,这些增生的细胞根据疾病的性质可以有不同的转归。在一些急性传染病,如急性猪丹毒、猪副伤寒和出血性败血症等时,增生的大部分细胞发生变性坏死和崩解;在另一些传染病,如牛传染性胸膜肺炎等,增生的细胞大部分不发生特殊的变化,而使脾的体积呈进行性的增大。在结核、鼻疽等慢性传染病的过程中,增生的单核-巨噬细胞转化为上皮样细胞和多核巨细胞,并形成特殊肉芽肿。

淋巴细胞的增生,大多数传染病都可见到,但在一些慢性经过的传染病表现更为突出。例如,马传染性贫血的表现最显著,鼻疽和结核表现也很明显,脾小体体积增大,淋巴细胞数量增多,生发中心也扩大,在淋巴细胞增生的同时,也有浆细胞和网状内皮细胞不同程度的增生。在许多传染病过程中所见脾脏的增殖过程,在很大程度上是属于免疫反应。免疫反应主要表现在淋巴细胞的变化,根据它们的功能可分为胸腺依赖淋巴细胞(T 细胞)和骨髓依赖淋巴细胞(B 细胞)。脾脏中的 T 细胞占 35%～50%,它们定居在脾小体的外周(即生发中心的周边)与中央动脉外围,如见有脾小体外周和中央动脉外围淋巴细胞数量增加,则说明细胞免疫增强;B 细胞占脾脏淋巴细胞的 50%～65%,它定居在脾小体的生发中心和红髓,在一些传染病中可见生发中心增大和红髓中有大量的浆细胞出现,这是体液免疫反应增强的表现;如果在脾脏 T 细胞与 B 细胞都增多,则表明体液免疫与细胞免疫均增强,所以说脾脏是机体实现体液免疫与细胞免疫的重要器官。

4. 脾脏支持组织张力的破坏　主要是指脾脏被膜和小梁内平滑肌纤维的机能障碍（松弛）和结构损伤而引起的张力破坏。脾脏支持组织内平滑肌松弛的发生是植物神经机能障碍的结果；但是，在疾病后期局部原因也起着重要作用。此时，引起脾炎的病原微生物及其毒素的作用、脾脏坏死、崩解的细胞和白细胞所释放酶的作用，均可使脾脏支持组织中的平滑肌、胶原纤维、弹力纤维和网状纤维发生变性、坏死，从而导致其张力的破坏。镜检可见被膜和小梁中的胶原纤维、弹力纤维和平滑肌均肿胀、溶解、着染力减弱，在纤维之间出现空隙，因而排列疏松；严重时，它们失去固有的纤维结构而崩解成小颗粒状；细胞核淡染、肿胀甚至溶解消失。网状纤维肿胀，银染时着色不佳。脾脏支持组织的破坏是脾脏高度充血和质地松软的基础。

5. 变性和坏死　是指脾脏实质细胞的变性和坏死。在急性脾炎时，脾脏的淋巴细胞、网状-内皮细胞可以弥漫性地发生坏死、崩解，以致脾脏固有的组织细胞成分明显减少；有时坏死以小灶形式出现，即在脾髓中出现散在的、大小不等的坏死灶。坏死区的细胞成分多发生崩解、核破碎并与渗出的浆液纤维素以及肿胀的网状纤维混在一起，呈均质红染，其间偶有少数残留的细胞散在，除脾实质外，脾脏的血管也发生变性和坏死。

6. 正常或异常物质的沉着　在脾炎时，常见有含铁血黄素在网状内皮细胞内沉着，这在牛结核和马急性传染性贫血的脾脏尤为明显。结核和鼻疽的慢性患畜，在脾脏内往往可以看到正常时所不见的淀粉样物沉着。

上述 6 种基本病变是炎症 3 个基本变化在脾脏中的具体表现，在不同类型的脾炎中，它们的表现程度是不一致的。

二、类型和病理变化

脾炎根据其病变特征和病程急缓可分为急性炎性脾肿、坏死性脾炎、化脓性脾炎和慢性脾炎等几种类型。

(一)急性炎性脾肿

急性炎性脾肿（acute inflammatory splenomegaly）是指伴有脾脏明显肿大的急性脾炎（acute splenitis），多见于炭疽、急性猪丹毒、急性副伤寒和急性马传染性贫血等急性败血症性传染病，称为传染性脾肿（infectious splenomegaly），又称败血脾（septic spleen）；也可见于牛泰勒焦虫病、马梨形虫病等呈急性经过的血液原虫病。

1. 病理变化

(1)眼观　脾脏体积增大，但程度不同，一般比正常大 2～3 倍，有时甚至可达 5～10 倍；被膜紧张，边缘钝圆；切开时流出血样液体，切面隆起并富有血液，明显肿大时犹如血肿，呈暗红色或黑红色，白髓和脾小梁形象不清，脾髓质软，用刀轻刮切面，可刮下大量富含血液而软化的脾髓。

(2)镜检　脾髓内充盈大量血液，脾实质细胞（淋巴细胞、网状细胞）因为弥漫性地坏死、崩解而明显减少；白髓体积缩小，甚至几乎完全消失，仅在中央动脉周围残留少量淋巴细胞；红髓中固有的细胞成分也大为减少，有时在小梁或被膜附近可见一些被血液排挤的淋巴组织（彩图18-1）。脾脏含血量增多是急性炎性脾肿最突出的病变，也是脾体积增大的主要组织学基础。脾脏内大量血液充盈是炎性充血的结果，同时也有血液淤积的作用，其发生与血液循环障碍和植物性神经机能障碍所致脾被膜、小梁内平滑肌松弛直接相关，以及与上述支持组织中平滑肌、胶原纤维、弹性纤维的损伤有直接联系；出血也是急性炎性脾肿的重要组成部分。在充血的脾髓中还可见病原菌和散在的炎性坏死灶,后者由渗出的浆液、中性粒细胞和坏死崩解的实质细胞混杂在一起组成,其大小不一,形状不规则。此外,被膜和小梁中的平滑肌、胶原纤维和弹性纤维肿胀、溶解,排列疏松。

2.结局　急性炎性脾肿的病因消除后,炎症过程逐渐消散,充血消失,局部血液循环可恢复正常,坏死的细胞崩解,随同渗出物被吸收。此时脾脏实质成分减少,结果脾脏皱缩,其被膜上出现皱纹,质度松弛,切面干燥呈褐红色。以后这种脾脏通过淋巴组织再生和支持组织的修复一般都可以完全恢复正常的形态结构和功能。有些因机体状况不良而再生能力弱和脾实质破坏严重可发生脾萎缩,此时脾体积缩小、质软,被膜和小梁因结缔组织增生而增厚、变粗。

(二)坏死性脾炎

坏死性脾炎(necrotic splenitis)是指脾脏实质坏死明显而体积不肿大的急性脾炎,多见于巴氏杆菌病、弓形体病、猪瘟、鸡新城疫等急性传染病。

1.病理变化

(1)眼观　脾脏体积不肿大,其外形、色彩、质度与正常脾脏无明显的差别,只是在表面或切面见针尖至粟粒大黄白色坏死灶。

(2)镜检　脾脏实质细胞坏死特别明显,在白髓和红髓均可见散在的坏死灶,其中多数淋巴细胞和网状细胞已坏死,其胞核溶解或破碎,细胞肿胀、崩解;少数细胞尚具有淡染而肿胀的胞核。坏死灶内同时见浆液渗出和中性粒细胞浸润,有些粒细胞也发生核破碎(彩图18-2)。此型脾炎时脾脏含血量不见增多,故脾脏的体积不肿大。被膜和小梁均见变质性变化。在鸡发生坏死性脾炎时(多见于鸡新城疫和鸡霍乱),坏死主要发生在鞘动脉的网状细胞,并可扩大波及周围淋巴组织。有的坏死性脾炎,由于血管壁破坏,还可发生较明显的出血。例如一些猪瘟病例,脾边缘出现出血性梗死灶,脾脏白髓坏死灶内出现灶状出血,严重时整个白髓的淋巴细胞几乎全被红细胞替代(彩图18-3)。坏死性脾炎增生过程通常不明显。

2.结局　坏死性脾炎的病因消除后,炎症过程逐渐消散,随着坏死液化物质和渗出物被吸收,淋巴细胞和网状细胞的再生,一般可以完全恢复脾脏的结构和功能。只有脾实质和支持组织遭受损伤的病例,脾脏才不能完全恢复,其实质成分减少,出现纤维化,支持组织中结缔组织明显增生而致小梁增粗和被膜增厚。

(三)化脓性脾炎

许多细菌可引起化脓性脾炎(suppurative splenitis),化脓性脾炎主要由其他部位化脓灶内化脓菌经血源性感染而引起,属于特殊类型的坏死性脾炎,多以有大小不等的化脓灶为特征,也可能是弥漫性化脓性炎。在溃疡性心内膜炎、马腺疫、犊牛脐带感染和鼻疽等疾病时,可引起转移性化脓性脾炎。直接感染多发生在外伤,或受脾脏周围组织炎症所波及。

镜检,初期化脓灶内有大量中性白细胞聚集、浸润,以后中性粒细胞变性、坏死、崩解,局部组织坏死而形成脓汁。后期,化脓灶周围见结缔组织增生、包绕。

(四)慢性脾炎

慢性脾炎(chronic splenitis)是指伴有脾脏肿大的慢性增生性脾炎,多见于亚急性或慢性马传染性贫血、结核、牛传染性胸膜肺炎和布氏杆菌病等病程较长的传染病。

1.病理变化　主要表现为增生性病变,此时淋巴细胞和巨噬细胞都分裂增殖,但在不同的传染病过程中,有的以淋巴细胞增生为主,有的以巨噬细胞增生为主,有的淋巴细胞和巨噬细胞都明显增生。例如,在亚急性马传贫引起的慢性脾炎时,脾脏淋巴细胞的增生特别明显,往往形成许多新的淋巴小结,并可与原有的白髓连接;结核性脾炎时,脾脏的巨噬细胞明显增生,形成许多由上皮样细胞和多核巨细胞组成的肉芽肿,其周围也见淋巴细胞浸润和增生(彩图18-4);在布氏杆菌病引起的慢性脾炎时,既可见淋巴细胞增生形成明显的淋巴小结,又有由巨噬细胞增生形成的上皮样细胞结节散在分布于脾髓中。慢性脾炎过程中,还可见支持组织内结缔组织增生,使被膜增厚和脾小梁变粗。与此同时,脾髓中也见散在的细胞变性和坏死。

2. 结局　慢性脾炎通常以不同程度的纤维化为结局。随着慢性传染病过程的结束,脾脏中增生的淋巴细胞逐渐减少,局部网状纤维胶原化,上皮样细胞转变为成纤维细胞,结果使脾脏内结缔组织成分增多,发生纤维化;而被膜、小梁也因结缔组织增生而增厚、变粗,从而导致脾脏体积缩小、质地变硬。

第三节　淋巴结炎

淋巴结炎(lymphadenitis)即淋巴结的炎症,是由各种病原因素经血液和淋巴进入淋巴结而引起的炎症过程。淋巴结炎可以是局部的,也可以是全身性的,前者发生于体内某个器官或局部有病灶存在时,病原因素通常从那里经淋巴进入淋巴结而引起局部淋巴结炎,例如:肺脏有感染时,肺门淋巴结也会发生炎症。后者多见于败血性疾病。如炭疽、猪瘟、巴氏杆菌病等急性败血性传染病。由此表明,淋巴结对于病原因素作用的反应是极为敏感的。淋巴结是动物机体的外周免疫器官,由于淋巴结本身的结构特点,细胞免疫反应和体液免疫反应在淋巴结内结构上的表现是不同的。T细胞分布于淋巴小结外围区和副皮质区,而B细胞分布于淋巴小结的生发中心和髓索。根据淋巴结炎的组织学变化可以帮助我们了解机体与病原因素做斗争的免疫状态。所以,临床上检查淋巴结的变化,对于发现疾病、确定疾病的发展状况是十分重要的。

淋巴结炎的炎症性质和过程取决于感染因子和原发病灶炎症性质。按炎症发展过程,通常分为急性和慢性2种类型。

一、急性淋巴结炎

急性淋巴结炎(acute lymphadenitis)多伴发于急性传染病,此时全身淋巴结均可发生急性炎症。当机体个别器官发生急性炎症时,相应的淋巴结也可以出现同样的急性炎症。急性淋巴结炎按其病变特点可分为以下几种类型。

(一)浆液性淋巴结炎

浆液性淋巴结炎(serous lymphadenitis)又称单纯性淋巴结炎(simple lymphadenitis)是最常见的淋巴结炎症。多发生于急性传染病的早期或者某一局部组织器官发生急性炎症时,也是其他淋巴结炎的早期表现。

1. 病理变化　眼观淋巴结肿大,色鲜红或紫红,被膜紧张,质地柔软;切面隆突、潮红、湿润多汁。镜检见淋巴结中的毛细血管普遍扩张、充血;淋巴窦明显扩张,内含浆液,窦壁细胞肿大、增生,有时在窦内大量堆积。扩张的淋巴窦内,通常还有不同数量的中性粒细胞、淋巴细胞和浆细胞,而巨噬细胞内常有吞噬的致病菌、红细胞、白细胞,其中有些巨噬细胞已经变性和坏死(彩图18-5)。淋巴小结和髓索在炎症早期通常不见明显变化,在炎症后期可以看到淋巴组织的增生性变化,此时可见淋巴小结的生发中心扩大,并有较多的细胞分裂象,淋巴小结周围、副皮质区和髓索因细胞增生、细胞密集而扩大。淋巴结炎时,输出淋巴管也扩张,其中充盈淋巴或浆液,细胞成分明显增多。

2. 结局　浆液性淋巴结炎是急性淋巴结炎症早期的表现形式,在病因消除后,炎症逐渐减退直至完全恢复正常。如果病原因素的损伤作用进一步加剧,则可发展成为出血性淋巴结炎或坏死性淋巴结炎;若病因长期持续作用则转变为慢性淋巴结炎。

(二)出血性淋巴结炎

出血性淋巴结炎(hemorrhagic lymphadenitis)是指伴有严重出血的单纯性淋巴结炎,多见于伴有较严重出血的败血型传染病,如炭疽、巴氏杆菌病、猪瘟、急性链球菌病等;也可见于某些急性原虫病。

1. 病理变化　眼观淋巴结肿大、暗红或黑红色,被膜紧张,质地稍硬;切面湿润、隆突并含多量血液;出血轻的,淋巴结外层潮红、散在少许出血点;中等程度出血时,于被膜下和沿小梁出血而呈黑红色条斑,使淋巴结切面呈大理石样外观(大理石样出血);严重出血的淋巴结似血肿。镜检突出的变化是出血,此时淋巴组织可见充血和散在的红细胞或灶状出血,淋巴窦内出现大量的红细胞(彩图18-6)。在出血特别严重的病例,扩张的淋巴窦内充盈着大量的血液,临近的组织被红细胞挤压、取代而残缺不全。有些由于淋巴窦出血和淋巴组织的增生反应同时存在,使得切面呈现一种暗红色的出血与灰白色淋巴组织相间的特殊花纹。

出血性淋巴结炎,其血液来源有两个方面。一方面是因本身毛细血管损伤;另一方面,出血性淋巴结炎的同时,相应的器官组织出血,则血液成分经淋巴进入淋巴结,这种现象和真正的淋巴结出血是难以鉴别的。

2. 结局　出血性淋巴结炎的结局与其实质损伤程度和出血数量有关。淋巴结实质组织损伤较轻而出血量又不多时,炎症在病因消除后可以消散,漏出的红细胞被吞噬、溶解,局部出现含铁血黄素沉着,组织缺损经再生可修复。实质损伤严重且出血量大时常转变为坏死性淋巴结炎。

(三)坏死性淋巴结炎

坏死性淋巴结炎(necrotic lymphadenitis)是指伴有明显实质坏死的淋巴结炎,见于坏死杆菌病、炭疽、牛泰勒焦虫病和猪弓形虫病等,多是在单纯性淋巴结炎或出血性淋巴结炎的基础上发展而成的。

1. 病理变化　眼观,淋巴结肿大,呈灰红色或暗红色,切面湿润、隆突,散在分布大小不等的灰黄色坏死灶,淋巴结出血性坏死灶呈砖红色。坏死灶周围组织充血、出血。镜检,见淋巴组织坏死,其固有结构破坏,细胞崩解(彩图18-7),形成大小不等、形状不一的坏死灶,有的坏死灶内有大量红细胞;坏死灶周围血管扩张、充血、出血,并可见中性粒细胞和巨噬细胞浸润,在弓形虫病和泰勒焦虫病时常可在巨噬细胞胞浆内见有原虫;淋巴窦扩张,其中有多量巨噬细胞,出血明显时有大量红细胞,也可见白细胞和组织坏死崩解产物。坏死性淋巴结炎过程中,常同时发生淋巴结周围炎,可见淋巴结的被膜和周围结缔组织呈胶样浸润,镜检,见明显水肿和白细胞浸润。

2. 结局　坏死性淋巴结炎的结局主要取决于坏死性病变的程度。小坏死灶通常可被溶解、吸收,组织缺损经再生而修复。较大的坏死灶多被新生的肉芽组织机化或包囊形成。如果淋巴组织广泛坏死,可被肉芽组织取代或包裹,常导致淋巴结的纤维化。

(四)化脓性淋巴结炎

化脓性淋巴结炎(suppurative lymphadenitis)是淋巴结的化脓过程,特征是有大量的中性粒细胞渗出并发生变性、坏死和组织脓性溶解,多继发于所属组织器官的化脓性炎症,是化脓菌经淋巴或血液进入淋巴结的结果。

1.病理变化　眼观,淋巴结肿大,透明,被膜下或切面上可见有黄白色大小不等的化脓灶,压之有脓汁流出,小脓肿的脓汁可被吸收而恢复,大的脓肿则往往周围形成结缔组织包囊,以后其水分渐渐被吸收,变成干酪样的物质。镜检,见淋巴结内出现化脓灶,该部固有的淋巴-网状组织已坏死溶解,仅见大量中性粒细胞聚集,其中多数已经发生核破碎;脓肿周围组织充血、出血、中性粒细胞浸润,淋巴窦内也可见多量脓性渗出物。脓性溶解过程可逐渐扩大,使小脓肿互相融合而形成大脓肿。

2.结局　化脓性淋巴结炎的结局取决于化脓菌的性质、强度和淋巴结实质损伤的程度以及机体的状态。小脓肿通常被肉芽组织取代而形成疤痕;大化脓灶在被纤维组织包囊后脓液逐渐干涸变成干酪样物质,进而发生钙化。这种陈旧的化脓灶,与结核病的干酪样坏死灶在外观上难于区分。体表淋巴结的脓肿,可形成窦道通向体外排脓,排脓创口可以修复。化脓性淋巴结炎常经淋巴管蔓延至相邻的淋巴结;化脓菌可通过淋巴管和血管播散全身,引起多器官化脓性炎症,甚至引起脓毒败血症。

二、慢性淋巴结炎

慢性淋巴结炎(chronic lymphadenitis)是由病原因素反复或持续作用所引起的以细胞显著增生为主要表现的淋巴结炎,故又称为增生性淋巴结炎。通常见于慢性经过的传染病(如布氏杆菌病、副结核病等)或组织器官发生慢性炎症时,也可以由急性淋巴结炎转变而来。

1.病理变化　眼观淋巴结肿大,灰白色,质度变硬;切面皮、髓质结构不分,呈一致的灰白色,很像脊髓或脑组织的切面,故有髓样肿胀之称,有时呈细颗粒状。特殊肉芽肿性淋巴结炎,切面可见灰白色结节状病灶,结节中心发生干酪样坏死或钙化。显微镜检查见淋巴结内呈现以淋巴细胞增生为主的细胞成分增多,此时淋巴小结增大、增多,并具有明显的生发中心(彩图18-8);皮质、髓质界限消失,淋巴窦也被增生的淋巴组织挤压或占据,仅见淋巴细胞弥漫地分布于整个淋巴结。在淋巴细胞之间也可见巨噬细胞有不同程度的增生,有时还可见浆细胞散在分布或小灶状集结。充血和渗出现象不明显,偶见少量白细胞浸润和细胞的变性、坏死。结核、马鼻疽、布氏杆菌病和副结核病时的慢性淋巴结炎及霉菌性淋巴结炎,通常可见在淋巴细胞增生的同时还有上皮样细胞及郎格罕细胞增生。后者初期以散在的、大小不一的细胞集团形式出现,多位于淋巴窦内,以后增生明显时上皮样细胞数量增多,可形成典型的特殊肉芽肿结节,其中心常形成干酪样坏死灶,甚至钙化,抗酸染色细胞内可见结核或副结核杆菌,霉菌性淋巴结炎可见霉菌菌丝和孢子。

2.结局　慢性淋巴结炎可以保持很长时间,以后随着病原因素的消失,增生过程停止,淋巴细胞数量逐渐减少,网状纤维胶原化,小梁和被膜的结缔组织增生,导致淋巴结内实质细胞不同程度地减少,支持组织相应增多。上皮样细胞明显增生的淋巴结炎,在病原菌清除后,上皮样细胞转变为成纤维细胞,从而使淋巴结内结缔组织成分增多,实质成分减少,发生纤维化。

第四节 法氏囊病变

一、法氏囊炎

法氏囊炎(fabricius bursitis)是由病原微生物引起的法氏囊的炎症。主要见于鸡传染性法氏囊病、鸡新城疫、禽流感及禽隐孢子虫感染等传染性疾病,其病变性质有卡他性炎、出血性炎及坏死性炎。

眼观,早期见法氏囊体积增大,重量增加,腔上囊周围常见淡黄色胶冻样水肿。切开法氏囊黏膜见潮红肿胀,散在点状出血,严重病例整个法氏囊呈紫红色,黏膜呈弥漫性出血。有的病例在法氏囊黏膜皱褶表面见粟粒大、黄白色的坏死灶,囊腔内有多量白色奶油状或黄白色干酪样栓子。后期腔上囊萎缩,壁变薄,黏膜皱褶消失,色变暗无光泽。

镜检,感染初期(1~2 d),可见法氏囊黏膜上皮细胞变性、脱落,并见部分淋巴滤泡的髓质区出现以核浓缩为特征的淋巴细胞变性、坏死,且有一定数量的异嗜性粒细胞浸润及红细胞渗出。随着病情的发展,大多数淋巴滤泡的淋巴细胞坏死、崩解,异嗜性粒细胞浸润。重症病例淋巴滤泡内淋巴细胞坏死消失、空腔化。在部分病变的淋巴滤泡的髓质区,网状细胞和未分化的上皮细胞增生并形成腺管样结构。滤泡间充血、出血、异嗜性粒细胞浸润。后期(7~10 d)法氏囊实质严重萎缩,淋巴滤泡消失,残留的淋巴滤泡内几乎看不到淋巴细胞,只见增生的网状细胞,滤泡间结缔组织大量增生(彩图18-9)。黏膜上皮细胞大量增殖、皱褶样内陷。重症病例的淋巴滤泡因坏死或空腔化而不能恢复,轻症病例的淋巴滤泡可以部分恢复。新形成的淋巴滤泡体积增大,淋巴细胞密集分布在滤泡边缘。

二、法氏囊萎缩

法氏囊是产生B淋巴细胞的初级器官,来自骨髓的造血干细胞随血液进入法氏囊。在法氏囊分泌的激素影响下,迅速增殖并转化为B淋巴细胞,B淋巴细胞在淋巴组织中受到抗原刺激后可迅速增殖,转化为浆细胞并产生抗体。法氏囊是禽类体液免疫的主要效应器官,所以法氏囊的萎缩会导致禽类体液免疫功能的下降。按照法氏囊萎缩的原因可分为生理性萎缩和病理性萎缩。

1. 生理性萎缩　性成熟之后随着年龄的增长,禽类的法氏囊体积逐渐缩小,几乎完全不见痕迹。法氏囊萎缩退化过程进行的迟早和快慢与禽类的品种、性别和饲养方法等有关。

2. 病理性萎缩　在禽类的多种疾病可导致法氏囊的萎缩,如鸡传染性法氏囊病、家禽的多种免疫抑制病等。此外,法氏囊疫苗的不合理使用、针对法氏囊的生物制剂的不合理使用、长期的营养缺乏等也可导致法氏囊萎缩。

萎缩的法氏囊体积变小,色泽苍白,壁变薄,黏膜皱褶消失,色变暗无光泽。镜检见法氏囊实质严重萎缩,淋巴滤泡内几乎看不到淋巴细胞(彩图18-9)。

第五节 胸 腺 病 变

胸腺是T细胞分化、成熟的场所,造血干细胞经血流迁入胸腺后,先在皮质增殖分化成淋巴细胞。其中大部分淋巴细胞死亡，小部分继续发育进入髓质，成为近成熟的 T 淋巴细胞。这些细胞穿过毛细血管后微静脉的管壁，循血流迁移到周围淋巴结的弥散淋巴组织中，此处称为胸腺依赖区。整个淋巴器官的发育和机体免疫力都必须有 T 淋巴细胞，胸腺为周围淋巴器官正常发育和机体免疫所必需。胸腺进入性成熟期就萎缩消失，不直接参与对外免疫反应，不是机体对病原斗争的主战场，所以其病理变化一般不具征病意义，容易受到忽视，实际上在许多疾病过程中，胸腺均可受到损伤，而引起不同性质的病理变化，主要为炎性坏死病变和实质萎缩。

胸腺充血、出血及萎缩是最常见的眼观病理变化。在急性出血性败血症发生时，胸腺充血、颜色潮红、体积增大，有的有出血点。在慢性经过的疾病过程中，尤其是具有免疫抑制性的疾病，胸腺会显著萎缩，甚至完全消失，如鸡传染性贫血病例，仅见胸腺痕迹。镜检，胸腺小叶间质及小叶实质内小动脉及毛细血管扩张充血，淋巴细胞稀疏，髓质或皮质内的淋巴细胞及上皮性网状细胞灶状或弥漫性坏死，坏死细胞崩解破碎，并见不同程度的浆液、纤维素渗出，炎性细胞浸润。后期纤维组织增生，淋巴细胞几乎完全消失。

第六节　骨　髓　炎

骨髓炎（osteomyelitis）即骨髓的炎症，多由感染或中毒引起。按病程经过不同可分为急性骨髓炎（acute osteomyelitis）和慢性骨髓炎（chronic osteomyelitis）2 种。

一、急性骨髓炎

急性骨髓炎按照病变性质可分为急性化脓性骨髓炎和急性非化脓性骨髓炎。

1. 急性化脓性骨髓炎　是由化脓性细菌感染所致。感染路径可以是血源性的，如体内某处化脓性炎灶中的化脓菌经血液转移到骨髓；也可以是局部化脓性炎（如化脓性骨膜炎）的蔓延，或骨折损伤所招致的直接感染。

急性化脓性骨髓炎时，可在骺端或骨干的骨髓中见脓肿形成，局部骨髓固有组织坏死、溶解。随着脓肿的扩大，化脓过程不仅可波及整个骨髓，还可侵及骨组织。骨髓的化脓性炎可侵蚀骨干的骨密质到达骨膜下，引起骨膜下脓肿；此时由于骨膜剥离骨质，使骨质失去来自骨膜的血液供给而发生坏死，被剥离的骨膜因刺激发生成骨细胞增生，继而形成一层新骨，新骨逐渐增厚，形成骨壳或包壳包围部分或整个骨干，包壳通常有许多穿孔，称为骨瘘孔，并从孔内经常向外排脓。化脓性骨髓炎也可经骨骺端侵及关节，引起化脓性关节炎。如果大量化脓菌进入血液，则可导致脓毒败血症。

2. 急性非化脓性骨髓炎　是以骨髓各系血细胞变性坏死、发育障碍为主要表现的急性骨髓炎，常见病因为病毒感染（如马传染性贫血病毒、鸡传染性贫血病毒）、中毒（如苯、蕨类植物）和辐射损伤。

急性非化脓性骨髓炎眼观病变不明显，通常仅见长骨的红髓区质地稀软，色污红；一般表现为红骨髓色变淡，而变成黄红色或红骨髓岛屿状散在于黄骨髓中。镜检见骨髓组织中细胞成分明显减少，红细胞系、粒细胞系和巨核细胞系均发生严重变性、坏死、崩解，其中各系发育后期的中、晚幼细胞成分减少尤其明显。小血管内皮细胞肿胀、变性与脱落，并见浆液渗出和出血。骨髓组织中可见单核细胞呈小灶状增生，偶见早幼细胞的异常分裂象。非化脓性骨髓炎的转归取决于原发病的经过,通常随病程的延长而转化为慢性骨髓炎。

二、慢性骨髓炎

通常是由急性骨髓炎转变而来的,可分为慢性化脓性骨髓炎和慢性非化脓性骨髓炎。

1. 慢性化脓性骨髓炎　是由急性化脓性骨髓炎迁延不愈而转变的慢性炎症过程,其特征为脓肿形成、结缔组织和骨组织增生。此时,脓肿周围肉芽组织增生形成包囊,并发生纤维化,其周围骨质常硬化成壳状,形成封闭性脓肿。有的脓肿侵蚀骨质及其相邻组织形成向外开口的脓性窦道,不断排出脓性渗出物,长期不愈。窦道周围肉芽组织明显增生并纤维化。

2. 慢性非化脓性骨髓炎　常见于慢性马传染性贫血、侵害骨髓的网状内皮组织增殖症、J-亚型白血病、慢性中毒等。眼观,长骨骨髓的红髓区扩大,有时在黄髓中可见点状红髓。显微镜检查见骨髓组织中细胞成分比急性非化脓性骨髓炎时增多,但发育不到正常水平;红细胞系、粒细胞系和巨核细胞系均发生变性、坏死、崩解,但程度较急性期轻微。在红髓中见淋巴细胞明显增生。网状内皮增殖症可见网状细胞灶状或弥漫性增生,J-亚型白血病时以髓系细胞增生为主,后期被髓细胞样瘤细胞取代(彩图18-10)。当机体遭受细菌、病毒、真菌、寄生虫等侵害时,有嗜中性或嗜酸性粒细胞系的骨髓组织增生。

（宁章勇）

第十九章 运动系统病理

运动系统由骨、关节及肌肉 3 部分组成。运动以骨骼为杠杆,关节为枢纽,肌肉收缩为动力。引起运动系统疾病的因素很多,其分类形式也较多。本章主要介绍代谢性骨病(佝偻病、骨软症、纤维性骨营养不良和胫骨软骨发育不良)、关节炎、白肌病和肌炎。

第一节　骨、关节病理

骨骼的发育主要通过软骨内化骨和膜内化骨 2 种方式。在骨发育过程中,骨组织不断形成,同时也有软骨组织的破坏吸收以及已形成的骨组织的吸收和改建。参与骨组织形成的细胞是成骨细胞。成骨细胞位于骨小梁边缘,由骨内膜细胞、骨外膜细胞及间叶组织细胞分化而来,其胞浆嗜碱性,可以产生胶原纤维和无定形基质,两者形成纤维性骨针,纤维性骨针为未经钙化的骨组织,即骨样组织。同时成骨细胞还释放碱性磷酸酶,促进基质内钙盐沉积,使骨针钙化,成骨细胞则被包埋在基质内,转化为骨细胞。参与骨组织破坏吸收的细胞是破骨细胞。破骨细胞由骨内膜细胞或成骨细胞演变而来。破骨细胞体积巨大、多核,核为卵圆形,胞浆有短的突起,胞浆嗜酸性,可分泌组织蛋白酶、胶原酶、酸性磷酸酶,溶解吸收已经钙化的骨质,但不能吸收未经钙化的软骨细胞、软骨基质及骨样组织。

软骨内化骨从胚胎时期开始一直持续到成年。以四肢长骨为例,幼畜长骨两端从骨骺端的软骨到骨髓腔之间软骨逐渐出现连续而有顺序的变化,依次为:分裂增生形成软骨细胞柱,软骨细胞肥大,软骨基质钙化;软骨细胞变性、坏死、钙化;软骨基质被吸收;成骨细胞形成纤维性骨针;纤维性骨针钙化;破骨细胞对骨质进行破坏、改建。膜内化骨则是由成骨细胞分泌胶原纤维及基质形成纤维性骨针,纤维性骨针进一步钙化,之后骨小梁不断增粗并相互合并形成密质骨板。

在骨的发育过程中,成骨作用和溶骨作用处于动态平衡。当这种平衡状态紊乱时,就会引起代谢性骨病。

一、佝偻病和骨软症

佝偻病(rickets)和骨软症(osteomalacia)是由于钙、磷代谢障碍或维生素 D 缺乏而造成的以骨基质钙化不良为特征的代谢性骨病。幼龄动物骨基质钙化不良时引起长骨软化、变形、弯曲、骨端膨大等,称为佝偻病。成年动物由于钙、磷代谢障碍,使已沉积在骨中的钙盐动员出来,以致钙盐被吸收,骨质变软,称为骨软症,又称成年佝偻病(adult rickets)。佝偻病、骨软症本质是骨组织内钙盐(碳酸钙、磷酸钙)含量减少。佝偻病多见于犊牛、羔羊和仔猪等。

(一)原因和发病机理

1. 原因　主要由于饲料中钙、磷不足或比例不当以及由维生素 D 缺乏或不足造成,其中常见原因是维生素 D 缺乏。因为钙的吸收和利用都要维生素 D 的参与。另外,肝、肾病变,消化机能紊乱以及光照不足也是本病的发病原因。

2. 发病机理　维生素 D 属于胆固醇类,是脂溶性物质,种类很多,最常见的有维生素 D_2 和维生素 D_3 2 种。维生素 D_2 又称麦角钙化醇,维生素 D_3 又称胆钙化醇,维生素 D_2、维生素 D_3 作用相同。维生素 D_3 主要存在于鱼肝油、哺乳动物肝脏、奶、蛋黄和鱼类中。人和动物体内能合成 7-脱氢胆固醇(维生素 D_3 原),7-脱氢胆固醇分布于皮下、胆汁、血液等多种组织中,经紫外线照射可转变为维生素 D_3。在肝脏中,维生素 D_3 在 25-羟化酶的作用下转化为 25-羟基维生素 D_3（25-OH-D_3）,这一代谢产物是维生素 D_3 活化过程的初步产物,是活性维生素 D_3 形式的前体物质。因此,肝脏疾病时维生素 D_3 的转化会受到影响。25-OH-D_3 再运至肾脏,在 1-羟化酶的作用下转化为 1,25-二羟基维生素 D_3[1,25-$(OH)_2$-D_3],肾脏是 1,25-$(OH)_2$-D_3 形成的唯一场所,1,25-$(OH)_2$-D_3 是维生素 D_3 代谢的最终产物,是体内发挥生理作用的活性最高的维生素 D_3,执行着维生素 D_3 的全部功能,调节着正常的钙代谢和骨骼发育,因此,肾脏疾病时 1,25-$(OH)_2$-D_3 形成减少。应用 1,25-$(OH)_2$-D_3 可以治愈与肾脏疾病有关的佝偻病和骨软症。维生素 D 在体内通过 1,25-$(OH)_2$-D_3 发挥作用,其作用的靶器官是肠和骨。1,25-$(OH)_2$-D_3 作用于小肠,促进小肠对钙、磷的吸收,使血钙、血磷浓度增加。其机理是 1,25-$(OH)_2$-D_3 进入肠黏膜上皮细胞后与细胞核染色质结合,其结果是合成新的 mRNA 以指导钙结合蛋白的合成,钙结合蛋白起主动吸收钙的作用。1,25-$(OH)_2$-D_3 作用于骨可促进钙盐沉积,骨质钙化。骨组织中含有能抑制磷酸钙沉积的物质—焦磷酸盐,1,25-$(OH)_2$-D_3 可以激活焦磷酸酶来水解焦磷酸盐,使其浓度下降,磷酸钙得以沉积。另外,1,25-$(OH)_2$-D_3 也可促进肾小管对钙、磷的重吸收。

如果饲料中维生素 D 缺乏,则钙、磷从肠道吸收受阻,骨基质中钙盐沉积受到抑制,肾小管对钙、磷重吸收减弱,于是血钙水平降低。血浆中 Ca^{2+} 浓度低于正常时,则促进甲状旁腺分泌的甲状旁腺素增多,动员大量骨钙入血,导致骨组织中的钙盐过度溶解,使骨样组织大量堆积则引起佝偻病和骨软症。当饲料中钙、磷含量不足或比例不当时,同样引起钙、磷吸收不足,出现低血钙,低血钙促使甲状旁腺素分泌增加,从而发生溶骨作用,把骨中的钙动员出来以维持血钙在正常范围。动物在钙、磷缺乏时,其调节机制是宁可使骨骼钙、磷含量降低,也要维持血浆钙、磷含量的相对恒定,因为这是与生命攸关的问题,结果必然导致佝偻病或骨软症。

(二)病理变化

由于骨基质内钙盐沉积不足,未钙化的骨样组织增多,导致骨的硬度和坚韧性降低,骨骼的支持力明显降低,在体重和肌肉张力的作用下则骨骼易发生弯曲或变形。四肢骨、肋骨、脊柱、颅骨、骨盆等变形明显。

1. 眼观　四肢长管状骨弯曲变形,骨端膨大,关节相应膨大,骨骼硬度降低,容易切割。将长骨纵行切开或锯开,可见骨骺软骨异常增多而使骨端膨大,骨骺线明显增宽,这是软骨骨化障碍所致。由于膜内成骨时钙化不全,骨样组织堆积,使骨干皮质增厚、变软,易于切开,切开时可见骨髓腔狭窄。肋骨和肋软骨结合部呈结节状或半球状隆起,左右两侧成串排列,状如串珠,称串珠胸;这种病灶即使在愈合后也长期存在,在临床上具有诊断意义。由于肋骨钙含量低,在呼吸时长期受牵引可引起胸廓狭小,脊柱弯曲,或向上弓起或向下凹陷。由于膜内化骨过程中钙盐不足而产生过量骨样组织,使颅骨显著增厚、变形、软化,外观明显膨大。患畜出牙不规则,牙齿磨损迅速,排列紊乱。

2. 镜检　主要表现为软骨细胞和骨样组织异常增多。骨骺软骨细胞大量堆积,使软骨细胞增生带加宽,软骨细胞肥大,排列紊乱,骨骺线显著增宽且参差不齐,其中有增生的软骨细胞团块和增生的骨样组织;骨髓腔内骨内膜产生的骨样组织增多,使骨髓腔缩小,骨外膜产生的骨样组织增多,使骨切面增厚。

骨小梁数量减少,哈氏管扩张。HE 染色时,骨小梁中心部分多已钙化呈蓝色,周围部分多是未钙化的骨样组织,呈淡红色;哈氏系统的哈氏管扩张,周围出现一圈骨样组织,呈同心圆状排列的骨板界限消失,变成均质的骨质。

甲状旁腺常肿大,呈弥漫性增生。

二、纤维性骨营养不良

纤维性骨营养不良(fibrous osteodystrophy)又称骨髓纤维化(fibrosis of bone marrow),是由于营养代谢障碍所导致的骨组织呈弥散性或局灶性消失并由纤维结缔组织取代的病理过程。其特征是破骨过程增强、骨骼脱钙的同时纤维结缔组织过度增生并取代原来骨组织,使骨骼体积变大,质地变软,易弯曲、变形或骨折。本病主要侵害马、骡,以马最敏感;其次是羊、猪、犬和猫。

(一)原因和发病机理

1. 原因　纤维性骨营养不良的直接原因是甲状旁腺机能亢进,甲状旁腺素(PTH)分泌增多。因此,引起甲状旁腺机能亢进的因素均能导致本病。甲状旁腺腺瘤可引起原发性甲状旁腺机能亢进,使甲状旁腺素分泌增多。饲料中缺钙或磷过量(钙少磷多,钙、磷比例不当。钙：磷通常为 2∶1),维生素 D 缺乏等因素可引起继发性甲状旁腺机能亢进,甲状旁腺增生,代偿性肥大,使甲状旁腺素分泌增多。另外,饲料中植酸、草酸、鞣酸、脂肪酸过多时可与钙结合成不溶性钙盐,镁、铁、锶、锰、铝等金属离子可与磷酸根结合形成不溶性磷酸盐复合物,两者均能影响钙、磷的吸收。钙、磷必须以可溶解状态在小肠吸收。纤维性骨营养不良也可继发于佝偻病或骨软症。

2. 发病机理　血清钙水平比较恒定,约为 100 mg/L。机体主要通过甲状旁腺素、降钙素、1, 25-$(OH)_2$-D_3 调节体液中钙与骨中钙的交换来维持钙离子浓度的相对恒定。血清钙离子浓度轻度下降就会引起甲状旁腺素分泌增加,后者作用的靶器官是骨骼、肾小管和肠黏膜上皮细胞。甲状旁腺素作用于骨骼,使骨细胞、破骨细胞的溶骨作用增强,骨盐和骨样组织溶解,释放出钙、磷。骨细胞的溶骨作用迅速,在甲状旁腺素的作用下几分钟即可发挥作用,破骨细胞的溶骨作用强烈而持久。这两种细胞均释放组织蛋白酶、胶质酶等水解酶,将骨基质中的胶原和黏多糖等水解。两种细胞代谢的改变,使产生和释放的柠檬酸与乳酸量增加,促进了骨盐与骨基质的溶解。甲状旁腺素作用于肠黏膜上皮细胞,可促进钙的吸收。甲状旁腺素作用于肾小管上皮细胞,可增强钙的重吸收,抑制磷的重吸收。最终结果导致血钙升高,骨质溶解、脱钙,并伴有纤维结缔组织增生,发生纤维性骨营养不良。

(二)病理变化

1. 眼观　各部骨骼均能出现不同程度的疏松、肿胀、变形,常以头部肿大最为明显。头骨中上、下颌骨肿胀尤其明显,开始是下颌骨肿大,然后波及上颌骨、泪骨、鼻骨、额骨,使头颅明显肿大。上颌骨肿胀严重时鼻道狭窄,呼吸困难;下颌骨肿胀严重时,下颌间隙变窄,齿根松动、齿冠变短等。猪发生纤维性骨营养不良一般不见特征性头骨肿大。脊椎骨骨体肿大,脊柱弯曲,横突和棘突增厚。肋骨增厚、变软,呈波状弯曲,与肋软骨结合处呈串珠状隆起。四肢长骨骨体肿大,骨膜增厚、粗糙,断面松质骨间隙扩大,密质骨疏松多孔,骨髓完全被增生的结缔组织所代替,呈灰白色或红褐色。骨骼除了变形之外,还变得很柔软,可以用刀切断。软化的骨骼重量减轻,关节软骨面常有深浅不一的缺陷,凹凸不平,关节囊结缔组织增厚。

2. 镜检　骨髓腔内的骨组织被破坏吸收,几乎完全被新生的结缔组织所代替。纤维组织增多,纤维细胞疏松或比较密集,呈束状或旋涡状排列,其间有残留的骨小梁片段。骨外膜和骨内膜均有大量结缔组织增生,在骨质吸收和纤维化的同时也有新骨形成。新形成的骨小梁不发生骨化或部分骨化,小梁之间充满纤维组织,所以,骨骼体积增大,骨质松软。从骨外膜形成的新生骨小梁呈放射状。哈氏管扩张,部分区域被结缔组织填充,管内血管充血、出血,管腔周围骨板脱钙,骨基质破坏溶解,并出现大量破骨细胞,可见破骨细胞对骨组织进行陷窝性吸收。另外,病畜的甲状旁腺常见肿大,镜下可见主细胞增生。

(三)结局和对机体的影响

佝偻病、骨软症和纤维性骨营养不良均以骨钙盐沉积不足、骨质松软为特征。临床上病畜骨骼易折断、弯曲变形、肿胀。病畜表现跛行,姿势异常,驼背,四肢关节肿大,胸廓狭窄,肋骨呈串珠状,头骨肿大,牙齿松动,磨灭不整等症状。蛋鸡产蛋量减少,薄壳蛋、软壳蛋、无壳蛋增多。严重时,病畜、病禽卧地不起、瘫痪等。高产奶牛、产后开始泌乳奶牛、妊娠母马、泌乳母猪及快速生长的青年猪易出现此类骨病。有时低血钙造成神经肌肉兴奋性增高,患病动物会发生抽搐和痉挛。针对病因采取补充矿物质、钙剂、维生素D、鱼肝油并多晒太阳等措施,可获明显效果。

三、胫骨软骨发育不良

胫骨软骨发育不良(tibial dyschondroplasia,TD)是以胫跗骨近端出现无血管、未钙化的异常软骨团块为特征的代谢性疾病。禽类多患,肉鸡、鸭、火鸡非常普遍,发病率8%～30%,常发于3～8周龄。病禽表现不愿走动,步态呆板,双腿弯曲,股胫关节肿胀,严重时有跛行等症状。

(一)原因和发病机理

1. 原因　引起胫骨软骨发育不良的病因很多。日粮中Ca、P、Cl、Mg含量均对胫骨软骨发育有影响。高磷低钙日粮可增加胫骨软骨发育不良的发病率,饲喂高钙低磷饲料以及增大Ca:P比例均可降低胫骨软骨发育不良发病率。据报道,当Ca:P为0.8时胫骨软骨发育不良发病率为68%,Ca:P为1.2时其发病率为30%,当Ca:P比例为1.8时其发病率为23%。增加日粮中氯化物含量(主要是NaCl含量),胫骨软骨发育不良发病率明显增加,减少日粮中氯化物含量,则其发病率降低。增加日粮中Mg^{2+}($MgCO_3$)含量可降低胫骨软骨发育不良的发病率。在日粮中添加1,25-$(OH)_2$-D_3或24,25-$(OH)_2$-D_3对胫骨软骨发育不良的发病率无影响,说明胫骨软骨发育不良并非由维生素D缺乏引起。日粮中含有粉红镰刀菌或杀真菌剂二硫化四甲基秋兰姆时,均可使胫骨软骨发育不良。另据报道,遗传、性别、年龄、环境因素均对胫骨软骨发育不良的发病率有影响。

2. 发病机理　胫骨软骨发育不良的发病机理不十分清楚,目前提出的3种可能机理如下：第一种机理认为胫骨软骨发育不良是骨快速增长的结果。本病发生在胫跗骨近端,可能由于该部位生长板的过速生长引起,常发于生长较快的仔禽。通过限饲减缓禽生长率,则发病率降低。日粮中减少 NaCl 含量,则生长减缓,发病率同时降低。第二种机理认为胫骨软骨发育不良是由于干骺端血管发育异常所造成。干骺端血管发育异常时,不能侵入软骨或很少侵入软骨,侵入软骨的异常血管弯曲且狭窄。异常的软骨基质也能阻止血管的侵入。第三种机理认为胫骨软骨发育不良由软骨溶解缺陷造成。由于破骨细胞缺乏,不能溶解破坏软骨基质,使前肥大软骨持续存在和积累。

(二)病理变化

1. 眼观　双腿胫骨往往变形弯曲,股胫关节肿胀,胫骨近端肿大、变软。将胫骨纵切可见胫骨近端有异常软骨团块,这些异常软骨团块往往呈锥形,其尖端指向骨髓腔,重症病例时异常软骨可充满整个干骺端。异常软骨还常见于股骨近端和远端、胫骨远端、跗趾骨近端、肱骨近端等,但程度较轻。

2. 镜检　前肥大软骨持续大量存在,异常软骨中的软骨细胞小而皱缩,最后软骨细胞坏死。软骨基质丰富且未钙化。胫骨软骨血管退变,血管变得细小而弯曲。骨化区骨针零乱、弯曲,有时可见未钙化的软骨小岛。

四、关节炎

关节炎(arthritis)是指关节的炎症过程。常发部位有肩关节、膝关节、跗关节、肘关节、腕关节等,多发生于单个关节。引起关节炎的常见原因主要是创伤和感染,其次是变态反应、自身免疫和机械性刺激等。风湿性关节炎是一种变态反应性疾病,类风湿性关节炎则是一种慢性、全身性、自身免疫性疾病。关节炎可分为急性关节炎和慢性关节炎,也可按有无感染分为无菌性关节炎和感染性关节炎,这里按后者予以叙述。

(一)无菌性关节炎

无菌性关节炎主要指由剧烈运动等机械性刺激引起关节囊、关节韧带、关节部软组织、关节内软骨等关节部位的浆液性炎症过程。其特征为关节肿胀和明显的渗出,关节囊内充满多量浆液性或浆液纤维素性渗出物,渗出液稀薄,无色或淡黄色。关节囊滑膜层充血。如继发感染则转为感染性关节炎。

(二)感染性关节炎

感染性关节炎主要指由各种微生物所引起的关节部位的炎症过程。引起感染性关节炎最常见的原因有霉形体、衣原体、细菌、病毒等。感染性关节炎常伴发于全身性败血症或脓毒血症,即病原体通过血液侵入关节,引起感染性关节炎。也可由关节创伤、骨折、关节手术、关节囊内注射、抽液等直接感染而引起。另外,相邻部位(骨髓、皮肤、肌肉)的炎症也可蔓延至关节,引起感染性关节炎。

霉形体引起的畜禽关节炎,如猪滑液霉形体病是由滑液霉形体引起的关节炎,主要感染3~6月龄的仔猪,病猪跛行,肩关节、肘关节、跗关节、膝关节等四肢关节出现肿胀,表现为纤维素性化脓性滑膜炎。猪鼻霉形体病是由鼻霉形体引起的多发性浆膜炎和关节炎,主要侵害3~10周龄仔猪,病猪出现跛行,四肢关节特别是跗关节、膝关节发生浆膜炎并肿胀,剖检可见关节囊、体腔、心包腔内有多量液体聚集。鸡滑液囊霉形体感染引起关节炎主要病变为关节肿胀,主要侵害跗关节、肩关节、跖趾关节等。鸡败血霉形体感染也会导致跗关节肿胀和跛行。

牛衣原体病、羔羊衣原体病常见多发性关节炎,患畜表现跛行、关节疼痛等症状。

(三)病理变化

关节炎病变为关节肿胀,关节囊紧张,关节腔内积聚有浆液性、纤维素性或化脓性渗出物,滑膜充血、增厚。化脓性关节炎时,关节囊、关节韧带及关节周围软组织内常有大小不等的脓肿;进一步侵害关节软骨和骨骼则引起化脓性软骨炎和化脓性骨髓炎,关节软骨面粗糙、糜烂。在慢性关节炎时关节囊、韧带、关节骨膜、关节周围结缔组织呈慢性纤维性增生,进一步发展则关节骨膜、韧带及关节周围结缔组织发生骨化,关节明显粗大、活动受限,最后两骨端被新生组织完全愈着在一起,导致关节变形和僵硬。患关节炎的畜禽临床表现为患部关节肿胀、发热、疼痛和跛行,通过治疗原发病,如消除感染等,关节功能一般可完全恢复正常,通常不遗留永久性病变。慢性关节炎则常导致关节变形、僵硬。

第二节 肌 肉 病 理

一、白肌病

白肌病(white muscle disease)是一种由于微量元素硒和维生素 E 以及其他营养物质缺乏所引起的多种畜禽以肌肉(骨骼肌和心肌)病变为主的营养缺乏性疾病。特征是肌肉发生变性、凝固性坏死,肌肉色泽苍白,故称白肌病,或称营养性肌病。

本病常见于牛、绵羊、猪及家禽。牛的白肌病主要发生于 6 月龄以内的犊牛,部分发生于胚胎期,故亦见于初生犊牛。猪以 15～45 日龄的仔猪多发,死亡率可达 50％～70％,6 月龄以上发病逐渐减少。猪所谓的"营养性肝病""桑葚心病"以及白肌病都是硒和维生素 E 等缺乏引起的综合征。雏鸡除肌肉病变外,还表现渗出性素质(胸、腹下浮肿,心包积液)和脑软化。

(一)原因和发病机理

1. 原因 动物白肌病的主要病因是微量元素硒和维生素 E 的缺乏,其中缺硒是重要因素。这两种营养元素可以是直接缺乏,也可以是饲料中营养元素之间的颉颃作用引起的缺乏。不饱和脂肪酸与维生素 E 之间存在着颉颃关系;脂肪酸越不饱和,对维生素 E 的破坏作用就越大;如果饲料中含过多的不饱和脂肪酸,就会使维生素 E 大量破坏。过多的硫可以引起硒的缺乏,这是由于硫能抑制植物对硒的吸收,所以,在近期内施用过硫肥的牧草地,其放牧动物白肌病发病较严重。

2. 发病机理 机体代谢过程中,不断产生的氧自由基和不饱和氢过氧化物(ROOH)等有害产物能使细胞的膜性结构被氧化、破坏。细胞的线粒体和内质网被破坏后形成的过氧化物,更加重了对细胞和组织的损害。机体主要靠硒和维生素 E 的抗氧化作用来抵抗氧自由基等对生物膜的氧化和过氧化。维生素 E 是一种有效的抗氧化剂,能减少自由基及不饱和脂肪酸过氧化物的生成。维生素 E 以自身被氧化来保护生物膜不被过氧化物所氧化,是机体的第一道抗氧化防线。硒是体内谷胱甘肽过氧化物酶(GSH-PX)的活性成分,GSH-PX 可在还原型谷胱甘肽(GSH)转变为氧化型谷胱甘肽(GSSH)的同时,把有毒的 ROOH 还原成为无害的羟基化合物(ROH),并使 H_2O_2 分解。所以,硒是促进有害物质 ROOH、H_2O_2 分解的第二道抗氧化防线。硒与维生素 E 在机体抗氧化过程中前后协同,能显著地降低组织内过氧化物的浓度,从而保护了生物膜的完整性。如果硒和维生素 E 缺乏或耗竭,体内产生的过氧化物在细胞中的积聚,膜结构的这种保护作用降低或丧失,则引起骨骼肌、心肌等细胞发生变性、坏死,甚至肌组织钙化,产生一系列的白肌病病理过程,临床上,硒和维生素 E 对防治白肌病有互补和协同作用,但硒不能代替维生素 E 的营养作用。

(二)病理变化

1. 骨骼肌　骨骼肌是白肌病最常见的病变部位,全身各处均可发生,以负重较大的肌群(如臀部、股部、肩胛部、胸部、背部肌群等)病变多见且明显,往往呈对称性分布。持续活动的肌群(如胸肌和肋间肌)病变也很明显。白肌病病畜体弱无力,跛行,症状与病变部位相对应。

(1)眼观　肌肉肿胀,外观像开水烫过一样,呈灰白、苍白或淡黄红色,失去原来肌肉的深红色泽。已发生凝固性坏死的部分,呈黄白色、石蜡样色彩,故叫蜡样坏死。有的在坏死灶中发生钙化,则呈白色斑纹,触摸似白垩斑块。急性病例肌肉手感硬而坚实,缺乏弹性,干燥、容易撕裂;慢性病例肌肉质地硬如橡皮,这种变性、坏死的肌肉在肌群内的分布部位不定、大小不等,与正常肌肉界限清楚。

(2)镜检　肌纤维颗粒变性、肿胀,横纹消失。如果是蜡样坏死,HE 染色时坏死区呈均质红染的半透明的团块状或竹节状分布。有的肌纤维断裂、溶解,细胞核浓缩、破裂,并常有蓝色细沙样的钙盐沉着。肌间质增宽、水肿,有炎性细胞浸润,如中性粒细胞、巨噬细胞、淋巴细胞等,肌纤维间有不同程度的出血。慢性白肌病时肌膜附近残留的胞核可分裂增殖,形成肌原纤维从而出现部分肌纤维再生;病变严重的部位,肌纤维几乎完全被增生的成纤维细胞所取代。

2. 心肌　主要表现为心肌纤维的变性和坏死。患病动物表现心跳频率和节律紊乱、心力衰竭、呼吸困难,往往突然死亡。剖检时,心肌病灶往往沿着左心室从心中隔、心尖伸展到心基部,病灶呈淡黄色或灰白色的条纹或弥漫性斑块,与正常心肌无明显界限。由于心肺循环障碍,导致心包积液、肺水肿、胸腔积水和轻度腹水。犊牛和羔羊心内膜下方的心肌常发生病变,往往很快钙化。猪心外膜下的心肌常发生病变。镜下变化主要是心肌纤维变性、肿胀,横纹不清或消失,细胞核浓缩、碎裂,病变区有絮片状或团块状坏死;慢性病例肌间成纤维细胞增生和纤维化。

二、肌炎

肌炎(myositis)是指肌肉发生的炎症。肌炎时不仅肌纤维发生变性和坏死,而且肌纤维之间的结缔组织、肌束膜和肌外膜也会发生病理变化。

(一)嗜酸性粒细胞性肌炎

嗜酸性粒细胞性肌炎(eosinophilic myositis)是一种慢性、非肉芽肿性肌炎。主要发生于牛和猪,偶见于羊。其发生原因不明,有人认为与变态反应有关,寄生虫感染的证据尚未发现。

本病常见于心肌、膈肌、食管、舌和咬肌。剖检时,病变肌肉肿胀,质地坚实,有条索状或弥漫性的灰色或灰绿色病灶。单个肌束或整个肌群均可发生。显微镜下,肌纤维萎缩或消失,成纤维细胞增生。特征性变化是在肌内膜和肌周膜内出现大量的嗜酸性粒细胞,这种细胞的聚积即为肉眼所见的淡绿色病灶。肌纤维一般不发生严重变性。如果肌纤维发生坏死,嗜酸性粒细胞可进入肌浆。慢性过程,嗜酸性粒细胞消退,被淋巴细胞、浆细胞和肌细胞所替代,纤维组织增生。病变肌肉可同时存在急性、渗出性和慢性、增生性病理过程。

肌肉发生孢子虫感染时,会形成一种嗜酸性脓肿和假结核结节,称肉芽肿性嗜酸性粒细胞性肌炎,这种肌炎与非肉芽肿性嗜酸性粒细胞性肌炎的主要区别是病因明确与病灶形成肉芽肿。在肉孢子虫病时,孢囊的周围有大量嗜酸性粒细胞及少量中性粒细胞、单核细胞和淋巴细胞等,即形成嗜酸性脓肿灶。随后孢囊的残骸逐渐消失,纤维组织不断增生,形成了假结核结节,结节的中心发生钙化。在病灶的边缘可见到肌纤维破坏后出现的多核肌巨细胞。

肌肉旋毛虫病时形成的肉芽肿性嗜酸性粒细胞性肌炎的肉芽肿结节,与肉孢子虫病极为相似;但肌肉旋毛虫包囊被机体钙化后,其中所含的幼虫仍可存活;被钙盐沉着后的幼虫,必须用弱酸把钙盐溶去之后才能看到;由于包囊发生钙化所需的时间较长,所以,商品猪宰后检验往往不易看到钙化的包囊。

(二)骨化性肌炎

骨化性肌炎(ossificative myositis)为一种骨化的慢性肌炎。由于肌肉的慢性炎症或肌肉受到多次创伤,使肌间结缔组织或创伤后的疤痕化生为骨组织。这种骨化常发生在臀部及股部肌肉,有时见于疝囊周围的腹肌。剖检时,病变肌肉有不同深度及不同长度的骨化组织。新形成的骨组织呈板状,表面有尖锐的突起,陈旧的骨组织被结缔组织包绕。周围肌肉组织一般发生萎缩。病变肌肉手感坚硬,不易切开。镜检,初期肌组织水肿,肌纤维发生变性、坏死,由成纤维细胞及成骨细胞形成形状弯曲的骨小梁结构,这种结构与骨痂相似。晚期,肌组织有大小不等的骨板,其外周包有老化的结缔组织。如果局限性骨化不妨碍肌纤维活动,病畜则无明显症状。如果骨化部分对血液供应、神经活动等有影响,则临诊上出现跛行、运动失调等症状。

(杨鸣琦)

第二十章　尸体剖检技术

第一节　尸体剖检概述

一、尸体剖检的意义

尸体剖检（necropsy）是运用兽医病理学知识检查尸体的病理变化、确定疾病所处的阶段，来研究疾病发生、发展规律的一种方法。是兽医临床实践和疾病研究中必不可少且简便快捷的方法，也是兽医病理解剖学的主要研究手段之一。尸体剖检有其重要的意义，主要表现在以下 3 方面：

1. 总结经验提高临床诊疗水平　通过尸体剖检，可以直接观察被检动物所有的组织和器官，识别有何病理变化、联系临床症状，进一步推断疾病的发生和发展，了解疾病的性质。验证对患病动物的临床诊断和治疗的准确性，及时总结经验以提高兽医的临床诊疗水平。

2. 尸体剖检是兽医临床上最为客观、快速、准确的诊断方法之一　对于一些群发性疾病如传染病、寄生虫病、中毒性疾病和营养缺乏症等，或对一些群养动物（尤其是中、小动物如猪和鸡）的疾病，通过对发病动物和自然死亡动物进行尸体剖检可以及早做出诊断，及时采取有效的防治措施。

3. 促进病理学教研和发现临床上新出现的疾病　尸体剖检技术是动物医学专业学生必须掌握的实际操作技能，是兽医病理学不可分割的，也是研究疾病的必需手段，同时还是学生学习兽医病理学理论与实践相结合的一条途径。随着养殖业的迅速发展和一些新畜种、新品种的引进，以及规模化养殖的不断扩大，临床上会出现一些新病，有一些老病也会出现一些新的变化，给临床诊断造成一定的困难。对临床上新出现的问题，或新的病例进行尸体剖检，可以了解其发病情况，在疾病发生、发展过程中所处的阶段以及应采取的措施。

除了上述 3 方面的意义以外，通过对尸体剖检资料的积累，还可为各种疾病的综合研究提供重要的数据。

尸体剖检需按照剖检术式进行，即按一定的顺序对被检动物的所有组织和器官进行检查。在临床实践中，按剖检目的不同尸体剖检可分为诊断学剖检、科学研究剖检和法医学剖检 3 种。诊断学剖检的目的在于查明病畜发病和致死的原因、严重程度、目前所处的阶段和应采取的措施。这就要求对所检动物的全身每个脏器和组织都要做细致的检查，并汇总其相关资料进行综合分析，才能得出准确的结论。科学研究剖检以学术研究为目的，如人工造病以确定实验动物全身或某个组织器官的病理学变化规律。多数情况下，目标集中在某个系统或某个组织，对其他的组织和器官只做一般检查。法兽医学的剖检则以解决与兽医有关的法律问题为目的，是在法律的监控下所进行的剖检。三者各依其目的要求来考虑剖检方法和步骤。

二、常见的死后变化

动物死亡后,有机体变为尸体。受体内存在酶和细菌的作用以及外界环境的影响,动物死亡后逐渐发生一系列的死后变化。在检查判定大体病变前,正确地辨认尸体变化,可以避免把某些死后变化误认为生前的病理变化。尸体的变化有多种,其中包括尸冷、尸僵、尸斑、尸体自溶、尸体腐败和血液凝固。

(一)尸冷

指动物死亡后,尸体温度逐渐降低至外界环境温度水平的现象。尸冷之所以发生是由于机体死亡后,新陈代谢停止,产热过程终止,而散热过程仍在继续进行。在死后的最初几小时,尸体温度下降的速度较快,以后逐渐变慢。通常在室温条件下,一般以1℃/h的速度下降,因此动物的死亡时间大约等于动物的体温与尸体温度之差。尸体温度下降的速度受外界环境温度的影响,如受季节的影响,冬季天气寒冷将加速尸冷的过程,而夏季炎热则将延缓尸冷的过程。检查尸体的温度有助于确定死亡的时间。

(二)尸僵

动物死亡后,肢体由于肌肉收缩而变硬,四肢各关节不能伸屈,使尸体固定于一定的形状,这种现象称为尸僵。

动物死后最初由于神经系统麻痹,肌肉失去紧张力而变松弛柔软。但经过很短时间后,肢体的肌肉即行收缩变为僵硬。尸僵开始的时间,随外界条件及机体状态不同而异。大、中动物一般在死后1.5～6 h开始发生,10～24 h最明显,24～48 h尸体开始缓解。尸僵从头部开始,然后颈部、前肢、后躯和后肢的肌肉逐渐发生,此时各关节因肌肉僵硬而被固定,不能屈曲。解僵的过程也是从头、颈、躯干到四肢。

除骨骼肌以外,心肌和平滑肌同样可以发生尸僵。在死后0.5 h左右心肌即可发生尸僵,由于尸僵时心肌的收缩而使心肌变硬,同时可将心脏内的血液驱出,肌层较厚的左心室表现得最明显,而右心则往往残留少量血液。经24 h,心肌尸僵消失,心肌松弛。如果心肌变性或心力衰竭,则尸僵可不出现或不完全,这时心脏质地柔软,心腔扩大,并充满血液。因此,发生败血症时,尸僵不完全。

富有平滑肌的器官,如血管、胃、肠、子宫和脾脏等,由于平滑肌僵硬收缩,可使腔状器官的内腔缩小,组织质地变硬。当平滑肌发生变性时,尸僵同样不明显,例如败血症的脾脏,由于平滑肌变性而使脾脏质地变软。

了解尸僵有助于在诊断过程中加以鉴别。尸僵出现的早晚,发展程度,以及持续时间的长短,与外界因素和自身状态有关。如周围气温较高时,尸僵出现较早,解僵也较迅速,寒冷时则出现较晚,解僵也较迟。肌肉发达的动物,要比消瘦动物尸僵明显。死于破伤风或番木鳖碱中毒的动物,死前肌肉运动较剧烈,尸僵发生的快而且明显。死于败血症的动物,尸僵不显著或不出现。另外,如尸僵提前,说明动物急性死亡并有剧烈的运动或高热疾病,如破伤风。如时间延缓、拖后、尸僵不全或不发生尸僵,应考虑到生前有恶病质或烈性传染病,如炭疽等。

除了注意时间以外,还要注意关节不弯曲。发生慢性关节炎时关节不弯曲。尸僵时,四个关节均不能弯曲,而慢性关节炎只有1个或2个关节不能弯曲。

由此可见,检查尸僵,对于判定动物死亡的时间和疾病的状态有一定的意义。

(三)尸斑

动物死亡后,由于心脏和大动脉管的临终收缩及尸僵的发生,血液被排挤到静脉系统内,并由于重力作用,血液流向尸体的低下部位,使该部血管充盈血液,呈青紫色,这种现象称为坠积性淤血。尸体倒卧侧组织器官的坠积性淤血现象称为尸斑。一般在死后 1～1.5 h 即可出现。尸斑坠积部的组织呈暗红色。初期,用指按压该部可使红色消退,并且这种暗红色的斑可随尸体位置的变更而改变。随着时间的延长,红细胞发生崩解,血红蛋白溶解在血浆内,并通过血管壁向周围组织浸润,结果使心内膜、血管内膜及血管周围组织染成紫红色,这种现象称为尸斑浸润,一般在死后 24 h 左右开始出现。如改变尸体的位置,尸斑浸润的变化也不会消失。

检查尸斑,对于死亡时间和死后尸体位置的判定有一定的意义。临床上应与淤血和炎性充血加以区别。淤血发生的部位和范围,一般不受重力作用的影响,如肺淤血或肾淤血时,两侧的表现是一致的,肺淤血时还伴有水肿和气肿。炎性充血可出现在身体的任何部位,局部还伴有肿胀或其他损伤。而尸斑则仅出现在尸体的低下部,除重力因素外没有其他原因,也不伴发其他变化。

(四)尸体自溶和尸体腐败

尸体自溶是指动物体内的溶酶体酶和消化酶如胃液、胰液中的蛋白分解酶,在动物死亡后,发挥其作用而引起的自体消化过程称为自溶。自溶过程中组织细胞发生溶解,表现最明显的是胃和胰腺,胃黏膜自溶时表现为黏膜肿胀、变软、透明、极易剥离或自行脱落和露出黏膜下层,严重时自溶可波及肌层和浆膜层,甚至可出现死后穿孔。尸体腐败是指尸体组织蛋白由于细菌作用而发生腐败分解的现象。主要是由于肠道内厌氧菌的分解、消化作用,或血液内、肺脏内细菌的作用,也有从外界进入体内的细菌造成的尸体腐败。在腐败过程中,体内复杂的化合物被分解为简单的化合物,并产生大量气体,如氨、二氧化碳、甲烷、氮、硫化氢等。因此,腐败的尸体内含有多量的气体,并产生恶臭。尸体腐败的变化可表现在以下几个方面:

1. 死后臌气　这是由于胃肠内细菌繁殖,胃肠内容物腐败发酵、产生大量气体的结果。这种现象在胃肠道表现明显,尤其是反刍兽的前胃和单蹄兽的大肠表现更明显。此时气体可充满整个胃肠道,使尸体的腹部膨胀,肛门突出且哆开,严重臌气时可发生腹壁或横膈破裂。死后臌气应与生前臌气相区别,生前臌气由于压迫横膈前伸造成胸内压升高,使静脉血回流障碍呈现淤血,尤其是头、颈部,浆膜面还可见出血,而死后膨气则无上述变化。死后破裂口的边缘没有生前破裂口的出血性浸润和肿胀。在肠道破口处有少量肠内容物流出,却没有血凝块和出血,只见破口处的组织撕裂。

2. 肝、肾、脾等内脏器官的腐败　肝脏的腐败往往发生较早,变化也较明显,此时肝脏体积增大,质度变软,污灰色,肝包膜下可见到小气泡,切面呈海绵状,从切面可挤出混有泡沫的血水,这种变化,称为泡沫肝。肾脏和脾脏发生腐败时也可见到类似肝脏腐败的变化。

3. 尸绿　动物死后尸体变为绿色,称为尸绿。由于组织分解产生的硫化氢与红细胞分解产生的血红蛋白和铁相结合,形成硫化血红蛋白和硫化铁,致使腐败组织呈污绿色,这种变化在肠道表现得最明显。临床上见到动物的腹部出现绿色,尤其是禽类,常见到腹底部的皮肤为绿色。

4. 尸臭　尸体腐败过程中产生大量带恶臭的气体,如硫化氢、己硫醇、甲硫醇、氨等,致使腐败的尸体具有特殊的恶臭气味。

通过尸体的自溶和腐败,可以使死亡的动物逐步分解、消失。但尸体腐败的快慢,受周围环境的温度、湿度及疾病性质的影响。适当的温度、湿度或死于败血症和有大面积化脓性炎症的动物,尸体腐败较快且明显。在寒冷、干燥的环境下或死于非传染性疾病的动物,尸体腐败缓慢且微弱。

尸体腐败可使生前的病理变化遭到破坏,这样会给剖检工作带来困难,因此,病畜死后应尽早进行尸体剖检,以免与生前的病变发生混淆。

(五)血液凝固

动物死后不久(8~10 h)还会出现血液凝固,即心脏和大血管内的血液凝固成血凝块。在死后血液凝固较快时,血凝块呈一致的暗红色。在血液凝固出现缓慢时,血凝块分成明显的两层,上层为主要含血浆成分的淡黄色鸡脂样凝血块,下层为主要含红细胞的暗红色血凝块,这是由于血液凝固前红细胞沉降所致。

血液凝块表面光滑、湿润,有光泽,质柔软,富有弹性,并与血管内膜分离。血凝块与血栓不同,应注意区别。动物生前如有血栓形成,血栓的表面粗糙,质脆而无弹性,并与血管壁有粘连,不易剥离,硬性剥离可损伤内膜。在静脉内的较大血栓,可同时见到黏着于血管壁上白色的头部(白色血栓),红白相间的体部(混合血栓)和全为红色的游离的尾部(红色血栓即血凝块)。

血液凝固的快慢,与死亡的原因有关。由于败血症、窒息及一氧化碳中毒等死亡的动物,往往血液凝固不良。

第二节 尸体剖检的方法和步骤

一、尸体剖检前的准备

动物的尸体剖检是兽医临床诊断过程中的一个重要环节。死后剖检越早越好,既可做到早期诊断、早期治疗、减少由于疾病引起的损失,又可避免出现死后变化、影响或不利于实验室检验。必须要做好以下工作:

(一)选择适宜的剖检场地

根据送检动物的情况,决定在解剖室(小动物)剖检或在火化或掩埋现场(大家畜或怀疑烈性传染病者)就地解剖。剖检传染病尸体,一般应在室内进行,以便消毒和防止病原的扩散。如果必须在室外剖检时,应选择地势较高、环境较干燥,远离水源、道路、房舍、人群和畜舍的地点进行。剖检前挖深达2 m的深坑,术者和助手应站在尸体的上风向,剖检后将内脏、尸体连同被污染的土层投入坑内、再撒消毒剂,然后用土掩埋。解剖室内要确保剖检台有自来水。

(二)常用的器械和药品

根据死前症状或尸体特点准备解剖器械,一般应有解剖刀、剥皮刀、脏器刀、脑刀、骨钳、骨锯、外科剪、肠剪、骨剪、外科刀、镊子、骨锯、双刃锯、斧头、骨凿、阔唇虎头钳、探针、量尺、量杯、注射器、针头、天平、磨刀棒或磨刀石等。装检验样品的灭菌平皿、棉拭子和固定组织用的内盛10%福尔马林的广口瓶,供加热消毒的金属装具盆、锅、桶和常用消毒液如3%~5%来苏儿、石炭酸、臭药水、0.2%高锰酸钾液、70%酒精、3%~5%碘酒等。此外,还应准备凡士林、滑石粉、肥皂、棉花和纱布等。

为方便去现场,专用出诊包内应备好洁净的器械、容器以及常用药品,随时可以出发。

（三）剖检人员的防护

剖检人员要有明确的自我保护意识,尤其在接触危害人类健康的动物病时,要事先采取预防措施,避免被感染。剖检者应备好各种工作服,最好是连体、棉制的,胶皮或塑料围裙,胶或线手套、工作帽、胶鞋、口罩和眼镜。必要时应备隔离防护服。

在剖检过程中,应保持清洁,注意消毒。事先打开水龙头,剖检者不能触碰洁净物品和自己的身体,如口、鼻、眼等。使用清洁液和消毒液洗去剖检人员手上和器械上的血液、脓液和各种排出物。

剖检结束后,双手先用肥皂洗涤,再用消毒液冲洗。为了消除恶臭味,可先用 0.2% 高锰酸钾溶液浸泡,再用 2%～3% 草酸溶液洗涤,退去棕褐色后再用清水冲洗。

（四）完整的记录表格

对于任何一个病例,从接收标本到报告诊断结果,都要有完整的记录、明确的交接和书面报告手续,这样才会使搜集的证据更完整,而使整个诊疗单位的水平不断提高。为此,应事先备齐一套记录表格,以备方便记录和留档。包括病例号、一般登记、病料情况、流行病学概况、临床症状、尸体剖检变化、初步诊断、实验室检验和饲养场反馈信息等所有的有关该病例的资料,并对此进行综合分析后而得出最后诊断结果即确诊。

二、尸体剖检的注意事项

剖检人员在充分了解病死畜和畜群的所有情况后,决定是否进行尸体剖检及如何进行剖检。应细致观察尸体的一般情况。具体的注意事项分述如下:

（一）了解病史

尸体剖检前,应先了解病畜所在地区的疾病的流行情况,生前病史,包括了解临床化验、检查和临床诊断等。此外还应注意到治疗、饲养管理和临死前的表现等方面的情况。应细致观察尸体的一般情况,如新鲜程度,皮肤与黏膜状态,淋巴结是否肿大,自然孔有无血迹或血性分泌物以及尸僵程度、姿势、卧位、尸冷和腹部膨气情况、被毛等有无异常等。如果发现疑似炭疽病时,不要剖检,只剪取一块耳朵,用末梢血液作涂片染色检查。如果疑似病例是猪,则制作下颌淋巴结涂片染色检查。如确诊为炭疽,应禁止剖检。同时应将尸体和被污染的场地、器具等进行严格消毒和处理。据此可确定应采取的自我防护级别、消毒方法、剖检地点等。

（二）尸体剖检的时间

病畜死后愈早剖检愈好。尸体放久后,容易腐败分解,尤其在夏天,尸体腐败分解过程更快,这会影响对原有病变的观察和诊断。另外,剖检最好在白天进行,因在灯光下,一些病变的颜色（如黄疸、变性等）不易辨认。供分离病毒的脑组织要在动物死后 5 h 内采取。一般死后超过 24 h 的尸体,就失去了剖检意义。此外,供细菌和病毒分离培养的病料要先无菌采取,最后再取病料做组织病理学检查。

（三）自我防护意识

根据可疑病例,采取不同的防护级别。剖检前应在尸体体表喷洒消毒液;搬运尸体时,特别是搬运炭疽、开放性鼻疽等传染病尸体时,应先用浸透消毒液的棉花团塞住天然孔,并用消毒液喷洒体表,之后方可运送。

(四)病变的观察及病料的采集

在调查了解发病动物病史的基础上,仔细观察剖检动物的眼观病理变化,对所见的病变组织和器官做客观、详细的描述(方法见后),并填写在所选用的表格内。分析剖检的病变,把观察到的病变分清主次,判定原发、继发和并发等,并尽快采集病料做进一步的检验,有利于对疾病的诊断。

未经检查的器官切面,不可用水冲洗,以免改变其原来的颜色和性状。切脏器的刀、剪应锋利,切开脏器时,要由前向后,一刀切开。切开未经固定的脑和脊髓时,应先使刀口浸湿,然后下刀,否则切面粗糙不平。

(五)尸检后处理

1. 衣物和器材　剖检中所用的衣物和器材最好直接放入煮锅或手提高压锅内,经灭菌后方可清洗和处理;解剖器械也可直接放入消毒液内浸泡消毒后,再清洗处理。胶手套消毒后,用清水洗净,擦干,撒上滑石粉。金属器械消毒清洁后擦干,涂抹凡士林,以免生锈。

2. 尸体　剖检后的尸体最好是焚化或深埋以防止污染环境。特殊情况如人兽共患或烈性病要先消毒处理然后再焚烧。野外剖检时就地深埋,先在尸体上洒消毒液,尤其要选择具有强烈刺激异味的消毒药如甲醛、来苏尔等,以免尸体被意外抛出。

3. 场地　要进行彻底消毒,防止污染周围环境。如遇特殊情况(如禽流感等),撤离工作点时,要做终末消毒,以保证继用者的安全。

4. 用具和运输车辆等　存放和运送感染动物的笼具、车辆和绳索等,必须经严格消毒处理后才能重新使用。

三、尸体剖检的步骤

为了全面而系统地检查尸体所呈现的病理变化,尸体剖检必须按照一定的方法和顺序进行。但考虑到各种家畜解剖结构的特点、器官和系统之间的生理解剖学关系、疾病的特性、送检的病料以及术式的简便和效果等,每种动物的剖检方法和顺序既有共性又有独特之处。在了解送检动物各种情况的基础上,确定剖检目的。根据病料的情况及所怀疑的疾病,决定致死方法(如果送检的是活畜)和采样的针对性,然后再在合适的地点进行尸体剖检。因此,剖检方法和顺序还有一定的灵活性。通常采用的尸体剖检的步骤如下:

(一)接收病料

这是诊断者或剖检者与畜主的第一次接触。为达到其诊断目的,诊断者需要尽可能详细地了解有关的情况,包括:群体状况、临床症状、发病率、死亡率、用药情况、动物的免疫情况、来源、环境、地理位置、气候、饲养、管理等等。为避免接收病料时,收集的材料(问诊)不完全,临床上多根据本单位的情况制定表格(可参照表 20-1)。

(二)临床症状及尸体外部检查

如送检的是活畜,应先进行临床症状检查并做好记录。

如送检的是死亡动物,则在接收病料后直接进行外部检查。它可以为诊断提供重要线索,还可为剖检的方向给予启示;有时还可以作为判断病因的重要依据(如口蹄疫、炭疽、鼻疽、痘等)。外部检查主要包括以下几方面内容:

1. 尸体概况　畜别、品种、性别、年龄、毛色、特征、体态等。

2. 营养状态　可根据肌肉发育情况、皮肤和被毛状况来判断。

3. 皮肤 注意被毛的光泽度,皮肤的厚度,硬度及弹性,有无脱毛、褥疮、溃疡、脓肿、创伤、肿瘤、外寄生虫等,有无粪泥和其他病理产物的污染。此外,还要注意检查有无皮下水肿和气肿。

4. 天然孔(眼、鼻、口、肛门、外生殖器等)的检查 先检查各天然孔的开闭状态,有无分泌物、排泄物及其性状、量、颜色,味和浓度等。其次注意可视黏膜的检查,着重黏膜色泽。

5. 尸体变化的检查 家畜死后舌尖伸出于卧侧口角外,由此可以确定死亡时的位置。此检查有助于判定死亡的时间、位置,并与病理变化相区别(检查项目见尸体变化)。

(三)活体采样及致死动物

按照采样的原则及其方法在致死动物前采集血样、分泌物、排泄物、体表寄生虫等。

根据发病系统不同、检验目的不同,采取不同的方法致死动物。主要有放血致死、静脉注射药物致死、人造气栓致死、断颈和断延髓五种方法。

(四)内部检查

内部检查包括剥皮、皮下检查、体腔的剖开,内脏的采出和检查等。

1. 剥皮和皮下检查 为了检查皮下病理变化,在剖开体腔以前先剥皮。注意检查皮下有无出血、水肿、脱水、炎症和脓肿等病变,并观察皮下脂肪组织的多少、颜色、性状及病理变化的性质等。

2. 暴露腹腔和腹腔脏器的视检 按不同的切线将腹壁掀开,露出腹腔内的脏器。立即视检腹腔液的数量和性状、腹腔内有无异常内容物、腹膜的性状、腹腔脏器的位置和外形、横膈膜的紧张程度、有无破裂等。

3. 暴露胸腔和胸腔脏器的视检 剖开胸腔后,观察胸腔液的数量和性状,胸腔内有无异常内容物,胸膜的性状,胸腔器官的位置及外形等。

4. 腹腔脏器的采出 腹腔脏器的采出与脏器的检查,可以同时进行,也可以先采出后检查。包括胃、肠、肝、脾、胰、肾、肾上腺等的采出。

5. 胸腔脏器的采出 为使咽、喉头、气管、食道和肺联系起来,以观察其病变的互相联系,可把口腔、颈部器官和肺脏一同采出。但大家畜一般分别采出。

6. 口腔和颈部器官的采出 先检查颈部动脉、静脉、甲状腺、唾液腺及其导管,颌下和颈部淋巴结有无病变。然后采出口腔和颈部的器官。

7. 颈部、胸腔和腹腔脏器的检查 为保持脏器原有的湿润度和色泽,最好在采出当时进行检查。如果采出过久,受周围环境的影响,脏器的湿润度和色泽会发生很大的变化,使检查发生困难。但是,边采出边检查的方法,在实际工作中也常感不便,因与病畜发病和致死原因有关的病变有时被忽略。通常,腹腔、胸腔和颈部各器官和病畜发病致死等问题的关系最密切,所以这三部分脏器采出之后,就要进行检查。考虑到对环境的污染,应先查口腔器官,再查胸腔器官,之后再查腹腔脏器中的脾和肝脏,最后再查胃肠道。总之,检查顺序服从于检查目的和现场的情况。既要细致搜索和观察重的病变,又要照顾到全身一般性检查。

8. 骨盆腔脏器的采出和检查 在未采出骨盆腔脏器前,先检查各器官的位置和概貌。可在保持各器官的生理联系下一同采出。公畜先分离直肠并进行检查。再检查包皮、龟头,然后由尿道口沿阴茎腹侧中线至尿道骨盆部剪开,检查尿道黏膜、膀胱、阴茎、睾丸、附睾、输精管、精囊及尿道球腺等。母畜检查直肠、膀胱、尿道、阴道、子宫、输卵管、卵巢等的状态。对于妊娠母畜,要注意检查胎儿、羊水、胎膜和脐带。

9. 脑的采出和检查 剖开颅腔采出脑后,先观察脑膜,然后检查脑回和脑沟的状态(禽除外),最后做脑的内部检查。

10. 鼻腔的剖开和检查 用骨锯(大、中动物)或骨剪(小动物和禽)纵行把头骨分成两半,其中的一半带有鼻中隔或剪开鼻腔。检查鼻中隔、鼻道黏膜、颌窦、鼻甲窦、眶下窦等。

11. 脊椎管的剖开、脊髓的采出和检查 剖开脊柱取出脊髓,检查软脊膜、脊髓液、脊髓的表面和内部。

12. 肌肉、关节的检查 注意肌肉的色泽、硬度、有无出血、水肿、变性、坏死、炎症等病变。看关节部是否肿大,切开关节囊检查关节液的含量、性质和关节软骨表面的状态。

13. 骨和骨髓的检查 观察其外观和硬度,检查断面的形象。骨髓的检查对于与造血系统有关的各种疾病极为重要。检查骨干和骨端的状态,红骨髓、黄骨髓的数量、性质、分布等。

四、尸体剖检记录和尸体剖检报告

(一)尸体剖检记录

尸体剖检记录是诊断的依据,是在法医上的依据,更是尸体剖检报告的重要依据,也是进行综合分析研究时的原始科学资料。不管何种剖检目的,没有很好的记录,最后的诊断就没有依据,这个问题在有疾病纠纷的时候就会显得更重要。记录的内容要力求完整详细,如实地反映尸体的各种病理变化,且要做到重点详写,次点简写。记录应在剖检的当时,即在检查病变过程中进行,不可事后凭记忆补记,以免遗漏或误记。记录的顺序应与剖检顺序一致。为便于记录,最好用表格(表 20-1)。尸体剖检记录包括 3 个方面的内容:

1. 概况登记 包括畜主的单位、姓名、通信地址、剖检病例的编号、畜别、品种、年龄、性别、送检病料及种类(尸体、活体、内脏等)、送检的目的、日期、送检人等。

2. 临床摘要 畜禽来源、群体状况、发病时间、症状、死亡情况(如自行剖检,有何病理变化)、临床诊断、用药情况、其他化验、免疫情况、饲养管理情况等。

3. 剖检所见 完整的剖检记录,应包括各系统器官的变化,因为这些变化都是互相有联系的。有时肉眼看来似乎不明显的、不重要的某种变化,可能就是诊断疾病的重要线索,如果忽略不计,就会给诊断造成困难。只有详尽全面,才能概括出某种疾病的全貌。但是,大多数疾病的病变,总是较明显地定位于某些器官、某个系统,因此,记录时也应抓住主要矛盾,突出重点,有主有次。对于诊断而言,组织或器官有无明显病理变化同等重要。所以,如果无明显眼观病理变化,也应记录清楚。

对病变的描述,要客观地用通俗易懂的语言加以表达,不可用病理学术语或名词来代替病变的描述。例如,肾脏浑浊肿胀的病变,可描述为"肾的切面稍突起,色泽晦暗,失去正常的光泽,组织结构模糊不清"。如果病变有时用文字难以描述时,可绘图补充说明。

为了描述不失真,用词必须明确,不能含糊不清,使所描述的组织器官的变化,能反映出它本来的面貌。现就根据描述的范围加以简要叙述。

(1)位置 指各脏器的位置异常表现,脏器彼此间或脏器与体腔壁间是否有粘连等。如肠扭转时可用扭转 180°或 360°等来表示扭转程度。

(2)大小、重量和容积 力求用数字来表示,一般以 cm、g、mL 为单位。如因条件所限,也可用常见实物比喻,如针尖大小、米粒大、黄豆大、蚕豆大、鸡蛋大等,切不可用"肿大""缩小"

"增多"和"减少"等主观判断的术语。

（3）形状　一般用实物比拟，如圆形、椭圆形、菜花形、葡萄丛状、结节状等。

（4）表面　指脏器表面及浆膜的异常表现，可采用絮状、绒毛样、凹陷或突起、虎斑状、光滑或粗糙等。

（5）颜色　单一的颜色可用鲜红、暗红、淡红、苍白等词来表示，复杂的色彩可用紫红、灰白、黄绿等复合词来形容，前者表示次色，后者表示主色。对器官的色泽光彩，也可用发光或晦暗来描述。为了表示病变或颜色的分布情况，常用弥漫性、块状、点状、条状等。

（6）湿度　一般用湿润、干燥等描述。也可用有无光泽来描述。

（7）透明度　一般用澄清、浑浊、透明、半透明等描述。

（8）切面　常用平滑或微突、结构不清、景象模糊、血样物流出、呈海绵状等来描述。

（9）质度和结构　常用坚硬、柔软、脆弱、胶样、水样、粥样、干酪样、髓样、肉样、砂粒样、颗粒样等来描述。

（10）气味　常用恶臭、腥臭、酸败味等来描述。

对于无肉眼变化的器官，一般不用"正常""无变化"等名词描述。因为无肉眼变化，不一定就说明无组织细胞变化，通常可用"无肉眼可见变化""未发现异常""未见眼观变化"等词来概括。

表 20-1　尸体剖检记录示例
尸体剖检记录表　　　　　　　　　病例号：

畜主		地址				联系电话	
畜别		性别		年龄		品种	
毛色		特征		用途		营养	
体高		体长		胸围		体重	
委托单位		剖检者				记录者	
致死方法		死亡日期				剖检日期	
临床病历及诊断							
病理剖检记录							
实验室检验： 　组织病理学＿＿＿＿＿，细菌学＿＿＿＿＿，病毒学＿＿＿＿＿ 　寄生虫学＿＿＿＿＿，毒理学＿＿＿＿＿，其他检验＿＿＿＿＿							

总之,尸检记录应完整详尽、图文并茂、重点突出、客观描述。客观描述应记住 7 个字,即色、形、体、位、量、质、味。具体地讲,色有主次深浅、形有方圆点片、体有大小厚薄、位有里表正曲、量有多少轻重、质有硬软松实、味有香臭腥酸。从这 7 个方面去描述一个病变将会比较客观。只有这样才能达到病变描述的"三定"目的,即定性、定量、定位。

另外,在剖检过程中如果采集病料做进一步检验,也应记录在案(表 20-1),如采的什么组织,送到哪个实验室,检验目的等。

(二)尸体剖检报告

以诊断学剖检为例,其主要内容包括 6 个部分,即概况登记、临床摘要、剖检的病理变化、病理学诊断结果、实验室检验结果和结论。前 3 部分已在尸体剖检记录中详细介绍,此处不再重复。

1. 病理学诊断结果　在描述的现有病变的基础上指出某个器官或组织的病变性质。根据剖检所见变化,进行综合分析,判断病理变化的主次,用病理学术语对病变做出诊断,如支气管肺炎、肝硬化、胃肠炎、淋巴结结核等。其顺序可按病变的主次及互相关系来排列。这些术语称为器官病理学的诊断。或者可以根据全身多器官损伤、出血、脾脏肿大或淤血等病变得出细菌性或病毒性败血症的初步诊断结果,并提出应采取的措施。该部分相当于临床疾病诊断过程中的初步诊断,也称推断性诊断。要想确定诊断即得出最后结论的话,还必须要做进一步的实验室检验以加以验证或排除。

病理学诊断结果是在剖检后,根据畜群的概况、流行病学的情况和剖检过程中所见到的眼观病理变化而得出的。由于送检病料的不同、动物发病阶段的不同以及所患疾病的不同,所以,剖检后的病理学诊断结果(表 20-2)的完整性也不同。结果可以分为 4 级:

(1)最完善的结论——剖检的结果可推断是什么病　如猪群中有部分猪发病,高热、不食、粪便时干时稀、皮肤及耳尖发紫、注射抗菌素无效等;剖检见皮下弥漫性出血斑点、肠道浆膜散在出血点、肺脏出血斑点及肺炎灶、肾脏密集暗红色出血点、全身淋巴结肿大、周边出血、回盲瓣坏死、结肠黏膜纽扣状溃疡等病变,可基本上诊断为猪瘟。

(2)器官病理学诊断——看不出什么病,但可以指出各个器官的病变、性质　如支气管肺炎、纤维素性胸膜肺炎、坏死性肝炎、纤维素性心包炎、慢性输卵管炎等等。

(3)确定一般病理现象——得不出器官病理学的诊断结果,但可看出一般的病变　如脾脏出血、腿部皮下水肿、肝脏灶状坏死等。

(4)不能确定——就是剖检后没有结果

值得注意的是,不管病理学诊断的级别如何,都需要再采集病料送到相应的实验室做进一步的检验(前 3 级),如鸡传染性喉气管炎一例,可取喉头、气管制作组织切片或涂片,HE 染色,显微镜下观察细胞的变化,如见到合胞体即可确诊;或者采集喉气管接种到 11 日龄鸡胚的尿囊绒毛膜上,观察蚀斑和镜检膜上蚀斑处的变化,如见到合胞体即可确诊。第 4 级的病例,应再次剖检动物或剖检者到养殖场去进一步搜集材料。这样,才能做出最终诊断即结论。

表 20-2 病理诊断报告

病理诊断报告 病例号：

畜主		住址			电话	
畜别：	性别：	年龄：	营养状况：	毛色：	品种：	用途：
送检材料：			送检目的：		送检日期：	
临床摘要：						
检验结果：						
结论：						
				诊断者（签字）：		
				日期： 年 月 日		

注：该诊断报告一式两份。送检者一份，诊断单位留档一份。

2. 实验室检验结果 在剖检的过程中，根据需要采集不同的病料进行各种实验室检验，采集的病料应随同化验单（表 20-3）一起提交到相应的实验室，如血清学、病毒学、细菌学、组织病理学、血液学、寄生虫学、营养学、毒理学等。待化验结果出来后，由化验人员签字后将化验单返回剖检者。

表 20-3 实验室化验结果报告单

实验室化验结果报告单

Report on Laboratory　Examination

室　别
section _____

病例号 Case. No. _____	送检病料 Specimen _____	送检目的 What for _____
送检时间　　　年　　月　　日　　午 Recep. Time _____ Y ___ M ___ D ___ M		检验者 Exam. by _____
化验结果 Result		
	签　字 Signature_____	日期 Date _____

3. 结论　根据病理解剖学诊断,结合病畜生前临床症状及其他有关资料,找出各病变之间的内在联系、病变与临床症状之间的关系,再汇总实验室检验结果和初步诊断后采取措施的效果反馈,综合分析,做出判断,得出结论。阐明病畜发病和致死的原因,验证初诊的准确性或对初步诊断加以修正,并提出防治措施(可用表 20-2)。

五、组织材料的选取和寄送

为了详细查明原因、确定病理形态学变化的性质以做出正确的诊断,需要在剖检的同时选取病理组织学材料,并及时固定,送至病理实验室制作切片,进行病理组织学检查。而病理组织切片,能否完整地、如实地显示原来的病理变化,在很大程度上取决于材料的选取、固定和寄送。因为病理组织块是制作病理切片的基础材料,它直接关系到诊断、研究的结果。取材时要注意如下事项(详细介绍见组织切片的制作):

1. 制片切片的组织块要新鲜。越新鲜越好,尤其是电镜检查材料必须新鲜。

2. 取材要全面且具有代表性,能显示病变的发展过程。要选择有病变的器官或组织,特别是病变显著部分或可疑病灶。在一块组织中,要包括病灶及其周围正常组织,且应包括器官的重要结构部分。如胃、肠应包括从浆膜到黏膜各层组织,且能看到肠淋巴滤泡。肾脏应包括皮质、髓质和肾盂。心脏应包括心房、心室及其瓣膜各部分。外周神经组织需要观察纵切面及横切面。较大而重要的病变可从病灶中心到外周不同部位取材,以反映病变各阶段的形态学变化。

3. 切取组织块所用的刀剪要锋利。切时必须迅速而准确,由前向后一次切开,不要来回用力,勿使组织块受挤压或损伤,以保持组织完整,避免人为的变化。

4. 组织块的大小要适当,以便于固定液迅速浸透。通常其长、宽、厚以 1.5 cm×1 cm×0.4 cm 为宜,必要时可增大到 2 cm×1.5 cm×0.5 cm。

5. 取材时要尽量保持组织的自然状态与完整性,避免人为变化。

6. 对于特殊病灶要做适当标记,以资区别。

7. 注意避免类似的组织块混淆。当类似的组织块较多,容易彼此混淆时,可分别固定于不同的小瓶中,或用分载盒分装固定,或将组织切成不同的形状(如方形、梯形、三角形等),易于辨认。或直接放入组织盒中,并用铅笔标注。

8. 选取的组织块应立即投入适宜的固定液和合适的容器内。最常用的固定液为10％的中性福尔马林液,组织与固定液的比例至少要在 1∶5 以上;容器必须大不能影响其形态。

9. 组织固定时间不宜过长。固定时间依据固定物的大小和固定液的性质而定,否则会影响染色效果。

10. 将固定完全和修整后的组织块,封固后保留一套,以备必要时复查之用。

11. 接收送检标本时,须依据送检单(见表 20-4)详细检查送检的标本。如发现送检标本不符、送检单填写有误、标本固定不当、组织干涸或坏变不能制片时,均应退回。经检查无误后,即将标本编号登记,并在标本瓶上贴上标签(即病例号),以防错乱。

表 20-4　标本送检单示例

标本送检单

名称			数量		状　态	
采集地点			日期		送检目的	
采集时的情况						
送检单位		送检人员			时间	

回执	标本名称			数量	
	收到时的状态				
	收检日期			收检单位盖　章	
	收检人员				

第三节　各种动物尸体剖检方法

一、马的尸体剖检方法

马的尸体外部检查是在剥皮前检查尸体外表状态。内部检查包括剥皮、皮下检查、体腔的剖开、内脏的采出和检查等。

1. 剥皮和皮下检查　尸体仰卧,从下颌正中线开始切开皮肤,经颈部、胸部,沿腹壁白线直至脐部时,向左右分为两线,绕开乳房或阴茎,然后又会合为一线,止于尾根部。尾部一般不进行剥皮,仅在尾根部切开腹侧皮肤,于第一尾椎或第三尾椎第四尾椎处切断椎间软骨使尾部连在皮上。

四肢的剥皮可以从系部开始做一轮状切线,沿屈肌腱切开皮肤,前肢至腕关节,后肢至飞节,然后切线转向四肢内侧,与腹正中切线垂直相交。在剥皮过程中,要注意检查皮下有无病变,并观察体表淋巴结的状态和皮下脂肪组织的状态。

乳房检查,注意其外形、体积、重量、硬度等,并以手指轻压乳房,观察有无分泌物、性状和数量。检查各乳房的乳头有无病变后,沿腹面正中线切开,使其分为左右两半割下。必要时再作几个平行切面,注意其乳汁含量、血液充盈程度、排乳管性状以及实质和间质的性状和对比关系。

公畜的外生殖器由腹壁切离至骨盆边缘,视检阴囊后,可留待与骨盆腔中的内生殖器官同时检查。

皮下检查后,将尸体取右侧卧位。将尸体左侧的前肢和后肢切离。前肢的切离可沿肩胛骨前缘、肩胛骨后缘、肩胛软骨部切断肌肉,再将前肢向上方牵引,由肩胛骨内侧切断肌肉、血管、神经等取下前肢。后肢的切离可在股骨大转子部切断前后的肌肉,将后肢向背侧牵引,切断股内侧肌群、髋关节圆韧带,即可取下后肢。

2. 腹腔的剖开及其视检　单蹄兽的腹腔右侧为盲肠和大结肠所占据。为便于腹腔器官的采出和检查,通常采取右侧卧位。先从胁窝部沿肋弓至剑状软骨部做第一切线,再从髋结节前至耻骨联合做第二切线,切开腹壁肌层和脂肪层。然后用刀尖将腹膜切一个小口,以左手食指和中指插入腹腔内,手指的背面向腹内弯曲,使肠管和腹膜之间有一空隙,将刀尖夹于两指之间,刀刃向上,沿上述切线切开腹壁。此时左侧腹壁被切成楔形,左手保持三角形的顶点,任凭向下翻开,露出腹腔。腹腔剖开后,进行视检。

3. 胸腔的剖开及其视检　剖开胸腔前,必须切除切线部的软组织、胸廓相连的腹壁,锯断骨骼。为检查胸腔的压力,可在胸壁的中间部位用刀尖刺开一个小孔,此时如听到空气突入胸腔的音响,横膈膜向腹腔后退,证明胸腔为负压。

剖开胸腔的方法有两种。一种方法是将横膈的左斗部从左季肋部切下,在肋骨上下两端切离肌肉并做二切线,用锯沿切线锯断肋骨两端,即可将左侧胸腔全部暴露。另一种方法是用骨剪剪断近胸骨处的肋软骨,用刀逐一切断肋间肌肉,分别将肋骨向背侧扭转,使肋骨小头周围的关节韧带扭断,一根一根分离,最后使左侧胸腔露出。胸腔剖开后,进行视检。

4. 腹腔器官摘出　腹腔脏器的采出与脏器的检查,可以同时进行,也可以先后进行。一般在器官本身或器官与其周围组织器官之间发生了病理变化,而这种变化可因采出受到改变或破坏,使病变的检查发生困难时,可以用边采出边检查的方法。

先采出空肠、回肠,再取出小结肠,最后摘取大结肠和盲肠。其做法如下。

先两手握住大结肠的骨盆曲部,将大结肠向腹腔外前方引出,露出结肠动静脉;再将小结肠全部拉出,置于腹腔外背侧,使小结肠前部的十二指肠-小结肠韧带显露出来。

空肠和回肠的采出:在十二指肠-小结肠韧带的后方,即空肠起始部,作二重结扎,并在结扎间切断空肠。以左手握空肠断端,向自己身前牵引,使肠系膜保持紧张,右手执刀,在肠系膜与肠壁连接处切断肠系膜,由空肠分离至回肠末端,距盲肠约 15 cm 处作二重结扎,切断回肠,取出空肠与回肠。

将小结肠还归于腹腔内,把直肠内粪便向前方挤压,在直肠末端做一次结扎,并在绳索扎后方切断直肠。然后由直肠断端向前方分离后肠系膜,至小结肠前端,于距胃状膨大部做二重结扎,切断小结肠,取出小结肠和直肠。

先检查前肠系膜动脉根部,再检查结肠的动静脉和淋巴结。然后将上、下结肠动脉、中盲肠动脉和侧盲肠动脉自肠壁分离,于距肠系膜根约 30 cm 处切断,并将其断端交由助手向背侧牵引,术者以左手牵引小结肠和回肠的断端,以右手剥离附着在大结肠上的胰腺,然后将大结肠、盲肠同背部联结的结缔组织一一分离,即可将盲肠和大结肠全部取出。

以左手抓住脾头,向外牵引,使其各部韧带保持紧张,切断韧带和动静脉,然后将脾脏同大网膜一起取出。

检查胃的外观、胰管和输胆管的状况。先切断食道末端,将胃牵引,切断胃肝韧带、肝十二指肠韧带、输胆管、胰管、十二指肠肠系膜,以及十二指肠与右肾间韧带,将胃与十二指肠一同采出。

检查肾的动静脉、输尿管和有关的淋巴结。先取左肾,切断和剥离其周围的浆膜和结缔组织,切断其血管和输尿管,即可采出。右肾用同法采取。肾上腺或与肾脏同时采取,或分别采出。

采取肝脏前,先检查与肝脏相联系的门脉和后腔静脉。然后切断与肝脏相连的韧带、后腔静脉,取出肝脏。胰腺可附于肝脏一同采出,或先分离取出。

5. 胸腔器官的摘出 为使咽喉头、气管、食道和肺脏联系起来,观察其病变的互相联系,马驹或幼小动物可把口腔、颈部器官和肺脏一同采出。成年马或大家畜一般都采用口腔与颈部器官和胸腔器官分别采出。

检查心外膜的一般性状和心脏的外观,然后于距左纵沟左右各约 2 cm 处,用刀切开左右心室,此时可检查血量及其性状。最后以左手拇指和食指伸入心室切口,将心脏提起,检查心底部各大血管之后,将各动静脉切断,取出心脏。

切断纵膈的背侧部与胸主动脉,检查右侧胸腔液的数量和性状。然后在横膈的胸腔面切断纵膈、食道和后腔静脉,在胸腔入口处切断气管、食道、前纵膈和血管、神经等。并在气管轮上作一小切口,用左手指伸入切口牵引气管,可将肺脏采出。

胸主动脉可单独采出,或与肺脏同时采出。必要时可与腹主动脉一并分离采出。

6. 骨盆腔器官的摘出和检查 在未采出骨盆腔脏器前,先检查各器官的位置和概貌。可在保持各器官的生理联系下,一同采出。有两种骨盆脏器的采出方法,一种不打开骨盆腔,只伸入长刀,将骨盆中各器官自其周壁分离后取出。另一种先打开骨盆腔,即先锯开骨盆联合,再锯断上侧髂骨体,将骨盆腔的左壁分离后,再用刀切离直肠与骨盆腔上壁的结缔组织。母畜还要切离子宫和卵巢,再由骨盆腔下壁切离膀胱和阴道,在肛门、阴门作圆形切离,即可取出盆腔脏器。

公畜骨盆腔脏器的检查应先分离直肠并进行检查。再检查包皮、龟头,然后由尿道口沿阴茎腹侧中线至尿道骨盆部剪开,检查尿道黏膜的状态。再由膀胱顶端沿其腹侧中线向尿道剪开,使与以上剪线相连。检查膀胱黏膜、尿量、色泽。将阴茎横切数段,检查有无病变。睾丸和附睾检查其外形、大小、质度和色泽等。最后检查输精管、精囊腺、尿道球腺。

母畜骨盆腔脏器的检查同于公畜,膀胱和尿道检查,由膀胱顶端起,沿腹侧中线直剪至尿道口,检查内容同前。检查阴道和子宫时,同时检查输卵管和卵巢。

7. 口腔和颈部器官的摘出 采出前先检查颈部动脉、静脉、甲状腺及其导管,颌下和颈部淋巴结有无病变。采出时先在第一齿前下锯断下颌支,再将刀插入口腔,由口角向耳根,沿上下齿间切断颊部肌肉。将刀尖伸入颌间,切断下颌骨断端用力向后上方提举,下颌骨即可分离取出,口腔显露。此时以左手牵引舌尖,切断与其联系的软组织、舌骨支,检查喉囊。然后分离咽喉头、气管、食道周围的肌肉和结缔组织,即可将口腔和颈部的器官一并采出。

8. 颅腔剖开、脑的取出和检查 先从第一颈椎部横切,取下头部。然后切离颅顶和枕骨髁部附着的肌肉。将头放平,在紧靠额骨颧突后缘一指左右的部位做一横行锯线,再从枕骨大孔沿颅顶两侧,经颞骨鳞状部做左右两条弧形锯线,再从枕骨大孔沿颅顶两侧,经颞骨鳞状部做左右两条弧形锯线,使之与上述横锯线的外端相连接。然后用骨凿插入锯口,揭去颅骨颅腔即可暴露。

颅骨除去后,观察骨片的厚度和其内面的形态,检查硬脑膜。沿锯线剪开,检查硬膜下腔液的容量和性状。然后用剪刀或外科刀将颅腔内的神经、血管切断。细心地取出大脑、小脑,再将延脑和垂体取出。

先观察脑膜的性状。然后检查脑回和脑沟的状态。并用手触检各部分脑实质的质度。用脑刀(应先用水湿润过)伸入纵沟中,自前而后,由上而下,一刀经过胼胝体、穹隆、松果体、四叠体、小脑蚓突、延脑,将脑切成两半。脑切开后,检查脉络丛的性状及侧脑室,第三脑室、导水管和第四脑室的状态。再横切脑组织,切线相距 2～3 cm,注意脑质的湿度、白质和灰质的色泽和质地。脑垂体的检查,先检查其重量、大小,然后行中线纵切,观察切面。

9. 鼻腔剖开和检查 将头骨于距正中线 0.5 cm 处纵行锯开,把头骨分成两半,其中一半带有鼻中隔。用刀将鼻中隔沿其附着部切断取下。检查鼻中腔、鼻道黏膜。必要时可在额骨部做横行锯线,以便检查颌窦和鼻甲窦。

10. 脊椎管的剖开,脊髓的取出和检查 先切除脊柱背侧棘突与椎弓上的软组织,然后用锯在棘突两边将椎弓锯开,用凿子掀起已分离的椎弓部,即露出脊髓硬膜。再切断与脊髓相联系的神经,切断脊髓的上下两端,即可将所需分离的那段脊髓取出。脊髓的检查要注意软脊膜的状态,脊髓液的性状,脊髓的外形、色泽、质度,并将脊髓作多数横切,检查切面上灰质、白质和中央管有无病变。

11. 肌肉和关节的检查 肌肉的检查通常只是对肉眼上有明显变化的部分进行。对某些以肌肉变化为主要表现的疾病十分重要。关节的检查通常只对有关节炎的关节进行,可以切开关节囊,检查关节液的含量、性质和关节软骨表面的状态。

12. 骨和骨髓的检查 先验其硬度,然后检查其形态和断面的形象。将长骨沿纵轴锯开,注意骨干和骨端的状态,红骨髓、黄骨髓的性质、分布等。或者在股骨中央部做相距 2 cm 的横行锯线,待深达全厚的 2/3 时,用骨凿除去锯线内的骨质,露出骨髓,挖取骨髓作触片或固定后作切片检查。

13. 颈部、胸腔和腹腔脏器的检查 脏器的检查最好在采出的当时进行。但是,边采出边检查的方法,在实际工作中也常感不便。通常,腹腔、胸腔和颈部各器官和病畜发病致死等的关系最密切,所以这 3 部分脏器采出之后,就要进行检查。检查后,再按需要采出和检查其他各部分。

二、牛的尸体剖检方法

牛的外部检查主要包括询问病死牛的品种、性别、年龄、毛色、特征、体态等,观察营养状态、皮肤与肢蹄、天然孔、尸体变化的检查。

牛有 4 个胃,占腹腔左侧的绝大部分及右侧中下部,前至 6～8 肋间,后达骨盆腔。因此,剖检时应左侧卧位,以便腹腔脏器的采出和检查。

1. 剥皮和皮下检查 剥皮时可由下颌间隙经过颈、胸、腹下(绕开阴茎或乳房、阴户)至肛门作一纵切口,再由四肢系部经内侧至上述切线分别作四条横切口,然后剥离全部皮肤。

注意检查皮下脂肪、血管与血液、骨骼肌、外生殖器或乳房、唾液腺、舌、咽、扁桃体、食管、喉、气管、甲状腺、胸腺、浅层淋巴结有无异常。

2. 腹腔的剖开及其视检 尸体仰卧位固定,自剑状软骨沿腹下正中线(白线)由前向后,至耻骨联合切开腹壁。随即自腹壁纵切口前端分别沿左右肋骨至腰椎横突切开,并自纵切口后端向左右至腰椎横突切开。将左右两三角形的软腹壁拉向背部,腹腔即被剖开。

腹腔剖开时,应立即视检腹腔脏器,注意有无异常变化。为了便于胃的取出,切除大网膜后,将尸体倒向左侧。

3. 胸腔的剖开及其视检　首先除去右前肢,切除胸壁外面的肌肉和其他软组织。按下列2种方法剖开胸腔。

第一种方法,在右侧胸壁上、下边锯断肋骨第一锯由末肋上端开始锯到第一肋上端;第二锯沿胸骨与肋软骨接触处,由后向前,直至第一肋下端。然后揭开右胸壁。

第二种方法,由后向前,依次切开肋间肌和肋软骨分离肋骨头,将肋骨拉至背部,先向前再向后搬压,直至胸腔全部暴露。

胸腔剖开时,注意胸骨、胸膜、胸腔与心包腔液、肺脏大小与回缩程度以及纵隔淋巴结、大血管、胸腺(幼畜)等变化。

4. 腹腔器官摘出和检查

(1)肠的取出　切断回盲韧带,在距回盲口15 cm处双结扎剪断回肠。由此开始分离回肠、空肠,至十二指肠空肠曲(左肾下,接近结肠的部位),将肠管双结扎剪断,取出小肠。

单结扎剪断直肠,握住断端,向前从脂肪组织中分离结肠后段,然后将结肠终襻、旋襻与十二指肠第二段、第三段间的联系分离,最后割断前肠系膜根部的联系,取出大肠。

(2)十二指肠、胰腺与肝的取出　这三个器官可根据具体情况采用一起取出法或单独取出法。

一起取出法:先检查门静脉和后腔静脉,再割离膈与胸壁的联系(即割离在胸壁附着的膈肌)以及肝、十二指肠、胰腺和周围的联系,之后取出。

单独取出法:肝脏可连在膈上分离周围组织后取出。或切断肝与膈之间的左三角镰状切带、圆韧带、后腔静脉、冠状韧带和右三角韧带等联系,将肝脏单独取出。十二指肠与胰腺,胰腺和十二指肠联系紧密,将二者和肝分离后取出。有时可分离胰腺周围联系,割断胰管,将胰腺单独取出。

(3)胃的取出　四个胃一起取出。在幽门后结扎剪断十二指肠后,尽力将瘤胃搬向后方,找出食管,圆形割开食管壁的肌层,结扎剪断。然后左手(或助手)向外下方搬拉瘤胃背囊,右手持刀自后向前割断胃、脾的韧带和脾脏悬韧带同背部、前部的联系,取出胃(脾与胃相连)。

(4)胃的检查　分离瘤胃、网胃、瓣胃之间的联系,将有血管主干和有淋巴结的一面向上,瘤胃在右,皱胃在左(小弯朝上),瓣胃在上,网胃在下。皱胃、瘤胃与瓣胃、网胃摆成"十"字形。此后,按下列顺序剖开。

皱胃小弯→瓣皱孔→瓣胃大弯→网瓣孔→网胃的大弯→瘤胃背囊→瘤胃腹囊→食管→右纵沟。

注意内容物的性质、数量、质地、颜色、气味、组成以及黏膜的变化。特别要注意皱胃的黏膜炎症和寄生虫,瓣胃的阻塞状况,网胃内的异物(铁钉、铁片、玻璃等)刺伤或穿孔,瘤胃的内容物情况。

(5)肠的检查　检查肠浆膜后,沿肠系膜附着缘切开肠管,注意肠系膜淋巴结的检查和内容物的形态。

(6)肾和肾上腺的取出　分离肾周围结缔组织,检查肾动脉、输尿管和肾淋巴结后,分别将左、右二肾的血管、输尿管割断、取出。如输尿管有病变,则应将肾、输尿管和膀胱一起取出。肾上腺连于肾取出或单独取出。

(7)肝、胰、脾、肾与肾上腺的检查　肝脏的检查十分重要,因为在许多病理情况下,肝会发生这种或那种变化。完整的肝检查包括肝淋巴结、肝动脉和门静脉、胆管、胆囊、肝被膜、肝切面、肝内胆管和血管等。注意肝的颜色、大小、质地、切面的胆管、血管和血液以及局灶病变。

胰腺检查,主要是观察表面与切面有无异常变化。

检查脾脏,注意其大小、形状、颜色和被膜状况,触摸其质地。切开时检查红髓、白髓和小梁,用刀轻刮切面,注意刮出物的多少、质地和颜色。

肾脏被膜、皮质和髓质都应仔细检查,肾的大小、形状和质地有无变化,被膜是否容易剥离。从肾外侧向肾门部将肾纵切为相等的两半,检查肾实质、肾盏、集合管或肾盂。

检查肾上腺的大小、形状、颜色和质地。横切后,注意皮质的厚度、颜色和髓质的范围有无变化。

5. 胸腔器官的检查 割断前、后腔静脉、主动脉、纵膈和气管等同心、肺的联系后,将心、肺一起取出,也可将二者分别取出。

割开心包,检查心包液的性质和数量,注意心包内面和心外膜的变化。确定心的大小、形状、肌僵程度和心室、心房充盈度等。

在心左纵沟两旁 1～2 cm 处切开心室壁,向上延长切口至心房,并进一步切开肺动脉、主动脉与肺静脉;翻转心,在心右纵沟两旁 1～2 cm 处切开心室壁,延长切口至心房,并进一步将腔静脉切开。这样,心房、心室和主要血管可全部切开暴露。检查心内膜、房室瓣、半月瓣、腱索、乳头肌的形态。心肌应重点观察其颜色、质地、心室壁的厚度等变化。

检查肺脏支气管淋巴结和肺外膜,测定肺的重量、体积、各叶的外形。以锐刀将肺切成若干平行的条片,注意各切面的性状。挤压切面,观察流出物的性质和来源及肺实质、间质的状况。

6. 骨盆腔器官的摘出和检查 可锯开耻骨联合和髂骨体,取出这些器官,或分离骨盆腔后部和周围组织,将其取出。一般情况下,多用原位检查的方法。除输尿管、膀胱和尿道外,还要检查公畜的精索、输精管、腹股沟、精囊腺、前列腺与尿道球腺;母畜的卵巢、输卵管、子宫角、子宫体、子宫颈与阴道。注意卵巢的大小、形状、质地、重量和卵泡发育的情况及黄体形成的状态。

7. 口腔、颈部器官的摘出和检查 采出前先检查颈部动脉、静脉、甲状腺和甲状旁腺及其导管、颌下和颈部淋巴结、口腔的开闭状况、舌位置、牙齿和齿板的状态、齿龈及各部黏膜情况等。

采出时先在第一臼齿前下锯断下颌支,再将刀插入口腔,由口角向耳根,沿上下齿间切断颊部肌肉。将刀尖伸入颌间,切断下颌骨断端用力向后上方提举,下颌骨即可分离取出,口腔显露。此时以左手牵引舌尖,切断与其联系的软组织、舌骨支,检查喉囊。然后分离咽喉头、气管、食道周围的肌肉和结缔组织,即可将口腔和颈部器官一并采出。

舌、咽喉、气管、食道的检查需要纵切或横切舌肌。检查其结构,注意对同侧齿进行检查。剪开食道,检查食道黏膜的状态,食道壁的厚度等。剪开喉头和气管,检查喉头软骨、肌肉和声门、气管黏膜。

8. 颅腔剖开和脑的取出与检查 除去额、顶、枕与颞部的皮肤、肌肉和其他软组织,露出骨质。颅腔的剖开与脑的取出有两种方法。

第一种方法,按三条线锯开颅腔周围骨质。第一锯线,二眶上突根部后缘(即颞窝前缘)之连线,横锯额骨。第二锯线(二条),从第一锯线两端稍内侧(距两端1～2 cm)开始,沿颞窝上缘向两角根外侧伸延,绕过角根后,止于枕骨中缝。此锯线似"U"字形。第三锯线(二条),从枕骨大孔上外侧缘开始,斜向前外方外侧,与第二锯线相交。翻转头,使下颌朝上,固定,用斧头向下猛击角根,并用骨凿和骨钳,将额骨、顶骨和枕骨除去。如果角突影响了上述锯线的实施,则应事先将其锯除。

第二种方法,除按第一种方法的三线锯开颅腔周围骨质外,从枕骨大孔上缘中点,沿枕骨、顶骨和额外负担骨上面正中至额骨横锯线中点,再作一纵线锯开。然后用力将左右两角压向两侧,即可打开颅腔。

检查硬脑膜、蛛网膜、软脑膜、脑膜血管以及硬膜下腔的浆液和蛛网膜下腔的脑脊液。用外科刀割断脑神经、视交叉、嗅球并分离硬脑膜后,取出脑。注意脑回与脑沟的变化。小心挤压脑质,确定其质地。

先于正中纵切然后平行纵切大脑与小脑,注意松果体、四迭体、脉络丛的状态,观察侧脑室有无扩张和积水,同时仔细检查第三脑室,大脑导水管和第四脑室,再横切数刀,注意有无各种病理变化。在视交叉对应部之后的脑底骨小凹处,用外科刀或剪刀切离脑垂体上面的周围组织,仔细将其取出。观察脑垂体的大小、形状、切面、色泽等有无变化。

9. 鼻腔、副鼻窦剖开和检查　距头骨正中线 0.5 cm 处(向左或向右)纵形锯开,切下鼻中隔。注意鼻黏膜和鼻中隔有无病变,确定鼻腔渗出物的数量和性质。

由于额窦很大,额骨任何一个部位锯开均可对其进行检查,但在大额窦中锯开较宜。锯线位于两侧眼眶后缘和角根前缘中点之连线。上颌窦锯线较合适的位置为两侧眼眶前缘(或齿后缘)之连线。额窦与上颌窦在头表面的投影以及锯线位置。副鼻窦的检查同鼻腔。

10. 脊椎管的剖开,脊髓的取出和检查　通常可在一节椎骨的两端(即椎骨间隙)锯断,从椎管中分离硬脊膜,取出脊髓。注意脊液的性状和颜色,检查软脊膜、灰质、白质、中央管等有无变化。

11. 肌肉和关节的检查　肌肉的检查与马的肌肉检查相同。检查关节时,尽量将关节弯曲,在弯曲的背面横切关节囊。注意囊壁的变化,确定关节液的量和性质以及关节面的状态。

12. 骨和骨髓的检查　如果骨患有或疑似患某种疾病时,除了视检之外,还可将病部剖开,检查其切面和内部各种变化。必要时取材镜检。

骨髓的检查可与骨的检查一并进行。主要确定骨髓的颜色、质地有无异常变化。眼观检查后,最好取材进一步做组织学、细胞学和细菌学检查。

三、猪的尸体剖检方法

猪主要因肠管长又复杂,通常采取仰卧位。通常把四肢与躯体相连的肌肉、血管、神经等切断分离,保持皮肤的联系,这样可以借四肢固定尸体。

1. 剥皮和皮下检查　首先使尸体仰卧,大种猪的第一条纵行切线是猪腹侧正中线,从下颌间隙开始沿气管、胸骨、再沿腹壁白线侧方直至尾根部作一条切线切开皮肤。切线在脐部、生殖器、乳房、肛门等时,应在其前方左右分为两切线绕其周围切开,然后又会合为一线,尾部一般不进行剥皮,仅在尾根部切开腹侧皮肤,于 3～4 尾椎部切断椎间软骨,使尾部连于皮肤上。四条横线,即每肢一条横切线,在四肢内侧与正中线成直角切开皮肤,止于球节,做环状切线。头部剥皮,从口角后方和眼睑周围做环状切开,然后沿下颌间隙正中线向两侧剥开皮肤,切断耳壳,外耳部连在皮肤上一并剥离,以后沿上述各切线逐渐把全身皮肤剥下。

剥皮同时应注意检查皮下组织的含水程度,皮下血管的充盈量,血管断端流出血液的颜色、性状、稠黏度、有无水肿、气肿和出血性浸润、胶样浸润等。同时要检查皮下脂肪沉积量,色泽和性状。

检查体表淋巴结体积大小,被膜血管状态,外观颜色,然后纵切或横切,观察切面的变化等可初步确定淋巴结变化的性质。

在死后不久的仔猪,应注意检查脐带有无异常变化。

2. 切离前后肢与关节、肌腱、蹄甲等检查　只有确定好尸体卧位才能切离肢体。

前肢的切离术式为首先沿肩胛骨前缘切断臂头肌和颈斜方肌,然后再在肩胛软骨后缘切断胸背阔肌以及腋下血管、神经、下锯肌、菱形肌等,即可取下前肢。

后肢的切离:在股骨大转子处圆切臀部肌肉群的臀肌及股后肌群,助手将后肢向背侧牵引,由内侧切断股内收缩肌和髋关节,切断臀圆韧带及副韧带,即可取下后肢。

切离四肢时,注意检查四肢骨骼、关节腔、关节面、肌肉、腱、韧带、蹄甲等有无异常变化。

3. 腹腔的剖开和腹腔脏器的视检　根据尸体卧位可采用下列 2 种剖开方法。

侧卧位(左右侧)或半侧卧位:切开腹壁的方法是第一条切线,先从肷窝沿肋骨弓切开腹壁至胸骨的剑状软骨处,第二切线,从肷窝沿髂骨体前缘至耻骨前缘切开腹壁,然后将切开的三角形腹壁放于尸体下方。

仰卧位:第一切线从胸骨的剑状软骨距白线 2 cm 处做一长 10～15 cm 的切口,切开腹壁肌层,然后用刀尖将腹膜切一小口,此时左手的食指和中指伸入腹壁的切口中,用手指的背面抵住肠管,同时两手指张开,刀尖夹于两手指之间,刀刃向上,由剑状软骨切口的末端,沿腹壁白线切至耻骨联合处。第二切线,由耻骨联合切口处分别向左右两侧沿髂骨体前缘切开腹壁。第三切线,由剑状软骨处的切口分别向左右两侧沿肋骨弓切开腹壁,根据腹腔内脏器官和内容物情况逐步切至腰椎横突处。

腹腔内常蓄有气体,做腹壁切线时第一个切口即有气体冲出,同时注意腹腔液体、腹腔内各器官外观以及它们之间的关系有何变化。检查腹腔器官的位置之后,用手移动肠管观察肠管的各部状态,肠管内容物数量,肠系膜的光泽度,有无出血,纤维素附着,肠系膜的厚度,肠系膜脂肪蓄积量,血管淋巴管充盈程度,肠系膜淋巴结及其他器官所属淋巴结的变化。待腹腔器官全部摘出后,检查腹膜的光泽度、颜色、有无出血、纤维素粘连等。

4. 胸腔的剖开和胸腔脏器的视检　胸腔剖开之前,首先应检查胸腔是否真空,在胸壁 5～6 肋间处,用刀尖刺一小口,此时若听到空气冲入胸腔时发生的摩擦音,同时膈后退,即证明正常,用刀刺膈肌的方法亦可。通常剖开胸腔是锯除半侧胸壁,首先切除胸骨及肋骨上附着的肌肉等软组织,再切断与胸壁相连的膈肌,然后用骨锯锯断与胸骨相连的肋软骨,最后在距脊椎 7～9 cm 处自后向前依次将肋骨锯断。然后将锯断的胸壁取下,从而暴露出胸腔进行视检。另外用分离肋骨的方法亦可。

中小猪可直接用刀切断两侧肋骨与肋软骨的结合部,再切断其他软组织,除去胸壁腹面,胸腔即可露出。

检查胸腔、心包腔有无积液及其性状,胸膜是否光滑,和胸腔器官有无粘连。

5. 口腔、颈部和胸腔器官的摘出　首先将头部仰卧固定使下颌向上,用锐刀在下颌间隙紧靠下颌骨内侧切入口腔,切断所有附着于下颌骨的肌肉,至下颌骨角,然后再切离另一侧,同时切断舌骨枝间的连接部,将手自下颌骨角切口伸入口腔,抓住舌尖向外牵引,用刀切开软腭,再切断一切与喉连接的组织,连同气管、食道一直切离到胸腔入口处,用手向左右分切纵膈,切断锁骨下动脉和静脉及臂神经丛，此时用手握住颈部器官，边拉边分离附着于脊椎部的软组织，在膈部切断食道，后腔静脉和动脉，即可将颈部和胸腔器官全部摘出。此外尚有口腔、颈部器官与胸腔器官分别摘出的方法，即上述口腔颈部器官摘出时分离到胸腔入口处，切断气管、食道、血管和神经，即可先摘出口腔和颈部器官。

用剪刀或刀纵切心包中央线，同时测量心包液的数量，观察其性状，然后将心脏提至心包外，再切断心包和心脏附着的心基部的大血管，可取出心脏。

在后主动脉的下部切断上纵膈膜，观察右侧的胸腔液，其次从横膈膜上切断后纵膈膜及食道末端，最后切断靠近胸腔入口处的食道及气管，将手指插进在气管断端已切好的小孔和气管腔，即可将肺取出胸腔。

在主动脉分支处将横膈膜与大血管分离，然后从主动脉弓往后分离与胸主动脉和腹主动脉周围的联系，再在腹主动脉分支切断血管，最后从胸主动脉向前分离至颈动脉的分支处切断，则可采出大血管。

6. 腹腔器官的摘出　提起脾的基部切断胃脾韧带，勿将脾门淋巴结切掉，使其附在脾脏上以供检查，即可摘出脾脏。切断胃膈韧带、胃肝韧带、肝十二指肠韧带，以及韧带左侧的胆管，用手向后牵引胃，将食道切断，即可将胃和十二指肠一起摘出。

从肠管外壁将胰脏剥离下来，然后切断肝左三角韧带、圆韧带、镰状韧带、后腔静脉，再切左右冠状韧带，最后切断右三角韧带及肝肾韧带，则可采出肝脏。

首先分离肾周围结缔组织，切断肾门部的血管和输尿管，可取出左右两肾及肾上腺。

7. 骨盆腔器官的摘出　骨盆腔器官的摘出通常有两种方法，分述如下。第一种方法：锯断左侧髂骨体、耻骨和坐骨的髋臼，取出锯断的骨体，即可露出骨盆腔，然后用刀切断直肠与骨盆腔上壁的联系。母猪还须切离子宫与卵巢，再由骨盆腔下壁切断与膀胱、阴道及生殖器官的联系，最后骨盆腔器官一起取出。公猪应将外生殖器与骨盆腔器官一同取出时，应先切开阴囊和鼠膝孔，把睾丸、附睾、输精管由阴囊取出并纳入骨盆腔内，其次切开阴茎皮肤，将阴茎引向后方，于坐骨部切断阴茎脚，坐骨海绵体肌，再切开肛门周围皮肤，将外生殖器与骨盆腔器官一并取出。第二种方法，从骨盆入口处，切离周围软组织，可将骨盆腔器官采出。

8. 颅腔的剖开和脑的摘出　先把头从第一颈椎分离下来，去掉头顶部所有肌肉，在眶上突后缘 2～3 cm 的额骨上锯一条横线，再在锯线的两端沿颞骨到枕骨大孔中线各锯一线，用斧头和骨凿除去颅顶骨，露出大脑。用外科刀切断硬脑膜，将脑轻轻向上提起，同时切断脑底部的神经和各脑的神经根，即可将大脑、小脑一同摘出，最后从蝶鞍部取出脑下垂体。

9. 鼻腔的剖开　先用锯在两眼前缘横断鼻骨，然后在第一臼齿前缘锯断上颌骨，最后沿鼻骨缝的左侧或右侧 0.5 cm 处，纵向锯开鼻骨和硬腭，打开鼻腔取出鼻中膈，检查鼻中膈黏膜，鼻腔黏膜的变化。

10. 脊椎管的剖开和脊髓的摘出　先锯下一段胸椎 10 cm 左右，然后用磨刀棒或肋软骨插入椎管可顶出脊髓。也可沿椎弓的两侧与椎管平行锯开椎管即可观察脊髓膜，用手术刀剥离周围的组织即可摘出脊髓。

11. 器官的检查　检查时应把器官放在备好的检查台（桌）上。器官的检查顺序除特殊情况外，一般先检查颈部和胸腔器官，依次检查腹腔、骨盆腔器官，胃肠通常最后进行，以防弄脏器械、手和剖检台等设备，影响检查效果。器官的检查应遵循一定的规范，对器官的位置、体积、容积、外观、色泽、形态、质度、光泽度以及被膜状态进行检查，才能发现其病变。

四、家禽的尸体剖检方法

1. 病历调查　剖检前应先了解死亡家禽的来源、种类、品种、性别、年龄、毛色、特征、发病时间、主要临床症状、临床诊断、治疗情况、死亡时间和死亡数量等一般情况。

2. 外部检查　先检查病死鸡的外观，羽毛是否整齐，鸡冠、肉髯和面部是否有痘斑或皮疹，口、鼻、眼有无分泌物或排泄物，量及质如何，检查鼻窦时可用剪刀在鼻孔前将口喙的上颌横向剪断，以手稍压鼻部，注意有无分泌物流出。眼观泄殖腔的状态，注意其内腔黏膜的变化、内容物的性状及其周围的羽毛有无粪便污染等。注意腿部皮肤有无结节、创伤，脚鳞有无出血，鸡爪皮肤是否粗糙或裂缝，是否有石灰样物附着，脚底是否有趾瘤等。检查各关节有无肿胀、胸骨突有无变形、弯曲等现象。病禽的营养状况可用手摸胸骨两侧的肌肉丰满程度及龙骨的显突情况而判断。

检查尸体的死后变化，有无尸僵和尸臭、尸斑、尸绿等尸体腐败现象。已经发生尸体腐败的病死禽类的尸体，不宜做微生物学检查诊断。

进行外部检查之后，用消毒液浸泡病禽尸体，将羽毛和皮肤消毒。拔除颈部和胸腹部羽毛。切开大腿与腹侧连接的皮肤，用力将两大腿向外翻压直至两髋关节脱臼，使禽体仰卧于瓷盘内。

3. 颈部器官剖开及其检查　用剪刀将嘴的一侧剪开，检查口腔。观察口腔黏膜的完整性，腭裂内有无分泌物和黏膜上有无坏死灶、溃疡灶等。

由喙角沿体中线至胸骨前方剪开皮肤，并分向两侧，注意勿切破嗉囊。用剪刀将下颌骨、食道、嗉囊剪开，注意食道黏膜的变化及嗉囊内容物的数量、性状以及嗉囊黏膜的变化。为了保持食管和胃的完整性，可留待与胃一起取出。嗉囊壁薄，取出时要小心。鸭无明显的嗉囊，食管下部仅呈纺锤形膨大。

剪开喉头、气管，检查其黏膜及腔内分泌物。剥离颈部皮肤时可将胸腺采出并观察其形态。

4. 体腔的剖开和检查　在泄殖腔前皮肤做一横切线，由此切线两端沿腹壁两侧至胸壁做二垂直切线，从横切线口处皮下组织开始分离，即可将胸部和腹部皮肤整片分离，检查皮下组织的状态。按上述皮肤切线的相应处剪开腹壁肌肉，两侧胸壁可以用骨剪，从后向前于肋骨和肋软骨交界处将肋骨、乌喙骨和锁骨剪断。然后握住龙骨突后缘用力向上前方翻拉，并切断周围的软组织，去掉胸骨，露出体腔。

剥皮后，首先要检查胸部、股部肌肉，观察其色泽、硬度、有无出血、水肿、变性、坏死、炎症等病变。如患传染性法氏囊炎时，胸肌与股部肌肉干燥、出血，寄生虫病时，肌肉表面或切面会有结节等病变。

剖开体腔后，注意检查各部位的气囊。气囊是由浆膜所构成，正常时菲薄透明、有光泽。如发现浑浊、增厚，或表面被覆渗出物或增生物，均为异常状态。

5. 脏器的采出　体腔内的器官的采出，可先将心脏连心包一起剪离，再采出肝脏，然后将腺胃、肌胃、肠、胰腺、脾脏及生殖器官一同采出。隐藏于肋间隙内及腰荐骨凹陷部的肺脏和肾脏，可用外科刀柄剥离取出。

6. 颅腔的剖开与脑的取出　有两种方法，第一种方法即侧线切开法，先用外科刀剥离头部皮肤和其他软组织，在两眼中点的连线做一横切口，然后在两侧做弓形切口至枕孔。第二种方法即中线切开法。剥离头部皮肤和软组织后,沿中线做纵切口,将头骨分为相等的 2 部分。除去顶部骨质,分离脑与周围的联系,将其取出。

7. 脏器的检查　将心包剪开,观察心包腔有无积水,心包囊与心壁有无粘连。心脏的检查要注意其形态、大小。然后将两侧心房及心室剪开,观察心肌和心内膜的颜色及性状。

观察肺脏的形态、大小、色泽和质度,有无结节,切开检查有无炎症、坏死灶等变化。

将腺胃和肌胃一同剪开,检查腺胃胃壁的厚度、内容物的性状、黏膜及腺体的状态、有无寄生虫。观察肌胃角质膜(药名称鸡内金,俗称肫皮)颜色、有无溃疡、出血和炎症等,再剥离角质膜,检查肌胃胃壁性状。

检查肝脏的形态、大小、色泽、质度、表面变化。切开检查肝脏组织切面的性状。同时应检查胆囊、胆管和胆汁。

检查脾脏时,注意观察其形状、大小、颜色、质度,表面是否有出血、坏死灶和结节等,切面固有结构有无异常变化。

鸟类的肾脏分为前、中、后 3 叶,界限不明显,无皮质髓质区别。检查时观察其形态、大小、色泽、质度、表面及切面变化。此外,检查肾上腺有无变化。

鸟类的胰腺分布于十二指肠乙状曲内,分为 3 叶,有 2～3 条导管,分别开口于十二指肠上胆总管开口部附近。剖检时,观察其形态、大小、色泽、质度、有无出血等病变。

检查肠浆膜、肠系膜、肠壁和黏膜的状况。空肠、回肠及盲肠入口处均有淋巴集结。肠管的中段处有一卵黄盲管,初生雏禽可有一些未被吸收的卵黄存在。肠的检查应注意黏膜及其内容物和性状,以及有无充血、出血、坏死、溃疡和寄生虫等。两侧盲肠扁桃体和盲肠也应剪开检查。

鸟类的睾丸位于体腔肾前叶腹侧,颜色淡黄白。注意其形态、大小、颜色、表面、切面与质地。

鸟类左侧卵巢发达,右侧常萎缩,成年鸡右侧卵巢已退化。输卵管与卵巢接近处为漏斗部,其后为卵白分泌部。管身弯曲 3 次,黏膜呈白色,黏膜上有透明液体,仔细观察有大小不等的钙粒。形成卵膜处为狭部,卵壳形成处为储卵部。排卵部肌肉发达。检查卵巢时,注意其形态、色泽。正常时卵泡呈圆球形,金黄色,有光泽。检查输卵管时,注意其黏膜和内容物质性状,有无充血、出血和寄生虫。

法氏囊(腔上囊)是鸟类的重要免疫器官,有些疾病时法氏囊发生明显的变化。

8. 脑的检查　注意脑膜血管有无充血、出血,脑组织表面及切面有无充血、出血、水肿、液化病变或异物等。脑组织的病变主要依靠组织学检查。

9. 神经的检查　必要时可检查腰荐神经丛、坐骨神经和臂神经丛。

10. 脊髓的检查　先切除脊柱周围的软组织,雏禽可用剖检刀直接切开脊椎管,取出脊髓检查。成年禽用锯将椎弓锯开,取出脊髓。

11. 骨与骨髓的检查　骨的检查主要对骨组织发生疾病的病例进行,如局部骨组织的炎症、坏死、骨折、骨软症和佝偻病的病禽,放线菌病的受侵骨组织等,先进行肉眼观察,验其硬度,检查其断面的形象。

骨髓的检查对于造血系统有关的各种疾病极为重要。其法可将长骨沿纵轴锯开,注意骨干和骨端的状态,红骨髓、黄骨髓的性质、分布等。挖取骨髓作触片或固定后作切片检查。

五、犬的尸体剖检方法

食肉动物(犬、猫、狼等)的尸检,可按下列顺序进行:外部检查→剥皮与皮下组织的检查→

腹腔的剖开与检查→胸腔的剖开与检查→内脏器官的取出与检查→其他组织器官的检查。

1. 外部检查 剥皮前应仔细检查尸体外部的变化。对于犬，常可见到皮肤的各种伤害，分析伤害的原因、性质和发生时间（生前或死后）。犬死后存放不当或剖检不及时，易被其他动物啃咬。犬瘟热时，鼻孔有淡黄色痂皮或分泌物（卡他性鼻炎）。猫外耳道如有痂皮，常是外耳炎或耳疥癣的标志。乳腺的炎症、癌瘤或其他病损，也会在外部检查时发现。

2. 剥皮 背卧固定，剥皮，切离二前肢。检查皮下结缔组织和肌肉。皮肤的病变常可蔓延到这些部位，因此要查明皮肤与皮下病变的联系及其范围。在有些情况下，皮下组织的病变（出血、水肿等）十分明显，而皮肤却无眼观异常。

3. 腹腔的剖开与检查 从剑状软骨沿白线至耻骨前缘做切口，并在最后一肋骨后缘切开两侧腹壁。剖开腹腔时，在前面可见部分肝和胃（胃大弯）。其他器官被大网膜覆盖，将其除去，则见十二指肠、空肠以及部分结肠和盲肠。

视检腹腔时，常可见到病理变化，如肝和胃的膈疝、肠套叠、胃扭转等。腹腔器官的膈疝可能是先天性的，也可能是由于某些损伤而造成的。病理性肠套叠应与濒死期引起的肠套叠区别。后一种肠套叠的特点是局部肠管不发生梗死，也没有其他病理变化，被套叠的肠段容易整复。胃扭转（多发生于成年犬和老龄犬）时，可见幽门位于左侧，局部呈绳索状，贲门及其上部食道扭闭、紧张，同时胃扩张，胃大弯和脾移至右侧。

4. 胸腔的剖开和检查 胸腔的剖开方法基本同马，在幼犬也可采用仔猪的剖开法。注意胸膜及其腔中有无病变。分离并割破心包。观察并收集胸腔或心包腔中的液体。如发现心包腔中有巧克力色液体时，可怀疑结核病。

5. 器官的取出与检查 从舌开始，然后为其他器官和横膈。分离舌，剪开食管、喉和气管。剖开检查两侧肺和支气管淋巴结。在老龄或城市犬，常有尘肺的变化。在取出检查腹腔器官前，应先检查肝胆系统，在有黄疸症状的病例，这一检查更为重要。通过轻压胆囊，观察胆汁能否流入十二指肠，以确定胆管的通过性。腹腔器官的取出可分几步进行。

第一步，切断脾胃的联系取出脾。

第二步，在膈后结扎剪断食管；分离十二指肠系膜和十二指肠结肠韧带，在十二指肠空肠曲双结扎剪断肠管；切断肝周有关韧带和联系。胃、十二指肠和肝一起取出。胰连于十二指肠。

第三步，于直肠后段结扎剪断，取出小肠和大肠；或按牛的剖检法分别取出大肠和小肠。

第四步，取出肾。

腹腔器官的检查技术基本同牛、马。但在食肉动物特别是在犬，胃肠道内常存在多种异物和寄生虫。异物可引起许多疾病或病变（肠炎、肠梗阻、肠穿孔、胃炎、胃溃疡等），甚至导致死亡。在肠道寄生虫中，蛔虫和绦虫比较多见。严重的肠道寄生虫病，可引起贫血和恶病质。在有些病例（如细螺旋体病），可见出血性胃肠炎、贫血和肾的损害。在犬传染性胃肠炎时，出现卡他性、出血性或纤维素性胃肠炎变化，其中空肠和回肠更为明显。肝的损害多见于犬，如犬传染性肝炎时，肝脏肿大，有出血点或出血斑。胰的病变比较少见，但口服士的宁中毒时会发生胰腺出血。检查肾时，应切开并剥离被膜。年老犬患细螺旋体病病例中，常可见间质性肾炎。

其他器官的取出和检查与其他动物的相同。必须指出，食肉动物的一些嗜神经性病毒病（如狂犬病）没有特征性的眼观病变。为了确诊，可将整个脑或海马角保存在甘油和福尔马林中送到有关单位检查。

（孙　斌）

参 考 文 献

1. 赵德明. 兽医病理学. 3 版. 北京:中国农业大学出版社,2012.

2. 田茂春. 兽医病理解剖学实验教程. 重庆:重庆大学出版社,2012.

3. 王恩华. 病理学. 北京:高等教育出版社,2003.

4. 王振隆. 病理学实验彩色图谱. 山东:山东科学技术出版社,2003.

5. 王雯慧. 兽医病理学. 北京:科学出版社,2012.

6. 张书霞. 兽医病理生理学. 北京:中国农业出版社,2011.

7. 郑世民. 动物病理学. 北京:高等教育出版社,2009.

8. 王建枝,钱睿哲. 病理生理学. 3 版. 北京:人民卫生出版社,2015.

9. 钱睿哲,何志巍. 病理生理学. 北京:中国医药科技出版社,2016.

10. 佘锐萍. 动物病理学. 北京:中国农业出版社,2007.

11. 王雯慧. 兽医病理学. 北京:科学技术出版社,2016.

12. 陈思锋. 病理生理学. 上海:复旦大学出版社,2015.

13. 姜勇. 病理生理学. 北京:高等教育出版社,2019.

14. 李桂源. 病理生理学(八年制). 北京:人民卫生出版社,2010.

15. 吴立玲. 病理生理学. 北京:北京大学医学出版社,2019.

16. 赵德明,杨利峰,周向梅,主译. 兽医病理学. 5 版. 北京:中国农业出版社,2015.

17. 马学恩,王凤龙. 家畜病理学(第五版). 北京:中国农业出版社,2016.

18. 段义农,王中全,方强,等. 现代寄生虫病学. 2 版. 北京:人民军医出版社,2015.

19. 郑明学. 兽医临床病理解剖学,2 版. 北京:中国农业大学出版社,2015.

20. 杨鸣琦. 兽医病理生理学. 北京:科学出版社,2010.

21. 王建枝,钱睿哲. 病理生理学. 9 版. 北京:人民卫生出版社,2018.

22. 杨惠玲,潘景轩,吴伟康. 高级病理生理学. 2 版. 北京:科学出版社出版,2006.

23. 唐朝枢. 病理生理学. 2 版. 北京:北京大学医学出版社出版,2009.

24. 陈怀涛,许乐仁. 兽医病理学. 北京:中国农业出版社出版,2005.

25. 肖献忠. 病理生理学. 4 版. 北京:高等教育出版社,2018.

26. 庞庆丰,李英. 病理学与病理生理学. 北京:化学工业出版社,2016.

27. 陈杰,李甘地. 病理学. 北京:人民卫生出版社,2005.

28. 陈怀涛,赵德明. 兽医病理学. 2 版. 北京:中国农业出版社,2013.

29. 祁保民,王全溪. 动物组织学与病理学图谱. 北京:中国农业出版社,2018.

30. 李富桂. 临床病理检验. 3 版. 天津:天津农学院出版社,2015.

31. 孙斌. 动物尸体剖检. 北京:中国科学技术出版社,2001.

32. 陈怀涛. 动物尸体剖检技术. 兰州:甘肃科学技术出版社,1989.

33. Kumar V, Abbas AK & Aster JC. Robbins &Cotran Pathologic Basis of Disease

(9th Edition). Elsevier, 2015.

34. Zachary JF. Pathologic Basis of Veterinary Disease. 6th Edition. Missouri: Elsevier, 2017.

35. Mac Lachlan N. James, Dubovi Edward J. Fenner's Veterinary Virology (Fifth Edition). London: Elsevier, 2017.

36. Anthony A. Nash, Robert G. Dalziel, J. Ross Fitzgerald. Mim's Pathogenesis of Infectious Disease (Sixth Edition). London: Elsevier, 2015.

37. Tang Yi-Wei, Sussman Max, Poxton Ian et al. Molecular Medical Microbiology (Second Edition). 32 Jamestown Road, London NW1 7BY, UK. Elsevier, 2015.

38. Mc Vey Scott D., Kennedy Melissa, Chengappa M. M. Veterinary Microbiology (Third Edition). 2121 State Avenue, Ames, Iowa50014-8300, USA. Wiley-Blackwell, 2013.

39. Punt Jenni, Stranford Sharon A., Jones Patricia P. et al. Kuby Immunology (Eighth Edition). One New York Plaza Suite 4500 New York, NY 10004-1562. W. H. Freeman and Company, 2019.

40. M Grant Maxie. Jubb, Kennedy, and Palmer's Pathology of Domestic Animals. 5th ed., vol. 3. London: Elsevier Saunders, 2007.

41. J. E. vanDijk, E. Gruys and J. M. V. M. Mouwen. Color atlas of veterinary pathology. 2th ed., Spain: Elsevier Saunders, 2007.

42. Jean-Marc Cavaillon, Mervyn Singer. Inflammation: From Molecular and Cellular Mechanisms to the Clinic, First Edition. American. Wiley InterScience, 2018.

43. Carol Mattson Porth, Kathryn J. Gaspard, Kim A. Noble. Essentials Of Pathophysiology: Concepts Of Altered Health States(3rd Edition). Lippincott Williams & Wilkins, 2010.

44. Blatteis CM, Li S, Li Z, et al. Cytokines, PGE2 and endotoxic fever: a re-assessment. Prostaglandins Other Lipid Mediat, 2005, 76(1-4):1-18.

45. Roth J. Fever in acute illness: beneficial or harmful? Wien Klin Wochenschr, 2002, 114(3): 82-88.

46. Nagata S. Apoptosis and clearance of apoptotic cells. Annual Review of Immunology, 2017, 36:489-517.

47. Wallach D, Kang TB, Kovalenko A. Concepts of tissue injury and cell death in inflammation: a historical perspective. Nature Review Immunology, 2014, 14:51-59.

48. 刘瑞东, 崔颖, 高颖, 等. 内毒素致热的热型和热限研究. 中华医院感染学杂志, 2003, 13(5):421-423.

49. 王益鹏, 李楚杰. 家兔葡萄球性发热及其热限的探讨. 中国病理生理杂志, 1989, 5(1):15-19.

50. Shehu NY, Omololu AS. Fever: A friend or a foe. Journal of Medicine in the Tropics, 2018, 20:79-82.

51. John H B, Stephanie C W. Fever- an update. Journal of the Americanpodiatric medical association, 2010, 100(4):281-291.

52. Dimie Ogoina. Fever, fever patterns and diseases called 'fever'-a review. Journal of infeciton and public health. 2011, 4:108-124.

彩　　图

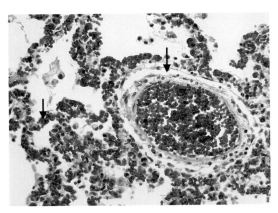

彩图 2-1　肺充血　小动脉和肺泡壁毛细血管扩张，
管腔内充满红细胞（↑），肺泡腔内有炎性渗出物，
HE×200（刘思当）

彩图 2-2　槟榔肝　慢性肝淤血的切面呈红黄相间的
槟榔状条纹（见左下角插图）（郑明学）

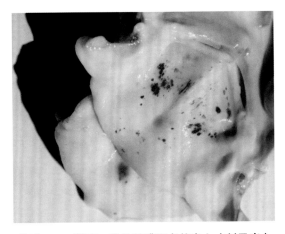

彩图 2-3　猪瘟　喉头黏膜斑点状出血（刘思当）

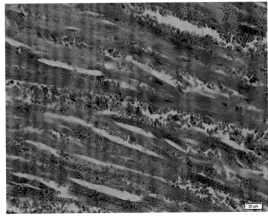

彩图 2-4　心肌出血　心肌纤维间隙增宽，有多量
散在红细胞，HE×400（郑明学）

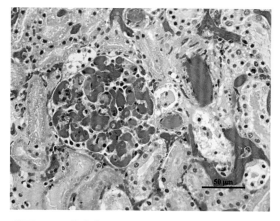

彩图2-5 休克肾 间质小血管及肾小球内广泛微血栓形成，HE（谷长勤）

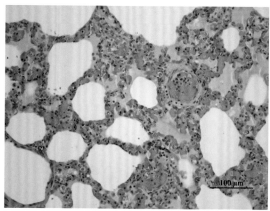

彩图2-6 休克肺 肺泡隔间质内广泛微血栓形成，HE（谷长勤）

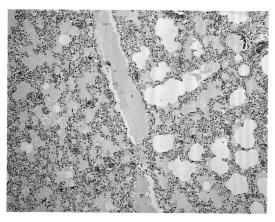

彩图3-1 肺水肿（松鼠） 肺间质和大部分肺泡腔内充满水肿液，HE×100（孔小明）

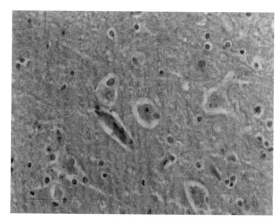

彩图3-2 脑水肿（犬） 脑神经细胞和血管周围因水肿液蓄积间隙增宽，HE×400（马学恩）

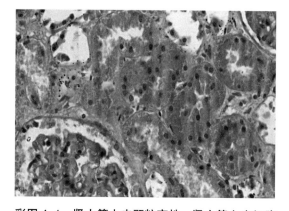

彩图4-1 肾小管上皮颗粒变性 肾小管上皮细胞肿胀凸入管腔，胞浆混浊、充满细小的红染颗粒，HE×400（周向梅）

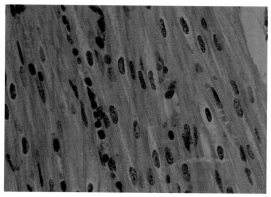

彩图4-2 心肌颗粒变性 心肌纤维的横纹大多消失，肌原纤维间的肌浆内有细小的嗜伊红颗粒，肌纤维着色不一，HE×400（刘思当）

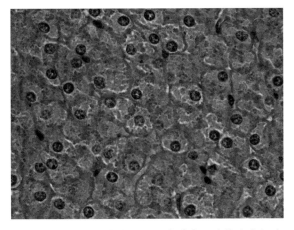

彩图 4-3　肝颗粒变性　肝细胞肿胀，胞浆内由细小的蛋白质颗粒，HE×400（刘思当）

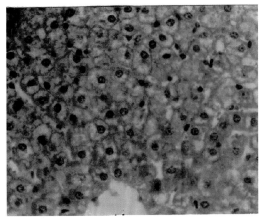

彩图 4-4　肝细胞水泡变性　肝细胞肿胀，胞浆内有多量大小不等的空泡，呈蜂窝状或网状，胞核悬浮其中，HE×400（郑明学）

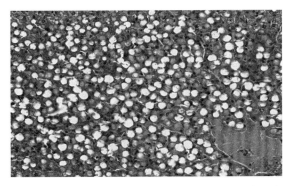

彩图 4-5　肝脂肪变性　中央静脉周围的肝细胞中含有脂肪滴，胞核被挤于胞浆的一侧，HE×400（周向梅）

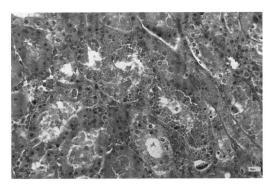

彩图 4-6　肾小管上皮细胞透明滴状变　肾近曲小管上皮细胞胞浆内有大小不等的均质红染的圆形滴状物，HE×400（周向梅）

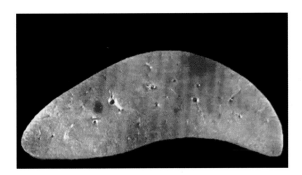

彩图 4-7　肝淀粉样变　肝脏切面淀粉样变器官颜色变黄，浑浊无光（谭勋）

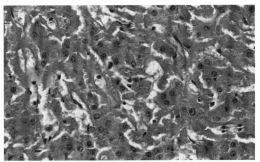

彩图 4-8　肝淀粉样变（马）　淀粉样物质沉着于肝细胞与血窦的间隙内，呈均质红染的条索状或团块状，有的呈现毛刷样；肝索受压萎缩，血窦腔闭塞，HE×400（周向梅）

彩图 4-9　脾淀粉样变　淀粉样物质在脾小体沉积，HE 染色，HE×100（谭勋）

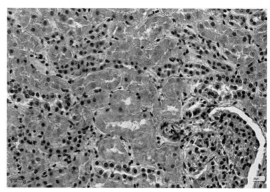

彩图 4-10　肾凝固性坏死　肾小管上皮细胞呈均质红染的颗粒状，核溶解消失，HE×100（周向梅）

彩图 4-11　牛肺结核　干酪样坏死（周向梅）

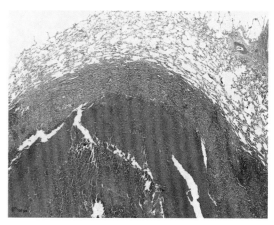

彩图 4-12　肺干酪样坏死（牛结核）　结核结节中有大片均质、红染的干酪样坏死区。其中细胞和组织轮廓消失，混有坏死细胞核碎片，HE×40（周向梅）

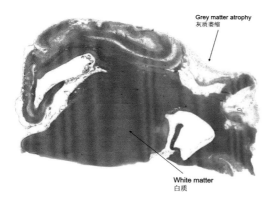

彩图 4-13　大脑液化性坏死　大脑灰质可见淡染或空白的液化坏死灶，灰质发生萎缩，HE×40（周向梅）

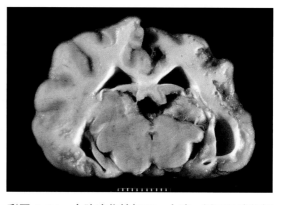

彩图 4-14　大脑液化性坏死　大脑一侧可见液化坏死，切开大脑后，坏死物质流失而呈现凹陷，表面和切面粗糙不平（周向梅）

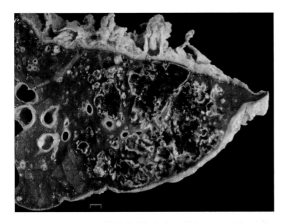

彩图 4-15 异物性支气管肺炎 肺切面可见细支气管及其周围肺组织结构破坏，由于吸入异物继发腐败菌感染，坏死组织呈黑褐色，与周围没有发生坏死的组织界限不清（周向梅）

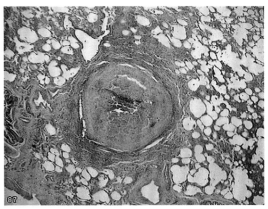

彩图 4-16 肺鼻疽结节的包囊形成 圆形的鼻疽结节淡染伊红，中心有破碎的细胞核，并有粉末状的钙盐沉着，周围被一层成熟的纤维细胞包围（包囊形成），并有淋巴细胞浸润，HE×100（简子健）

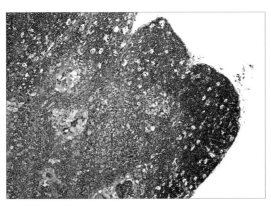

彩图 4-17 胸腺细胞凋亡（家禽） 胸腺生理性萎缩，皮质部散在有大量含细胞核碎片的空洞，这是淋巴器官细胞凋亡的典型特征，HE×100（谭勋）

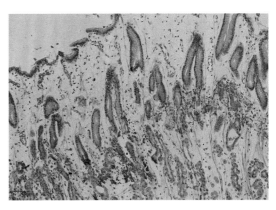

彩图 4-18 胃粘膜钙盐沉着 胃腺颈部可见蓝染的团块状或颗粒状钙盐沉着，HE×100（周向梅）

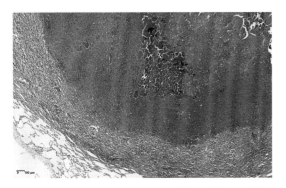

彩图 4-19 病理性钙盐沉着 结核结节的干酪样坏死中，见蓝染的块状、颗粒状钙盐沉着，HE×40（周向梅）

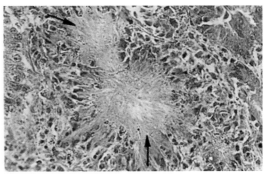

彩图 4-20 痛风结节 尿酸盐结晶沉着在肾实质内，并有上皮样细胞围绕（刘宝岩）

彩图 5-1　心脂肪胶冻样萎缩（营养性萎缩）　心冠脂肪萎缩消失，呈灰白色半透明胶冻样。由于萎缩使心脏体积变小（周向梅）

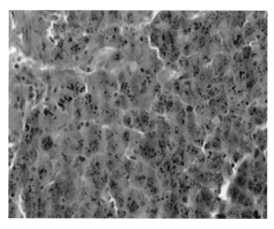

彩图 5-2　肝脂褐素沉着（马鼻疽）　肝细胞浆内有褐色的素颗粒弥散性沉着 HE×400（简子健）

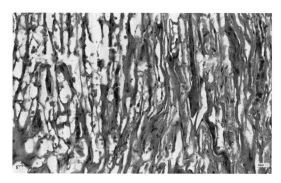

彩图 5-3　心肌萎缩　萎缩的心肌纤维变细，间质增宽，HE×100（周向梅）

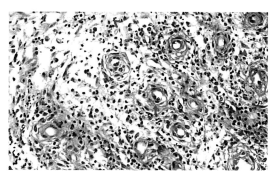

彩图 5-4　肉芽组织　毛细血管（↑），纤维母细胞（▲），炎性细胞（∧），HE×100（祁克宗）

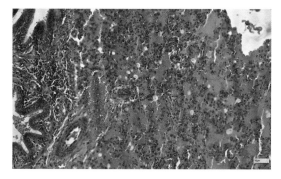

彩图 7-1　猪浆液性肺炎　肺泡壁毛细血管扩张充血，肺泡腔内充满大量浆液并混有红细胞，HE×100（周向梅）

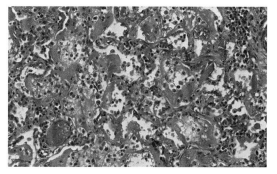

彩图 7-2　纤维素性肺炎　肺泡内有大量红染的纤维蛋白交织呈网状或片状，HE×100（周向梅）

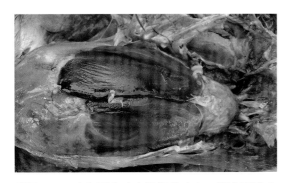

彩图 7-3　鸡肝周炎（大肠杆菌病）　肝表面渗出的纤维素常形成一层白膜（郑明学）

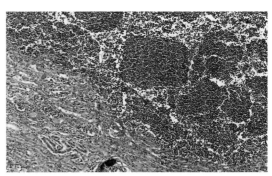

彩图 7-4　肾栓塞性脓肿　肾组织局部小脓肿，其中有大量变性坏死的中性粒细胞浸润，HE×100（周向梅）

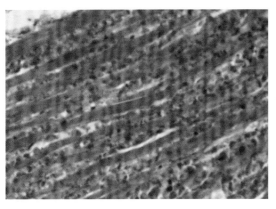

彩图 7-5　心肌蜂窝织炎　肌纤维间浸润大量变性坏死的中性粒细胞，HE×400（赵德明）

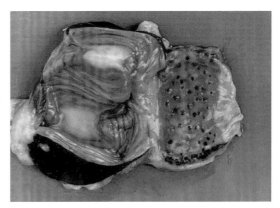

彩图 7-6　禽流感　腺胃乳头出血（郑明学）

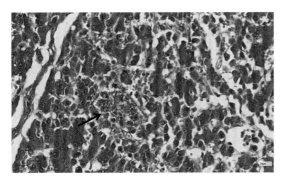

彩图 7-7　猪副伤寒　枯否氏细胞增生所形成的"副伤寒结节"（↑），HE×400（周向梅）

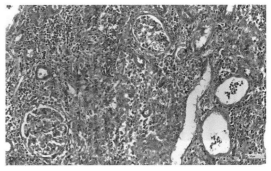

彩图 7-8　金丝猴间质性肾炎　肾脏间质结缔组织增生，大量淋巴细胞浸润。肾小管有的萎缩，有的扩张，扩张的肾小管上皮细胞呈扁平状，HE×100（周向梅）

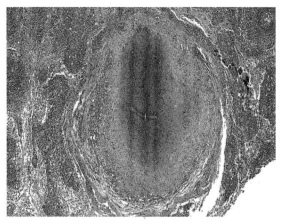

彩图 7-9　结核性肉芽肿　牛淋巴结核，肉芽肿从中心到外层依次由干酪样坏死灶、特殊肉芽组织和普通肉芽组织组成，HE×40（周向梅）

彩图 9-1　皮肤乳头状瘤　乳头状瘤向体表突起生长（刘思当）

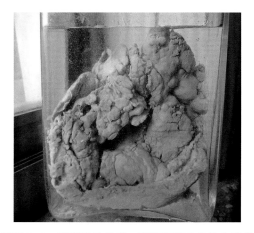

彩图 9-2　膀胱乳头状瘤　膀胱黏膜突起性生长的乳头状瘤（刘思当）

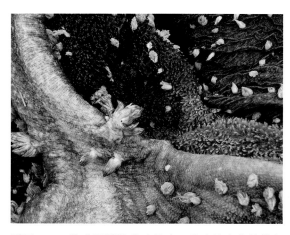

彩图 9-3　牛瘤胃黏膜乳头状瘤　乳头状瘤花朵状向表面生长（刘思当）

彩图 9-4　鸡卵巢腺瘤　卵巢长满结节状肿瘤（刘思当）

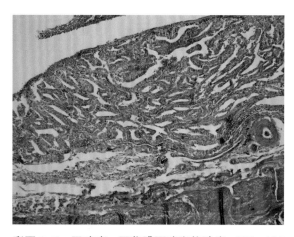

彩图 9-5　肠腺瘤　肠浆膜面腺泡状肿瘤，HE×100（刘思当）

彩图 9-6　牛皮下纤维瘤　腿部皮下长出结节状硬实肿瘤（刘思当）

彩图 9-7　皮下纤维瘤横切面　切面见排列不规则的肿瘤组织（刘思当）

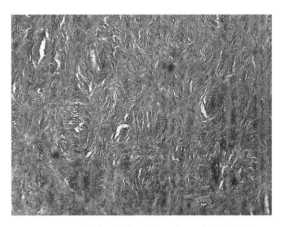

彩图 9-8　硬性纤维瘤　瘤细胞呈漩涡状生长，HE×100（刘思当）

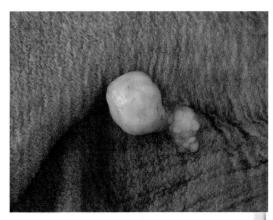

彩图 9-9　胃黏膜表面纤维腺瘤　肿瘤向表面突起性生长（刘思当）

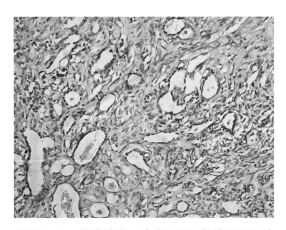

彩图 9-10　纤维腺瘤　肿瘤组织为纤维组织和腺体组织，HE×200（刘思当）

彩图 9-11　皮下脂肪瘤　犬腹部皮下有质度较软的肿瘤（刘思当）

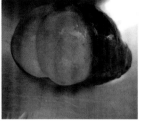

彩图 9-12　脂肪瘤　切除的脂肪瘤有包膜，切面脂肪样结构（刘思当）

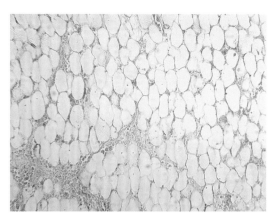

彩图 9-13　脂肪瘤　瘤组织为脂肪组织，少量间质，HE×100（刘思当）

彩图 9-14　平滑肌瘤　瘤细胞梭形，HE×200（刘思当）

彩图 9-15　鳞状细胞癌　牛皮肤鳞状细胞癌表面坏死且浸润性生长（刘思当）

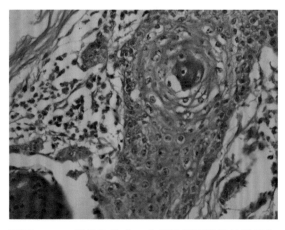

彩图 9-16　鳞状细胞癌　癌巢及周围浸润的淋巴细胞，HE×400（刘思当）

彩图 9-17　腺癌－肝细胞癌　肝脏表面有结节状生长的肿瘤（刘思当）

366

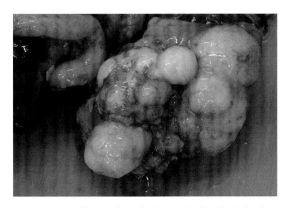

彩图 9-18　鸡卵巢癌　卵巢及肠浆膜面灰白色肿瘤病灶（刘思当）

彩图 9-19　鸡卵巢癌转移癌　肠系膜及肠浆膜面灰白色肿瘤病灶（刘思当）

彩图 9-20　甲状腺癌　气管周围肿瘤病灶（刘思当）

彩图 9-21　甲状腺癌肺转移灶（刘思当）

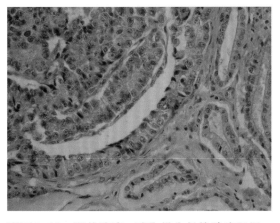

彩图 9-22　甲状腺癌　腺泡样生长的肿瘤组织，HE×400（刘思当）

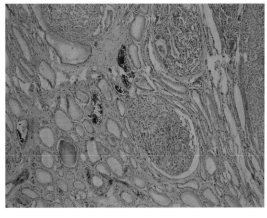

彩图 9-23　甲状腺癌肺转移灶　分布于肺组织的癌巢，HE×100（刘思当）

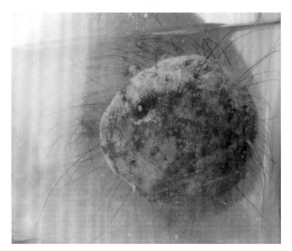

彩图 9-24 猪皮肤黑色素瘤 向体表突起性生长（刘思当）

彩图 9-25 兔肾母细胞瘤 整个肾肿或一端长有肿瘤组织（刘思当）

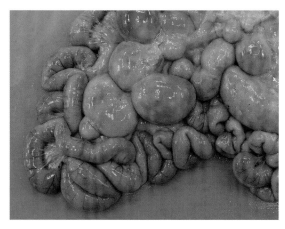

彩图 9-26 牛肠系膜淋巴肉瘤 淋巴结灰白色显著肿大（刘思当）

彩图 9-27 猪脾脏淋巴肉瘤 脾脏表面见大小不等的肿瘤病灶（刘思当）

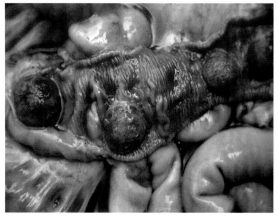

彩图 9-28 牛肠黏膜淋巴肉瘤 肠黏膜面见肿瘤结节（刘思当）

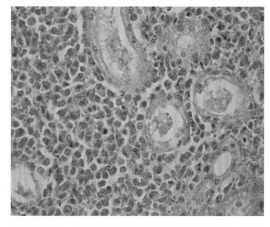

彩图 9-29 牛白血病 淋巴细胞样瘤细胞，见核分裂象，HE×200（刘思当）

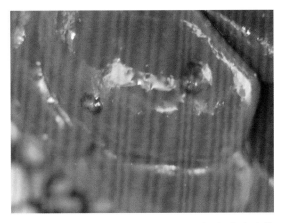

彩图 9-30　牛白血病　肾脏表面突起的肿瘤结节
（刘思当）

彩图 9-31　淋巴细胞性白血病　肝脏肿大表面见大
小不等的灰白色肿瘤病灶（刘思当）

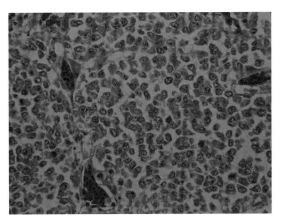

彩图 9-32　鸡淋巴细胞白血病　形态较一致的淋巴
样瘤细胞增生灶，HE×400（刘思当）

彩图 9-33　鸡 J 亚群白血病 – 髓细胞瘤　胸骨灰白
色干酪样肿瘤病灶（刘思当）

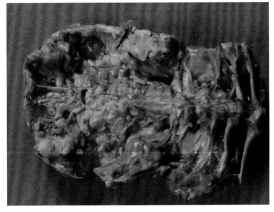

彩图 9-34　骨髓细胞瘤病　腰椎骨黄白色干酪状的
骨髓细胞瘤（刘思当）

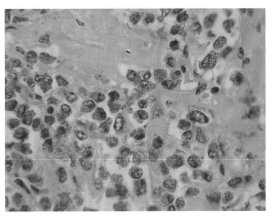

彩图 9-35　骨髓细胞瘤病　瘤细胞为胞浆充满红色
颗粒的髓样瘤细胞，HE×1 000（刘思当）

彩图 9-36　血管瘤性白血病　腿部皮下血疱
（刘思当）

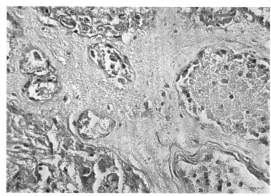

彩图 9-37　血管瘤性白血病　血管内皮细胞丛状增
生，HE×200（刘思当）

彩图 9-38　马立克氏病　一侧坐骨神经显著增粗
（刘思当）

彩图 9-39　马立克氏病　乌鸡皮肤见灰白色肿瘤
病灶（刘思当）

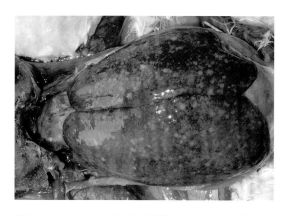

彩图 9-40　马立克氏病　肝脏表面大小不一的灰白
色肿瘤病灶（刘思当）

彩图 9-41　马立克氏病　肝脏、肠系膜灰白色肿瘤
病灶（刘思当）

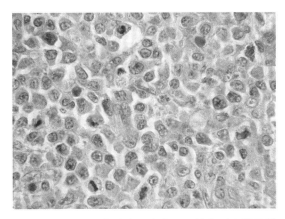

彩图 9-42　马立克氏病　大小不一的多形态淋巴样瘤细胞，可见到许多分裂象，HE×400（刘思当）

彩图 13-1　向心性肥大（全心性肥大）　犊牛沙门氏菌病，左右心室壁增厚明显（左心最严重），左右心室变小（王金玲）

彩图 13-2　离心性肥大（全心性肥大）　犊牛沙门氏菌病，左右心室壁轻度增厚，左右心室扩张（王金玲）

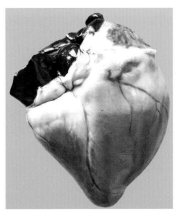

彩图 13-3　心脏扩张　羊传染性胸膜肺炎，全心扩张，右心扩张最明显，已发展为心力衰竭（王金玲）

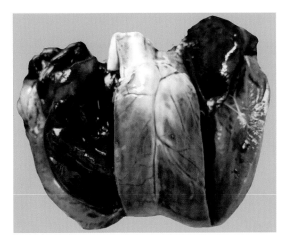

彩图 13-4　心脏扩张　传染性胸膜肺炎羊全心扩张，心壁变薄，左右心腔内充满血凝块，已发展为心力衰竭（王金玲）

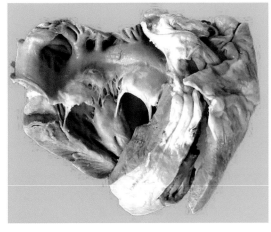

彩图 13-5　疣状心内膜炎　慢性猪丹毒，左心二尖瓣表面形成大小不等的扁平隆起的完全被机化的灰白色疣状赘生物（王金玲）

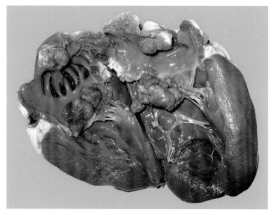

彩图 13-6 溃疡性心内膜炎 慢性猪丹毒左心二尖瓣上有覆盖整个瓣膜的灰红色菜花样血栓性赘状物，已累及腱索。福尔马林固定标本（王金玲）

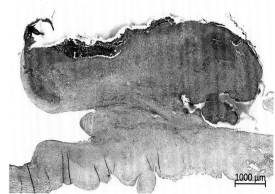

彩图 13-7 溃疡性心内膜炎 慢性猪丹毒，心瓣膜形成的菜花样赘状物，可见四层病变结构，HE（王金玲）

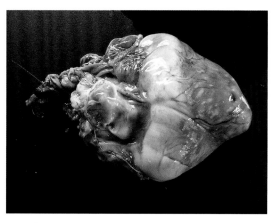

彩图 13-8 猪口蹄疫 虎斑心（郑明学）

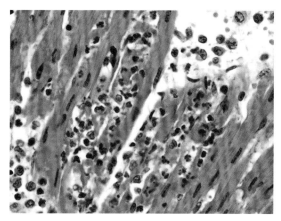

图 13-9 实质性心肌炎 羔羊恶性口蹄疫，条索状的心肌细胞坏死，间质淋巴细胞、巨噬细胞和少量中性粒细胞浸润 HE×400（王金玲）

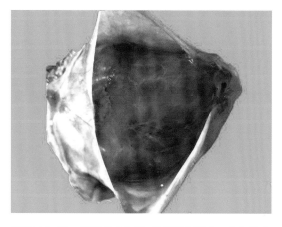

彩图 13-10 浆液性心包炎 羊巴氏杆菌病，心包腔内积有大量淡黄色透明浆液，心外膜充血和水肿（王金玲）

图 13-11 急性脐动脉炎（全动脉炎） 犊牛大肠杆菌病，脐动脉肿胀、增粗，外膜出血呈暗红色至黑红色（王金玲）

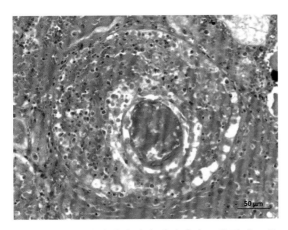

图 13-12 急性动脉炎（全动脉炎） 牛肺疫，肺组织小动脉壁完全纤维素样坏死，中性粒细胞浸润，管腔内见血栓形成，HE（工金玲）

彩图 13-13 肝静脉炎 羊化脓菌感染，肝静脉扩张，管腔内充满浓稠的黄绿色脓性物和硬固血栓（王金玲）

彩图 13-14 肝静脉炎 羊化脓菌感染，血管内膜完全坏死，中膜增厚，严重充血和出血，大量中性粒细胞浸润，HE（王金玲）

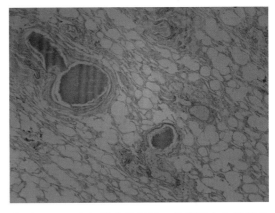

彩图 14-1 支气管卡他性炎 气管腔内充满炎性渗出物及脱落上皮细胞，HE×100（祁保民）

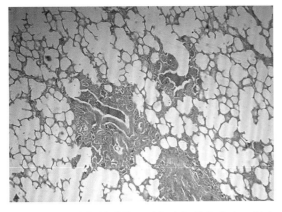

彩图 14-2 支气管肺炎 以细支气管为中心，细支气管及其周围肺泡出现明显的病变，HE×100（郑明学）

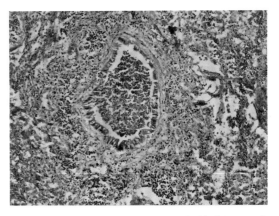

彩图 14-3 牛支气管肺炎 细支气管壁充血、水肿，并有较多的中性粒细胞浸润，使管壁增厚，HE×200（祁保民）

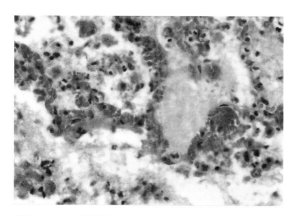

彩图 14-4　纤维素性肺炎　充血水肿期，HE×400
（祁保民）

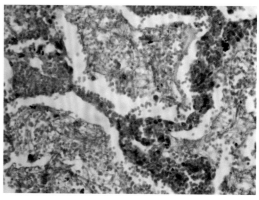

彩图 14-5　纤维素性肺炎　红色肝变期，
HE×400（祁保民）

彩图 14-6　纤维素性肺炎　灰色肝变期，HE×400
（祁保民）

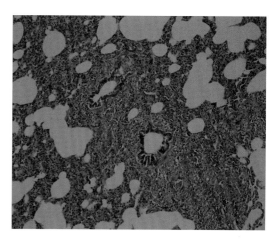

彩图 14-7　猪间质性肺炎　肺泡隔、支气管周
围等间质明显增宽，淋巴细胞、巨噬细胞浸润，
HE×100（祁保民）

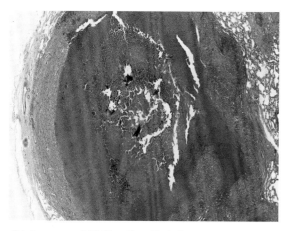

彩图 14-8　肺结核　特异性肉芽肿结节，HE×40
（周向梅）

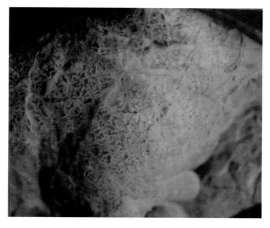

彩图 14-9　牛肺气肿　肺胸膜下肺泡高度扩张并
融合形成大空泡（祁保民）

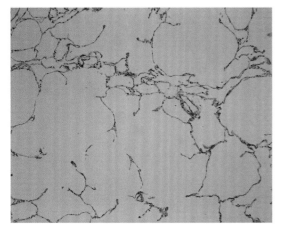

彩图 14-10　熊猫肺泡性肺气肿　肺泡高度扩张，肺泡隔变薄、断裂，相邻肺泡互相融合形成大的囊腔，HE×100（祁保民）

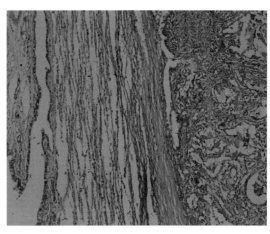

彩图 14-11　犬压迫性肺萎陷　右侧为肿瘤，左侧肺萎陷。肺泡隔平行排列，肺泡腔呈裂隙状，HE×100（祁保民）

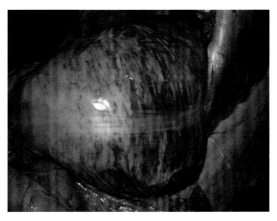

彩图 15-1　苏门答腊虎急性出血性胃炎　浆膜条纹状出血（吴长德）

彩图 15-2　仔猪流行性腹泻　小肠黄染，鼓气，肠壁变薄（吴长德）

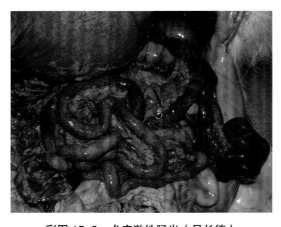

彩图 15-3　犬应激性肠炎（吴长德）

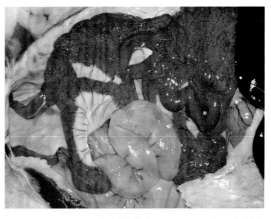

彩图 15-4　小香猪急性猪瘟　小肠充血（吴长德）

彩图 15-5 小香猪急性猪瘟 结肠浆膜面可见出血点（吴长德）

彩图 15-6 仔猪副伤寒 猪结肠黏膜被覆灰黄色的糠麸样渗出物（郑明学）

彩图 15-7 猪瘟 肠型猪瘟结肠黏膜扣状肿（郑明学）

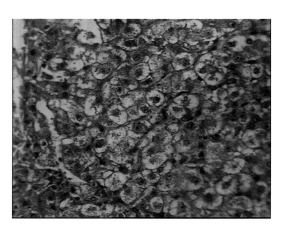

彩图 15-8 猫肝包炎 肝细胞肿大变圆，胞浆疏松呈网状、半透明，HE×400（吴长德）

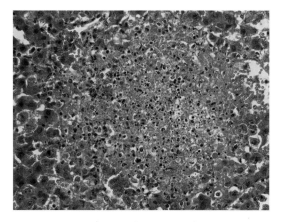

彩图 15-9 猪伪狂犬病 病猪肝坏死灶，HE×200（刘思当）

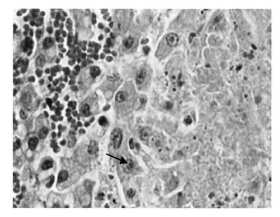

彩图 15-10 马病毒性流产胎儿肝脏 肝细胞核肿大，核染色质溶解，出现嗜酸性核内包涵体（↑），HE×400（周向梅）

彩图 15-11　孔雀盲肠肝炎　肝脏表面菊花样坏死（吴长德）

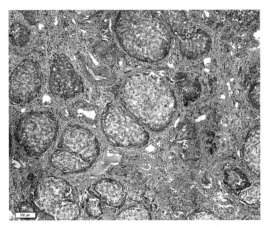

彩图 15-12　肝硬变　间质结缔组织增生，将肝小叶分割成许多岛屿状的假小叶，HE×100（赵德明）

彩图 15-13　犬细小病毒感染　胰腺出血（吴长德）

彩图 15-14　羊驼急性胰腺炎　腹部肠系膜脂肪巨块坏死（吴长德）

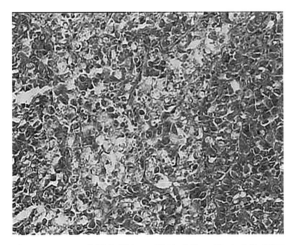

彩图 15-15　鸡的急性坏死性胰腺炎　胰腺腺泡凝固性坏死，HE×200（吴长德）

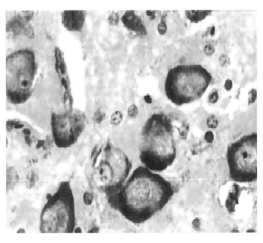

彩图 16-1　神经细胞中央染色质溶解，甲苯安蓝染色×400（王凤龙）

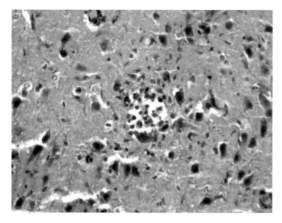

彩图 16-2　脊髓内形成的小软化灶，HE×200（王凤龙）

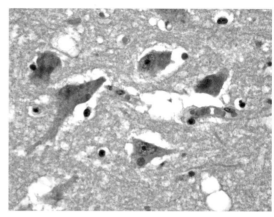

彩图 16-3　狂犬病神经细胞胞浆内的嗜酸性包涵体，HE×400（王凤龙）

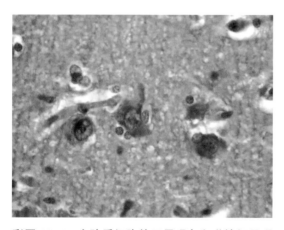

彩图 16-4　小胶质细胞的卫星现象和噬神经元现象，HE×400（王凤龙）

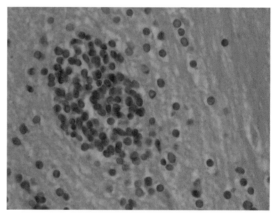

彩图 16-5　小胶质细胞增生形成胶质小结，HE×400（刘思当）

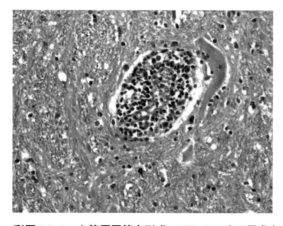

彩图 16-6　血管周围管套形成，HE×200（王凤龙）

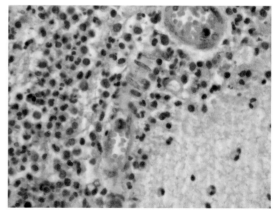

彩图 16-7　小血管周围多量中性粒细胞渗出，HE×400（王凤龙）

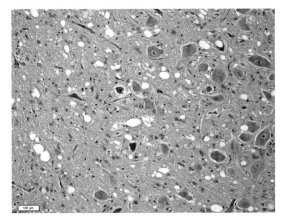

彩图 16-8　绵羊痒病　脑干空泡状结构，HE×200（赵德明）

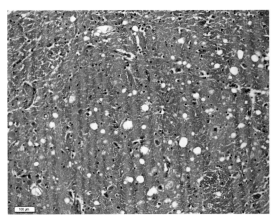

彩图 16-9　牛海绵状脑病　脑组织呈空泡状结构，HE×200（赵德明）

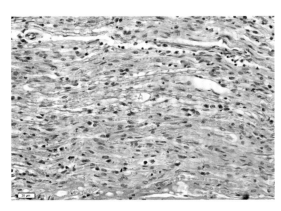

彩图 16-10　外周神经炎，HE×400（赵德明）

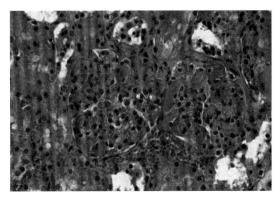

彩图 17-1　猪急性肾小球肾炎，HE×400（周向梅）

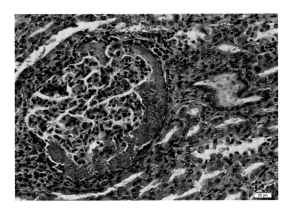

彩图 17-2　急性肾小球肾炎，HE×400（郑明学）

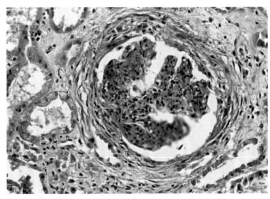

彩图 17-3　水牛亚急性肾小球肾炎，HE×400（周向梅）

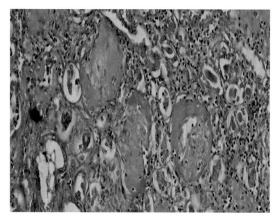

彩图 17-4　慢性肾小球肾炎　"肾小球集中"，
HE×200（王平利、康静静）

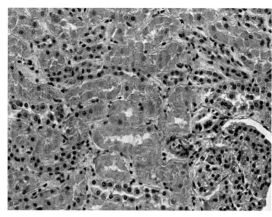

彩图 17-5　牛肾病，HE×400（周向梅）

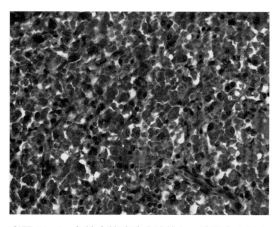

彩图 18-1　急性炎性脾肿（羚羊）　脾髓内充盈大
量血液，白髓几乎消失，HE×400（宁章勇）

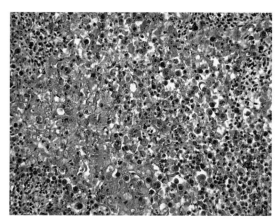

彩图 18-2　坏死性脾炎（鸡）　脾脏的淋巴细胞和
网状细胞大量坏死，HE×400（宁章勇）

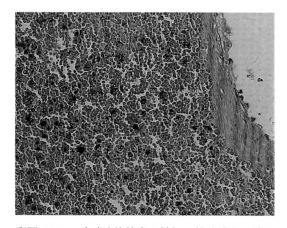

彩图 18-3　脾脏边缘的出血性梗死灶（猪）　脾白
髓坏死灶内出现灶状出血，白髓的淋巴细胞几乎全
被红细胞替代，HE×200（宁章勇）

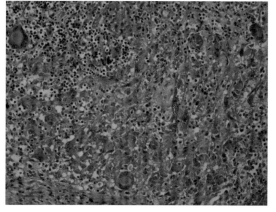

彩图 18-4　结核性脾炎（大角斑羚）　脾脏的巨
噬细胞明显增生，形成许多由上皮样细胞和多核巨
细胞组成的肉芽肿，HE×200（宁章勇）

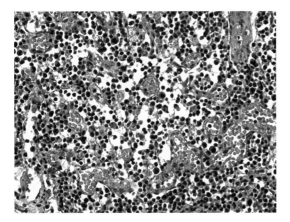

彩图 18-5　浆液性淋巴结炎（猪）　淋巴结毛细血管扩张、充血；淋巴窦扩张，内含浆液，HE×200（宁章勇）

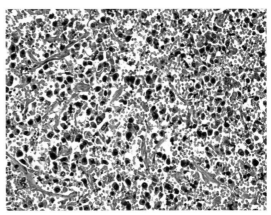

彩图 18-6　出血性淋巴结炎（盘羊）　淋巴结髓窦强烈扩张，充满红细胞和吞噬红细胞的巨噬细胞，HE×200（宁章勇）

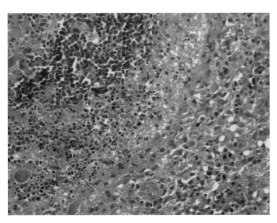

彩图 18-7　坏死性淋巴结炎　淋巴结内淋巴细胞坏死，核崩解破碎，HE×400（刘思当）

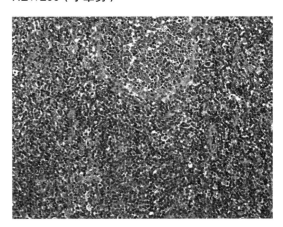

彩图 18-8　增生性淋巴结炎（猪）　淋巴小结增大、淋巴细胞弥漫性增生，HE×100（宁章勇）

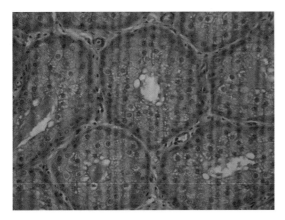

彩图 18-9　法氏囊萎缩(鸡)　法氏囊实质严重萎缩，淋巴滤泡内几乎看不到淋巴细胞，HE×400（宁章勇）

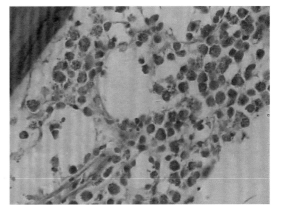

彩图 18-10　鸡 J 亚群白血病慢性非化脓性骨髓炎　骨髓局部髓细胞样瘤细胞大量增生，HE×400（宁章勇）